2026 전기기사·산업기사 실기 20개년 기출문제

전기기사·산업기사
실기 과년도
20 개년

1과목 수변전설비

Chapter 01 차단기(Circuit Breaker) · 6
Chapter 02 전력퓨즈(Power Fuse) · 13
Chapter 03 단로기(Disconnecting Switch) · · · · · · · · · · · · · · · · · 18
Chapter 04 계기용변압기(Potential Transformer) · · · · · · · · · · · 21
Chapter 05 변류기(Current Transformer) · · · · · · · · · · · · · · · · · · · 24
Chapter 06 영상변류기(Zero phased Current Transformer) · · 35
Chapter 07 접지형계기용변압기(GPT) · 37
Chapter 08 피뢰기(Lightning Arrester) · 42
Chapter 09 서지흡수기(Surge Absorber) · · · · · · · · · · · · · · · · · · · 48
Chapter 10 전력용콘덴서(Static Condenser) · · · · · · · · · · · · · · · 50
Chapter 11 직렬리액터(SR) · 63
Chapter 12 보호계전기 및 계측기 · 68
Chapter 13 비율차동계전기(RDF) · 79
Chapter 14 특별고압 수전설비 결선도 · 89
Chapter 15 특별고압 간이수전설비 · 140
Chapter 16 고압 수전설비 결선도 · 153
　　　　　부록 기사 PLUS 문제 · 160
　　　　　부록 산업기사 PLUS 문제 · 210

2과목 전기설비설계

Chapter 01 송·배전선로 특성 · 246
Chapter 02 분기회로수 및 부하용량 · 280
Chapter 03 수용률·부하율·부등률 · 289
Chapter 04 고장계산 · 326
Chapter 05 변압기 특성·설계 · 349
Chapter 06 변압기 종류·운용 · 373
Chapter 07 축전지 설비 설계 및 운용 · 381
Chapter 08 비상용 발전기 · 399
Chapter 09 발전설비 설계·운용 · 409
Chapter 10 전열기 · 413
Chapter 11 동력설비 설계·운용 · 414
Chapter 12 계측설비 설계 · 428
Chapter 13 설비불평형률 · 446
Chapter 14 고조파 · 454
Chapter 15 전기요금·신재생 에너지 · 456

Chapter 16 접지설계 · 460
　　부록 기사 PLUS 문제 · 478
　　부록 산업기사 PLUS 문제 · 580

3과목 시퀀스

Chapter 01 유접점회로 · 662
Chapter 02 무접점회로 · 670
Chapter 03 논리식과 부울대수 · 681
Chapter 04 릴레이 · 690
Chapter 05 정·역 및 Y-△ 기동회로 · 710
Chapter 06 3상전동기회로 · 729
Chapter 07 PLC · 748
Chapter 08 응용제어회로 · 760
　　부록 기사 PLUS 문제 · 767
　　부록 산업기사 PLUS 문제 · 793

4과목 조명설비

Chapter 01 조명용어·램프의 종류 · 830
Chapter 02 조명설비 에너지 절약 · 835
Chapter 03 실내조명 설계 · 838
Chapter 04 도로조명 설계 · 863
Chapter 05 전선의 가닥수 · 867
Chapter 06 조명설비 공사견적 · 875
　　부록 기사 PLUS 문제 · 878
　　부록 산업기사 PLUS 문제 · 892

5과목 테이블 스펙

Chapter 01 허용전류·전선의 굵기 · 910
Chapter 02 간선·분기회로의 설계 · 920
　　부록 기사 PLUS 문제 · 941
　　부록 산업기사 PLUS 문제 · 958

6과목 심벌

Chapter 01 콘센트 그림기호 · 974
Chapter 02 점멸기 그림기호 및 기타 · · · · · · · · · · · · · · · · · · · 976

ELECTRICITY

01 수변전설비

Chapter 01. 차단기
Chapter 02. 전력퓨즈
Chapter 03. 단로기
Chapter 04. 계기용변압기
Chapter 05. 변류기
Chapter 06. 영상변류기
Chapter 07. 접지형계기용변압기
Chapter 08. 피뢰기
Chapter 09. 서지흡수기
Chapter 10. 전력용콘덴서
Chapter 11. 직렬리액터
Chapter 12. 보호계전기 및 계측기
Chapter 13. 비율차동계전기
Chapter 14. 특별고압 수전설비 결선도
Chapter 15. 특별고압 간이수전설비
Chapter 16. 고압 수전설비 결선도
    부록 1. 기사 PLUS 문제
    부록 2. 산업기사 PLUS 문제

01 차단기(Circuit Breaker)

01 차단기의 종류·약호

배점 6

전기기기 및 송변전 선로의 고장 시 회로를 자동차단하는 고압차단기의 종류 3가지와 각각의 소호매체를 쓰시오.

모범답안

고압차단기	소호매체
가스차단기	육불화황 가스
진공차단기	고진공
공기차단기	압축공기

참고 저압용 차단기

약호	명칭
ACB	기중차단기
MCCB	배선용차단기
ELCB	누전차단기

02 차단기의 종류·약호

배점 10

다음의 교류차단기의 약어와 소호원리에 대해 쓰시오.

명칭	약호	소호원리
가스 차단기		
공기 차단기		
유입 차단기		
진공 차단기		
자기 차단기		
기중 차단기		

모범답안

명칭	약호	소호원리
가스 차단기	GCB	육불화황 가스를 흡수해서 차단
공기 차단기	ABB	압축공기를 아크에 불어넣어서 차단
유입 차단기	OCB	아크에 의한 절연유 분해가스의 흡부력을 이용하여 차단
진공 차단기	VCB	고진공속에서 전자의 고속도 확산을 이용하여 차단
자기 차단기	MBB	전자력을 이용하여 아크를 소호실 내로 유도하여 차단
기중 차단기	ACB	대기 중에서 아크를 길게 하여 소호실에서 차단

Chapter 01. 차단기

03 CB와 DS의 차이점
배점 5

CIRCUIT BREAKER(차단기)와 DISCONNECTING SWITCH(단로기)의 차이점을 설명하시오.

모범답안

단로기는 아크 소호능력이 없으며, 기기의 보수점검 또는 선로로부터 기기를 분리, 회로를 변경할 때 사용하는 개폐기이다. 한편, 차단기는 아크 소호능력이 있으며 부하전류의 개폐 및 고장전류를 차단할 수 있다.

04 CB와 DS의 조작순서
배점 5

LS, DS, CB가 그림과 같이 설치되었을 때의 조작 순서를 차례로 쓰시오.

(1) 투입(ON)시의 조작 순서

(2) 차단(OFF)시의 조작 순서

모범답안

(1) ③ → ① → ② : DS(ON) → LS(ON) → CB(ON)

(2) ② → ③ → ① : CB(OFF) → DS(OFF) → LS(OFF)

05 차단기의 정격전압

배점 4

다음 표에 우리나라에서 통용되고 있는 계통의 공칭전압에 따른 차단기의 정격전압을 쓰시오.

공칭전압	22[kV]	22.9[kV]	154[kV]	345[kV]	765[kV]
차단기의 정격전압					

모범답안

공칭전압	22[kV]	22.9[kV]	154[kV]	345[kV]	765[kV]
차단기의 정격전압	24[kV]	25.8[kV]	170[kV]	362[kV]	800[kV]

▶참고 차단기의 정격전압

정격정압·정격주파수에서 차단기에 인가할 수 있는 상한 전압을 의미하며 선간전압으로 표시

$$차단기의\ 정격전압 = 공칭전압 \times \frac{1.2}{1.1}$$

공칭전압[kV]	3.3	6.6	22	22.9	66	154	345	765
정격전압[kV]	3.6	7.2	24	25.8	72.5	170	362	800

06 차단기의 트립방식

배점: 6

그림은 차단기 트립방식을 나타낸 도면이다. 트립방식의 명칭을 쓰시오.

(1)

(2)

모범답안

(1) 전류 트립방식
(2) 부족전압 트립방식

07 암페어 프레임·암페어 트립 [산기전용] 배점 4

배선용 차단기의 표면에 다음과 같이 표시되어 있다. 75[A]와 100[AF]를 각각 설명하시오.

(1) 75[A]

(2) 100[AF]

모범답안

(1) 차단기 트립전류
(2) 차단기 프레임 전류

▶ 참고

AF(Ampere Frame) : 암페어 프레임	고장전류에 견디는 프레임의 정격으로, 사고시 폭발 등이 발생하지 않고 견딜 수 있는 전류 또는 프레임의 외형적 크기를 나타낸다. (예 400, 630, 800…)
AT(Ampere Trip) : 암페어 트립	차단기의 트립 용량으로 안전하게 통전시킬 수 있는 최대전류를 의미한다. (예 350, 400, 500, 600, 630, 700, 800…)

08 차단기의 동작 책무

배점 5

차단기의 "동작 책무"란 무엇인지 간단히 설명하시오.

모범답안

차단기가 투입-차단-투입을 반복할 때 일정 시간 간격을 두고 행하는 일련의 동작규정

09 인터록·전환개폐기

배점 5

다음 상용전원과 예비전원 운전시 유의하여야 할 사항이다. ( ) 안에 알맞은 내용을 쓰시오.

상용전원과 예비전원 사이에는 병렬운전을 하지 않는 것이 원칙이므로 수전용 차단기와 발전용 차단기 사이에는 전기적 또는 기계적 (①)을 시설해야 하며 (②)를 사용해야 한다.

모범답안

① 인터록
② 전환개폐기

10 차단기의 단락용량 [기사전용]   배점 5

아래의 그림과 같은 전력 계통이 있다. 각 부분의 %임피던스는 그림에 보인 대로이며 모두가 10[MVA]의 기준용량으로 환산된 것이다. 차단기 a의 단락 용량[MVA]을 구하시오.

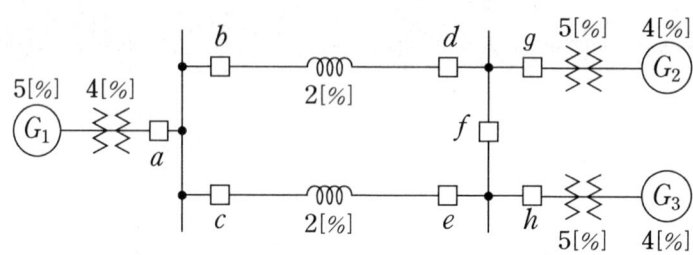

모범답안 | 계산과정

① 차단기 a의 바로 우측에서 단락 고장이 일어났을 경우 a에 흐르는 전류 I_a

$$I_a = I_{G1} = \frac{100}{5+4} \times I_n = 11.11 I_n$$

② 차단기 a의 바로 좌측에서 단락 고장이 일어났을 경우 a에 흐르는 전류 I_a'

$$I_a' = I_{G2} + I_{G3} = \frac{100}{5+4+2} \times I_n \times 2 = 18.18 I_n$$

$I_a' > I_a$ 이므로, I_a'에 대해서 단락 용량을 결정한다.

$$\%Z_{total} = \frac{4+5+2}{2} = 5.5[\%] \quad \therefore P_s = \frac{100}{5.5} \times 10 = 181.82[\text{MVA}]$$

답 181.82[MVA]

02 전력퓨즈(Power Fuse)

01 과전류의 종류 [기사전용] 배점 5

일반용 전기설비 및 자가용 전기설비의 과전류(過電流) 종류 2가지와 각각에 대한 용어의 정의를 쓰시오.

모범답안

① 단락전류 : 선로의 선간이 임피던스가 적은 상태로 접촉되었을 경우 그 부분을 통하여 흐르는 큰 전류를 말한다.
② 과부하전류 : 기기에 대하여는 그 정격전류, 전선에 대하여는 그 허용전류를 어느 정도 초과하여 그 계속되는 시간을 합하여 생각하였을 때, 기기 또는 전선의 손상 방지상 자동차단을 필요로 하는 전류를 말한다.

02 전력퓨즈의 역할·특징 배점 6

전력퓨즈(Power Fuse)에 대한 그 역할과 기능에 대해서 다음 각 물음에 답하시오.

(1) 퓨즈의 역할을 크게 2가지로 대별 하여 간단하게 설명하시오.
(2) 답안지 표와 같은 각종 개폐기와의 기능 비교표의 관계(동작)되는 해당란에 ○표로 표시하시오.

기능 \ 능력	회로분리		사고차단	
	무부하	부 하	과부하	단 락
퓨 즈				
차 단 기				
개 폐 기				
단 로 기				
전자접촉기				

(3) 퓨즈의 성능(특성) 3가지를 쓰시오.
(4) 전력 퓨즈의 가장 큰 단점은 무엇인가?
(5) 전력 퓨즈(PF)를 구입하고자 할 때 고려해야 할 주요 사항을 6가지만 쓰시오.

(6) PF-S형 큐비클은 큐비클의 주차단 장치로서 어떤 종류의 전력 퓨즈와 무엇을 조합한 것인가?
   ① 전력 퓨즈의 종류 :
   ② 조합하여 설치하는 것 :

모범답안

(1) ① 단락전류를 차단한다.
　　② 부하전류를 안전하게 통전시킨다.
　　③ 무전압상태에서 선로를 개폐한다.

(2)

기능＼능력	회로분리		사고차단	
	무부하	부하	과부하	단락
퓨 즈	○			○
차 단 기	○	○	○	○
개 폐 기	○	○	○	
단 로 기	○			
전자접촉기	○	○	○	

(3) ① 허용특성　② 차단특성　③ 용단특성

(4) 재투입이 불가능하다.

(5) ① 정격전압　　② 정격전류　　③ 정격차단전류　　④ 사용 장소
　　⑤ 최소차단전류　⑥ 전류-시간특성

(6) ① 전력 퓨즈의 종류 : 한류형 퓨즈
　　② 조합하여 설치하는 것 : 고압개폐기

> **POINT** 전력퓨즈 특성·기타

1. 전력퓨즈의 특성
   ① 허용특성 : 퓨즈에 전류가 흐르는 경우 퓨즈가 열화되지 않는 전류-시간특성을 말한다. 부하에 대한 퓨즈의 정격전류를 선정하는 경우 필요하다.
   ② 차단특성 : 사고전류가 흐를 때 퓨즈의 용단부터 아크소호까지의 전류-시간특성을 말한다. 상위 차단기와의 동작협조를 검토하는 경우 필요하다.
   ③ 용단특성 : 퓨즈에 과전류가 흘러서 용단되는 경우의 전류-시간 특성을 말한다. 용단특성에는 최소용단, 평균용단, 최대용단특성이 있다.

2. 전력퓨즈의 장·단점

전력퓨즈의 장점	전력퓨즈의 단점
• 보수가 간단하다. • 차단속도가 매우 빠르다. • 릴레이, 변성기가 필요 없다. • 가격이 저렴하며, 소형·경량이다.	• 재투입이 불가능하다. • 과도전류에 용단되기 쉽다. • 결상을 일으킬 염려가 있다. • 시간-전류특성의 조정이 불가능하다.

3. 큐비클 주 차단장치

형식	주 차단장치
CB형	차단기(CB)를 사용
PF-CB형	전력퓨즈(PF)와 차단기(CB)를 조합
PF-S형	전력퓨즈(PF)와 고압개폐기를 조합

---

03 전력퓨즈의 단점보완 대책   배점 5

다음 물음에 답하시오.

(1) 전력 퓨즈는 과전류 중 주로 어떤 전류의 차단을 목적으로 하는가?
(2) 전력 퓨즈의 단점을 보완하기 위한 대책을 3가지만 쓰시오.

> **모범답안**
>
> (1) 단락전류
>
> (2) 대책 3가지
>   ① 결상계전기를 사용한다.
>   ② 부하개폐기와 함께 사용한다.
>   ③ 사용목적에 적합한 전용의 전력 퓨즈를 사용한다.

04 개폐기의 종류·특징

배점 5

다음 개폐기의 종류를 나열한 것이다. 기기의 특징에 알맞은 명칭을 빈칸에 쓰시오.

구분	명칭	특징
①		• 전로의 접속을 바꾸거나 끊는 목적으로 사용 • 전류의 차단능력은 없음 • 무전류 상태에서 전로 개폐 • 변압기, 차단기 등의 보수점검을 위한 회로 분리용 및 전력계통의 변환을 위한 회로분리용으로 사용
②		• 평상시 부하전류의 개폐는 가능하나 이상 시(과부하, 단락) 보호기능은 없음 • 개폐 빈도가 적은 부하의 개폐용 스위치로 사용 • 전력 Fuse와 사용시 결상방지 목적으로 사용
③		• 평상시 부하전류 혹은 과부하 전류까지 안전하게 개폐 • 부하의 개폐·제어가 주목적이고, 개폐 빈도가 많음 • 부하의 조작, 제어용 스위치로 이용 • 전력 Fuse와의 조합에 의해 Combination Switch로 널리 사용
④		• 평상시 전류 및 사고 시 대전류를 지장 없이 개폐 • 회로보호가 주목적이며 기구, 제어회로가 Tripping 우선으로 되어 있음 • 주회로 보호용 사용
⑤		• 일정치 이상의 과부하전류에서 단락전류까지 대전류 차단 • 전로의 개폐 능력은 없다. • 고압개폐기와 조합하여 사용

> **모범답안**
>
> ① 단로기[DS] ② 부하개폐기[LBS] ③ 전자접촉기[MC]
> ④ 차단기[CB] ⑤ 전력퓨즈[PF]

05 전력퓨즈의 정격 전압 〔기사전용〕   배점 5

다음은 전력퓨즈 정격 전압에 대한 표이다. 빈칸을 채우시오.

계통전압[kV]	퓨즈 정격[kV]	
	퓨즈 정격전압	최대 설계전압
6.6	( )	8.25
13.2	15	( )
22 또는 22.9	( )	25.8
66	69	( )
154	( )	169

모범답안

계통전압[kV]	퓨즈 정격[kV]	
	퓨즈 정격전압	최대 설계전압
6.6	(7.5)	8.25
13.2	15	(15.5)
22 또는 22.9	(23)	25.8
66	69	(72.5)
154	(161)	169

03 단로기(Disconnecting Switch)

01 단로기 및 차단기의 조작순서

배점 7

그림과 같은 계통에서 측로 단로기 DS_3을 통하여 부하에 공급하고 차단기 CB를 점검하고자 할 때 다음 각 물음에 답하시오. (단, 평상시에 DS_3는 열려 있는 상태임)

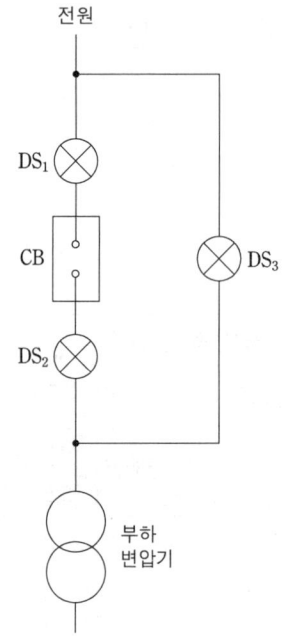

(1) 차단기 점검을 하기 위한 조작 순서를 쓰시오.
(2) CB의 점검이 완료된 후 정상 상태로 전환시의 조작 순서를 쓰시오.
(3) 도면과 같은 설비에서 차단기 CB의 점검 작업 중 발생할 수 있는 문제점을 설명하고 이러한 문제점을 해소하기 위한 방안을 설명하시오.

모범답안

(1) DS_3(ON) → CB(OFF) → DS_2(OFF) → DS_1(OFF)

(2) DS_2(ON) → DS_1(ON) → CB(ON) → DS_3(OFF)

(3) ◦ 발생될 수 있는 문제점 : 차단기가 투입된 상태에서 단로기를 투입하거나 개방하면 위험하다.
　　◦ 해소 방안
　　　① 인터록 장치를 한다.　　　② 단로기에 잠금 장치를 한다.

02 단로기 및 차단기의 조작 순서

배점 8

단로기(DS) 및 차단기(CB)로 된 선로와 접지용구에 대한 다음 각 물음에 답하시오.

(1) 접지 용구를 사용하여 접지를 하고자 할 때 접지순서 및 접지 개소에 대하여 설명하시오.
   ① 접지 순서 :
   ② 접지 개소 :

(2) 부하측에서 휴전 작업을 할 때의 조작 순서를 간단히 설명하시오.
(3) 휴전 작업이 끝난 후 부하측에 전력을 공급하는 조작 순서를 설명하시오.
    단, 접지되지 않은 상태에서 작업한다고 가정한다.
(4) 긴급할 때 단로기로 개폐 가능한 전류의 종류를 2가지를 쓰시오.

> **모범답안**
>
> (1) ① 접지 순서 : 대지에 먼저 연결한 후 선로에 연결한다.
>   ② 접지 개소 : 선로측 A와 부하측 B 양측에 접지한다.
> (2) CB(OFF) → DS_2(OFF) → DS_1(OFF)
>   ▶참고 CB차단 후 DS 개로시 부하측에 가까운 단로기 부터 개로한다.
> (3) DS_2(ON) → DS_1(ON) → CB(ON)
> (4) 무부하 선로의 충전 전류, 무부하 변압기의 여자 전류

03 2중 모선 - 점검·복구 순서 [기사전용]   배점 8

2중 모선에서 평상시에 No.1 T/L은 A모선에서 No.2 T/L은 B 모선에서 공급하고 모선연락용 CB는 개방되어 있다.

(1) B모선을 점검하기 위하여 절체하는 순서는? (단, 10-OFF, 20-ON 등으로 표시)
(2) B모선을 점검 후 원상 복구하는 조작 순서는? (단, 10-OFF, 20-ON 등으로 표시)
(3) 10, 20, 30 에 대한 기기의 명칭은?
(4) 11, 21에 대한 기기의 명칭은?
(5) 2중 모선의 장점은?

모범답안

(1) 31-ON, 32-ON, 30-ON, 21-ON, 22-OFF, 30-OFF, 31-OFF, 32-OFF
(2) 31-ON, 32-ON, 30-ON, 22-ON, 21-OFF, 30-OFF, 31-OFF, 32-OFF
(3) 차단기
(4) 단로기
(5) 보수·점검시 전원공급의 신뢰도가 높다.

04 계기용변압기(Potential Transformer)

01 계기용 변압기 - 오결선

배점 4

변압비 30인 계기용 변압기를 그림과 같이 잘못 접속하였다. 각 전압계 V_1, V_2, V_3에 나타나는 단자 전압은 몇 [V]인가?

(1) V_1
  ◦ 계산과정 :   ◦ 답 :

(2) V_2
  ◦ 계산과정 :   ◦ 답 :

(3) V_3
  ◦ 계산과정 :   ◦ 답 :

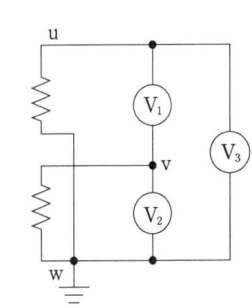

모범답안 계산과정

(1) V_1에는 V_2과 V_3의 벡터의 차전압(선간전압)이 계측된다.

$$V_1 = \frac{6000}{30} \times \sqrt{3} = 346.41[V]$$

답 346.41[V]

(2) V_2에는 상전압이 계측된다.

$$V_2 = \frac{6000}{30} = 200[V]$$

답 200[V]

(3) V_3에는 상전압이 계측된다.

$$V_3 = \frac{6000}{30} = 200[V]$$

답 200[V]

02 계기용변압기 - 단선사고 [기사전용] 배점 5

다음과 같은 380[V] 선로에서 계기용 변압기의 PT비는 380/110[V]이다. 아래의 그림을 참고하여 다음 각 물음에 답하시오.

그림 (a)

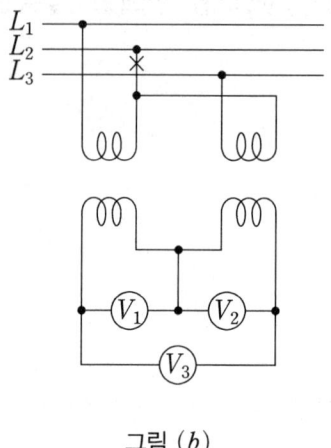

그림 (b)

(1) 그림 (a)의 X 지점에서 단선사고가 발생하였을 때, 전압계 V_1, V_2, V_3의 지시값을 구하시오.
- V_1 :
- V_2 :
- V_3 :

(2) 그림 (b)의 X 지점에서 단선사고가 발생하였을 때, 전압계 V_1, V_2, V_3의 지시값을 구하시오.
- V_1 :
- V_2 :
- V_3 :

모범답안 / 계산과정

(1)
- $V_1 = 0[V]$ 답 0[V]
- $V_2 = 380 \times \dfrac{110}{380} = 110[V]$ 답 110[V]
- $V_3 = 0 + 380 \times \dfrac{110}{380} = 110[V]$ 답 110[V]

(2) ◦ $V_1 = 380 \times \dfrac{1}{2} \times \dfrac{110}{380} = 55[\text{V}]$ 　　　　　　　　　　　　답　55[V]

　　◦ $V_2 = 380 \times \dfrac{1}{2} \times \dfrac{110}{380} = 55[\text{V}]$ 　　　　　　　　　　　　답　55[V]

　　◦ $V_3 = 380 \times \dfrac{1}{2} \times \dfrac{110}{380} - 380 \times \dfrac{1}{2} \times \dfrac{110}{380} = 0[\text{V}]$ 　　답　0[V]

05 변류기(Current Transformer)

01 CT의 정격부담

배점 5

계기용 변류기(Current Transformer)의 목적과 정격부담에 대하여 설명하시오.

- 목적 :
- 정격부담 :

> **모범답안**
> - 목적 : 대전류를 소전류로 변성하여 계측기, 계전기 등에 전류를 공급한다.
> - 정격부담 : 변류기의 2차측에 접속되는 외부 부하 임피던스의 한도이며, [VA]로 표시한다.

02 CT 2차측 개방시 문제점

배점 4

사용 중에 변류기의 2차측을 개로하면 변류기는 어떤 현상이 발생하는지 원인과 결과를 간단하게 쓰시오.

> **모범답안**
> CT의 사용 중 2차측을 개방하면 1차측 부하 전류가 모두 여자전류가 되어 2차측에 고전압이 유기되어 절연파괴의 위험을 초래하게 된다.

03 변류비의 산정방식

배점 5

부하용량이 900[kW]이고, 전압이 3상 380[V]인 수용가 전기설비의 계기용 변류기를 결정하고자 한다. 다음 조건에 알맞은 변류기를 주어진 표에서 찾아 선정하시오.

[조건]
- 수용가의 인입 회로에 설치하는 것으로 한다.
- 부하 역률은 0.9로 계산한다.
- 실제 사용하는 정도의 1차 전류용량으로 하며 여유율은 1.25배로 한다.

Chapter 05. 변류기

[표] 변류기의 정격

1차 정격전류[A]	400	500	600	750	1000	1500	2000	2500
2차 정격전류[A]	5							

모범답안 **계산과정**

변류기의 변류비는 1차측에 흐르는 최대 부하전류에 1.25배를 곱한 값을 기준으로 표에서 적당히 선정한다.

$$I_{CT} = \frac{P}{\sqrt{3}\,V\cos\theta} \times 1.25 = \frac{900 \times 10^3}{\sqrt{3} \times 380 \times 0.9} \times 1.25 = 1899.18[A]$$

답 2000/5

---

04 CT·PT의 V결선

배점 6

CT 및 PT에 대한 다음 각 물음에 답하시오.

(1) CT는 운전 중에 개방하여서는 아니 된다. 그 이유는?

(2) PT의 2차측 정격 전압과 CT의 2차측 정격 전류는 일반적으로 얼마로 하는가?

(3) 3상 간선의 전압 및 전류를 측정하기 위하여 PT와 CT를 설치할 때, 다음 그림의 결선도를 답안지에 완성하시오. 접지가 필요한 곳에는 접지 표시하시오.
퓨즈는 ⌷ , PT는 ⊰⊱ , CT는 ⊂ 로 표현하시오.

모범답안

(1) 변류기 2차측 절연보호

(2) ◦ PT의 2차 정격전압 : 110[V]
    ◦ CT의 2차 정격전류 : 5[A]

(3)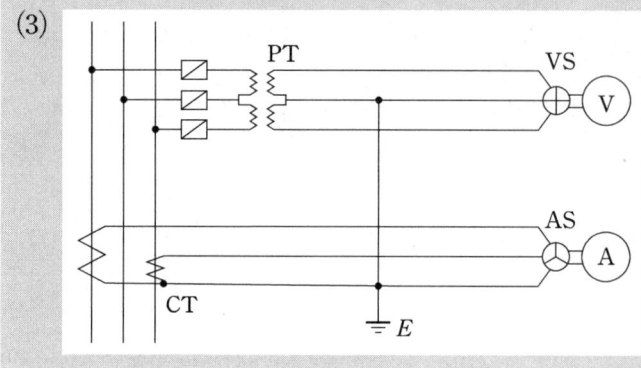

05. CT, OCR, 전류계 연결

배점 5

그림에 나타낸 과전류 계전기가 유입 차단기를 차단할 수 있도록 결선하고, CT와 OCR 및 전류계를 연결할 때 접지를 표시하도록 하시오. (단, 과전류 계전기는 상시 폐로식이다.)

Chapter 05. 변류기

모범답안

06 CT V결선과 OCR

배점 8

변류기(CT) 2대를 V결선하여 OCR 3대를 그림과 같이 연결하였다. 그림을 보고 다음 각 물음에 답하시오.

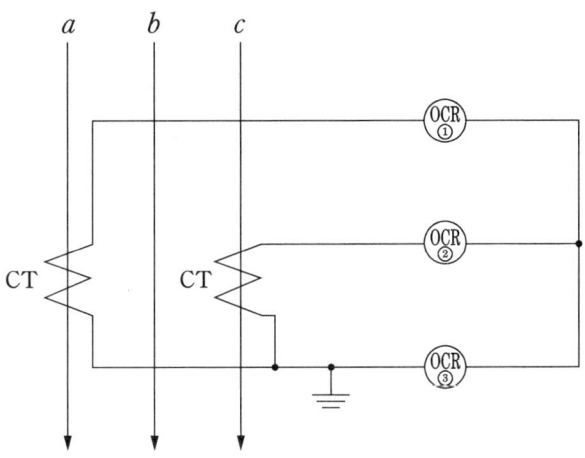

(1) 우리나라에서 사용하는 변류기(CT)의 극성은 일반적으로 어떤 극성을 사용하는지 쓰시오.

(2) 변류기 2차 측에 접속하는 외부 부하 임피던스를 무엇이라고 하는지 쓰시오.

(3) ③번에 OCR에 흐르는 전류는 어떤 상의 전류인지 쓰시오.

(4) OCR은 주로 어떤 사고가 발생하였을 때 작동하는지 쓰시오.

(5) 이 전로는 어떤 배전방식을 취하고 있는지 쓰시오.

(6) 그림에서 CT의 변류비가 30/5이고, 변류기 2차측 전류를 측정하였더니 3[A]이였다면 수전전력은 약 몇 [kW]인지 계산하시오. (단, 수전전압은 22900[V]이고, 역률은 90[%]이다.)
  ◦ 계산과정 :   ◦ 답 :

모범답안 **계산과정**

(1) 감극성   (2) 부담   (3) b상전류   (4) 단락사고

(5) 3상3선식 비접지방식

(6) $P = \sqrt{3}\,VI\cos\theta = \sqrt{3} \times 22900 \times \left(3 \times \dfrac{30}{5}\right) \times 0.9 \times 10^{-3} = 642.56\,[\text{kW}]$

답 642.56[kW]

▶참고 변류기의 가동접속

 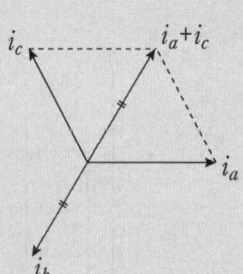

전류계에 흐르는 전류는 두상의 합($i_a + i_c = |-i_b|$)의 전류가 흐르고 이 전류의 합은 한상(i_b)의 전류의 크기와 같다.

07 변류기 가동접속

배점 5

다음 그림과 같이 200/5[A] 1차 측에 150[A]의 3상 평형 전류가(A, B, C 모두 평형) 흐를 때 전류계 A_3에 흐르는 전류는 몇 [A]인가?

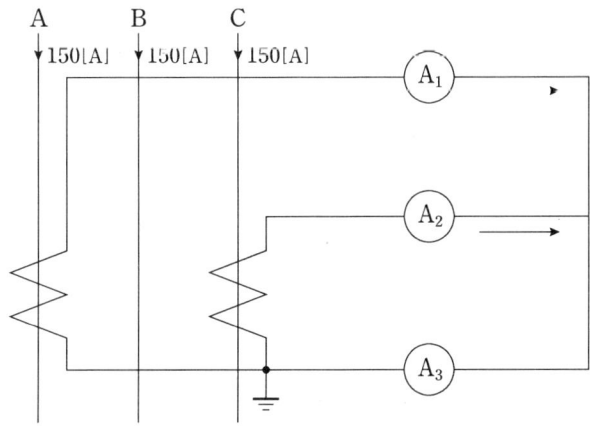

모범답안 **계산과정**

CT 2차측 전류 I_2 = 1차측 부하전류 × CT역수비
$$= 150 \times \frac{5}{200} = 3.75[A]$$

A, B, C 모두 평형 전류가 흐르므로 A_3에는 A_1과 A_2의 합의 전류가 흐른다.

$$\therefore A_3 = |A_1 + A_2| = \sqrt{A_1^2 + A_2^2 + 2A_1 A_2 \cos\theta}$$
$$= \sqrt{3.75^2 + 3.75^2 + 2 \times 3.75^2 \times \cos 120} = 3.75[A]$$

답 3.75[A]

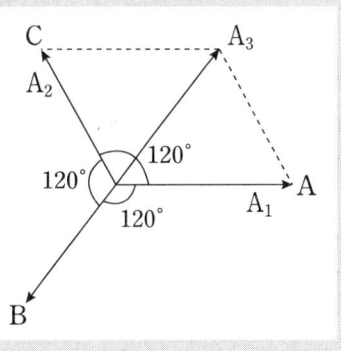

08 변류기 가동접속   배점 5

그림과 같이 접속된 3상3선식 고압 수전설비의 변류기 2차 전류가 언제나 4.2[A]이었다. 이때, 수전전력[kW]을 구하시오. (단, 수전전압은 6600[V], 변류비는 50/5[A], 역률은 100[%]이다.)

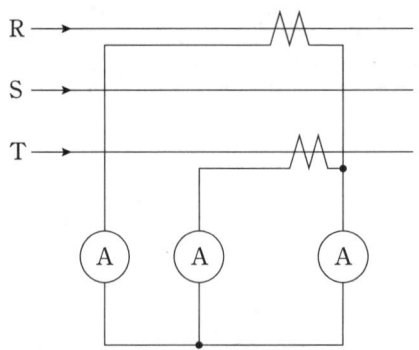

모범답안 | **계산과정**

$P = \sqrt{3}\,V_1 I_1 \cos\theta = \sqrt{3} \times 6600 \times \left(4.2 \times \dfrac{50}{5}\right) \times 1 \times 10^{-3} = 480.12[\text{kW}]$ 답 480.12[kW]

09 변류기의 교차접속   배점 5

변류비 30/5인 CT 2개를 그림과 같이 접속할 때 전류계에 2[A]가 흐른다면 CT 1차측에 흐르는 전류는 몇[A]인가?

Chapter 05. 변류기

모범답안 **계산과정**

$I_1 = CT비 \times I_2 \times \dfrac{1}{\sqrt{3}} = \dfrac{30}{5} \times 2 \times \dfrac{1}{\sqrt{3}} = 6.93[A]$ 　　　답 6.93[A]

▶ 참고 변류기의 교차접속

전류계에 흐르는 전류는 차($i_c - i_a$)의 전류가 흐른다. 한편, 이러한 차전류는 상전류의 $\sqrt{3}$ ($A = i_c - i_a = 2 \times i_a \cos 30° = \sqrt{3}\, i_a$)배가 된다.
변류기 1차 측에 흐르는 전류는 한 상의 전류를 구하는 것이므로 $1/\sqrt{3}$ 배를 한다.

10 변류기 V결선 – 오결선

배점 5

아래의 그림과 같이 CT가 결선되어 있을 때 전류계 A_3의 지시는 얼마인가? (단, 부하전류 $I = I_1 = I_2 = I_3$로 한다.)

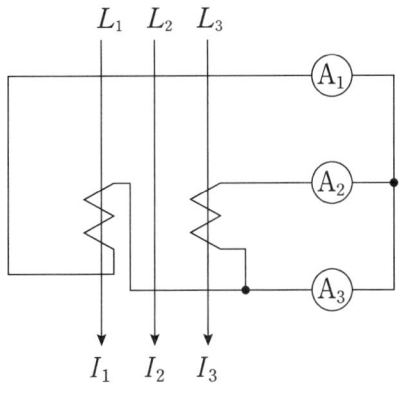

모범답안 **계산과정**

$A_3 = I_1 - I_3 = \sqrt{3}\, I$ 　　　답 $\sqrt{3}\, I$

11 변류기 주의사항

배점 5

그림과 같이 부하를 운전 중인 상태에서 변류기의 2차측의 전류계를 교체할 때에는 어떠한 순서로 작업을 하여야 하는지 쓰시오. (단, K와 L은 변류기 1차 단자, k와 l은 변류기 2차 단자, a와 b는 전류계 단자이다.)

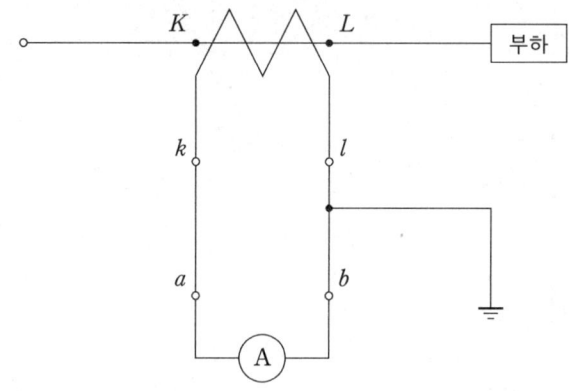

모범답안

변류기의 2차 단자 k와 l을 단락시킨 상태에서 전류계 단자 a와 b를 분리하여 전류계를 교체 후 단락시켰던 변류기 2차 단자 k와 l을 개방한다.

12 변류기의 비오차

배점 5

다음 내용을 보고 물음에 답하시오.

(1) CT 비오차가 무엇인지 설명하시오
(2) ε = 오차율[%], K_n = 공칭변류비, K = 실제변류비라고 할 때, 공칭변류비와 실제 변류비의 관계를 수식으로 나타내시오.

모범답안

(1) 공칭변류비와 실제변류비의 차이를 백분율로 표시한 것을 말한다.
(2) $\varepsilon = \dfrac{K_n - K}{K} \times 100[\%]$

13 변류기의 비오차

배점 4

100/5 변류기 1차에 250[A]가 흐를 때 2차 측에 실제 10[A]가 흐른 경우 변류기의 비오차를 계산하시오.

모범답안 | **계산과정**

$$\varepsilon = \frac{K_n - K}{K} \times 100 = \frac{\frac{100}{5} - \frac{250}{10}}{\frac{250}{10}} \times 100 = -20[\%]$$

답 $-20[\%]$

14 변류기의 과전류 강도

배점 6

계기용 변류기(CT)의 열적 과전류 강도 관계식과 기계적 과전류 강도 관계식을 쓰시오.

(1) 열적 과전류강도 관계식 :
  (단, S : 통전시간(t)초에 대한 열적 과전류강도, S_n : 정격 과전류강도, t : 통전시간[초])

(2) 기계적 과전류강도 관계식 :

모범답안

(1) 열적 과전류강도 관계식 : $S = \dfrac{S_n}{\sqrt{t}}$

(2) 기계적 과전류강도 관계식 : 열적 과전류 강도의 2.5배

15 변류기의 열적 과전류 강도

배점 5

3상 단락전류가 8[kA]인 계통에서, 차단기 동작시간이 0.2초, 변류기의 변류비를 50/5로 사용하는 경우 열적과전류강도를 선정하시오. (단, 열적 과전류강도는 40배, 75배, 150배에서 선정한다.)

모범답안 **계산과정**

▶ 참고

열적과전류강도란 변류기에 과전류가 흐를 경우 CT에 손상을 주지 않고 1초 동안[표준지속시간 t_n=1초] 1차 측에 흘릴 수 있는 최대전류를 말한다. 한편, 변류기에 과전류가 흐를 때 발열(권선 온도상승)이 되고, 권선의 용단은 이때 발생하는 발열량($H=I^2Rt$)에 의해 정해진다.

$$S_n^2 t = S^2 t$$

윗 식에서, S_n=열적과전류강도, t_n=1초[KS표준지속시간], t=0.2초[차단기동작시간],

$S = \dfrac{\text{단락전류}}{CT 1차측 정격} = \dfrac{8000}{50} = 160$ 이다.

∴ $S_n^2 \times 1 = 160^2 \times 0.2$ → $S_n = \sqrt{160^2 \times 0.2} = 71.55$

답 75배 선정

06 영상변류기(Zero phased Current Transformer)

01 ZCT 설치위치 – 접지방법

배점 5

단안지이 그림은 고압 인입 케이블에 지락계전기를 설치하여 지락 사고로부터 수전설비를 보호하고자 할 때 케이블의 차폐를 접지하는 방법을 표시하려고 한다. 적당한 개소에 케이블의 접지 표시를 도시하시오.

모범답안

> **참고**
>
> ○ ZCT를 고압 케이블의 부하측에 설치하는 경우 접지선을 영상변류기 내로 관통시키지 않고, 접지극에 연결해야 지락전류를 검출할 수 있다.

[ZCT 설치위치 – 전원측]   [ZCT 설치위치 – 부하측]

○ ZCT를 고압 케이블의 전원측에 설치하는 경우에는 접지선을 영상변류기 내로 관통시키고, 접지극에 연결하면 지락전류를 검출할 수 있다.

02 케이블 실드접지 주의사항

배점 5

고압 회로의 지락보호를 위하여 검출기로 관통형 영상변류기를 사용할 경우 케이블의 실드 접지의 접지점은 원칙적으로 케이블 1회선에 대하여 1개소로 한다. 그러나, 케이블의 길이가 길게 되어 케이블 양단에 실드 접지를 하게 되는 경우 양끝의 접지는 다른 접지선과 접속하면 안되는데, 그 이유는 무엇인가?

> **모범답안**
>
> 지락사고시 지락전류의 일부분이 다른 접지선의 접지점을 통하여 흐르게 되어 지락계전기가 동작하지 않을 수도 있다.
>
> ▶**참고** 영상변류기의 역할
>
> 영상변류기는 비접지 계통에서 지락사고시 mA 단위의 영상전류를 검출하기 위해 사용한다. 영상전류를 검출하여 지락계전기(GR), 선택지락계전기(SGR) 등과 함께 지락보호협조에 사용되며, ZCT의 정격은 1차측 200mA, 2차측 1.5mA이다.

07 접지형계기용변압기(GPT)

01 접지형계기용변압기

배점 6

고압선로에서의 지락사고 검출 및 경보장치를 그림과 같이 시설하였다. A선에 지락사고가 발생하였을 때 다음 각 물음에 답하시오. (단, 전원이 인가되고 경보벨의 스위치는 닫혀있는 상태라고 한다.)

(1) 1차측 A선의 대지 전압이 0[V]인 경우 B선 및 C선의 대지 전압은 각각 몇 [V]인가?

　① B선의 대지전압
　　◦ 계산과정 :　　　　　　　　　　　　　　　　◦ 답 :
　② C선의 대지전압
　　◦ 계산과정 :　　　　　　　　　　　　　　　　◦ 답 :

(2) 2차측 전구 ⓐ의 전압이 0[V]인 경우 ⓑ 및 ⓒ 전구의 전압과 전압계 Ⓥ의 지시 전압, 경보벨 Ⓑ에 걸리는 전압은 각각 몇 [V]인가?

　① ⓑ 전구의 전압
　　◦ 계산과정 :　　　　　　　　　　　　　　　　◦ 답 :
　② ⓒ 전구의 전압
　　◦ 계산과정 :　　　　　　　　　　　　　　　　◦ 답 :

③ 전압계 Ⓥ의 지시 전압
　◦ 계산과정 :　　　　　　　　　　　　　　　　　　　　◦ 답 :
④ 경보벨 Ⓑ에 걸리는 전압
　◦ 계산과정 :　　　　　　　　　　　　　　　　　　　　◦ 답 :

모범답안 **계산과정**

(1) ① $\dfrac{6600}{\sqrt{3}} \times \sqrt{3} = 6600[V]$　　　　　　　　　답　6600[V]

② $\dfrac{6600}{\sqrt{3}} \times \sqrt{3} = 6600[V]$　　　　　　　　　답　6600[V]

(2) ① $\dfrac{110}{\sqrt{3}} \times \sqrt{3} = 110[V]$　　　　　　　　　답　110[V]

② $\dfrac{110}{\sqrt{3}} \times \sqrt{3} = 110[V]$　　　　　　　　　답　110[V]

③ $\dfrac{110}{\sqrt{3}} \times 3 = 190.53[V]$　　　　　　　　　답　190.53[V]

④ $\dfrac{110}{\sqrt{3}} \times 3 = 190.53[V]$　　　　　　　　　답　190.53[V]

02 접지형계기용변압기 (기사전용) 배점 6

다음 그림은 22.9[kV] 수전설비에서 접지형계기용변압기(GPT)의 미완성 결선도이다. 다음 각 물음에 답하시오.
(단, GPT의 1차 및 2차 보호 퓨즈는 생략한다.)

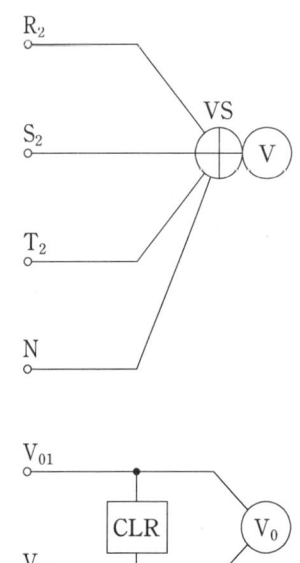

(1) GPT를 활용하여 주회로의 전압 등을 나타내는 회로이다. 회로도에서 활용 목적에 알맞도록 미완성 부분을 직접 결선하시오. (단, 접지 개소는 반드시 표시하시오.)

(2) GPT의 사용 용도를 쓰시오.

(3) GPT 정격 1차, 2차, 3차의 전압을 각각 쓰시오.
  ◦ 1차 전압 :
  ◦ 2차 전압 :
  ◦ 3차 전압 :

(4) GPT의 3차 권선 각상에 전압 110[V] 램프를 접속 하였을 때, 어느 한 상에서 지락사고가 발생하였다면 램프의 점등 상태는 어떻게 변화하는지 설명하시오.

모범답안

(1)

(2) 지락사고시 영상전압검출

(3) ○ 1차 전압 : $22900/\sqrt{3}$ [V]
 ○ 2차 전압 : $110/\sqrt{3}$ [V]
 ○ 3차 전압 : $110/\sqrt{3}$ [V] 또는 $190/3$ [V]

(4) 지락된 상의 램프는 소등되고 나머지 건전한 상의 램프의 밝기는 더욱 밝아진다.

03 지락보호 시스템

배점 8

다음은 특고압 수전설비 중 지락 보호 회로의 복선도이다. ①번부터 ⑤번까지의 명칭을 쓰시오.

모범답안

① 접지형 계기용 변압기(GPT)
② 지락 과전압 계전기 (OVGR)
③ 트립 코일(TC)
④ 선택 접지 계전기(SGR)
⑤ 영상 변류기(ZCT)

08 피뢰기(Lightning Arrester)

01 피뢰기 구조·용어정의

배점 8

피뢰기는 이상전압이 기기에 침입했을 때 그 파고값을 저감시키기 위하여 뇌전류를 대지로 방전시켜 절연파괴를 방지하며, 방전에 의하여 생기는 속류를 차단하여 원래의 상태로 회복시키는 장치이다. 다음 각 물음에 답하시오.

(1) 피뢰기의 구성요소를 쓰시오.

(2) 피뢰기의 구비 조건 4가지만 쓰시오.

(3) 피뢰기의 제한전압이란 무엇인가?

(4) 피뢰기의 정격전압이란 무엇인가?

(5) 충격 방전 개시 전압이란 무엇인가?

(6) 속류란 무엇인가?

> **모범답안**
>
> (1) 직렬갭, 특성요소
>
> (2) ◦ 제한전압이 낮을 것
>   ◦ 속류 차단능력이 클 것
>   ◦ 충격파 방전 개시 전압이 낮을 것
>   ◦ 상용주파 방전 개시 전압이 높을 것
>
> (3) 피뢰기 단자간에 남게 되는 충격전압
>
> (4) 속류를 차단할 수 있는 최고의 교류전압
>
> (5) 피뢰기 단자에 충격전압을 인가하였을 경우 방전을 개시하는 전압
>
> (6) 방전 종료 후 계속해서 전력계통에서 공급되어 피뢰기에 흐르는 상용주파의 전류

02 피뢰기 공칭방전전류

배점 5

피뢰기에 흐르는 정격방전전류는 변전소의 차폐유무와 그 지방의 연간뇌우발생일수(IKL)와 관계되나 모든 요소를 고려한 경우 일반적인 시설장소별 적용할 피뢰기의 공칭방전전류를 쓰시오.

공칭방전전류[A]	설치장소	적용조건
①	변전소	• 154[kV] 이상의 계통 • 66[kV] 및 그 이하의 계통에서 Bank 용량이 3000[kVA]를 초과하거나 특히 중요한 곳 • 장거리 송전케이블(배전선로 인출용 단거리 케이블은 제외) 및 정전축전기 Bank를 개폐하는 곳 • 배전선로 인출측(배전 간선 인출용 장거리 케이블은 제외)
②	변전소	• 66[kV] 및 그 이하의 계통에서 Bank 용량이 3000[kVA] 이하인 곳
③	선로	• 배전선로

모범답안

① 10000   ② 5000   ③ 2500

---

03 피뢰기 정격전압 산정

배점 5

154[kV] 중성점 직접 접지계통의 피뢰기 정격전압은 어떤 것을 선택해야 하는가?
(단, 접지 계수는 0.75이고, 유도계수는 1.1이다.)

피뢰기의 정격전압[kV]

| 126 | 144 | 154 | 168 | 182 | 196 |

모범답안 계산과정

$E_n = 0.75 \times 1.1 \times 170 = 140.25[kV]$

답 144[kV]

> **POINT 피뢰기 정격전압 계산방법**
>
> 피뢰기 정격전압 $E_n = \alpha \cdot \beta \cdot V_m$
> - α : 접지계수 = $\dfrac{\text{1선 지락시 건전상의 최대전위상승}}{\text{최대선간전압}}$
> - β : 여유계수
> - V_m : 계통최고허용전압

04 기준충격절연강도[BIL]

배점 6

주어진 조건을 참조하여 다음 각 물음에 답하시오.

> [조건]
> 차단기 명판(name plate)에 BIL 150[kV], 정격 차단전류 20[kA], 차단시간 8 사이클, 솔레노이드(solenoid)형 이라고 기재되어 있다. (단, BIL은 절연계급 20호 이상의 비유효 접지계에서 계산하는 것으로 한다.)

(1) BIL 이란 무엇인가?

(2) 이 차단기의 정격전압은 몇 [kV]인가?
- 계산과정 :   · 답 :

(3) 이 차단기의 정격차단용량은 몇 [MVA]인가?
- 계산과정 :   · 답 :

모범답안 **계산과정**

(1) 기준충격절연강도

(2) BIL=5E+50[kV], 여기서 E는 절연계급이라 하며, 공칭전압을 1.1로 나눈 값이다.
   공칭전압=절연계급×1.1=20×1.1=22[kV]

   차단기의 정격전압=공칭전압× $\dfrac{1.2}{1.1}$ =22× $\dfrac{1.2}{1.1}$ =24[kV] **답** 24[kV]

(3) $P_s = \sqrt{3}\, V_n I_{kA} = \sqrt{3} \times 24 \times 20 = 831.38$[MVA] **답** 831.38[MVA]

> **참고** 기준충격절연강도
> 전력기기, 공작물 등 설계의 표준화 및 절연계통 구성의 통일화를 위해 절연강도를 지정할 때 기준이 되는 것으로 피뢰기의 제한 전압보다 높은 값을 기준충격절연강도로 정한다.

05 절연협조·BIL

배점 5

전력계통의 절연협조에 대하여 설명하고 관련 기기에 대한 기준충격 절연강도를 비교하여 절연협조가 어떻게 되어야 하는지를 쓰시오. 단, 관련 기기는 선로애자, 결합콘덴서, 피뢰기, 변압기에 대하여 비교하도록 한다.

◦ 절연협조 :

◦ 기준충격 절연강도 비교 :

> **모범답안**
> ◦ 절연협조 : 계통 내의 각 기기, 기구 및 애자 등의 상호간에 적정한 절연 강도를 지니게 함으로써 계통 설계를 합리적, 경제적으로 할 수 있게 한 것을 절연 협조라 한다.
>
> ◦ 기준충격 절연강도 비교 : 선로애자 > 결합콘덴서 > 변압기 > 피뢰기

06 피뢰기 구조·명칭

배점 5

그림은 갭형 피뢰기와 갭래스형 피뢰기의 구조를 나타낸 것이다. 화살표로 표시된 "①"~"⑥"의 각 부분의 명칭을 답란에 쓰시오.

[갭형 피뢰기]　　　[갭래스형 피뢰기]

모범답안

①	②	③	④	⑤	⑥
특성요소	주갭	측로갭	분로저항	소호코일	특성요소

07 피뢰기 설치장소

배점 5

그림에서 피뢰기 시설이 의무화되어 있는 장소를 도면에 ⊗로 표시하시오.

모범답안

▶참고 피뢰기 설치장소
① 가공전선로와 지중전선로가 접속되는 곳
② 발전소, 변전소 또는 이에 준하는 장소의 가공전선 인입구 및 인출구
③ 고압 및 특별고압 가공전선로로부터 공급받는 수용장소의 인입구
④ 가공전선로에 접속되는 배전용 변압기의 고압 및 특별고압측

09 서지흡수기(Surge Absorber)

01 서지흡수기 정격

배점 5

변압기와 고압 모터에 서지흡수기를 설치하고자 한다. 각각의 경우에 대하여 서지흡수기를 그려 넣고 각각의 공칭전압에 따른 서지흡수기의 정격(정격전압 및 공칭방전전류)도 함께 쓰시오.

모범답안

▶ 참고

공칭전압[kV]	3.3	6.6	22.9
정격전압[kV]	4.5	7.5	18
공칭방전전류[kA]	5	5	5

Chapter 09. 서지흡수기

02 SA 설치여부

배점 5

다음은 전압등급 6[kV]의 SA의 시설 적용을 나타낸 표이다. 빈칸에 적용 또는 불필요를 구분하여 쓰시오.

차단기종류 \ 2차 보호기기	전동기	변압기			콘덴서
		유입식	몰드식	건식	
VCB	①	②	③	④	⑤

> 모범답안

차단기종류 \ 2차 보호기기	전동기	변압기			콘덴서
		유입식	몰드식	건식	
VCB	적용	불필요	적용	적용	불필요

> 참고

2차 보호기기 \ 차단기 종류 / 전압등급	진공차단기[VCB]				
	3[kV]	6[kV]	10[kV]	20[kV]	30[kV]
전동기	적용	적용	적용	–	–
변압기 / 유입식	불필요	불필요	불필요	불필요	불필요
변압기 / 몰드식	적용	적용	적용	적용	적용
변압기 / 건식	적용	적용	적용	적용	적용
콘덴서	불필요	불필요	불필요	불필요	불필요
변압기와 유도기기와의 혼용사용시	적용	적용	–	–	–

10 전력용콘덴서(Static Condenser)

01 부하의 역률개선

배점 8

부하의 역률개선에 대한 다음 각 물음에 답하시오.

(1) 역률을 개선하는 원리를 간단히 설명하시오.

(2) 부하설비의 역률이 90[%] 이하일 경우(즉, 낮은 경우) 수용가 측면에서 어떤 손해가 있는지 4가지만 쓰시오.

(3) 어느 공장의 3상 부하가 30[kW]이고 역률이 65[%]이다. 이것의 역률을 90[%]로 개선하려면 전력용 콘덴서는 몇 [kVA]가 필요한가?
   ◦ 계산과정 :   ◦ 답 :

(4) 부하 전력이 4000[kW], 역률 80[%]인 부하에 전력용 콘덴서 1800[kVA]를 설치하는 경우 역률은 몇 [%]로 개선되었는가?
   ◦ 계산과정 :   ◦ 답 :

모범답안 | 계산과정

(1) 부하의 지상무효분을 감소시키기 위해 진상 무효전력을 공급하여 역률을 개선한다.

(2) ① 전력손실 증가   ② 전기요금 증가
    ③ 전압강하가 증가 ④ 설비용량의 여유감소

(3) $Q = P \times \left(\dfrac{\sqrt{1-\cos^2\theta_1}}{\cos\theta_1} - \dfrac{\sqrt{1-\cos^2\theta_2}}{\cos\theta_2} \right)$ [kVA]

$= 30 \times \left(\dfrac{\sqrt{1-0.65^2}}{0.65} - \dfrac{\sqrt{1-0.9^2}}{0.9} \right) = 20.54$ [kVA]

답 20.54[kVA]

(4) 부하의 지상 무효전력 $P_r = P \times \tan\theta = 4000 \times \dfrac{0.6}{0.8} = 3000$ [kVar]

$\cos\theta = \dfrac{P}{\sqrt{P^2 + (P_r - Q)^2}} = \dfrac{4000}{\sqrt{4000^2 + (3000-1800)^2}} \times 100 = 95.78$ [%]

답 95.78[%]

▶ 참고

부하의 지상무효분을 감소시키기 위해 콘덴서를 이용하여 진상무효전력을 공급하여 역률을 개선시킨다. 부하가 소비하는 무효분은 지상이며, 콘덴서가 공급하는 무효분은 진상이다.

02 부하의 합성역률

배점 5

어떤 수용가에서 지상 역률 80[%]로 100[kW]의 부하를 사용하고 있었으나 새로이 지상 역률 60[%], 80[kW]의 부하를 증가하여 사용하게 되었다. 이때 콘덴서를 이용하여 합성역률을 90[%]로 개선하려고 한다면 필요한 전력용 콘덴서 용량은 몇 [kVA]인가?

모범답안 계산과정

① 부하의 합성 유효전력 $P = 100 + 80 = 180 [\text{kW}]$

② 부하의 합성 지상 무효전력 $P_r = 100 \times \dfrac{0.6}{0.8} + 80 \times \dfrac{0.8}{0.6} = 181.67 [\text{kVar}]$

③ 콘덴서 설치 전의 부하의 합성 역률 $\cos\theta_1 = \dfrac{P}{\sqrt{P^2 + P_r^2}} = \dfrac{180}{\sqrt{180^2 + 181.67^2}} = 0.7$

④ 역률 개선시 필요한 콘덴서 용량 $Q = 180 \times \left(\dfrac{\sqrt{1-0.7^2}}{0.7} - \dfrac{\sqrt{1-0.9^2}}{0.9} \right) = 96.46 [\text{kVA}]$

답 96.46[kVA]

POINT 합성 역률의 계산

역률이 서로 다른 부하가 있을 경우 합성 역률을 먼저 계산한다. 부하의 합성 역률은 각 부하의 유효분과 무효분을 구분하여 벡터의 합으로 계산한다.

- $\cos\theta_{합성} = \dfrac{P_1 + P_2}{\sqrt{(P_1 + P_2)^2 + (P_{r1} + P_{r2})^2}}$

- 부하의 지상무효전력 : $P_r = P \times \tan\theta = P_a \times \sin\theta [\text{kVar}]$

03 역률개선 효과 - 부하전류 감소

배점 6

전압 220[V], 1시간 사용전력량 40[kWh], 역률 80[%]인 3상 부하가 있다. 이 부하의 역률을 개선하기 위하여 용량 30[kVA]의 진상 콘덴서를 설치하는 경우, 개선 후의 무효전력과 전류는 몇 [A] 감소하였는지 계산하시오.

(1) 개선 후 무효전력
  - 계산과정 :   - 답 :
(2) 감소된 전류
  - 계산과정 :   - 답 :

> **모범답안** **계산과정**

(1) 개선 후 무효전력(P_{r2})

- 콘덴서 설치전 부하의 지상 무효전력 : $P_{r1}=P\tan\theta=40\times\dfrac{0.6}{0.8}=30[\text{kVar}]$

- 콘덴서 설치후 부하의 지상 무효전력 : $P_{r2}=P_{r1}-Q=30-30=0[\text{kVar}]$

　답　$0[\text{kVar}]$

(2) 감소된 전류(I_1-I_2)

① 역률 개선 전 전류 : $I_1=\dfrac{P}{\sqrt{3}\,V\cos\theta_1}=\dfrac{40000}{\sqrt{3}\times220\times0.8}=131.22[\text{A}]$

> **참고** 콘덴서 설치시 무효전력이 '0'이 되어 역률($\cos\theta_2$)은 1이 된다.

② 역률 개선 후 전류 : $I_2=\dfrac{P}{\sqrt{3}\,V\cos\theta_2}=\dfrac{40000}{\sqrt{3}\times220\times1}=104.97[\text{A}]$

③ 역률 개선 전후의 차전류 : $I_1-I_2=131.22-104.97=26.25[\text{A}]$

　답　$26.25[\text{A}]$

---

04 역률개선 효과 – 전력손실 감소

배점 5

전용 배전선에서 $800[\text{kW}]$ 역률 0.8의 한 부하에 공급할 경우 배전선 전력손실은 $90[\text{kW}]$이다. 지금 이 부하와 병렬로 $300[\text{kVA}]$의 콘덴서를 시설할 때 배전선의 전력손실은 몇 $[\text{kW}]$인가?

> **모범답안** **계산과정**

① 부하의 지상 무효전력 : $P_{r1}=P\times\tan\theta=800\times\dfrac{0.6}{0.8}=600[\text{kVar}]$

② 콘덴서 설치시 무효전력 : $P_{r2}=P_{r1}-Q=600-300=300[\text{kVar}]$

③ 개선 후 역률 : $\cos\theta_2=\dfrac{P}{\sqrt{P^2+P_{r2}^{\,2}}}=\dfrac{800}{\sqrt{800^2+300^2}}=0.94$

④ 개선 후 전력손실 : $P_{l2}=P_{l1}\times\left(\dfrac{\cos\theta_1}{\cos\theta_2}\right)^2=90\times\left(\dfrac{0.8}{0.94}\right)^2=65.19[\text{kW}]$

　답　$65.19[\text{kW}]$

Chapter 10. 전력용콘덴서

> **참고**
>
> 전력손실은 $P_{l} \propto \dfrac{1}{\cos^2\theta}$ 이므로
>
> $\dfrac{P_{l2}}{P_{l1}} = \dfrac{\dfrac{1}{\cos^2\theta_2}}{\dfrac{1}{\cos^2\theta_1}} = \dfrac{\cos^2\theta_1}{\cos^2\theta_2} = \left(\dfrac{\cos\theta_1}{\cos\theta_2}\right)^2$ → 개선 후 전력 손실 : $P_{l2} = P_{l1} \times \left(\dfrac{\cos\theta_1}{\cos\theta_2}\right)^2$

05 역률개선 - 부하[kVA] 감소

배점 5

역률 80[%], 500[kVA]의 부하를 가지는 변압설비에 150[kVA]의 콘덴서를 설치해서 역률을 개선하는 경우 변압기에 걸리는 부하는 몇 [kVA]인지 계산하시오.

모범답안 **계산과정**

① 부하의 지상무효전력 $P_{r1} = P_a \times \sin\theta = 500 \times 0.6 = 300[\text{kVar}]$

② 콘덴서 설치시 무효전력 $P_{r2} = P_{r1} - Q = 300 - 150 = 150[\text{kVar}]$

③ 부하의 유효전력 $P = P_a \cdot \cos\theta = 500 \times 0.8 = 400[\text{kW}]$

④ 변압기에 걸리는 부하의 크기 : $P_a = \sqrt{P^2 + P_{r2}^2} = \sqrt{400^2 + 150^2} = 427.2[\text{kVA}]$

답 427.2[kVA]

> **참고**
>
> 역률 개선시 현재 부하의 유효분[kW]은 변하지 않지만, 부하의 지상무효분[kVar]이 감소하므로 부하의 피상분[kVA]은 감소한다. 한편, 부하의 역률을 개선할지라도 변압기 용량[kVA] 자체는 변하지 않는다. 그러나 부하의 피상분이 감소한 만큼 부하설비를 증설할 수 있다.

06 역률개선 – 부하여유 증가

배점 5

송전용량 5000[kVA]인 설비가 있을 때 공급 가능한 용량은 부하 역률 80[%]에서 4000[kW]까지이다. 여기서, 부하 역률을 95[%]로 개선하는 경우 역률 개선 전(80[%])에 비하여 추가 공급 가능한 용량[kW]을 구하시오.

모범답안 계산과정

- 역률개선 후 공급가능 용량 $P' = P_a \cos\theta = 5000 \times 0.95 = 4750[kW]$
- 추가 공급 가능한 용량 $\triangle P = 4750 - 4000 = 750[kW]$

답   750[kW]

07 역률개선 – 부하여유 증가

배점 6

전동기를 제작하는 어떤 공장에 700[kVA]의 변압기가 설치되어 있다. 이 변압기에 역률 65[%]의 부하 700[kVA]가 접속되어 있다고 할 때, 이 부하와 병렬로 전력용 콘덴서를 접속하여 합성 역률을 90[%]로 유지하려고 한다. 다음 각 물음에 답하시오.

(1) 전력용 콘덴서의 용량은 몇 [kVA]가 필요한가?
  - 계산과정 :   - 답 :

(2) 이 변압기에 부하는 몇 [kW] 증가시켜 접속할 수 있는가?
  - 계산과정 :   - 답 :

모범답안 계산과정

(1) $Q = P \times \left(\dfrac{\sqrt{1-\cos^2\theta_1}}{\cos\theta_1} - \dfrac{\sqrt{1-\cos^2\theta_2}}{\cos\theta_2} \right)$

$= 700 \times 0.65 \times \left(\dfrac{\sqrt{1-0.65^2}}{0.65} - \dfrac{\sqrt{1-0.9^2}}{0.9} \right) = 311.59[kVA]$

답   311.59[kVA]

(2) $\triangle P = P_a \times (\cos\theta_2 - \cos\theta_1) = 700 \times (0.9 - 0.65) = 175[kW]$

답   175[kW]

08 역률개선 – 부하여유 증가

배점 5

정격 용량 100[kVA]인 변압기에서 지상 역률 60[%]의 부하에 100[kVA]를 공급하고 있다. 역률 90[%]로 개선하여 변압기의 전용량까지 부하에 공급하고자 한다. 다음 각 물음에 답하시오.
(단, 증가 되는 부하의 역률은 1이라고 한다.)

(1) 소요되는 전력용 콘덴서의 용량은 몇 [kVA]인가?
   ◦ 계산과정 :   ◦ 답 :
(2) 역률 개선에 따른 유효전력의 증가분은 몇 [kW]인가?
   ◦ 계산과정 :   ◦ 답 :

모범답안 계산과정

(1) ① 역률 개선 전 무효전력 : $P_{r1} = P_a \times \sin\theta_1 = 100 \times 0.8 = 80$[kVar]
   ② 역률 개선 후 무효전력 : $P_{r2} = P_a \times \sin\theta_2 = 100 \times \sqrt{1-0.9^2} = 43.59$[kVar]
   ③ 콘덴서 용량 : $Q = P_{r1} - P_{r2} = 80 - 43.59 = 36.41$[kVA]   답 36.41[kVA]

(2) ※ '역률 개선에 따른 유효전력의 증가분'의 의미는 역률을 개선함으로 부하를 추가로 증설할 수 있는 부하의 여유증가분을 묻는 문제이다.
   유효전력 증가분 $\Delta P = P_a \times (\cos\theta_2 - \cos\theta_1) = 100 \times (0.9 - 0.6) = 30$[kW]
                                                         답 30[kW]

POINT 유효전력의 증가분

증설되는 부하의 역률은 1이라고 가정했기 때문에 기존부하의 지상무효분만을 고려한다. 콘덴서를 설치했으므로, 부하의 남은 지상무효분은 43.59[kVar]이다. 변압기 전용량까지 부하에 공급하므로, 변압기 용량 100[kVA]를 기준으로 아래와 같이 계산할 수도 있다.

$$100 = \sqrt{(60 + \Delta P)^2 + 43.59^2} \rightarrow \Delta P = 30[kW]$$

즉, 증설되는 부하의 역률이 1인 경우 30[kW]까지의 부하를 증설할 수 있다는 의미이다. 만약에 증설되는 부하의 역률이 1이 아닌 경우 증설되는 부하의 무효분까지 고려한다.

09 역률개선 – 부하여유 증가

배점 5

500[kVA]의 변압기에 역률 80[%]인 부하 500[kVA]가 접속되어 있다. 지금 변압기에 전력용 콘덴서 150[kVA]를 설치하여 변압기의 전용량까지 사용하고자 할 경우 증가시킬 수 있는 유효전력은 몇 [kW]인가? (단, 증가 되는 부하의 역률은 1이라고 한다.)

모범답안 **계산과정**

① 기존부하의 용량[kW]+증가분[kW]=500×0.8+증가분[kW]=400+ΔP[kW]

② 콘덴서 설치 후 무효전력=부하의 무효전력−Q=500×0.6−150=150[kVar]
※ 변압기의 용량[kVA] 그 자체는 변하지 않는다.

③ $500=\sqrt{(400+\Delta P)^2+150^2}$
여기서, 유효전력 증가분 ΔP를 구하면 아래와 같다.
$500^2=(400+\Delta P)^2+150^2$ → ∴ $\Delta P=\sqrt{500^2-150^2}-400=76.97$[kW]

답 76.97[kW]

10 전동기의 최소역률

배점 7

용량이 1000[kVA] 변압기에 200[kW], 500[kVar] 부하와 역률 0.8(지상) 400[kW] 부하를 연결하여 전력을 공급하고 있다. 여기에 350[kVar] 콘덴서를 연결한다고 할 때 다음 물음에 답하시오.

(1) 콘덴서 설치 전 부하 합성 역률을 구하시오
  ◦계산과정 :   ◦답 :

(2) 콘덴서 설치 후 변압기가 과부하 되지 않는 한도에서 200[kW] 전동기를 설치하려고 한다. 전동기의 역률은 최소 몇 이상이어야 하는가?
  ◦계산과정 :   ◦답 :

(3) 전동기 추가 설치 후 합성 역률을 구하시오
  ◦계산과정 :   ◦답 :

모범답안 **계산과정**

(1) 콘덴서 설치 전 부하 합성 역률

① 각 부하의 무효전력 $P_{r1}=500[\text{kVar}]$, $P_{r2}=400\times\dfrac{0.6}{0.8}=300[\text{kVar}]$

② 합성역률 $\cos\theta=\dfrac{200+400}{\sqrt{(200+400)^2+(500+300)^2}}\times100=60[\%]$ 답 60[%]

(2) 과부하 되지 않기 위한 추가로 설치될 전동기(200[kW])의 최소 역률

200[kW] 전동기를 설치할 경우 전동기의 합성유효전력은 800[kW](200+400+200=800)이다. 한편, 변압기가 과부하 되지 않아야 하므로 전동기 설치 후 합성무효전력은 최대 600[kVar]($\sqrt{1000^2-800^2}=600$)이하로 되어야 한다.

① $600=500+300-350+P_{rm}[\text{kVar}]$
② 전동기의 지상 무효전력 : $P_{rm}=600-450=150[\text{kVar}]$ 이하
③ 추가로 설치하는 전동기의 역률 $\cos\theta=\dfrac{200}{\sqrt{200^2+150^2}}\times100=80[\%]$ 답 80[%]

(3) 합성 역률 $\cos\theta=\dfrac{800}{\sqrt{800^2+(450+150)^2}}\times100=80[\%]$ 답 80[%]

11 부하의 역률개선

배점 10

정격용량 500[kVA]의 변압기에서 배전선의 전력손실은 40[kW], 부하 L_1, L_2에 전력을 공급하고 있다. 지금 그림과 같이 전력용 콘덴서를 기존 부하의 병렬로 연결하여 합성 역률을 90[%]로 개선하고 새로운 부하를 증설하려고 할 때 다음 물음에 답하시오. (단, 여기서 부하 L_1은 역률 60[%], 180[kW]이고, 부하 L_2의 전력은 120[kW], 160[kVar]이다.)

(1) 부하 L_1과 L_2의 합성용량[kVA]과 합성역률은?
　① 합성용량
　　∘계산과정 :　　　　　　　　　　　　　　　　∘답 :
　② 합성역률
　　∘계산과정 :　　　　　　　　　　　　　　　　∘답 :
(2) 합성 역률을 90[%]로 개선하는 데 필요한 콘덴서 용량(Q)는 몇 [kVA]인가?
　∘계산과정 :　　　　　　　　　　　　　　　　∘답 :
(3) 역률 개선시 배전선의 전력손실은 몇 [kW]인가?
　∘계산과정 :　　　　　　　　　　　　　　　　∘답 :
(4) 역률 개선시 변압기 용량의 한도까지 부하설비를 증설하고자 할 때 증설 부하용량은 몇 [kVA]인가? (단, 증설되는 부하의 역률은 개선된 합성 역률과 같은 것으로 한다.)
　∘계산과정 :　　　　　　　　　　　　　　　　∘답 :

모범답안　계산과정

(1) ① 합성 유효전력 $P = 180 + 120 = 300[\text{kW}]$

② 합성 무효전력 $P_r = P_1 \times \tan\theta_1 + P_{r2} = 180 \times \dfrac{0.8}{0.6} + 160 = 400[\text{kVar}]$

③ 합성용량 $P_a = \sqrt{P^2 + P_r^2} = \sqrt{300^2 + 400^2} = 500[\text{kVA}]$　　답　500[kVA]

④ 합성역률 : $\cos\theta = \dfrac{300}{500} \times 100 = 60[\%]$　　답　60[%]

(2) $Q = P \times (\tan\theta_1 - \tan\theta_2) = 300 \times \left(\dfrac{0.8}{0.6} - \dfrac{\sqrt{1-0.9^2}}{0.9}\right) = 254.7[\text{kVA}]$

답　254.7[kVA]

(3) $P_{l2} = P_{l1} \times \left(\dfrac{\cos\theta_1}{\cos\theta_2}\right)^2 = 40 \times \left(\dfrac{0.6}{0.9}\right)^2 = 17.78[\text{kW}]$　　답　17.78[kW]

(4) $P_a = \sqrt{(P+P_{l2})^2 + (P_r - Q)^2} = \sqrt{(300+17.78)^2 + (400-254.7)^2} = 349.42[\text{kVA}]$

∴ $P_a' = 500 - 349.42 = 150.58[\text{kVA}]$　　답　150.58[kVA]

Chapter 10. 전력용콘덴서

12 역률개선 효과 – 전압강하 감소

배점: 9

수전단 전압이 $3000[\text{V}]$인 3상 3선식 배선선로의 수전단에 역률 0.8(지상)되는 $520[\text{kW}]$의 부하가 접속되어 있다. 이 부하에 동일 역률의 부하 $80[\text{kW}]$를 추가하여 $600[\text{kW}]$로 증가시키되 부하와 병렬로 전력용 콘덴서를 설치하여 수전단 전압 및 선로 전류를 일정하게 불변으로 유지하고자 할 때, 다음 각 물음에 답하시오. (단, 전선의 1선당 저항 및 리액턴스는 각각 $1.78[\Omega]$ 및 $1.17[\Omega]$이다.)

(1) 이 경우에 필요한 전력용 콘덴서 용량은 몇 [kVA]인가?
 ◦ 계산과정: ◦ 답:

(2) 부하 증가 전의 송전단 전압은 몇 [V]인가?
 ◦ 계산과정: ◦ 답:

(3) 부하 증가 후의 송전단 전압은 몇 [V]인가?
 ◦ 계산과정: ◦ 답:

모범답안 계산과정

(1) 수전단 전압 및 전류 일정 : $\dfrac{P_1}{\sqrt{3}\,V\cos\theta_1} = \dfrac{P_2}{\sqrt{3}\,V\cos\theta_2} \;\rightarrow\; \dfrac{P_1}{\cos\theta_1} = \dfrac{P_2}{\cos\theta_2}$

$\cos\theta_2 = \cos\theta_1 \times \dfrac{P_2}{P_1} = 0.8 \times \dfrac{600}{520} = 0.92$ 이므로, 역률이 0.92까지 개선되면 부하가 증설되더라도 부하전류는 일정하게 된다.

$Q = 600 \times \left(\dfrac{0.6}{0.8} - \dfrac{\sqrt{1-0.92^2}}{0.92}\right) = 194.4[\text{kVA}]$

답 194.4[kVA]

(2) $V_s = V_r + \sqrt{3}\,I(R\cos\theta + X\sin\theta)$

$= 3000 + \sqrt{3} \times \dfrac{520 \times 10^3}{\sqrt{3} \times 3000 \times 0.8} \times (1.78 \times 0.8 + 1.17 \times 0.6) = 3460.63[\text{V}]$

답 3460.63[V]

(3) $V'_s = V_r + \sqrt{3}\,I'(R\cos\theta + X\sin\theta)$

$V'_s = 3000 + \sqrt{3} \times \dfrac{600 \times 10^3}{\sqrt{3} \times 3000 \times 0.92} \times (1.78 \times 0.92 + 1.17 \times \sqrt{1-0.92^2}) = 3455.68[\text{V}]$

답 3455.68[V]

13 콘덴서의 결선방식

배점 6

40[kVA], 3상 380[V], 60[Hz]용 전력용 콘덴서의 결선방식에 따른 용량을 [μF]으로 구하시오.

(1) △결선인 경우 $C_1[\mu F]$
  ◦ 계산과정 :   ◦ 답 :

(2) Y결선인 경우 $C_2[\mu F]$
  ◦ 계산과정 :   ◦ 답 :

(3) 콘덴서는 어떤 결선으로 하는 것이 유리한지 쓰시오.

> **모범답안 계산과정**
>
> (1) $C_1 = \dfrac{Q}{3 \times \omega V^2} = \dfrac{40 \times 10^3}{3 \times 2 \times 3.14 \times 60 \times 380^2} \times 10^6 = 245.05[\mu F]$ 답 245.05[μF]
>
> (2) $C_2 = \dfrac{Q}{\omega V^2} = \dfrac{40 \times 10^3}{2 \times 3.14 \times 60 \times 380^2} \times 10^6 = 735.16[\mu F]$ 답 735.16[μF]
>
> (3) △결선

14 콘덴서의 결선방식

배점 5

3상 전원에 접속된 △결선의 콘덴서를 Y결선으로 바꿀 때 진상용량은 몇 배가 되는지 구하시오.

> **모범답안 계산과정**
>
> • △결선의 경우 진상용량 $Q = 3\omega C V^2$
> • Y결선의 경우 진상용량 $Q = \omega C V^2$
>
> 그러므로, △결선의 콘덴서를 Y결선으로 바꿀 때 진상용량(충전용량)은 1/3배가 된다.

15 콘덴서 용량 산출표

배점: 5

전동기 부하를 사용하는 곳은 역률 개선을 위하여 회로에 병렬로 역률 개선용 저압 콘덴서를 설치하여 전동기의 역률을 개선하여 90[%] 이상으로 유지하려고 한다. 주어진 표를 이용하여 다음 물음에 답하시오.

[표 1] [kW] 부하에 대한 콘덴서 용량 산출표

		개선 후의 역률													
		1.0	0.99	0.98	0.97	0.96	0.95	0.94	0.93	0.92	0.91	0.9	0.875	0.85	0.825	0.8
개선 전의 역률	0.4	230	216	210	205	201	197	194	190	187	184	182	175	168	161	155
	0.425	213	198	192	188	184	180	176	173	170	167	164	157	151	144	138
	0.45	198	183	177	173	168	165	161	158	155	152	149	143	136	129	123
	0.475	185	171	165	161	156	153	149	146	143	140	137	130	123	116	110
	0.5	173	159	153	148	144	140	137	134	130	128	125	118	111	104	93
	0.525	162	148	142	137	133	129	126	122	119	117	114	107	100	93	87
	0.55	152	138	132	127	123	119	116	112	109	106	104	97	90	83	77
	0.575	142	128	122	117	114	110	106	103	99	96	94	87	80	73	67
	0.6	133	119	113	108	104	101	97	94	91	88	85	78	71	65	58
	0.625	125	111	105	100	96	92	89	85	82	79	77	70	63	56	50
	0.65	116	103	97	92	88	84	81	77	74	71	69	62	55	48	42
	0.675	109	95	89	84	80	76	73	70	66	64	61	54	47	40	34
	0.7	102	88	81	77	73	69	66	62	59	56	54	46	40	33	27
	0.725	95	81	75	70	66	62	59	55	52	49	46	39	33	26	20
	0.75	88	74	67	63	58	55	52	49	45	43	40	33	26	19	13
	0.775	81	67	61	57	52	49	45	42	39	36	33	26	19	12	6.5
	0.8	75	61	54	50	46	42	39	35	32	29	27	19	13	6	
	0.825	69	54	48	44	40	36	32	29	26	23	21	14	7		
	0.85	62	48	42	37	33	29	26	22	19	16	14	7			
	0.875	55	41	35	30	26	23	19	16	13	10	7				
	0.9	48	34	28	23	19	16	12	9	6	2.8					

[표 2] 저압(200[V])용 콘덴서 규격표, 정격 주파수 : 60[Hz]

상수	단상 및 3상								
정격용량[μF]	10	15	20	30	40	50	75	100	150

(1) 정격전압 200[V], 정격출력 7.5[kW], 역률 80[%]인 전동기의 역률을 90[%]로 개선하고자 하는 경우 필요한 3상 콘덴서의 용량[kVA]을 구하시오.
  ◦ 계산과정 :   ◦ 답 :

(2) 물음 "(1)"에서 구한 3상 콘덴서의 용량[kVA]을 [μF]로 환산한 용량으로 구하고, "[표 2] 저압(200[V]용) 콘덴서 규격표"를 이용하여 적합한 콘덴서를 선정하시오. (단, 정격주파수는 60[Hz]로 계산하며, 용량은 최소치를 구하도록 한다.)
  ◦ 계산과정 :   ◦ 답 :

모범답안 계산과정

(1) 표 1에서 계수 $K=27[\%]$이고, 단위법으로는 0.27이다.
   콘덴서 용량 $Q=KP=0.27\times 7.5=2.03[\text{kVA}]$ **답** 2.03[kVA]

(2) Y결선시의 콘덴서 용량 $Q=\omega CV^2$이며, 정전용량으로의 환산은 아래와 같다.
   $C=\dfrac{Q}{\omega V^2}\times 10^6[\mu\text{F}]=\dfrac{2030}{2\pi\times 60\times 200^2}\times 10^6=134.62[\mu\text{F}]$ **답** 150[μF] 선정

POINT 콘덴서의 정전용량[μF]

① Y결선 : $C=\dfrac{Q}{\omega V^2}=\dfrac{Q[\text{VA}]}{2\pi f\times V^2[\text{V}]}\times 10^6[\mu\text{F}]$

② △결선 : $C=\dfrac{Q}{3\omega V^2}=\dfrac{Q[\text{VA}]}{6\pi f\times V^2[\text{V}]}\times 10^6[\mu\text{F}]$

11 직렬리액터(SR)

01 콘덴서 부속설비

배점 4

전력용 콘덴서의 부속설비인 방전코일과 직렬리액터의 사용 목적과 약호를 쓰시오.

(1) 방전코일 사용 목적 :   ◦ 약호 :
(2) 직렬리액터 사용 목적 :   ◦ 약호 :

모범답안

(1) 잔류전하를 방전시켜 감전사고를 방지   ◦ 약호 : DC
(2) 제 5고조파를 제거하여 파형 개선   ◦ 약호 : SR

▶참고 직렬리액터 역할

회로의 전압은 주로 변압기의 자기포화에 의하여 변형이 일어나는데 (전력용콘덴서)를 접속함으로서 이 변형이 확대되는 경우가 있어 전동기, 변압기 등의 소음증대, 계전기의 오동작 또는 기기의 손실이 증대 되는 등의 장해를 일으키는 경우가 있다. 이러한 장해의 발생 원인이 되는 전압파형의 찌그러짐을 개선할 목적으로 (전력용콘덴서)와 (직렬)로 (리액터)를 설치한다. 직렬리액터 역할 4가지를 정리하면 아래와 같다.

◦ 전압·전류파형의 왜곡 감소
◦ 콘덴서 개방시 과전압 억제
◦ 콘덴서 투입시 돌입전류 억제
◦ 콘덴서로 유입되는 고조파 억제

POINT 콘덴서 투입시 현상

콘덴서가 완전 방전 상태에서 투입될 경우 순간적으로 단락상태가 되어 전류는 계통의 리액턴스에 의해서만 제한되므로 큰 돌입전류 발생한다.

$$I = I_n \times \left(1 + \sqrt{\dfrac{X_C}{X_L}}\right)$$

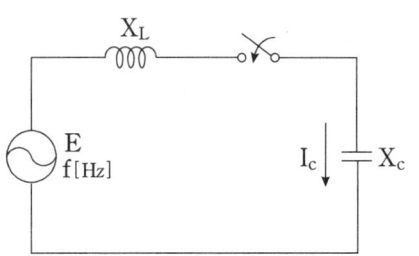

02 콘덴서·부속설비 계통도

배점 5

다음 그림은 전력계통의 일부를 나타낸 것이다. 다음 물음에 답하시오.

(1) ①, ②, ③의 회로를 완성하시오.
(2) ①, ②, ③의 명칭을 한글로 쓰시오.
   ① (   )
   ② (   )
   ③ (   )
(3) ①, ②, ③의 설치 사유를 쓰시오.
   ① (   )
   ② (   )
   ③ (   )

모범답안

(1)

(2) ① 방전코일   ② 직렬 리액터   ③ 전력용 콘덴서

(3) ① 콘덴서의 잔류전하를 방전시켜 감전사고 방지
    ② 제 5고조파를 제거하여 파형 개선
    ③ 역률 개선

03 직렬리액터 용량 산정

배점 5

다음은 콘덴서회로에서 고조파를 감소시키기 위한 직렬리액터 회로이다. 다음 물음에 답하시오.

(1) 제5고조파를 감소시키기 위한 리액터의 용량은 콘덴서의 몇 [%] 이상이어야 하는지 쓰시오.
(2) 설계 시 주파수 변동이나 경제성을 고려하여 리액터의 용량은 콘덴서의 몇 [%] 정도를 표준으로 하고 있는지 쓰시오.
(3) 제3고조파를 감소시키기 위한 리액터의 용량은 콘덴서의 몇 [%] 이상이어야 하는지 쓰시오.

모범답안

(1) 4[%]
(2) 6[%]
(3) 11[%]

POINT 제 3고조파 제거 직렬리액터 용량

제 3고조파를 제거하기 위한 직렬리액터의 용량 근거식은 아래와 같다.

$$3\omega L = \frac{1}{3\omega C} \rightarrow \omega L = \frac{1}{9 \times \omega C} \rightarrow \omega L = 0.11 \times \frac{1}{\omega C}$$

제 3고조파를 감소시키기 위한 직렬리액터의 이론상 용량은 콘덴서 용량의 11[%] 이상이어야 한다. 한편, 제 3고조파를 감소시키기 위한 직렬리액터의 실질적으로 설치하는 용량은 콘덴서 용량의 13[%]정도를 사용한다.

04 직렬리액터 용량 산정

배점 9

어떤 공장에서 역률 0.6, 용량 300[kVA]인 3상 평형 유도 부하가 사용되고 있다고 한다. 이 부하에 병렬로 전력용 콘덴서를 설치하여 합성 역률을 95[%]로 개선한다고 할 때 다음 각 물음에 답하시오.

(1) 전력용 콘덴서의 용량은 몇 [kVA]가 필요하겠는가?
  ◦ 계산과정 :   ◦ 답 :

(2) 잔류 전하를 방전시키기 위하여는 전력용 콘덴서에는 무엇이 있어야 하는가?

(3) 전력용 콘덴서에 직렬리액터를 설치하는 이유는 무엇인지를 설명하고 합성 역률을 95[%]로 개선할 때 직렬리액터는 이론상 몇 [kVA]가 필요하며, 실제로는 몇 [kVA]를 사용하는지를 설명하시오.
  ◦ 설치 이유 :
  ◦ 이론상 용량 :
  ◦ 실제의 용량 :

모범답안 계산과정

(1) 콘덴서 용량

$$Q = P \times \left(\frac{\sqrt{1-\cos^2\theta_1}}{\cos\theta_1} - \frac{\sqrt{1-\cos^2\theta_2}}{\cos\theta_2} \right)$$

$$= 300 \times 0.6 \times \left(\frac{\sqrt{1-0.6^2}}{0.6} - \frac{\sqrt{1-0.95^2}}{0.95} \right) = 180.84 [\text{kVA}]$$

답 180.84[kVA]

(2) 방전 코일

(3) ◦ 설치이유 : 제5고조파의 제거
  ◦ 이론상 용량 : $180.84 \times 0.04 = 7.23 [\text{kVA}]$
  ◦ 실제의 용량 : $180.84 \times 0.06 = 10.85 [\text{kVA}]$

05 콘덴서 투입시 돌입전류

배점 4

콘덴서 회로에 고조파의 유입으로 인한 사고를 방지하기 위하여 콘덴서 용량의 13[%]인 직렬리액터를 설치하고자 한다. 이 경우 투입시의 전류는 콘덴서의 정격전류(정상시 전류)의 몇 배의 전류가 흐르게 되는지 구하시오.

모범답안 계산과정

콘덴서 투입시 돌입전류

$$I = I_n \times \left(1 + \sqrt{\frac{X_C}{X_L}}\right) = I_n \times \left(1 + \sqrt{\frac{X_C}{0.13 X_C}}\right) = I_n \times \left(1 + \sqrt{\frac{1}{0.13}}\right) = 3.77 I_n$$

답 3.77배

12 보호계전기 및 계측기

01 계전기 심벌

배점 5

다음 계전기의 심벌을 보고 이의 명칭을 쓰시오.

(1) UV (2) OC (3) OV
(4) P   (5) OL (6) GR

모범답안
(1) 부족전압 계전기 (2) 과전류 계전기 (3) 과전압 계전기
(4) 전력 계전기   (5) 과부하 계전기 (6) 지락 계전기

▶ 참고

□는 릴레이를 의미한다.

02 계전기의 한시특성 그래프

배점 4

그림의 그래프 특성을 갖는 계전기의 명칭을 쓰시오.

모범답안
① 순한시형 계전기　　　　② 정한시형 계전기
③ 반한시성 정한시형 계전기　　④ 반한시 계전기

03 OCR의 탭·레버

배점 5

변압기 보호를 위하여 과전류 계전기의 탭(Tap)과 레버(Lever)를 정정하였다고 한다. 과전류 계전기에서 탭(Tap)과 레버(Lever)는 각각 무엇을 정정하는지를 쓰시오.

모범답안
- 탭 : 과전류 계전기의 최소 동작 전류
- 레버 : 과전류 계전기의 동작 시간

04 과전류 계전기 탭선정

배점 5

3상 4선식 22.9[kV] 수전설비의 부하전류가 30[A]이다. 60/5[A]의 변류기를 통하여 과부하 계전기를 시설하였다. 120[%]의 과부하에서 차단기를 동작시키려면 과부하 트립 전류값은 몇 [A]로 설정해야 하는가?

모범답안　계산과정

탭 설정 I_{tap}=CT 1차측 전류×CT 역수비×선정비 ➡ $I_{tap}=30\times\dfrac{5}{60}\times1.2=3[A]$

답　3[A]

▶참고　과전류 계전기 탭
2[A], 3[A], 4[A], 5[A], 6[A], 7[A], 8[A]

05 과전류 계전기 동작특성

배점 10

자가용 전기설비의 수변전설비 단선도 일부이다. 과전류 계전기와 관련된 다음 각 물음에 답하시오.

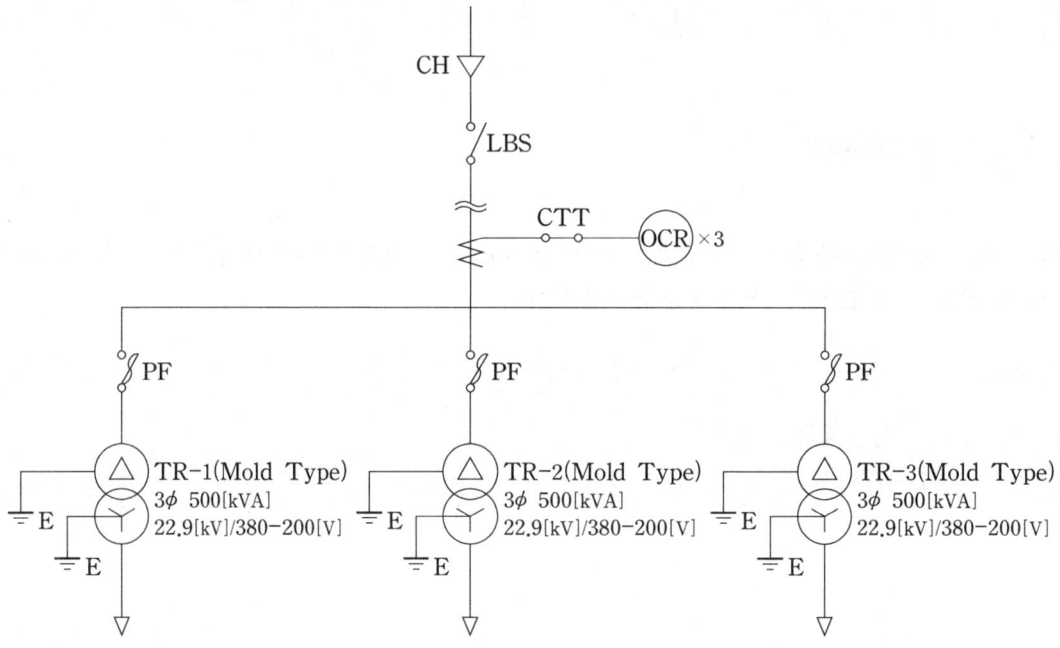

1. 계전기 타입 : 유도원판형
2. 동작 특성 : 반한시
3. Tap Range : 한시 3~9[A](3, 4, 5, 6, 7, 8, 9)
4. Lever : 1~10

[계기용 변류기 정격]

1차 정격전류[A]	20, 25, 30, 40, 50, 75
2차 정격전류[A]	5

(1) OCR의 한시 Tap을 설정하시오.
   (단, CT비는 최대부하전류의 125[%], 정정기준은 변압기 정격전류의 150[%]이다.)

(2) OCR의 순시 Tap을 선정하시오.
   (단, 정정기준은 변압기 1차측 단락사고에 동작하고, 변압기 2차측 단락사고 및 여자돌입전류에는 동작하지 않도록 변압기 2차 3상 단락전류의 150[%] Setting, 변압기 2차 3상 단락전류는 20087[A]이다.)

(3) 유도원판형 계전기의 Lever는 무슨 의미인지 쓰시오.

(4) OCR의 동작특성 중 반한시 특성이란 무엇인지 쓰시오.

모범답안 계산과정

(1) CT비를 먼저 선정한 후 OCR의 한시 탭을 설정한다.
   ① CT비 선정 $I_{CT} = \dfrac{1500}{\sqrt{3} \times 22.9} \times 1.25 = 47.25[A]$ → 50/5 선정
   ② 한시 탭 설정 I_{tap} = CT 1차측 전류 × CT 역수비 × 선정비
   $= \dfrac{1500}{\sqrt{3} \times 22.9} \times \dfrac{5}{50} \times 1.5 = 5.67$ 　　답　6[A]

(2) 변압기 1차측 단락전류를 계산한 후 OCR의 순시 탭을 설정한다.
   ① $I_s = 20087 \times 1.5 \times \dfrac{380}{22900} = 499.98[A]$
   ② 순시 탭 설정 $I_{tap} = 499.98 \times \dfrac{5}{50} = 50[A]$ 　　답　50[A]

(3) 과전류 계전기의 동작시간

(4) 고장전류의 크기에 반비례하여 동작하는 특성

06 전력량계 결선 – 3상 3선식

배점 5

계기용 변압기(2개)와 변류기(2개)를 부속하는 3상 3선식 전력량계를 결선하시오. (단, 1, 2, 3은 상순을 표시하고, P1, P2, P3은 계기용 변압기에 1S, 1L, 3S, 3L은 변류기에 접속하는 단자이다.)

1 _____
2 _____
3 _____

모범답안

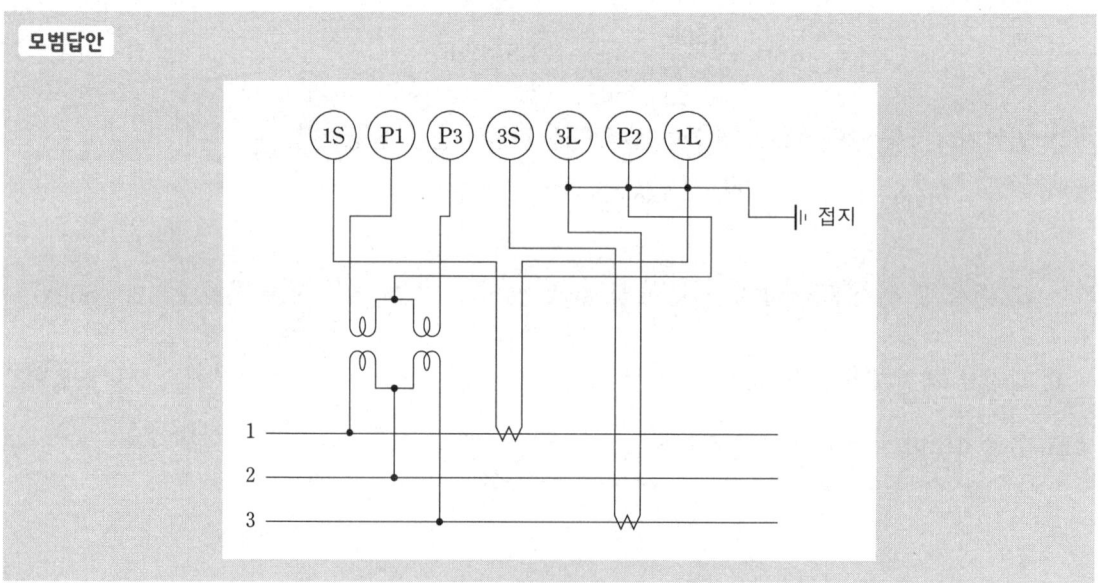

07 전력량계 결선 - 3상 3선식

배점 5

그림은 3상 3선식 적산전력계의 결선도(계기용변압기 및 변류기를 시실하는 경우)를 나타낸 것이다. 미완성 부분의 결선도를 완성하시오. (단, 접지가 필요한 곳에는 접지 표시를 하도록 한다.)

모범답안

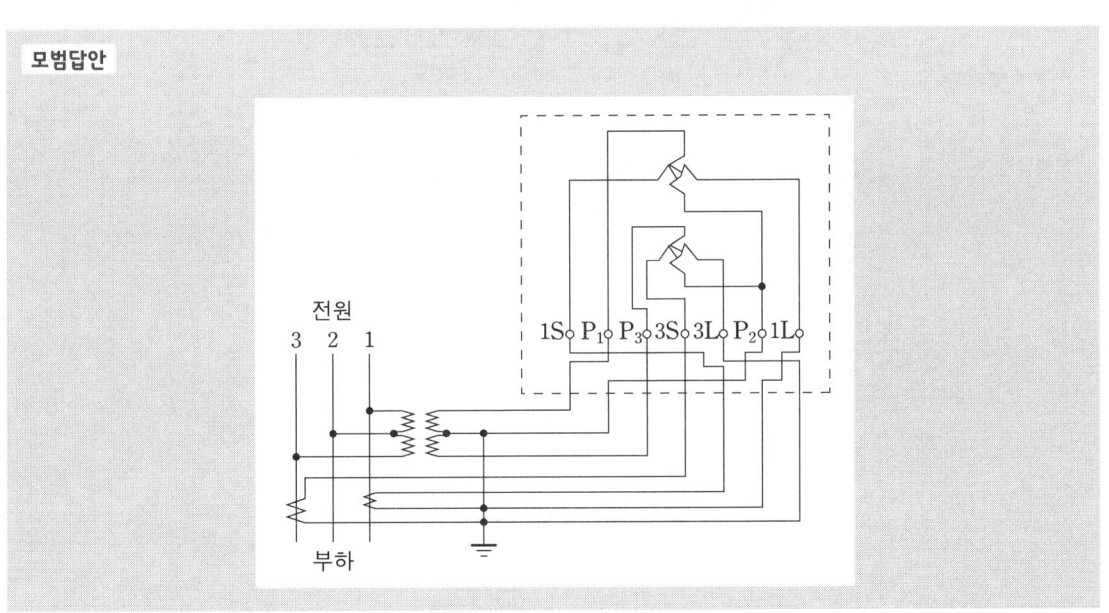

08 전력량계 결선 – 3상 4선식

배점 5

답안지의 그림은 3상 4선식 전력량계의 결선도를 나타낸 것이다. PT와 CT를 사용하여 미완성 부분의 결선도를 완성하시오.

모범답안

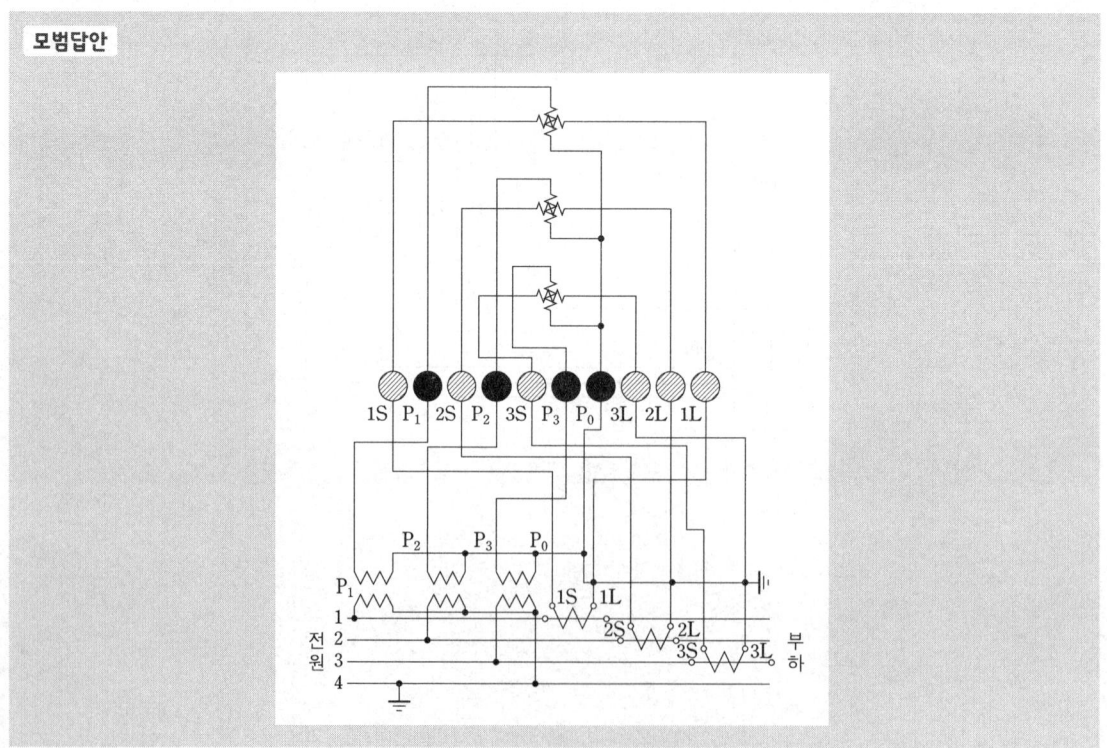

09 전력량계 결선 – 3상 4선식

배점 8

그림은 3φ4W Line에 WHM을 접속하여 전력량을 적산하기 위한 결선도이다. 다음 물음에 답하여라.

(1) WHM가 정상적으로 적산이 가능하도록 변성기를 추가하여 결선도를 완성하여라.
   (단, 결선과 함께 접지가 필요한 곳은 함께 표시하시오.)

(2) 필요한 PT비율은?

(3) WHM의 승률은? (단, CT비는 300/5, rpm＝계기 정수×전력)
   ◦ 계산과정 :   ◦ 답 :

(4) 전력량계의 형식표기 중 5(2.5)[A]는 어떤 전류를 의미하는지 각 수치에 대하여 각각 설명하시오.
   ◦ 5[A] :   ◦ 2.5[A] :

모범답안 **계산과정**

(1)

(2) $PT = \dfrac{220}{110}$

(3) 승률 $= PT \times CT = \dfrac{220}{110} \times \dfrac{300}{5} = 120$[배]   **답** 120[배]

(4) ◦ 5[A] : 정격전류   ◦ 2.5[A] : 기준전류

> **참고** Ⅱ형 계기

정격전류가 기준전류의 2배가 되는 기기를 Ⅱ형 계기라 한다. Ⅱ형 계기는 정격전류의 1/20까지 계기가 갖고 있는 오차율을 보장한다는 의미로, 상기 조건의 경우 0.25[A]~5[A] 범위 내에서는 허용오차 범위 정밀도를 유지한다는 뜻이다.

10 전력량계 - 잠동현상

배점 6

교류용 적산전력계에 대한 다음 각 물음에 답하시오.

(1) 잠동(creeping) 현상에 대하여 설명하고 잠동을 막기 위한 유효한 방법을 2가지만 쓰시오.
- 잠동(creeping) 현상 :
- 방지대책 :

(2) 적산전력계가 구비해야 할 전기적, 기계적 및 성능상 특성을 5가지만 쓰시오.

모범답안

(1)
- 잠동(creeping) 현상 : 무부하 상태에서 정격 주파수 및 정격 전압의 110[%]를 인가하여 계기의 원판이 1회전 이상 회전하는 현상
- 방지대책
  - 원판에 작은 구멍을 뚫는다.
  - 원판에 작은 철편을 붙인다.

(2) ① 기계적 강도가 클 것
② 부하특성이 좋을 것
③ 과부하 내량이 클 것
④ 옥내 및 옥외에 설치가 적당할 것
⑤ 온도나 주파수 변화에 보상이 되도록 할 것

11 수전전력 계산

배점 5

3상 3선식 6[kV] 수전점에서 100/5[A] CT 2대, 6600/110[V] PT 2대를 정확히 결선하여 CT 및 PT의 2차측에서 측정한 전력이 300[W]라면 수전전력은 얼마겠는가?

모범답안 계산과정

수전전력(1차측 전력) = 측정전력(2차측 전력)[W] × PT비 × CT비 × 10^{-3}[kW]

$$= 300 \times \frac{6600}{110} \times \frac{100}{5} \times 10^{-3} = 360[kW]$$

답 360[kW]

12. 전력량계 원판 회전수

배점 5

계기 정수 2400[Rev/kWh]인 적산 전력량계를 500[W]의 부하에 접속하였다면 1분 동안에 원판은 몇 회전 하는지 구하시오.

모범답안 **계산과정**

분당 회전수 $N = \dfrac{P \times K}{60} = \dfrac{0.5 \times 2400}{60} = 20$회전/분

단, K는 계기 정수[Rev/kWh], P는 측정전력[kW], N은 분당 회전수

답 20회전

13. 전력량계 원판 회전수

배점 5

계기 정수 1200[Rev/kWh], 승률 1, 적산전력계의 원판이 50초에 12회전을 할 때, 평균전력은 몇 [kW]인지 계산하시오.

모범답안 **계산과정**

초당 회전수 $n = \dfrac{P \times K}{3600} \rightarrow P = \dfrac{n \times 3600}{K} = \dfrac{\frac{12}{50} \times 3600}{1200} = 0.72[kW]$

답 0.72[kW]

13 비율차동계전기(RDF)

01 비율차동계전기 – 발전기 보호

배점 10

그림은 발전기의 상간 단락 보호 계전 방식을 도면화한 것이다. 이 도면을 보고 다음 각 물음에 답하시오.

(1) 점선안의 계전기 명칭은?

(2) 동작 코일은 A, B, C 코일 중 어느 것인가?

(3) 발전기의 상간 단락이 생길 때 코일 C의 전류 i_d는 어떻게 표현되는가?

(4) 동기발전기를 병렬운전 시키기 위한 조건을 4가지만 쓰시오.

모범답안

(1) 비율차동계전기

(2) C 코일

(3) $i_d = |i_1 - i_2|$

(4) ① 기전력의 주파수가 같을 것
    ② 기전력의 위상이 같을 것
    ③ 기전력의 파형이 같을 것
    ④ 기전력의 크기가 같을 것

POINT 비율차동계전기 역할·원리

1차측과 2차측의 전류의 차로 동작하며 변압기, 발전기, 모선의 내부고장을 검출한다.

정상시 CT_1과 CT_2의 2차측 전류가 같기 때문에 동작코일에는 전류가 흐르지 않지만, 내부고장이 발생할 경우 CT_1과 CT_2 1차측 전류가 변화하여 2차측 전류가 변하게 되어 $I_d=|i_1-i_2|$인 차전류가 흐르게 된다.

구분	번호	구분
비율차동계전기	87	87T 87G 87B

02 비율차동계전기 - 제어번호

그림은 154[kV]를 수전하는 어느 공장의 수전설비 도면의 일부분이다. 이 도면을 보고 다음 각 물음에 답하시오.

(1) 그림에서 87과 51N의 명칭을 쓰시오.

(2) 154/22.9[kV] 변압기에서 FA 용량기준으로 154[kV]측의 전류와 22.9[kV]측의 전류는 몇 [A]인지 구하시오.
- 154 kV측
  - 계산과정 :   · 답 :
- 22.9kV측
  - 계산과정 :   · 답 :

(3) GCB에는 주로 절연재료로 어떤 가스를 사용하는지 쓰시오.

(4) △-Y 변압기의 복선도를 완성하시오.

모범답안 / 계산과정

(1) • 87 : 비율차동계전기
　　• 51N : 중성점 과전류계전기

(2) • 154[kV]측
$$I_{154}=\frac{P}{\sqrt{3}\,V}=\frac{40000}{\sqrt{3}\times 154}=149.96[\text{A}]$$
　　답　149.96[A]

　　• 22.9[kV]측
$$I_{22.9}=\frac{P}{\sqrt{3}\,V}=\frac{40000}{\sqrt{3}\times 22.9}=1008.47[\text{A}]$$
　　답　1008.47[A]

(3) 육불화유황(SF_6)가스

(4)

03 비율차동계전기 07 [기사진용] 배점 6

그림과 같이 차동계전기에 의하여 보호되고 있는 △-Y 결선 30[MVA], 33/11[kV] 변압기가 있다. 고장전류가 정격전류의 200[%] 이상에서 동작하는 계전기의 전류(i_r) 값은 얼마인가? (단, 변압기 1차측 및 2차측 CT의 변류비는 각각 500/5[A], 2000/5[A]이다.)

모범답안 · 계산과정

$i_p = \dfrac{30 \times 10^3}{\sqrt{3} \times 33} \times \dfrac{5}{500} = 5.25[A]$

▶참고 델타결선된 CT 2차측 전류는 선전류이며 선전류는 상전류 보다 $\sqrt{3}$ 배 크다.

$i_s = \dfrac{30 \times 10^3}{\sqrt{3} \times 11} \times \dfrac{5}{2000} \times \sqrt{3} = 6.82[A]$

$i_r = 2 \times |i_p - i_s| = 2 \times |5.25 - 6.82| = 3.14[A]$ 답 3.14[A]

04 비율차동계전기 결선 [기사전용] 배점 8

답안지의 그림은 1, 2차 전압이 66/22[kV]이고, Y-△ 결선된 전력용 변압기이다. 1, 2차에 CT를 이용하여 변압기의 차동 계전기를 동작시키려고 한다. 주어진 도면을 이용하여 다음 각 물음에 답하시오.

(1) CT와 차동 계전기의 결선을 주어진 도면에 완성하시오.
(2) 1차측 CT의 권수비를 200/5로 했을 때 2차측 CT의 권수비는 얼마가 좋은지를 쓰고, 그 이유를 설명하시오.
(3) 변압기를 전력 계통에 투입할 때 여자 돌입 전류에 의해 차동 계전기의 오동작을 방지하기 위하여 이용되는 차동 계전기의 종류(또는 방식)을 한 가지만 쓰시오.
(4) 우리나라에서 사용되는 CT의 극성은 일반적으로 어떤 극성의 것을 사용하는가?

모범답안

(1)

(2) • 권수비 : 600/5
   • 이유 : 변압기의 2차측 전압이 3배 작아지므로, 변압기의 2차측 전류는 3배가 커져야 한다.
(3) 고조파 억제법
(4) 감극성

05 비율차동계전기 - 모선보호 [기사전용]

우리나라 변전소 모선에서 단락사고에 대한 보호계전방식을 도면화한 것이다. 아래의 그림을 보고 다음 각 물음에 답하시오.

(1) 점선안의 계전기 명칭은?
(2) 계전기 코일 A, B, C의 명칭을 쓰시오.
(3) 모선에 단락고장이 생길 때 코일 C의 전류 I_c 크기를 구하는 관계식을 쓰시오.

모범답안

(1) 비율차동계전기

(2) A : 억제 코일, B : 억제 코일, C : 동작 코일

(3) $I_C = |(I_1 + I_2) - I_3|$

06 비율차동계전기 결선

배점 5

△ — Y 결선방식의 주변압기 보호에 사용되는 비율차동계전기의 간략화한 회로도이다. 주변압기 1차 및 2차측 변류기(CT)의 미결선된 2차 회로를 완성하시오.

모범답안

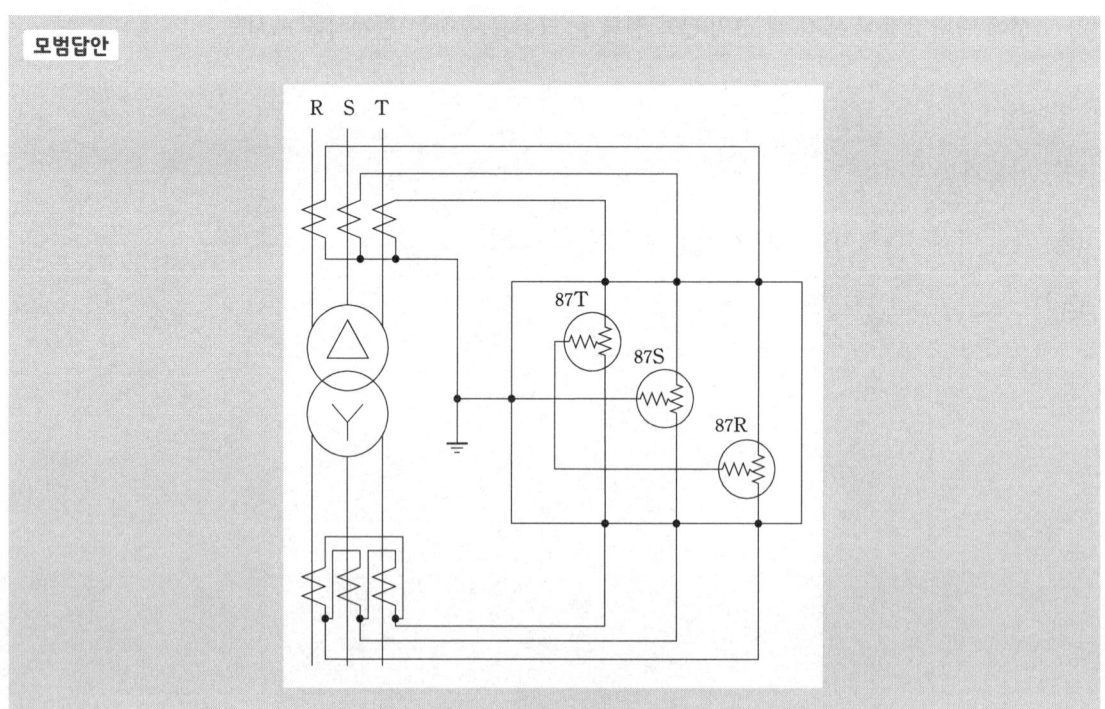

07 주보호 후비보호 기능

그림은 통상적인 단락, 지락 보호에 쓰이는 방식으로서 주보호와 후비보호의 기능을 지니고 있다. 도면을 보고 다음 각 물음에 답하시오.

(1) 사고점이 F_1, F_2, F_3, F_4라고 할 때 주보호와 후비보호에 대한 다음 표의 ( ) 안을 채우시오.

사고점	주보호	후비보호
F_1	OC_1+CB_1 And OC_2+CB_2	①
F_2	②	OC_1+CB_1 And OC_2+CB_2
F_3	OC_4+CB_4 And OC_7+CB_7	OC_3+CB_3 And OC_6+CB_6
F_4	OC_8+CB_8	OC_4+CB_4 And OC_7+CB_7

(2) 그림은 도면의 * 표 부분을 좀더 상세하게 나타낸 도면이다. 각 부분 ①~④에 대한 명칭을 쓰고, 보호 기능 구성상 ⑤~⑦의 부분을 검출부, 판정부, 동작부로 나누어 표현하시오.

(3) 답란의 그림 F_2 사고와 관련된 검출부, 판정부, 동작부의 도면을 완성하시오. (단, 질문 "(2)"의 도면을 참고하시오.)

(4) 자가용 전기 설비에 발전 시설이 구비되어 있을 경우 자가용 수용가에 설치되어야 할 계전기는 어떤 계전기인가?

모범답안

(1) ① $OC_{12}+CB_{12}$ And $OC_{13}+CB_{13}$
    ② $RDf_1+OC_4+CB_4$ And OC_3+CB_3

(2) ① 차단기   ② 변류기   ③ 계기용변압기   ④ 과전류계전기
    ⑤ 동작부   ⑥ 검출부   ⑦ 판정부

(3)

(4) ① 비율차동계전기   ② 부족전압계전기   ③ 과전류계전기
    ④ 과전압계전기   ⑤ 주파수계전기

14 특별고압 수전설비 결선도

01 개폐기 – ASS·RC·LS

배점 4

다음 물음에 답하시오.

(1) 과부하시 자동으로 개폐할 수 있는 고장구분 개폐기는?

(2) 가공배전선로 사고의 대부분은 조류 및 수목에 의한 접촉이나 강풍, 낙뢰 등에 의한 플래시 오버 사고로서 이런 사고 발생시 신속하게 고장구간을 차단하고 사고점의 아크를 소멸시킨 후 즉시 재투입이 가능한 개폐장치이다.

(3) 보안상 책임 분계점에서 보수 점검시 전로를 개폐하기 위하여 시설하는 것으로 반드시 무부하 상태에서 개방하여야 한다. 근래에는 ASS를 사용하며, 66[kV] 이상의 경우에 사용한다.

> **모범답안**
> (1) 자동고장 구분개폐기　　　　(2) 리클로저
> (3) 선로 개폐기

02 자동 부하 전환 개폐기

배점 6

ALTS(Auto Load Transfer Switch)에 대한 명칭 및 역할을 쓰시오.

① 명칭 :
② 역할 :

> **모범답안**
> ① 명칭 : 자동 부하 전환 개폐기
> ② 역할 : 이중 전원을 확보하여 주 전원이 정전되거나 기준전압 이하로 떨어진 경우 예비선로로 자동으로 전환되어 전원공급의 신뢰도를 높이는 개폐기이다.

> **POINT** 자동전환개폐기[ATS]
>
> 자동전환개폐기[ATS]는 변압기 2차측인 저압측(220/380[V])에 설치되어 정전이 발생하였을 경우 비상용발전기를 작동시켜 중요부하에 전원을 공급하는 개폐기이다.
>
>
> 비상용 발전기

03 특고압 수전설비 결선도

배점 11

CB 1차 측에 CT와 PT를 시설하는 경우의 특고압 수전설비 결선도이다. 다음 물음에 답하시오.

(1) 일반적으로 수전설비에서 LA의 공칭방전전류가 2500[A]이면 정격전압(①)[kV]가 사용되는데, 공칭방전전류가 5000[A]이면 정격전압(②)[kV]가 사용된다.

(2) LA용 DS는 생략할 수 있으며, 22.9[kV-Y]용의 LA에는 (③) 또는 (④)붙임형을 사용하여야 한다.

(3) 지중 인입선의 경우 22.9[kV-Y] 계통은 (⑤)케이블 또는 (⑥)를 사용하여야 한다.

(4) 여기에 사용할 수 있는 CB종류 3가지를 약호와 명칭을 정확히 쓰시오.

(5) MOF(PCT)의 역할에 대하여 쓰시오.

Chaptor 14. 특별고압 수전설비 결선도

> **모범답안**
> (1) ① 18[kV] ② 72[kV]
> (2) ③ Disconnector ④ Isolator
> (3) ⑤ CNCV-W ⑥ TR CNCV-W
> (4) 진공차단기(VCB), 공기차단기(ABB), 유입차단기(OCB),
> (5) PT와 CT를 함께 내장하여 고전압, 대전류를 저전압, 소전류로 변성하여 전력량계에 공급한다.

04 특고압 수전설비 결선도

배점 11

그림은 특고압 수전설비 표준 결선도의 미완성 도면이다. 이 도면에 대한 다음 각 물음에 답하시오.

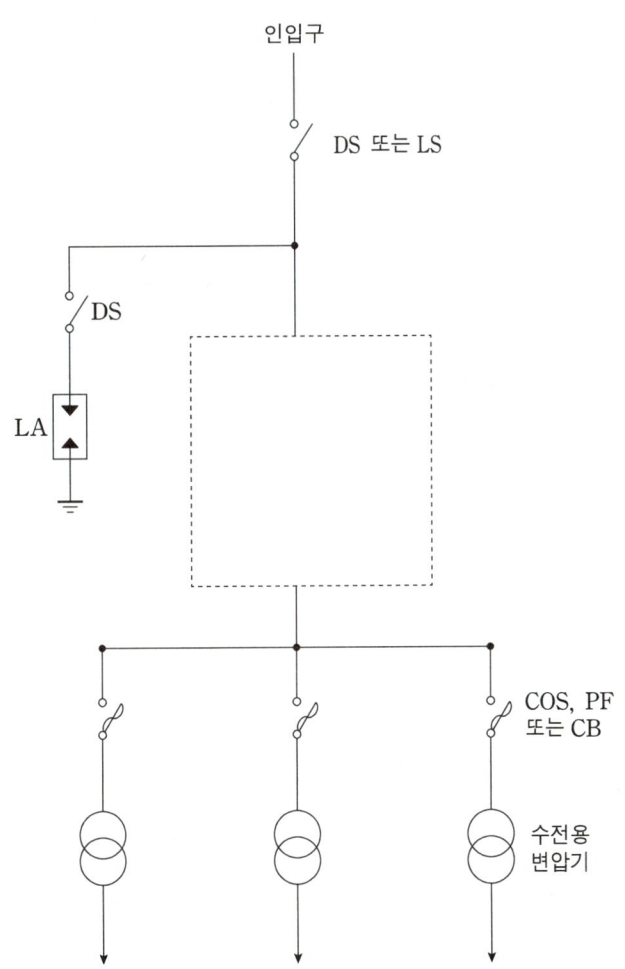

(1) 미완성 부분(점선내 부분)에 대한 결선도를 완성하시오.(단, 미완성인 부분만 작성하도록 하되, 미완성 부분에는 CB, GR, OCR×3, MOF, PT, CT, PF, COS, TC 등을 사용하도록 한다.)
(2) 사용 전압이 22.9[kV]라고 할 때 차단기의 트립 전원은 어떤 방식이 바람직한가?
(3) 수전 전압이 66[kV] 이상인 경우에는 DS 대신 어떤 것을 사용하여야 하는가?
(4) 인입선을 지중선으로 시설하는 경우로서 공동 주택등 사고시 정전 피해가 큰 수전 설비 인입선은 몇 회선으로 시설하는 것이 바람직한가?
(5) "(4)"항의 문제에서 22.9[kV-Y] 계통에서는 어떤 종류의 케이블을 사용하여야 하는가?

모범답안

(1)

(2) ① DC방식 ② CTD방식

(3) LS

(4) 2회선

(5) CNCV-W케이블(수밀형)

POINT 케이블의 종류

- CNCV-W : 동심 중성선 수밀형 전력케이블
- TR CNCV-W : 동심 중성선 수밀형 트리억제형 전력케이블
- FR CNCO-W : 동심 중성선 수밀형 저독성·난연성전력케이블

05 특고압 수전설비 결선도

특고압 가공 선신로(22.9[kV-Y])로부터 수전하는 어느 수용가의 특고압 수전설비의 단선 결선도이다. 다음 각 물음에 답하시오.

(1) ①~⑧에 해당되는 것의 명칭과 약호를 쓰시오.

(2) 동력부하의 용량은 300[kW], 수용률은 0.6, 부하역률이 80[%], 효율이 85[%]일 때 이 동력용 3상 변압기의 용량은 몇 [kVA] 인지를 계산하고, 주어진 변압기의 용량을 선정하시오.
(단, 변압기의 표준 정격 용량[kVA] : 200, 300, 400, 500)
  ◦계산과정 :   ◦답 :

(3) 냉방 부하용 터보 냉동기 1대를 설치하고자 한다. 냉동기에 설치된 전동기는 3상 농형유도전동기로 정격전압 3.3[kV], 정격출력 200[kW], 전동기의 역률 85[%], 효율 90[%]일 때 정격운전 시 부하전류는 얼마인가?
  ◦계산과정 :   ◦답 :

모범답안 **계산과정**

(1)

번 호	약 호	명 칭	번 호	약 호	명 칭
①	CH	케이블 헤드	②	DS	단로기
③	PT	계기용 변압기	④	CT	변류기
⑤	TC	트립코일	⑥	VS	저압계용 전환 개폐기
⑦	AS	전류계용 전환 개폐기	⑧	SC	전력용 콘덴서

(2) 변압기용량 = $\dfrac{\text{설비용량[kW]} \times \text{수용률}}{\text{역률} \times \text{효율}}$ [kVA]

$= \dfrac{300 \times 0.6}{0.8 \times 0.85} = 264.71$ [kVA]   답 300[kVA]

(3) 부하전류 $I = \dfrac{P}{\sqrt{3}\,V\cos\theta\eta} = \dfrac{200}{\sqrt{3} \times 3.3 \times 0.85 \times 0.9} = 45.74$ [A]   답 45.74[A]

06 특고압 수전설비 결선도

배점 11

다음 답안지의 미완성 도면을 보고 다음 각 물음에 답하시오.

(1) 주어진 단선 결선도에서 □ 표시한 ①~⑧까지의 기기에 대하여 표준 심벌을 사용하여 단선 결선도를 완성하시오.

(2) 주어진 단선도의 ②~⑧까지의 기기의 약호와 명칭의 표를 작성하고 그 용도 또는 역할에 대하여 간단히 설명하시오.

번호	약호	명 칭	용도 또는 역할
①	PF	전력용 퓨즈	단락전류 차단을 주목적으로 사용한다.
②			
③			
④			
⑤			
⑥			
⑦			
⑧			

모범답안

(1)

(2)

번호	약호	명칭	용도 또는 역할
①	PF	전력용 퓨즈	단락전류 차단을 주목적으로 사용한다.
②	MOF	전력 수급용 계기용 변성기	고전압·대전류를 저전압·소전류로 변성하여 전력량계에 공급한다.
③	LA	피뢰기	이상전압 내습시 뇌전류를 대지로 방전시키며 속류를 차단한다.
④	COS	컷아웃 스위치	기계기구를 과전류로부터 보호한다.
⑤	PT	계기용 변압기	고전압을 저전압으로 변성한다.
⑥	CT	변류기	대전류를 소전류로 변성한다.
⑦	OCR	과전류계전기	과전류에 의해 동작하며 차단기의 트립 코일을 여자시킨다.
⑧	CB	차단기	부하전류를 개폐할 수 있으며 고장 전류를 차단한다.

07 특고압 수전설비 결선도

배점 8

그림은 22.9[kV] 특고압 수전설비의 단선도이다. 이 도면을 보고 다음 각 물음에 답하시오.

(1) 노번에 표시되어 있는 다음 약호의 명칭을 우리말로 쓰시오.
　① ASS :　　　　　　　　　　　　② LA :
　③ VCB :　　　　　　　　　　　　④ DM :

(2) TR_1쪽의 부하 용량의 합이 300[kW]이고, 역률 및 효율이 각각 0.8, 수용률이 0.6이라면 TR_1 변압기의 용량은 몇 [kVA]가 적당한지를 계산하고 규격용량으로 답하시오.
　◦ 계산과정 :　　　　　　　　　　　　　　　　　　　◦ 답 :

(3) Ⓐ에는 어떤 종류의 케이블이 사용되는가?

(4) Ⓑ의 명칭과 기능은 무엇인가?
　◦ 명칭 :　　　　　　　　　　◦ 기능 :

(5) 변압기의 결선도를 복선도로 그리시오.

모범답안　계산과정

(1) ① ASS : 자동고장 구분개폐기　　② LA : 피뢰기
　③ VCB : 진공 차단기　　　　　　④ DM : 최대 수요전력량계

(2) $TR_1 = \dfrac{\text{설비용량} \times \text{수용률}}{\text{역률} \times \text{효율}} = \dfrac{300 \times 0.6}{0.8 \times 0.8} = 281.25[kVA]$　　　답　300[kVA] 선정

(3) CNCV-W 케이블(수밀형)

(4) ◦ 명칭 : 자동 절환 개폐기
　　◦ 기능 : 주전원이 정전될 경우 예비전원으로 자동으로 전환되어 무정전 전원공급을 수행

(5)
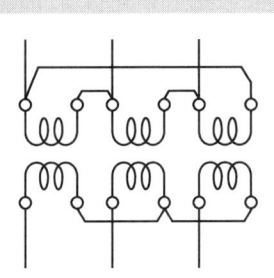

08 특고압 수전설비 결선도

배점 14

도면은 CB 1차측에 PT를 CB 2차측에 CT를 시설하는 경우에 대한 특고압 수전설비 결선도의 계통을 나타낸 미완성 도면이다. 이 도면을 이용하여 다음 각 물음에 답하시오.

(1) 점선으로 표시된 ☐ 안에 들어갈 기계기구의 그림기호를 그리고, ☐ 옆에 기계기구에 해당되는 약호를 쓰시오.

(2) 도면에서 SC의 우리말 명칭을 쓰고 여기에 부착되어 있는 DC의 역할에 대하여 쓰시오.
　◦ SC의 명칭 :
　◦ DC의 역할 :

(3) △-Y 변압기의 결선도와 △-△ 변압기의 결선도를 그리시오.
　◦ △-Y 변압기 결선도
　◦ △-△ 변압기 결선도

(1)

(2) ∘ SC : 전력용 콘덴서
    ∘ DC : 잔류 전하 방전

(3) ∘ △-Y 변압기 결선도   ∘ △-△ 변압기 결선도

09 특고압 수전설비 결선도

배점 14

다음 도면은 어느 수변전설비의 단선 계통도이다. 도면을 읽고 물음에 답하시오.

(1) 노면에 표시한 ①~⑩번까지의 약호와 명칭을 쓰시오.

(2) ⑩번에 직렬리액터와 방전 코일이 부착된 상태로 복선도를 그리시오.

(3) 동력용 △-△결선 변압기의 복선도를 그리시오.

(4) 동력 부하로 3상 유도전동기 20[kW], 역률 60[%](지상) 부하가 연결되어 있다. 이 부하의 역률을 80[%]로 개선하는데 필요한 전력용 콘덴서의 용량은 몇 [kVA]인지 계산하시오.
  ◦계산과정 :   ◦답 :

모범답안 계산과정

(1)

순번	약호	명칭	순번	약호	명칭
①	CH	케이블헤드	⑥	CB	차단기
②	MOF	전력수급용계기용변성기	⑦	VS	전압계용 절환개폐기
③	DS	단로기	⑧	AS	전류계용 절환개폐기
④	ZCT	영상변류기	⑨	OS	유입개폐기
⑤	LA	피뢰기	⑩	SC	전력용콘덴서

(2)

(3)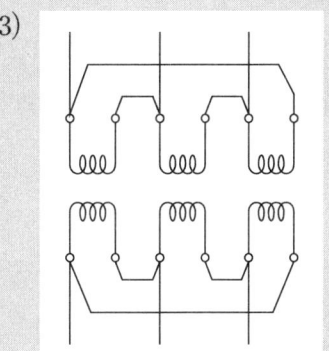

(4) $Q = P(\tan\theta_1 - \tan\theta_2) = 20 \times \left(\dfrac{0.8}{0.6} - \dfrac{0.6}{0.8}\right) = 11.67 [\text{kVA}]$

답 11.67[kVA]

10 특고압 수전설비 결선도

그림과 같은 결선도를 보고 다음 각 물음에 답하시오.

(1) 그림에서 ⓐ~ⓒ까지의 계기의 명칭을 우리말로 쓰시오.

(2) VCB의 정격 전압과 차단 용량을 산정하시오.
  ① 정격전압
    ◦ 계산 과정 :   ◦ 답 :
  ② 차단용량
    ◦ 계산 과정 :   ◦ 답 :

(3) MOF의 우리말 명칭과 그 용도를 쓰시오.
  ① 명칭 :   ② 용도 :

(4) 그림에서 ☐ 속에 표시되어 있는 제어기구 번호에 대한 우리말 명칭을 쓰시오.

(5) 그림에서 ⓓ~ⓕ까지에 대한 계기의 약호를 쓰시오.

모범답안 **계산과정**

(1) ⓐ 최대 수요 전력량계   ⓑ 무효 전력량계   ⓒ 영상 전압계

(2) ① 차단기의 정격 전압 = 공칭전압 $\times \dfrac{1.2}{1.1}$

    $22.9 \times \dfrac{1.2}{1.1} = 24.98 \text{[kV]}$ 답   25.8[kV]

   ② 차단 용량 : $P_s = \sqrt{3}\, V_n I_{kA}$

    $P_s = \sqrt{3} \times 25.8 \times 23 = 1027.8 \text{[MVA]}$ 답   1027.8[MVA]

(3) ① 명칭 : 전력수급용 계기용변성기
   ② 용도 : 고전압과 대전류를 저전압과 소전류로 변성하여 전력량계에 공급

(4) • 51 : 과전류 계전기   • 59 : 과전압 계전기
   • 27 : 부족전압 계전기   • 64 : 지락과전압 계전기

(5) ⓓ : kW   ⓔ : PF   ⓕ : F

POINT   **차단기의 정격전압**

공칭전압[kV]	3.3	6.6	22	22.9	66	154	345
정격전압[kV]	3.6	7.2	24	25.8	72.5	170	362

※ 차단기의 정격전압과 단로기의 정격전압은 동일하다.

11 특고압 수전설비 결선도

배점 11

도면을 보고 다음 각 물음에 답하시오.

(1) (A)에 사용될 기기를 약호로 답하시오.
(2) (C)의 명칭을 약호로 답하시오.
(3) B점에서 단락되었을 경우 단락 전류는 몇 [A]인가? (단, 선로 임피던스는 무시한다.)
　◦계산과정 : 　　　　　　　　　　　　　　　　　　◦답 :
(4) VCB의 최소 차단 용량은 몇 [MVA]인가?
　◦계산과정 : 　　　　　　　　　　　　　　　　　　◦답 :
(5) ACB의 우리말 명칭은 무엇인가?
(6) 단상 변압기 3대를 이용한 △-△ 결선도 및 △-Y 결선도를 그리시오.

모범답안 **계산과정**

(1) COS

(2) AS

(3) B점을 기준으로 기준용량 50000[kVA], 변압기의 퍼센트 임피던스를 환산한다.

① $\%Z_{tr} = \dfrac{50000}{1000} \times 6 = 300[\%]$

② 합성퍼센트 임피던스 $\%Z_{total} = 15 + 300 = 315[\%]$

③ 단락전류 $I_s = \dfrac{100}{\%Z_{total}} \times I_n = \dfrac{100}{315} \times \dfrac{50000}{\sqrt{3} \times 3.3} = 2777.06[A]$ 답 2777.06[A]

(4) $P_s = \dfrac{100}{\%Z} \times P_n = \dfrac{100}{15} \times 50000 \times 10^{-3} = 333.33[MVA]$ 답 333.33[MVA]

(5) 기중차단기

(6) ○ △-△결선   ○ △-Y결선

  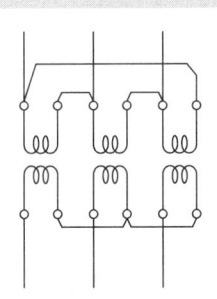

12 특고압 수전설비 결선도

배점: 8

그림은 22.9[kV-Y]로 수전하는 수전 설비 용량 600[kVA]인 어떤 자가용 전기 수용가의 수변전 설비의 단선 결선도이다. 이 결선도를 보고 다음 각 물음에 답하시오. 단, 도면 중 PF×3, COS×3, DS×3 등은 개별적으로 투입, 개방할 수 있는 개폐기이다.

(1) 수변전 기기의 점검을 위하여 모든 차단기와 개폐기를 개방해 놓고 점검을 마친 후 구내에 송전하고자 한다. ①~⑧중 마지막 투입해야 하는 것은 어느 것인지 그 번호를 쓰시오.

(2) ① DS 대신으로 사용할 수 있는 개폐기는 어떤 개폐기인가?

(3) ①~⑧ 중 생략할 수 있는 것은 어느 것인가 그 번호를 쓰시오.

(4) ⑨로 표시된 부분에는 어떤 기기를 설치하여야 하는가?

(5) ②, ⑥, ⑦, ⑧ 중에서 부하측에 부하전류가 흐르고 있을 때, 개방해서는 안되는 것을 모두 쓰시오.

모범답안
(1) ⑥
(2) 자동고장 구분개폐기
(3) ③
(4) 차단기
(5) ②, ⑦, ⑧

13 특고압 수전설비 결선도

배점 10

다음은 3φ4W 22.9[kV] 수전설비 단결선도의 일부분이다. 다음 각 물음에 답하시오.

[참고사항]
- 변압기의 표준규격[kVA]은 200, 300, 400, 500, 600 이다.
- TR-1 변압기 및 TR-2 변압기의 효율은 90[%]이다.
- TR-2 변압기 용량은 15[%] 여유를 갖는다.
- 전등 및 전열의 부하합계[kVA]에 역률과 수용률을 반영한 수용부하 합계가 390.42[kVA]이다.
- 일반 동력의 부하합계[kVA]에 역률과 수용률을 반영한 수용부하 합계가 110.3[kVA]이고, 비상 동력의 부하합계[kVA]에 역률과 수용률을 반영한 수용부하 합계가 75.5[kVA]이다.

(1) TR-1 변압기의 적정용량은 몇 [kVA]인지 선정하시오. (단, 조건에 제시되지 않은 것은 무시한다.)
　◦계산과정 :　　　　　　　　　　　　　　　　　　　　　　　◦답 :

(2) TR-2 변압기에 적정용량은 몇 [kVA]인지 선정하시오. (단, 조건에 제시되지 않은 것은 무시한다.)
　◦계산과정 :　　　　　　　　　　　　　　　　　　　　　　　◦답 :

(3) TR-1 변압기 2차측 정격전류[A]를 구하시오. (단, 조건에 제시되지 않은 것은 무시한다.)
　◦계산과정 :　　　　　　　　　　　　　　　　　　　　　　　◦답 :

(4) ATS의 사용목적을 쓰시오.

(5) 변압기 2차측 중성점에 실시하는 접지의 목적을 설명하시오.

모범답안   계산과정

(1) 전등 및 전열부하

$$\text{TR-1 변압기} = \frac{390.42}{0.9} = 433.8 [\text{kVA}]$$

답　500[kVA]

(2) 동력 부하

$$\text{TR-2 변압기} = \frac{110.3 + 75.5}{0.9} \times 1.15 = 237.41 [\text{kVA}]$$

답　300[kVA]

(3) $I = \dfrac{P_{TR-1}}{\sqrt{3}\,V} = \dfrac{500 \times 10^3}{\sqrt{3} \times 380} = 759.67[\text{A}]$

답　759.67[A]

(4) 주전원이 정전되었을 경우 비상용발전기 전원으로 자동 전환하여 부하에 전원을 공급한다.

(5) 고·저압 혼촉사고시 2차측 전위상승 억제

14 특고압 수전설비 결선도

배점: 11

주어진 도면을 보고 다음 각 물음에 답하시오. (단, 변압기의 2차측은 고압이다.)

(1) 도면의 ①~⑧까지의 약호와 우리말 명칭을 쓰시오.

번호	약호	명칭	번호	약호	명칭
①			⑤		
②			⑥		
③			⑦		
④			⑧		

(2) 변압기 결선이 △-Y 결선일 경우 비율차동계전기(87)의 결선을 완성하시오.
　　(단, 위상 보정이 되지 않는 계전기이며, 변류기 결선에 의하여 위상을 보정한다.)

(3) 도면상의 약호 중 AS와 VS의 명칭 및 용도를 간단히 설명하시오.

약호	명칭	용도
AS		
VS		

모범답안

(1)

번호	약호	명칭	번호	약호	명칭
①	CB	차단기	⑤	V_o	영상 전압계
②	51V	전압 억제 과전류 계전기	⑥	A	전류계
③	TLR	한시 계전기	⑦	SGR	선택 지락 계전기
④	V	전압계	⑧	OVGR	지락 과전압 계전기

(2)
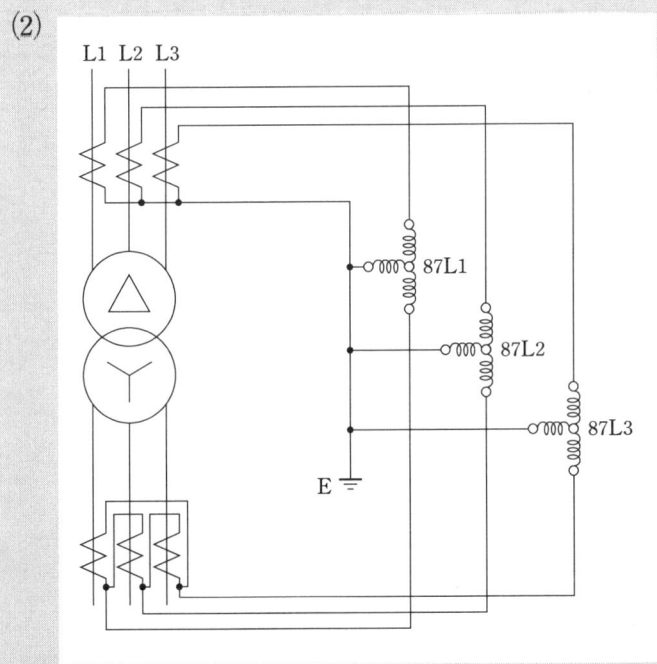

(3)

약호	명칭	용도
AS	전류계용 전환개폐기	3상 각 상의 전류를 1대의 전류계로 측정하기 위한 전환개폐기
VS	전압계용 전환개폐기	3상 각 상의 전압을 1대의 전압계로 측정하기 위한 전환개폐기

15 특고압 수전설비 결선도

배점 15

아래 도면은 어느 수전설비의 단선 결선도이다. 다음 물음에 답하시오.

(1) ①~②, ④~⑨ 그리고 ⑬에 해당되는 부분의 명칭과 용도를 쓰시오.

(2) ③의 접지저항은 몇 [Ω] 이하이여야 하는지 쓰시오.

(3) ⑤의 1, 2차 전압은?

(4) ⑩의 2차측 결선방법은?

(5) ⑪, ⑫의 1, 2차 전류는? (단, CT 정격 전류는 부하 정격 전류의 1.5배로 한다.)

(6) ⑭의 목적은?

모범답안 **계산과정**

(1) ① ・명칭 : 전력퓨즈
　　　・용도 : 단락전류를 차단한다.
　② ・명칭 : 피뢰기
　　　・용도 : 이상전압 내습시 뇌전류를 대지로 방전시키고 속류를 차단한다.
　④ ・명칭 : 전력수급용 계기용변성기
　　　・용도 : 고전압・대전류를 저전압・소전류로 변성하여 전력량계에 공급한다.
　⑤ ・명칭 : 계기용 변압기
　　　・용도 : 고전압을 저전압으로 변성하여 계측기, 계전기 등의 전원으로 사용한다.
　⑥ ・명칭 : 전압계용 전환 개폐기
　　　・용도 : 1대의 전압계로 3상 각상의 전압을 측정하기 위해 사용한다.
　⑦ ・명칭 : 차단기
　　　・용도 : 고장전류 차단하고 부하전류를 개폐할 수 있다.
　⑧ ・명칭 : 과전류 계전기
　　　・용도 : 과전류가 흐르면 동작하며 차단기의 트립코일을 여자시킨다.
　⑨ ・명칭 : 변류기
　　　・용도 : 대전류를 소전류로 변성하여 계측기, 계전기 등의 전원으로 사용한다.
　⑬ ・명칭 : 전류계용 전환 개폐기
　　　・용도 : 1대의 전류계로 3상의 전류를 측정하기 위해 사용한다.

(2) 10[Ω]

(3) 1차 전압 : $22900/\sqrt{3}$ [V], 2차 전압 : 110[V]

(4) Y결선

(5) ⑪ ・ 1차 전류 $I_1 = \dfrac{250}{\sqrt{3} \times 22.9} = 6.3$ [A]　　　　　답　6.3[A]

　　※ 2차 전류[CT비를 선정한 후 계산할 것]

　　　$I_{CT} = \dfrac{250}{\sqrt{3} \times 22.9} \times 1.5 = 9.45$ [A] → 변류비 10/5선정

　　・ $I_2 = \dfrac{250}{\sqrt{3} \times 22.9} \times \dfrac{5}{10} = 3.15$ [A]　　　답　3.15[A]

　⑫ ・ 1차 전류 $I_1 = \dfrac{1000}{\sqrt{3} \times 22.9} = 25.21$ [A]　　　답　25.21[A]

　　※ 2차 전류[CT비를 선정한 후 계산할 것]

$$I_{CT} = \frac{1000}{\sqrt{3} \times 22.9} \times 1.5 = 37.82[A] \quad \therefore \text{변류비 } 40/5 \text{ 선정}$$

- $I_2 = \frac{1000}{\sqrt{3} \times 22.9} \times \frac{5}{40} = 3.15[A]$

답 3.15[A]

(6) ◦ 명칭 : 인터록
 ◦ 용도 : 상시전원과 예비전원의 동시 투입 방지

16 특고압 수전설비 결선도

배점 12

다음은 $3\phi 4W\ 22.9[kV]$ 수전설비 단선결선도이다. 다음 각 물음에 답하시오.

Chapter 14. 특별고압 수선설비 결선도

(1) 위 수전설비 단선결선도의 LA에 대하여 다음 물음에 답하시오.
   ① 우리말의 명칭은 무엇인가?
   ② 기능과 역할에 대해 간단히 설명하시오.
   ③ 요구되는 성능조건 4가지만 쓰시오.
(2) 수전설비 단선결선도의 부하집계 및 입력환산표를 완성하시오.
   (단, 입력환산[kVA]은 계산 값은 소수 둘째자리에서 반올림 한다.)

구분	전등 및 전열	일반동력	비상동력
설비용량 및 효율	합계 350[kW] 100[%]	합계 635[kW] 85[%]	유도전동기1 7.5[kW] 2대 85[%] 유도전동기2 11[kW] 1대 85[%] 유도전동기3 15[kW] 1대 85[%] 비상조명 8000[W] 100[%]
평균(종합)역률	80[%]	90[%]	90[%]
수용률	60[%]	45[%]	100[%]

[부하집계 및 입력환산표]

구분		설비용량[kW]	효율[%]	역률[%]	입력환산[kVA]
전등 및 전열		350			
일반동력		635			
비상동력	유도전동기1	7.5×2			
	유도전동기2	11			
	유도전동기3	15			
	비상조명	8			
	소 계	−	−	−	

(3) 단선결선도와 (2)항의 부하집계표에 의한 TR-2의 적정용량은 몇 [kVA]인지 구하시오.

[참고사항]
- 일반 동력군과 비상 동력군 간의 부등률은 1.3으로 본다.
- 변압기 용량은 15[%]정도의 여유를 갖게 한다.
- 변압기의 표준규격[kVA]은 200, 300, 400, 500, 600으로 한다.

◦ 계산 과정 :   ◦ 답 :

(4) 단선결선도에서 TR-2의 2차측 중성점 접지공사의 접지선 굵기[mm²]를 구하시오.

> **[참고사항]**
> - 접지선은 GV전선을 사용하고 표준 굵기[mm²]는 6, 10, 16, 25, 35, 50, 70으로 한다.
> - 도체재료, 저항률, 온도계수와 열용량에 따라 초기온도와 최종온도를 고려한 계수 $K=143$
> - 고장전류는 변압기 2차 정격전류의 20배로 본다.
> - 변압기 2차의 과전류 보호차단기는 고장전류에서 0.1초 이내에 차단되는 것이다.

◦ 계산 과정 :   ◦ 답 :

모범답안 계산과정

(1) ① 명칭 : 피뢰기
   ② 기능 및 역할 : 낙뢰에 의한 이상전압의 파고값을 저감시켜 전기설비를 보호하고, 속류를 차단한다.
   ③ 성능조건 4가지
   - 방전내량이 클 것
   - 제한전압이 낮을 것
   - 속류차단 능력이 클 것
   - 충격방전개시전압이 낮을 것

(2) 부하집계 및 입력환산표

구분		설비용량[kW]	효율[%]	역률[%]	입력환산[kVA]
전등 및 전열		350	100	80	$\dfrac{350}{0.8\times 1}=437.5$
일반동력		635	85	90	$\dfrac{635}{0.9\times 0.85}=830.1$
비상동력	유도전동기1	7.5×2	85	90	$\dfrac{7.5\times 2}{0.9\times 0.85}=19.6$
	유도전동기2	11	85	90	$\dfrac{11}{0.9\times 0.85}=14.4$
	유도전동기3	15	85	90	$\dfrac{15}{0.9\times 0.85}=19.6$
	비상조명	8	100	90	$\dfrac{8}{0.9\times 1}=8.9$
	소 계	−	−	−	62.5

(3) 변압기용량 = $\dfrac{\text{설비용량} \times \text{수용률}}{\text{부등률}} \times \text{여유율}$

$= \dfrac{830.1 \times 0.45 + 62.5 \times 1}{1.3} \times 1.15 = 385.73 [kVA]$ 답 400[kVA]

(4) $TR-2$ 2차측 정격전류 $I_2 = \dfrac{P}{\sqrt{3}V} = \dfrac{400 \times 10^3}{\sqrt{3} \times 380} = 607.74 [A]$

$S = \dfrac{\sqrt{I^2 t}}{K} = \dfrac{\sqrt{(20 \times 607.74)^2 \times 0.1}}{143} = 26.88 [mm^2]$ 답 35[mm²]

17 특고압 수전설비 결선도

배점 7

다음은 어느 생산 공장의 수전 설비이다. 계통도와 뱅크의 부하용량표를 이용하여 다음 각 물음에 답하시오.

[표1. 뱅크의 부하 용량표]

피더	부하 설비 용량[kW]	수용률[%]
1	125	80
2	125	80
3	500	70
4	600	84

[표2. 변류기 규격표]

항목	변류기
정격 1차 전류[A]	5, 10, 15, 20, 30, 40, 50, 75, 100, 150, 200, 300, 400, 500, 600, 750, 1000, 1500, 2000, 2500
정격 2차 전류[A]	5

(1) A, B, C, D 뱅크에 같은 부하가 걸려 있으며, 각 뱅크의 부등률은 1.1이고, 전부하 합성역률은 0.8이다. 중앙 변전소 변압기 용량을 구하시오. (단, 변압기 용량은 표준규격으로 답하도록 한다.)
　◦계산과정 :　　　　　　　　　　　　　　　　　　　　　　　◦답 :

(2) 변류기 CT_1의 변류비를 구하시오. (단, 변류비는 1.2배로 결정한다.)
　◦계산과정 :　　　　　　　　　　　　　　　　　　　　　　　◦답 :

(3) A뱅크 변압기의 용량을 선정하고 CT_2의 변류비를 구하시오.
　① A 뱅크 변압기 용량 (단, 변압기 용량은 표준규격으로 답하도록 한다.)
　　◦계산과정 :　　　　　　　　　　　　　　　　　　　　　　◦답 :
　② CT_2 변류비 (단, 변류비는 1.15배로 결정한다.)
　　◦계산과정 :　　　　　　　　　　　　　　　　　　　　　　◦답 :

모범답안 **계산과정**

(1) 중소변전소 TR용량

변압기 1대 용량 $\times 4 = \dfrac{\text{설비용량} \times \text{수용률}}{\text{부등률} \times \text{역률}} \times 4$

$TR_{main} = \dfrac{125 \times 0.8 + 125 \times 0.8 + 500 \times 0.7 + 600 \times 0.84}{1.1 \times 0.8} \times 4 = 4790.91 [\text{kVA}]$

답 5000[kVA]

(2) CT_1의 변류비 산정

$I_{CT} = \dfrac{5000}{\sqrt{3} \times 6} \times 1.2 = 577.35[\text{A}]$

답 600/5

(3) ① A 뱅크 변압기 용량

$TR_A = \dfrac{125 \times 0.8 + 125 \times 0.8 + 500 \times 0.7 + 600 \times 0.84}{1.1 \times 0.8} = 1197.73[\text{kVA}]$

답 1500[kVA]

② CT_2 변류비

$I_{CT} = \dfrac{1500 \times 10^3}{\sqrt{3} \times 400} \times 1.15 = 2489.82[\text{A}]$

답 2500/5

18 특고압 수전설비 결선도

배점 10

도면은 수전 설비의 단선 결선도를 나타내고 있다. 이 도면을 보고 다음 각 물음에 답하시오.

(1) 동력용 변압기에 연결된 동력부하 설비용량이 400[kW], 부하 역률 85[%], 수용률 65[%]라고 할 때, 변압기 용량은 몇 [kVA]를 사용하여야 하는가?

변압기 표준용량[kVA]						
100	150	200	250	300	400	500

◦ 계산과정 : ◦ 답 :

(2) ①~⑤으로 표시된 곳의 명칭을 쓰시오.

(3) 냉방용 냉동기 1대를 설치하고자 할 때, 냉방 부하 전용 차단기로 VCB를 설치한다면 VCB 2차측 정격전류는 몇 [A]인가? (단, 냉방용 냉동기의 전동기는 100[kW], 정격전압 3300[V]인 유도 전동기로서 역률 85[%], 효율은 90[%], 차단기의 2차측 정격전류는 전동기 정격전류의 3배로 한다고 한다.)

◦ 계산과정 : ◦ 답 :

(4) 도면에 표시된 ⑥번 기기에 코일을 연결한 이유를 설명하시오.

(5) 도면에 표시된 ⑦번 부분의 복선결선도를 그리시오.

모범답안 **계산과정**

(1) 변압기용량 $= \dfrac{\text{설비용량} \times \text{수용률}}{\text{역률}} = \dfrac{400 \times 0.65}{0.85} = 305.88 [\text{kVA}]$ 답 400[kVA]

(2) ① 피뢰기   ② 과전류 계전기   ③ 컷아웃 스위치
    ④ 변류기   ⑤ 기중차단기

(3) VCB 2차측 정격전류 $I = \dfrac{100 \times 10^3}{\sqrt{3} \times 3300 \times 0.85 \times 0.9} \times 3 = 68.61[\text{A}]$

   답 400[A]

(4) 잔류 전하를 방전시켜 인체에 감전사고 방지

(5)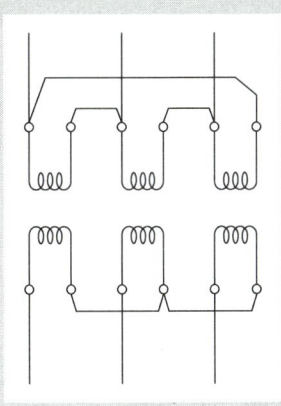

19 특고압 수전설비 결선도

주어진 도면을 보고 다음 각 물음에 답하시오.

(1) LA의 명칭과 그 기능을 설명하시오.
　　◦ 명칭 :　　　　　　　　　　　　◦ 기능 :

(2) VCB의 필요한 최소 차단용량[MVA]을 구하시오.
　　◦ 계산과정 :　　　　　　　　　　　　　　　　◦ 답 :

(3) 도면 C 부분의 계통도에 그려져야 할 것들 중에서 종류를 7가지만 쓰시오.

(4) ACB의 최소 차단전류[kA]를 구하시오.
　　◦ 계산과정 :　　　　　　　　　　　　　　　　◦ 답 :

(5) 최대 부하 800[kVA], 역률 80[%]인 경우 변압기에 의한 전압변동률[%]을 구하시오.
　　◦ 계산과정 :　　　　　　　　　　　　　　　　◦ 답 :

모범답안 **계산과정**

(1) ○ 명칭 : 피뢰기
   ○ 기능 : 이상전압 내습시 뇌전류를 방전하고 속류를 차단

(2) $P_s = \dfrac{100}{\%Z} \times P_n = \dfrac{100}{12} \times 100000 \times 10^{-3} = 833.33[MVA]$　　　답　833.33[MVA]

(3) ① 전압계　② 계기용 변압기　③ 전류계　④ 과전류계전기
　　⑤ 전류계용 전환개폐기　⑥ 전압계용 전환개폐기　⑦ 역률계

(4) ① 변압기 %Z를 100[MVA]으로 환산 : $\%Z_{tr} = \dfrac{100}{1} \times 4 = 400[\%]$

　② $\%Z_{total} = 400 + 12 = 412[\%]$

　③ 최소 차단전류 $I_s = \dfrac{100}{\%Z_{total}} \times I_n = \dfrac{100}{412} \times \dfrac{100 \times 10^3}{\sqrt{3} \times 380} = 36.88[kA]$

　　　　　　　　　　　　　　　　　　　　　　　　　　　답　36.88[kA]

(5) ① $p_1 = \dfrac{800}{1000} \times 1.2 = 0.96[\%]$　　$q_1 = \dfrac{800}{1000} \times \sqrt{4^2 - 1.2^2} = 3.05[\%]$

　② 전압변동률 $\varepsilon = p_1\cos\theta + q_1\sin\theta = 0.96 \times 0.8 + 3.05 \times 0.6 = 2.6[\%]$

　　　　　　　　　　　　　　　　　　　　　　　　　　　답　2.6[%]

20 특고압 수전설비 결선도

배점: 14

주어진 도면은 어떤 수용가의 수전설비의 단선 결선도이다. 도면과 참고표를 이용하여 물음에 답하시오.

Chapter 14. 특별고압 수전설비 결선도

[참고표]

계기용변성기 정격(일반 고압용)

종별		정 격
PT	1차 정격 전압[V] 2차 정격 전압[V] 정격 부담[VA]	3300, 6000 110 50, 100, 200, 400
CT	1차 정격 전류[A] 2차 정격 전류[A] 정격 부담[VA]	10, 15, 20, 30, 40, 50, 75, 100, 150, 200, 300, 400, 500, 600 5 15, 40, 100 일반적으로 고압 회로는 40[VA] 이하, 저압 회로는 15[VA]이상

(1) 22.9[kV] 측에 대하여 다음 각 물음에 답하시오.

① MOF에 연결되어 있는 DM은 무엇인가?

② DS의 정격 전압은 몇 [kV]인가?

③ LA의 정격 전압은 몇 [kV]인가?

④ OCB의 정격 전압은 몇 [kV]인가?

⑤ OCB의 정격 차단 용량 선정은 무엇을 기준으로 하는가?

⑥ CT의 변류비는?(단, 1차 전류의 여유는 25[%]로 한다.)

  ◦ 계산과정 :   ◦ 답 :

⑦ DS에 표시된 F-F의 뜻은?

⑧ 그림과 같은 결선에서 단상 변압기가 2부싱형 변압기이면 1차 중성점의 접지는 어떻게 해야 하는가? (단, "접지를 한다", "접지를 하지 않는다"로 답하시오.)

⑨ OCB의 차단 용량이 1000[MVA]일 때 정격차단전류는 몇 [A]인가?

(2) 3.3[kV]측에 대하여 다음 각 물음에 답하시오.

① 옥내용 PT는 주로 어떤 형을 사용하는가?

② 고압 동력용 OCB에 표시된 600[A]는 무엇을 의미하는가?

③ 콘덴서에 내장된 DC의 역할은?

④ 전등 부하의 수용률이 70[%]일 때 전등용 변압기에 걸 수 있는 부하 용량은 몇 [kW]인가?

모범답안 | 계산과정

(1) ① 최대 수요 전력량계   ② 25.8[kV]   ③ 18[kV]   ④ 25.8[kV]   ⑤ 단락용량

⑥ ㉠ CT1차측전류 $I_1 = \dfrac{P}{\sqrt{3} \cdot V} = \dfrac{500 \times 3}{\sqrt{3} \times 22.9}$

㉡ CT의 여유배수적용 $I_{CT} = I_1 \times 1.25 = \dfrac{500 \times 3}{\sqrt{3} \times 22.9} \times 1.25 = 47.27[A]$

㉢ CT정격을 선정 50/5   **답 50/5**

⑦ 표면 접속

⑧ 접지를 하지 않는다.

⑨ 정격 차단용량 $P_s = \sqrt{3}\, V_n I_{kA}$

→ 정격 차단전류 $I_{kA} = \dfrac{P_s}{\sqrt{3}\, V_n} \times 1.25 = \dfrac{1000 \times 10^3}{\sqrt{3} \times 25.8} = 22377.92[A]$

답 22377.92[A]

(2) ① 몰드형   ② 정격전류

③ 잔류전하를 방전시켜 감전사고 방지

④ 부하용량(설비용량) $= \dfrac{\text{변압기용량[kVA]}}{\text{수용률}} = \dfrac{150}{0.7} = 214.29[kW]$ **답 214.29[kW]**

> **참고**
> 전등부하의 역률은 1이므로, 150[kVA] 변압기에 150[kW]까지 부하를 걸 수 있으며, 수용률 0.7을 적용하는 경우 214.29[kW]까지의 부하를 걸 수 있다.

21 특고압 수전설비 결선도 [기사전용]   배점 9

그림과 같은 수전계통을 보고 다음 각 물음에 답하시오.

(1) "27"과 "87" 계전기의 명칭과 용도를 설명하시오.

기기	명칭	용도
27		
87		

(2) 다음의 조건에서 과전류계전기 Ry_1, Ry_2, Ry_3, Ry_4의 탭(Tap) 설정값은 몇 [A]가 가장 적정한지를 계산에 의하여 정하시오.

[조건]
- Ry_1, Ry_2의 탭 설정값은 부하전류 160[%]에서 설정한다.
- Ry_3의 탭 설정값은 부하전류 150[%]에서 설정한다.
- Ry_4는 부하가 변동 부하이므로, 탭 설정값은 부하전류 200[%]에서 설정한다.
- 과전류 계전기의 전류탭은 2[A], 3[A], 4[A], 5[A], 6[A], 7[A], 8[A]가 있다.

계전기	계산과정	설정값
Ry_1		
Ry_2		
Ry_3		
Ry_4		

(3) 차단기 VCB_1의 정격전압은 몇 [kV]인가?

(4) 전원측 차단기 VCB_1의 정격용량을 계산하고, 다음의 표에서 가장 적당한 것을 선정하도록 하시오.

차단기의 정격표준용량[MVA]

1000	1500	2500	3500

◦ 계산과정 :   ◦ 답 :

모범답안 계산과정

(1)

기기	명칭	용도
27	부족 전압 계전기	전압이 설정값 혹은 그 이하로 저하하면 동작하는 계전기이다.
87	비율 차동 계전기	기기의 전단과 후단의 양쪽 전류의 차로 동작하며 변압기, 발전기의 내부고장을 검출한다.

(2)

계전기	계산과정 $\left(\text{부하전류} \times \dfrac{1}{\text{변류비}} \times \text{설정배수}\right)$	설정값
Ry_1	$\dfrac{4 \times 10^6 \times 3}{\sqrt{3} \times 66 \times 10^3} \times \dfrac{5}{150} \times 1.6 = 5.6[\text{A}]$	6[A]
Ry_2	$\dfrac{4 \times 10^6 \times 3}{\sqrt{3} \times 3.3 \times 10^3} \times \dfrac{5}{3000} \times 1.6 = 5.6[\text{A}]$	6[A]
Ry_3	$450 \times \dfrac{5}{500} \times 1.5 = 6.75[\text{A}]$	7[A]
Ry_4	$1200 \times \dfrac{5}{2000} \times 2 = 6[\text{A}]$	6[A]

(3) 72.5[kV]

(4) $P_s = \dfrac{100}{\%Z} \times P_n = \dfrac{100}{8} \times 100 = 1250[\text{MVA}]$ **답** 1500[MVA]

POINT 과전류계전기 정정

22. 특고압 수전설비 결선도 [기사전용] 배점 12

도면은 어떤 배전용 변전소의 단선 결선도 이다. 이 도면과 주어진 조건을 이용하여 다음 각 물음에 답하시오.

(1) 차단기 ①에 대한 정격차단용량과 정격전류를 산정하시오.
- 정격차단용량
  ◦ 계산과정 :   ◦ 답 :
- 정격전류
  ◦ 계산과정 :   ◦ 답 :

(2) 선로 개폐기 ②에 대한 정격전류를 산정하시오.
  ◦ 계산과정 :   ◦ 답 :

(3) 변류기 ③에 대한 1차 정격전류를 산정하시오.
　ㅇ계산과정 :　　　　　　　　　　　　　　ㅇ답 :

(4) PT ④에 대한 1차 정격전압은 얼마인가?

(5) ⑤로 표시된 기기의 명칭은 무엇인가?

(6) 피뢰기 ⑥에 대한 정격전압은 얼마인가?

(7) ⑦의 역할을 간단히 설명하시오.

[조건]

① 주변압기의 정격은 1차 정격전압 66[kV], 2차 정격전압 6.6[kV], 정격용량은 3상 10[MVA]라고 한다.

② 주변압기의 1차측(즉, 1차 모선)에서 본 전원측 등가 임피던스는 100[MVA] 기준으로 16[%]이고, 변압기의 내부 임피던스는 자기 용량 기준으로 7[%]라고 한다.

③ 또한 각 Feeder에 연결된 부하는 거의 동일하다고 한다.

④ 차단기의 정격차단용량, 정격전류, 단로기의 정격전류, 변류기의 1차 정격전류표준은 다음과 같다.

정격전압 [kV]	공칭전압 [kV]	정격차단용량 [MVA]	정격전류 [A]	정격차단시간 [Hz]
7.2	6.6	25	200	5
		50	400, 600	5
		100	400, 600, 800, 1200	5
		150	400, 600, 800, 1200	5
		200	600, 800, 1200	5
		250	600, 800, 1200, 2000	5
72	66	1000	600, 800	3
		1500	600, 800, 1200	3
		2500	600, 800, 1200	3
		3500	800, 1200	3

- 단로기(또는 선로 개폐기 정격전류의 표준 규격)

　　72[kV] : 600[A], 1200[A]

　　7.2[kV] 이하 : 400[A], 600[A], 1200[A], 2000[A]

- CT 1차 정격전류 표준규격 (단위 : [A])

　　50, 75, 100, 150, 200, 300, 400, 600, 800, 1200, 1500, 2000

- CT 2차 정격전류는 5[A], PT의 2차 정격전압은 110[V]이다.

모범답안 **계산과정**

(1) 정격차단용량

$$P_s = \frac{100}{\%Z} \times P_n = \frac{100}{16} \times 100 = 625[\text{MVA}]$$

답 1000[MVA]

정격전류

$$I = \frac{P}{\sqrt{3} \times V} = \frac{10 \times 10^3}{\sqrt{3} \times 66} = 87.48[\text{A}]$$

답 600[A]

(2) $I = \dfrac{P}{\sqrt{3} \times V} = \dfrac{10 \times 10^3}{\sqrt{3} \times 66} = 87.48[\text{A}]$

답 600[A]

(3) $I_{CT} = \dfrac{10 \times 10^3}{\sqrt{3} \times 6.6} \times (1.25 \sim 1.5) = 1093.47 \sim 1312.16[\text{A}]$

답 1200[A]

(4) 6600[V]

(5) 접지형계기용변압기

(6) 72[kV]

(7) 다회선 배전선로에서 지락사고시 지락 회선을 선택 차단한다.

23 특고압 수전설비 결선도

배점 8

도면은 어느 154[kV] 수용가의 수전설비 단선결선도의 일부분이다. 주어진 표와 도면을 이용하여 다음 각 물음에 답하시오.

[CT의 정격]

1차 정격 전류[A]	200	400	600	800	1200	1500
2차 정격 전류[A]	5					

(1) 변압기 2차 부하설비용량이 51[MW], 수용률이 70[%], 부하역률이 90[%]일 때 도면의 변압기 용량은 몇 [MVA]가 되는가?
　◦ 계산 과정 :　　　　　　　　　　　　　　　　　　　◦ 답 :

(2) 변압기 1차측 DS의 정격전압은 몇 [kV]인가?

(3) CT_1의 비는 얼마인지를 계산하고 표에서 선정하시오.
　◦ 계산 과정 :　　　　　　　　　　　　　　　　　　　◦ 답 :

(4) GCB 내에 사용되는 가스는 주로 어떤 가스가 사용되는지 그 가스의 명칭을 쓰시오.

(5) OCB의 정격 차단전류가 23[kA]일 때, 이 차단기의 차단용량은 몇 [MVA]인가?
　◦ 계산 과정 :　　　　　　　　　　　　　　　　　　　◦ 답 :

(6) 과전류 계전기의 정격부담이 9[VA]일 때 이 계전기의 임피던스는 몇 [Ω]인가?
　◦ 계산 과정 :　　　　　　　　　　　　　　　　　　　◦ 답 :

(7) CT_7 1차 전류가 600[A]일 때 CT_7의 2차에서 비율 차동 계전기의 단자에 흐르는 전류는 몇 [A]인가?
　◦ 계산 과정 :　　　　　　　　　　　　　　　　　　　◦ 답 :

모범답안　계산과정

(1) 변압기용량 $= \dfrac{\text{설비용량} \times \text{수용률}}{\text{역률}} = \dfrac{51 \times 0.7}{0.9} = 39.67[\text{MVA}]$　　답　39.67[MVA]

(2) 170[kV]

(3) $I_{CT} = \dfrac{P}{\sqrt{3}\,V} \times (1.25 \sim 1.5) = \dfrac{39.67 \times 10^3}{\sqrt{3} \times 154} \times (1.25 \sim 1.5) = 185.9 \sim 223.09[\text{A}]$

　　답　200/5

(4) SF_6가스

(5) $P_s = \sqrt{3}\,V_n I_{kA} = \sqrt{3} \times 25.8 \times 23 = 1027.8[\text{MVA}]$　　답　1027.8[MVA]

(6) $P = I_n^2 \cdot Z[\text{VA}] \rightarrow Z = \dfrac{9}{5^2} = 0.36[\Omega]$

답 0.36[Ω]

(7) CT가 △결선일 경우 비율차동계전기 단자에 흐르는 전류

$I_2 = CT \text{ 1차 전류} \times CT \text{역수비} \times \sqrt{3} = 600 \times \dfrac{5}{1200} \times \sqrt{3} = 4.33[\text{A}]$

답 4.33[A]

24 특고압 수전설비 결선도

배점 10

도면은 154[kV]를 수전하는 어느 공장의 수전설비에 대한 단선도이다. 이 단선도를 보고 다음 각 물음에 답하시오.

(1) ①에 설치되어야 할 기기의 심벌을 그리고, 그 명칭을 쓰시오.
　　◦ 심벌 :　　　　　　　　　　◦ 명칭 :

(2) ②에 설치되어야 할 기기의 심벌을 그리고, 그 명칭을 쓰시오.
　　◦심벌 :　　　　　　　　　　　　◦명칭 :

(3) 변압기에 표시되어 있는 OA/FA의 의미를 쓰시오.

(4) 22.9[kV] 계통에서의 CT의 변류비는 얼마인가?
　　◦계산과정 :　　　　　　　　　　　　　　　　　　　　　　◦답 :

(5) CT와 51,51N 계전기의 복선도를 그리시오.

(6) 154/22.9[kV]로 표시 되어 있는 주변압기 복선도를 그리시오.

모범답안 계산과정

(1) ◦심벌 : (87T)　　◦명칭 : 주변압기 차동계전기

(2) ◦심벌 :　　　　◦명칭 : 계기용 변압기

(3) ◦OA : 유입자냉식　　◦FA : 유입풍냉식

(4) $I_{CT} = \dfrac{40 \times 10^3}{\sqrt{3} \times 22.9} \times (1.25 \sim 1.5) = 1260.59 \sim 1512.71 [A]$　　　답　1500/5

(5)

(6)

25 특고압 수전설비 결선도 [기사전용] 배점 14

그림은 어떤 변전소의 도면이다. 변압기 상호 부등률이 1.3이고, 부하의 역률 90[%]이다. STr의 내부 임피던스 4.6[%], Tr_1, Tr_2, Tr_3의 내부 임피던스가 10[%], 154[kV] BUS의 내부 임피던스가 0.4[%]이다. 다음 물음에 답하시오.

부하	용량	수용률	부등률
A	4000[kW]	80[%]	1.2
B	3000[kW]	84[%]	1.2
C	6000[kW]	92[%]	1.2

154[kV] ABB 용량표[MVA]

2000	3000	4000	5000	6000	7000

22[kV] OCB 용량표[MVA]

200	300	400	500	600	700

154[kV] 변압기 용량표[kVA]

10000	15000	20000	30000	40000	50000

22[kV] 변압기 용량표[kVA]

2000	3000	4000	5000	6000	7000

(1) Tr_1, Tr_2, Tr_3 변압기 용량[kVA]은?
 - Tr_1 ∘계산 과정 :   ∘답 :
 - Tr_2 ∘계산 과정 :   ∘답 :
 - Tr_3 ∘계산 과정 :   ∘답 :

(2) STr의 변압기 용량[kVA]은?
 - ∘계산 과정 :   ∘답 :

(3) 차단기 152T의 용량[MVA]은?
 - ∘계산 과정 :   ∘답 :

(4) 차단기 52T의 용량[MVA]은?
 - ∘계산 과정 :   ∘답 :

(5) 87T의 명칭은?

(6) 51의 명칭은?

(7) ①~⑥에 알맞은 심벌을 기입하시오.

모범답안 | 계산과정

(1) 변압기용량 = $\dfrac{\text{설비용량} \times \text{수용률}}{\text{부등률} \times \text{역률}}$

 - $Tr_1 = \dfrac{4000 \times 0.8}{1.2 \times 0.9} = 2962.96 [kVA]$ 답 3000[kVA]

 - $Tr_2 = \dfrac{3000 \times 0.84}{1.2 \times 0.9} = 2333.33 [kVA]$ 답 3000[kVA]

 - $Tr_3 = \dfrac{6000 \times 0.92}{1.2 \times 0.9} = 5111.11 [kVA]$ 답 6000[kVA]

(2) $STr = \dfrac{2962.96 + 2333.33 + 5111.11}{1.3} = 8005.69 [kVA]$ 답 10000[kVA]

(3) $P_s = \dfrac{100}{\%Z} \times P_n = \dfrac{100}{0.4} \times 10 = 2500 [MVA]$ (STr의 용량 10000[kVA] = 10[MVA])

    답 3000[MVA]

(4) $P_s = \dfrac{100}{\%Z} \times P_n = \dfrac{100}{0.4+4.6} \times 10 = 200[\text{MVA}]$ 답 200[MVA]

(5) 주변압기 차동계전기

(6) 과전류 계전기

(7) ① ↕ ② ↕ ③ (KW) ④ (PF) ⑤ (A) ⑥ (V)

15 특별고압 간이수전설비

01 특고압 간이수전설비

배점 8

그림은 22.9[kV-Y] 1000[kVA] 이하를 시설하는 경우의 특고압 간이수전설비 결선도이다. 주1 ~ 주5 의 (①~⑦)에 알맞은 내용을 쓰시오.

- 주1 LA용 DS는 생략할 수 있으며 22.9[kV-Y]용의 LA는 (①)붙임형을 사용하여야 한다.
- 주2 인입선을 지중선으로 시설하는 경우로 공동주택 등 고장 시 정전피해가 큰 경우는 예비지중선을 포함하여 (②)으로 시설하는 것이 바람직하다.
- 주3 지중 인입선의 경우 22.9[kV-Y] 계통은 (③) 또는 (④)을 사용하여야 한다. 다만, 전력구·공동구·덕트·건물구내 등 화재의 우려가 있는 장소에서는 (⑤)을 사용하는 것이 바람직하다.
- 주4 300[kVA] 이하인 경우는 PF 대신 (⑥)을 사용할 수 있다.
- 주5 특고압 간이수전설비는 PF의 용단 등의 결상사고에 대한 대책이 없으므로 변압기 2차 측에 설치되는 주차단기에는 (⑦)을 설치하여 결상사고에 대한 보호능력이 있도록 함이 바람직하다.

모범답안

① Disconnector(또는 Isolator)
② 2회선
③ CNCV-W 케이블(수밀형)
④ TR CNCV-W 케이블(트리억제형)
⑤ FR CNCO-W 케이블(난연)
⑥ COS(비대칭 차단전류 10[kA] 이상의 것)
⑦ 결상 계전기

02 특고압 간이수전설비

배점 10

옥외의 간이 수변전설비에 대한 단선 결선도이다. 이 도면을 보고 다음 각 물음에 답하시오.

(1) 도면상의 ASS는 무엇인지 그 명칭을 쓰시오.

(2) 도면상의 MDW의 명칭은 무엇인가?

(3) 도면상의 전선 약호 FR CNCO-W의 품명을 쓰시오.

(4) 22.9[kV-Y], 간이 수변전설비는 수전용량 몇 [kVA] 이하에 적용하는가?

(5) LA의 공칭 방전전류는 몇 [kA]를 적용하는가?

(6) 도면에서 PTT는 무엇인가?

(7) 도면에서 CTT는 무엇인가?

(8) 2차측 주개폐기로 380/220 [V]를 사용하는 경우 중성선측 개폐기의 표식은 어떤 색깔로 하여야 하는가?

(9) 도면상의 ⊕은 무엇인가?

(10) 도면상의 Ⓐ은 무엇인가?

모범답안

(1) 자동 고장 구분 개폐기

(2) 최대 수요 전력량계

(3) 동심중심선 수밀형 저독성 난연성 전력케이블

(4) 1000[kVA]

(5) 2.5[kA]

(6) 전압 시험 단자

(7) 전류 시험 단자

(8) 청색

(9) 전압계용 전환개폐기(VS)

(10) 전류계용 전환개폐기(AS)

03 특고압 간이수전설비

배점 14

그림은 인입변대에 22.9[kV] 수전설비를 설치하여 380/220[V]를 사용하고자 한다. 다음 각 물음에 답하시오.

(1) DM 및 VAR의 명칭을 쓰시오.

(2) 도면에 사용된 LA의 수량은 몇 개이며 정격 전압은 몇 [kV]인가?
   ◦ LA 수량 :   ◦ 정격전압 :

(3) 22.9[kV-Y] 계통에 사용하는 것은 주로 어떤 케이블이 사용되는가?

(4) 주어진 도면을 단선도로 그리시오.

모범답안

(1) ・DM : 최대수요전력량계   ・VAR : 무효전력계

(2) ・LA 수량 : 3개   ・정격전압 : 18[kV]

(3) CNCV-W 또는 TR CNCV-W

(4)

```
           3φ4W 22900[V]
                │
                │
              Int SW
              25[kV] 500[A]
                │
                PF
                25.8[kV] 200[AF]
                │
   ┌────────────┤
   LA          MOF ─── DM ─── VAR
   18[kV]       │
                │
               COS
               25.8[kV] 100[AF]
                │
               (△/Y 변압기)
```

04 특고압 간이수전설비

배점 12

다음은 간이수변전설비의 단선도 일부이다. 각 물음에 답하시오.

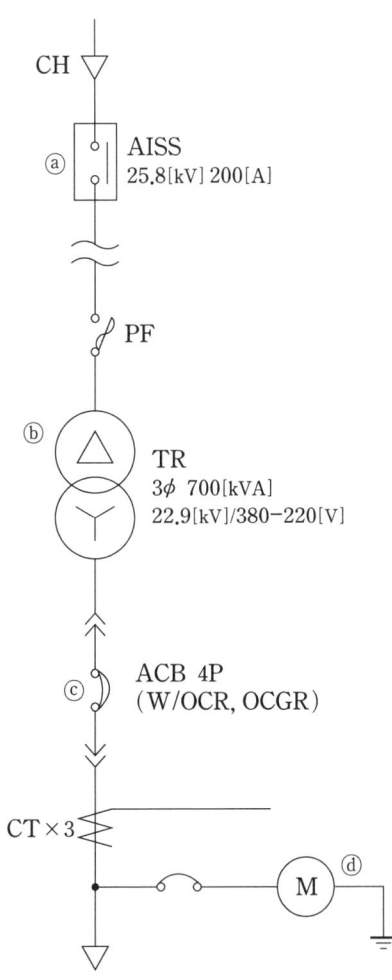

(1) 간이수변전설비의 단선도에서 ⓐ는 인입구 개폐기인 자동고장구분개폐기이다.
다음 ( )에 들어갈 내용을 답란에 쓰시오.

22.9[kV-y] (①)[kVA] 이하에 적용이 가능하며, 300[kVA] 이하일 경우에는 자동고장구분개폐기 대신에 (②)을 사용할 수 있다.

(2) 간이수변전설비의 단선도에서 ⓑ에 설치된 변압기에 대하여 다음 (   )에 들어갈 내용을 답란에 쓰시오.

> 과전류강도는 최대부하전류의 (①)배 전류를 (②)초 동안 흘릴 수 있어야 한다.

(3) 간이수변전설비의 단선도에서 ⓒ는 변압기 2차 개폐기 ACB이다. 보호요소 3가지를 쓰시오.

(4) 간이수변전설비의 단선도에서 ⓓ에 설치된 저압기기에 대하여 다음 (   )에 들어갈 내용을 답란에 쓰시오.

> 접지선의 굵기를 결정하기 위한 조건에서 접지선에 흐르는 고장전류의 값은 전원측 과전류 차단기 정격전류의 (①)배인 고장전류로 과전류차단기가 최대 (②)초 이하에서 차단완료 했을 때 접지선의 허용온도는 최대 (③)[°C] 이하로 보호되어야 한다.

(5) 간이수변전설비의 간선도에서 변류기의 변류비를 선정하시오. (단, CT의 정격전류는 부하전류의 125[%]로 하며, 표준규격[A]은 1차 : 1000, 1200, 1500, 2000, 2차 : 5를 사용한다.)

모범답안 계산과정

(1) ① 1000　　② 인터럽트 스위치(INT.SW)

(2) ① 25　　② 2

(3) ① 과전류　　② 부족전압　　③ 결상

(4) ① 20　　② 0.1　　③ 160

(5) $I_{CT} = \dfrac{700 \times 10^3}{\sqrt{3} \times 380} \times 1.25 = 1329.42[A]$　　답　1500/5선정

05 특고압 간이수전설비

그림과 같은 간이 수전설비에 대한 결선도를 보고 다음 각 물음에 답하시오.

(1) 수전실의 형태를 Cubicle Type으로 할 경우 고압반(HV : High voltage)4면과 저압반(LV : Low voltage)2면으로 구성되어 있다. 수용되는 수배전반과 기기의 명칭을 쓰시오.
(2) ①, ②, ③ 기기의 최대설계전압과 정격전류를 쓰시오.
(3) ④, ⑤ 차단기의 용량(AF, AT)은 어느 것을 선정하면 되겠는가? (단, 역률은 100[%]로 계산한다.)

모범답안 계산과정

(1) • 고압반 : 4면(피뢰기, 전력수급용계기용변성기, 전등용 변압기, 동력용 변압기, 컷아웃 스위치, 전력퓨즈)
  • 저압반 : 2면(기중차단기, 배선용 차단기)

(2) ① 최대설계전압 : 25.8[kV]   • 정격전류 : 200[A]
  ② 최대설계전압 : 18[kV]   • 정격전류 : 2500[A]
  ③ 최대설계전압 : 25[kV]   • 정격전류 : 100[AF], 8[A]

(3) ④ $I = \dfrac{500 \times 10^3}{\sqrt{3} \times 380} = 759.67[A]$ 답 AF : 800[A], AT : 800[A]

  ⑤ $I = \dfrac{200 \times 10^3}{\sqrt{3} \times 380} = 303.87[A]$ 답 AF : 400[A], AT : 350[A]

06 특고압 간이수전설비

배점 13

다음 그림은 어느 수용가의 수전설비 계통도이다. 다음 각 물음에 답하시오.

(1) AISS의 명칭을 쓰고 기능을(2가지) 쓰시오.
- 명칭 :
- 기능(2가지) :
  -
  -

(2) 피뢰기의 정격전압 및 공칭 방전전류를 쓰고 그림에서의 DISC의 기능을 간단히 설명하시오.
- 피뢰기 정격 :   [kV],   [kA]
- DISC(Disconnector)의 기능 :

(3) MOF의 정격을 구하시오. (단, CT의 여유율은 25[%]로 한다.)
- PT비 :   • CT비 :

(4) MOLD TR의 장점 및 단점을 각각 2가지만 쓰시오.
- 장점 :
- 단점 :

(5) ACB의 명칭을 쓰시오.

(6) CT의 정격(변류비)를 구하시오. (단, CT의 여유율은 25[%]로 한다.)
- 계산과정 :   • 답 :

모범답안 계산과정

(1) • 명칭 : 기중형 자동고장 구분개폐기
   • 기능
   ① 고장구간을 자동으로 개방하여 사고확대를 방지
   ② 전 부하 상태에서 자동으로 개방할 수 있어 과부하로부터 보호

(2) • 피뢰기 규격 : 18[kV], 2.5[kA]
   • DISC의 기능 : 피뢰기의 고장시 피뢰기의 접지측을 대지로부터 분리

(3) PT비 : $\dfrac{13200}{110}$

   CT비 : $I_{CT} = \dfrac{300}{\sqrt{3} \times 22.9} \times 1.25 = 9.45[A]$ → CT비 10/5 로 선정한다.

   답 PT비 : 13200/110, CT비 : 10/5

(4) ◦ 장점 : ① 난연성이 우수하다.
         ② 저 손실이므로 에너지 절약이 가능하다.
   ◦ 단점 : ① 고가이다.
         ② 충격파 내전압이 낮다.

(5) 기중차단기

(6) $I_{CT} = \dfrac{300}{\sqrt{3} \times 0.38} \times 1.25 = 569.75[A]$ 답 600/5 선정

07 특고압 간이수전설비 [기사전용]   배점 14

다음 도면을 보고 물음에 답하시오.

(1) ASS의 최대 과전류 LOCK 전류값과 과전류 LOCK 기능에 대해 쓰시오.
   ◦ 최대 과전류 LOCK 전류 값 :
   ◦ 과전류 LOCK 기능 :

(2) 피뢰기 정격전압과 제1보호대상을 쓰시오.
   ◦ 피뢰기 정격전압 :
   ◦ 제1 보호대상 :

(3) 도면의 한류형 퓨즈의 단점 2가지를 쓰시오.
   ◦
   ◦

(4) 다음 MOF 과전류강도 기준에 대한 설명에서 빈 칸을 채우시오.

> MOF의 과전류강도는 기기 설치점에서 단락전류에 의하여 계산 적용하되, 22.9[kV]급으로서 60[A] 이하의 MOF 최소 과전류강도는 전기사업자규격에 의한 (①)배로 하고, 계산한 값이 75배 이상인 경우에는 (②)배를 적용하며, 60[A] 초과시 MOF의 과전류강도는 (③)배로 적용한다.

(5) 단락지점에서의 3상 단락전류와 2상(선간)단락전류를 구하시오. 단, 변압기의 %임피던스만 고려하고 기타정수는 무시한다.
   - 3상 단락전류
     ◦ 계산 과정 :   ◦ 답 :
   - 선간 단락전류
     ◦ 계산 과정 :   ◦ 답 :

모범답안 / 계산과정

(1) ◦ 최대 과전류 LOCK 전류 값 : 880[A]
   ◦ 과전류 LOCK 기능 : 정격LOCK전류 이상의 전류가 흐를경우 ASS는 LOCK이 되어 차단되지 않고, 후비보호장치 차단 후 개폐기 ASS가 개방되어 고장 구간을 자동으로 분리한다.

(2) ◦ 피뢰기 정격전압 : 18[kV]
   ◦ 제1보호대상 : 전력용 변압기

(3) ◦ 재투입이 불가능하다.
   ◦ 결상을 일으킬 염려가 있다.

(4) ① 75　② 150　③ 40

(5) － 3상 단락전류 $I_{3s} = \dfrac{100}{\%Z} \times I_n = \dfrac{100}{5} \times \dfrac{500 \times 10^3}{\sqrt{3} \times 380} = 15193.43[A]$　　답 15193.43[A]

－ 선간단락전류 $I_{2s} = I_{3s} \times 0.866 = 13157.51[A]$　　답 13157.51[A]

16 고압 수전설비 결선도

01 고압 수전설비 결선도

배점 9

그림은 고압 전동기 100[HP] 미만을 사용하는 고압 수전설비결선도이다. 이 그림을 보고 다음 각 물음에 답하시오.

(1) 다음 명칭과 용도 또는 역할을 쓰시오.

번호	약호	명칭	용도 또는 역할
①	MOF		
②	LA		
③	ZCT		
④	OCB		
⑤	OCR		
⑥	GR		

(2) 본 도면에서 생략할 수 있는 부분은?

(3) 전력용 콘덴서에 고조파 전류가 흐를 때 사용하는 기기는 무엇인가?

(4) 단상 변압기 3대를 △-Y 결선하여 복선도를 그리시오.

(5) 계전기용 변류기는 차단기의 전원측에 설치하는 것이 바람직하다. 무슨 이유에서인가?

모범답안

(1)

번호	약호	명칭	역할
①	MOF	전력수급용 계기용변성기	PT와 CT를 함께 내장한 것으로 전력량계에 전원공급
②	LA	피뢰기	뇌전류를 대지로 방전시키고 그 속류를 차단
③	ZCT	영상변류기	지락 사고시 영상전류 검출
④	OCB	유입차단기	사고전류 차단 및 부하전류를 개폐
⑤	OCR	과전류 계전기	과전류에 동작하여 차단기 트립 코일을 여자
⑥	GR	지락 계전기	지락사고시 트립코일 여자

(2) 피뢰기용 단로기

(3) 직렬리액터

(4) △-Y 결선   참고 △-△ 결선

(5) 보호범위를 넓히기 위해서 차단기의 전원측에 설치하는 것이 바람직하다.

02 고압 수전설비 결선도

배점 12

그림은 고압 수전설비결선도이다. 이 그림을 보고 다음 각 물음에 답하시오.

(1) 다음 결선도를 완성하시오.
(2) 통전중에 있는 변류기 2차측 기기를 교체하고자 할 경우 취하여야 할 조치와 그 이유를 작성하시오.
　◦ 조치 :　　　　　　　　　　　◦ 이유 :
(3) 인입개폐기 DS로 쓰이는 기기의 명칭과 약호는 무엇인가?
　◦ 명칭 :　　　　　　　　　　　◦ 약호 :
(4) 차단기를 VCB, 변압기를 몰드변압기로 사용할 때 보호 기기와 보호기기의 설치 위치는?
　◦ 적용하여야 하는 보호기기 :
　◦ 보호기기의 설치위치 :

모범답안

(1)

(2) ◦ 조치사항 : 변류기 2차 측을 단락시킨다.

◦ 이유 : 통전중에 변류기 2차측을 개방하면 2차측에 과전압이 유기되어 변류기의 절연이 파괴될 우려가 있다.

(3) ◦ 명칭 : 자동고장 구분개폐기

◦ 약호 : ASS

(4) ◦ 보호기기 : 서지흡수기(SA)

◦ 보호기기의 설치위치 : 진공차단기 2차측과 몰드변압기의 1차측 사이에 설치한다.

03 고압 수전설비 결선도

배점 10

그림은 고압 수전설비의 단선 결선도이다. 다음 각 물음에 답하시오.

(1) 그림에서 ① ~ ③의 명칭을 쓰시오.
　　①　　　　　　　②　　　　　　　③

(2) 각 부하의 최대전력이 그림과 같고, 역률 0.8, 부등률 1.2일 때,
　① 변압기 1차측의 전류계 Ⓐ에 흐르는 전류의 최대값을 구하시오.
　② 동일한 조건에서 합성역률을 0.9 이상으로 유지하기 위한 전력용 콘덴서의 최소용량[kVA]을 구하시오.

(3) 단선도상의 피뢰기 정격전압과 방전전류는 얼마인지 쓰시오.

(4) DC(방전코일)의 설치목적을 쓰시오.

모범답안　계산과정

(1) ① 차단기　　② 과전류 계전기　　③ 계기용 변압기

(2) ① 최대전력 $P = \dfrac{100 + 140 + 180}{1.2} = 350 \text{[kW]}$

최대전류 $I = \dfrac{350 \times 10^3}{\sqrt{3} \times 6600 \times 0.8} \times \dfrac{5}{75} = 2.55$ 답   2.55[A]

② 콘덴서용량 $Q = 350 \times \left(\dfrac{0.6}{0.8} - \dfrac{\sqrt{1-0.9^2}}{0.9} \right) = 92.99 \text{[kVA]}$ 답   92.99[kVA]

(3) ◦ 피뢰기 정격전압 : 7.5[kV]   ◦ 방전전류 : 2500[A]

(4) 잔류 전하를 방전시켜 감전사고를 방지

04 고압 수전설비 결선도

배점 26

답안지에 있는 미완성 복선 결선도를 보고 다음 각 물음에 답하시오.

(1) ①~⑥ 부분에 해당되는 심벌을 그려넣고 그 옆에 제어 약호를 쓰도록 하시오.

번 호	①	②	③
심 벌			
번 호	④	⑤	⑥
심 벌			

(2) ⑪, ⑫의 변압기 결선을 완성하시오.

(3) ⑦, ⑧에 사용되는 기기의 명칭은 무엇인가?

(4) ⑨, ⑩ 부분을 사용하는 주된 목적을 설명하시오.

모범답안

(1)

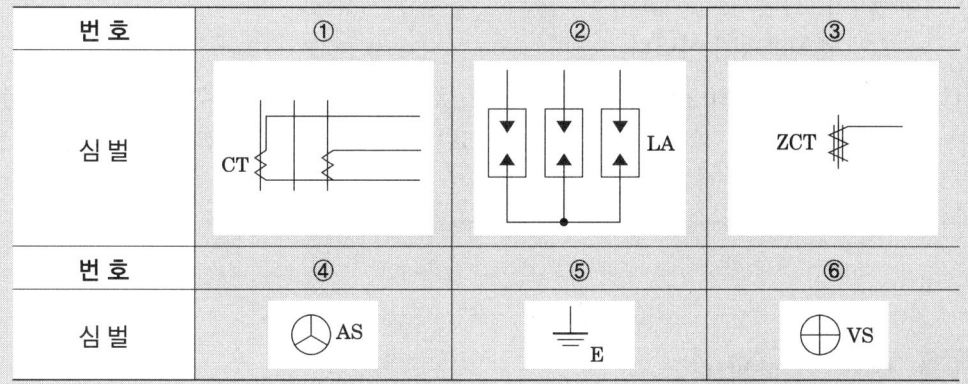

번 호	①	②	③
심 벌	CT	LA	ZCT
번 호	④	⑤	⑥
심 벌	AS	E	VS

(2)

(3) ⑦ 지락 계전기　　⑧ 계기용 변압기

(4) ⑨ 콘덴서에 축적된 잔류 전하 방전
　　⑩ 차단기를 트립시키기 위한 여자 코일

부록 1 기사 PLUS 문제

01 진공차단기 장점·단점

배점 6

진공차단기(VCB)의 특징 3가지를 쓰시오.

> **모범답안**
> ① 소형·경량이다.
> ② 화재의 염려가 없다.
> ③ 고속도 개폐가 가능하고 차단 성능이 우수하다.

> **POINT 진공차단기의 단점**
>
> ① 개폐서지가 크다.
> ② 진공도의 열화판정이 어렵다.
> VCB의 개폐서지로부터 2차 기기에 악영향을 주는 것을 방지하기 위해 서지흡수기를 시설하는 것이 바람직하다. 서지흡수기는 보호하고자 하는 기기의 전단과 개폐서지를 발생시키는 차단기 후단 사이에 설치한다.

02 차단기의 트립 방식

배점 5

차단기의 트립 방식을 4가지를 쓰고 각 방식을 간단히 설명하시오.

트립방식	설명

> **모범답안**

트립방식	설명
직류 트립방식	축전지 등의 직류 전원에 의해 트립되는 방식
콘덴서 트립방식	충전된 콘덴서의 충전전류에 의해 트립되는 방식
과전류 트립방식	변류기의 2차 전류에 의해 트립되는 방식
부족전압 트립방식	부족전압 트립장치에 인가된 전압의 저하에 의해 트립되는 방식

03 전력개폐장치의 기능

배점 5

다음의 표와 같은 전력개폐장치의 정상전류와 이상전류시의 통전, 개·폐 등의 기능 유무를 빈칸에 표시하시오.
(단, ○ : 가능, △ : 때에 따라 가능, × : 불가능)

기구 명칭	정상전류			이상전류		
	통전	개	폐	통전	투입	차단
차단기						
퓨 즈						
단로기						
개폐기						

> **모범답안**

기구 명칭	정상전류			이상전류		
	통전	개	폐	통전	투입	차단
차단기	○	○	○	○	○	○
퓨 즈	○	×	×	×	×	○
단로기	○	△	×	○	×	×
개폐기	○	○	○	○	△	×

04 계기용변압기의 퓨즈설치

배점 4

계기용변압기 1차측 및 2차측에 퓨즈를 부착하는지의 여부를 밝히고, 퓨즈를 부착하는 경우에 그 이유를 간단히 쓰시오.

① 여부 :

② 이유 :

> **모범답안**
> ① 여부 : 계기용변압기 1차측과 2차측에 퓨즈를 부착한다.
> ② 이유 : 계기용변압기 2차측 기기에서 단락사고가 발생하거나, 계기용변압기의 단락사고시 사고확대를 방지하기 위해 설치한다.

> **POINT 계기용변압기 정격전압**
>
> 자가용 수전설비 13.2/22.9kV-Y의 경우 13200/110V를 적용한다. 한편, 계기용변압기 부담은 2차측의 계측기 또는 계전기 등으로 인해 소비되는 용량으로 피상전력[VA]으로 표시한다.
>
> | 정격 1차 전압 | 정격 2차 전압 |
> |---|---|
> | 3300[V], 6600[V], 22000[V], 13.2[kV] | 110[V] |

05 변류비 선정

배점 5

기중차단기(ACB)가 설치되어있는 배전반 전면에 전압계, 전류계, 전력계, CTT, PTT가 설치되어있다. 수변전 단선결선도가 없어 CT비를 알 수 없는 상태에서 전류계의 지시는 R, S, T상 모두 240[A]이고, CTT측 단자의 전류를 측정한 결과 2[A]였을 때 CT비(I_1/I_2)를 구하시오. (단, CT 2차측 전류는 5[A]로 한다.)

> **모범답안** 계산과정
>
> 전류계가 지시하는 240[A]는 CT 1측에 흐르는 부하전류이며, CTT측 단자의 전류 2[A]는 CT 2측에 흐르는 전류이다. 즉, 전류를 120배 변성하는 변류기를 사용한 것이다.
> 그러므로, 이 배전반에서 사용하는 CT의 1차측 정격은 $I_{CT}=120\times5=600[A]$이다.
>
> 답 600/5

06 부싱형 변류기

배점 4

그림은 교류 차단기에 장치하는 경우에 표시하는 전기용 기호의 단선도용 그림 기호이다. 이 그림 기호의 정확한 우리말 명칭을 쓰시오.

모범답안

부싱형 변류기[BCT]

참고

부싱형 변류기는 변압기, 차단기의 부싱을 1차 권선으로 사용하는 형태의 변류기이다. 이것은 1차 도체를 변류기의 1차 권선으로 사용하며 1차 권수가 1이며, 2차 권선이 감겨진 환상 철심이 변압기, 차단기의 전력기기의 도체를 절연한 부싱에 설치한다.

07 변류기 가동접속

배점 5

평형 3상 회로에 변류비 100/5인 변류기 2개를 그림과 같이 접속하였을 때 전류계에 4[A]의 전류가 흘렀다. 1차 전류의 크기는 몇 [A]인가?

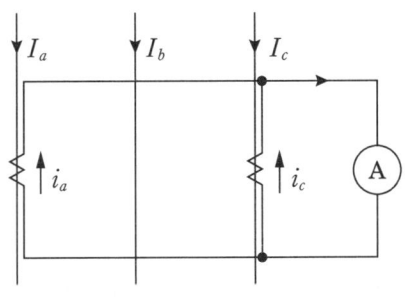

모범답안 **계산과정**

변류기 1차측 전류 $I_1 = I_2 \times CT비 = 4 \times \dfrac{100}{5} = 80[A]$

답 80[A]

08 옥내용 변류기 습도상태

배점 4

다음 아래 사항[KEC IEC 60044-1]은 옥내용 변류기에 관한 내용이다. (   )에 들어갈 내용을 답란에 쓰시오.

1. 태양열 복사 에너지의 영향은 무시해도 좋다.
2. 주위의 공기는 먼지, 연기, 부식 가스, 증기 및 염분에 의해 심각하게 오염되지 않는다.
3. 습도의 상태는 다음과 같다.
    1) 24시간 동안 측정한 상대 습도의 평균값은 (①)[%]를 초과하지 않는다.
    2) 24시간 동안 측정한 수증기압의 평균값은 (②)[kPa]를 초과하지 않는다.
    3) 1달 동안 측정한 상대 습도의 평균값은 (③)[%]를 초과하지 않는다.
    4) 1달 동안 측정한 수증기압의 평균값은 (④)[kPa]를 초과하지 않는다.

모범답안

① 95   ② 2.2   ③ 90   ④ 1.8

09 영상변류기의 역할

배점 5

다음과 같은 상태에서 영상변류기(ZCT)의 영상전류 검출에 대해 설명하시오.

(1) 정상상태 :
(2) 지락상태 :

모범답안

(1) 영상전류가 검출되지 않는다.
(2) 영상전류가 검출된다.

▶ 참고

영상변류기는 비접지 계통(△결선)에서 지락사고시 mA 단위의 영상전류를 검출하기 위해 사용한다. 영상전류를 검출하여 지락계전기(GR), 선택지락계전기(SGR) 등과 함께 지락보호협조에 사용되며, ZCT의 정격은 1차측 200[mA], 2차측 1.5[mA]이다.

10 영상전류 검출방법

배점 5

영상전류를 검출하여 계전기를 동작시키기 위한 방법 3가지를 쓰시오.

모범답안

① 영상변류기 방식
② Y결선 잔류회로 방식
③ 변압기 중성점 접지선 CT 방식

11 고압수전설비 – GPT

배점 8

그림과 같은 수변전 결선도를 보고 다음 물음에 답하시오.

(1) ①번에 알맞은 기기의 명칭을 쓰시오.
(2) 위 배전계통의 접지방식을 쓰시오.
(3) 도면에서 CLR의 명칭을 쓰시오.
(4) 위 도면에서 계전기 67의 명칭을 쓰시오.

모범답안
(1) 접지형계기용변압기 (2) 비접지방식
(3) 한류저항기 (4) 지락방향계전기

12 GPT 개방단 전압

배점 4

변압비 $\frac{3300}{\sqrt{3}}/\frac{110}{\sqrt{3}}$[V]인 접지형계기용변압기(GPT)의 오픈 델타결선에서 1상이 지락된 경우 나타나는 영상전압(1선지락 사고시 GPT 개방단 전압)은 몇 [V]인가?

모범답안 계산과정

$$\frac{110}{\sqrt{3}} \times 3 = 190.53[V]$$

답 190.53[V]

13 접지형계기용변압기

배점 6

비접지선로의 접지전압을 검출하기 위하여 그림과 같은 (Y-Y-개방 ⊿) 결선을 한 GPT가 있다. 다음 물음에 답하시오.

(1) $A\phi$고장시(완전지락시) 2차 접지표시등 L_1, L_2, L_3의 점멸과 밝기를 비교하시오.

(2) 1선 지락 사고시 건전상의 대지 전위의 변화를 간단히 설명하시오.

(3) GR, SGR의 우리말 명칭을 간단히 쓰시오.

① GR :

② SGR :

모범답안

(1) L_1은 소등되고, L_2, L_3은 더욱 밝아진다.

(2) 정상시 긴전상의 대지전위는 $\frac{110}{\sqrt{3}}$[V]이니 1선 지락 사고시 $\sqrt{3}$배로 증기하여 110[V]가 된다.

(3) ① GR : 지락 계전기
② SGR : 선택지락계전기

14 피뢰기 구비조건·설치장소

배점 6

피뢰기에 대한 다음 각 물음에 답하시오.

(1) 피뢰기의 기능상 필요한 구비조건을 4가지만 쓰시오.

(2) 피뢰기의 설치장소 4개소를 쓰시오.

(3) 다음 그림에서 피뢰기 시설이 의무화되어 있는 장소에 $\otimes$로 표시하시오.
(단, 전기설비기술기준에 의하여 쓸 것.)

모범답안

(1) 피뢰기 구비조건
　① 제한전압이 낮을 것
　② 속류차단 능력이 클 것
　③ 충격 방전개시전압이 낮을 것
　④ 상용주파 방전개시전압이 높을 것

(2) 피뢰기 설치장소
　① 발전소, 변전소 또는 이에 준하는 장소의 가공전선 인입구 및 인출구
　② 가공전선로에 접속되는 배전용 변압기의 고압 및 특별고압측
　③ 고압 및 특별고압 가공전선로로부터 공급받는 수용장소의 인입구
　④ 가공전선로와 지중전선로가 접속되는 곳

(3) 피뢰기 시설이 의무화되어 있는 장소

15 절연협조·BIL 배점 5

송전계통에는 변압기, 차단기, 계기용 변성기, 애자 등 많은 기기와 기구 등이 사용되고 있는데, 이들의 절연강도는 서로 균형을 이루어야 한다. 만약, 대충 정해져 있다면 그다지 중요하지 않은 개소의 절연을 강화하였기 때문에, 중요한 기기의 절연이 파괴될 수도 있게 된다. 그러므로, 절연 설계에 있어 계통에서 발생하는 이상 전압, 기기 등의 절연강도, 피뢰 장치로 저감된 전압쪽 보호 레벨(level)의 3자 사이의 관련을 합리적으로 해야 하는데, 이것을 절연협조(insulation coordination)라 한다. 각 개소에 해당되는 것을 다음 보기에서 골라 쓰시오.

[보기]
변압기, 피뢰기, 결합 콘덴서, 선로 애자

154[kV] 송전계통의 절연협조

모범답안
① 선로 애자   ② 결합 콘덴서   ③ 변압기   ④ 피뢰기

16 피뢰시스템 등급   배점 5

피뢰시스템의 각 등급은 다음과 같은 특징을 가진다. 위험성 평가를 기초로 하여 요구되는 피뢰시스템의 등급을 관계가 있는 것과 없는 것으로 분류하시오.

(1) 피뢰시스템의 등급과 관계가 있는 데이터 :
(2) 피뢰시스템의 등급과 관계없는 데이터 :

ⓐ 회전구체의 반경, 메시(mesh)의 크기 및 보호각
ⓑ 인하도선사이 및 환상도체사이의 전형적인 최적거리
ⓒ 위험한 불꽃방전에 대비한 이격거리
ⓓ 접지극의 최소길이
ⓔ 수뢰부시스템으로 사용되는 금속판과 금속관의 최소두께
ⓕ 접속도체의 최소치수
ⓖ 피뢰시스템의 재료 및 사용조건

모범답안

(1) ⓐ, ⓑ, ⓒ, ⓓ
(2) ⓔ, ⓕ, ⓖ

17 콘덴서 개방시 특이현상

배점 5

전동기에 개별로 콘덴서를 설치할 경우 발생할 수 있는 전동기의 자기여자현상의 발생 이유와 현상을 설명하시오.

모범답안

- 이유 : 콘덴서 전류가 전동기의 무부하 전류보다 큰 경우에 발생한다.
- 현상 : 전동기 단자전압이 일시적으로 정격전압을 초과한다.

POINT 전동기의 자기여자현상

유도전동기에 개별로 콘덴서를 설치한 후, 전동기를 정지하기 위해 MC를 개방한 후에도 부하측 전원이 즉시, 0[V]로 되지 않고 이상 상승하거나 감소 되지 않는 경우가 있다. 이러한 현상을 전동기의 자기여자현상이라 하며, 전동기가 전원에서 개방된 후에도 회전을 계속하는데 이는 전원에서 공급되던 여자전류가 콘덴서에서 공급되기 때문에 전동기가 발전기가 된다. 이러한 전압의 이상 상승으로 인해 전동기, 콘덴서의 절연에 영향을 줄 수 있다.

참고 콘덴서 설치시 주의사항

- 주위온도 상승에 주의하고 환기설비를 고려할 것
- 콘덴서 용량이 부하설비의 무효분보다 크지 않게 할 것
- 콘덴서 개폐시 나타나는 특이현상을 고려할 것

18 방전장치 요구능력

배점 5

다음은 고압 및 특고압 진상용 콘덴서 관련 방전장치에 관한 사항이다. (①), (②)에 알맞은 내용을 쓰시오.

[조건]

"고압 및 특고압 진상용 콘덴서 회로에 설치하는 방전장치는 콘덴서회로에 직접 접속하거나 또는 콘덴서 회로를 개방하였을 경우 자동적으로 접속되도록 장치하고 또한 개로 후 (①)초 이내에 콘덴서의 잔류전하를 (②)[V] 이하로 저하시킬 능력이 있는 것을 설치하는 것을 원칙으로 한다."

모범답안

① 5   ② 50

19 콘덴서 설비의 사고원인

배점 5

콘덴서(condenser)설비의 주요 사고 원인 3가지를 예로 들어 설명하시오.

모범답안

① 콘덴서 설비 내의 배선 단락
② 콘덴서 설비의 모선 단락 및 지락
③ 콘덴서 소체 파괴 및 층간 절연파괴

20 콘덴서 설비의 보호장치

배점 3

고압 회로용 진상 콘덴서 설비의 보호장치에 사용되는 계전기를 3가지 쓰시오.

모범답안

① 과전압계전기(OVR)   ② 부족전압계전기(UVR)   ③ 과전류계전기(OCR)

21 콘덴서 육안검사 항목

배점 3

전력용 진상콘덴서의 정기점검(육안검사) 항목 3가지를 쓰시오.

모범답안

① 절연유 누설 유무 점검
② 용기의 발청 유무 점검
③ 단자의 이완 및 과열 유무 점검

▶ 참고

점검 항목	방법	점검 내용·조치
① 케이스 팽창	눈으로 관찰·측정	콘덴서 본체의 한 쪽 팽창이 아래 표 값 이하일 때 | 정격용량[kVar]	허용한계[mm]
---	---
10~30	15
50	20
70~100	25
150 이상	30	
② 녹, 부식, 느슨함	눈으로 관찰	녹, 부식 개소는 없는지, 설치가 느슨하다든지 이상은 없는가 확인하고 필요에 따라 보수를 한다.
③ 누유	눈으로 관찰	케이스 용접부, 애자 설치부에 누유는 없는가 확인하고 누유를 확인한 경우에는 교체한다.
④ 애자	눈으로 관찰	파손, 균열, 오손은 없는지 확인하고 파손, 균열을 확인한 경우에는 교체한다.
⑤ 단자 접속부	눈으로 관찰	단자의 느슨함, 과열, 변색은 없는지 확인하고 조여준다.

22 콘덴서의 내부고장 보호방식

배점 6

고압 진상용 콘덴서의 내부고장 보호방식으로 NCS 방식과 NVS 방식이 있다. 다음 각 물음에 답하시오.

(1) NCS와 NVS의 기능을 설명하시오.
(2) 그림에서 누락된 ①, ②을 완성하시오.

모범답안

(1) ① NCS : 콘덴서 내부 고장시 중성점 간에 흐르는 불평형 전류를 검출하여 동작
② NVS : 콘덴서 내부 고장시 중성점 간에 발생하는 불평형 전압을 검출하여 동작

(2)

23 콘덴서 – 용량성 리액턴스

배점 5

전압 30[V], 저항 4[Ω], 유도성 리액턴스 3[Ω]일 때 콘덴서를 병렬로 연결하여 종합역률을 1로 만들기 위해 병렬 연결하는 용량성 리액턴스는 몇 [Ω]인가?

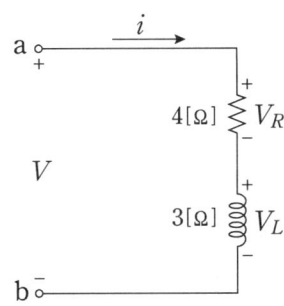

모범답안 · 계산과정

종합역률을 1로 만들기 위해 저항만의 공진회로가 되어야 한다. 그러므로 합성 어드미턴스의 허수부는 0이다.

$\omega C = \dfrac{\omega L}{R^2 + (\omega L)^2} \rightarrow X_c = \dfrac{1}{\omega C} = \dfrac{R^2 + (\omega L)^2}{\omega L}$

$\therefore X_c = \dfrac{4^2 + 3^2}{3} = 8.33[\Omega]$

답 8.33[Ω]

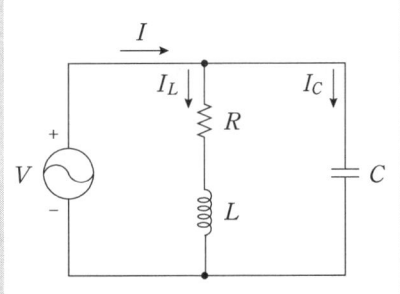

참고 2022 - 4점

커패시터에서 주파수가 50[Hz]에서 60[Hz]로 증가했을 때, 전류는 주파수에 비례하므로 $\dfrac{6}{5} \times 100[\%] = 120[\%]$가 되어 20[%] 증가하게 된다.

24 콘덴서 설치시 유의사항

배점 5

역률을 높게 유지하기 위하여 개개의 부하에 고압 및 특별 고압 진상용 콘덴서를 설치하는 경우에는 현장 조작 개폐기보다도 부하측에 접속하여야 한다. 콘덴서의 용량, 접속 방법 등은 어떻게 시설하는 것을 원칙으로 하는지와 고조파 전류의 증대 등에 대한 다음 각 물음에 답하시오.

(1) 콘덴서의 용량은 부하의 (　　)보다 크게 하지 말 것.
(2) 콘덴서는 본선에 직접 접속하고 특히 전용의 (　　), (　　), (　　) 등을 설치하지 말 것.
(3) 고압 및 특별고압 진상용 콘덴서의 설치로 공급회로의 고조파전류가 현저하게 증대할 경우는 콘덴서회로에 유효한 (　　)를 설치하여야 한다.
(4) 가연성유봉입(可燃性油封入)의 고압진상용 콘덴서를 설치하는 경우는 가연성의 벽, 천장 등과 (　　)[m] 이상 이격하는 것이 바람직하다.

모범답안
(1) 무효분　(2) 개폐기, 퓨즈, 유입차단기　(3) 직렬리액터　(4) 1

25 콘덴서 과보상시 문제점

배점 4

역률을 개선하면 전기 요금의 저감과 배전선의 손실 경감, 전압 강하 감소, 설비 여력의 증가 등을 기할 수 있으나, 너무 과보상하면 역효과가 나타난다. 즉, 경부하시에 콘덴서가 과대 삽입되는 경우의 결점을 4가지 쓰시오.

모범답안
① 모선전압 상승　② 전력손실 증가　③ 고조파 왜곡 확대　④ 전압변동 증대

26 부하의 역률개선

배점 5

다음 물음에 답하시오.

(1) 역률을 개선하기 위한 전력용 콘덴서 용량은 최대 무슨 전력 이하로 설정하여야 하는지 쓰시오.
(2) 고조파를 제거하기 위해 콘덴서에 무엇을 설치해야 하는지 쓰시오.
(3) 전력용 콘덴서의 설치 목적 4가지를 쓰시오.

모범답안

(1) 부하의 지상 무효전력
(2) 직렬리액터
(3) ① 전력손실 경감   ② 전압강하 경감
    ③ 전기요금 감소   ④ 설비용량의 여유증가

---

27 역률개선 효과 – 전력손실 감소

배점 5

단상 200[V], 6[kW], 역률 0.6(늦음)의 부하에 전력을 공급하고 있는 전선 1가닥의 저항이 0.15[Ω], 리액턴스가 0.1[Ω]인 2선식 배전선이 있다. 지금 부하의 역률을 개선해서 1로 하면 역률개선 전후의 전력손실 차이는 몇 [W]인지 계산하시오.

모범답안 **계산과정**

- 역률 개선 전 전력손실 : $P_{l1} = 2I^2R = 2 \times \left(\dfrac{6 \times 10^3}{200 \times 0.6}\right)^2 \times 0.15 = 750[\text{W}]$

- 역률 개선 후 전력손실 : $P_{l2} = 2I^2R = 2 \times \left(\dfrac{6 \times 10^3}{200 \times 1}\right)^2 \times 0.15 = 270[\text{W}]$

- 전력손실 차이 : $\Delta P = P_{l1} - P_{l2} = 750 - 270 = 480[\text{W}]$

답 480[W]

28 콘덴서 용량의 환산

배점: 6

정격용량 18.5[kW], 정격전압 380[V], 역률이 70[%]인 전동기 부하에 콘덴서를 Y결선하여 설치하려고 한다. 부하의 역률을 90[%]로 개선하고자 하는 경우 다음 물음에 답하시오.

(1) 필요한 3상 콘덴서의 용량[kVA]을 계산하시오.
   ◦ 계산과정 : ◦ 답 :

(2) 물음 (1)에서 구한 콘덴서의 용량[kVA]을 [μF]로 환산하시오.
   ◦ 계산과정 : ◦ 답 :

모범답안 계산과정

(1) $Q = P \times (\tan\theta_1 - \tan\theta_2) = 18.5 \times \left(\dfrac{\sqrt{1-0.7^2}}{0.7} - \dfrac{\sqrt{1-0.9^2}}{0.9} \right) = 9.91[\text{kVA}]$

답 9.91[kVA]

(2) $C = \dfrac{Q}{\omega V^2} = \dfrac{9.91 \times 10^3}{2\pi \times 60 \times 380^2} \times 10^6 = 182.04[\mu\text{F}]$

답 182.04[μF]

29 부하의 역률개선

배점: 8

5000[kVA]의 변전설비를 갖는 수용가에서 현재 5000[kVA], 역률 75[%](지상)의 부하를 공급하고 있다.

(1) 1000[kVA]의 전력용 콘덴서를 연결할 경우 개선되는 역률은?
   ◦ 계산 과정 : ◦ 답 :

(2) 전력용 콘덴서 연결 후 80[%](지상)의 부하를 추가하여 변압기 전용량까지 사용할 경우 증가시킬 수 있는 유효전력은 몇 [kW]인가?
   ◦ 계산 과정 : ◦ 답 :

(3) 이때의 종합역률[%]은 얼마인가?
   ◦ 계산 과정 : ◦ 답 :

모범답안 **계산과정**

(1) ① 기존부하의 유효분 : $P_1 = P_a \times \cos\theta_1 = 5000 \times 0.75 = 3750[kW]$

② 콘덴서 설치 후 기존부하의 무효분
$P_{r1} = P_r - Q = 5000 \times \sqrt{1 - 0.75^2} - 1000 = 2307.19[kVar]$

③ 개선 역률 $\cos\theta = \dfrac{3750}{\sqrt{3750^2 + 2307.19^2}} \times 100 = 85.17[\%]$ 　　답　85.17[%]

(2) ① 콘덴서 설치 후 부하의 크기
$P_a' = \sqrt{3750^2 + 2307.19^2} = 4402.91[kVA]$

② 감소된 부하의 크기
$\triangle P_a = 5000 - 4402.91 = 597.09[kVA]$

③ 증가시킬 수 있는 부하의 크기
$\triangle P = 597.09 \times 0.8 = 477.67[kW]$ 　　답　477.67[kW]

(3) $\cos\theta = \dfrac{3750 + 477.67}{5000} \times 100 = 84.55[\%]$ 　　답　84.55[%]

30 부하의 역률개선

배점 10

5[km]의 3상 3선식 배전선로의 말단에 1000[kW], 역률 80[%](지상)의 부하가 접속되어 있다. 지금 전력용 콘덴서로 역률이 95[%]로 개선 되었다면 이 선로의 전압강하와 전력손실은 역률 개선 전의 몇 [%]로 되겠는가? (단, 선로의 임피던스는 1선당 $0.3 + j0.4[\Omega/km]$라 하고 부하전압은 6000[V]로 일정하다고 한다.)

(1) 전압강하
　◦ 계산 과정 : 　　　　　　　　　　　　　　　　◦ 답 :

(2) 전력손실
　◦ 계산 과정 : 　　　　　　　　　　　　　　　　◦ 답 :

모범답안 | **계산과정**

(1) 전압강하

$R = 0.3 \times 5 = 1.5[\Omega]$, $X = 0.4 \times 5 = 2[\Omega]$

전압강하 $e = \sqrt{3}\,I(R\cos\theta + X\sin\theta)[V]$

역률 개선 전 전류 $I_1 = \dfrac{1000 \times 10^3}{\sqrt{3} \times 6000 \times 0.8} = 120.28[A]$

역률 개선 후 전류 $I_2 = \dfrac{1000 \times 10^3}{\sqrt{3} \times 6000 \times 0.95} = 101.29[A]$

① 역률 개선 전 전압강하
$$e_1 = \sqrt{3}\,I_1(R\cos\theta_1 + X\sin\theta_1)[V]$$
$$= \sqrt{3} \times 120.28 \times (1.5 \times 0.8 + 2 \times 0.6) = 500[V]$$

② 역률 개선 후 전압강하
$$e_2 = \sqrt{3}\,I_2(R\cos\theta_2 + X\sin\theta_2)[V]$$
$$= \sqrt{3} \times 101.29 \times (1.5 \times 0.95 + 2 \times \sqrt{1-0.95^2}\,) = 359.63[V]$$

$\therefore \dfrac{e_2}{e_1} = \dfrac{359.63}{500} \times 100 = 71.93[\%]$ **답** 71.93[%]

(2) 전력손실

① 역률 개선 전 전력손실
$$P_{l1} = 3I_1^2 R = 3 \times (120.28)^2 \times 1.5 = 65102.75[W]$$

② 역률 개선 후 전력손실
$$P_{l2} = 3I_2^2 R = 3 \times (101.29)^2 \times 1.5 = 46168.49[W]$$

$\therefore \dfrac{P_{l2}}{P_{l1}} = \dfrac{46168.49}{65102.75} \times 100 = 70.92[\%]$ **답** 70.92[%]

31. 콘덴서 투입시 돌입전류

배점 4

제3고조파의 유입으로 인한 사고를 방지하기 위하여 콘덴서 회로에 콘덴서 용량의 11[%]인 직렬 리액터를 설치하였다. 이 경우 콘덴서의 정격 전류(정상시 전류)가 10[A]라면 콘덴서 투입시의 전류는 몇 [A]가 되겠는가?

모범답안 **계산과정**

콘덴서 투입시 돌입전류

$$I = I_n \times \left(1 + \sqrt{\frac{X_C}{X_L}}\right) = 10 \times \left(1 + \sqrt{\frac{X_C}{0.11 X_C}}\right) = 10 \times \left(1 + \sqrt{\frac{1}{0.11}}\right) = 40.15[A]$$

답 40.15[A]

32. 디지털 계전기 장점

배점 5

아날로그형 계전기에 비교할 때 디지털형 계전기의 장점 5가지만 쓰시오.

모범답안

① 계전기의 신뢰도가 좋다.
② 계전기를 작게 만들 수 있다.
③ 계전기의 표준화가 용이하다.
④ 계전기의 다기능화가 가능하다.
⑤ 소비전력이 작아서 계기용 변성기의 부담[VA]이 작다.

33. 과전류 계전기 동작시험

배점 10

과전류 계전기의 동작시험을 하기 위한 시험기의 배치도를 보고 다음 각 물음에 답하시오.
(단, ○ 안의 숫자는 단자번호이다.)

(1) 회로도의 기기를 사용하여 동작 시험을 하기 위한 단자 접속을 ○-○ 안에 기입하시오.
① -   ② -   ③ -
⑥ -   ⑦ -

(2) Ⓐ, Ⓑ 및 Ⓒ에 표시된 기기의 명칭을 기입하시오.
Ⓐ 기기명 :
Ⓑ 기기명 :
Ⓒ 기기명 :

(3) 이 결선도에서 스위치 S_2를 투입(ON)하고 행하는 시험 명칭과 개방(OFF)하고 행하는 시험 명칭은 무엇인가?
 ∘ S_2 ON시의 시험명 :
 ∘ S_2 OFF시의 시험명 :

모범답안

(1) ①-④,   ②-⑤,   ③-⑨,
    ⑥-⑧,   ⑦-⑩

(2) Ⓐ 기기명 : 물 저항기
    Ⓑ 기기명 : 전류계
    Ⓒ 기기명 : 사이클 카운터

(3) ∘ S_2 ON시의 시험명 : 계전기 한시 동작 특성 시험
    ∘ S_2 OFF시의 시험명 : 계전기 최소 동작 전류 시험

34 보호계전기의 기억작용

배점 5

보호계전기의 기억작용이란 무엇인지 설명하시오.

모범답안

입력이 급변했을 때 변화 전의 전기량을 보호계전기에 일시적으로 잔류시키게 하는 것

35 OCR과 CB의 연동시험

배점 5

과전류계전기와 수전용 차단기 연동시험 시 시험전류를 가하기 전에 준비해야 하는 기기 3가지를 쓰시오.

모범답안

① 전류계   ② 물저항기   ③ 사이클 카운터

36 전력량계 결선 – 단상 2선식

배점 4

다음 그림과 같은 단상 2선식에서 주어진 적산전력계의 결선도를 그리시오.

모범답안

37 전력량계 결선 - 오결선

배점 5

고압 동력 부하의 사용 전력량을 측정하려고 한다. CT 및 PT 부착 3상 적산전력량계를 그림과 같이 오결선(1S와 1L 및 P1과 P3가 바뀜) 하였을 경우 어느 기간 동안 사용 전력량이 300[kWh]이였다면 그 기간 동안의 실제 사용 전력량은 몇 [kWh]이겠는가? (단, 부하 역률은 0.8이라 한다.)

모범답안 **계산과정**

오결선시 : $W_1 = VI\cos(90°-\theta)$, $W_2 = VI\cos(90°-\theta)$

$W_1 + W_2 = VI\cos(90°-\theta) + VI\cos(90°-\theta) = 2VI\cos(90°-\theta) = 2VI\sin\theta$

실제 전력량 : $W = \sqrt{3} VI\cos\theta = \sqrt{3} \times \dfrac{W_1+W_2}{2\sin\theta} \times \cos\theta$

$\qquad\qquad\quad = \sqrt{3} \times \dfrac{300}{2 \times 0.6} \times 0.8 = 346.41 [\text{kWh}]$

답 346.41[kWh]

38 비율차동계전기 결선

배점 6

CT에 관한 다음 각 물음에 답하시오.

(1) Y-△로 결선한 주변압기의 보호로 비율차동계전기를 사용한다면 CT의 결선은 어떻게 하여야 하는지를 설명하시오.

(2) 통전 중에 있는 변류기의 2차측 기기를 교체하고자 할 때 가장 먼저 취하여야 할 조치를 설명하시오.

(3) 수전전압이 22.9[kV], 수전설비의 부하전류가 40[A]이다. 60/5[A]의 변류기를 통하여 과부하 계전기를 시설하였다. 120[%]의 과부하에서 차단 시킨다면 과부하 트립전류값은 몇 [A]로 설정해야 하는가?

　◦계산과정 :　　　　　　　　　　　　　　　　　　　　　　　　　◦답 :

모범답안 **계산과정**

(1) △-Y

(2) 변류기 2차측을 단락시킨다.

(3) $I_{tap} = 40 \times \dfrac{5}{60} \times 1.2 = 4[\text{A}]$ → OCR TAP 전류에서 4[A]를 선정한다.

> **참고** OCR TAP : 2[A], 3[A], 4[A], 5[A], 6[A], 7[A], 8[A], 10[A], 12[A]

답 4[A]

39 비율차동계전기

배점: 5

다음 그림은 변압기 1뱅크(Bank)의 미완성 단선도(SINGLE LINE)이다. 이 단선도에 전기적으로 변압기 내부 고장을 보호하는 계전기(비율차동 계전기 : 87) 회로를 주어진 그림에 그려 넣어 완성하시오.

모범답안

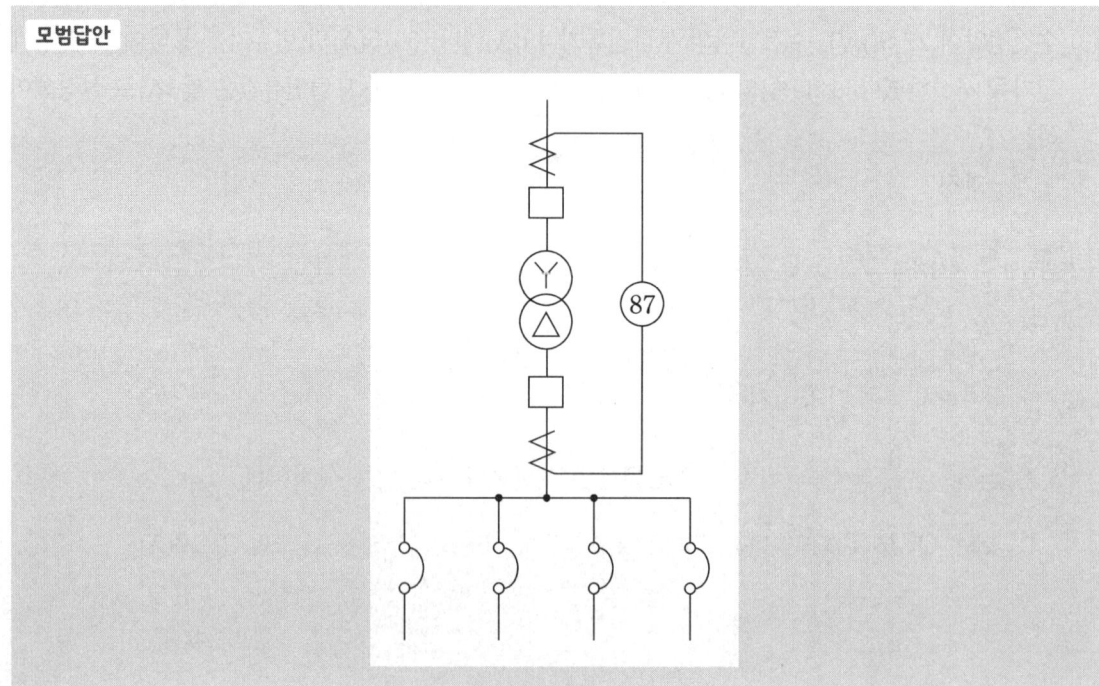

40 케이블 트리현상

배점 5

케이블의 트리현상이란 무엇인가 쓰고 종류 3가지를 쓰시오.

(1) 정의 :
(2) 종류 :

> **모범답안**
>
> (1) 정의 : 고체 절연물 내에서 코로나 방전에 의한 절연열화 현상으로 가지모양의 방전흔적을 남기는 현상을 말한다.
> (2) 종류 : 수 트리, 전기적 트리, 화학적 트리

41 수변전설비 설계시 고려사항

배점 5

수변전설비를 설계하고자 한다. 기본설계에 있어서 검토할 주요 사항을 5가지만 쓰시오.

> **모범답안**
>
> ① 필요한 전력의 추정 ② 수전전압 및 수전방식
> ③ 주회로의 결선방식 ④ 감시 및 제어방식
> ⑤ 변전실의 위치와 면적

42 변전실의 높이·면적

배점 5

1000[kVA], 22.9[kV] 폐쇄형 큐비클식 수변전 설비가 설치된 변전실이 있다. 다음 물음에 답하시오.

(1) 변전실의 유효높이는 몇 [m] 이상인지 쓰시오.
(2) 변전실의 추정 면적은 몇 [m²]인지 구하시오. (단, 추정계수는 1.4이다.)

  ◦ 계산 과정 :   ◦ 답 :

> **모범답안 계산과정**
>
> (1) 4.5[m]
> (2) 변전실 추정 면적 = 추정계수 × 변압기용량$^{0.7}$ = $1.4 \times 1000^{0.7}$ = 176.25[m²]
>
>   답 176.25[m²]

43 특고압 수전설비 결선도

배점 10

그림은 특고압 수전설비 결선도의 미완성 도면이다. 이 도면을 보고 다음 각 물음에 답하시오. (단 CB 1차측에 CT를, CB 2차측에 PT를 시설하는 경우이다.)

(1) 미완성 부분(점선 내부 부분)에 대한 결선도를 그리시오. 단, 미완성 부분만 작성하되 미완성 부분에는 CB, OCR : 3개, OCGR, MOF, PT, CT, PF, COS, TC, A, V, 전력량계 등을 사용하도록 한다.

(2) 사용전압이 22.9[kV]라고 할 때 차단기의 트립전원은 어떤 방식이 바람직한지 2가지를 쓰시오.

(3) 수전전압이 66[kV] 이상인 경우 '*'표로 표시된 DS 대신 어떤 것을 사용하여야 하는가?

(4) 22.9[kV-Y] 1000[kVA] 이하를 시설하는 경우 특고압 간이수전설비 결선도에 의할 수 있다. 본 결선도에 대한 간이수전설비 결선도를 그리시오.

모범답안

(1)

(2) ① 직류(DC) 방식　② 콘덴서 방식(CTD)

(3) 선로 개폐기(LS)

(4)

44. 수변전설비 – 차단용량

배점: 6

다음 그림은 어느 수전설비의 단선계통도이다. 각 물음에 답하시오. (단, KEPCO 측의 전원용량은 500000[kVA]이고, 선로손실 등 제시되지 않은 조건은 무시한다.)

(1) CB-2의 차단용량[MVA]을 구하시오.
   ○ 계산과정 :   ○ 답 :

(2) 기기 A의 명칭과 그 기능을 쓰시오.
   ○ 명칭 :
   ○ 기능 :

모범답안 **계산과정**

(1) 정격용량 3000[kVA], 전원측 퍼센트 임피던스를 계산한다.

① $P_s = \dfrac{100}{\%Z} \times P_n$ → 전원측 $\%Z_s = \dfrac{P_n}{P_s} \times 100 = \dfrac{3000}{500000} \times 100 = 0.6[\%]$

② 합성 임피던스 $\%Z_{total} = \%Z_s + \%Z_t = 0.6 + 6 = 6.6[\%]$

③ 차단용량 $P_s = \dfrac{100}{\%Z_{total}} \times P_n = \dfrac{100}{6.6} \times 3000 \times 10^{-3} = 45.45[\text{MVA}]$

답 45.45[MVA]

(2) • 명칭 : 중성점 접지저항기
 • 기능 : 지락사고시 지락 전류를 억제한다.

45 특고압 수전설비 결선도

배점 6

3φ4W 22.9[kV] 수변전실 단선 결선도이다. 그림에서 표시된 ①~⑩까지의 명칭을 쓰시오.

모범답안

① 전압계용 전환 개폐기
② 변류기
③ 역률계
④ 전류계용 전환 개폐기
⑤ 전력 퓨즈
⑥ 방전코일
⑦ 접지형계기용변압기
⑧ 영상변류기
⑨ 지락 방향 계전기
⑩ 지락 과전압 계전기

46 특고압 수전설비 결선도

3φ4W 22.9[kV] 수전설비 단선 결선도이다. ①~⑩번까지 표준 심벌을 사용하여 도면을 완성하고 표의 빈칸 ②~⑨에 알맞은 내용을 쓰시오.

번호	약호	명칭	용도 및 역할
①	CH	케이블 헤드 (케이블 종단상자)	케이블의 종단을 단심인 옥내선에 접속할 때 수용지점(변전소)의 입상 부분 등에 사용
②			
③			
④			
⑤			
⑥			
⑦			
⑧			
⑨			
⑩	TR	변압기	교류 전압 및 전류의 크기를 변환하기 위해 사용되는 정지기기

모범답안

(1) 3φ4W 22.9[kV] 수전설비 단선 결선도

(2)

번호	약호	명칭	용도 및 역할
①	CH	케이블 헤드 (케이블 종단상자)	케이블의 종단을 단심인 옥내선에 접속할 때 수용지점(변전소)의 입상 부분 등에 사용
②	PF	전력 퓨즈	회로 및 기기의 단락보호용으로 사용된다.
③	MOF	전력 수급용 계기용 변성기	PT와 CT를 함께 내장하여 전력량계에 전원을 공급한다.
④	LA	피뢰기	뇌전류를 방전시키고 그 속류를 차단한다.
⑤	PT	계기용 변압기	고전압을 저전압으로 변성하여 계측기나 계전기의 전압원으로 사용된다.
⑥	VS	전압계용 전환 개폐기	1대의 전압계로 3상 전압을 측정하기 위한 기기이다.
⑦	CT	변류기	대전류를 소전류로 변성하여 계측기나 계전기의 전류원으로 사용된다.
⑧	OCR	과전류 계전기	과전류에 의해 동작하여 차단기 트립 코일을 여자시킨다.
⑨	SC	전력용 콘덴서	부하의 역률을 개선한다.
⑩	TR	변압기	교류 전압 및 전류의 크기를 변환하기 위해 사용되는 정지기기

47 특고압 수전설비 결선도

다음은 3φ4W 22.9[kV] 수전설비 단선결선도이다. 다음 각 물음에 답하시오.

구분	전등 및 진열	일반동력	비상동력
설비용량 및 효율	합계 350[kW] 100[%]	합계 635[kW] 85[%]	유도전동기1 7.5[kW] 2대 85[%] 유도전동기2 11[kW] 1대 85[%] 유도전동기3 15[kW] 1대 85[%] 비상조명 8000[W] 100[%]
평균(종합)역률	80[%]	90[%]	90[%]
수용률	60[%]	45[%]	100[%]

(1) 수전설비 단선결선도에서 LBS에 대해 답하시오.
  ① 우리말의 명칭을 쓰시오.
  ② 기능과 역할에 대해 간단히 설명하시오.
  ③ 같은 용도로 사용되는 기기를 2종류만 쓰시오.

(2) 부하집계 및 입력 환산표를 완성하시오.
  (단, 입력환산[kVA]의 계산에서 소수점 둘째자리 이하는 버린다.)

구분		설비용량[kW]	효율[%]	역률[%]	입력환산[kVA]
전등 및 전열		350			
일반동력		635			
비상동력	유도전동기1	7.5×2			
	유도전동기2	11			
	유도전동기3	15			
	비상조명				
	소 계	–		–	–

(3) 위의 수전설비 단선결선도에서 비상동력부하 중에서[기동(kW)]−입력(kW)]의 값이 최대로 되는 전동기를 최후에 기동하는데 필요한 발전기 용량[kVA]을 구하시오.

[참고사항]

- 유도전동기의 출력 1[kW]당 기동[kVA]는 7.2로 한다.
- 유도전동기의 기동방식은 모두 직입 기동방식이다. 따라서, 기동방식에 따른 계수는 1로 한다.
- 부하의 종합효율은 0.85, 발전기의 역률은 0.9, 전동기의 기동 시 역률은 0.4로 한다.

◦계산 과정 :   ◦답 :

(4) VCB의 개폐시 발생하는 이상전압으로부터 TR-1과 TR-2를 보호하기 위한 보완대책을 도면에 그리시오. (단, 보호장치는 각 변압기별로 각각 시행한다.)

모범답안 / 계산과정

(1) ① 부하개폐기
　② 부하전류를 개폐할 수 있으며, 특고압 수용가의 인입용 개폐기로 사용한다.
　③ 자동고장 구분개폐기, 기중부하개폐기

(2) 부하집계 및 입력환산표

구분		설비용량[kW]	효율[%]	역률[%]	입력환산[kVA]
전등 및 전열		350	100	80	$\dfrac{350}{1 \times 0.8}=437.5$
일반동력		635	85	90	$\dfrac{635}{0.85 \times 0.9}=830$
비상동력	유도전동기1	7.5×2	85	90	$\dfrac{7.5 \times 2}{0.85 \times 0.9}=19.6$
	유도전동기2	11	85	90	$\dfrac{11}{0.85 \times 0.9}=14.3$
	유도전동기3	15	85	90	$\dfrac{15}{0.85 \times 0.9}=19.6$
	비상조명	8	100	90	$\dfrac{8}{1 \times 0.9}=8.8$
	소 계	-	-	-	62.3

(3) 부하 중(기동[kW]−입력[kW]) 수지가 최대가 되는 전동기 또는 전동기군을 마지막에 기동할 때의 발전기 용량[kVA] 산정식(PG_3)

$$PG_3 = \left(\frac{\sum P_L - P_m}{\eta_L} + P_m \times \beta \times C \times \cos\theta_s\right) \times \frac{1}{\cos\phi} [\text{kVA}]$$

여기서, $\sum P_L$: 부하출력의 합계[kW]

P_m : 최대 기동전류를 갖는 전동기 또는 전동기군의 출력[kW]

$\cos\theta_s$: P_m[kW]의 전동기 기동시 역률

$\cos\phi$: 부하의 종합 역률

η_L : 부하의 종합 효율

β : 전동기 출력 1[kW]당 기동[kVA]

C : 기동방식에 따른 계수

$$\therefore PG_3 \geq \left(\frac{\sum P_L - P_m}{\eta_L} + P_m \times \beta \times C \times \cos\theta_s\right) \times \frac{1}{\cos\phi}$$

$$\geq \left(\frac{49-15}{0.85} + 15 \times 7.2 \times 1 \times 0.4\right) \times \frac{1}{0.9} = 92.44[\text{kVA}]$$

답 92.44[kVA]

(4)

48 특고압 수전설비 결선도

배점 5

3상 4선식의 13200/22900[V], 특고압 수전설비를 시설하고자 한다. 책임 분계 개폐기로부터 주 변압기까지의 기기배치를 보기에서 골라 주어진 번호로 나열하시오. 단, CB 1차측에 CT를 CB 2차측에 PT를 시설하는 경우로 조작용 또는 비상전원용 10[kVA] 이하인 용량의 변압기는 없는 것으로 하며 계전기류는 생략한다.

[보기]

① MOF   ② 차단기(CB)   ③ 피뢰기(LA)
④ 변압기(TR)   ⑤ 변성기(PT)   ⑥ 변류기(CT)
⑦ 단로기(DS)   ⑧ 컷아웃스위치(COS)

모범답안

⑦ - ③ - ⑥ - ② - ① - ⑧ - ⑤ - ④

49 특고압 수전설비 결선도

배점: 14

도면은 154[kV]를 수전하는 어느 공장의 수전설비에 대한 단선도이다. 이 단선도를 보고 다음 각 물음에 답하시오.

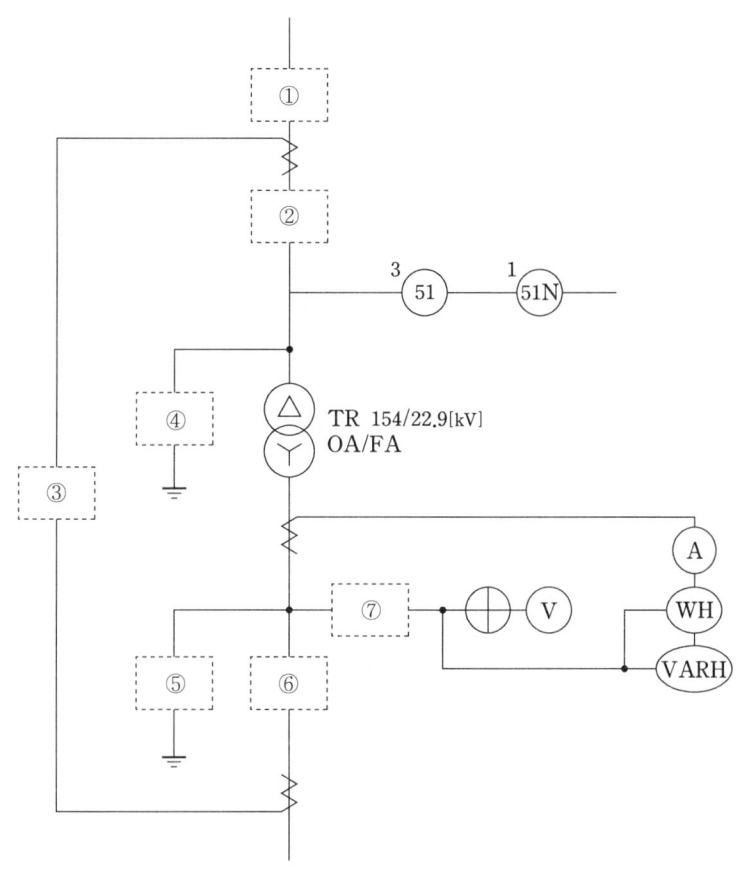

(1) ①에 설치되어야 할 기기의 심벌을 그리고, 그 명칭을 쓰시오.
(2) ②에 설치되어야 할 기기의 심벌을 그리고, 그 명칭을 쓰시오.
(3) ③에 설치되어야 할 기기의 심벌을 그리고, 그 명칭을 쓰시오.
(4) ④에 설치되어야 할 기기의 심벌을 그리고, 그 명칭을 쓰시오.
(5) ⑤에 설치되어야 할 기기의 심벌을 그리고, 그 명칭을 쓰시오.
(6) ⑥에 설치되어야 할 기기의 심벌을 그리고, 그 명칭을 쓰시오.
(7) ⑦에 설치되어야 할 기기의 심벌을 그리고, 그 명칭을 쓰시오.

모범답안

(1) · 심벌: ⌇ · 명칭: 선로 개폐기

(2) · 심벌: ▯ · 명칭: 차단기

(3) · 심벌: (87T) · 명칭: 주변압기 차동계전기

(4) · 심벌: ▼▲ · 명칭: 피뢰기

(5) · 심벌: ▼▲ · 명칭: 피뢰기

(6) · 심벌: ▯ · 명칭: 차단기

(7) · 심벌: ⋛ · 명칭: 계기용 변압기

> 참고

약호	명칭
OCR	과전류계전기
OVR	과전압계전기
UVR	부족전압계전기
GR	지락계전기

50 특고압 수전설비 결선도

배점 13

도면과 같이 345[kV] 변전소의 단선도와 변전소에 사용되는 주요 제원을 이용하여 다음 각 물음에 답하시오.

(1) 도면의 345[kV]측 모선 방식은 어떤 모선 방식인가?

(2) 도면에서 ①번 기기의 설치 목적은 무엇인가?

(3) 도면에 주어진 제원을 참조하여 주변압기에 대한 등가 %임피던스($\%Z_H, \%Z_M, \%Z_L$)를 구하고, ②번 23[kV] VCB의 차단용량을 계산하시오. (단, 그림과 같은 임피던스 회로는 100[MVA] 기준)

- Z_H — ○계산과정 : ○답 :
- Z_M — ○계산과정 : ○답 :
- Z_L — ○계산과정 : ○답 :
- 23[kV] VCB의 차단용량 — ○계산과정 : ○답 :

등가회로

(4) 도면의 345[kV] GCB에 내장된 계전기용 BCT의 오차계급은 C800이다. 부담은 몇 [VA]인가?
  ○계산 과정 : ○답 :

(5) 도면의 ③번 차단기의 설치 목적을 설명하시오.

(6) 도면의 주변압기 1 Bank(단상×3)을 증설하여 병렬 운전을 하고자 한다. 이때 병렬 운전 4가지를 쓰시오.

[주변압기]

- 단권변압기 345[kV]/154[kV]/23[kV](Y－Y－△)
  166.7[MVA]×3대≒500[MVA]
- OLTC부 %임피던스(500[MVA] 기준)
  1차~2차 : 10[%]
  1차~3차 : 78[%]
  2차~3차 : 67[%]

[차단기]

- 362[kV] GCB 25[GVA] 4000~2000[A]
- 170[kV] GCB 15[GVA] 4000~2000[A]
- 25.8[kV] VCB (   )[MVA] 2500~1200[A]

[단로기]

- 362[kV] DS 4000~2000[A]
- 170[kV] DS 4000~2000[A]
- 25.8[kV] DS 2500~1200[A]

[피뢰기]

- 288[kV] LA 10[kA]
- 144[kV] LA 10[kA]
- 21[kV] LA 10[kA]

[분로 리액터]

- 23[kV] Sh.R 30[MVar]

[주모선]

- Al－Tube 200ϕ

부록 1. 기사 PLUS 문제

345[kV] 변전소 단선도

모범답안 **계산과정**

(1) 2중 모선방식

(2) 페란티 현상 방지

(3) ① %임피던스를 100[MVA] 기준으로 환산

- $Z_{HM} = 10 \times \dfrac{100}{500} = 2[\%]$
- $Z_{HL} = 78 \times \dfrac{100}{500} = 15.6[\%]$
- $Z_{ML} = 67 \times \dfrac{100}{500} = 13.4[\%]$

② %등가임피던스 값을 계산

- $Z_H = \dfrac{1}{2}(Z_{HM} + Z_{HL} - Z_{ML}) = \dfrac{1}{2}(2 + 15.6 - 13.4) = 2.1[\%]$ 답   2.1[%]
- $Z_M = \dfrac{1}{2}(Z_{HM} + Z_{ML} - Z_{HL}) = \dfrac{1}{2}(2 + 13.4 - 15.6) = -0.1[\%]$ 답 -0.1[%]
- $Z_L = \dfrac{1}{2}(Z_{HL} + Z_{ML} - Z_{HM}) = \dfrac{1}{2}(15.6 + 13.4 - 2) = 13.5[\%]$ 답   13.5[%]

③ VCB 설치점까지의 전체 임피던스

$\%Z = 13.5 + \dfrac{(2.1 + 0.4)(-0.1 + 0.67)}{(2.1 + 0.4) + (-0.1 + 0.67)} = 13.96[\%]$

④ 차단용량 $P_s = \dfrac{100}{\%Z} \times P_n = \dfrac{100}{13.96} \times 100 = 716.33[\text{MVA}]$ 답   716.33[MVA]

(4) ▶참고 $C800$에서 8은 임피던스를 의미

부담[VA] $= I^2 Z = 5^2 \times 8 = 200[\text{VA}]$ 답   200[VA]

(5) 무정전으로 점검하기 위해

(6) ① 극성이 같을 것   ② %임피던스가 같을 것
     ③ 정격 전압이 같을 것   ④ 내부 저항과 누설리액턴스 비가 같을 것

51 ASS·Int S/W

배점: 6

간이 수변전설비에서는 1차측 개폐기로 ASS(Auto Section Switch)나 인터럽터 스위치를 사용하고 있다. 이 두 스위치의 차이점을 비교 설명하시오.

① ASS(Automatic Section Switch) :
② 인터럽터 스위치(Interrupter Switch) :

모범답안

① 과부하시 자동으로 고장 구분 개폐가 가능하고, 돌입 전류 억제 기능 등이 있다.
② 수동 조작만 가능하고, 과부하시 자동으로 개폐할 수 없고, 돌입 전류 억제 기능이 없다.

52 고압 수전설비 결선도

배점 5

미완성된 단선도의 [ ] 안에 유입 차단기, 피뢰기, 전압계, 전류계, 지락 보호 계전기, 과전류 보호 계전기, 계기용 변압기, 계기용 변류기, 영상변류기, 전압계용 전환 개폐기, 전류계용 전환 개폐기 등을 사용하여 3φ3W식 6600[V]수전 설비 계통의 단선도를 완성하시오. (단, 단로기, 컷아웃 스위치, 퓨즈 등도 필요 개소가 있으면 도면의 알맞은 개소에 삽입하여 그리도록 하며, 또한 각 심벌은 KSC 규정에 의하고 심벌 옆에는 약호를 쓰도록 한다.)

모범답안

53 고압 수전반 - 큐비클 배점 10

그림은 큐비클식 고압 수전반을 표시하고 있다. 다음 각 물음에 답하시오.

(1) ③번 기기의 명칭은 CT이다. CT 2차측 정격전류는 몇 [A]인가?
(2) ④번 기기의 명칭을 우리말로 쓰시오.
(3) ⑦번 기기의 명칭은 진상용 콘덴서로서 정격은 3ϕ 300[kVA]이다. 이때 진상용 콘덴서 용량은 수전 설비 용량에 포함되어야 하는지의 여부를 밝히고 만약 포함된다면 몇 [kVA]가 포함되는지를 밝히시오.
(4) ⑨번의 CH는 무슨 뜻인지 명칭을 기입하시오.

모범답안

(1) 5[A]
(2) 유입차단기
(3) 포함되지 않는다.
(4) 케이블 헤드

부록 2 산업기사 PLUS 문제

01 SF₆가스의 장점

배점 5

최근 차단기의 절연 및 소호용으로 많이 이용되고 있는 SF₆ Gas의 특성을 4가지만 열거하시오.

모범답안

① 절연 내력은 공기의 2~3배 정도이다.
② 소호 능력이 뛰어나다. (공기의 약 100배)
③ 절연 성능과 안전성이 우수한 불활성 기체이다.
④ 무독, 무취, 불연 기체로서 유독 가스를 발생하지 않는다.

02 정기점검시 작업순서

배점 5

다음의 자가용 고압 수변전 설비에 대한 그림을 보고 아래 물음에 답하시오.

[설명]
정기점검을 행할 경우 작업순서는 (①), (②)의 순서로 개방한 후 전력회사에 요구하여 (③)를 개방시키고, 정전에 의해 송전이 정지되었을 경우 접지용구를 설치한다.

모범답안

① CB　② DS　③ 분기개폐기

03 차단기 투입코일·트립코일

배점 4

다음 ( )에 가장 알맞은 내용을 답란에 쓰시오.

> 교류변전소용 자동제어기구 번호에서 52C는 (①)이고, 52T는 (②)이다.

모범답안

① 차단기 투입 코일
② 차단기 트립 코일

POINT 자동제어기구 번호

번호	명칭	약호	비고	
27	부족전압 계전기	UVR		
37	부족전류 계전기	UCR	37A	교류 부족전류 계전기
			37D	직류 부족전류 계전기
49	회전기온도 계전기	THR		
51	과전류 계전기	OCR	51G	지락 과전류 계전기[OCGR]
			51N	중성점 과전류 계전기
			51V	전압 억제부 과전류 계전기
52	차단기 차단기	CB	52C	차단기 투입코일(Closing Coil)
			52T	차단기 트립코일(Trip Coil)
59	과전압 계전기	OVR		
64	지락 과전압 계전기	OVGR		
67	지락방향 계전기	DGR		
87	비율차동계전기	RDF	87-B	모선보호 차동 계전기
			87-G	발전기용 차동 계전기
			87-T	주변압기 차동 계전기

04 PT와 VS의 접속

배점 6

계기용변압기(PT)와 전압계용 전환 개폐기(VS)로 모선 전압을 측정하고자 한다.

(1) V_{AB} 측정시 VS 단자 중 단락되는 접점을 2가지 쓰시오.
  ◦
  ◦

(2) V_{BC} 측정시 VS 단자 중 단락되는 접점을 2가지 쓰시오.
  ◦
  ◦

(3) PT 2차측을 접지하는 이유를 기술하시오.

모범답안

(1) ①-③, ④-⑤

(2) ①-②, ④-⑤

(3) 고저압 혼촉사고 시 2차측 전위상승 방지

05   CT·PT의 외관

배점: 5

다음 그림은 배전반에서 계측을 하기 위한 계기용변성기이다. 아래 그림을 보고 명칭, 약호, 심벌, 역할에 알맞은 내용을 쓰시오.

구분		
명칭		
약호		
심벌		
역할		

모범답안

구분		
명칭	변류기	계기용변압기
약호	CT	PT
심벌	⚡	⚡⚡
역할	대전류를 소전류로 변성하여 계측기, 계전기 등에 공급한다.	고전압을 저전압으로 변성하여 계측기, 계전기 등에 공급한다.

06 CT·PT의 V결선

배점 7

다음의 결선도는 PT 및 CT의 미완성 결선도이다. 그림 기호를 그리고 약호들을 사용하여 결선도를 완성하시오.

모범답안

07 CT-Y결선

배점 5

3상 회로에서 CT 3개를 이용한 영상 회로를 구성시키면, 지락사고 발생시에 지락 과전류 계전기(OCGR)를 이용하여 이를 검출할 수 있다. 다음의 단선 접속도를 복선 접속도로 나타내시오.

모범답안

08 계측기-역률 계산

배점 4

권수비가 33인 PT와 20인 CT를 그림과 같이 단상 고압 회로에 접속했을 때 전압계 Ⓥ와 전류계 Ⓐ 및 전력계 Ⓦ의 지시가 95[V], 4.5[A], 360[W]이었다면 고압 부하의 역률은 몇 [%]가 되겠는가? (단, PT의 2차 전압은 110[V], CT의 2차 전류는 5[A]이다.)

모범답안 계산과정

역률 $\cos\theta = \dfrac{\text{유효전력}[W]}{\text{피상전력}[VA]} \times 100 = \dfrac{360}{95 \times 4.5} \times 100 = 84.21[\%]$

답 84.21[%]

09   GPT 역할 - 영상전압 검출

배점 5

다음 그림에서 Ⓥ가 지시하는 것은 무엇인가?

모범답안

영상전압

---

10   비접지 계통 - 지락보호

배점 5

주변압기가 3상 △결선(6.6[kV] 계통)일 때 지락사고시 지락보호에 대하여 답하시오.

(1) 지락보호에 사용하는 변성기 및 계전기의 명칭을 쓰시오.
   ① 변성기
   ② 계전기

(2) 영상전압을 얻기 위하여 단상 PT 3대를 사용하는 경우 접속 방법을 간단히 설명하시오.

모범답안

(1) ① 변성기 : 접지형 계기용 변압기(GPT), 영상 변류기(ZCT)
    ② 계전기 : 선택지락계전기(SGR), 지락과전압 계전기(OVGR)

(2) 단상 PT 3대의 1차측은 Y결선하여 중성점을 직접 접지하고, 2차측은 개방 델타결선한다.

11 피뢰기 정격전압

배점 4

22.9[kV]인 3상4선식의 다중 접지방식에서 다음 각 장소에 시설되는 피뢰기의 정격전압은 몇 [kV]이어야 하는가?

(1) 배전선로

(2) 변전선로

모범답안

(1) 18[kV]

(2) 21[kV]

참고 피뢰기의 정격전압

공칭전압[kV]	중성점 접지방식	피뢰기 정격전압[kV]	
		변전소	배전선로
345	직접접지	288	
154	직접접지	144	
66	비접지	72	
22.9	3상 4선식 다중접지	21	18
22	비접지	24	
6.6	비접지	7.5	7.5
3.3	비접지	7.5	7.5

주) 22.9[kV] 이하의 경우는 배전선로용을 적용한다.

12 피뢰기와 피뢰침 비교

배점 5

피뢰기와 피뢰침의 차이를 간단히 쓰시오.

	사용목적	접지	설치위치
피뢰기			
피뢰침			

모범답안

	사용목적	접지	설치위치
피뢰기	이상전압으로부터 전력설비의 기기를 보호	방전시에만 접지	• 가공전선로와 지중전선로가 접속되는 곳 • 발전소, 변전소 또는 이에 준하는 장소의 가공전선 인입구 및 인출구 • 고압 및 특고압 가공전선로로부터 공급을 받는 수용장소의 인입구 • 가공전선로에 접속하는 배전용 변압기의 고압측 및 특고압측
피뢰침	건축물과 내부의 사람이나 물체를 뇌해로부터 보호	상시 접지	• 지면상 20[m]를 초과하는 건축물이나 공작물 • 소방법에서 정한 위험물, 화약류 저장소, 옥외탱크 저장소 등

13 피뢰기 정기점검 항목

배점 6

피뢰기의 정기점검 항목을 4가지만 쓰시오.

모범답안

① 피뢰기 절연저항 측정
② 피뢰기 애자부분 손상 유무
③ 피뢰기 접지선의 접속상태
④ 피뢰기 1, 2차측 단자 및 단자볼트 이상 유무 점검

14 기준 충격 절연 강도[BIL] 배점 7

차단기 명판에 BIL 150[kV] 정격차단전류 20[kA], 차단시간 3[Hz], 솔레노이드형이라고 기재되어 있다. 이것을 보고 다음 각 물음에 답하시오.

(1) BIL 이란 무엇인가?

(2) 이 차단기의 정격전압이 25.8[kV]라면 정격차단용량은 몇 [MVA]가 되겠는가?
　ㅇ계산과정 :　　　　　　　　　　　　　　　　　　　　　ㅇ답 :

(3) 조작 전원으로 사용되는 선기는 어떤 종류의 전기가 사용되는가?

모범답안　**계산과정**

(1) 기준 충격 절연 강도

(2) $P_s = \sqrt{3}\,V_n I_{kA} = \sqrt{3} \times 25.8 \times 10^3 \times 20 \times 10^3 \times 10^{-6} = 893.74\,[\text{MVA}]$　　**답** 893.74[MVA]

(3) 직류(DC)

---

15 절연협조·BIL 배점 5

그림은 154[kV] 계통의 절연협조를 위한 각 기기의 절연강도에 대한 비교 그림이다. 변압기, 선로애자, 개폐기 지지애자, 피뢰기 제한전압이 속해있는 부분은 어느 곳인지 그림의 □안에 쓰시오.

[절연강도 비교(BIL 650)]

모범답안

① 선로애자　② 개폐기 지지애자　③ 변압기　④ 피뢰기 제한전압

16 피뢰기 종류

배점 4

피뢰기의 구조에 따른 종류를 4가지 쓰시오.

모범답안

① 저항형 피뢰기　　② 밸브형 피뢰기　　③ 밸브 저항형 피뢰기
④ 갭리스 피뢰기　　⑤ 갭 타입 피뢰기　　⑥ 방출형 피뢰기

17 피뢰기와 서지흡수기 비교

배점 5

수전 전압 22.9[kV] 변압기 용량 3000[kVA]의 수전설비를 계획할 때 외부와 내부의 이상전압으로부터 계통의 기기를 보호하기 위해 설치해야 할 기기의 명칭과 그 설치 위치를 설명하시오. (단, 변압기는 몰드형으로서 변압기 1차의 주 차단기는 진공 차단기를 사용하고자 한다.)

(1) 낙뢰 등 외부 이상전압

(2) 개폐 이상전압 등 내부 이상전압

모범답안

(1) ∘ 기기명 : 피뢰기
　　∘ 설치 위치 : 진공 차단기 1차측

(2) ∘ 기기명 : 서지흡수기
　　∘ 설치 위치 : 진공 차단기 2차측과 몰드형 변압기 1차측 사이

18 서지흡수기 기능·설치 위치   배점 5

서지흡수기(Surge Absorber)의 기능 및 설치 위치에 대해 간단히 기술하시오.

- 기능 :
- 설치 위치 :

모범답안

- 기능 : 개폐서지 등의 이상전압으로부터 변압기 등 기기보호
- 설치 위치 : 개폐서지를 발생하는 차단기 후단과 보호 대상 기기 전단 사이에 설치

19 SPD의 설치 목적   배점 3

전기설비로 유입되는 뇌서지를 피보호물의 절연내력 이하로 제한함으로써 기기를 안전하게 보호하기 위해서 기기의 전단에 설치되며, 과도적인 과전압을 제한하고 서지전류를 분류하는 것을 목적으로 설치하는 장치를 쓰시오.

모범답안

서지보호장치

> **참고** SPD-Surge Protective Device
> 정상전압에서는 전류를 흘리지 않으나 전압이 높아지면 많은 전류를 흘린다. 이상전압 및 전류가 침입시 전압이 인가되지 않도록 하고 서지보호장치로 이상전류를 흐르게 한다.

20 SPD의 분류

배점 5

과도적인 과전압을 제한하고 서지(Surge)전류를 분류하는 목적으로 사용되는 서지보호장치(SPD : Surge Protective Device)에 대한 다음 물음에 답하시오.

(1) 기능에 따라 3가지로 분류하여 쓰시오.

(2) 구조에 따라 2가지로 분류하여 쓰시오.

모범답안

(1) 전압스위칭형 SPD, 전압제한형 SPD, 복합형 SPD

(2) 1포트 SPD, 2포트 SPD

▶참고 서지보호장치의 기능상 분류

- 전압 스위치형 SPD : 서지가 인가되지 않은 경우 높은 임피던스 상태이고, 전압서지가 있을 때는 급격하게 임피던스가 낮아지는 기능을 가진 SPD이다.
- 전압 제한형 SPD : 서지가 인가되지 않은 경우 높은 임피던스 상태이고, 서지전류와 전압이 상승하면 임피던스가 연속적으로 감소하는 기능을 가진 SPD이다.

21 역률개선의 원리

배점 5

부하의 역률 개선 원리를 간단하게 설명하시오.

모범답안

유도성 부하에 병렬로 전력용 콘덴서를 설치하여 진상무효전력를 공급하여 부하의 지상무효전력을 감소시켜 역률을 개선한다.

22 부하의 무효율

배점 5

역률이 나쁘면 기기의 효율이 떨어지므로 역률 개선용 콘덴서를 설치한다. 어느 기기의 역률이 0.9이었다면 이 기기의 무효율은 얼마나 되는지 구하시오.

모범답안 계산과정

무효율 $\sin\theta = \sqrt{1-\cos^2\theta} = \sqrt{1-0.9^2} = 0.44$

답 0.44

▶ 참고 삼각함수

- $\cos^2\theta + \sin^2\theta = 1$
- $\sin\theta = \sqrt{1-\cos^2\theta}$
- $\cos\theta = \sqrt{1-\sin^2\theta}$

23 역률저하시 문제점

배점 4

부하설비의 역률이 90[%] 이하로 낮아지는 경우 수용자가 볼 수 있는 손해를 4가지만 쓰시오.
(단, 역률은 지상역률이다.)

모범답안

① 전력손실 증가
② 전압강하 증가
③ 전기요금 증가
④ 설비용량 여유분 감소

24 콘덴서 개별설치시 장·단점

배점 5

집합형으로 콘덴서를 설치할 경우와 비교하여, 전동기 단자에 개별로 콘덴서를 설치할 경우 예상되는 장점 및 단점을 각 1가지씩만 쓰시오.

모범답안

- 장점 : 전력손실, 전압강하 감소 효과가 크다.
- 단점 : 설치 및 유지보수 비용이 증가한다.

25 역률 자동 조작 제어요소

배점 4

전력용 콘덴서의 개폐 제어는 크게 나누어 수동 조작과 자동 조작이 있으며, 수동 조작에는 직접 조작과 원방 조작 두 가지가 있다. 이때 자동 조작 방식을 제어 요소에 따라 분류할 때 그 제어 요소 4가지를 쓰시오.

모범답안
① 전류에 의한 제어
② 전압에 의한 제어
③ 역률에 의한 제어
④ 무효전력에 의한 제어

26 콘덴서 전류와 주파수의 관계

배점 5

역률개선용 콘덴서의 주파수를 50[Hz]에서 60[Hz]로 변경하였을 때 콘덴서에 흐르는 전류비를 구하시오. (단, 인가전압 변동은 없다.)

모범답안 **계산과정**

전류는 주파수에 비례 $I = 2\pi f C V$

$\dfrac{I'}{I} = \dfrac{60}{50} = \dfrac{6}{5}$ (여기서, I'는 60[Hz]전류, I는 50[Hz]전류)

답 $\dfrac{6}{5}$

27 콘덴서 설치시 부하의 역률

배점 5

부하전력이 $480[kW]$, 역률 $80[\%]$인 부하에 전력용 콘덴서 $220[kVA]$를 설치하면 역률은 몇 $[\%]$가 되는가?

모범답안 **계산과정**

① 부하의 지상 무효전력 $P_r = P \times \tan\theta = 480 \times \dfrac{0.6}{0.8} = 360[kVar]$

② 콘덴서 설치 후 역률 $\cos\theta_2 = \dfrac{P}{\sqrt{P^2 + (P_r - Q)^2}} \times 100$

$= \dfrac{480}{\sqrt{480^2 + (360 - 220)^2}} \times 100 = 96[\%]$

답 $96[\%]$

▶ 참고

부하의 지상무효분을 감소시키기 위해 콘덴서를 이용하여 진상무효전력을 공급하여 역률을 개선시킨다. 부하가 소비하는 무효분은 지상성분($P_r = P\tan\theta = P_a \sin\theta$)이며, 콘덴서가 공급하는 무효분은 진상성분이다.

28 합성역률과 콘덴서 용량

배점 6

어느 변전소에서 뒤진 역률 80[%]의 부하 6000[kW]가 있다. 여기에 뒤진 역률 60[%], 1200[kW] 부하가 증가하였을 경우 다음 각 물음에 답하시오.

(1) 부하 증가 후 역률을 90[%]로 유지할 경우 전력용 콘덴서의 용량은 몇 [kVA]인가?
  ∘ 계산과정 :   ∘ 답 :

(2) 부하증가 후 변전소의 피상전력을 동일하게 유지할 경우 전력용 콘덴서의 용량은 몇 [kVA]인가?
  ∘ 계산과정 :   ∘ 답 :

모범답안 계산과정

(1) ※ 부하의 합성 역률을 먼저 구한 후 역률 개선시 필요한 콘덴서용량을 계산한다.

① 부하의 합성 유효분 $P = 6000 + 1200 = 7200[\text{kW}]$

② 부하의 합성 무효분 $P_r = 6000 \times \dfrac{0.6}{0.8} + 1200 \times \dfrac{0.8}{0.6} = 6100[\text{kVar}]$

③ 역률개선 전 합성역률 $\cos\theta_1 = \dfrac{P}{\sqrt{P^2 + P_r^2}} = \dfrac{7200}{\sqrt{7200^2 + 6100^2}} = 0.76$

④ 역률개선 시 필요한 콘덴서 용량 $Q = 7200 \times \left(\dfrac{\sqrt{1-0.76^2}}{0.76} - \dfrac{\sqrt{1-0.9^2}}{0.9} \right) = 2670.05[\text{kVA}]$

답 2670.05[kVA]

(2) 부하증가 전 피상전력 $P_a = \dfrac{6000}{0.8} = 7500[\text{kVA}]$

부하증가 전과 후의 피상전력을 동일하게 유지하기 위해 필요한 콘덴서용량

$P_a = \sqrt{\text{유}^2 + \text{무}^2} = \sqrt{7200^2 + (6100 - Q)^2} = 7500[\text{kVA}]$

→ 윗 식에서 $Q = 6100 - \sqrt{7500^2 - 7200^2} = 4000[\text{kVA}]$

답 4000[kVA]

29 콘덴서 용량 산출표

배점: 5

정격출력 300[kVA], 역률 80[%]인 전동기 회로에 역률 개선용 콘덴서를 설치하여 역률 90[%]로 개선하기 위하여 다음 표를 이용하여 콘덴서 용량을 구하시오.

		개선 후의 역률													
		1.0	0.99	0.98	0.97	0.96	0.95	0.94	0.93	0.92	0.91	0.9	0.875	0.85	0.825	0.8
개선 전의 역률	0.4	230	216	210	205	201	197	194	190	187	184	182	175	168	161	155
	0.425	213	198	192	188	184	180	176	173	170	167	164	157	151	144	138
	0.45	198	183	177	173	168	165	161	158	155	152	149	143	136	129	123
	0.475	185	171	165	161	156	153	149	146	143	140	137	130	123	116	110
	0.5	173	159	153	148	144	140	137	134	130	128	125	118	111	104	93
	0.525	162	148	142	137	133	129	126	122	119	117	114	107	100	93	87
	0.55	152	138	132	127	123	119	116	112	109	106	104	97	90	83	77
	0.575	142	128	122	117	114	110	106	103	99	96	94	87	80	73	67
	0.6	133	119	113	108	104	101	97	94	91	88	85	78	71	65	58
	0.625	125	111	105	100	96	92	89	85	82	79	77	70	63	56	50
	0.65	116	103	97	92	88	84	81	77	74	71	69	62	55	48	42
	0.675	109	95	89	84	80	76	73	70	66	64	61	54	47	40	34
	0.7	102	88	81	77	73	69	66	62	59	56	54	46	40	33	27
	0.725	95	81	75	70	66	62	59	55	52	49	46	39	33	26	20
	0.75	88	74	67	63	58	55	52	49	45	43	40	33	26	19	13
	0.775	81	67	61	57	52	49	45	42	39	36	33	26	19	12	6.5
	0.8	75	61	54	50	46	42	39	35	32	29	27	19	13	6	
	0.825	69	54	48	44	40	36	32	29	26	23	21	14	7		
	0.85	62	48	42	37	33	29	26	22	19	16	14	7			
	0.875	55	41	35	30	26	23	19	16	13	10	7				
	0.9	48	34	28	23	19	16	12	9	6	2.8					

모범답안 계산과정

역률 0.8에서 0.9로 개선하기 위한 K값은 표에서 $K = 0.27$
따라서, 필요한 콘덴서 용량 $Q = KP = 0.27 \times 300 \times 0.8 = 64.8[\text{kVA}]$ 답 64.8[kVA]

※ 콘덴서 용량표를 이용하여 콘덴서 용량을 계산할 때 P는 유효분[kW]이다.

30 직렬리액터 역할

배점 5

다음 내용에서 ①~③에 알맞은 내용을 답란에 쓰시오.

[조건]

"회로의 전압은 주로 변압기의 자기포화에 의하여 변형이 일어나는데 (①)을(를) 접속함으로서 이 변형이 확대되는 경우가 있어 전동기, 변압기 등의 소음증대, 계전기의 오동작 또는 기기의 손실이 증대 되는 등의 장해를 일으키는 경우가 있다. 그러기 때문에 이러한 장해의 발생 원인이 되는 전압파형의 찌그러짐을 개선할 목적으로 (①)와(과) (②)로(으로) (③)을(를) 설치한다."

①	②	③

모범답안

①	②	③
전력용 콘덴서	직렬	리액터

31 전력용 콘덴서 설치장소

배점 4

전력용 콘덴서 설치장소(2가지)와 전력용 콘덴서 및 직렬리액터의 역할을 간단히 설명하시오.

(1) 전력용 콘덴서 설치 장소

(2) ① 전력용 콘덴서의 역할
　　② 직렬리액터의 역할

모범답안

(1) 전력용 콘덴서 설치장소
    ① 개개의 전동기에 콘덴서를 설치
    ② 변압기 2차측 모선에 집중하여 설치

(2) ① 전력용 콘덴서의 역할 : 부하의 역률 개선
    ② 직렬리액터의 역할 : 제5고조파 제거

---

32 직렬리액터의 사용목적

배점 5

역률 개선용 커패시터와 직렬로 연결하여 사용하는 직렬리액터의 사용 목적을 3가지만 쓰시오.

모범답안

① 콘덴서 투입시 돌입전류 억제
② 콘덴서 개방시 모선의 과전압 억제
③ 고조파 전류의 유입억제

---

33 직렬리액터 설치하는 경우·효과

배점 4

전력용 콘덴서 회로에 직렬리액터를 반드시 넣어야 하는 경우를 2가지 쓰고, 그 효과를 설명하시오.

모범답안

직렬리액터를 설치하여야 하는 경우	효과
고조파 발생 부하가 있는 경우	고조파 전류의 유입 억제
돌입전류에 의한 악영향의 우려가 있는 경우	콘덴서 투입시의 돌입전류를 억제

34 보호계전기 특성

배점 4

보호계전기에 필요한 특성 4가지를 쓰시오.

모범답안

① 신뢰성
② 감도
③ 속도
④ 선택성

35 단락사고의 원인

배점 8

변전설비의 과전류 계전기가 동작하는 단락 사고의 원인 4가지만 쓰시오.

모범답안

① 인·축의 접촉에 의한 단락
② 모선의 선간 및 3상 단락
③ 케이블의 절연 파괴에 의한 단락
④ 전기기기 내부의 절연 불량에 의한 단락

36 계전기 심벌의 명칭

배점 5

다음 심벌의 명칭을 쓰시오.

① PO
② SP
③ T
④ PR

모범답안

① 위치 계전기
② 속도 계전기
③ 온도 계전기
④ 압력 계전기

37 한시 보호계전기의 종류

배점 4

한시(Time Delay) 보호계전기의 종류를 4가지만 쓰시오.

모범답안
① 반한시형
② 정한시형
③ 반한시성 정한시형
④ 단한시형

참고 단한시형 보호계전기
동작 시간이 다른 정한시의 단일 계전기를 조합해서, 동작 전류가 일정한 범위마다 정한시 특성으로 동작하게 되는 계전기

38 과전류 계전기 탭선정

배점 5

수전 전압 6600[V], 수전전력 450[kW](역률 0.8)인 고압 수용가의 수전용 차단기에 사용하는 과전류 계전기의 사용 탭은 몇[A]인가? (단, CT의 변류비는 75/5로 하고 탭 설정값은 부하전류의 150[%]로 한다.)

모범답안 **계산과정**

탭 설정 I_{tap} = CT 1차측 전류 × CT 역수비 × 선정비

$$= \frac{450 \times 10^3}{\sqrt{3} \times 6600 \times 0.8} \times \frac{5}{75} \times 1.5 = 4.92[A]$$

답 5[A]

39 과전류 계전기 동작시간

배점 8

CT비가 400/5[A]이고 고장 전류가 4000[A]이다. 과전류 계전기의 동작 시간은 몇 [sec]로 결정되는가?
(단, 전류는 125[%]에 정정되어 있고, 시간 표시판 정정은 5이며, 계전기의 동작 특성은 그림과 같다.)

[전형적 과전류 계전기의 동작 시간 특성]

모범답안 **계산과정**

① TAP 정정 목표치 $= 400 \times \dfrac{5}{400} \times 1.25 = 6.25$ → 7[A] 탭으로 정정

② TAP 정정 배수 $= \dfrac{4000 \times \dfrac{5}{400}}{7} = 7.14$

③ 탭정정 배수와 시간 표시판 정정 5의 교차값 → 1.4[sec]

답 1.4[sec]

40 큐비클 종류와 주 차단장치

배점: 6

큐비클의 종류 3가지를 쓰고, 종류에 따른 주 차단장치에 대해 설명 하시오.

모범답안

큐비클 종류	설 명
CB형	차단기(CB)를 사용한 것
PF-CB형	한류형 전력 퓨즈(PF)와 CB를 조합하여 사용하는 것
PF-S형	PF와 고압 개폐기를 조합하여 사용하는 것

41 폐쇄형 수배전반

배점: 6

폐쇄형 수배전반(Metal Clad Switchgear)에 대해 간단히 설명(특징)하고, 개방형 수배전반과 비교할 때 폐쇄형 수배전반의 장점 3가지를 쓰시오.

◦ 설명 –
◦ 장점 – ①　　　　　②　　　　　③

모범답안

◦ 설명
　폐쇄형 수배전반이란 수전설비를 구성하는 기기(차단기, 단로기, 계기용변압기, 변류기 등)를 단위폐쇄배전반이라 불리는 금속제 외함에 넣어 제작하는 것으로 단위 회로마다 구획이 있어 사고확대를 방지할 수 있다.

◦ 장점
　① 유지보수가 용이하다.
　② 안전성과 신뢰성이 높다.
　③ 개방형에 비해 설치면적을 줄일 수 있다.
　④ 제작소에서 완전히 조립, 시험을 거쳐 수송 가능하므로 공사기간을 단축할 수 있다.

42 비상용 전원 단선도

배점 13

어느 공장에서 예비전원을 얻기 위한 전기시동방식 수동제어장치의 디젤 엔진 3상 교류 발전기를 시설하게 되었다. 발전기는 사이리스터식 정지 자여자 방식을 채택하고 전압은 자동과 수동으로 조정 가능하게 하였을 경우, 다음 각 물음에 답하시오.

[약호]
- ENG : 전기기동식 디젤 엔진
- G : 정지여자식 교류 발전기
- TG : 타코제너레이터
- AVR : 자동전압 조정기
- VAD : 전압 조정기
- VA : 교류 전압계
- AA : 교류 전류계
- CR : 사이리스터 정류기
- SR : 가포화 리액터
- CT : 변류기
- PT : 계기용 변압기
- W : 지시 전력계
- Fuse : 퓨즈
- F : 주파수계
- TrE : 여자용 변압기
- RPM : 회전수계
- Wh : 전력량계
- CB : 차단기
- DA : 직류전류계
- TC : 트립 코일
- SH : 분류기
- OC : 과전류 계전기
- DS : 단로기
- ※ ◎ 엔진 기동용 푸시 버튼

(1) 도면에서 ①~⑩에 해당되는 부분의 명칭을 주어진 약호로 답하시오.
  ①   ②   ③   ④   ⑤
  ⑥   ⑦   ⑧   ⑨   ⑩

(2) 도면에서 (가) ─▭─ 와 (나) ─○─ 는 무엇을 의미하는가?
  (가)   (나)

(3) 도면에서 (ㄱ)와 (ㄴ)는 무엇을 의미하는가?
  (ㄱ)   (ㄴ)

모범답안

(1) ① OC ② Wh ③ AA ④ TC ⑤ F
    ⑥ VA ⑦ AVR ⑧ DA ⑨ RPM ⑩ TG

(2) (가) 전류 시험 단자 (나) 전압 시험 단자

(3) (ㄱ) 전압계용 전환개폐기 (ㄴ) 전류계용 전환개폐기

43 특고압 간이수전설비

배점 6

도면은 어느 수용가의 옥외간이 수전설비이다. 다음 물음에 답하시오.

(1) MOF에서 부하용량에 적당한 CT비를 산출하시오. (단, CT 1차측 전류의 여유율은 1.25배로 한다.)
   ◦ 계산과정 :   ◦ 답 :

(2) LA의 정격전압은 얼마인가?

(3) 도면에서 DM, VAR는 무엇인지 쓰시오.

모범답안 **계산과정**

(1) $I_{CT} = \dfrac{150 \times 3 \times 10^3}{\sqrt{3} \times 22900} \times 1.25 = 14.18[A]$ → CT 1차측 정격은 15[A]로 선정한다.

　　　　　　　　　　　　　　　　　　　　　　　　　　　　　　　　　답 15/5

(2) 18[kV]

(3) ◦ DM : 최대수요전력량계   ◦ VAR : 무효전력계

---

44 특고압 간이수전설비   배점 8

그림은 간이 수전설비에 대한 단선 결선도이다. 이 결선도를 보고 다음 각 물음에 대하여 답하시오.

(1) 수전실의 형태를 Cubicle Type으로 할 경우 고압반(HV : High voltage)과 저압반(LA : Low voltage)은 몇 개의 면으로 구성되는지 구분하고, 각 큐비클에 수용되는 기기의 명칭을 쓰시오.

(2) 도면상의 피뢰기의 정격(전압과 전류)를 쓰시오.

(3) ACB의 용량(AF, AT)를 산정하시오. (단, 역률은 100[%]로 계산하시오.)

(4) 단상 변압기 3대를 △-Y 결선하는 복선도를 작성하시오.

모범답안 계산과정

(1) ◦ 고압반의 면수 : 4면
    ◦ 수용기기 : 피뢰기, 전력수급용 계기용변성기, 전등용 변압기, 동력용 변압기, 컷아웃 스위치, 전력퓨즈
    ◦ 저압반의 면수 : 2면
    ◦ 수용기기 : 기중차단기, 배선용 차단기

> **참고**
> ◦ 고압반 : PF+LA, MOF, COS+TR#1, COS+TR#2
> ◦ 저압반 : TR#1용 ACB반, TR#2용 MCCB반

(2) 정격전압 : 18[kV], 공칭방전전류 : 2500[A]

(3) $I = \dfrac{300 \times 10^3}{\sqrt{3} \times 380} = 455.82[A]$ **답** AF : 630[A], AT : 630[A]

(4)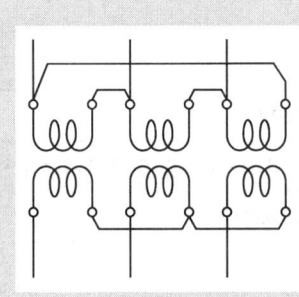

45 고압 수전설비 결선도

배점 10

그림을 보고 ①번부터 ⑩까지 기기 명칭과 그 용도를 설명하시오.

모범답안

번호	명칭	용도 및 역할
①	단로기	수용가의 인입용 개폐기로 무부하시 선로의 유지보수를 위한 개폐기이다.
②	차단기	부하전류를 개폐할 수 있으며, 고장전류를 차단한다.
③	유입 개폐기	부하전류를 개폐한다.
④	변류기	대전류를 소전류로 변성하여, 계측기나 계전기에 공급한다.
⑤	전압계용 전환 개폐기	1대의 전압계로 3상 전압을 측정하기 위한 기기이다.
⑥	전류계용 전환 개폐기	1대의 전류계로 3상 전류를 측정하기 위한 기기이다.
⑦	변압기	교류 전압 및 전류의 크기를 변환하기 위해 사용되는 정지기기이다.
⑧	계기용 변압기	고전압을 저전압으로 변성하여 계측기나 계전기에 공급한다.
⑨	전력용 콘덴서	부하의 역률을 개선한다.
⑩	피뢰기	이상전압 내습시 뇌전류를 방전하고 속류를 차단한다.

46 고압 수전설비 결선도

배점 14

회로도는 펌프용 3.3[kV] 모터 및 GPT 단선 결선도이다. 회로도를 보고 다음 물음에 답하시오.

(1) ①~⑥으로 표시된 보호 계전기 및 기기의 명칭을 쓰시오.

① ②
③ ④
⑤ ⑥

(2) ⑦~⑪로 표시된 전기기계 기구의 명칭과 용도(또는 역할)를 간단히 기술하시오.

	명칭	용도 또는 역할
⑦		
⑧		
⑨		
⑩		
⑪		

(3) 펌프용 모터의 출력이 260[kW], 역률이 85[%]인 뒤진 역률 부하를 95[%]로 개선하는데 필요한 전력용 콘덴서의 용량을 계산하시오.

모범답안 계산과정

(1) ① 과전류 계전기　② 전류계　③ 지락 방향 계전기
　　④ 부족 전압 계전기　⑤ 지락 과전압 계전기　⑥ 영상 전압계

(2)

	명칭	용도 또는 역할
⑦	전력 퓨즈	단락전류 차단
⑧	개폐기	전동기의 기동 정지
⑨	직렬리액터	제5고조파의 제거하여 파형을 개선
⑩	방전 코일	잔류 전하를 방전시켜 감전사고를 방지
⑪	전력용 콘덴서	부하의 역률 개선

(3) 콘덴서용량

$$Q = P(\tan\theta_1 - \tan\theta_2) = 260 \times \left(\frac{\sqrt{1-0.85^2}}{0.85} - \frac{\sqrt{1-0.95^2}}{0.95} \right) = 75.68[kVA]$$

답　75.68[kVA]

47 고압 수전설비 결선도

배점 10

그림과 같은 고압수전설비의 단선결선도에서 ①에서 ⑩까지의 심벌의 약호와 명칭을 번호별로 작성하시오.

모범답안

① CH : 케이블 헤드
② DS : 단로기
③ ZCT : 영상변류기
④ PT : 계기용 변압기
⑤ VS : 전압계용 전환개폐기
⑥ TC : 트립코일
⑦ CT : 변류기
⑧ AS : 전류계용 전환개폐기
⑨ Tr : 전력용 변압기
⑩ SC 전력용 콘덴서

48 고압 수전설비 결선도

배점 9

도면은 고압 수전설비의 단선 결선도이다. 도면을 보고 다음 각 물음에 알맞은 답을 작성하시오.
(단, 인입선은 케이블이다.)

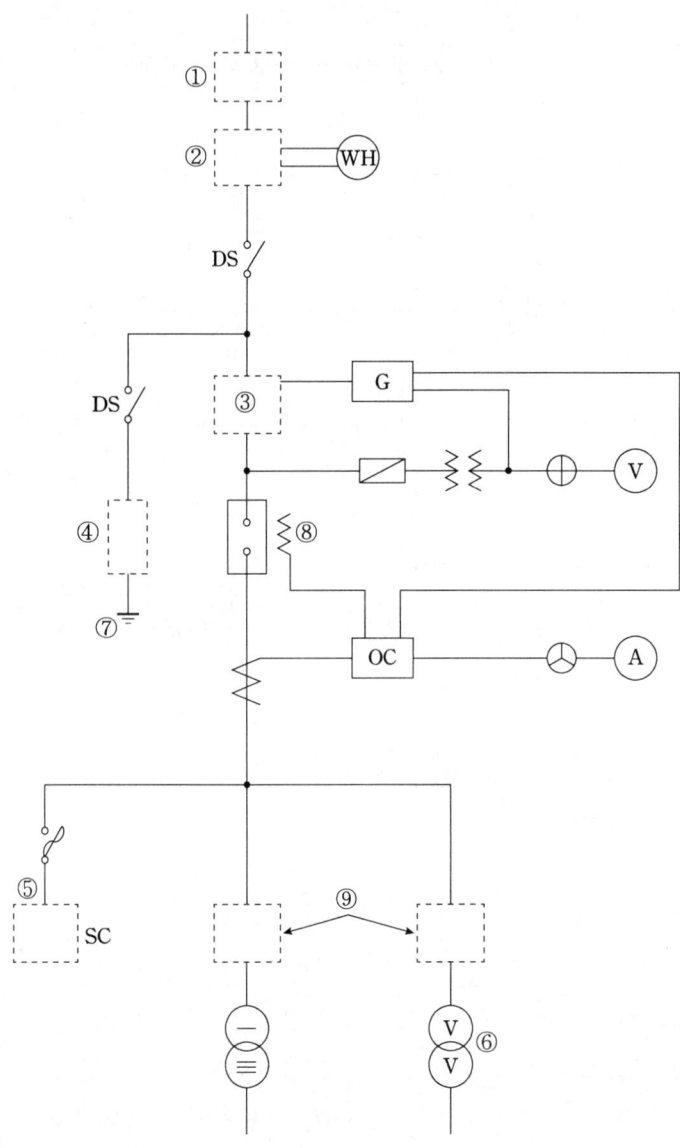

(1) ②~③까지의 그림 기호를 단선도로 그리고, ④~⑥까지의 그림기호는 복선도로 그리고 그림 기호에 대한 우리말 명칭을 쓰시오.

번호	①	②	③	④	⑤	⑥
명칭	케이블 헤드					
그림 기호						

(2) ⑦의 접지는 몇 [Ω] 이하 이여야 하는지 쓰시오.

(3) 장치 ⑧의 약호와 이것을 설치하는 목적을 쓰시오.
  ○약호 :   ○목적 :

(4) ⑨번에 사용되는 보호장치로는 어떤 것이 적당한지 쓰시오.

모범답안

(1)

번호	①	②	③	④	⑤	⑥
명칭	케이블 헤드	전력수급용 계기용변성기	영상 변류기	피뢰기	전력용 콘덴서	V결선 변압기
그림 기호						

(2) 10[Ω]

(3) ○약호 : TC   ○목적 : 차단기를 트립시키기 위한 여자 코일

(4) 컷아웃 스위치(COS)

ELECTRICITY

02 전기설비설계

Chapter 01. 송·배전선로 특성
Chapter 02. 분기회로수 및 부하용량
Chapter 03. 수용률·부하율·부등률
Chapter 04. 고장계산
Chapter 05. 변압기 특성·설계
Chapter 06. 변압기 종류·운용
Chapter 07. 축전지 설비 설계 및 운용
Chapter 08. 비상용 발전기
Chapter 09. 발전설비 설계·운용
Chapter 10. 전열기
Chapter 11. 동력설비 설계·운용
Chapter 12. 계측설비 설계
Chapter 13. 설비불평형률
Chapter 14. 고조파
Chapter 15. 전기요금·신재생 에너지
Chapter 16. 접지설계
　부록 1. 기사 PLUS 문제
　부록 2. 산업기사 PLUS 문제

01 송·배전선로 특성

01 가공전선의 이도

배점: 5

가공전선로의 이도가 너무 크거나 너무 작을 시 전선로에 미치는 영향 4가지만 쓰시오.

모범답안

① 이도의 대소는 지지물의 높이를 좌우한다.
② 이도가 너무 작으면 장력이 크게 증가하여 전선이 단선될 수도 있다.
③ 이도가 너무 크면 도로, 철도, 통신선 등의 횡단 장소에서는 접촉될 수 있어 위험하다.
④ 이도가 너무 크면 전선은 다른 상의 전선에 접촉하거나 수목에 접촉될 수 있어 위험하다.

POINT 가공전선로의 이도

1. 이도계산
   전선의 지지점을 연결하는 수평선으로부터 밑으로 내려가 있는 길이를 이도라 한다. 전선의 이도는 장력에 반비례하고, 경간의 제곱에 비례한다. W는 합성하중[kg/m], S는 경간[m], T는 전선의 수평장력[kg]이며, 전선의 수평장력은 안전율에 대한 인장하중의 비이다.

   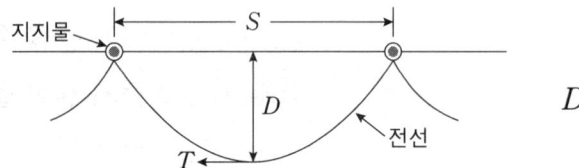

   $$D = \frac{WS^2}{8T}[\text{m}]$$

2. 전선의 총길이 : $L = S + \frac{8D^2}{3S}[\text{m}]$

3. 전선의 지표상 평균높이 : $H = h - \frac{2}{3}D[\text{m}]$

02 이도 계산·전선의 실제길이

배점 6

경간 200[m]인 가공 송전선로가 있다. 전선 1[m]당 무게는 2.0[kg]이고 풍압하중은 없다고 한다. 인장강도 4000[kg]의 전선을 사용할 때 이도와 전선의 실제길이를 구하라. (단, 안전율은 2.2이다.)

(1) 이도
  ◦ 계산과정 :   ◦ 답 :
(2) 전선의 실제길이
  ◦ 계산과정 :   ◦ 답 :

모범답안 **계산과정**

(1) 이도 $D = \dfrac{WS^2}{8T} = \dfrac{2 \times 200^2}{8 \times \dfrac{4000}{2.2}} = 5.5[m]$ 답 5.5[m]

(2) 전선의 실제길이 $L = S + \dfrac{8D^2}{3S} = 200 + \dfrac{8 \times 5.5^2}{3 \times 200} = 200.4[m]$ 답 200.4[m]

03 등가 선간거리

배점 6

그림과 같은 송전철탑에서 등가 선간거리[cm]는? (단, 주어진 그림에서 단위는 [cm]이다.)

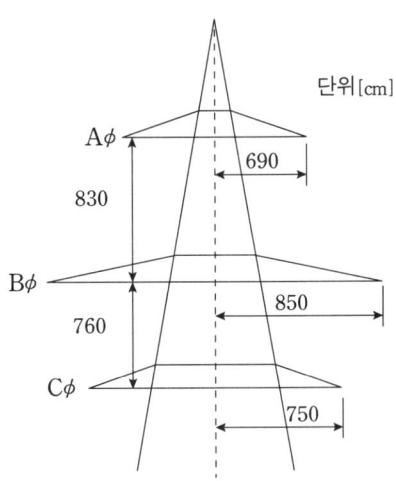

모범답안 **계산과정**

$D_{AB} = \sqrt{830^2 + (850-690)^2} = 845.28[cm]$

$D_{BC} = \sqrt{760^2 + (850-750)^2} = 766.55[cm]$

$D_{CA} = \sqrt{(830+760)^2 + (750-690)^2} = 1591.13[cm]$

등가선간거리 $= \sqrt[3]{D_{AB} \cdot D_{BC} \cdot D_{CA}} = \sqrt[3]{845.28 \times 766.55 \times 1591.13} = 1010.22[cm]$

답 1010.22[cm]

POINT 등가 선간거리

1) 정삼각형 배치

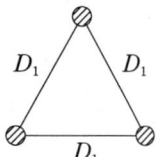

$D_e = D_1$

2) 일직선 수평배치

$D_e = \sqrt[3]{2}\, D_1$

3) 정사각형 배치

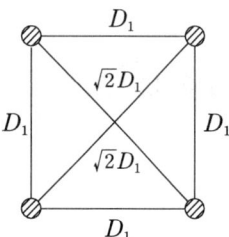

$D_e = \sqrt[6]{2}\, D_1$

4) 임의의 배치

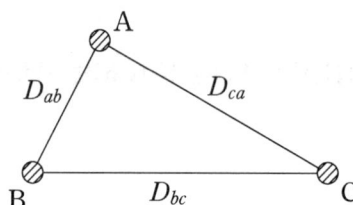

$D_e = \sqrt[3]{D_{ab} \times D_{bc} \times D_{ca}}$

04 지중 전선로의 시설

배점 7

지중 전선로의 시설에 관한 다음 각 물음에 답하시오.

(1) 지중 전선로는 어떤 방식에 의하여 시설하여야 하는지 그 3가지만 쓰시오.
(2) 특고압용 지중전선에 사용하는 케이블의 종류를 2가지만 쓰시오.

> **모범답안**
> (1) 직접 매설식, 관로식, 암거식
> (2) 알루미늄피케이블, 가교 폴리에틸렌 절연비닐시스케이블

05 지중 전선로의 장·단점

배점 6

지중선을 가공선과 비교하여 이에 대한 장단점을 각각 4가지만 쓰시오.

(1) 지중선의 장점(4가지)
(2) 지중선의 단점(4가지)

> **모범답안**
> (1) 지중선의 장점(4가지)
>   ① 다회선 설치가 용이하다.
>   ② 쾌적한 도심환경의 조성이 가능하다.
>   ③ 외부 기상여건 등의 영향을 작게 받는다.
>   ④ 설비의 단순 및 고도화로 보수업무가 비교적 적다.
> (2) 지중선의 단점(4가지)
>   ① 송전용량이 가공전선에 비해 작다.
>   ② 공사기간이 길다. (공사비용이 비싸다.)
>   ③ 고장점 발견이 어렵고 유지보수가 어려운 편이다.
>   ④ 시공불량에 의한 영구적인 사고가 발생할 수 있다.

06 코로나 현상

배점 8

전선로 부근이나 애자부근(애자와 전선의 접속 부근)에 임계전압 이상이 가해지면 전선이나 애자 부근에 발생하는 코로나 현상에 대하여 다음 각 물음에 답하시오.

(1) 코로나 현상이란?
(2) 코로나 현상이 미치는 영향에 대하여 4가지만 쓰시오.
(3) 코로나 방지 대책 중 2가지만 쓰시오.
(4) 다음은 가공 송전선로의 코로나 임계전압을 나타낸 식이다. 이 식을 보고 다음 각 물음에 답하시오.

$$E_0 = 24.3 m_0 m_1 \delta d \log_{10} \frac{D}{r} [\text{kV}]$$

① 코로나 임계전압 식에서 기온 $t[°C]$에서의 기압을 $b[\text{mmHg}]$라고 할 때 $\delta = \frac{0.386b}{273+t}$로 나타내는데 이 δ는 무엇을 의미하는지 쓰시오.

② m_1이 날씨에 의한 계수라면, m_0는 무엇에 의한 계수인지 쓰시오.

모범답안

(1) 공기의 절연이 부분적으로 파괴되면서 낮은 소리, 엷은 빛을 내면서 국부적으로 방전되는 것을 코로나 현상이라 한다.
(2) ① 코로나 손실 ② 전선의 부식 ③ 코로나 잡음 ④ 통신선 유도장해
(3) ① 가선금구를 개량한다. ② 복도체를 사용한다.
(4) ① 상대공기밀도 ② 전선 표면계수

07 코로나 임계전압

배점 4

전선이 정삼각형의 정점에 배치된 3상 선로에서 전선의 굵기, 선간거리, 표고, 기온에 의하여 코로나 파괴 임계전압이 받는 영향을 쓰시오.

구 분	임계전압이 받는 영향
전선의 굵기	
선간거리	
표고[m]	
기온[°C]	

구 분	임계전압이 받는 영향
전선의 굵기	전선이 굵을수록 코로나의 임계전압이 커져 코로나의 발생이 억제된다.
선간거리	선간거리가 커지면 코로나의 임계전압이 커져 코로나의 발생이 억제된다.
표고[m]	표고가 높아짐에 따라 기압이 감소하게 되어 코로나 발생이 쉬워진다.
기온[℃]	온도가 높아지면 상대공기 밀도가 낮아져 코로나 발생이 쉬워진다.

08 전압강하 – 송전단 전압

배점 5

단상 2선식의 교류 배전선이 있다. 전선 1선의 저항은 0.03[Ω], 리액턴스는 0.05[Ω]이고, 부하는 무유도성으로 220[V], 3[kW]일 때 급전점의 전압은 몇 [V]인가?

모범답안 · 계산과정

단상 2선식 전압강하 $e = 2I(R\cos\theta + X\sin\theta)$에서, 무유도성인 저항만의 부하이므로 역률은 1이며, 무효율은 0이다. 그러므로 저항만의 회로에서 전압강하 $e = 2IR$이다.

단, 부하전류 $I = \dfrac{P}{E} = \dfrac{3 \times 10^3}{220}$[A]

∴ 급전점의 전압 $E_s = E_r + 2IR = 220 + 2 \times \dfrac{3000}{220} \times 0.03 = 220.82$[V]

답 220.82[V]

09 전압강하 – 수전단 전압

배점 5

다음과 같은 단상 2선식 회로가 있다. AB 사이의 한 선의 저항을 0.02[Ω], BC 사이의 한 선의 저항을 0.04[Ω]이라 할 때 B전압 V_B 및 C지점의 전압 V_C를 구하시오.

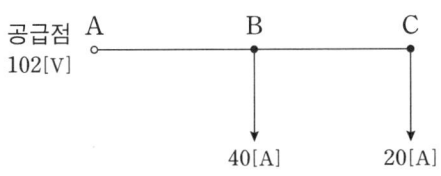

(1) B시점의 전압 V_B
   ◦ 계산과정 : ◦ 답 :
(2) C지점의 전압 V_C
   ◦ 계산과정 : ◦ 답 :

> **모범답안 계산과정**
>
> (1) ※ AB 구간에는 40[A]와 20[A]의 합인 60[A]가 흐른다.
> $E_B = E_A - 2IR = 102 - 2 \times 60 \times 0.02 = 99.6[V]$ 답 99.6[V]
>
> (2) ※ BC 구간에는 20[A]가 흐른다.
> $E_C = E_B - 2IR = 99.6 - 2 \times 20 \times 0.04 = 98[V]$ 답 98[V]

10 전압강하 - 송전단 전압

배점 5

3상 3선식 배전선로에 역률 0.8, 180[kW]인 3상 평형 유도 부하가 접속되어 있다. 부하 단의 수전 전압이 6000[V], 배전선 1조의 저항이 6[Ω], 리액턴스가 4[Ω]라고 하면 송전단 전압은 몇 [V]인가?

> **모범답안 계산과정**
>
> 송전단전압 $V_s = V_r + e = V_r + \dfrac{P}{V_r}(R + X\tan\theta)[V]$
>
> $= 6000 + \dfrac{180 \times 10^3}{6000} \times \left(6 + 4 \times \dfrac{0.6}{0.8}\right) = 6270[V]$ 답 6270[V]

Chapter 01. 송·배전선로 특성

> **POINT** 전압강하

1. 3상 3선식의 전압강하

[등가회로]

[벡터도]

$e = V_s - V_r = \sqrt{3}\,I(R\cos\theta + X\sin\theta)\,[\text{V}]$

$P = \sqrt{3}\,VI\cos\theta$ 에서 전류 $I = P/\sqrt{3}\,V\cos\theta$ 를 상기식에 대입하면 아래와 같이 전압강하 식을 얻을 수 있다.

$e = \dfrac{P}{V_r}(R + X\tan\theta)\,[\text{V}] \;\;\Rightarrow\;\; e \propto \dfrac{1}{V_r}$

2. 단상 2선식 전압강하
   - $e = 2I(R\cos\theta + X\sin\theta)\,[\text{V}]$
     [전선 한 가닥의 저항값인 경우]
   - $e = I(R\cos\theta + X\sin\theta)\,[\text{V}]$
     [왕복선의 저항값인 경우]

---

11 전압강하율·전압 변동률

배점 6

3상 3선식 송전선에 1선의 저항이 10[Ω], 리액턴스가 20[Ω]이고, 송전단 전압이 6600[V], 수전단 전압이 6100[V]이었다. 수전단의 부하를 끊은경우 수전단 전압이 6300[V], 부하 역률이 0.8일 때 다음 물음에 답하시오.

(1) 전압 강하율[%]을 구하시오.
   ◦ 계산과정 :   ◦ 답 :

(2) 전압 변동률[%]을 구하시오.
   ◦ 계산과정 :   ◦ 답 :

(3) 이 송전선로의 수전 가능한 전력[kW]을 구하시오.
   ◦ 계산과정 :   ◦ 답 :

모범답안 **계산과정**

(1) 전압강하율

$$\delta = \frac{V_s - V_r}{V_r} \times 100 = \frac{6600 - 6100}{6100} \times 100 = 8.2[\%]$$

답 8.2[%]

(2) 전압 변동률

$$\varepsilon = \frac{V_{ro} - V_r}{V_r} \times 100 = \frac{6300 - 6100}{6100} \times 100 = 3.28[\%]$$

답 3.28[%]

(3) 전압강하 $e = V_s - V_r = 6600 - 6100 = 500[V]$ 이고,

$$e = \frac{P}{V_r}(R + X\tan\theta) \text{ 에서, } P = \frac{e \times V_r}{R + X\tan\theta} = \frac{500 \times 6100}{10 + 20 \times \frac{0.6}{0.8}} \times 10^{-3} = 122[kW]$$

답 122[kW]

참고 전압강하

$$e = \sqrt{3}\,I(R\cos\theta + X\sin\theta) = \sqrt{3} \times \frac{P}{\sqrt{3}\,V_r\cos\theta} \times (R\cos\theta + X\sin\theta)$$

$$= \frac{P}{V_r} \times \left(R \times \frac{\cos\theta}{\cos\theta} + X \times \frac{\sin\theta}{\cos\theta}\right) = \frac{P}{V_r}(R + X\tan\theta)[V]$$

---

12 전압강하 - 부하전력

배점 5

3상 3선식 6600[V]인 변전소에서 저항 6[Ω], 리액턴스 8[Ω]의 송전선을 통하여 역률 0.8의 부하에 전력을 공급할 때 수전단 전압을 6000[V] 이상으로 유지하기 위해서 걸 수 있는 부하는 최대 몇 [kW]까지 가능하겠는가?

모범답안 **계산과정**

전압강하 $e = \frac{P}{V_r}(R + X\tan\theta)$ 에서

$$P = \frac{e \times V_r}{R + X\tan\theta} \times 10^{-3} = \frac{(6600 - 6000) \times 6000}{6 + 8 \times \frac{0.6}{0.8}} \times 10^{-3} = 300[kW]$$

답 300[kW]

13 전압강하율 - 부하전력
배점 5

3상 3선식 송전선에서 한 선의 저항이 $2.5[\Omega]$, 리액턴스가 $5[\Omega]$이고, 수전단의 선간전압은 $3[kV]$, 부하역률이 0.8인 경우, 전압 강하율을 $10[\%]$라 하면 이 송전선로는 몇 $[kW]$까지 수전할 수 있는가?

모범답안 · 계산과정

전압강하율 $\delta = \dfrac{P}{V_r^2}(R+X\tan\theta)$에서, $P = \dfrac{\delta V^2}{R+X\tan\theta} \times 10^{-3}[kW]$

$\therefore P = \dfrac{0.1 \times 3000^2}{2.5+5 \times \dfrac{0.6}{0.8}} \times 10^{-3} = 144[kW]$

답 $144[kW]$

▶ **참고** 전압강하율

$\delta = \dfrac{V_s - V_r}{V_r} = \dfrac{\sqrt{3}\,I(R\cos\theta + X\sin\theta)}{V_r} = \dfrac{P}{V_r^2}(R+X\tan\theta)$

14 전압강하 - 전선의 굵기
배점 5

송전단 전압이 $3300[V]$, 수전단 전압 $3150[V]$인 3상 송전선로의 고유저항 $\rho = 1.818 \times 10^{-2}[\Omega mm^2/m]$일 때 전선의 굵기는? (단, 정격용량은 $1000[kW]$, 길이는 $3[km]$이며, 리액턴스는 무시한다.)

전선의 굵기$[mm^2]$				
70	95	120	150	185

모범답안 · 계산과정

전압강하 $e = \dfrac{P}{V_r} \times (R+X\tan\theta)$에서, 리액턴스는 무시하므로 $e = \dfrac{P}{V_r} \times R$이다.

$e = \dfrac{P}{V_r} \times R = \dfrac{P}{V_r} \times \rho \times \dfrac{l}{A}[V]$이며, 전선의 굵기는 아래와 같이 계산할 수 있다.

전선굵기 $A = \dfrac{P}{V_r} \times \rho \times \dfrac{l}{e} = \dfrac{1000 \times 10^3}{3150} \times 1.818 \times 10^{-2} \times \dfrac{3 \times 10^3}{150} = 115.43[mm^2]$

답 $120[mm^2]$

15 전력손실률 – 전선의 굵기

배점 6

선로의 길이가 30[km]인 3상 3선식 2회선 송전선로가 있다. 수전단에 30[kV], 6000[kW], 역률 0.8의 3상 부하에 공급할 경우 송전 손실을 10[%] 이하로 하기 위해서는 전선의 굵기를 얼마로 하여야 하는가? (단, 사용 전선의 고유 저항은 $1/55[\Omega mm^2/m]$이다.)

[심선의 굵기와 허용 전류]

심선의 굵기[mm²]	25	35	50	70	95	120	150
허용전류	50	90	100	140	160	180	200

모범답안 **계산과정**

① 송전 손실률을 고려한 전선의 굵기(송전 손실률 10[%] 이하)

1회선당 전력손실 $P_l = 0.1 \times 6000 \times \dfrac{1}{2} = 300[kW] \left(=2회선 전력손실 \times \dfrac{1}{2}\right)$

$P_l = 3I^2R = 3I^2 \times \dfrac{1}{55} \times \dfrac{l}{A}$ 에서 (전선의 저항 $R = \rho \times \dfrac{l}{A}[\Omega]$, $\rho : 1/55[\Omega mm^2/m]$)

$A = \dfrac{3 \times I^2 \times l}{55 \times P_l} = \dfrac{3 \times 72.17^2 \times 30000}{55 \times 300 \times 1000} = 28.41[mm^2]$

② 1회선에 흐르는 부하 전류 $\left(=2회선 부하전류 \times \dfrac{1}{2}\right)$

$I = \dfrac{6000}{\sqrt{3} \times 30 \times 0.8} \times \dfrac{1}{2} = 72.17[A]$ 그러므로, 허용 전류 고려시 전선의 굵기는 35[mm²]

③ 송전 손실률 및 전선의 허용전류를 고려하여 35[mm²] 선정하면 적당하다.

답 35[mm²]

16 전압강하 - 균등부하 배치

배점: 5

20개의 가로등이 500[m] 거리에 균등하게 배치되어 있다. 한 등의 소요전류는 4[A], 전선(동선)의 단면적이 35[mm²], 도전율이 97[%]라면 한쪽 끝에서 단상 220[V]로 급전할 때 최종 전등에 가해지는 전압[V]은 얼마인지 계산하시오. (단, 표준연동의 고유저항은 $1/58[\Omega \cdot mm^2/m]$이다.)

모범답안 / 계산과정

① 말단 집중부하 전압강하

$$e = 2IR = 2I \times \rho \times \frac{l}{A} = 2 \times 4 \times 20 \times \frac{1}{58} \times \frac{100}{97} \times \frac{500}{35} = 40.63[V]$$

고유저항 $\rho = \frac{1}{58} \times \frac{100}{C}$ (C : 도전율[%])

② 균등 부하의 경우 전압강하는 말단 집중부하의 1/2배이므로,

$$\therefore V_r = V_s - e = 220 - 40.63 \times \frac{1}{2} = 199.69[V]$$

답 199.69[V]

POINT 균등 부하의 전기적 특징

구분	전압강하	전력손실
말단 집중 부하	1	1
균등 분포 부하	1/2	1/3

- 부하가 균일하게 분포될 경우의 전압강하

$$e = \int_0^1 iRdx = \int_0^1 I \times (1-x)Rdx = IR\int_0^1 (1-x)dx = IR\left[x - \frac{x^2}{2}\right]_0^1 = \frac{1}{2}IR$$

- 부하가 균일하게 분포될 경우의 전력손실

$$P_\ell = \int_0^1 i^2 Rdx = \int_0^1 I^2(1-x)^2 Rdx = I^2R\int_0^1 (1-2x+x^2)dx = I^2R\left[x - x^2 + \frac{x^3}{3}\right]_0^1 = \frac{1}{3}I^2R$$

17 전압강하 – 단상 3선식 [기사전용] 배점 6

그림과 같은 단상 3선식 배전선의 a, b, c 각 선간에 부하가 접속되어 있다. 전선의 저항 값은 같고, 1선당 저항값은 0.06[Ω]이다. ab간, bc간, ca간의 전압을 구하시오. (단, 부하의 역률은 변압기의 2차 전압에 대한 것으로 하고, 또 선로의 리액턴스는 무시한다.)

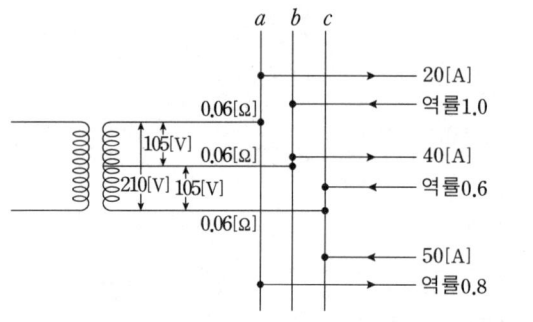

- V_{ab} ◦ 계산 과정 : ◦ 답 :
- V_{bc} ◦ 계산 과정 : ◦ 답 :
- V_{ca} ◦ 계산 과정 : ◦ 답 :

모범답안 **계산과정**

- $V_{ab} = 105 - (60 \times 0.06 - 4 \times 0.06) = 101.64$ [V]   답 101.64[V]
- $V_{bc} = 105 - (4 \times 0.06 + 64 \times 0.06) = 100.92$ [V]   답 100.92[V]
- $V_{ca} = 210 - (60 \times 0.06 + 64 \times 0.06) = 202.56$ [V]   답 202.56[V]

18 송전단 전압·전력·역률

배점 6

3상 3선식 배전선로의 1선당 저항이 3[Ω], 리액턴스가 2[Ω]이고 수전단 전압이 6000[V], 수전단에 용량 480[kW] 역률 0.8(지상)의 3상 평형부하가 접속되어 있을 경우에 송전단 전압 V_s, 송전단 전력 P_s 및 송전단 역률 $\cos\theta_s$를 구하시오.

(1) 송전단 전압
  ◦ 계산과정 :   ◦ 답 :

(2) 송전단 전력
  ◦ 계산과정 :   ◦ 답 :

(3) 송전단 역률
  ◦ 계산과정 :   ◦ 답 :

모범답안 | 계산과정

(1) 송전단 전압

$$V_s = V_r + e = V_r + \frac{P_r}{V_r}(R + X\tan\theta)$$

$$= 6000 + \frac{480 \times 10^3}{6000} \times \left(3 + 2 \times \frac{0.6}{0.8}\right) = 6360[\text{V}]$$

답 6360[V]

(2) 송전단 전력

$$P_s = P_r + 3I^2R$$

여기서, $I = \dfrac{P_r}{\sqrt{3}\,V_r\cos\theta_r} = \dfrac{480 \times 10^3}{\sqrt{3} \times 6000 \times 0.8} = 57.74[\text{A}]$

$P_s = P_r + 3I^2R = 480 + 3 \times 57.74^2 \times 3 \times 10^{-3} = 510.01[\text{kW}]$

답 510.01[kW]

(3) 송전단 역률

$$\cos\theta_s = \frac{\text{송전단 전력}}{\text{송전단 피상전력}} = \frac{P_s}{\sqrt{3}\,V_s I}$$

$$= \frac{510.01 \times 10^3}{\sqrt{3} \times 6360 \times 57.74} \times 100 = 80.18[\%]$$

답 80.18[%]

19 승압시 효과

배점 6

송전선로 전압을 154[kV]에서 345[kV]로 승압할 경우 송전선로에 나타나는 효과에 대하여 다음 물음에 답하시오.

(1) 전력손실이 동일한 경우 공급능력의 증대는 몇 배인지 구하시오.
  ○ 계산과정 :   ○ 답 :

(2) 전력손실의 감소는 몇 [%]인지 구하시오.
  ○ 계산과정 :   ○ 답 :

(3) 전압강하율의 감소는 몇 [%]인지 구하시오.
  ○ 계산과정 :   ○ 답 :

모범답안 / 계산과정

(1) 전력손실 $\left(P_l = \dfrac{P^2 R}{V^2 \cos^2\theta}\right)$이 동일한 경우, 공급능력은 전압에 비례한다. ($P \propto V$)

$$\therefore \frac{P_2}{P_1} = \frac{V_2}{V_1} = \frac{345}{154} = 2.24$$

답 2.24배

(2) 전력손실은 전압의 제곱에 반비례한다. $\left(P_l \propto \dfrac{1}{V^2}\right)$

$$\therefore \frac{P_{l2}}{P_{l1}} = \left(\frac{V_1}{V_2}\right)^2 = \left(\frac{154}{345}\right)^2 = 0.1993$$

$$\therefore \text{전력손실 감소분} = (1 - 0.1993) \times 100 = 80.07[\%]$$

답 80.07[%]

(3) 전압강하율은 전압의 제곱에 반비례한다. $\left(\delta \propto \dfrac{1}{V^2}\right)$

$$\frac{\delta_2}{\delta_1} = \left(\frac{V_1}{V_2}\right)^2 = \left(\frac{154}{345}\right)^2 = 0.1993$$

$$\therefore \text{전압강하율 감소분} = (1 - 0.1993) \times 100 = 80.07[\%]$$

답 80.07[%]

20 전류의 합성 – 선로손실

배점 6

그림과 같은 3상 3선식 배전선로가 있다. 다음 각 물음에 답하시오.
(단, 전선 1가닥의 저항은 0.5[Ω/km] 라고 한다.)

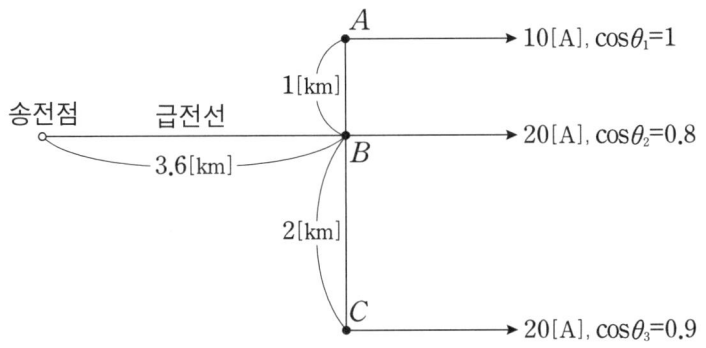

(1) 급전선에 흐르는 전류는 몇 [A]인가 계산하시오.
  ◦ 계산과정 :　　　　　　　　　　　　　　　　◦ 답 :
(2) 선로 손실[W]을 구하시오.
  ◦ 계산과정 :　　　　　　　　　　　　　　　　◦ 답 :

모범답안　계산과정

(1) $I = 10 + 20 \times (0.8 - j0.6) + 20 \times (0.9 - j\sqrt{1-0.9^2}) = 44 - j20.72 = 48.63[A]$

　　답　48.63[A]

(2) 전체선로손실 = 급전선 손실 + AB손실 + BC손실
$P_l = 3 \times 48.63^2 \times (0.5 \times 3.6) + 3 \times 10^2 \times (0.5 \times 1) + 3 \times 20^2 \times (0.5 \times 2) = 14120.34[W]$

　　답　14120.34[W]

21 전력손실 최대·최소점

배점 5

그림에서 각 지점간의 저항을 동일하다고 가정하고 간선 AD 사이에 전원을 공급하려고 한다. 전력손실이 최대가 되는 지점과 최소가 되는 지점을 구하시오.

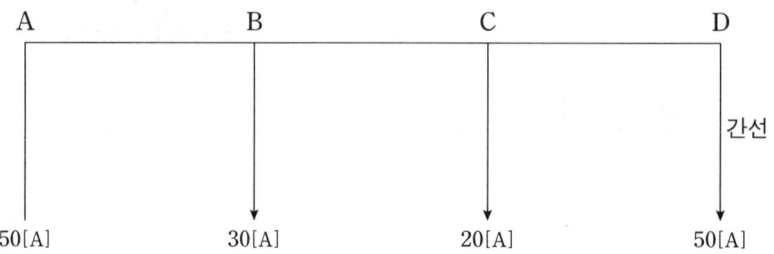

- 전력손실이 최대가 되는 공급점 :
- 전력손실이 최소가 되는 공급점 :

모범답안 계산과정

※ 각 점에서 급전할 때의 전력손실 $P_l = I^2 R$

① 급전점 A
$$P_{Al} = (30+20+50)^2 R + (20+50)^2 R + 50^2 R = 17400R$$

② 급전점 B
$$P_{Bl} = 50^2 R + (20+50)^2 R + 50^2 R = 9900R \text{ (최소)}$$

③ 급전점 C
$$P_{Cl} = (50+30)^2 R + 50^2 R + 50^2 R = 11400R$$

④ 급전점 D
$$P_{Dl} = (20+30+50)^2 R + (30+50)^2 R + 50^2 R = 18900R \text{ (최대)}$$

답
- 전력손실이 최대가 되는 공급점 : D점
- 전력손실이 최소가 되는 공급점 : B점

22. 수용가 설비 전압강하 규정

배점 4

한국전기설비규정에 따라 수용가 설비의 인입구로부터 기기까지의 전압강하는 다음 표값 이하이어야 한다. 다음 ( ) 안에 들어갈 내용을 답란에 쓰시오. (단, 한국전기설비규정에 따른 다른 조건을 고려하지 않는다.)

설비의 유형	조명[%]	기타[%]
A – 저압으로 수전하는 경우	(①)	(②)
B – 고압 이상으로 수전하는 경우a	(③)	(④)

a 가능한 한 최종회로 내의 전압강하가 A 유형의 값을 넘지 않도록 하는 것이 바람직하다.
사용자의 배선설비가 100[m]를 넘는 부분의 전압강하는 미터 당 0.005[%] 증가할 수 있으나 이러한 증가분은 0.5[%]를 넘지 않아야 한다.

모범답안

①	②	③	④
3	5	6	8

---

23. 콘덴서 설치시 효과

배점 9

그림과 같은 3상 배전선에서 변전소(A점)의 전압은 $3300[V]$, 중간(B점) 지점의 부하는 $50[A]$, 역률 0.8(지상), 말단(C점)의 부하는 $50[A]$, 역률 0.8이고, A와 B사이의 길이는 $2[km]$, B와 C사이의 길이는 $4[km]$ 이며, 선로의 $[km]$당 임피던스는 저항 $0.9[\Omega]$, 리액턴스 $0.4[\Omega]$이라고 할 때 다음 물음에 답하시오.

(1) 이 경우의 B점과 C점의 전압은 몇 [V]인가?
   ① B점의 전압
      ◦ 계산과정 :   ◦ 답 :
   ② C점의 전압
      ◦ 계산과정 :   ◦ 답 :
(2) C점에 전력용 콘덴서를 설치하여 진상 전류 40[A]를 흘릴 때 B점의 전압과 C점의 전압은 각각 몇 [V]인가?
   ① B점의 전압
      ◦ 계산과정 :   ◦ 답 :
   ② C점의 전압
      ◦ 계산과정 :   ◦ 답 :
(3) 전력용 콘덴서를 설치하기 전과 후의 선로의 전력 손실을 구하시오.
   ① 전력용 콘덴서 설치 전
      ◦ 계산과정 :   ◦ 답 :
   ② 전력용 콘덴서 설치 후
      ◦ 계산과정 :   ◦ 답 :

모범답안 **계산과정**

(1) ① B점의 전압
$$V_B = V_A - \sqrt{3}\,I_1(R_1\cos\theta + X_1\sin\theta)$$
$$= 3300 - \sqrt{3} \times 100 \times (0.9 \times 2 \times 0.8 + 0.4 \times 2 \times 0.6) = 2967.45[V]$$

　　　　　　　　　　　　　　　　　　　　　　　　　　　　답 2967.45[V]

② C점의 전압
$$V_C = V_B - \sqrt{3}\,I_2(R_2\cos\theta + X_2\sin\theta)$$
$$= 2967.45 - \sqrt{3} \times 50 \times (0.9 \times 4 \times 0.8 + 0.4 \times 4 \times 0.6) = 2634.9[V]$$

　　　　　　　　　　　　　　　　　　　　　　　　　　　　답 2634.9[V]

(2) ① B점의 전압

▶참고 　전력용 콘덴서를 설치하여 진상 전류(I_C)를 흘려주면 무효전류가 감소한다.
$$V_B = V_A - \sqrt{3} \times [I_1\cos\theta \cdot R_1 + (I_1\sin\theta - I_c) \cdot X_1]$$
$$= 3300 - \sqrt{3} \times [100 \times 0.8 \times 1.8 + (100 \times 0.6 - 40) \times 0.8] = 3022.87[V]$$

　　　　　　　　　　　　　　　　　　　　　　　　　　　　답 3022.87[V]

② C점의 전압
$$V_C = V_B - \sqrt{3} \times [I_2\cos\theta \cdot R_2 + (I_2\sin\theta - I_c) \cdot X_2]$$
$$= 3022.87 - \sqrt{3} \times [50 \times 0.8 \times 3.6 + (50 \times 0.6 - 40) \times 1.6] = 2801.17[V]$$

답   2801.17[V]

(3) ▶참고   3상 3선식 선로의 전력손실 $P_l = 3I^2R \times 10^{-3}[kW]$

① 콘덴서 설치 전의 전력손실(P_{l1})
$$P_{l1} = 3I_1^2R_1 + 3I_2^2R_2$$
$$P_{l1} = (3 \times 100^2 \times 1.8 + 3 \times 50^2 \times 3.6) \times 10^{-3} = 81[kW]$$

답   81[kW]

② 콘덴서 설치 후의 전류(I_1', I_2') 및 전력손실(P_{l2})
$$I_1' = 100 \times (0.8 - j0.6) + j40 = 80 - j20 = 82.46[A]$$
$$I_2' = 50 \times (0.8 - j0.6) + j40 = 40 + j10 = 41.23[A]$$
$$P_{l2} = 3I_1'^2R_1 + 3I_2'^2R_2$$
$$P_{l2} = (3 \times 82.46^2 \times 1.8 + 3 \times 41.23^2 \times 3.6) \times 10^{-3} = 55.08[kW]$$

답   55.08[kW]

24   변전소 접지목적·접지개소

배점 6

배전 변전소의 각종 시설에는 접지를 하고 있다. 그 접지 목적을 3가지로 요약하여 설명하고, 접지 개소를 5개소만 쓰시오.

모범답안

- 접지의 목적
  ① 지락 및 단락 전류 등 고장 전류로부터 기기 보호
  ② 보호 계전기의 확실한 동작 확보 및 전위 상승 억제
  ③ 배전 변전소 운전원의 감전사고 및 설비의 화재사고 방지

- 접지 개소
  ① 각종 기기의 철대 및 외함
  ② 피뢰기
  ③ 케이블 실드
  ④ 계통접지
  ⑤ 계기용 변압기 2차측 접지

25 중성점 접지의 목적

배점 5

변압기 중성점 접지(계통접지)목적 3가지를 쓰시오.

> **모범답안**
> ① 보호계전기의 확실한 동작
> ② 지락시의 건전상의 전위상승억제
> ③ 고저압 혼촉시 저압측의 전위상승억제

26 중성점 접지방식 종류

배점 8

다음 물음에 답하시오.

(1) 중성점 접지방식의 종류 4가지를 쓰시오.
(2) 유효접지방식은 1선 지락시 건전상 전위상승이 몇 배 이하가 되도록 하는 방식인가?
(3) 우리나라 송전선로에서 사용하는 중성점 접지 방식을 쓰시오.

> **모범답안**
> (1) ① 직접 접지방식   ② 저항 접지방식   ③ 소호리액터 접지방식   ④ 비접지방식
> (2) 1.3배
> (3) 직접 접지방식

27 3상 4선식 다중접지 방식

배점 6

비접지 3상 3선식 배전방식과 비교하여, 3상 4선식 다중접지 배전방식의 장점 및 단점을 각각 4가지씩 쓰시오.

(1) 장점 4가지
(2) 단점 4가지

모범답안

(1) 장점
① 지락시 건전상의 전위상승이 낮다.
② 변압기의 단절연이 가능하다.
③ 보호계전기의 동작이 확실하다.
④ 피뢰기의 책무를 경감시킬 수 있다.

(2) 단점
① 지락사고시 지락전류가 크기 때문에 통신선의 유도장해가 크다.
② 지락사고시 지락전류가 크기 때문에 기계적 충격이 크다.
③ 지락전류는 저역률의 대전류이기 때문에 과도 안정도가 나빠진다.
④ 차단기가 대전류를 차단할 기회가 많아지므로 차단기의 수명이 단축된다.

28 3상 4선식의 상별색상

배점 5

3상 4선식 Y 접속시 전등과 동력을 공급하는 옥내배선의 경우는 상별 부하전류가 평형으로 유지되도록 상별로 결선하기 위하여 전압측 전선에 색별 배선을 하거나 색테이프를 감는 등의 방법으로 표시를 하여야 한다. 다음 그림의 A상, B상, N상, C상의 (   ) 안에 알맞은 색을 쓰시오. (단, 상별 색이 1가지 이상인 경우 해당 색을 모두 쓰시오.)

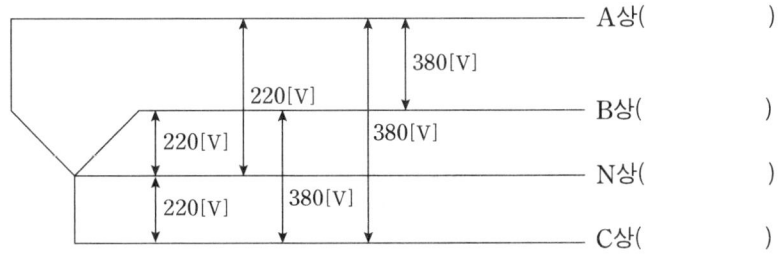

모범답안
- A상 : 갈색
- B상 : 흑색
- C상 : 회색
- N상 : 청색

29 유효접지 - 직접접지 방식

배점 5

송전계통의 중성점 접지방식에서 어떻게 접지하는 것을 유효접지(Effective grounding)라 하는지를 설명하고, 유효접지의 가장 대표적인 접지방식 한 가지만 쓰시오.

- 설명 :
- 방식 :

모범답안

- 설명 : 1선지락 사고시 건전상의 전위상승이 1.3배 이하가 되도록 접지하는 방식
- 방식 : 중성점 직접접지방식

30 비접지 방식 - 지락전류

배점 5

그림과 같이 △결선된 배전선로에 접지콘덴서 $C_s = 2[\mu F]$를 사용할 때 A상에 지락이 발생한 경우의 지락전류 [mA]를 구하시오. (단, 주파수 60[Hz]로 한다.)

모범답안 **계산과정**

비접지방식에서의 지락전류

$I_g = \sqrt{3}\,\omega C_s V = \sqrt{3} \times 2\pi \times 60 \times 2 \times 10^{-6} \times 220 \times 10^3 = 287.31[mA]$

답 287.31[mA]

31 전자유도장해 [배점 6]

중성점 직접 접지 계통에 인접한 통신선의 전자 유도 장해 경감에 관한 대책을 경제성이 높은 것부터 설명하시오.

(1) 근본 대책
(2) 전력선측 대책(5가지)
(3) 통신선측 대책(5가지)

모범답안

(1) 전자 유도전압의 억제
(2) 전력선측 대책
   ① 송전선로를 통신선에서 가능한 멀리 건설한다.
   ② 접지장소를 적당히 선정해서 지락전류의 분포를 조절한다.
   ③ 고속도 지락 보호 계전 방식을 채용한다.
   ④ 차폐선을 설치한다.
   ⑤ 지중전선로 방식을 채용한다.
(3) 통신선측 대책
   ① 절연변압기를 설치하여 구간을 분리한다.   ② 연피케이블을 사용한다.
   ③ 통신선에 피뢰기를 설치한다.   ④ 배류코일을 설치한다.
   ⑤ 교차시 전력선과 수직교차한다.

32 중성점 잔류전압 [기사전용] [배점 5]

154[kV]의 송전선이 그림과 같이 연가 되어 있을 경우 중성점과 대지 간에 나타나는 잔류 전압을 구하시오.
(단, 전선 1[km]당의 대지 정전용량은 맨 윗선 0.004[μF], 가운데선 0.0045[μF], 맨 아래선 0.005[μF]라고 하고 다른 선로정수는 무시한다.)

모범답안 계산과정

$C_a = 0.004 \times 20 + 0.005 \times 40 + 0.0045 \times 45 + 0.004 \times 30 = 0.6025[\mu F]$

$C_b = 0.0045 \times 20 + 0.004 \times 40 + 0.005 \times 45 + 0.0045 \times 30 = 0.61[\mu F]$

$C_c = 0.005 \times 20 + 0.0045 \times 40 + 0.004 \times 45 + 0.005 \times 30 = 0.61[\mu F]$

중성점 잔류전압 $E_n = \dfrac{\sqrt{C_a(C_a - C_b) + C_b(C_b - C_c) + C_c(C_c - C_a)}}{C_a + C_b + C_c} \times \dfrac{V}{\sqrt{3}}$

$E_n = \dfrac{\sqrt{0.6025(0.6025 - 0.61) + 0.61(0.61 - 0.61) + 0.61(0.61 - 0.6025)}}{0.6025 + 0.61 + 0.61} \times \dfrac{154 \times 10^3}{\sqrt{3}}$

$= 365.89[V]$

답 365.89[V]

---

33 배전 선로의 전압조정

배점 3

배전 선로의 전압조정 방법을 3가지만 쓰시오.

모범답안

① 유도전압조정기   ② 배전변압기의 탭 전환   ③ 정지형 전압 조정기

---

34 배전 선로 보호장치·보호조치

배점 5

배전선로 사고 종류에 따라 보호장치 및 보호조치를 다음 표의 ①~③까지 답하시오.
(단, ①, ②는 보호장치이고, ③은 보호조치임)

항 목	사고 종류	보호 장치 및 보호조치
고압 배전선로	접지사고	①
	과부하, 단락사고	②
	뇌해사고	피뢰기, 가공지선
주상 변압기	과부하, 단락사고	고압 퓨즈
저압 배전선로	고저압 혼촉	③
	과부하, 단락사고	저압 퓨즈

모범답안

① 지락계전기
② 과전류 계전기
③ 접지 공사

35 모선보호방식의 종류

배점 5

발전소 및 변전소에 사용되는 다음 각 모선보호방식에 대하여 설명하시오.

(1) 전류 차동 계전 방식:
(2) 전압 차동 계전 방식:
(3) 위상 비교 계전 방식:
(4) 방향 비교 계전 방식:

모범답안

(1) 전류 차동 계전 방식
   모선내 고장에서는 모선에 유입하는 전류의 총계와 유출하는 전류의 총계가 서로 다르다는 것을 이용해서 고장 검출을 하는 방식이다.

(2) 전압 차동 계전 방식
   각 모선에 설치된 CT의 2차 회로를 차동 접속하고 거기에 임피던스가 큰 전압계전기를 설치한 것으로서, 모선내 고장에서는 계전기에 큰 전압이 인가되어 동작하는 방식이다.

(3) 위상 비교 계전 방식
   모선에 접속된 각 회선의 전류 위상을 비교함으로써 모선 내 고장인지 외부 고장인지를 판별하는 방식이다.

(4) 방향 비교 계전 방식
   모선에 접속된 각 회선에 전력방향계전기 또는 거리방향 계전기를 설치하여 모선으로부터 유출하는 고장전류가 없는데 어느 회선으로부터 모선방향으로 고장 전류의 유입이 있는지 파악하여 모선내 고장인지 외부 고장인지를 판별하는 방식이다.

36 직렬 콘덴서

배점 4

직렬 콘덴서를 사용하는 목적에 대하여 쓰시오.

모범답안

선로의 유도성 리액턴스를 보상하여 전압강하의 경감을 위해 설치한다.

참고 병렬 콘덴서
유도성 부하에 병렬로 전력용 콘덴서를 설치하여 진상무효전력을 공급하여 부하의 지상무효전력을 감소시켜 부하의 역률을 개선한다.

37 1회선 수전방식

배점 6

수전 방식은 인입하는 회선수에 따라 분류한다. 1회선 수전 방식의 특징을 3가지 작성하시오.

모범답안

① 공급 신뢰도가 낮다.
② 가장 간단하며 경제적이다.
③ 특고압 소용량에 주로 적합하다.

38 저압 뱅킹방식

배점 6

그림과 같은 배전방식의 명칭과 이 배전방식의 특징을 4가지 쓰시오. (단, 특징은 배전용 변압기 1대 단위로 저압 배전선로를 구성하는 방식과 비교한 경우이다.)

(1) 명칭 :
(2) 특징(4가지) :

모범답안

(1) 저압 뱅킹방식

(2) 특징
① 플리커 현상이 경감된다.
② 전압강하 및 전력손실이 경감된다.
③ 부하 증가에 대한 탄력성이 향상된다.
④ 고장 보호방법이 적당할 때 공급 신뢰도가 높다.

39 환상식 배전선로

배점 5

고압 배전선의 구성과 관련된 미완성 환상(루프식)식 배전간선의 단선도를 완성하시오.

모범답안

40 저압 네트워크 방식

배점 6

그림과 같은 저압 배선방식의 명칭과 특징을 4가지만 쓰시오.

(1) 명칭 :
(2) 특징(4가지) :

모범답안

(1) 저압 네트워크방식
(2) 특징 4가지
　① 전압변동이 작다.　　　　② 전력손실이 작다.
　③ 부하 증가에 대한 적응성이 좋다.　④ 공급 신뢰도가 높다.

41 스폿 네트워크 수전방식

배점 7

스폿 네트워크(SPOT NETWORK) 수전방식에 대하여 설명하고 특징을 4가지만 쓰시오.

(1) 설명 :
(2) 특징(4가지) :

모범답안

(1) 설명 : 변전소로부터 2회선 이상의 배전선로를 가설하여 한 회선에서 고장이 발생할 경우 그 고장회선의 변전소 측 차단기와 변압기 2차측 네트워크프로텍터를 이용하여 고장 회선을 분리한 후 나머지 회선을 통해 무정전으로 전력을 공급할 수 있는 방식이다.

(2) 특징(4가지)
① 무정전 전력공급이 가능하다.
② 부하증가에 대한 적응성이 높다.
③ 계통 기기의 이용률이 향상된다.
④ 운전효율이 높고 전압변동률이 작다.

42 2중모선 – 1.5 차단방식   [기사전용]

배점 5

그림과 같은 전력계통의 모선 도면이 있다. 이 도면을 보고 다음 각 물음에 답하시오. (단, 도면에서 T/L은 송전선로, CB는 차단기, Tr은 변압기이다.)

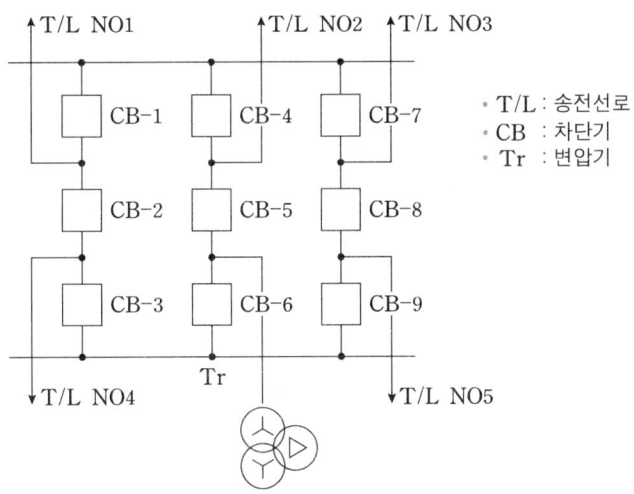

(1) 이 모선 방식의 명칭을 구체적으로 쓰시오.
(2) T/L 4에서 지락 고장의 사고가 발생하였을 때 차단되는 차단기 2개를 쓰시오.
(3) T/L 1이 고장일 때 CB-1이 고장 상태이기 때문에 고장을 차단하지 못하였다. 이때 차단기 고장 보호(Breaker failure protection)를 채택한 경우라면 차단되는 차단기는 어느 것인지 그 2가지를 쓰시오. (단, 상대 S/S, CB는 생략한다.)
(4) 유입 변압기 Tr은 도면의 그림 기호로 볼 때, 어떤 종류의 변압기인지 그 명칭을 쓰시오.

> **모범답안**
> (1) 2중모선 방식의 1.5차단방식
> (2) CB-2, CB-3
> (3) CB-4, CB-7
> (4) 3권선 변압기

43 한선이 단선된 경우의 소비전력

배점 5

그림과 같은 교류 3상 3선식 전로에 연결된 3상 평형부하가 있다. 이 때 c상의 P점이 단선된 경우, 이 부하의 소비전력은 단선 전 소비전력에 비하여 어떻게 되는지 관계식을 이용하여 설명하시오. (단, 선간 전압은 $E[\text{V}]$이며, 부하의 저항은 $R[\Omega]$이다.)

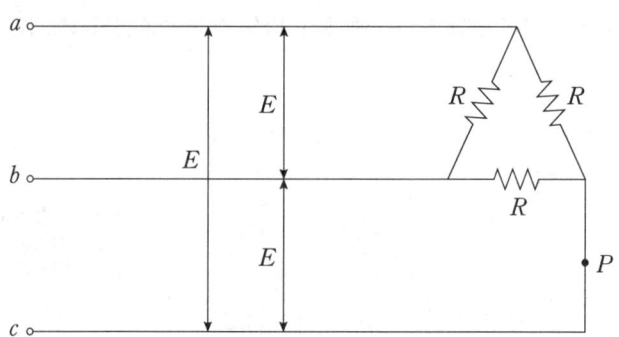

모범답안

단선전의 소비전력은 $P = 3 \times \dfrac{E^2}{R}$ 이다.

P점 단선시 합성저항은 $R_0 = \dfrac{2R \times R}{2R + R} = \dfrac{2}{3} \times R$ 이며,

소비전력은 $P' = \dfrac{E^2}{R_0} = \dfrac{E^2}{\dfrac{2}{3} \times R} = 1.5 \times \dfrac{E^2}{R}$ 이다.

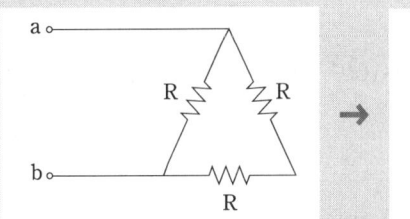

그러므로, 단선 후 부하의 소비전력은 단선전의 $\dfrac{1}{2}$ 배이다.

44 대칭좌표법

배점 6

불평형 3상 전압이 $V_a = 7.3 \angle 12.5°$, $V_b = 0.4 \angle -100°$, $V_c = 4.4 \angle 154°$일 때, 다음 각 대칭분 전압 $V_0[\text{V}]$, $V_1[\text{V}]$, $V_2[\text{V}]$를 구하시오.

(1) V_0의 값
  ◦ 계산과정 :   ◦ 답 :

(2) V_1의 값
  ◦ 계산과정 :   ◦ 답 :

(3) V_2의 값
  ◦ 계산과정 :   ◦ 답 :

모범답안 계산과정

(1) 영상분전압

$$V_0 = \frac{1}{3}(V_a + V_b + V_c) = \frac{1}{3}(7.3\angle 12.5° + 0.4\angle -100° + 4.4\angle 154°) = 1.47\angle 45.11°$$

답 $1.47\angle 45.11°[V]$

(2) 정상분전압

$$V_1 = \frac{1}{3}(V_a + aV_b + a^2V_c)$$

$$= \frac{1}{3}(7.3\angle 12.5° + 1\angle 120° \times 0.4\angle -100° + 1\angle 240° \times 4.4\angle 154°) = 3.97\angle 20.54°$$

답 $3.97\angle 20.54°[V]$

(3) 역상분전압

$$V_2 = \frac{1}{3}(V_a + a^2V_b + aV_c)$$

$$= \frac{1}{3}(7.3\angle 12.5° + 1\angle 240° \times 0.4\angle -100° + 1\angle 120° \times 4.4\angle 154°) = 2.52\angle -19.7°$$

답 $2.52\angle -19.7°[V]$

45 중성선에 흐르는 전류

배점 5

3상 4선식에서 역률 100[%]의 부하가 각 상과 중성선간에 연결되어 있다. a상, b상, c상에 흐르는 전류가 각각 110[A], 86[A], 95[A]이다. 중성선에 흐르는 전류의 크기의 절대값은 몇 [A]인가?

모범답안 계산과정

$$I_n = 110 + 86\left(-\frac{1}{2} - j\frac{\sqrt{3}}{2}\right) + 95\left(-\frac{1}{2} + j\frac{\sqrt{3}}{2}\right)$$

$$= 110 - 43 - j74.48 - 47.5 + j82.27 = 19.5 + j7.79 = \sqrt{19.5^2 + 7.79^2} = 21[A]$$

답 $21[A]$

46 전자유도전압   배점 5

통신선과 평행된 주파수 60[Hz]의 3상 1회선 송전선이 있다. 1선 지락 때문에 영상전류 50[A]가 흐르고 있을 때 통신선에 유기되는 전자유도전압[V]의 크기를 구하시오. (단, 영상전류는 각 상에 걸쳐 있으며, 송전선과 통신선과의 상호 인덕턴스는 0.06[mH/km], 그 평행길이는 30[km]이다.)

모범답안 **계산과정**

$$E_m = j\omega M \ell (3I_o)$$
$$= j \times 2\pi \times 60 \times 0.06 \times 10^{-3} \times 30 \times 3 \times 50 = 101.79[V]$$

답 101.79[V]

02 분기회로수 및 부하용량

01 분기회로수

배점 5

어느 주택 시공에서 바닥면적 90[m²]의 일반주택배선 설계에서 전등 수구 14개, 소형기기용 콘센트 8개 및 2[kW] 룸 에어콘 2대를 사용하는 경우 최소 분기회로수는 몇 회선인가? (단, 전등 및 콘센트는 16[A]의 분기회로로 하고 바닥 1[m²]당 전등(소형기기 포함)의 표준부하는 30[VA], 전체에 가산하는 VA수는 1000[VA], 전압은 220[V]이다.)

모범답안 계산과정

- 분기회로수 = $\dfrac{\text{부하설비의 합[VA]}}{\text{사용전압[V]} \times \text{분기회로 전류[A]}}$

  $= \dfrac{90 \times 30 + 2000 \times 2 + 1000}{220 \times 16}$

  $= 2.19$회로 → 3회로 선정

답 16[A] 분기 3회로

▶ **참고** 내선규정 3315-3 분기회로수

- 분기회로 산정시 소수가 발생하면 절상한다.
- 220[V]에서 3[kW](110[V] 대는 1.5[kW]) 이상인 냉방기기, 취사용 기기 등 대형 전기 기계 기구를 사용하는 경우에는 단독분기회로를 사용하여야한다.

02 분기회로수

배점 5

단상 2선식 220[V]의 옥내배선에서 소비전력 40[W], 역률 85[%]의 LED 형광등 85등을 설치할 때 16[A]의 분기회로 수는 최소 몇 회로인지 구하시오. (단, 한 회선의 부하전류는 분기회로 용량의 80[%]로 하고 수용률은 100[%]로 한다.)

모범답안 계산과정

분기회로수 = $\dfrac{\text{설비부하용량[VA]}}{\text{사용전압[V]} \times \text{분기회로 전류[A]} \times \text{정격률}} = \dfrac{\dfrac{40}{0.85} \times 85}{220 \times 16 \times 0.8} = 1.42$

답 16[A] 분기 2회로

03 분기회로수

배점 5

단상 2선식 220[V] 옥내 배선에서 용량 100[VA], 역률 80[%]의 형광등 50개와 소비 전력 60[W]인 백열등 50개를 설치할 때 최소 분기 회로수는 몇 회로인가? (단 16[A] 분기회로로 하며, 수용률은 80[%]로 한다.)

모범답안 계산과정

$$\text{분기회로수} = \frac{\text{부하설비의 합[VA]}}{\text{전압[V]} \times \text{분기회로전류[A]}}$$

$$= \frac{\sqrt{(100 \times 0.8 \times 50 + 60 \times 50)^2 + (100 \times 0.6 \times 50)^2} \times 0.8}{220 \times 16} = 1.73\text{[회로]}$$

> 참고 분기회로 산정시 소수가 발생하면 절상한다.

답 16[A]분기 2회로

04 분기회로수

배점 5

연면적 300[m²]의 주택이 있다. 이때 전등 및 전열용 부하는 30[VA/m²]이며, 5000[VA] 용량의 에어컨이 2대 가설되어 있으며, 사용하는 전압은 220[V] 단상이고 예비 부하로 1500[VA]가 필요하다면 분전반의 분기회로수는 몇 회로인가? (단, 에어컨은 30[A] 전용 회선으로 하고 기타는 16[A] 분기 회로로 한다.)

(1) 전등 및 전열용 부하의 분기회로수
   ◦ 계산과정 :   ◦ 답 :
(2) 에어컨 전용의 분기회로 :

모범답안 계산과정

(1) 부하설비의 합 = 면적[m²] × 부하밀도[VA/m²] + 가산부하(예비 부하)[VA]
   = 300 × 30 + 1500 = 10500[VA]

$$\text{분기회로수} = \frac{\text{부하설비의 합[VA]}}{\text{전압[V]} \times \text{분기회로전류[A]}} = \frac{10500}{220 \times 16} = 2.98\text{회로}$$

> 참고 분기회로 산정시 소수가 발생하면 절상한다.   답 16[A] 분기 3회로

(2) 에어컨 전용의 분기회로 산정   답 30[A] 분기 2회로 선정

> 참고 220[V]에서 정격소비전력 3[kW](110[V]때는 1.5[kW])를 초과하는 냉방기기, 취사용 기기는 전용분기회로로 하여야 한다.

05 분기회로수

배점 5

연면적 350[m²]의 주택이 있다. 이때 전등, 전열용 부하는 30[VA/m²]이며, 2500[VA] 용량의 에어컨이 2대가 가설되어 있으며, 사용하는 전압은 220[V] 단상이고 예비부하로 3500[VA]가 필요하다면 분전반의 분기 회로수는 몇 회로인가? (단, 에어컨은 30[A] 분기 회로로 하고 기타는 20[A] 분기 회로로 한다.)

모범답안 / 계산과정

① 전등 및 전열용 부하
  상정 부하 = 바닥 면적 × 부하밀도 + 가산 부하 = 350 × 30 + 3500 = 14000[VA]

  20[A] 분기 회로수 = $\dfrac{14000}{220 \times 20}$ = 3.18회로

② 에어컨 부하

  30[A] 분기 회로수 = $\dfrac{2500 \times 2}{220 \times 30}$ = 0.76회로

답 20[A] 분기 4회로, 30[A] 분기 1회로

06 부하용량·분기회로수

배점 4

점포가 붙어 있는 주택이 그림과 같을 때 주어진 참고자료를 이용하여 예상되는 설비 부하 용량을 상정하고, 분기 회로수는 원칙적으로 몇 회로로 하여야 하는지를 산정하시오. (단, 사용 전압은 220[V]이고, 16[A] 분기회로로 한다.)

- RC는 룸 에어컨디셔너 1.1[kW]
- 주어진 참고자료의 수치 적용은 최대값을 적용하도록 한다.

[참고사항]

가. 설비 부하 용량은 다만 "가" 및 "나"에 표시하는 종류 및 그 부분에 해당하는 표준부하에 바닥 면적을 곱한 값에 "다"에 표시하는 건물 등에 대응하는 표준부하[VA]를 가한 값으로 할 것

건축물의 종류	표준부하[VA/m^2]
공장, 공회당, 사원, 교회, 극장, 영화관, 연회장 등	10
기숙사, 여관, 호텔, 병원, 학교, 음식점, 다방, 대중 목욕탕	20
사무실, 은행, 상점, 이발소, 미장원	30
주택, 아파트	40

[비고] 건물이 음식점과 주택 부분의 2 종류로 될 때에는 각각 그에 따른 표준부하를 사용할 것
[비고] 학교와 같이 건물의 일부분이 사용되는 경우에는 그 부분만을 적용한다.

나. 건물(주택, 아파트 제외)중 별도 계산할 부분의 표준부하

건축물의 부분	표준부하[VA/m^2]
복도, 계단, 세면장, 창고, 다락	5
강당, 관람석	10

다. 표준부하에 따라 산출한 수치에 가산하여야 할 [VA]수
① 주택, 아파트(1세대마다)에 대하여는 1000~500[VA]
② 상점의 진열장에 대하여는 진열장 폭 1[m]에 대하여 300[VA]
③ 옥외의 광고등, 전광 사인 등의 [VA]수
④ 극장, 댄스홀 등의 무대 조명, 영화관 등의 특수 전등 부하의 [VA]수

모범답안 **계산과정**

설비부하용량 = 표준부하 + 부분부하 + 가산부하 + 룸 에어컨디셔너(RC)
= 주택부분 + 점포부분 + 창고 + 진열장 가산부하 + 주택 가산부하 + RC
= (12×15×40) + (12×10×30) + (3×10×5) + (6×300) + 1000 + 1100
= 14850[VA]

∴ 분기회로수 = $\dfrac{\text{설비부하용량[VA]}}{\text{사용전압[V]} \times 16\text{[A]}} = \dfrac{14850}{220 \times 16} = 4.22$

답 16[A]분기 5회로

07 분기회로수

배점 6

그림과 같은 평면도의 2층 건물에 대한 배선설계를 하기 위하여 주어진 조건을 이용하여 1층 및 2층을 분리하여 분기회로수를 결정하고자 한다. 다음 각 물음에 답하시오.

[조건]

- 분기 회로는 16[A] 분기 회로로 하고 80[%]의 정격이 되도록 한다.
- 배전 전압은 200[V]를 기준으로 하여 적용 가능한 최대 부하를 상정한다.
- 주택 및 상점의 표준 부하는 40[VA/m²]로 하되 1층, 2층 분리하여 분기 회로수를 결정하고 상점과 주거용에 각각 1000[VA]를 가산하여 적용한다.
- 상점의 쇼윈도에 대해서는 길이 1[m]당 300[VA]를 적용한다.
- 옥외 광고등 500[VA]짜리 1등이 상점에 있는 것으로 한다.
- 예상이 곤란한 콘센트, 틀어끼우는 접속기, 소켓등이 있을 경우에라도 이를 상정하지 않는다.

(1) 1층의 분기 회로수는?
  ◦ 계산과정 :   ◦ 답 :
(2) 2층의 분기 회로수는?
  ◦ 계산과정 :   ◦ 답 :

모범답안 계산과정

(1) 부하설비용량 $= 12 \times 10 \times 40 + 12 \times 300 + 500 + 1000 = 9900$ [VA]

  분기 회로수 $N = \dfrac{9900}{200 \times 16 \times 0.8} = 3.87$ 　　　**답** 16[A] 분기 4회로

(2) 부하설비용량 = $10 \times 8 \times 40 + 1000 + 1000 = 5200$ [VA]

분기 회로수 $N = \dfrac{5200}{200 \times 16 \times 0.8} = 2.03$

답 16[A] 분기 3회로

08 상정부하·수용부하·계약전력 [기사전용]

배점 11

다음과 같은 아파트 단지를 계획하고 있다. 주어진 규모 및 참고자료를 이용하여 다음 각 물음에 답하시오.

[규모]

- 아파트 동수 및 세대수 : 2동, 300세대
- 세대당 면적과 세대수

동별	세대당 면적[m^2]	세대수	동별	세대당 면적[m^2]	세대수
1동	50	30	2동	50	50
	70	40		70	30
	90	50		90	40
	110	30		110	30

- 계단, 복도, 지하실 등의 공용면적 1동 : 1700[m^2], 2동 : 1700[m^2]

[조건]

- 면적의 [m^2]당 상정 부하는 다음과 같다.
  - 아파트 : 30[VA/m^2], 공용 면적 부분 : 5[VA/m^2]
- 세대당 추가로 가산하여야 할 상정부하는 다음과 같다.
  - 80[m^2] 이하인 경우 : 750[VA]
  - 150[m^2] 이하의 세대 : 1000[VA]
- 아파트 동별 수용률은 다음과 같다.
  - 70세대 이하 65[%]
  - 100세대 이하 60[%]
  - 150세대 이하 55[%]
  - 200세대 이하 50[%]
- 모든 계산은 피상전력을 기준으로 한다.
- 역률은 100[%]로 보고 계산한다.

- 주변전실로부터 1동까지는 150[m]이며 동 내부의 전압강하는 무시한다.
- 각 세대의 공급 방식은 110/220[V]의 단상 3선식으로 한다.
- 변전식의 변압기는 단상 변압기 3대로 구성한다.
- 동간 부등률은 1.4로 본다.
- 공용 부분의 수용률은 100[%]로 한다.
- 주변전실에서 각 동까지의 전압강하는 3[%]로 한다.
- 간선의 후강 전선관 배선으로는 NR전선을 사용하며, 간선의 굵기는 300[mm²] 이하로 사용하여야 한다.
- 이 아파트 단지의 수전은 13200/22900[V]의 Y 3상 4선식의 계통에서 수전한다.
- 사용 설비에 의한 계약전력은 사용 설비의 개별 입력의 합계에 대하여 다음 표의 계약전력 환산율을 곱한 것으로 한다.

구분	계약전력환산율	비고
처음 75[kW]에 대하여	100[%]	
다음 75[kW]에 대하여	85[%]	계산의 합계치 단수가 1[kW] 미만일 경우 소수점이하 첫째자리에서 반올림 한다.
다음 75[kW]에 대하여	75[%]	
다음 75[kW]에 대하여	65[%]	
300[kW] 초과분에 대하여	60[%]	

(1) 1동의 상정 부하는 몇 [VA]인가?
  ◦ 계산과정 :   ◦ 답 :

(2) 2동의 수용 부하는 몇 [VA]인가?
  ◦ 계산과정 :   ◦ 답 :

(3) 이 단지의 변압기는 단상 몇 [kVA]짜리 3대를 설치하여야 하는가? (단, 변압기의 용량은 10[%]의 여유율을 보며 단상 변압기의 표준 용량은 75, 100, 150, 200, 300[kVA] 등이다.)
  ◦ 계산과정 :   ◦ 답 :

(4) 한국전력공사와 변압기 설비에 의하여 계약한다면 몇 [kW]로 계약하여야 하는가?
  ◦ 계산과정 :   ◦ 답 :

(5) 한국전력공사와 사용설비에 의하여 계약한다면 몇 [kW]로 계약하여야 하는가?
  ◦ 계산과정 :   ◦ 답 :

Chapter 02. 분기회로수 및 부하용량

모범답안 **계산과정**

(1)

세대당 면적 [m²]	상정 부하 [VA/m²]	가산 부하 [VA]	세대수	상정 부하 [VA]
50	30	750	30	$\{(50\times30)+750\}\times30=67500$
70	30	750	40	$\{(70\times30)+750\}\times40=114000$
90	30	1000	50	$\{(90\times30)+1000\}\times50=185000$
110	30	1000	30	$\{(110\times30)+1000\}\times30=129000$
합 계				495500[VA]

1동의 전체 상정부하 = 상정부하 + 공용면적을 고려한 상정부하
$= 495500 + 1700 \times 5 = 504000[\text{VA}]$

답 504000[VA]

(2)

세대당 면적 [m²]	상정 부하 [VA/m²]	가산 부하 [VA]	세대수	상정 부하 [VA]
50	30	750	50	$\{(50\times30)+750\}\times50=112500$
70	30	750	30	$\{(70\times30)+750\}\times30=85500$
90	30	1000	40	$\{(90\times30)+1000\}\times40=148000$
110	30	1000	30	$\{(110\times30)+1000\}\times30=129000$
합 계				475000[VA]

2동의 전체 수용부하 = 상정부하 × 수용률 + 공용면적을 고려한 수용부하
$= 475000 \times 0.55 + 1700 \times 5 \times 1 = 269750[\text{VA}]$

답 269750[VA]

(3) **참고** 변압기 용량 산정시 각 동의 수용부하 용량을 기준으로 계산

- TR 전체 용량 $= \dfrac{\sum \text{설비용량} \times \text{수용률}}{\text{부등률}} \times \text{여유율}$

$= \dfrac{(495500 \times 0.55 + 1700 \times 5 \times 1) + 269750}{1.4} \times 1.1 \times 10^{-3} = 432.75[\text{kVA}]$

- 변압기 1대 용량 $= \dfrac{432.75}{3} = 144.25[\text{kVA}]$ 따라서, 표준용량 150[kVA]를 선정한다.

답 150[kVA]

(4) 단상 변압기 150[kVA]×3대가 필요하므로 450[kVA]이고, 역률은 1이므로
계약전력은 450[kW]이다.   **답** 450[kW]

(5) ▶참고 사용설비에 의한 계약전력은 상정부하를 기준으로 한다.
- 1동 전체상정부하 : 504000[VA]
- 2동 전체상정부하 : 475000+1700×5=483500[VA]

상정부하의 합=(504000+483500)×10^{-3}=987.5[kVA]

계약전력=75×1+75×0.85+75×0.75+75×0.65+687.5×0.6=656.25[kW]

▶참고 계산의 합계치 단수가 1[kW] 미만일 경우 소수점이하 첫째자리에서 반올림 한다.

답 656[kW]

03 수용률·부하율·부등률

01 수용률

배점: 5

수용률의 정의와 수용률의 의미를 간단히 설명하시오.

(1) 정의

(2) 의미

모범답안

(1) 정의 : 수용률 = $\dfrac{\text{최대수요전력[kW]}}{\text{부하설비합계[kW]}} \times 100[\%]$

(2) 의미 : 수용 설비가 동시에 사용되는 정도를 나타내며 주상변압기 등의 적정공급 설비용량을 파악하기 위하여 사용한다.

02 부하율 정의·의미

배점: 3

"부하율"에 대하여 설명하고 부하율이 작다는 것은 무엇을 의미하는지 2가지를 쓰시오.

모범답안

(1) 어느 일정기간 중의 최대전력에 대한 어느 일정기간 중의 평균전력의 비를 부하율이라 하며, 부하율은 어느 기간 중의 부하의 변동상태를 나타내는 지표이다.

(2) ① 전력공급설비가 효율적이지 못한다. (공급자)
　　② 전력사용설비가 효율적으로 사용되지 않고 있다. (사용자)

POINT 부하율의 계산

- 부하율 $= \dfrac{평균전력}{최대전력} \times 100 = \dfrac{사용전력량[kWh]/시간[h]}{최대전력[kW]} \times 100$

- 일 부하율 $= \dfrac{1일\ 사용전력량[kWh]/24[h]}{최대전력[kW]} \times 100$

- 월 부하율 $= \dfrac{30일\ 사용전력량[kWh]/24[h] \times 30}{최대전력[kW]} \times 100$

- 연 부하율 $= \dfrac{연간\ 사용전력량[kWh]/8760[h]}{최대전력[kW]} \times 100$

03 부하율

배점 5

부하율을 간단히 설명하고, 부하율의 크기와 전력 변동 및 설비 이용률의 관계를 비교 설명하시오.

- 부하율 :
- 관계의 비교 설명 :

모범답안

- 부하율 : 일정기간 중의 최대 수용전력에 대한 일정 기간 중의 평균 수용전력의 비를 말하며, 부하율은 어느 기간 중의 부하의 변동상태를 나타내는 지표로 사용된다.

- 관계의 비교 설명 : 부하율이 큰 부하일수록 공급 설비가 유효하게 사용되고 있는 것이고 반대로 부하율이 작은 부하일 경우는 부하전력의 변동이 심하고 공급 설비의 이용률이 감소하는 경우이다.

04 수용률·부하율·부등률

배점 7

수용률, 부하율, 부등률의 관계식을 정확하게 쓰고 부하율이 수용률 및 부등률과 일반적으로 어떤 관계인지 비례, 반비례 등으로 설명하시오.

모범답안

(1) 수용률 $= \dfrac{\text{최대수용전력}}{\text{부하설비합계}} \times 100 [\%]$

(2) 부하율 $= \dfrac{\text{평균수용전력}}{\text{최대수용전력}} \times 100 [\%]$

(3) 부등률 $= \dfrac{\text{각 부하 최대수용전력의 합}}{\text{합성최대수용전력}}$

(4) 부하율은 수용률에 반비례하고, 부등률에는 비례한다.

05 일 부하율

배점 6

200[V], 10[kVA]인 3상 유도전동기를 부하설비로 사용하는 곳이 있다. 이 곳의 어느날 부하실적이 1일 사용 전력량 60[kWh], 1일 최대전력 8[kW], 최대 전류 일 때의 전류 값이 30[A]이었을 경우, 다음 각 물음에 답하시오.

(1) 1일 부하율은 얼마인가?
 ◦ 계산과정 : ◦ 답 :

(2) 최대 공급 전력일 때의 역률은 얼마인가?
 ◦ 계산과정 : ◦ 답 :

> **모범답안** **계산과정**
>
> (1) 일 부하율 $= \dfrac{\dfrac{\text{사용전력량}}{24[h]}}{\text{최대수용전력}} \times 100 = \dfrac{\dfrac{60}{24}}{8} \times 100 = 31.25[\%]$ 답 31.25[%]
>
> (2) $\cos\theta = \dfrac{P}{\sqrt{3}\,VI} \times 100 = \dfrac{8 \times 10^3}{\sqrt{3} \times 200 \times 30} \times 100 = 76.98[\%]$ 답 76.98[%]
>
> ▶참고 일 부하율
>
> 일 부하율 $= \dfrac{1\text{일 평균전력}}{1\text{일 최대전력}} = \dfrac{1\text{일 사용전력량}[kWh]/24[h]}{1\text{일의 최대전력}[kW]}$

06 일 부하율

배점 6

그림과 같은 부하곡선을 보고 다음 각 물음에 답하시오.

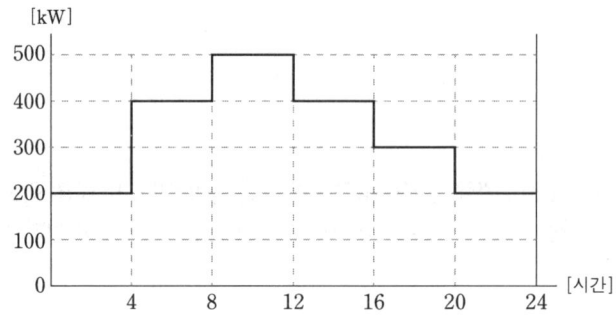

(1) 첨두부하는 몇 [kW]인가?

(2) 첨두부하가 지속되는 시간은 몇 시부터 몇 시까지인가?

(3) 일공급 전력량은 몇 [kWh]인가?
　◦ 계산과정 :　　　　　　　　　　　　　　　　　　◦ 답 :

(4) 일부하율은 몇 [%]인가?
　◦ 계산과정 :　　　　　　　　　　　　　　　　　　◦ 답 :

모범답안 **계산과정**

(1) 500[kW]

(2) 8~12시

(3) 일공급 전력량
$W = (200+400+500+400+300+200) \times 4 = 8000 \text{[kWh]}$ 답 8000[kWh]

(4) 일 부하율 $= \dfrac{8000/24}{500} \times 100 = 66.67 \text{[\%]}$ 답 66.67[%]

---

07 부하율·수용률

배점 6

그림은 어느 공장의 하루의 전력부하곡선이다. 이 그림을 보고 다음 각 물음에 답하시오. (단, 설비용량은 80[kW]이다.)

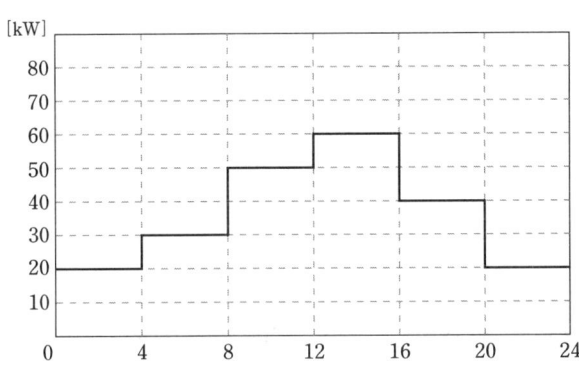

(1) 공장의 평균전력은?
  ◦ 계산과정 :   ◦ 답 :

(2) 공장의 일부하율은?
  ◦ 계산과정 :   ◦ 답 :

(3) 이 공장의 수용률은?
  ◦ 계산과정 :   ◦ 답 :

모범답안 **계산과정**

(1) 평균전력 $= \dfrac{(20+30+50+60+40+20) \times 4}{24} = 36.67[\text{kW}]$ 답 36.67[kW]

(2) 일부하율 $= \dfrac{36.67}{60} \times 100 = 61.12[\%]$ 답 61.12[%]

(3) 수용률 $= \dfrac{60}{80} \times 100 = 75[\%]$ 답 75[%]

08 수용률·부하율·부등률

배점 6

수용가들의 일부하곡선이 그림과 같을 때 다음 각 물음에 답하시오. (단, 실선은 A 수용가, 점선은 B 수용가이다.)

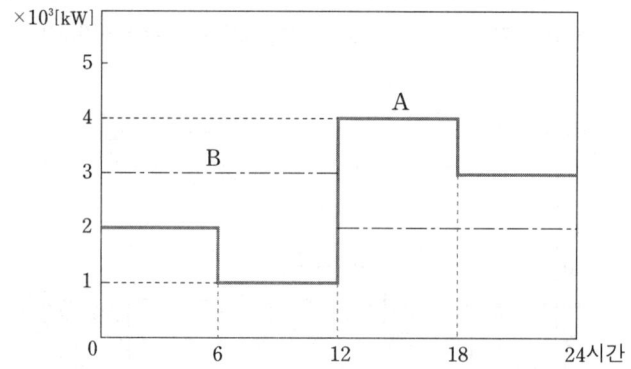

(1) A, B 각 수용가의 수용률을 계산하시오. (단, 설비용량은 수용가 모두 $10 \times 10^3[\text{kW}]$이다.)

수용가	계산과정	수용률[%]
A		
B		

(2) A, B 각 수용가의 일부하율을 계산하시오.

수용가	계산과정	일부하율[%]
A		
B		

(3) A, B 각 수용가 상호간의 부등률을 계산하고, 부등률의 정의를 간단히 쓰시오.
  ◦ 계산과정 :   ◦ 답 :
  ◦ 부등률의 정의 :

모범답안 **계산과정**

(1) ① A수용가 수용률 $=\dfrac{\text{최대전력}}{\text{설비용량}} \times 100 = \dfrac{4 \times 10^3}{10 \times 10^3} \times 100 = 40[\%]$　　답 40[%]

　　② B수용가 수용률 $=\dfrac{\text{최대전력}}{\text{설비용량}} \times 100 = \dfrac{3 \times 10^3}{10 \times 10^3} \times 100 = 30[\%]$　　답 30[%]

(2) **참고** 일부하율 $=\dfrac{\text{평균전력}}{\text{최대전력}} \times 100 = \dfrac{\text{사용전력량[kWh]}/24[\text{h}]}{\text{최대전력[kW]}} \times 100$

　　① A수용가 일 부하율 $=\dfrac{\dfrac{(2000+1000+4000+3000) \times 6}{24}}{4000} \times 100 = 62.5[\%]$

답 62.5[%]

　　② B수용가 일 부하율 $=\dfrac{\dfrac{(3000+2000) \times 12}{24}}{3000} \times 100 = 83.33[\%]$

답 83.33[%]

(3) ・ 부등률 $=\dfrac{\text{각 부하 최대전력의 합}}{\text{합성최대전력}} = \dfrac{4000+3000}{6000} = 1.17$

참고 합성최대전력(4000+2000=6000[kW])은 12시~18시 사이에 발생한다.

답 1.17

・ 부등률 정의 : 합성최대전력에 대한 각 부하 최대수용 전력의 합의 비를 말하며, 최대 전력 발생 시기의 분산을 나타내는 지표이다.

09 부등률·수용률

배점 10

다음 그림은 변전설비의 단선 결선도이다. 물음에 답하시오.

(1) 부등률 적용 변압기는?

(2) (1)항의 변압기에 부등률을 적용하는 이유를 변압기를 이용하여 설명하시오.

(3) Tr_1의 부등률은 얼마인가? (단, 최대 합성 전력은 1375[kVA])

　◦계산과정 :　　　　　　　　　　　　　　　　　　　　　　◦답 :

(4) 수용률의 의미를 간단히 설명하시오.

(5) 변압기 1차 측에 설치할 수 있는 차단기 3가지를 쓰시오.

모범답안 | 계산과정

(1) Tr_1

(2) Tr_2, Tr_3 및 Tr_4 변압기에 걸리는 최대 부하의 발생시각이 다르므로 Tr_1 변압기에 부등률을 적용한다.

(3) 부등률 $= \dfrac{\sum \text{설비용량} \times \text{수용률}}{\text{합성 최대 전력}} = \dfrac{1000 \times 0.75 + 750 \times 0.8 + 300}{1375} = 1.2$ 　　답 1.2

(4) 수용률은 설비용량에 대한 최대 전력의 비를 백분율로 나타낸다.

(5) ① 진공차단기[VCB]　　② 유입차단기[OCB]　　③ 공기차단기[ABB]

　▶참고 　변압기 2차측(저압용)차단기 : 기중 차단기[ACB], 배선용 차단기[MCCB]

10 부등률

배점 5

다음과 같은 수용가 A, B, C, D에 공급하는 배전 선로의 최대 전력이 700[kW]라고 할 때 다음 각 물음에 답하시오.

수용가	설비용량[kW]	수용률[%]
A	300	70
B	300	50
C	400	60
D	500	80

(1) 수용가의 부등률은 얼마인가?
   ◦ 계산과정 :   ◦ 답 :

(2) 부등률이 크다는 것은 어떤 것을 의미하는가?

(3) 수용률의 의미를 간단히 설명하시오.

모범답안 계산과정

▶참고

$$부등률 = \frac{각\ 부하\ 최대수용전력의\ 합}{합성최대수용전력} = \frac{\sum 설비용량 \times 수용률}{합성최대수용전력}$$

(1) 부등률 $= \dfrac{300 \times 0.7 + 300 \times 0.5 + 400 \times 0.6 + 500 \times 0.8}{700} = 1.43$ 답 1.43

(2) 각 수용가의 최대전력의 발생 시기의 분산이 크다.

(3) 수용률은 설비용량에 대한 최대수용전력의 비를 백분율로 나타낸 값이며, 수용 설비가 동시에 사용되는 정도를 의미한다.

11 수용률·부하율·부등률

배점 10

공장들의 일부하곡선이 그림과 같을 때 다음 각 물음에 답하시오.

A공장

B공장

(1) A공장의 평균전력은 몇 [kW]인가?

　◦계산과정 :　　　　　　　　　　　　　　　　　　　　◦답 :

(2) A공장의 첨두 부하가 지속되는 시간은 몇 시부터 몇 시까지인가?

(3) A,B 각 공장의 수용률은 얼마인가?(단, 설비용량은 공장 모두 80[kW]이다.)

　① A공장

　　◦계산과정 :　　　　　　　　　　　　　　　　　　　　◦답 :

　② B공장

　　◦계산과정 :　　　　　　　　　　　　　　　　　　　　◦답 :

(4) A,B 각 공장의 일부하율은 얼마인가?

　① A공장

　　◦계산과정 :　　　　　　　　　　　　　　　　　　　　◦답 :

　② B공장

　　◦계산과정 :　　　　　　　　　　　　　　　　　　　　◦답 :

(5) A,B 각 공장 상호간의 부등률을 계산하고 부등률의 정의를 간단히 쓰시오.

　• 부등률 계산 :

　• 부등률의 정의 :

모범답안 **계산과정**

(1) A공장 평균전력 = $\dfrac{(20+30+40+70+50+20)\times 4}{24}$ = 38.33[kW]

답 38.33[kW]

(2) 12시~16시

(3) ① A공장 수용률 = $\dfrac{70}{80}\times 100$ = 87.5[%]

답 87.5[%]

② B공장 수용률 = $\dfrac{60}{80}\times 100$ = 75[%]

답 75[%]

(4) ① A공장 일 부하율 = $\dfrac{38.33}{70}\times 100$ = 54.76[%]

답 54.76[%]

② B공장 평균전력 = $\dfrac{(20+40+50+60+50+30)\times 4}{24}$ = 41.67[kW]

∴ B공장 일 부하율 = $\dfrac{41.67}{60}\times 100$ = 69.45[%]

답 69.45[%]

(5) • 부등률 = $\dfrac{70+60}{130}$ = 1 (합성최대전력 130[kW])

답 1

• 부등률의 정의 : 합성최대전력에 대한 각 최대수용전력의 합의 비를 말하며, 최대전력 발생 시기의 분산을 나타내는 지표이다.

12 합성최대전력

배점 4

다음 표의 수용가(A, B, C) 사이의 부등률을 1.1로 한다면 이들의 합성 최대전력[kW]을 구하시오.

수용가	설비용량[kW]	수용률[%]
A	300	80
B	200	60
C	100	80

모범답안 **계산과정**

합성 최대전력 = $\dfrac{\text{각 부하 최대수용 전력의 합}}{\text{부등률}}$ = $\dfrac{\sum \text{설비용량}\times\text{수용률}}{\text{부등률}}$

= $\dfrac{300\times 0.8 + 200\times 0.6 + 100\times 0.8}{1.1}$ = 400[kW]

답 400[kW]

13 합성 최대전력

배점 5

어떤 변전소의 공급 구역 내의 총 부하 용량은 전등 600[kW], 동력 800[kW]이다. 각 수용률은 전등 60[%], 동력 80[%]이고, 각 수용가 간의 부등률은 전등 1.2, 동력 1.6이며, 또한 변전소에서 전등 부하와 동력 부하 간의 부등률을 1.4라 하고, 배전선(주상변압기 포함)의 전력 손실을 전등부하, 동력 부하 각각 10[%]라 할 때 다음 각 물음에 답하시오.

(1) 전등의 종합 최대수용전력은 몇 [kW]인가?
  ◦ 계산과정 :   ◦ 답 :

(2) 동력의 종합 최대수용전력은 몇 [kW]인가?
  ◦ 계산과정 :   ◦ 답 :

(3) 변전소에 공급하는 최대전력은 몇 [kW]인가?
  ◦ 계산과정 :   ◦ 답 :

모범답안 계산과정

▶참고 합성최대수용전력

$$합성최대수용전력 = \frac{\sum 설비용량 \times 수용률}{부등률}$$

(1) $P_N = \dfrac{600 \times 0.6}{1.2} = 300[kW]$ 답 300[kW]

(2) $P_M = \dfrac{800 \times 0.8}{1.6} = 400[kW]$ 답 400[kW]

(3) $P = \dfrac{300 + 400}{1.4} \times 1.1 = 550[kW]$ 답 550[kW]

14 합성 최대전력

배점 10

어느 수용가의 공장 배전용 변전실에 설치되어 있는 250[kVA]의 3상 변압기에서 A, B 2회선으로 아래 표에 명시된 부하에 전력을 공급하고 있는데 A, B 각 회선의 합성 부등률은 1.2, 개별 부등률 1.0이라고 할 때 최대 수용 전력시에는 과부하가 되는 것으로 추정되고 있다. 다음 각 물음에 답하시오.

회 선	부하 설비[kW]	수용률[%]	역률[%]
A	250	60	75
B	150	80	75

(1) A회선의 최대 부하는 몇 [kW]인가?
  ◦ 계산과정 :   ◦ 답 :

(2) B회선의 최대 부하는 몇 [kW]인가?
  ◦ 계산과정 :   ◦ 답 :

(3) 합성 최대 수용 전력(최대 부하)은 몇 [kW]인가?
  ◦ 계산과정 :   ◦ 답 :

(4) 전력용 콘덴서를 병렬로 설치하여 과부하되는 것을 방지하고자 한다. 이론상 필요한 콘덴서 용량은 몇 [kVA]인가?
  ◦ 계산과정 :   ◦ 답 :

모범답안 계산과정

(1) $P_A = \dfrac{250 \times 0.6}{1.0} = 150 [\text{kW}]$ 답 150[kW]

(2) $P_B = \dfrac{150 \times 0.8}{1.0} = 120 [\text{kW}]$ 답 120[kW]

(3) $P = \dfrac{150 + 120}{1.2} = 225 [\text{kW}]$ 답 225[kW]

(4) 역률 개선 후 $\cos\theta_2 = \dfrac{225}{250} = 0.9$가 되어야 하므로,

  콘덴서 용량 $Q = 225 \times \left(\dfrac{\sqrt{1-0.75^2}}{0.75} - \dfrac{\sqrt{1-0.9^2}}{0.9} \right) = 89.46 [\text{kVA}]$ 답 89.46[kVA]

15 고압간선의 합성최대전력

배점 5

전등만의 수용가를 두 군으로 나누어 각 군에 변압기 1대씩을 설치하여 각 군의 수용가의 총 설비용량을 각각 30[kW], 40[kW]라 한다. 각 수용가의 수용률을 0.6, 수용가의 간의 부등률을 1.2, 변압기군의 부등률을 1.4라 하면 고압 간선에 대한 최대부하[kW]는?

모범답안 **계산과정**

고압 간선에 대한 최대부하 = $\dfrac{\text{각 수용가의 최대수용 전력의 합}}{\text{변압기군의 부등률}}$

$= \dfrac{\dfrac{\text{설비용량} \times \text{수용률}}{\text{부등률}} + \dfrac{\text{설비용량} \times \text{수용률}}{\text{부등률}}}{\text{변압기군의 부등률}}$

$= \dfrac{\dfrac{30 \times 0.6}{1.2} + \dfrac{40 \times 0.6}{1.2}}{1.4} = 25[\text{kW}]$

답 25[kW]

16 최대수용전력

배점 5

어느 전등 수용가의 총부하는 120[kW]이고, 각 수용가의 수용률은 어느 곳이나 0.5라고 한다. 이 수용가군을 설비용량 50[kW], 40[kW] 및 30[kW]의 3군으로 나누어 그림처럼 변압기 T_1, T_2 및 T_3로 공급할 때 다음 각 물음에 답하시오.

[조건]
- 각 변압기마다의 수용가 상호간의 부등률 : $T_1=1.2$, $T_2=1.1$, $T_3=1.2$
- 각 변압기마다의 종합 부하율 : $T_1=0.6$, $T_2=0.5$, $T_3=0.4$
- 각 변압기 부하 상호간의 부등률은 1.3이며, 전력손실은 무시한다.

(1) 각 군(A군, B군, C군)의 종합 최대수용전력[kW]을 구하시오.

구분	계산과정	답
A군		
B군		
C군		

(2) 고압 간선에 걸리는 최대부하[kW]를 구하시오.

  ○계산과정 :   ○답 :

(3) 각 변압기의 평균수용전력[kW]을 구하시오.

구분	계산과정	답
A군		
B군		
C군		

(4) 고압 간선의 종합부하율[%]을 구하시오.

◦ 계산과정 :   ◦ 답 :

모범답안 **계산과정**

(1)

구분	계산과정	답
A군	$\dfrac{50 \times 0.5}{1.2} = 20.83$	20.83[kW]
B군	$\dfrac{40 \times 0.5}{1.1} = 18.18$	18.18[kW]
C군	$\dfrac{30 \times 0.5}{1.2} = 12.5$	12.5[kW]

(2) 고압간선의 최대부하 $= \dfrac{20.83 + 18.18 + 12.5}{1.3} = 39.62 [kW]$ 답 39.62[kW]

(3)

구분	계산과정	답
A군	$20.83 \times 0.6 = 12.5$	12.5[kW]
B군	$18.18 \times 0.5 = 9.09$	9.09[kW]
C군	$12.5 \times 0.4 = 5$	5[kW]

(4) 종합부하율 $= \dfrac{\text{각 군의 평균전력의 합}}{\text{합성최대전력}} = \dfrac{12.5 + 9.09 + 5}{39.62} \times 100 = 67.11 [\%]$

답 67.11[%]

17 합성 최대수용전력[kVA]

배점 5

그림과 같은 부하를 갖는 변압기의 합성 최대수용전력은 몇 [kVA]인지 계산하시오.

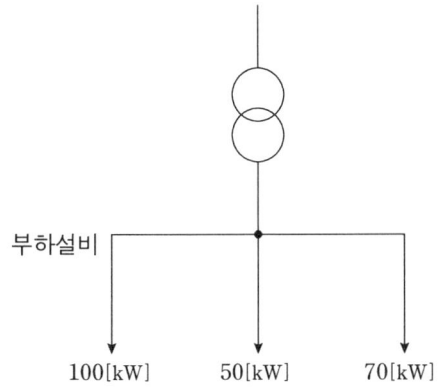

단, ① 부하간 부등률은 1.2이다.
② 부하의 역률은 모두 85[%]이다.
③ 부하에 대한 수용률은 다음 표와 같다.

부하[kW]	수용률[%]
10 이상 ~ 50 미만	70
50 이상 ~ 100 미만	60
100 이상 ~ 150 미만	50
150 이상	45

모범답안 계산과정

$$합성\ 최대수용전력 = \frac{\sum 설비용량 \times 수용률}{부등률 \times 역률} = \frac{100 \times 0.5 + 50 \times 0.6 + 70 \times 0.6}{1.2 \times 0.85} = 119.61 [kVA]$$

답 119.61[kVA]

18 종합부하율·TR 용량   배점 5

그림은 A, B 공장에 대한 일 부하의 분포도이다. 다음 각 물음에 답하시오.

[A공장]

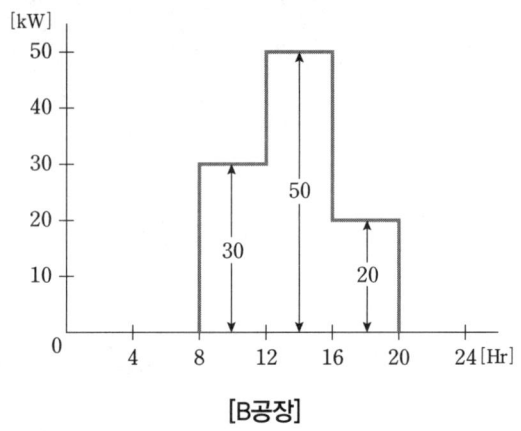
[B공장]

(1) A공장의 일 부하율은 얼마인가?
   ◦ 계산과정 :   ◦ 답 :

(2) 변압기 1대로 A, B 공장에 전력을 공급할 경우의 종합부하율과 변압기 용량을 구하시오.
   ① 종합부하율
      ◦ 계산과정 :   ◦ 답 :
   ② 변압기 용량
      ◦ 계산과정 :   ◦ 답 :

모범답안 | 계산과정

(1) A공장의 평균전력 = $\dfrac{\text{사용전력량[kWh]}}{\text{시간[h]}} = \dfrac{10 \times 8 + 40 \times 8 + 20 \times 4 + 5 \times 4}{24} = 20.83\,[\text{kW}]$

A공장의 일부하율 = $\dfrac{\text{평균전력[kWh]}}{\text{최대전력[kW]}} \times 100 = \dfrac{20.83}{40} \times 100 = 52.08\,[\%]$

답 52.08[%]

(2) ① A공장의 평균전력 : 20.83[kW]

B공장의 평균전력 $= \dfrac{\text{사용전력량}}{\text{시간}} = \dfrac{30 \times 4 + 50 \times 4 + 20 \times 4}{24} = 16.67[\text{kW}]$

종합부하율 $= \dfrac{\text{각 부하 평균전력의 합}}{\text{합성최대전력}} = \dfrac{20.83 + 16.67}{90} \times 100 = 41.67[\%]$

답 41.67[%]

② 변압기용량 : 40+50=90[kW] (합성최대전력 ≤ 변압기용량)   답 90[kVA]

> 참고 변압기 용량은 합성최대전력 이상으로 선정하며, A, B 공장 합성최대 수용전력 90[kW]이다. (발생시간 : 12~16시)

19 변압기 용량

배점 5

전등 수용가의 최대전력이 각각 200, 300, 800, 1200, 2500[W]이면 주상변압기의 용량은 몇 [kVA] 인지 선정하시오. (단, 부등률은 1.14, 역률은 1, 표준 변압기 용량으로 선정)

[단상 변압기 표준용량]

표준용량[kVA]	1, 2, 3, 5, 7.5, 10, 15, 20, 30, 50, 100, 150, 200

모범답안 **계산과정**

> 참고

변압기용량[kVA] ≥ 합성최대수용전력

$= \dfrac{\sum \text{설비용량[kVA]} \times \text{수용률}}{\text{부등률}} = \dfrac{\sum \text{설비용량[kW]} \times \text{수용률}}{\text{부등률} \times \text{역률}}$

변압기 용량 $= \dfrac{200 + 300 + 800 + 1200 + 2500}{1.14 \times 1} \times 10^{-3} = 4.39[\text{kVA}]$ 답 5[kVA]

20 변압기 용량

배점 4

역률 60[%]의 유도성부하 전동기 30[kW] 및 전열기 24[kW]의 부하를 사용하는 변압기 용량을 구하여라.

변압기 표준용량[kVA]

| 5 | 10 | 15 | 20 | 25 | 50 | 75 | 100 |

모범답안 계산과정

① 유도 전동기 유효전력 : 30[kW]

유도 전동기 무효전력 : $P_r = P\tan\theta = 30 \times \dfrac{0.8}{0.6} = 40[\text{kVar}]$

② 전열기 유효전력 : 24[kW]

전열기 무효전력 : 0[kVar](전열기는 역률이 1이다.)

∴ 변압기 용량 : $\sqrt{(30+24)^2 + 40^2} = 67.2[\text{kVA}]$

답 75[kVA]

---

21 변압기 용량

배점 4

그림과 같이 부하가 A, B, C에 시설될 경우, 이것에 공급할 변압기 Tr의 용량을 계산하여 표준용량을 선정하시오. (단, 부등률은 1.1, 부하 역률은 80[%]로 한다.)

변압기 표준용량[kVA]

| 50 | 100 | 150 | 200 | 250 | 300 | 350 |

	A	B	C
부하설비	50[kW]	75[kW]	65[kW]
수 용 률	80[%]	85[%]	75[%]

Chapter 03. 수용률·부하율·부등률

| 모범답안 | 계산과정 |

변압기용량 = $\dfrac{\text{각 부하 최대수용 전력의 합}}{\text{부등률} \times \text{역률}}$ = $\dfrac{\sum \text{설비용량[kW]} \times \text{수용률}}{\text{부등률} \times \text{역률}}$

$= \dfrac{50 \times 0.8 + 75 \times 0.85 + 65 \times 0.75}{1.1 \times 0.8} = 173.3 \text{[kVA]}$

답 200[kVA]

---

22 합성역률·수용률

배점 5

변압기 용량이 500[kVA] 1뱅크인 200세대 아파트가 있다. 전등, 전열설비 부하가 600[kW], 동력설비 부하가 350[kW] 이라면 전부하에 대한 수용률은 얼마인가? (단, 전등 및 전열설비의 역률은 1.0, 동력설비의 역률은 0.7 이고, 효율은 무시한다.)

| 모범답안 | 계산과정 |

변압기 용량 = $\dfrac{\text{설비용량} \times \text{수용률}}{\text{역률}}$ 에서, 수용률 = $\dfrac{\text{변압기 용량} \times \text{역률}}{\text{설비용량}}$

> **참고** 전열설비($\cos\theta = 1$)와 동력설비($\cos\theta = 0.7$)의 합성역률을 계산한다.

① 전등 및 전열설비 유효전력 = 600[kW], 전등 및 전열설비 무효전력 = 0[kVar]

② 동력설비 유효전력 = 350[kW], 동력설비 무효전력 = $350 \times \dfrac{\sqrt{1-0.7^2}}{0.7} = 357.07$[kVar]

③ 합성역률 $\cos\theta = \dfrac{P_1 + P_2}{\sqrt{(P_1+P_2)^2 + (P_{r1}+P_{r2})^2}}$

$= \dfrac{600+350}{\sqrt{(600+350)^2 + (0+357.07)^2}} = 0.94$

∴ 수용률 = $\dfrac{\text{변압기 용량} \times \text{역률}}{\text{설비용량}} = \dfrac{500 \times 0.94}{950} \times 100 = 49.47 \text{[\%]}$

답 49.47[%]

23 변압기 용량

배점 6

신설 공장의 부하 설비가 [표]와 같을 때 다음 각 물음에 답하시오.

변압기군	부하의 종류	출력[kW]	수용률[%]	부등률	역률[%]
A	플라스틱 압출기(전동기)	50	60	1.3	80
A	일반 동력 전동기	85	40	1.3	80
B	전등 조명	60	80	1.1	90
C	플라스틱 압출기	100	60	1.3	80

(1) 각 변압기군의 최대수용전력은 몇 [kW]인가?
    ① A 변압기의 최대수용전력
    ② B 변압기의 최대수용전력
    ③ C 변압기의 최대수용전력

(2) 변압기 효율은 98[%]로 할 때 각 변압기의 최소 용량은 몇 [kVA]인가?
    ① A 변압기의 용량
    ② B 변압기의 용량
    ③ C 변압기의 용량

모범답안 계산과정

(1) 각 변압기군의 최대수용전력

① $P_A = \dfrac{50 \times 0.6 + 85 \times 0.4}{1.3} = 49.23[\text{kW}]$ 답 49.23[kW]

② $P_B = \dfrac{60 \times 0.8}{1.1} = 43.64[\text{kW}]$ 답 43.64[kW]

③ $P_C = \dfrac{100 \times 0.6}{1.3} = 46.15[\text{kW}]$ 답 46.15[kW]

(2) 각 변압기의 최소 용량

① $TR_A = \dfrac{50 \times 0.6 + 85 \times 0.4}{1.3 \times 0.8 \times 0.98} = 62.79 [\text{kVA}]$ 답 62.79[kVA]

② $TR_B = \dfrac{60 \times 0.8}{1.1 \times 0.9 \times 0.98} = 49.47 [\text{kVA}]$ 답 49.47[kVA]

③ $TR_C = \dfrac{100 \times 0.6}{1.3 \times 0.8 \times 0.98} = 58.87 [\text{kVA}]$ 답 58.87[kVA]

24 변압기 용량

배점 6

그림과 같이 전등만의 2군 수용가가 각각 1대씩의 변압기를 통해서 전력을 공급받고 있다. 각 군 수용가의 총설비 용량은 각각 30[kW] 및 40[kW]라고 한다. 각 군 수용가에 사용할 변압기의 용량을 선정하시오. 또한 고압 간선에 걸리는 최대 부하는 얼마로 되겠는가?

[조건]
- 각 수용가의 수용률 0.5
- 수용가 상호간의 부등률 1.2
- 변압기 상호간의 부등률 1.3

변압기 표준용량[kVA]							
5	10	15	20	25	50	75	100

(1) 각 군 수용가에 사용할 변압기의 용량을 산정하시오.
   ① A군 ∘ 계산과정 :   ∘ 답 :
   ② B군 ∘ 계산과정 :   ∘ 답 :
(2) 고압간선에 걸리는 최대부하는 몇 [kW]인가?
   ∘ 계산과정 :   ∘ 답 :

모범답안 계산과정

(1) 변압기용량 $=\dfrac{\text{설비용량}\times\text{수용률}}{\text{부등률}\times\text{역률}}$ ▶참고 전등의 역률은 1로 간주한다.

① A군 변압기용량 $=\dfrac{30\times0.5}{1.2\times1}=12.5\,[\text{kVA}]$ 답 15[kVA]

② B군 변압기용량 $=\dfrac{40\times0.5}{1.2\times1}=16.67\,[\text{kVA}]$ 답 20[kVA]

(2) 고압간선에 걸리는 최대부하 $=\dfrac{12.5+16.67}{1.3}=22.44\,[\text{kW}]$ 답 22.44[kW]

---

25 변압기 용량

배점 5

어느 수용가의 변압기 용량의 조합은 전등 800[kW], 동력 1200[kW]라고 한다. 수용률은 60[%]이고, 부등률은 전등 1.2, 동력 1.5, 전등과 동력 상호간은 1.4이다. 여기에 공급되는 변전시설용량[kVA]을 구하시오. (단, 부하 전력손실은 5%로 하며, 역률은 1로 계산한다.)

모범답안 계산과정

변압기 용량 $=\dfrac{\text{설비용량}\times\text{수용률}}{\text{부등률}\times\text{역률}}=\dfrac{\dfrac{800\times0.6}{1.2}+\dfrac{1200\times0.6}{1.5}}{1.4\times1}\times1.05=660\,[\text{kVA}]$

답 660[kVA]

---

26 변압기 용량

배점 9

어떤 건물의 연면적이 420[m²]이다. 이 건물에 표준부하를 적용하여 전등, 일반 동력 및 냉방 동력 공급용 변압기 용량은 각각 다음 표를 이용하여 구하시오. (단, 전등은 단상 부하로부터 역률은 1이며, 일반 동력, 냉방 동력은 3상 부하로서 각 역률은 0.95, 0.9이다.)

[표준 부하]				[변압기 용량]	
부 하	표준부하[W/m²]	수용률[%]		상 별	용량[kVA]
전 등	30	75		단상	3, 5, 7.5, 10, 15, 30, 50
일반 동력	50	65		3상	3, 5, 7.5, 10, 15, 30, 50
냉방 동력	35	70			

모범답안 계산과정

(1) 전등용 변압기용량 $= 30 \times 420 \times 0.75 \times 10^{-3} = 9.45[\text{kVA}]$ 답 10[kVA]

(2) 일반 동력 변압기 $= \dfrac{50 \times 420 \times 0.65 \times 10^{-3}}{0.95} = 14.37[\text{kVA}]$ 답 15[kVA]

(3) 냉방 동력 변압기 $= \dfrac{35 \times 420 \times 0.7 \times 10^{-3}}{0.9} = 11.43[\text{kVA}]$ 답 15[kVA]

27 차단기의 정격전류

배점 4

특고압 수전설비에 대한 다음 각 물음에 답하시오.

(1) 동력용 변압기에 연결된 동력부하 설비용량이 350[kW], 부하역률은 85[%], 효율 85[%], 수용률 60[%]일 때 동력용 3상 변압기의 용량은 몇 [kVA]인지를 산정하시오.
(단, 변압기의 표준정격용량은 다음 표에서 선정한다.)

동력용 3상 변압기 표준용량[kVA]					
200	250	300	400	500	600

◦계산 과정 :   ◦답 :

(2) 3상 농형 유도전동기에 전용 차단기를 설치할 때 전용 차단기의 정격전류[A]를 구하시오.
(단, 전동기는 160[kW]이고, 정격전압은 3300[V], 역률은 85[%], 효율은 85[%], 차단기의 정격전류는 전동기 정격전류의 3배로 계산한다.)

◦계산 과정 :   ◦답 :

모범답안 **계산과정**

(1) 변압기 용량 $= \dfrac{\text{설비용량} \times \text{수용률}}{\text{역률} \times \text{효율}} = \dfrac{350 \times 0.6}{0.85 \times 0.85} = 290.66[\text{kVA}]$ **답** 300[kVA]

(2) ① 유도전동기의 부하전류 $I = \dfrac{P}{\sqrt{3}\,V\cos\theta\eta} = \dfrac{160 \times 10^3}{\sqrt{3} \times 3300 \times 0.85 \times 0.85} = 38.74[\text{A}]$

차단기 정격전류는 전동기 정격전류의 3배를 적용하므로 아래와 같이 계산한다.

② 차단기 정격전류 $I_n = 38.74 \times 3 = 116.22[\text{A}]$

답 116.22[A]

28 변압기 용량

배점 9

어느 변전실에서 그림과 같은 일부하 곡선 A, B, C 인 부하에 전기를 공급하고 있다. 이 변전실의 총 부하에 대한 다음 각 물음에 답하시오. (단, A, B, C의 역률은 시간에 관계없이 각각 80[%], 100[%] 및 60[%]이며, 그림에서 부하 전력은 부하 곡선의 수치에 10^3을 곱한다는 의미임. 즉, 수직 측의 5는 $5 \times 10^3 [\text{kW}]$라는 의미임)

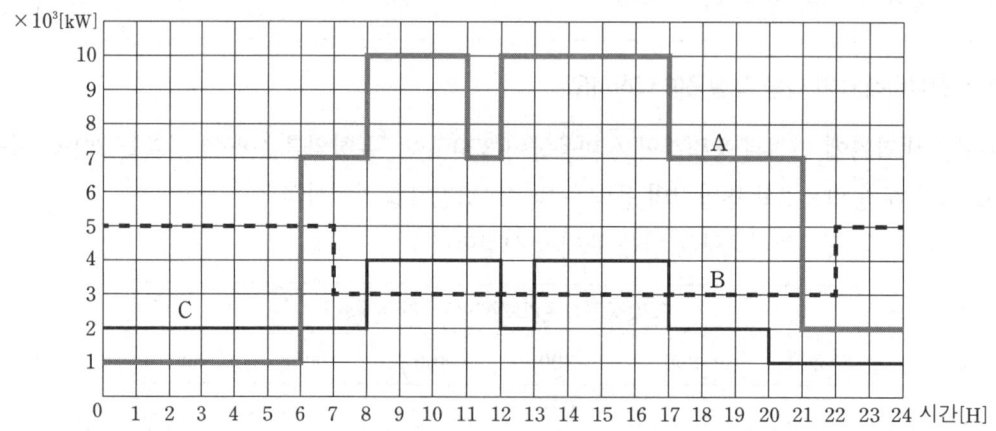

(1) 합성 최대 전력은 몇 [kW]인가?

(2) A, B, C, 각 부하에 대한 평균 전력은 몇 [kW]인가?

  ∘ 계산과정 :　　　　　　　　　　　　　　　　　　　　　　　　　　∘ 답 :

(3) 총 부하율은 몇 [%]인가?
   ◦ 계산과정 :   ◦ 답 :

(4) 부등률은 얼마인가?
   ◦ 계산과정 :   ◦ 답 :

(5) 최대 부하일 때의 합성 총 역률은 몇 [%]인가?
   ◦ 계산과정 :   ◦ 답 :

모범답안 계산과정

(1) 합성최대전력[8~11시, 13~17시 사이에 발생]
   $P = (10+3+4) \times 10^3 = 17 \times 10^3 [kW]$ 답 $17 \times 10^3 [kW]$

(2) 평균전력 = $\dfrac{\text{사용전력량[kWh]}}{24[h]}$

   $A = \dfrac{\{(1 \times 6)+(7 \times 2)+(10 \times 3)+(7 \times 1)+(10 \times 5)+(7 \times 4)+(2 \times 3)\} \times 10^3}{24} = 5.88 \times 10^3 [kW]$

   $B = \dfrac{\{(5 \times 7)+(3 \times 15)+(5 \times 2)\} \times 10^3}{24} = 3.75 \times 10^3 [kW]$

   $C = \dfrac{\{(2 \times 8)+(4 \times 4)+(2 \times 1)+(4 \times 4)+(2 \times 3)+(1 \times 4)\} \times 10^3}{24} = 2.5 \times 10^3 [kW]$

(3) 종합 부하율 = $\dfrac{\text{각 수용가 평균전력의 합}}{\text{합성최대전력}} \times 100$

   $= \dfrac{(5.88+3.75+2.5) \times 10^3}{17 \times 10^3} \times 100 = 71.35 [\%]$ 답 71.35[%]

(4) 각 수용가 최대전력
   • A수용가 최대전력 : $10 \times 10^3 [kW]$
   • B수용가 최대전력 : $5 \times 10^3 [kW]$
   • C수용가 최대전력 : $4 \times 10^3 [kW]$

   ∴ 부등률 = $\dfrac{\text{각 수용가 최대전력의 합}}{\text{합성최대전력}} = \dfrac{(10+5+4) \times 10^3}{17 \times 10^3} = 1.12$ 답 1.12

(5) ① 최대 부하시 종합역률 $=\dfrac{P_{종합}}{\sqrt{P_{종합}^2+Q_{종합}^2}}\times 100$

② 최대부하시 합성 최대전력($P_{종합}$) : 17×10^3[kW]

③ 최대부하시 합성 최대 무효전력($Q_{종합}$)

$$10\times 10^3 \times \dfrac{0.6}{0.8} + 3\times 10^3 \times \dfrac{0}{1} + 4\times 10^3 \times \dfrac{0.8}{0.6} = 12833.33[\text{kVar}]$$

∴ $\cos\theta_{종합} = \dfrac{17\times 10^3}{\sqrt{(17\times 10^3)^2 + (12833.33)^2}} \times 100 = 79.81[\%]$

답 79.81[%]

29 변압기 용량

배점 10

어떤 인텔리전트 빌딩에 대한 등급별 추정 전원용량에 대한 다음 표를 이용하여 각 물음에 답하시오.

등급별 추정 전원 용량[VA/m²]

내용 \ 등급별	0등급	1등급	2등급	3등급
조 명	32	22	22	29
콘 센 트	-	13	5	5
사무자동화(OA) 기기	-	-	34	36
일반동력	38	45	45	45
냉방동력	40	43	43	43
사무자동화(OA) 동력	-	2	8	8
합 계	110	125	157	166

(1) 연면적 10000[m²]인 인텔리전트 2등급인 사무실 빌딩의 전력 설비 부하의 용량을 다음 표에 의하여 구하도록 하시오.

부하 내용	면적을 적용한 부하용량[kVA]
조 명	
콘 센 트	
OA 기기	
일반동력	
냉방동력	
OA 동력	
합 계	

(2) 물음 "(1)"에서 조명, 콘센트, 사무자동화기기의 적정 수용률은 0.7, 일반동력 및 사무자동화 동력의 적정 수용률은 0.5, 냉방동력의 적정 수용률은 0.8이고, 주변압기 부등률은 1.2로 적용한다. 이때 전압방식을 2단 강압 방식으로 채택할 경우 변압기의 용량에 따른 변전설비의 용량을 산출하시오.(단, 조명, 콘센트, 사무자동화 기기를 3상 변압기 1대로, 일반동력 및 사무자동화 동력을 3상 변압기 1대로, 냉방동력을 3상 변압기 1대로 구성하고, 상기 부하에 대한 주변압기 1대를 사용하도록 하며, 변압기 용량은 일반 규격 용량으로 정한다.)

변압기 용량[kVA]	200	300	400	500	750	1000

① 조명, 콘센트, 사무자동화 기기에 필요한 변압기 용량 산정
　 ◦ 계산 과정 :　　　　　　　　　　　　　　　　　◦ 답 :
② 일반동력, 사무자동화동력에 필요한 변압기 용량 산정
　 ◦ 계산 과정 :　　　　　　　　　　　　　　　　　◦ 답 :
③ 냉방동력에 필요한 변압기 용량 산정
　 ◦ 계산 과정 :　　　　　　　　　　　　　　　　　◦ 답 :
④ 주변압기 용량 산정
　 ◦ 계산 과정 :　　　　　　　　　　　　　　　　　◦ 답 :

(3) 주변압기에서부터 각 부하에 이르는 변전설비의 단선 계통도를 간단하게 그리시오.

모범답안 **계산과정**

(1)

부하 내용	면적을 적용한 부하용량 [kVA]
조 명	$22 \times 10000 \times 10^{-3} = 220$
콘 센 트	$5 \times 10000 \times 10^{-3} = 50$
OA 기기	$34 \times 10000 \times 10^{-3} = 340$
일반동력	$45 \times 10000 \times 10^{-3} = 450$
냉방동력	$43 \times 10000 \times 10^{-3} = 430$
OA 동력	$8 \times 10000 \times 10^{-3} = 80$
합 계	$157 \times 10000 \times 10^{-3} = 1570$

(2) ① 조명, 콘센트, 사무자동화 기기에 필요한 변압기 용량 산정

$TR_1 = (220 + 50 + 340) \times 0.7 = 427 [\text{kVA}]$ 　　　답 500[kVA]

② 일반동력, 사무자동화동력에 필요한 변압기 용량 산정

$TR_2 = (450 + 80) \times 0.5 = 265 [\text{kVA}]$ 　　　답 300[kVA]

③ 냉방동력에 필요한 변압기 용량 산정

$TR_3 = 430 \times 0.8 = 344 [\text{kVA}]$ 　　　답 400[kVA]

④ 주변압기 용량 산정

$STr = \dfrac{427 + 265 + 344}{1.2} = 863.33 [\text{kVA}]$ 　　　답 1000[kVA]

(3)

30 변압기 용량 산정

배점 10

3층 사무실용 건물에 3상 3선식의 6000[V]를 수전하여 200[V]로 강압하여 수전하는 설비를 하였다. 각 종 부하 설비가 표와 같을 때 주어진 조건을 이용하여 다음 각 물음에 답하시오.

[표 1]

[동력 부하 설비]					
사용 목적	용량[kW]	대수	상용 동력[kW]	하계 동력[kW]	동계 동력[kW]
난방 관계 • 보일러 펌프 • 오일 기어 펌프 • 온수 순환 펌프	6.0 0.4 3.0	1 1 1			6.0 0.4 3.0
공기 조화 관계 • 1, 2, 3층 패키지 콤프레셔 • 콤프레셔 팬 • 냉각수 펌프 • 쿨링 타워	7.5 5.5 5.5 1.5	6 3 1 1	16.5	45.0 5.5 1.5	

급수·배수 관계 • 양수 펌프	3.0	1	3.0		
기타 • 소화 펌프 • 셔터	5.5 0.4	1 2	5.5 0.8		
합계			25.8	52.0	9.4

[표 2]

[조명 및 콘센트 부하 설비]					
사용 목적	와트수[W]	설치 수량	환산 용량[VA]	총용량[VA]	비고
전등관계 • 수은등 A • 수은등 B • 형광등 • 백열 전등	200 100 40 60	4 8 820 10	260 140 55 60	1040 1120 45100 600	200[V] 고역률 200[V] 고역률 200[V] 고역률
콘센트 관계 • 일반 콘센트 • 환기팬용 콘센트 • 히터용 콘센트 • 복사기용 콘센트 • 텔레타이프용 콘센트 • 룸 쿨러용 콘센트	 1500 	80 8 2 4 2 6	150 55	12000 440 3000 3600 2400 7200	2P 15[A]
기타 • 전화 교환용 정류기		1		800	
계				77300	

[참고자료 1] 변압기 보호용 전력퓨즈의 정격전류

상수	단상				3상			
공칭전압	3.3[kV]		6.6[kV]		3.3[kV]		6.6[kV]	
변압기 용량[kVA]	변압기 정격전류 [A]	정격전류 [A]	변압기 정격전류 [A]	정격전류 [A]	변압기 정격전류 [A]	정격전류 [A]	변압기 정격전류 [A]	정격전류 [A]
5	1.52	3	0.76	1.5	0.88	1.5	—	—
10	3.03	7.5	1.52	3	1.75	3	0.88	1.5
15	4.55	7.5	2.28	3	2.63	3	1.3	1.5
20	6.06	7.5	3.03	7.5	—	—	—	—

30	9.10	15	4.56	7.5	5.26	7.5	2.63	3
50	15.2	20	7.60	15	8.45	15	4.38	7.5
75	22.7	30	11.4	15	13.1	15	6.55	7.5
100	30.3	50	15.2	20	17.5	20	8.75	15
150	45.5	50	22.7	30	26.3	30	13.1	15
200	60.7	75	30.3	50	35.0	50	17.5	20
300	91.0	100	45.5	50	52.0	75	26.3	30
400	121.4	150	60.7	75	70.0	75	35.0	50
500	152.0	200	75.8	100	87.5	100	43.8	50

[참고자료 2] 배전용 변압기의 정격

항목			소형 6[kV] 유입 변압기							중형 6[kV] 유입 변압기					
정격용량[kVA]			3	5	7.5	10	15	20	30	50	75	100	150	200	300	500
정격 2차 전류 [A]	단상	105[V]	28.6	47.6	71.4	95.2	143	190	286	476	714	852	1430	1904	2857	4762
		210[V]	14.3	23.8	35.7	47.6	71.4	95.2	143	238	357	476	714	952	1429	2381
	3상	210[V]	8	13.7	20.6	27.5	41.2	55	82.5	137	206	275	412	550	825	1376
정격 전압	정격 2차 전압		6300[V] 6/3[kV] 공용 : 6300[V]/3150[V]								6300[V] 6/3[kV] 공용 : 6300[V]/3150[V]					
	정격 2차 전압	단상	210[V] 및 105[V]								200[kVA] 이하의 것 : 210[V] 및 105[V] 200[kVA] 이하의 것 : 210[V]					
		3상	210[V]								210[V]					
탭 전압	전용량 탭전압	단상	6900[V], 6600[V] 6/3[kV] 공용 : 6300[V]/3150[V] 6600[V]/3300[V]								6900[V]/6600[V]					
		3상	6600[V] 6/3[kV] 공용 : 6600[V]/3300[V]								6/3[kV] 공용 : 6300[V]/3150[V] 6600[V]/3300[V]					
	저감용량 탭전압	단상	6000[V]/5700[V] 6/3[kV] 공용 : 6000[V]/3000[V] 5700[V]/2850[V]								6000[V]/5700[V]					
		3상	6600[V] 6/3[kV] 공용 : 6000[V]/3300[V]								6/3[kV] 공용 : 6600[V]/3000[V] 5700[V]/2850[V]					
변압기의 결선		단상	2차 권선 : 분할 결선								3상	1차 권선 : 성형 권선				
		3상	1차 권선 : 성형 권선, 2차 권선 : 성형 권선									2차 권선 : 삼각 권선				

[참고자료 3] 역률개선용 콘덴서의 용량 계산표[%]

구 분		개선 후의 역률															
		1.00	0.99	0.98	0.97	0.96	0.95	0.94	0.93	0.92	0.91	0.90	0.89	0.88	0.87	0.86	0.85	0.83	0.80
개선 전의 역률	0.50	173	159	153	148	144	140	137	134	131	128	125	122	119	117	114	111	106	98
	0.55	152	138	132	127	123	119	116	112	108	106	103	101	98	95	92	90	85	77
	0.60	133	119	113	108	104	100	97	94	91	88	85	82	79	77	74	71	66	58
	0.62	127	112	106	102	97	94	90	87	84	81	78	75	73	70	67	65	59	52
	0.64	120	106	100	95	91	87	84	81	78	75	72	69	66	63	61	58	53	45
	0.66	114	100	94	89	85	81	78	74	71	68	65	63	60	57	55	52	47	39
	0.68	108	94	88	83	79	75	72	68	65	62	59	57	54	51	49	46	41	33
	0.70	102	88	82	77	73	69	66	63	59	56	54	51	48	45	43	40	35	27
	0.72	96	82	76	71	67	64	60	57	54	51	48	45	42	40	37	34	29	21
	0.74	91	77	71	68	62	58	55	51	48	45	43	40	37	34	32	29	24	16
	0.76	86	71	65	60	58	53	49	46	43	40	37	34	32	29	26	24	18	11
	0.78	80	66	60	55	51	47	44	41	38	35	32	29	26	24	21	18	13	5
	0.79	78	63	57	53	48	45	41	38	35	32	29	26	24	21	18	16	10	2.6
	0.80	75	61	55	50	46	42	39	36	32	29	27	24	21	18	16	13	8	
	0.81	72	58	52	47	43	40	36	33	30	27	24	21	18	16	13	10	5	
	0.82	70	56	50	45	41	34	34	30	27	24	21	18	16	13	10	8	2.6	
	0.83	67	53	47	42	38	34	31	28	25	22	19	16	13	11	8	5		
	0.84	65	50	44	40	35	32	28	25	22	19	16	13	11	8	5	2.6		
	0.85	62	48	42	37	33	29	25	23	19	16	14	11	8	5	2.7			
	0.86	59	45	39	34	30	28	23	20	17	14	11	8	5	2.6				
	0.87	57	42	36	32	28	24	20	17	14	11	8	6	2.7					
	0.88	54	40	34	29	25	21	18	15	11	8	6	2.8						
	0.89	51	37	31	26	22	18	15	12	9	6	2.8							
	0.90	48	34	28	23	19	16	12	9	6	2.8								
	0.91	46	31	25	21	16	13	9	8	3									
	0.92	43	28	22	18	13	10	8	3.1										
	0.93	40	25	19	14	10	7	3.2											
	0.94	36	22	16	11	7	3.4												
	0.95	33	19	13	8	3.7													
	0.96	29	15	9	4.1														
	0.97	25	11	4.8															
	0.98	20	8																
	0.99	14																	

(1) 동계 난방 때 온수 순환 펌프는 상시 운전하고, 보일러용과 오일 기어 펌프의 수용률이 60[%]일 때 난방 동력 수용 부하는 몇 [kW]인가?
   ◦ 계산과정 :   ◦ 답 :

(2) 동력 부하의 역률이 전부 80[%]라고 한다면 피상전력은 각각 몇 [kVA]인가? (단, 상용 동력, 하계 동력, 동계 동력별로 각각 계산하시오.)

구분	계산과정	답
상용 동력		
하계 동력		
동계 동력		

(3) 총 전기 설비용량은 몇 [kVA]를 기준으로 하여야 하는가?
   ◦ 계산과정 :   ◦ 답 :

(4) 전등의 수용률은 70[%], 콘센트 설비의 수용률은 50[%]라고 한다면 몇 [kVA]의 단상 변압기에 연결하여야 하는가? (단, 전화 교환용 정류기는 100[%] 수용률로서 계산한 결과에 포함시키며 변압기 예비율은 무시한다.)
   ◦ 계산과정 :   ◦ 답 :

(5) 동력설비 부하의 수용률이 모두 60[%]라면 동력 부하용 3상 변압기의 용량은 몇 [kVA]인가? (단, 동력 부하의 역률은 80[%]로 하며 변압기의 예비율은 무시한다.)
   ◦ 계산과정 :   ◦ 답 :

(6) 상기 건물에 시설된 변압기 총 용량은 몇 [kVA]인가?
   ◦ 계산과정 :   ◦ 답 :

(7) 단상 변압기와 3상 변압기의 1차측의 전력 퓨즈의 정격전류는 각각 몇 [A]의 것을 선택하여야 하는가?
   ① 단상 변압기 1차측의 전력 퓨즈의 정격전류 :
   ② 3상 변압기 1차측의 전력 퓨즈의 정격전류 :
      ◦ 계산과정 :   ◦ 답 :

(8) 선정된 동력용 변압기 용량에서 역률을 95[%]로 개선하려면 콘덴서 용량은 몇 [kVA]인가?
   ◦ 계산과정 :   ◦ 답 :

모범답안 계산과정

(1) 난방동력 수용부하 = $3 + 6.0 \times 0.6 + 0.4 \times 0.6 = 6.84[kW]$

　　　　　　　　　　　　　　　　　　　　　　　　　　　　　답　6.84[kW]

(2) 피상전력 = $\dfrac{유효전력}{역률}$

　① 상용 동력의 피상전력 = $\dfrac{25.8}{0.8} = 32.25[kVA]$　　　답　32.25[kVA]

　② 하계 동력의 피상전력 = $\dfrac{52.0}{0.8} = 65[kVA]$　　　답　65[kVA]

　③ 동계 동력의 피상전력 = $\dfrac{9.4}{0.8} = 11.75[kVA]$　　　답　11.75[kVA]

(3) 총 전기설비용량 계산할 경우 하계부하용량과 동계부하용량 중 큰 것을 적용한다.
　총 전기 설비용량 = $32.25 + 65 + 77.3 = 174.55[kVA]$　　　답　174.55[kVA]

(4) ① 전등 : $(1040 + 1120 + 45100 + 600) \times 0.7 \times 10^{-3} = 33.5[kVA]$
　② 콘센트 : $(12000 + 440 + 3000 + 3600 + 2400 + 7200) \times 0.5 \times 10^{-3} = 14.32[kVA]$
　③ 기타 : $800 \times 1 \times 10^{-3} = 0.8[kVA]$
　∴ 단상변압기 용량 ≥ $33.5 + 14.32 + 0.8 = 48.62[kVA]$　　　답　50[kVA]

(5) **▶참고** 변압기 용량을 선정할 때 동계 동력과 와 하계 동력 부하 중 큰 것을 적용
　3상 변압기용량 ≥ $\dfrac{설비용량 \times 수용률}{부등률 \times 역률} = \dfrac{(25.8 + 52.0) \times 0.6}{0.8} = 58.35[kVA]$

　　　　　　　　　　　　　　　　　　　　　　　　　　　　　답　75[kVA]

(6) 단상 변압기 용량 + 3상 변압기 용량 = $50 + 75 = 125[kVA]$　　　답　125[kVA]

(7) [참고자료 1] 활용
　① 단상 변압기 1차측의 전력 퓨즈의 정격전류 : 15[A]
　② 3상 변압기의1차측의 전력 퓨즈의 정격전류 7.5[A]

(8) 콘덴서 소요용량[kVA] = [kW]부하 $\times k_g = 75 \times 0.8 \times 0.42 = 25.2[kVA]$

　　　　　　　　　　　　　　　　　　　　　　　　　　　　　답　25.2[kVA]

31 네트워크 변압기 용량

배점 5

최대수요전력이 7000[kW], 부하 역률 0.92, 네트워크(network) 수전 회선수 3회선, 네트워크 변압기의 과부하율 130[%]인 경우 네트워크 변압기 용량은 몇 [kVA] 이상이어야 하는가?

모범답안 **계산과정**

네트워크 변압기 용량 $= \dfrac{\text{최대수요전력/역률}}{\text{수전회선수}-1} \times \dfrac{100}{\text{과부하율}}$

$= \dfrac{7000/0.92}{3-1} \times \dfrac{100}{130} = 2926.42[\text{kVA}]$

답 2926.42[kVA]

04 고장계산

01 퍼센트 임피던스

배점 5

어떤 발전소의 발전기가 13.2[kV], 용량 93000[kVA], %임피던스가 95[%]일 때, 임피던스는 몇 [Ω]인가?

모범답안 **계산과정**

$\%Z = \dfrac{P_a[\text{kVA}] Z[\Omega]}{10 V^2[\text{kV}]}$ 에서, 임피던스 $Z[\Omega]$를 계산한다.

$Z = \dfrac{\%Z \cdot 10 V^2}{P_a} = \dfrac{95 \times 10 \times 13.2^2}{93000} = 1.78[\Omega]$

답 1.78[Ω]

02 단락전류

배점 5

조명용 변압기의 주요 사양은 다음과 같다. 전원측 %임피던스를 무시할 경우 변압기의 2차측 단락전류는 몇 [kA]인가?

[조건]
- 상수 : 단상
- 전압 : 3.3[kV]/220[V]
- 용량 : 50[kVA]
- %임피던스 : 3[%]

모범답안 **계산과정**

$I_s = \dfrac{100}{\%Z} \times I_n = \dfrac{100}{\%Z} \times \dfrac{P_a}{V} = \dfrac{100}{3} \times \dfrac{50 \times 10^3}{220} \times 10^{-3} = 7.58[\text{kA}]$

답 7.58[kA]

▶ 참고

- 단락전류 $I_s = \dfrac{100}{\%Z} \times I_n$

- 정격전류 : $I_n = \dfrac{P_a}{V}$ (단상), $I_n = \dfrac{P_a}{\sqrt{3}\, V}$ (3상)

Chapter 04. 고장계산

03 단락전류 – %Z법

배점 5

6300[V]/210[V]인 100[kVA] 단상 변압기 2대를 1차측과 2차측에 병렬로 설치하였다. 2차측에 단락 사고가 발생했을 때 전원측에 흐르는 단락전류는 몇 [A]인가? (단, 변압기의 %임피던스는 6% 이다.)

모범답안 계산과정

단락전류 $I_s = \dfrac{100}{\%Z_{total}} \times I_n = \dfrac{100}{\%Z_{total}} \times \dfrac{P}{V}$, $\%Z_{total} = \dfrac{6}{2} = 3[\%]$

$= \dfrac{100}{3} \times \dfrac{100 \times 10^3}{6300} = 529.1[A]$

답 529.1[A]

---

04 단락전류

배점 5

공급전압을 6600[V]로 수전하고자 한다. 수전점에서 계산한 3상 단락용량은 70[MVA]이다. 이 수용 장소에 시설하는 수전용 차단기의 정격차단전류 I_s[kA]를 계산하시오.

모범답안 계산과정

단락용량 $P_s = \sqrt{3} V I_s$에서

$\therefore I_s = \dfrac{P_s}{\sqrt{3} V} = \dfrac{70 \times 10^6}{\sqrt{3} \times 6600} \times 10^{-3} = 6.12[kA]$

답 6.12[kA]

---

05 단락전류

배점 5

150[kVA], 22.9[kV]/380−220[V], %저항은 3[%], %리액턴스 4[%]일 때 정격전압에서 단락 전류는 정격전류의 몇 배인가? (단, 전원측의 임피던스는 무시한다.)

모범답안 계산과정

퍼센트 임피던스 $\%Z = \sqrt{\%R^2 + \%X^2} = \sqrt{3^2 + 4^2} = 5[\%]$

단락전류 $I_s = \dfrac{100}{\%Z} \times I_n$이므로, $I_s = \dfrac{100}{5} \times I_n = 20 I_n$

답 20배

06 단락전류 - %Z법

배점 5

66[kV], 500[MVA], %임피던스가 30[%]인 발전기에 용량이 600[MVA], %임피던스가 20[%]인 변압기가 접속되어 있다. 변압기 2차측 345[kV] 지점에 단락이 일어났을 때 단락전류는 몇 [A]인가?

모범답안 **계산과정**

① 기준용량 600[MVA]으로 발전기의 퍼센트 임피던스를 환산한 후 집계한다.

$\%Z_g = \dfrac{기준용량}{자기용량} \times \%Z = \dfrac{600}{500} \times 30 = 36[\%]$, $\%Z_{total} = \%Z_g + \%Z_{tr} = 36 + 20 = 56[\%]$

② 단락 전류 $I_s = \dfrac{100}{\%Z} \times I_n = \dfrac{100}{\%Z} \times \dfrac{P}{\sqrt{3}\,V} = \dfrac{100}{56} \times \dfrac{600 \times 10^3}{\sqrt{3} \times 345} = 1793.01[A]$

답 1793.01[A]

07 단락강도

배점 5

주변압기의 용량이 1300[kVA], 전압 22900/3300[V] 3상 3선식 전로의 2차측에 설치하는 단로기의 단락강도는 몇 [kA] 이상이어야 하는가? (단, 주변압기의 %임피던스는 3[%]이다.)

모범답안 **계산과정**

3상 3선식 전로의 2차측 정격전류

$I_n = \dfrac{P_a}{\sqrt{3}\,V} = \dfrac{1300 \times 10^3}{\sqrt{3} \times 3300} = 227.44[A]$

단락 강도 $I_s = \dfrac{100}{\%Z} \times I_n = \dfrac{100}{3} \times 227.44 \times 10^{-3} = 7.58[kA]$

답 7.58[kA]

08 단락전류 억제 대책 [배점 5]

변압기 2차측 단락전류 억제 대책을 고압회로와 저압회로로 나누어 설명하시오.

(1) 고압회로의 억제 대책 (2가지)

(2) 저압회로의 억제 대책 (3가지)

모범답안

(1) ① 계통전압의 격상
② 계통분할방식 적용

(2) ① 한류리액터 사용
② 캐스케이드 보호방식 적용
③ 고임피던스 기기의 채용

09 임피던스 맵·차단용량 [배점 9]

그림과 같이 수용가 인입구의 전압이 22.9[kV], 주차단기의 차단용량이 250[MVA]이며, 10[MVA], 22.9/3.3[kV] 변압기의 임피던스가 5.5[%]일 때 다음 각 물음에 답하시오.

(1) 기준용량은 10[MVA]로 정하고 임피던스 맵(Impedance Map)을 그리시오.
(2) 합성 %임피던스를 구하시오.
　∘계산과정 :　　　　　　　　　　　　　　　　　　　　　∘답 :
(3) 변압기 2차측에 필요한 차단기 용량을 구하여 제시된 표(차단기의 정격차단 용량표)를 참조하여 차단기 용량을 선정하시오.

차단기의 정격 차단용량[MVA]

10	20	30	50	75	100	150	250	300	400	500	750	1000

∘계산과정 :　　　　　　　　　　　　　　　　　　　　　∘답 :

모범답안 **계산과정**

(1) 기준용량 10[MVA]로 할 때 Impedance Map

$P_s = \dfrac{100}{\%Z_s} \times P_n$ 에서 전원측 임피던스를 계산하면

$\%Z_s = \dfrac{100}{P_s} \times P_n = \dfrac{100}{250} \times 10 = 4[\%]$ 이다.

여기에 변압기의 %임피던스를 고려한다.

답 전원측 $\%Z_s$=4[%]
변압기 $\%Z_{tr}$=5.5[%]

(2) 합성 %임피던스
$\%Z_{total} = \%Z_s + \%Z_{tr} = 4 + 5.5 = 9.5[\%]$　　　　　　**답** 9.5[%]

(3) 차단기의 정격 차단용량 $\geq P_s = \dfrac{100}{\%Z} \times P_n = \dfrac{100}{9.5} \times 10 = 105.26[\text{MVA}]$

답 150[MVA]

10 차단기 용량 배점 5

수용가 인입구 전압이 22.9[kV], 주 차단기 용량이 200[MVA]이다. 변압기(10[MVA], 22.9/3.3[kV], %Z=4.5) 2차측에 필요한 차단기 용량을 다음 표에서 선정하시오.

차단기 정격용량[MVA]
10, 20, 30, 50, 75, 100, 150, 250, 300, 400, 500, 750, 1000

모범답안 계산과정

전원측 $\%Z = \dfrac{P_n}{P_s} \times 100 = \dfrac{10}{200} \times 100 = 5[\%]$, $\%Z_{total} = 5 + 4.5 = 9.5[\%]$

단락용량 $P_s = \dfrac{100}{\%Z_{total}} \times P_n = \dfrac{100}{9.5} \times 10 = 105.26[MVA]$

답 150[MVA]

11 기준용량·차단용량 배점 5

수전 전압 6600[V], 가공전선로의 %임피던스가 58.5[%]일 때 수전점의 3상 단락 전류가 7000[A]인 경우 기준용량과 수전용 차단기의 차단용량은 얼마인가?

10	20	30	50	75	100	150	250	300	400	500

(1) 기준용량
　ㅇ 계산과정 :　　　　　　　　　　　　　　　　　　　ㅇ 답 :

(2) 차단용량
　ㅇ 계산과정 :　　　　　　　　　　　　　　　　　　　ㅇ 답 :

모범답안 계산과정

(1) ① 단락전류 $I_s = \dfrac{100}{\%Z} \times I_n$ 에서

   기준전류 $I_n = \dfrac{\%Z}{100} \times I_s = \dfrac{58.5}{100} \times 7000 = 4095[\text{A}]$

   ② 기준용량 $P_n = \sqrt{3}\, V I_n = \sqrt{3} \times 6600 \times 4095 \times 10^{-6} = 46.81[\text{MVA}]$

   답 46.81[MVA]

(2) $P_s = \dfrac{100}{\%Z} \times P_n = \dfrac{100}{58.5} \times 46.81 = 80.02[\text{MVA}]$

   답 100[MVA] 선정

---

12 단락회로·단락전류   [기사전용]   배점 5

66[kV]/6.6[kV], 6000[kVA]의 3상 변압기 1대를 설치한 배전 변전소로부터 긍장 1.5[km]의 1회선 고압 배전선로에 의해 공급되는 수용가 인입구에서 3상 단락고장이 발생하였다. 선로의 전압강하를 고려하여 다음 물음에 답하시오. (단, 변압기 1상당의 리액턴스는 0.4[Ω], 배전선 1선당의 저항은 0.9[Ω/km] 리액턴스는 0.4[Ω/km]라하고 기타의 정수는 무시하는 것으로 한다.)

(1) 1상분의 단락회로를 그리시오.

(2) 수용가 인입구에서의 3상 단락 전류를 구하시오.
   ◦계산과정 :   ◦답 :

(3) 이 수용가에서 사용하는 차단기로서는 몇 [MVA] 것이 적당하겠는가?
   ◦계산과정 :   ◦답 :

모범답안 계산과정

(1) • 1상분의 저항 $r = 0.9 \times 1.5 = 1.35[\Omega]$
   • 1상분의 리액턴스 $x_l = 0.4 \times 1.5 = 0.6[\Omega]$
   • 1상당 변압기 리액턴스 $x_t = 0.4[\Omega]$
   • 상전압 $= \dfrac{6.6}{\sqrt{3}}[kV]$

(2) $I_s = \dfrac{E}{\sqrt{r^2 + (x_t + x_l)^2}} = \dfrac{6.6 \times 10^3 / \sqrt{3}}{\sqrt{1.35^2 + (0.4 + 0.6)^2}} = 2268.12[A]$ 답 2268.12[A]

(3) $P_s = \sqrt{3} V_n I_s = \sqrt{3} \times 7200 \times 2268.12 \times 10^{-6} = 28.29[MVA]$ 답 28.29[MVA]

13 단락용량   배점 5

그림과 같은 전선로의 단락 용량은 약 몇 [MVA]인가? (단, 그림의 수치는 10[MVA]를 기준으로 한 %리액턴스를 나타낸다.)

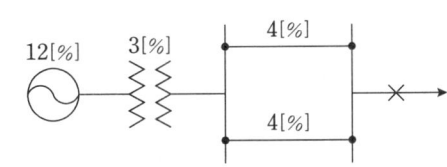

모범답안 계산과정

퍼센트 임피던스의 집계

$\%Z_{tl} = \dfrac{4 \times 4}{4 + 4} = 2[\%]$, $\%Z_{total} = \%Z_g + \%Z_t + \%Z_{tl} = 12 + 3 + 2 = 17[\%]$

$\therefore P_s = \dfrac{100}{\%Z_{total}} \times P_n = \dfrac{100}{17} \times 10 = 58.82[MVA]$ 답 58.82[MVA]

14 한류리액터의 %X

배점 3

그림에서 B점의 차단기 용량을 100[MVA]로 제한하기위한 한류리액터의 리엑턴스는 몇 [%]인가?
(단, 10[MVA]를 기준으로 한다.)

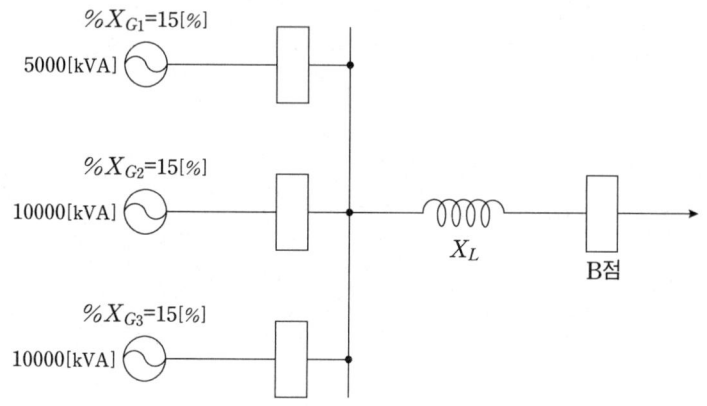

모범답안 · 계산과정

$P_S = \dfrac{100}{\%X} \times P_n$ 에서 차단기 용량을 100[MVA]로 제한하기 위한 전원측의

합성 %X를 구하면 $100 = \dfrac{100}{\%X} \times 10$ 에서 합성 %X=10[%]가 되어야 한다.

10[MVA] 기준용량에 맞게 $\%X_{G1}$을 환산한다.

$\%X_{G1}' = \dfrac{10}{5} \times 15 = 30[\%]$, $\%X_G = \dfrac{1}{\dfrac{1}{30} + \dfrac{1}{15} + \dfrac{1}{15}} = 6[\%]$

∴ $\%X = \%X_G + X_L$이므로, $10 = 6 + X_L$ ➡ $X_L = 10 - 6 = 4[\%]$

답 4[%]

15 단락전류·차단기 용량

배점 9

3상 154[kV] 시스템의 회로도와 조건을 이용하여 점 F에서 3상 단락고장이 발행하였을 때 단락전류 등을 154[kV], 100[MVA] 기준으로 계산하는 과정에 대한 다음 각 물음에 답하시오.

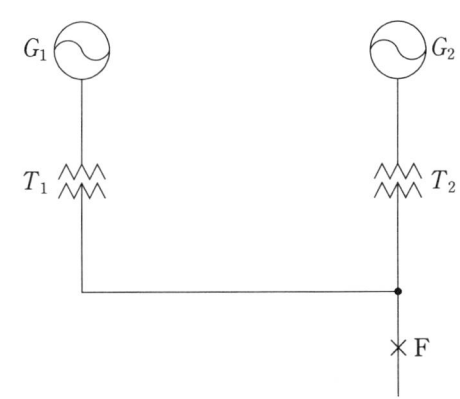

[조건]

① 발전기 G_1 : S_{G1}=20[MVA], $\%Z_{G1}$=30[%]

　　　　G_2 : S_{G2}=5[MVA], $\%Z_{G2}$=30[%]

② 변압기 T_1 : 전압 11/154[kV], 용량 : 20[MVA], $\%Z_{T1}$=10[%]

　　　　T_2 : 전압 6.6/154[kV], 용량 : 5[MVA], $\%Z_{T2}$=10[%]

③ 송전선로 : 전압 154[kV], 용량 : 20[MVA], $\%Z_{TL}$=5[%]

(1) 정격전압과 정격용량을 각각 154[kV], 100[MVA]로 할 때 정격전류(I_n)를 구하시오.

　。계산과정 :　　　　　　　　　　　　　　　　　。답 :

(2) 발전기(G_1, G_2), 변압기(T_1, T_2) 및 송전선로의 %임피던스 $\%Z_{G1}$, $\%Z_{G2}$, $\%Z_{T1}$, $\%Z_{T2}$, $\%Z_{TL}$을 각각 구하시오.

　① $\%Z_{G1}$

　　。계산과정 :　　　　　　　　　　　　　　　　　。답 :

　② $\%Z_{G2}$

　　。계산과정 :　　　　　　　　　　　　　　　　　。답 :

　③ $\%Z_{T1}$

　　。계산과정 :　　　　　　　　　　　　　　　　　。답 :

　④ $\%Z_{T2}$

　　。계산과정 :　　　　　　　　　　　　　　　　　。답 :

　⑤ $\%Z_{TL}$

　　。계산과정 :　　　　　　　　　　　　　　　　　。답 :

(3) 점 F에서의 합성 %임피던스를 구하시오.
　◦계산과정 :　　　　　　　　　　　　　　　　　　　　　　◦답 :

(4) 점 F에서의 3상 단락전류 I_s를 구하시오.
　◦계산과정 :　　　　　　　　　　　　　　　　　　　　　　◦답 :

(5) 점 F에 설치할 차단기의 용량을 구하시오.
　◦계산과정 :　　　　　　　　　　　　　　　　　　　　　　◦답 :

모범답안 계산과정

(1) 정격전류 $I_n = \dfrac{P_a}{\sqrt{3}\,V} = \dfrac{100 \times 10^3}{\sqrt{3} \times 154} = 374.9[A]$　　　답　374.9[A]

(2) $\%Z' = \dfrac{\text{기준용량}}{\text{자기용량}} \times \text{환산할}\%Z$

　① $\%Z_{G1} = \dfrac{100}{20} \times 30[\%] = 150[\%]$　　답　150[%]

　② $\%Z_{G2} = \dfrac{100}{5} \times 30[\%] = 600[\%]$　　답　600[%]

　③ $\%Z_{T1} = \dfrac{100}{20} \times 10[\%] = 50[\%]$　　답　50[%]

　④ $\%Z_{T2} = \dfrac{100}{5} \times 10[\%] = 200[\%]$　　답　200[%]

　⑤ $\%Z_{TL} = \dfrac{100}{20} \times 5[\%] = 25[\%]$　　답　25[%]

(3) $\%Z_{total} = \dfrac{200 \times 800}{200 + 800} + 25 = 185[\%]$　　답　185[%]

(4) $I_s = \dfrac{100}{\%Z_{total}} \times \dfrac{P_a}{\sqrt{3}\,V} = \dfrac{100}{185} \times \dfrac{100 \times 10^3}{\sqrt{3} \times 154} = 202.65[A]$

　　　답　202.65[A]

(5) $P_s = \sqrt{3}\,V_n I_s = \sqrt{3} \times 170 \times 202.65 \times 10^{-3} = 59.67[MVA]$

　　　답　59.67[MVA]

16 차단기의 차단용량

배점 7

다음 그림과 같은 발전소에서 각 차단기의 차단용량을 구하시오.

[조건]
- 발전기 G_1 : 용량 10,000[kVA] $x_{G1}=10[\%]$
- 발전기 G_2 : 용량 20,000[kVA] $x_{G2}=14[\%]$
- 변압기 T : 용량 30,000[kVA] $x_T=12[\%]$
- S_1, S_2, S_3는 단락사고 발생 지점이며, 선로 측으로부터의 단락전류는 고려하지 않는다.

(1) S_1지점에서 단락사고가 발생하였을 때, B_1, B_2 차단기의 차단용량[MVA]을 계산하시오.
   - B_1 ◦ 계산 과정 :   ◦ 답 :
   - B_2 ◦ 계산 과정 :   ◦ 답 :

(2) S_2지점에서 단락사고가 발생하였을 때, B_3 차단기의 차단용량[MVA]을 계산하시오.
   ◦ 계산 과정 :   ◦ 답 :

(3) S_3지점에서 단락사고가 발생하였을 때, B_4 차단기의 차단용량[MVA]을 계산하시오.
   ◦ 계산 과정 :   ◦ 답 :

모범답안 **계산과정**

(1) 기준용량 100[MVA], %리액턴스를 환산하여 차단용량을 계산한다.

① $\%x_{G1} = \dfrac{기준용량}{자기용량} \times \%x_{g1} = \dfrac{100}{10} \times 10 = 100[\%]$

→ $P_{s1} = \dfrac{100}{\%x_{G1}} \times P_n = \dfrac{100}{100} \times 100 = 100[\text{MVA}]$ **답** B_1 : 100[MVA]

② $\%x_{G2} = \dfrac{기준용량}{자기용량} \times \%x_{g2} = \dfrac{100}{20} \times 14 = 70[\%]$

→ $P_{s2} = \dfrac{100}{\%x_{g2}} \times P_n = \dfrac{100}{70} \times 100 = 142.86[\text{MVA}]$ **답** B_2 : 142.86[MVA]

(2) 고장점 S_2지점에서 바라본 %리액턴스를 집계한 후 차단용량을 계산한다.

$\%x_{total} = \dfrac{\%x_{G1} + \%x_{G2}}{\%x_{G1} + \%x_{G2}} = \dfrac{100 \times 70}{100 + 70} = 41.18[\%]$

∴ $P_{s3} = \dfrac{100}{\%x_{total}} \times P_n = \dfrac{100}{41.18} \times 100 = 242.84[\text{MVA}]$ **답** 242.84[MVA]

(3) 고장점 S_3지점에서 바라본 %리액턴스를 집계한 후 차단용량을 계산한다.
한편, 고장점에서 본 발전기 G_1과 G_2는 병렬이며, 변압기 T와는 직렬이다.

$\%x_T = \dfrac{기준용량}{자기용량} \times \%x_t = \dfrac{100}{30} \times 12 = 40[\%]$

$\%x_{total} = 41.18 + 40 = 81.18[\%]$

∴ $P_{s4} = \dfrac{100}{\%x_{total}} \times P_n = \dfrac{100}{81.18} \times 100 = 123.18[\text{MVA}]$ **답** 123.18[MVA]

17 %Z·단락전류 [기사전용] 배점 9

그림과 같은 Impedance map과 조건을 보고 다음 각 물음에 답하시오.

- $\%Z_S$: 한전 S/S의 154[kV] 인출측의 전원측 정상 임피던스 1.2[%] (100[MVA] 기준)
- Z_{TL} : 154[kV] 송전 선로의 임피던스 1.83[Ω]
- $\%Z_{TR1} = 10[\%]$ (15[MVA] 기준)
- $\%Z_{TR2} = 10[\%]$ (30[MVA] 기준)
- $\%Z_C = 50[\%]$ (100[MVA] 기준)

(1) $\%Z_{TL}$, $\%Z_{TR1}$, $\%Z_{TR2}$에 대하여 100[MVA] 기준 %임피던스를 구하시오.

- $\%Z_{TL}$
  - 계산과정 :
  - 답 :
- $\%Z_{TR1}$
  - 계산과정 :
  - 답 :
- $\%Z_{TR2}$
  - 계산과정 :
  - 답 :

(2) A, B, C 각 점에서의 합성 %임피던스인 $\%Z_A$, $\%Z_B$, $\%Z_C$를 구하시오.
- $\%Z_A$
  ○ 계산과정 :   ○ 답 :
- $\%Z_B$
  ○ 계산과정 :   ○ 답 :
- $\%Z_C$
  ○ 계산과정 :   ○ 답 :

(3) A, B, C 각 점에서의 차단기 소요 차단전류 I_A, I_B, I_C는 몇 [kA]가 되겠는가?
(단, 비대칭분을 고려한 상승 계수는 1.6으로 한다.)
- I_A
  ○ 계산과정 :   ○ 답 :
- I_B
  ○ 계산과정 :   ○ 답 :
- I_C
  ○ 계산과정 :   ○ 답 :

모범답안 계산과정

(1) ▶참고 퍼센트 임피던스 : $\%Z = \dfrac{P_a[\text{kVA}]Z[\Omega]}{10V^2[\text{kV}]}$

- $\%Z_{TL} = \dfrac{100 \times 10^3 \times 1.83}{10 \times 154^2} = 0.77[\%]$ 답 0.77[%]

- $\%Z_{TR1} = \dfrac{100}{15} \times 10[\%] = 66.67[\%]$ 답 66.67[%]

- $\%Z_{TR2} = \dfrac{100}{30} \times 10[\%] = 33.33[\%]$ 답 33.33[%]

(2)
- $\%Z_A = \%Z_S + \%Z_{TL} = 1.2 + 0.77 = 1.97[\%]$ 답 1.97[%]
- $\%Z_B = \%Z_S + \%Z_{TL} + \%Z_{TR1} - \%Z_C$
  $= 1.2 + 0.77 + 66.67 - 50 = 18.64[\%]$
  ▶참고 콘덴서의 퍼센트 임피던스는 (−)이다.   답 18.64[%]
- $\%Z_C = \%Z_S + \%Z_{TL} + \%Z_{TR2} = 1.2 + 0.77 + 33.33 = 35.3[\%]$ 답 35.3[%]

(3)
- $I_A = \dfrac{100}{\%Z_A} \times I_n = \dfrac{100}{1.97} \times \dfrac{100 \times 10^3}{\sqrt{3} \times 154} \times 1.6 \times 10^{-3} = 30.45 \text{[kA]}$ 답 30.45[kA]

- $I_B = \dfrac{100}{\%Z_B} \times I_n = \dfrac{100}{18.64} \times \dfrac{100 \times 10^3}{55} \times 1.6 \times 10^{-3} = 15.61 \text{[kA]}$ 답 15.61[kA]

- $I_C = \dfrac{100}{\%Z_C} \times I_n = \dfrac{100}{35.3} \times \dfrac{100 \times 10^3}{\sqrt{3} \times 6.6} \times 1.6 \times 10^{-3} = 39.65 \text{[kA]}$ 답 39.65[kA]

18 단락전류·단락용량 [기사전용]   배점 9

그림과 같은 계통에서 6.6[kV] 모선에서 본 전원측 %리액턴스는 100[MVA] 기준으로 110[%]이고, 각 변압기의 %리액턴스는 자기 용량 기준으로 모두 3[%]이다. 지금 6.6[kV] 모선 F_1점, 380[V] 모선 F_2점에 각각 3상 단락 고장 및 110[V]의 모선 F_3점에서 단락 고장이 발생하였을 경우, 각각의 경우에 대한 단락용량 및 단락전류를 구하시오.

(1) F_1
 - 단락전류 ◦계산과정 :   ◦답 :
 - 단락용량 ◦계산과정 :   ◦답 :

(2) F_2
 - 단락전류 ◦계산과정 :   ◦답 :
 - 단락용량 ◦계산과정 :   ◦답 :

(3) F_3
- 단락전류 ◦계산과정 :   ◦답 :
- 단락용량 ◦계산과정 :   ◦답 :

모범답안 **계산과정**

(1) ▶**참고** %Z를 집계할 경우에는 기준용량을 정한 후 각각의 기기 또는 선로의 %Z를 기준용량에 맞게 환산한다. 한편, 고장점을 기준으로 %Z를 모두 집계한다. 고장계산을 위한 %Z 집계시 옴법에서 직·병렬 회로의 임피던스 합성과 같은 방법으로 계산한다. 상기 문제에서는 1[MVA]를 기준으로 하여 %Z값을 환산하는 것이 용이하다.

- $Z' = \dfrac{\text{기준용량}}{\text{자기용량}} \times \text{환산할 } \%Z$
- 단락전류 $I_s = \dfrac{100}{\%Z} \times I_n$
- 단락용량 $P_s = \dfrac{100}{\%Z} \times P_n$

고장점 F_1에서의 퍼센트 임피던스 : $\%Z_1' = \dfrac{1}{100} \times 110 = 1.1[\%]$

- 단락전류 $I_{s1} = \dfrac{100}{1.1} \times \dfrac{1 \times 10^3}{\sqrt{3} \times 6.6} \times 10^{-3} = 7.95[\text{kA}]$ **답** 7.95[kA]

- 단락용량 $P_{s1} = \dfrac{100}{1.1} \times 1 = 90.91[\text{MVA}]$ **답** 90.91[MVA]

(2) 고장점 F_2점에서의 퍼센트 임피던스 집계

$\%Z_1' = 1.1[\%]$, $\%Z_2' = \dfrac{1}{0.5} \times 3 = 6[\%]$ → $\%Z_{total} = \%Z_1' + \%Z_2' = 1.1 + 6 = 7.1[\%]$

- 단락전류 $I_{s2} = \dfrac{100}{7.1} \times \dfrac{1 \times 10^3}{\sqrt{3} \times 0.38} \times 10^{-3} = 21.4[\text{kA}]$ **답** 21.4[kA]

- 단락용량 $P_{s2} = \dfrac{100}{7.1} \times 1 = 14.08[\text{MVA}]$ **답** 14.08[MVA]

(3) 고장점 F_3점에서의 퍼센트 임피던스 집계

$\%Z_3' = \dfrac{1}{0.15} \times 3 = 20[\%]$ → $\%Z_{total} = \%Z_1' + \%Z_3' = 1.1 + 20 = 21.1[\%]$

- 단락전류 $I_{s3} = \dfrac{100}{21.1} \times \dfrac{1 \times 10^3}{0.11} \times 10^{-3} = 43.08[\text{kA}]$ **답** 43.08[kA]

- 단락용량 $P_{s3} = \dfrac{100}{21.1} \times 1 = 4.74[\text{MVA}]$ **답** 4.74[MVA]

19 %X 환산·단락전류

배점 14

그림과 같은 송전계통 S점에서 3상 단락사고가 발생하였다. 주어진 도면과 조건을 참고하여 다음 각 물음에 답하시오.

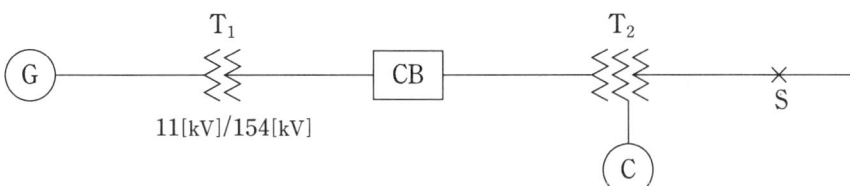

번호	기기명	용량	전압	%X
1	발전기(G)	50000[kVA]	11[kV]	30
2	변압기(T_1)	50000[kVA]	11/154[kV]	12
3	송전선		154[kV]	10(10000[kVA] 기준)
4	변압기(T_2)	1차 25000[kVA]	154[kV]	12(25000[kVA] 기준, 1차~2차)
		2차 30000[kVA]	77[kV]	15(25000[kVA] 기준, 2차~3차)
		3차 10000[kVA]	11[kV]	10.8(10000[kVA] 기준, 3차~1차)
5	조상기(C)	10000[kVA]	11[kV]	20(10000[kVA])

(1) 발전기, 변압기(T_1), 송전선, 조상기의 %리액턴스를 기준용량 100[MVA]으로 환산하시오.
 - 발전기 ◦계산과정 : ◦답 :
 - 변압기(T_1) ◦계산과정 : ◦답 :
 - 송전선 ◦계산과정 : ◦답 :
 - 조상기 ◦계산과정 : ◦답 :

(2) 변압기(T_2)의 각각의 %리액턴스를 기준용량 100[MVA]으로 환산하고, 1차, 2차, 3의 %리액턴스를 구하시오.
 ◦계산 과정 : ◦답 :

(3) 고장점과 차단기를 통과하는 각각의 전류를 구하시오.
 - 고장점의 단락전류 ◦계산 과정 : ◦답 :
 - 차단기의 단락전류 ◦계산 과정 : ◦답 :

(4) 차단기의 차단용량은 몇 [MVA]인가?
　　◦ 계산 과정 :　　　　　　　　　　　　　　　　　　◦ 답 :

모범답안　계산과정

(1) 기준용량 100[MVA]으로 각각의 퍼센트 리액턴스를 환산한다.

%리액턴스의 환산 : $X' = \dfrac{기준용량}{자기용량} \times 환산할\ \%X$

- 발전기　　$\%X_G = \dfrac{100}{50} \times 30 = 60[\%]$　　　　　답　60[%]

- 변압기(T_1)　$\%X_T = \dfrac{100}{50} \times 12 = 24[\%]$　　　답　24[%]

- 송전선　　$\%X_l = \dfrac{100}{10} \times 10 = 100[\%]$　　　　답　100[%]

- 조상기　　$\%X_C = \dfrac{100}{10} \times 20 = 200[\%]$　　　　답　200[%]

(2) ① 변압기(T_2)의 각각 %리액턴스를 100[MVA]로 환산

- 1차~2차간 : $\%X_{PT} = \dfrac{100}{25} \times 12 = 48[\%]$　　답　48[%]

- 2차~3차간 : $\%X_{TS} = \dfrac{100}{25} \times 15 = 60[\%]$　　답　60[%]

- 3차~1차간 : $\%X_{SP} = \dfrac{100}{10} \times 10.8 = 108[\%]$　답　108[%]

② 1차(P), 2차(T), 3차(S)의 %리액턴스

- 1차 $\%X_P = \dfrac{\%X_{PT} + \%X_{SP} - \%X_{TS}}{2} = \dfrac{48 + 108 - 60}{2} = 48[\%]$

　　　　　　　　　　　　　　　　　　　　　　　　　　　답　48[%]

- 2차 $\%X_T = \dfrac{\%X_{PT} + \%X_{TS} - \%X_{SP}}{2} = \dfrac{48 + 60 - 108}{2} = 0[\%]$

　　　　　　　　　　　　　　　　　　　　　　　　　　　답　0[%]

- 3차 $\%X_S = \dfrac{\%X_{TS} + \%X_{SP} - \%X_{PT}}{2} = \dfrac{60 + 108 - 48}{2} = 60[\%]$

　　　　　　　　　　　　　　　　　　　　　　　　　　　답　60[%]

(3) - 고장점의 단락전류

G에서 T_2 1차 까지 $\%X_1 = 60+24+100+48 = 232[\%]$

C에서 T_2 3차 까지 $\%X_3 = 200+60 = 260[\%]$ (조상기는 3차측 연결)

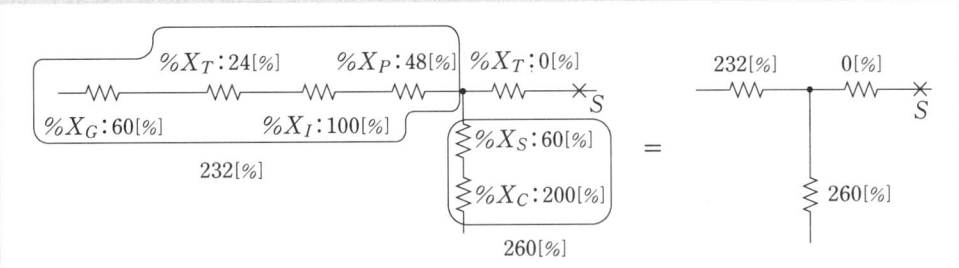

[임피던스 맵]

$$\%Z_{total} = \frac{\%X_1 \times \%X_3}{\%X_1 + \%X_3} + \%X_2 = \frac{232 \times 260}{232+260} + 0 = 122.6[\%]$$

고장점의 단락전류 $I_s = \frac{100}{\%Z_{total}} \times \frac{P}{\sqrt{3} \times V} = \frac{100}{122.6} \times \frac{100 \times 10^3}{\sqrt{3} \times 77} = 611.59[A]$

답 611.59[A]

- 차단기의 단락전류

① $I_{s1} = \frac{100}{\%X_1} \times I_n = \frac{100}{232} \times \frac{100 \times 10^3}{\sqrt{3} \times 154} = 161.6[A]$

또는 아래와 같이 계산할 수 있다.

② $I_{s1} = I_s \times \frac{\%X_3}{\%X_1 + \%X_3} = 611.59 \times \frac{260}{232+260} \times \frac{77}{154} = 161.6[A]$

답 161.6[A]

(4) 차단기의 차단용량 $P_s = \sqrt{3} V_n I_{s1} = \sqrt{3} \times 170 \times 161.6 \times 10^{-3} = 47.58[MVA]$

답 47.58[MVA]

20 단락전류 - 옴법 [기사전용] 배점 5

그림과 같은 전력시스템의 A점에서 고장이 발생하였을 경우 이 지점에서의 3상 단락전류를 옴법에 의하여 구하시오. (단, 발전기 G_1, G_2 및 변압기의 %리액턴스는 자기용량 기준으로 각각 30[%], 30[%] 및 8[%]이며, 선로의 저항은 0.5[Ω/km]이다.)

모범답안 계산과정

▶참고 발전기와 변압기의 퍼센트 리액턴스를 리액턴스[Ω]로 환산한 후 기준전압 154[kV]로 환산한다. 고장점 전압은 154[kV]이고, 발전기측은 11[kV]이므로, 모든 값은 154[kV]기준으로 환산한다.

퍼센트 임피던스 : $\%Z = \dfrac{P_a[\text{kVA}]Z[\Omega]}{10V^2[\text{kV}]}$

① 발전기 G_1과 G_2의 퍼센트 리액턴스는 같으며 아래와 같이 [Ω]으로 환산한다.

$$X_{G1} = X_{G2} = \dfrac{\%X_{G1} \times 10V^2}{P} \times \left(\dfrac{V_2}{V_1}\right)^2 = \dfrac{30 \times 10 \times 11^2}{15 \times 10^3} \times \left(\dfrac{154}{11}\right)^2 = 474.32[\Omega]$$

② 변압기의 리액턴스를 [Ω]으로 환산한다.

$$X_t = \dfrac{\%X_t \times 10V^2}{P} = \dfrac{8 \times 10 \times 154^2}{30 \times 10^3} = 63.24[\Omega]$$

③ 선로의 저항 $R = 0.5 \times 50 = 25[\Omega]$

④ 임피던스를 집계한다.

$$Z_{total} = R + j\dfrac{X_G}{2} + jX_t = 25 + j\dfrac{474.32}{2} + j63.24 = \sqrt{25^2 + (237.16 + 63.24)^2} = 301.44[\Omega]$$

⑤ $I_s = \dfrac{E}{Z_{total}} = \dfrac{V}{\sqrt{3} \cdot Z_{total}} = \dfrac{154000}{\sqrt{3} \times 301.44} = 294.96[\text{A}]$

답 294.96[A]

21 지락전류 – 저항접지방식 [기사전용]   배점 8

그림은 변류기를 영상 접속시켜 그 잔류 회로에 지락계전기를 삽입시킨 것이다. 선로의 전압은 66[kV], 중성점에 300[Ω]의 저항 접지로 하였고, 변류기의 변류비는 300/5[A]이다. 송전 전력이 20000[kW], 역률이 0.8(지상)일 때 a상에 완전 지락 사고가 발생하였다. 물음에 답하시오. (단, 부하의 정상, 역상 임피던스 기타의 정수는 무시한다.)

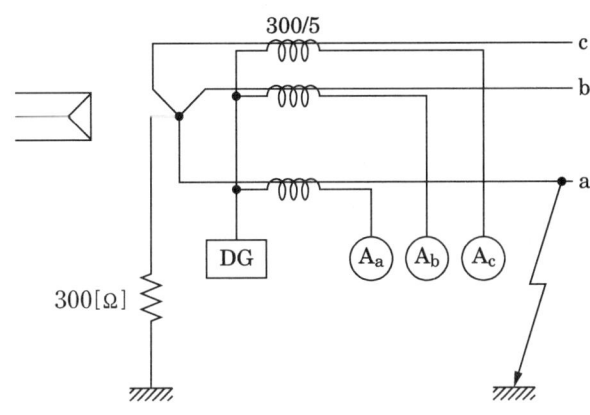

(1) 지락 계전기 DG에 흐르는 전류는 몇 [A]인가?
  ◦ 계산 과정 :   ◦ 답 :

(2) a상 전류계 A에 흐르는 전류는 몇 [A]인가?
  ◦ 계산 과정 :   ◦ 답 :

(3) b상 전류계 B에 흐르는 전류는 몇 [A]인가?
  ◦ 계산 과정 :   ◦ 답 :

(4) c상 전류계 C에 흐르는 전류는 몇 [A]인가?
  ◦ 계산 과정 :   ◦ 답 :

모범답안 계산과정

(1) **▶참고** 중성점 저항접지 방식의 지락전류 $I_g = E/R$ (단, E는 대지전압)

지락계진기는 CT 2차 측에 설치하므로 CT 2차 측의 전류를 계산한다.

지락전류 $I_{DG} = \dfrac{E}{R} \times \dfrac{1}{CT비} = \dfrac{66000/\sqrt{3}}{300} \times \dfrac{5}{300} = 2.12[A]$

답 2.12[A]

(2) ※ $I = I \times (\cos\theta - j\sin\theta) = I\cos\theta - Ij\sin\theta$

부하전류 $I = \dfrac{20000}{\sqrt{3} \times 66 \times 0.8} \times (0.8 - j0.6) = 175 - j131.2$

a상에 흐르는 전류는 부하전류와 지락전류의 합이 흐른다.

한편, 지락전류$\left(I_g = \dfrac{66000/\sqrt{3}}{300} = 127.02[A]\right)$는 저항접지방식이므로 유효분의 전류이다.

→ $I_a = I_L + I_g = 175 - j131.2 + 127.02 = \sqrt{(127.02 + 175)^2 + 131.2^2} = 329.29[A]$

∴ 전류계 A에 흐르는 전류는 CT 2차 측에 흐르는 전류이다.

$i_a = I_a \times \dfrac{1}{CT비} = I_a \times \dfrac{5}{300} = 329.29 \times \dfrac{5}{300} = 5.49[A]$ 　　　답　5.49[A]

(3) 부하전류 $I_b = \dfrac{20000}{\sqrt{3} \times 66 \times 0.8} = 218.69[A]$

∴ $i_b = I_b \times \dfrac{5}{300} = 218.69 \times \dfrac{5}{300} = 3.64[A]$ 　　　답　3.64[A]

(4) 부하전류 $I_c = \dfrac{20000}{\sqrt{3} \times 66 \times 0.8} = 218.69[A]$

∴ $i_c = I_c \times \dfrac{5}{300} = 218.69 \times \dfrac{5}{300} = 3.64[A]$ 　　　답　3.64[A]

05 변압기 특성·설계

01 변압기 △결선의 특징   배점 6

변압기의 △-△ 결선 방식의 장점과 단점을 3가지씩 쓰시오.

모범답안

(1) 장점
  ① 제3 고조파가 △결선내에서 순환한다.
  ② 1대가 고장이 나면 나머지 2대로 V결선하여 사용할 수 있다.
  ③ 각 변압기의 상전류가 선전류의 $1/\sqrt{3}$ 이 되어 대전류에 적합하다.

(2) 단점
  ① 지락사고시 건전상의 전위가 높다.
  ② 지락사고시 지락전류의 검출이 어렵다.
  ③ 권수비가 다른 변압기를 결선하면 순환전류가 흐른다.

▶ 참고   변압기 △결선

$V_l = V_p$
$I_l = \sqrt{3}\,I_p \angle -30°$

V_l : 선간전압
V_p : 상전압
I_l : 선전류
I_p : 상전류

POINT 변압기 Y결선

1. 결선도

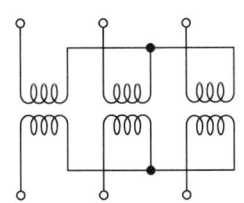

$V_l = \sqrt{3}\,V_p \angle 30°$
$I_l = I_p$

V_l : 선간전압
V_p : 상전압
I_l : 선전류
I_p : 상전류

2. 장점
   ① 상전압이 선간전압의 $1/\sqrt{3}$ 배이므로 고전압에 유리하다.
   ② 지락고장 검출이 용이하다. (보호계전기 동작이 확실하다.)
   ③ 중성점 접지가 가능하므로 이상전압 발생을 감소시킬 수 있다.
3. 단점
   ① 중성점 접지시 통신선 유도장해를 크게 일으킨다.
   ② 부하 불평형시 중성점의 전위가 발생할 수 있다.
   ③ 제3고조파 순환전류가 흐르는 폐회로가 없기 때문에 기전력에 왜형파가 발생한다.

02 변압기 △-Y결선의 특징

배점 4

22.9[kV]/380-220[V] 변압기 결선은 보통 △-Y결선 방식을 사용하고 있다. 이 결선 방식에 대한 장점과 단점을 각각 2가지씩 쓰시오.

(1) 장점 (2가지)
(2) 단점 (2가지)

모범답안

(1) 장점
   ① 제3 고조파가 △결선내에서 순환한다.
   ② 중성점을 접지할 수 있어 이상전압을 낮출 수 있다.

(2) 단점
   ① 1, 2차간 30°위상차가 발생한다.
   ② 변압기 1대 고장시 3상 전원공급이 어렵다.

▶참고 변압기 △-Y결선

03 변압기 결선

배점 6

도면과 같이 단상 변압기 3대가 있다. 다음 각 물음에 답하시오.

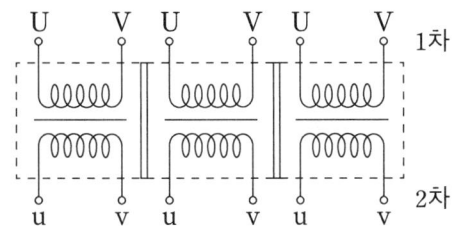

(1) 이 변압기를 △-△로 결선하시오.(주어진 도면에 직접 그리시오.)

(2) △-△ 결선으로 운전하던 중 한 상의 변압기에 고장이 생겨 이것을 분리하고 나머지 2대로 3상 전력을 공급하고자 한다. 이때 사용하는 결선의 명칭은 무엇이며, 이 결선과 △결선의 출력비는 몇 [%]가 되는지 계산하고 결선도를 완성하시오. (주어진 도면에 직접 그리시오.)

① 결선의 명칭 :
② △결선과의 출력비
　◦ 계산과정 :　　　　　　　　　　　　　　　　　　　　◦ 답 :
③ 결선도

(3) 단상변압기 1대 고장으로 2대를 V결선하여 사용시 장점과 단점을 각각 2가지만 쓰시오.

(4) △-△ 결선시의 장점을 2가지만 쓰시오.

모범답안 계산과정

(1)

(2) ① 결선의 명칭 : V-V 결선
② △ 결선과의 출력비

$$출력비 = \frac{V결선\ 출력}{\triangle결선\ 출력} = \frac{P_V}{P_\triangle} = \frac{\sqrt{3}\,P}{3P} \times 100 = 57.74[\%]$$

답 57.74[%]

> **참고** 이용률
>
> $$이용률 = \frac{3상\ 출력}{설비\ 용량} = \frac{V결선\ 용량}{2대\ 용량} = \frac{\sqrt{3}\,P}{2P} \times 100 = 86.6[\%]$$

③ 결선도

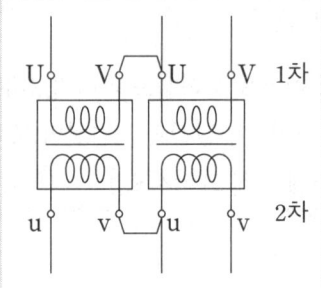

(3) V결선 장점과 단점
① 장점
- 설치 방법이 간단하다.
- △-△ 결선에서 1대의 변압기 고장시에도 3상 부하에 전력을 공급할 수 있다.

② 단점
- △-△ 결선에 비해 이용률과 출력비가 낮다.
- 부하에 따라 2차 전압이 불평형이 될 수 있다.

(4) △-△ 결선 장점
① 제3고조파가 △결선내에서 순환한다.
② 1대가 고장이 나면 나머지 2대로 V결선하여 사용할 수 있다.

04 변압기 V결선 배점 6

어느 공장의 수전설비에서 100[kVA] 단상 변압기 3대를 △결선하여 273[kW] 부하에 전력을 공급하고 있다. 단상 변압기 1대에 고장이 발생해 단상 변압기 2대로 V결선하여 전력을 공급할 경우 다음 물음에 답하시오.
(단, 부하역률은 1로 계산한다.)

(1) V결선으로 하여 공급할 수 있는 최대전력[kW]을 구하시오.
  ◦ 계산과정 :   ◦ 답 :

(2) V결선 상태에서 273[kW]부하 전체를 연결할 경우 과부하율[%]을 구하시오.
  ◦ 계산과정 :   ◦ 답 :

모범답안 계산과정

(1) $P_V = \sqrt{3}\, P_1 = \sqrt{3} \times 100 = 173.21[\text{kVA}] = 173.21[\text{kW}]\ (\because \cos\theta = 1)$ 답 173.21[kW]

(2) 과부하율 $= \dfrac{\text{부하출력}}{\text{변압기용량}} \times 100 = \dfrac{273}{173.21} \times 100 = 157.61[\%]$ 답 157.61[%]

---

05 변압기 V결선 2뱅크 배점 5

500[kVA] 단상 변압기 3대를 △-△ 결선의 1뱅크로 하여 사용하고 있는 변전소가 있다. 지금 부하의 증가로 1대의 단상 변압기를 증가하여 2뱅크로 하였을 때 최대 얼마의 3상 부하에 응할 수 있겠는가?

모범답안 계산과정

단상 변압기 4대로 V-V 결선 2 Bank 운영할 때 최대로 공급가능하다.
$P = 2P_V = 2 \times \sqrt{3}\, P_1 = 2 \times \sqrt{3} \times 500 = 1732.05[\text{kVA}]$ 답 1732.05[kVA]

06 공용상·전용상 변압기 [기사전용] 배점 6

210[V], 10[kW], 역률 $\sqrt{3}/2$(지상)인 3상 부하와 210[V], 5[kW], 역률 1.0인 단상부하가 있다. 그림과 같이 단상 변압기 2대로 V결선 하여 이들 부하에 전력을 공급하고자 한다. 다음 각 물음에 답하시오.

(1) 공용상과 전용상을 동일한 용량의 것으로 하는 경우에 변압기의 용량은 몇 [kVA]를 사용하여야 하는가?
　◦계산과정 :　　　　　　　　　　　　　　　◦답 :

(2) 공용상과 전용상을 각각 다른 용량의 것으로 하는 경우에 변압기의 용량은 각각 몇 [kVA]를 사용하여야 하는가?
　◦공용상 변압기 용량 :　　　　　◦전용상 변압기 용량 :

모범답안 계산과정

(1) 공용상과 전용상을 동일용량의 것으로 변압기를 선정할 경우 각각의 용량을 산정한 후 큰 용량을 기준으로 변압기 용량을 선정한다.
① V결선시 전용의 변압기 1대에 걸리는 3상 부하용량 : P_b

$$P_V = \sqrt{3}\,P_b \text{에서 } P_b = \frac{1}{\sqrt{3}} \times P_V = \frac{1}{\sqrt{3}} \times \frac{P_3}{\cos\theta_3} = \frac{1}{\sqrt{3}} \times \frac{10}{\frac{\sqrt{3}}{2}} = 6.67[\text{kVA}]$$

② 공용변압기에 걸리는 부하용량 (단상 부하 + 3상 부하) : P_a

$$P_a = \sqrt{(P_{1\phi}+P_{3\phi})^2 + (P_{r1\phi}+P_{r3\phi})^2} = \sqrt{\left(5+6.67\times\frac{\sqrt{3}}{2}\right)^2 + \left(0+6.67\times\frac{1}{2}\right)^2}$$
$$= 11.28[\text{kVA}] \quad\quad \text{답} \quad 15[\text{kVA}]$$

(2) ◦공용상 변압기 용량 : 15[kVA]　　◦전용상 변압기 용량 : 7.5[kVA]

07 변압기 △결선의 특성 [기사전용] 배점 12

변압비가 6600/220[V]이고, 정격용량이 50[kVA]인 변압기 3대를 그림과 같이 △결선하여 100[kVA]인 3상 평형부하에 전력을 공급하고 있을 때, 변압기 1대가 소손되어 V결선하여 운전하려고 한다. 이때 다음 각 물음에 답하시오. (단, 변압기 1대당 정격 부하시의 동손은 500[W], 철손은 150[W]이며, 각 변압기는 120[%]까지 과부하 운전할 수 있다고 한다.)

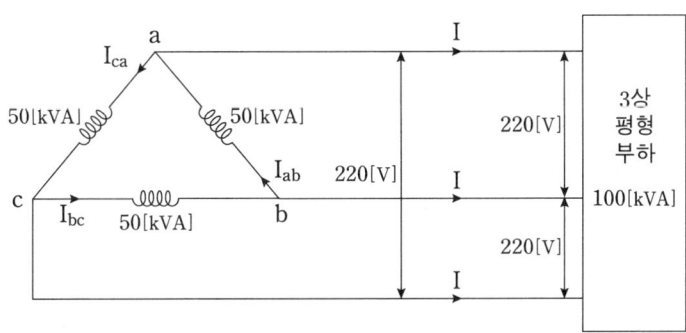

(1) 소손이 되기 전의 부하전류와 변압기의 상전류는 몇 [A]인가?
 - 부하전류 ◦계산과정 :   ◦답 :
 - 상전류   ◦계산과정 :   ◦답 :

(2) △결선 할 때 전체 변압기의 동손과 철손은 각각 몇 [W]인가?
 - 동손   ◦계산과정 :   ◦답 :
 - 철손   ◦계산과정 :   ◦답 :

(3) 소손 후의 부하전류와 변압기의 상전류는 각각 몇 [A]인가?
 - 부하전류 ◦계산과정 :   ◦답 :
 - 상전류   ◦계산과정 :   ◦답 :

(4) 변압기의 V결선 운전이 가능한지의 여부를 그 근거를 밝혀서 설명하시오.
 - 가능여부 :
 - 근거 :

(5) V결선 할 때 전체 변압기의 동손과 철손은 각각 몇 [W]인가?
 - 동손   ◦계산과정 :   ◦답 :
 - 철손   ◦계산과정 :   ◦답 :

모범답안 | 계산과정

(1) **참고** △결선에서 부하전류는 선전류이며, 상전류는 선전류 보다 $\sqrt{3}$ 배 작다.

- 부하전류 $I_l = \dfrac{P}{\sqrt{3}\,V} = \dfrac{100 \times 10^3}{\sqrt{3} \times 220} = 262.43[A]$ 　답　262.43[A]

- 상전류 $I_p = \dfrac{I_l}{\sqrt{3}} = \dfrac{262.43}{\sqrt{3}} = 151.51[A]$ 　답　151.51[A]

(2) **참고** 동손은 부하율에 제곱에 비례하며, 철손은 무부하손으로 고정손이다.

- 동손 : 부하율 $m = \dfrac{부하용량}{공급용량} = \dfrac{100}{150} = 0.67$

 $P_c = m^2 P_c = 0.67^2 \times 500 \times 3 = 673.35[W]$ 　답　673.35[W]
- 철손 : $P_i = 150 \times 3 = 450[W]$ 　답　450[W]

(3) **참고** 단상 변압기 3대를 △결선한 변압기에서 단상 변압기 1대가 소손되는 경우 V결선되며, V결선된 선전류(부하전류)와 변압기의 상전류는 같다.

- 부하전류 $I_l = \dfrac{P}{\sqrt{3}\,V} = \dfrac{100 \times 10^3}{\sqrt{3} \times 220} = 262.43[A]$ 　답　262.43[A]

- 상전류 $I_p = \dfrac{P}{\sqrt{3}\,V} = \dfrac{100 \times 10^3}{\sqrt{3} \times 220} = 262.43[A]$ 　답　262.43[A]

(4) - 가능여부 : V결선 운전이 가능하다.
- 근거 : 과부하율 120[%]를 고려한 변압기의 가능출력은
 $P_V = \sqrt{3} \times 50 \times 1.2 = 103.92[kVA]$ 이므로, 100[kVA] 부하에 전력을 공급할 수 있다.

(5) 부하율 $m' = \dfrac{부하용량}{공급용량} = \dfrac{57.74}{50} = 1.15$

참고 V결선시 변압기 1대의 부하용량 $P_1 = \dfrac{P_V}{\sqrt{3}} = \dfrac{100}{\sqrt{3}} = 57.74[kVA]$

- 동손 $P_c' = m'^2 P_c = 1.15^2 \times 500 \times 2 = 1322.5[W]$ 　답　1322.5[W]
- 철손 $P_i = 150 \times 2 = 300[W]$ (철손 : 고정손) 　답　300[W]

08 변압기 △결선·V결선

배점 6

△결선 변압기에 접속된 역률 1인 부하 50[kW]와 역률 0.8인 부하 100[kW]가 있다. 여기에 전력을 공급할 때 다음 물음에 답하시오.

변압기 정격용량 [kVA]

20	30	50	75	100	150	200	300

(1) △결선 시 변압기 1대의 최소용량을 구하시오.
  ◦ 계산 과정 :   ◦ 답 :

(2) 1대 고장으로 V결선시 과부하율은?
  ◦ 계산 과정 :   ◦ 답 :

(3) 델타결선과 V결선의 동손의 비 $\dfrac{W_\triangle}{W_V}$를 구하시오.(단, 변압기는 단상 변압기를 사용하고, 부하는 변압기 V결선 시 과부하 운전을 하지 않는 것으로 한다.)
  ◦ 계산 과정 :   ◦ 답 :

모범답안 **계산과정**

(1) ① 합성피상전력 $=\sqrt{\text{합성유효전력}^2+\text{합성무효전력}^2}=\sqrt{150^2+75^2}=167.71\text{[kVA]}$

합성유효전력 $=50+100=150\text{[kW]}$, 합성무효전력 $=100\times\dfrac{0.6}{0.8}=75\text{[kVar]}$

② 델타결선시 단상 변압기 1대의 최소용량 $P_1=\dfrac{P_\triangle}{3}=\dfrac{167.71}{3}=55.9\text{[kVA]}$

답 75[kVA]

(2) V결선시 출력 $P_V=\sqrt{3}\times P_1$ → $P_1=\dfrac{167.71}{\sqrt{3}}=96.83\text{[kVA]}$

∴ 과부하율 $=\dfrac{96.83}{75}\times100=129.11\text{[\%]}$

답 129.11[%]

(3) 변압기 V결선 시 과부하 시키지 않기 위해 "델타 결선 시 출력[$P_\triangle$]=V결선 시 출력[P_V]" 이어야 한다.

→ $3VI_\triangle = \sqrt{3}VI_V$, 델타 결선시 전류 $I_\triangle = \dfrac{I_V}{\sqrt{3}}$

$\dfrac{\triangle 결선시\ 동손}{V 결선시\ 동손} = \dfrac{3I_\triangle^2 R}{2I_V^2 R} = \dfrac{3 \times \left(\dfrac{I_V}{\sqrt{3}}\right)^2 R}{2I_V^2 R} \times 100 = 50[\%]$

답 50[%]

09 변압기 용량

배점 4

단상부하가 각각 15[kVA], 12[kVA], 20[kVA] 및 3상 부하 22.5[kVA]가 있다. 최소 3상 변압기 용량을 구하시오.

A : 15[kVA]
B : 12[kVA]
C : 20[kVA]
D : 22.5[kVA]

3상 전원

모범답안 계산과정

단상 부하가 연결된 3상 변압기의 용량은 단상 부하 A, B, C 중에서 가장 큰 20[kVA]의 3배를 한 값에 3상 부하용량을 더한다.
∴ $P = 20 \times 3 + 22.5 = 82.5[kVA]$

답 82.5[kVA]

10 전압변동률

배점 5

60[Hz], 6300[V]/210[V], 50[kVA]의 단상 변압기에 있어서 임피던스 전압은 170[V], 임피던스 와트는 700[W]이다. 이 변압기에 지역률 0.8인 정격부하를 건 상태에서의 전압변동률은 몇 [%]인지 구하시오.

> **모범답안** 계산과정
>
> ① %임피던스강하 $\%Z = \dfrac{\text{임피던스전압}}{\text{1차측 정격전압}} \times 100 = \dfrac{170}{6300} \times 100 = 2.7[\%]$
>
> ② %저항강하 $p = \dfrac{\text{전부하동손}}{\text{정격용량}} \times 100 = \dfrac{700}{50 \times 10^3} \times 100 = 1.4[\%]$
>
> ③ %리액턴스강하 $q = \sqrt{(\%Z)^2 - p^2}$ 이므로, $q = \sqrt{2.7^2 - 1.4^2} = 2.31[\%]$
>
> ④ 전압변동률 $\varepsilon = p\cos\theta + q\sin\theta = 1.4 \times 0.8 + 2.31 \times 0.6 = 2.51[\%]$ 　　답　2.51[%]

11 단상 변압기

배점 6

그림과 같은 단상 변압기에서 입력 전압 V_1을 V_2로 승압하고자 한다. 다음 각 물음에 답하시오.
(단, 단상 변압기 1차 측 전압은 $3150[\mathrm{V}]$, 2차 측은 $210[\mathrm{V}]$이다.)

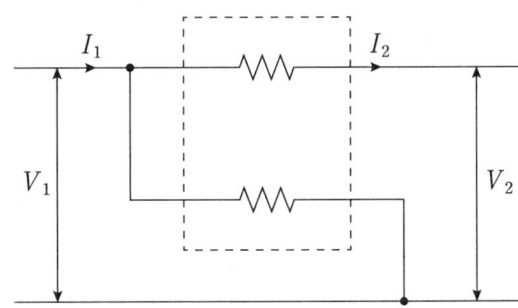

(1) V_1이 3000[V]인 경우, V_2는 몇 [V]가 되는지 계산하시오.
　◦ 계산과정 :　　　　　　　　　　　　　　　　　　　　◦ 답 :

(2) I_1이 25[A]인 경우 I_2는 몇 [A]가 되는지 계산하시오.
　(단, 변압기의 임피던스, 여자전류 및 손실은 무시한다.)
　◦ 계산과정 :　　　　　　　　　　　　　　　　　　　　◦ 답 :

> **모범답안** 계산과정
>
> (1) $V_2 = V_1 \times \left(1 + \dfrac{e_2}{e_1}\right) = 3000 \times \left(1 + \dfrac{210}{3150}\right) = 3200[\mathrm{V}]$ 　　답　3200[V]
>
> (2) $V_1 I_1 = V_2 I_2 \;\rightarrow\; I_2 = \dfrac{V_1 \times I_1}{V_2} = \dfrac{3000 \times 25}{3200} = 23.44[\mathrm{A}]$ 　　답　23.44[A]

12 변압기 - 부하설비 추가 [기사전용] 배섬 5

20[kVA]의 단상 변압기 3대를 사용하여 45[kW], 역률 0.8(지상)인 3상 전동기 부하에 전력을 공급하는 배전선이 있다. 지금 변압기 2차측 a, b점 사이 60[W] 전구를 연결해 사용하고자 한다. 변압기가 과부하되지 않는 한도 내에서 몇 등까지 점등할 수 있는가?

모범답안 　**계산과정**

① 한상의 유효분 $P = \dfrac{45}{3} = 15[\text{kW}]$

② 한상의 무효분 $P_r = 15 \times \dfrac{0.6}{0.8} = 11.25[\text{kVar}]$

$P_a = \sqrt{(P + 여유분)^2 + P_r^2}$ 에서 → $20^2 = (15 + P_\triangle)^2 + 11.25^2$ ∴ 여유분 $P_\triangle = 1.54$

증가가능 부하 : $\dfrac{3}{2} \times 1.54 = 2.31$ ∴ 등수 $= \dfrac{2.31 \times 10^3}{60} = 38.5$ 　**답**　38등

13. 설비 부하평형

배점 5

특고압 및 고압수전에서 대용량의 단상 전기로 등의 사용으로 설비 부하평형의 제한에 따르기가 어려울 경우는 전기사업자와 합의하여 다음 각 호에 의하여 시설하는 것을 원칙으로 한다. 빈칸에 들어갈 말은?

(1) 단상 부하 1개의 경우는 (　) 접속에 의할 것, 다만, 300[kVA]를 초과하지 말 것
(2) 단상 부하 2개의 경우는 (　) 접속에 의할 것 (다만, 1개의 용량이 200[kVA] 이하인 경우는 부득이한 경우에 한하여 보통의 변압기 2대를 사용하여 별개의 선간에 부하를 접속할 수 있다.)
(3) 단상 부하 3개 이상인 경우는 가급적 선로전류가 (　)이 되도록 각 선간에 부하를 접속할 것

모범답안

(1) 2차 역V
(2) 스코트
(3) 평형

POINT 스코트 결선

3상 전원에서 단상전원을 취할 때는 설비 불평형을 방지하여야 하며 특히, 특고압, 고압, 대용량의 단상 전기로 등을 사용시에는 전기사업자와 협의하여 아래의 결선에 의한다.

▶참고 2차측 2상 전압을 평형시키기 위해 T좌 변압기 1차측에 $\frac{\sqrt{3}}{2}$ 되는 점에서 탭을 인출하여 전원 전압을 공급한다. 한편, 주좌 변압기 $\frac{1}{2}$ 되는 점에서 탭을 인출하여 T좌 변압기 T_2의 한 단지에 접속한다.

14 변압기 역 V결선   배점 4

답안지의 그림은 3상 4선식 배전선로에 단상 변압기 2대가 있는 미완성 회로이다. 이것을 역 V결선하여 2차에 3상 전원방식으로 결선하시오.

———————————————————— 2차 모선

15 변압기 손실·효율

배점: 5

변압기 손실과 효율에 대하여 다음 각 물음에 답하시오.

(1) 변압기의 손실에 대하여 다음 물음에 답하시오.
   ① 무부하손 :
   ② 부하손 :
(2) 변압기의 효율을 구하는 공식을 쓰시오.
(3) 변압기의 최대효율 조건을 쓰시오.

모범답안

(1) ① 무부하손 : 부하에 관계없이 발생하는 손실로 고정손이다.
② 부하손 : 부하의 증감에 따라 변하는 가변손이다.

(2) 변압기 효율 $= \dfrac{출력}{출력+손실} \times 100[\%]$

(3) 변압기의 철손과 동손이 같을 때

참고

변압기의 효율 $\eta = \dfrac{출력}{입력} = \dfrac{출력}{출력+손실} = \dfrac{V_2 I_2 \cos\theta}{V_2 I_2 \cos\theta + P_i + P_c}$

2차로 환산한 권선저항을 R, 부하전류를 I_2라고 하면 동손은 $P_c = I_2^2 R [\text{W}]$라 하고 위의 효율 식을 쓰면 다음과 같다. (단, 철손일정 및 권선저항 일정하다고 가정한다.)

$$\eta = \dfrac{V_2 I_2 \cos\theta}{V_2 I_2 \cos\theta + P_i + I_2^2 R} = \dfrac{V_2 \cos\theta}{V_2 \cos\theta + \dfrac{P_i}{I_2} + I_2 R}$$

이 식에서 효율이 최대가 되기 위해서는 식의 분모가 최소가 되어야 하는데 $V_2 \cos\theta$는 일정하므로 $\left(\dfrac{P_i}{I_2} + I_2 R\right)$이 최소가 되어야만 효율이 최대가 된다.

즉, $y = \left(\dfrac{P_i}{I_2} + I_2 R\right)$ ············ ㉠

윗 식의 미분값이 0이 될 때 최소가 된다.
왜냐하면 I_2 값의 변화에 따라
y의 값이 그림과 같이 변해갈 때
A-B구간에서 $dy/dI_2 < 0$이고,
B-C구간에서 $dy/dI_2 > 0$가 되며
B점에서는 $dy/dI_2 = 0$이 되므로
이 때 최소값이 되기 때문이다.

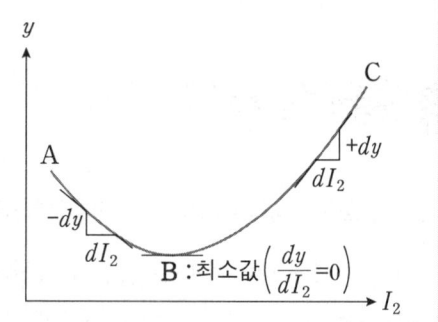

식 ㉠을 다시 쓰면 $y = (P_i I_2^{-1} + I_2 R)$이고,

이 식을 I_2에 관해서 미분하면 $\dfrac{dy}{dI_2} = -P_i I_2^{-2} + R = \dfrac{-P_i}{I_2^2} + R$이다.

이 미분값이 0이 되어야 하므로 $-\dfrac{P_i}{I_2^2} + R = 0$ → $R = \dfrac{P_i}{I_2^2}$ → $P_i = I_2^2 R = P_c$이 되어 결국 철손과 동손이 같을 때 변압기 효율이 최대가 된다는 것을 알 수 있다.

16 변압기 최대효율 - 부하율

배점 5

전부하에서 동손 $100[W]$, 철손 $50[W]$인 변압기에서 최대 효율을 나타내는 부하는 몇 $[\%]$인가?

모범답안 · 계산과정

※ 철손과 동손이 같을 때 변압기의 효율이 최대가 된다.

변압기 최대효율 조건 $P_i = m^2 P_c$ → $m = \sqrt{\dfrac{P_i}{P_c}}$ (P_i=철손, P_c=동손)

$\therefore m = \sqrt{\dfrac{P_i}{P_c}} \times 100 = \sqrt{\dfrac{50}{100}} \times 100 = 70.71[\%]$

답 $70.71[\%]$

17 변압기 효율

배점 5

$200[kVA]$의 단상변압기가 있다. 철손은 $1.6[kW]$이고 전부하 동손은 $2.4[kW]$이다. 역률 $80[\%]$에서의 최대 효율을 계산하시오.

모범답안 · 계산과정

철손과 동손이 같을 때 변압기의 최대효율이 되므로

P_a는 변압기 용량, 부하율 $m = \sqrt{\dfrac{P_i}{P_c}} = \sqrt{\dfrac{1.6}{2.4}}$ 일 때, 최대효율은 아래와 같다.

$\eta = \dfrac{mP_a\cos\theta}{mP_a\cos\theta + P_i + m^2 P_c} \times 100$

$= \dfrac{\sqrt{\dfrac{1.6}{2.4}} \times 200 \times 0.8}{\sqrt{\dfrac{1.6}{2.4}} \times 200 \times 0.8 + 1.6 + \left(\sqrt{\dfrac{1.6}{2.4}}\right)^2 \times 2.4} \times 100 = 97.61[\%]$

답 $97.61[\%]$

18 변압기 손실　　배점 5

철손이 1.2[kW], 전부하시의 동손이 2.4[kW]인 변압기가 하루 중 7시간 무부하 운전, 11시간 1/2운전, 그리고 나머지 전부하 운전할 때 하루의 총 손실은 얼마인지 계산하시오.

모범답안　계산과정

철손 : $24P_i = 24 \times 1.2 = 28.8$[kWh]

동손 : $Tm^2P_c = 11 \times \left(\dfrac{1}{2}\right)^2 \times 2.4 + 6 \times 1^2 \times 2.4 = 21$[kWh]

전손실 = 철손 + 동손 = 28.8 + 21 = 49.8[kWh]　　답　49.8[kWh]

19 전일 효율　　배점 6

변압기의 1일 부하 곡선이 그림과 같을 때 다음 각 물음에 답하시오. (단, 변압기의 전부하 동손은 130[W], 철손은 100[W]이다.)

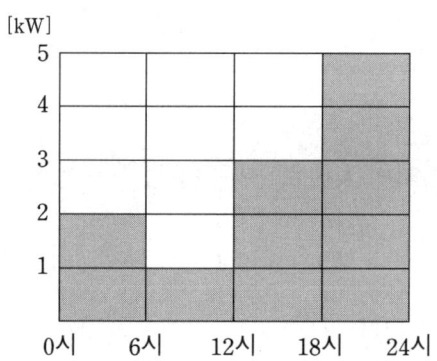

(1) 1일 중의 출력 전력량은 몇 [kWh]인가?

　○계산 과정 :　　　　　　　　　　　　　　　　　　○답 :

(2) 1일 중의 전손실 전력량은 몇 [kWh]인가?

　○계산 과정 :　　　　　　　　　　　　　　　　　　○답 :

(3) 전일 효율은 몇 [%]인가?

　○계산 과정 :　　　　　　　　　　　　　　　　　　○답 :

모범답안 **계산과정**

(1) $W = 2\times 6 + 1\times 6 + 3\times 6 + 5\times 6 = 66[\text{kWh}]$ 답 66[kWh]

(2) ① 철손량 : $P_1 = P_i \times T = 0.1 \times 24 = 2.4[\text{kWh}]$

② 동손량 : $P_2 = m^2 P_c \times T$

$= \left(\dfrac{2}{5}\right)^2 \times 0.13 \times 6 + \left(\dfrac{1}{5}\right)^2 \times 0.13 \times 6 + \left(\dfrac{3}{5}\right)^2 \times 0.13 \times 6 + \left(\dfrac{5}{5}\right)^2 \times 0.13 \times 6$

$= 1.22[\text{kWh}]$

③ ∴ $P_l = P_1 + P_2 = 2.4 + 1.22 = 3.62[\text{kWh}]$ 답 3.62[kWh]

(3) 전일효율 $= \dfrac{출력}{출력+손실} \times 100 = \dfrac{66}{66+3.62} \times 100 = 94.8[\%]$ 답 94.8[%]

---

20 변압기 한 상의 중심점

배점 6

그림과 같이 V결선과 Y결선된 변압기 한 상의 중심 O에서 110[V]를 인출하여 사용하고자 한다.

 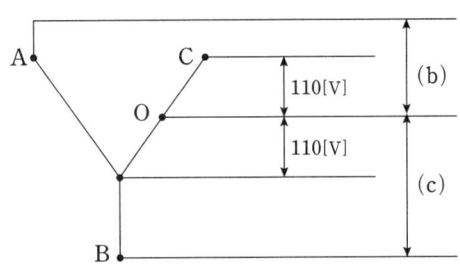

(1) 위 그림에서 (a)의 전압을 구하시오.
  ◦ 계산과정 :   ◦ 답 :

(2) 위 그림에서 (b)의 전압을 구하시오.
  ◦ 계산과정 :   ◦ 답 :

(3) 위 그림에서 (c)의 전압을 구하시오.
  ◦ 계산과정 :   ◦ 답 :

> 모범답안 계산과정

(1) $V_{AO} = 220\angle 0° + 110\angle -120°$
$= 165 - j55\sqrt{3} = \sqrt{165^2 + (55\sqrt{3})^2} = 190.53[V]$

답 190.53[V]

(2) $V_{AO} = 220\angle 0° - 110\angle 120° = 275 - j55\sqrt{3}$
$= \sqrt{275^2 + (55\sqrt{3})^2} = 291.03[V]$

답 291.03[V]

(3) $V_{BO} = 110\angle 120° - 220\angle -120°$
$= 55 + j165\sqrt{3}$
$= \sqrt{55^2 + (165\sqrt{3})^2} = 291.03[V]$

답 291.03[V]

21 변압기 효율

배점 16

용량 30[kVA]의 단상 주상 변압기가 있다. 이 변압기의 어느 날의 부하가 30[kW]로 4시간, 24[kW]로 8시간 및 8[kW]로 10시간이었다고 할 경우, 이 변압기의 일부하율 및 전일 효율을 계산하시오. (단, 부하의 역률은 1, 변압기의 전부하 동손은 500[W], 철손은 200[W]이다.)

(1) 일 부하율
   ◦ 계산과정 :   ◦ 답 :

(2) 전일효율
   ◦ 계산과정 :   ◦ 답 :

> 모범답안 계산과정

(1) 일 부하율

일 부하율 $= \dfrac{\dfrac{\text{사용전력량[kWh]}}{24[h]}}{\text{최대전력[kW]}} \times 100 = \dfrac{30\times 4 + 24\times 8 + 8\times 10}{24\times 30} \times 100 = 54.44[\%]$

답 54.44[%]

(2) 전일효율

① 출력량 $= 30 \times 4 + 24 \times 8 + 8 \times 10 = 392 [\text{kWh}]$

② 철손량 $= 200 \times 24 \times 10^{-3} = 4.8 [\text{kWh}]$

③ 동손량 $= \left[4 \times \left(\frac{30}{30} \right)^2 \times 500 + 8 \times \left(\frac{24}{30} \right)^2 \times 500 + 10 \times \left(\frac{8}{30} \right)^2 \times 500 \right] \times 10^{-3} = 4.92 [\text{kWh}]$

④ 전일효율 $\eta = \frac{392}{392 + 4.8 + 4.92} \times 100 = 97.58 [\%]$

답 97.58[%]

---

22 변압기 효율 - 부하율

배점 4

전압 3300[V], 전류 43.5[A], 저항 0.66[Ω], 무부하손 1000[W]인 변압기에서 다음 조건일 때의 효율을 구하시오.

(1) 전 부하시 역률 100[%]와 80[%]인 경우

　○ 계산 과정 :　　　　　　　　　　　　　　　　　○ 답 :

(2) 반 부하시 역률 100[%]와 80[%]인 경우

　○ 계산 과정 :　　　　　　　　　　　　　　　　　○ 답 :

모범답안 계산과정

(1) 변압기 효율 $\eta = \frac{mP_a \cos\theta}{mP_a \cos\theta + P_i + m^2 P_c} \times 100 [\%]$ 에서, 전 부하시 $m = 1$

① 역률 100[%]일 때 $\eta = \frac{1 \times 3300 \times 43.5 \times 1}{1 \times 3300 \times 43.5 \times 1 + 1000 + 1^2 \times 43.5^2 \times 0.66} \times 100 = 98.46 [\%]$

② 역률 80[%]일 때 $\eta = \frac{1 \times 3300 \times 43.5 \times 0.8}{1 \times 3300 \times 43.5 \times 0.8 + 1000 + 1^2 \times 43.5^2 \times 0.66} \times 100 = 98.08 [\%]$

답 ① 역률 100[%]일 때 98.46[%], ② 역률 80[%]일 때 98.08[%]

(2) 반 부하(50%)시에는 부하율 $m = 0.5$ 이므로

① 역률 100[%]일 때 $\eta = \frac{0.5 \times 3300 \times 43.5 \times 1}{0.5 \times 3300 \times 43.5 \times 1 + 1000 + 0.5^2 \times 43.5^2 \times 0.66} \times 100 = 98.2 [\%]$

② 역률 80[%]일 때 $\eta = \frac{0.5 \times 3300 \times 43.5 \times 0.8}{0.5 \times 3300 \times 43.5 \times 0.8 + 1000 + 0.5^2 \times 43.5^2 \times 0.66} \times 100 = 97.77 [\%]$

답 ① 역률 100[%]일 때 98.2[%], ② 역률 80[%]일 때 97.77[%]

23 변압기 전부하 효율

배점 5

단상 변압기 용량 10[kVA], 철손 120[W], 전부하 동손 200[W]인 단상 변압기 2대를 V결선하여 부하를 걸었을 때, 전부하 효율은 몇 [%]인가? (단, 부하의 역률은 0.5이다.)

모범답안 계산과정

$\eta = \dfrac{P}{P+P_i+P_c} \times 100$ 여기서, P는 V결선한 변압기 출력 $(P=\sqrt{3}\,P_1 \times \cos\theta [\text{kW}])$
(P_1 : 단상변압기 용량, P_i : 변압기 2대의 철손, P_c : 변압기 2대의 전부하 동손)

$\eta = \dfrac{\sqrt{3}\times 10\times 0.5}{\sqrt{3}\times 10\times 0.5+(0.12\times 2)+(0.2\times 2)} \times 100 = 93.12[\%]$

답 93.12[%]

24 변압기 – 무부하 시험   [기사전용]

배점 6

그림은 구내에 설치할 3300[V], 220[V], 10[kVA]인 주상변압기의 무부하 시험방법이다. 이 도면을 보고 다음 각 물음에 답하시오.

(1) 유도전압조정기의 오른쪽 네모 속에는 무엇이 설치되어야 하는가?
(2) 시험할 주상변압기의 2차측은 어떤 상태에서 시험을 하여야 하는가?
(3) 시험할 변압기를 사용할 수 있는 상태로 두고 유도전압조정기의 핸들을 서서히 돌려 전압계의 지시값이 1차 정격전압이 되었을 때 전력계가 지시하는 값은 어떤 값을 지시하는가?

모범답안
(1) 승압용 변압기   (2) 개방   (3) 철손

25 변압기 – 단락시험   [기사전용]   배점 14

변압기 시험용 기자재가 그림과 같이 있을 때 다음 각 물음에 답하시오.

(1) 단락시험 회로를 구성하시오.
(2) 단락시험을 했다고 가정하고 임피던스 전압, %임피던스, 동손을 구하는 방법을 설명하시오.
(3) 무부하 시험(개방 시험) 회로를 변압기 시험 기자재로 구성하시오.
(4) 무부하 시험으로 철손을 구하는 방법을 설명하시오.
(5) 단락시험, 무부하 시험으로 변압기 효율을 구하는 방법을 간단히 설명하시오
(6) %임피던스와 변압기 고장시 단락 고장 전류, 변압기 전압 변동률과의 관계를 간단히 설명하시오.
(회로 구성시에 주어진 기자재 이외에 필요한 것이 더 있으면 추가하고, 불필요한 것이 있으면 빼내고 회로를 구성하도록 한다.)

모범답안

(1)

(2) ① 임피던스 전압 : 시험용 변압기의 2차측을 단락한 상태에서 슬라이닥스를 조정하여 1차측 단락 전류가 1차 정격전류와 같게 흐를 때 (전류계의 지시값이 정격전류값이 되었을 때) 1차측 단자 전압을 임피던스 전압이라 한다.

② %임피던스 : $\%Z = \dfrac{\text{임피던스 전압(교류 전압계의 지시값)}}{\text{1차 정격전압}} \times 100[\%]$

③ 동손 : 교류 전력계의 지시값을 기준온도 75[°C]로 환산한 값이 된다. (임피던스 와트[W])

(3)

(4) 시험용 변압기의 2차측(고압측)을 개방한 상태에서 슬라이닥스를 조정하여 교류 전압계의 지시값이 1차(저압측) 정격 전압값일 때의 전력계의 지시값[W]이다.

(5) 단락시험에서의 동손 P_c값과 무부하 시험에서의 철손 P_i값 그리고 시험용 변압기의 정격 출력[kVA]으로써 변압기의 효율을 구할 수 있다.

즉, 변압기의 효율 $\eta = \dfrac{정격출력}{정격출력+동손+철손} \times 100[\%]$

(6) ① %임피던스가 크면 전압변동이 커진다.

② 단락 전류 $I_s = \dfrac{100}{\%Z} \times I_n$이므로 %임피던스가 작으면 단락 고장 전류는 커진다.

06 변압기 종류·운용

01 몰드 변압기 장·단점
배점 6

유입 변압기와 비교한 몰드 변압기의 장점 5가지와 단점 3가지를 쓰시오.

(1) 장점 5가지
(2) 단점 3가지

모범답안

(1) 장점 5가지
   ① 화재의 우려가 작다.
   ② 보수 및 점검이 용이하다.
   ③ 소형 및 경량화가 가능하다.
   ④ 단시간 과부하 내량이 크다.
   ⑤ 습기, 먼지 등에 대해 영향을 적게 받는다.

(2) 단점 3가지
   ① 가격이 비싸다.
   ② 서지에 대한 대책이 필요하다.
   ③ 외함이 없는 상태로는 옥외에 설치하는 것이 불가하여 대형제작이 곤란하다.
   ④ 몰드 표면에 유도 전압에 의한 감전 우려가 있어 가압 상태에서는 직접 손으로 만지면 위험하다.

02 아몰퍼스 변압기 장·단점
배점 9

아몰퍼스변압기의 장점 3가지와 단점 3가지를 쓰시오.

(1) 장점(3가지)
(2) 단점(3가지)

> **모범답안**

(1) 장점(3가지)
  ① 무부하 손실이 저감 된다.
  ② 발열량이 작고, 소음이 작다.
  ③ 운전보수비용 절감 및 변압기의 수명연장이 기대 된다.

(2) 단점(3가지)
  ① 점적률이 나쁘다.
  ② 포화자속밀도가 낮다.
  ③ 가격이 비싸며, 대용량 제작이 어렵다.

03 가스절연 개폐장치 GIS

배점 6

가스절연 개폐장치(Gas Insulated Switch-gear : GIS)에 대한 다음 각 물음에 답하시오.

(1) 가스절연개폐기(GIS)에 사용되는 가스의 종류는?
(2) 가스절연개폐기에 사용하는 가스는 공기에 비하여 절연내력이 몇 배정도 좋은가?
(3) 가스절연개폐기에 사용되는 가스의 장점을 3가지 쓰시오.
(4) 가스절연 개폐장치(GIS)의 장점 5가지를 쓰시오.

> **모범답안**

(1) SF_6(육불화유황) 가스

(2) 2~3배

(3) SF_6가스 장점(3가지)
  ① 무색, 무취, 무해하다.
  ② 절연 성능이 우수하다. (절연내력이 공기의 2~3배)
  ③ 소호 능력이 뛰어나다. (공기의 약 100배)

(4) GIS의 장점
  ① 화재위험이 작다.
  ② 조작 중 소음이 작다.
  ③ 절연거리 축소로 설치면적이 작다.
  ④ 보수가 편리하고, 점검주기가 길다.
  ⑤ 주위환경과의 조화를 비교적 잘 이룬다.

04 변압기 사고의 종류   배점 5

옥외용 변전소 내의 변압기 사고라고 생각할 수 있는 사고의 종류 5가지만 쓰시오.

모범답안

① 권선의 단선사고
② 고저압 권선의 혼촉사고
③ 부싱 리드선의 절연파괴
④ 권선의 상간, 층간 단락사고
⑤ 권선과 철심간의 절연파괴에 의한 지락사고

05 변압기 내부고장 보호장치   배점 5

대용량의 변압기 내부고장을 보호할 수 있는 보호장치 5가지만 쓰시오.

모범답안

① 비율차동계전기
② 과전류 계전기
③ 방압 안전장치
④ 부흐홀츠 계전기
⑤ 충격압력 계전기

▶ 참고
- 전기적 내부고장 보호 : 비율차동계전기, 과전류 계전기
- 기계적 내부고장 보호 : 방압 안전장치, 부흐홀츠 계전기, 충격압력 계전기

06 부흐홀츠 계전기   배점 5

변압기 본체 탱크 내에 발생한 가스 또는 이에 따른 유류를 검출하여 변압기 내부고장을 검출하는데 사용되는 계전기로서 본체와 콘서베이터 사이에 설치하는 계전기는?

모범답안

부흐홀츠 계전기

07 흡습 호흡기

배점 5

다음의 그림은 변압기 절연유의 열화 방지를 위한 습기제거 장치로서 흡습제와 절연유가 주입되는 2개의 용기로 이루어져 있다. 하부에 부착된 용기는 외부공기와 직접적인 접촉을 막아주기 위한 용기로, 표시된 눈금(용기의 2/3 정도)까지 절연유를 채워 관리되어야 한다. 이 변압기 부착물의 명칭을 쓰시오.

모범답안

흡습 호흡기

---

08 변압기 호흡작용

배점 6

다음 물음에 답하시오.

(1) 변압기의 호흡작용이란 무엇인가?
(2) 호흡작용으로 인하여 발생되는 문제점을 쓰시오.
(3) 호흡작용으로 발생되는 문제점을 방지하기 위한 대책은?

모범답안

(1) 변압기 내부 및 외부에서 발생하는 열에 의해 절연유가 수축·팽창한다. 이때, 외부의 공기가 변압기 내부를 출입하는 작용을 말한다.

(2) 변압기 내부에 수분 및 불순물이 혼입되어 절연유가 열화된다.

(3) 호흡기 설치(콘서베이터)

09 변압기 병렬운전 조건

배점 5

변압기의 병렬 운전 조건 4가지를 쓰고, 이들 각각에 대하여 조건이 맞지 않을 경우에 어떤 현상이 나타나는지 쓰시오.

	조건	현상
①		
②		
③		
④		

모범답안

	조건	현상
①	정격전압이 같을 것	순환전류가 흘러 권선이 가열된다.
②	극성이 같을 것	큰 순환전류가 흘러 권선이 소손된다.
③	%임피던스 강하가 같을 것	부하분담의 불균형이 발생한다.
④	내부저항, 누설리액턴스의 비가 같을 것	변압기 간의 위상차로 동손이 증가된다.

10 변압기 – 부하분담

배점 5

3150/210[V]인 변압기의 용량이 각각 250[kVA], 200[kVA]이고 [%]임피던스 강하가 각각 2.5[%]와 3[%]일 때 그 병렬 합성용량[kVA]은?

모범답안 **계산과정**

▶참고 부하분담은 용량에 비례, 임피던스에 반비례한다.

$$\frac{I_A}{I_B} = \frac{[kVA]_A}{[kVA]_B} \times \frac{\%Z_B}{\%Z_A} \rightarrow \frac{I_A}{I_B} = \frac{250}{200} \times \frac{3}{2.5} = \frac{3}{2}$$

A기의 부하분담은 $I_A = \frac{3}{2} \times I_B = \frac{3}{2} \times 200 = 300 [kVA]$이지만,

A기의 가능 부하분담은 변압기 용량 250[kVA]까지만 가능하다.

B기의 부하분담 $I_B = \frac{2}{3} \times I_A = \frac{2}{3} \times 250 = 166.67 [kVA]$가 된다.

∴ 250 + 166.67 = 416.67[kVA]

답 416.67[kVA]

11 변압기의 탭

배점 5

배전용 변압기의 고압측(1차측)에 여러 개의 탭을 설치하는 이유를 서술하시오.

모범답안

변압기 1차측의 권수비를 조정하여 변압기 2차측 전압을 조정한다.

12 변압기 탭전압

배점 5

주상 변압기의 고압측의 사용 탭이 6600[V]인 때에 저압 측의 전압이 190[V]였다. 저압측의 전압을 200[V]로 유지하기 위해서 고압측의 사용 탭은 얼마로 하여야 하는지 구하시오. (단, 변압기의 정격 전압은 6600/210[V]이다.)

모범답안 계산과정

탭전압과 2차측 전압은 반비례하므로 (단, 변압기 1차측의 공급전압은 변동 없음)

$$\frac{V_{1t}'}{V_{1t}} = \frac{V_2}{V_2'} \rightarrow V_{1t}' = V_{1t} \times \frac{V_2}{V_2'} = 6600 \times \frac{190}{200} = 6270[V]$$

답 6300[V] 탭

▶참고 주상 변압기 6600[V]급 표준 Tap

정격전압[kV]	국내 표준 탭 전압[V]				
6.6	6900	6600	6300	6000	5700

13 변압기 2차측 전압

배점 4

수전단 전압이 22900[V]일 때 변압기 2차 전압이 380/220[V]이라고 한다. 실제 측정된 변압기 2차측 전압이 370[V]일 때, 1차 탭전압을 22900[V]에서 21900[V]로 변경한다면 2차 전압 측정값은?

모범답안 계산과정

$$\frac{V_{1t}'}{V_{1t}} = \frac{V_2}{V_2'} \rightarrow V_2' = V_2 \times \frac{V_{1t}}{V_{1t}'} = 370 \times \frac{22900}{21900} = 386.89[V]$$

답 386.89[V]

14 단권 변압기의 특징

배점 7

단권 변압기는 1차, 2차 양 회로에 공통된 권선부분을 가진 변압기이다. 이러한 단권 변압기의 장점 및 단점과 사용용도에 대하여 쓰시오.

(1) 장점(3가지)
(2) 단점(2가지)
(3) 사용용도(2가지)

모범답안

(1) 장점(3가지)
　① 동량 감소로 경제적이다.
　② 동손 감소로 효율이 개선된다.
　③ 누설자속 감소로 전압 변동률이 작다.

(2) 단점(2가지)
　① 1차, 2차 회로가 전기적으로 완전히 절연되지 않는다.
　② 단락전류가 크게 되므로 열적, 기계적 강도가 커야 된다.

(3) 사용용도(2가지)
　① 기동보상기
　② 승압 및 강압용 변압기

15 승압기 용량

배점 5

단자전압 3000[V]인 선로에 전압비가 3000/210[V]인 승압기를 접속하여 40[kW], 역률 0.75의 부하에 공급할 때 몇 [kVA]의 승압기를 사용하여야 하는가? (단, 승압기 2대가 시설되어 있다.)

모범답안 계산과정

$V_H = 3000 \times \left(1 + \dfrac{1}{3000/210}\right) = 3210[\text{V}]$, $I_2 = \dfrac{P}{\sqrt{3} \times V_H \times \cos\theta} = \dfrac{40 \times 10^3}{\sqrt{3} \times 3210 \times 0.75}$

$\therefore e_2 I_2 = 210 \times \dfrac{40 \times 10^3}{\sqrt{3} \times 3210 \times 0.75} \times 10^{-3} = 2.01[\text{kVA}]$

답　2.01[kVA]

16 3상 V결선 승압기

배점 6

정격전압 1차 6600[V], 2차 210[V], 10[kVA]의 단상 2대를 V결선하여 6300[V] 3상 전원에 접속하였다. 다음 물음에 답하시오.

(1) 승압된 전압[V]는?

  ◦ 계산 과정 :   ◦ 답 :

(2) 3상 V결선 승압기 결선도를 완성하시오.

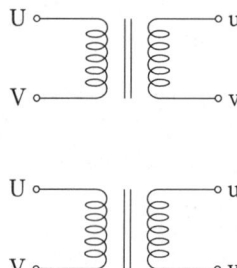

모범답안 계산과정

(1) $V_h = \left(1 + \dfrac{1}{a}\right)V_l = \left(1 + \dfrac{210}{6600}\right) \times 6300 = 6500.45[\text{V}]$ 답 6500.45[V]

(2)

> **참고** 2022 – 5점
>
> 단권 변압기에서 전부하 2차 단자전압 115[V], 권수비 20, 전압변동률 2[%]일 때 1차 전압을 구하시오.
> $V_1 = a(1+\varepsilon)V_{2n} = 20 \times (1+0.02) \times 115 = 2346[\text{V}]$

07 축전지 설비 설계 및 운용

01 축전지의 특성

배점 8

예비 전원 설비에 이용되는 연축전지와 알칼리축전지에 대하여 다음 각 물음에 답하시오.

(1) 연축전지와 비교할 때 알칼리축전지의 장점 2가지와 단점 1가지를 쓰시오.
- 장점 :
- 단점 :

(2) 연축전지와 알칼리축전지의 공칭전압은 몇[V]인가?
- 연축전지 :
- 알칼리축전지 :

(3) 축전지의 일상적인 충전방식 중 부동충전방식에 대하여 간단히 설명하시오.

(4) 연축전지의 정격용량이 200[Ah]이고, 상시 부하가 10[kW]이며, 표준전압이 100[V]인 부동충전방식 충전기의 2차 전류는 몇[A]인가? (단, 상시부하의 역률은 1로 간주한다.)

모범답안

(1)

장점	단점
• 과충전, 과방전에 강하다. • 방전시 전압 변동이 적다.	• 공칭전압이 낮다.

▶ 참고 : 알칼리 축전지의 장·단점

장점	단점
• 수명이 길다. • 진동과 충격에 강하다. • 사용 온도 범위가 넓다. • 충·방전 특성이 양호하다. • 방전시 전압 변동이 작다.	• 연축전지 보다 공칭전압이 낮다. • 가격이 비싸다.

(2)
- 연축전지 : 2.0[V/cell]
- 알칼리축전지 : 1.2[V/cell]

(3) 축전지의 자기 방전량 만큼 충전함과 동시에 상용부하에 대한 전력공급은 충전기가 부담하고 순간적인 대전류 부하는 축전지로 부담하게 하는 방식이다.

(4) 충전기 2차전류 $I = \dfrac{축전지용량[Ah]}{정격방전률[h]} + \dfrac{상시부하용량[W]}{표준전압[V]} = \dfrac{200}{10} + \dfrac{10000}{100} = 120[A]$

답 120[A]

> **참고** 정격방전율
> - 연축전지의 정격방전율 : 10[h]
> - 알칼리축전지의 정격방전율 : 5[h]

02 축전지의 특성

배점 7

다음 물음에 답하시오.

(1) 축전지의 과방전 및 방치상태, 가벼운 설페이션 현상 등이 생겼을 때 기능 회복을 위하여 실시하는 충전방식은 어떤 방식인가?

(2) 알칼리 축전지의 공칭전압은 몇 [V/cell]인가?

(3) 부하의 허용최저전압이 115[V], 축전지와 부하간의 전선에 의한 전압강하가 5[V]이다. 직렬로 접속한 축전지가 55셀일 때 축전지 셀당 허용 최저전압을 구하시오.
  ◦ 계산과정 :   ◦ 답 :

(4) 묽은 황산용액의 농도가 정상이고 액면이 저하하여 극판이 노출되어 있다. 어떤 조치를 하여야 하는가?

모범답안 계산과정

(1) 회복 충전방식

(2) 1.2[V/cell]

(3) 허용 최저전압

$$V = \dfrac{V_a + V_e}{n} [V/cell]$$

여기서, V_e : 축전지와 부하 사이의 전압강하, n : 축전지 직렬개수

$$V = \dfrac{115 + 5}{55} = 2.18 [V/cell]$$

답 2.18[V/cell]

(4) 같은 농도의 묽은 황산용액으로 보충한다.

POINT 축전지 설비의 구성 및 종류

구분	연축전지[납축전지]		알칼리 축전지	
형식	클래드(CS형)	페이스트(HS형)	포켓식	소결식
공칭전압	2.0[V]		1.2[V]	
정격방전율	10[h]		5[h]	
수명	12~15년	7~10년	15~20년	15~20년
과충, 방전에 대한 전기적강도	약		강	
특징	충·방전 전압의 차이가 작다. 축전지에 필요한 셀의 개수가 적다.		저온특성이 좋다. 극판의 기계적 강도가 크다.	

03 연축전지 특성

배점 5

변전소에서 200[Ah]의 연축전지가 55개 설치되어 있다. 다음 각 물음에 답하시오.

(1) 묽은 황산의 농도는 표준이고, 액면이 저하하여 극판이 노출되어 있다. 어떤 조치를 하여야 하는가?
(2) 부동 충전 시에 알맞은 전압은?
(3) 충전 시 발생하는 가스의 종류는?
(4) 충전이 부족할 때 극판에 발생하는 현상을 무엇이라고 하는가?

모범답안

(1) 같은 농도의 묽은 황산용액으로 보충한다.

(2) 부동 충전 시 전압 $55 \times 2.15 = 118.25$[V]

> **참고** 연축전지의 부동충전전압
> - CS(클래드식 : 일반방전)형의 부동 충전전압 : 2.15[V/Cell]
>   장시간 방전할 수 있기 때문에 주로 변전소에서 사용
> - HS(페이스트식 : 고율방전)형 : 2.18[V/Cell]
>   단시간 대전류 부하로 알맞은 방식으로 UPS에서 사용

(3) 수소가스 (환기에 주의하고 화기에 조심할 것)

(4) 셀페이션 현상 (연축전지를 방전상태에서 오랫동안 방치하는 경우, 방전 전류가 매우 큰 경우, 불충분한 충전을 반복하는 경우 나타나는 현상으로 극판이 회백색으로 변하고 극판이 휘어진다. 또한, 충전시 전해액의 온도상승, 비중 저하, 충전용량 감소, 수명이 단축된다.)

04 축전지 특성

배점 5

축전지에 대한 다음 각 물음에 답하시오.

(1) 연축전지의 초기 고장으로 전 셀(cell)의 전압 불균형이 크고, 비중이 낮았을 때 추정할 수 있는 고장의 원인은 무엇인가?

(2) 알칼리축전지에 불순물이 혼입되었다면 어떤 현상이 나타나는가?

모범답안
(1) 사용 개시시의 충전 보충 부족, 균등 충전의 부족
(2) 전해액이 착색되고 및 용량이 감소된다.

05 축전지 설비

배점 6

축전지 설비에 대한 다음 각 물음에 답하시오.

(1) 연축전지 설비의 초기에 단전지 전압의 비중이 저하되고, 전압계가 역전하였다. 어떤 원인으로 추정할 수 있는가?

(2) 연(鉛)축전지의 전해액이 변색되며, 충전하지 않고 방치된 상태에서도 다량으로 가스가 발생되고 있다. 어떤 원인의 고장으로 추정되는가?

(3) 충전장치고장, 과충전, 액면 저하로 인한 극판 노출, 교류분 전류의 유입과대 등의 원인에 의하여 발생될 수 있는 현상은?

(4) 축전지와 부하를 충전기에 병렬로 접속하여 사용하는 충전방식은?

(5) 축전지 용량은 $C=\dfrac{1}{L}KI$로 계산하면, I는 방전전류, K는 용량환산시간이다. L은 무엇인가?

모범답안

(1) 축전지의 역 접속
(2) 전해액의 불순물 혼입
(3) 축전지의 현저한 온도 상승 또는 소손
(4) 부동 충전방식
(5) 보수율

06 부동 충전방식

배점 6

연축전지의 정격용량 100[Ah], 상시 부하 5[kW], 표준전압 100[V]인 부동 충전방식이 있다. 이 부동 충전방식에서 다음 각 물음에 답하시오.

(1) 부동 충전방식의 충전기 2차 전류는 몇 [A]인가?
  ◦ 계산과정 :   ◦ 답 :

(2) 부동 충전방식의 회로도를 전원, 연축전지, 부하, 충전기 등을 이용하여 간단히 그리시오.
  (단, 심벌은 일반적인 심벌로 표현하되 심벌 부근에 심벌에 따른 명칭을 쓰도록 하시오.)

(3) 연축전지와 알칼리 축전지를 비교할 때, 알칼리 축전지의 장점 2가지와 단점 1가지를 쓰시오.
  (단, 수명, 가격은 제외할 것)
  ① 장점(2가지) :
  ② 단점(1가지) :

모범답안 계산과정

(1) 부동 충전방식의 충전기 2차 전류 $= \dfrac{\text{축전지 정격용량[Ah]}}{\text{정격 방전율[h]}} + \dfrac{\text{상시 부하용량[VA]}}{\text{표준전압[V]}}$

  $I = \dfrac{100}{10} + \dfrac{5 \times 10^3}{100} = 60[A]$ 답 60[A]

(2)

(3) ① 장점 : ㉠ 사용온도 범위가 넓다. ㉡ 충방전 특성이 양호하다.
  ② 단점 : 연축전지에 비하여 전압이 낮다.

POINT 부동 충전방식

축전지의 자기 방전량 만큼 충전함과 동시에 상용부하에 대한 전력공급은 충전기가 부담하고 순간적인 대전류 부하는 축전지로 부담하게 하는 방식이다.

$$충전기\ 2차\ 전류 = \frac{축전지\ 정격용량[Ah]}{정격\ 방전율[h]} + \frac{상시\ 부하용량[VA]}{표준\ 전압[V]}$$

종별	연축전지[납축전지]	알칼리 축전지
정격방전율	10[h]	5[h]

07 충전방식의 종류

배점 5

다음과 같은 충전방식에 대해 간단히 설명하시오.

(1) 보통충전 (2) 세류충전
(3) 균등충전 (4) 부동충전
(5) 급속충전

모범답안

(1) 보통충전 : 필요할 때마다 표준 시간율로 소정의 충전을 하는 방식

(2) 세류충전 : 자기 방전량만을 항상 충전하는 부동 충전방식의 일종

(3) 균등충전 : 각 전해조에서 일어나는 전위차를 보정하기 위하여 충전하는 방식

(4) 부동충전 : 축전지의 자기 방전을 보충함과 동시에 상용부하에 대한 전력공급은 충전기가 부담하도록 하되 충전기가 부담하기 어려운 일시적인 대전류 부하는 축전지로 하여금 부담케하는 방식

(5) 급속충전 : 비교적 단시간에 보통 충전전류의 2~3배의 전류로 충전하는 방식

08 축전지의 이상현상

배점 8

예비전원으로 사용되는 축전지 설비에 대한 다음 각 물음에 답하시오.

(1) 연축전지 설비의 초기에 단전지 전압의 비중이 저하되고, 전압계가 역전하였다. 어떤 원인으로 추정할 수 있는가?

(2) 충전장치고장, 과충전, 액면 저하로 인한 극판 노출, 교류분 전류의 유입과대 등의 원인에 의하여 발생될 수 있는 현상은?

(3) 축전지와 부하를 충전기에 병렬로 접속하여 사용하는 충전방식은?

(4) 축전지 용량은 $C = \frac{1}{L}KI$로 계산하면, I, K, L은 무엇인가?

> **모범답안**
> (1) 축전지의 역 접속
> (2) 축전지의 현저한 온도 상승 또는 소손
> (3) 부동 충전방식
> (4) I : 방전전류, K : 용량 환산시간, L : 보수율

09 축전지 용량

배점 5

비상용 조명부하 110[V]용 100[W] 77등, 60[W] 55등이 있다. 방전시간 30분 축전지 HS형 54[cell], 허용 최저전압 100[V], 최저 축전지 온도 5[°C]일 때 축전지 용량은 몇 [Ah]인지 계산하시오. (단, 경년용량 저하율 0.8, 용량 환산시간 $K=1.2$이다.)

> **모범답안** | **계산과정**
>
> · 조명부하 전류 $I = \frac{P}{V} = \frac{60 \times 55 + 100 \times 77}{110} = 100[A]$ **답** 100[A]
>
> · 축전지 용량 $C = \frac{1}{L}KI = \frac{1}{0.8} \times 1.2 \times 100 = 150[Ah]$ **답** 150[Ah]

10 축전지 셀 수·용량

배점 6

비상용 조명으로 40[W] 120등, 60[W] 50등을 30분간 사용하려고 한다. 납축전지(HS형) 1.7[V/cell]을 사용하여 허용 최저 전압을 90[V], 최저 축전지 온도를 5[℃]로 할 경우 주어진 참고자료를 이용하여 각 물음에 답하시오. (단, 비상용 조명 부하의 전압은 100[V]로 하고, 경년용량 저하율은 0.8로 한다.)

[표] 납 축전지 용량 환산 시간[K]

형식	온도[℃]	10분			30분		
		1.6[V]	1.7[V]	1.8[V]	1.6[V]	1.7[V]	1.8[V]
CS	25	0.9 0.8	1.15 1.06	1.6 1.42	1.41 1.34	1.6 1.55	2.0 1.88
	5	1.15 1.1	1.35 1.25	2.0 1.8	1.75 1.75	1.85 1.8	2.45 2.35
	−5	1.35 1.25	1.6 1.5	2.65 2.25	2.05 2.05	2.2 2.2	3.1 3.0
HS	25	0.58	0.7	0.93	1.03	1.14	1.38
	5	0.62	0.74	1.05	1.11	1.22	1.54
	−5	0.68	0.82	1.15	1.2	1.35	1.68

상단은 900[Ah]를 넘는 것(2000[Ah]까지), 하단은 900[Ah] 이하인 것

(1) 비상용 조명부하의 전류는 몇 [A]인가?
　○계산 과정 :　　　　　　　　　　　　　　　　○답 :

(2) HS형 납축전지는 몇 셀(cell)이 필요한가? (단, 1셀의 여유를 더 주도록 한다.)
　○계산 과정 :　　　　　　　　　　　　　　　　○답 :

(3) HS형 납축전지의 용량은 몇 [Ah]인가?
　○계산 과정 :　　　　　　　　　　　　　　　　○답 :

모범답안 계산과정

(1) $I = \dfrac{P}{V} = \dfrac{40 \times 120 + 60 \times 50}{100} = 78[A]$　　　　답　78[A]

(2) $n = \dfrac{V_a}{V} = \dfrac{90}{1.7} = 52.94[\text{cell}]$ → 53[cell]이며, 1셀의 여유를 주어 54[cell]로 정한다.

여기서, V_a : 부하의 최저 허용 전압　　　　　　　　답　54[cell]

(3)

형식	온도[℃]	30분		
		1.6[V]	1.7[V]	1.8[V]
HS	25	1.03	1.14	1.38
	5	1.11	1.22	1.54
	−5	1.2	1.35	1.68

주어진 조건에 따라 용량 환산 시간(K)는 1.22로 하여 축전지 용량을 계산한다.

축전지 용량 $C = \dfrac{1}{L}KI = \dfrac{1}{0.8} \times 1.22 \times 78 = 118.95\,[Ah]$

답 118.95[Ah]

11 축전지 용량

배점 8

예비전원으로 이용되는 축전지에 대한 다음 각 물음에 답하시오.

(1) 그림과 같은 부하특성을 갖는 축전지를 사용할 때 보수율은 0.8, 최저 축전지 온도 5[℃], 허용최저전압 90[V]일 때 몇 [Ah] 이상인 축전지를 선정하여야 하는가? (단, $I_1 = 50\,[A]$, $I_2 = 40\,[A]$, $K_1 = 1.15$, $K_2 = 0.91$이고 셀(cell)당 전압은 1.06[V/cell]이다.)

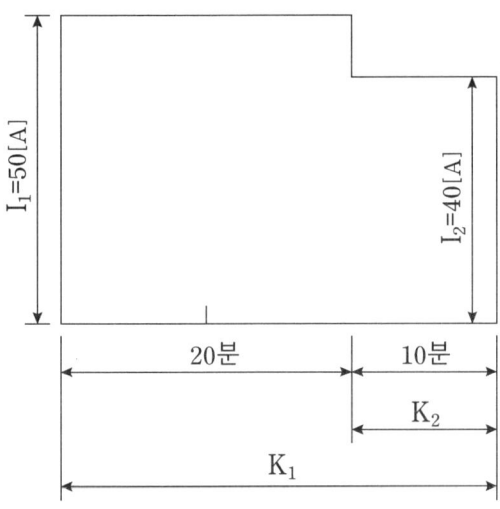

(2) 축전지의 과방전 및 방치상태, 가벼운 설페이션(Sulfation) 현상 등이 생겼을 때 기능 회복을 위하여 실시하는 충전방식은 무엇인가?
(3) 연 축전지와 알칼리 축전지의 공칭전압은 각각 몇 [V]인가?
(4) 축전지 설비를 하려고 한다. 그 구성을 크게 4가지로 구분하시오.

모범답안 **계산과정**

(1) $C = \dfrac{1}{L}\{K_1 I_1 + K_2(I_2 - I_1)\} = \dfrac{1}{0.8}\{1.15 \times 50 + 0.91(40-50)\} = 60.5[Ah]$

답 60.5[Ah]

(2) 회복 충전

(3) ① 연축전지 : 2[V] ② 알칼리 축전지 : 1.2[V]

(4) 축전지 설비의 구성
   ① 축전지 ② 충전장치 ③ 보안장치 ④ 제어장치

▶참고

설페이션(Sulfation)현상이란, 연축전지를 방전상태에서 오랫동안 방치하는 경우, 방전전류가 매우 큰 경우, 불충분한 충전을 반복하는 경우 나타나는 현상으로 극판이 회백색으로 변하고 극판이 휘어진다. 또한, 충전시 전해액의 온도 상승, 비중 저하, 충전용량 감소, 수명이 단축된다.

12 축전지 용량

배점 6

그림과 같은 방전특성을 갖는 부하에 필요한 축전지 용량은 몇 [Ah]인지 구하시오. (단, 방전전류 : $I_1 = 200[A]$, $I_2 = 300[A]$, $I_3 = 150[A]$, $I_4 = 100[A]$, 방전시간 : $T_1 = 130[분]$, $T_2 = 120[분]$, $T_3 = 40[분]$, $T_5 = 5[분]$, 용량환산시간 : $K_1 = 2.45$, $K_2 = 2.45$, $K_3 = 1.46$, $K_4 = 0.45$ 보수율은 0.7을 적용한다.)

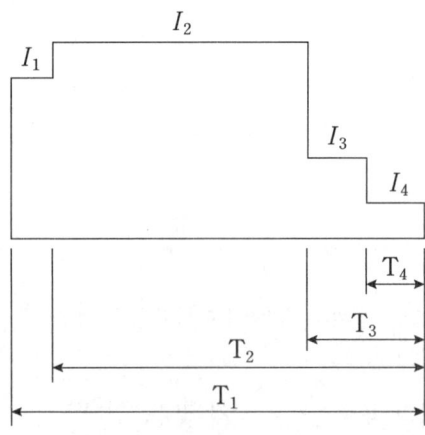

| 모범답안 | 계산과정 |

$$C = \frac{1}{0.7}\{2.45 \times 200 + 2.45 \times (300-200) + 1.46 \times (150-300) + 0.45 \times (100-150)\} = 705[Ah]$$

답 705[Ah]

13 축전지 용량

배점 5

그림과 같은 방전특성을 갖는 부하에 대한 축전지 용량은 몇 [Ah]인가?

[조건]

- 방전전류[A] : $I_1 = 500[A]$, $I_2 = 300[A]$, $I_3 = 100[A]$, $I_4 = 200[A]$
- 방전시간[분] : $T_1 = 120$, $T_2 = 119.9$, $T_3 = 60$, $T_4 = 1$
- 용량환산시간 : $K_1 = 2.49$, $K_2 = 2.49$, $K_3 = 1.46$, $K_4 = 0.57$
- 보수율 : 0.8

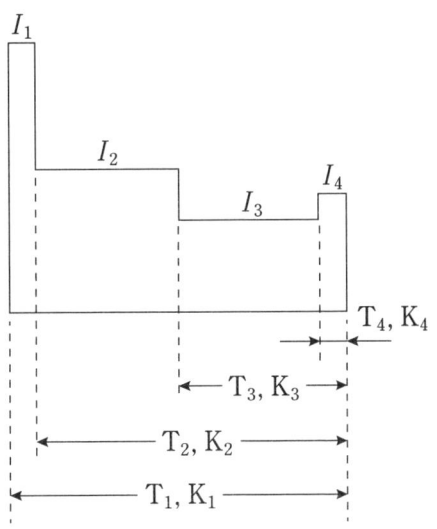

| 모범답안 | 계산과정 |

$$C = \frac{1}{0.8}\{2.49 \times 500 + 2.49 \times (300-500) + 1.46 \times (100-300) + 0.57 \times (200-100)\} = 640[Ah]$$

답 640[Ah]

14 축전지 용량

배점 5

그림과 같은 방전 특성을 갖는 부하에 대한 각 물음에 답하시오.

- 방전 전류[A]
  $I_1=500, I_2=300, I_3=80, I_4=100$

- 방전 시간[분]
  $T_1=120, T_2=119, T_3=50, T_4=1$

- 용량 환산시간
  $K_1=2.49, K_2=2.49, K_3=1.46, K_4=0.57$

- 보수율 0.8

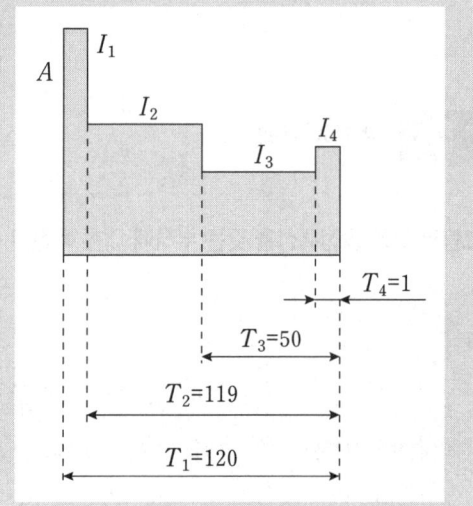

(1) 이와 같은 방전 특성을 갖는 축전지 용량은 몇 [Ah]인가?
(2) 납 축전지의 정격방전율은 몇 시간으로 하는가?
(3) 축전지의 전압은 납 축전지에서는 1단위당 몇 [V]인가?
(4) 예비전원으로 시설되는 축전지로부터 부하에 이르는 전로에는 개폐기와 또 무엇을 설치하는가?

모범답안 계산과정

(1) $C = \dfrac{1}{L}[K_1 I_1 + K_2(I_2 - I_1) + K_3(I_3 - I_2) + K_4(I_4 - I_3)]$

$= \dfrac{1}{0.8} \times [2.49 \times 500 + 2.49 \times (300-500) + 1.46 \times (80-300) + 0.57 \times (100-80)]$

$= 546.5[\text{Ah}]$ 답 546.5[Ah]

(2) 10 시간율

(3) 2[V/cell]

(4) 과전류 차단기

15 축전지 용량

배점 9

축전지 설비의 부하 특성 곡선이 그림과 같을 때 주어진 조건을 이용하여 필요한 축전지의 용량을 산정하고 축전지 설비에 관련된 다음 각 물음에 답하시오.

(1) 주어진 조건과 도면 등을 이용하여 축전지 용량을 산정하시오.
(2) 전압 24[V]에 알칼리 축전지를 이용한다면 셀 수는 몇 개가 필요한가? 단, 1셀의 여유를 둔다.

[조건]

- 사용 축전지 : 보통형 소결식 알칼리 축전지
- 경년 용량 저하율 : 0.9
- 최저 축전지 온도 : 5[°C]
- 허용 최저 전압 : 1.06[V/셀]
- 소결식 알칼리 축전지의 표준특성(표준형 5HR 환산)

모범답안 계산과정

(1) $C = \dfrac{1}{L}[K_1 I_1 + K_2(I_2 - I_1) + K_3(I_3 - I_2)]$

$= \dfrac{1}{0.9} \times [1.45 \times 10 + 0.69 \times (20-10) + 0.25 \times (100-20)] = 46[Ah]$

답 46[Ah]

(2) $N = \dfrac{24}{1.06} = 22.6$이며, 1셀의 여유를 두어 24[cell]이 필요하다.

답 24[cell]

16 전기 용어

배점 6

다음의 용어를 간단히 설명하여라.

(1) BIL
(2) INVERTER
(3) CONVERTER
(4) CVCF 전원방식

모범답안

(1) 기준충격절연강도(Basic Impulse Insulation Level)

(2) 역변환 장치로서 직류(DC)를 교류(AC)로 변환

(3) 순변환 장치로서 교류(AC)를 직류(DC)로 변환

(4) 정전압 정주파수(Constant Voltage Constant Frequency) 전원공급장치

17 무정전 전원공급 장치

배점 7

인텔리전트빌딩(Intelligent building)은 빌딩 자동화시스템, 사무자동화시스템, 정보통신시스템, 건축환경을 총망라한 건설과 유지관리의 경제성을 추구하는 빌딩이라 할 수 있다. 이러한 빌딩의 전산시스템을 유지하기 위하여 비상전원으로 사용되고 있는 UPS에 대해서 다음 각 물음에 답하시오.

(1) UPS를 우리말로 하면 어떤 것을 뜻하는가?
(2) UPS에서 AC → DC부와 DC → AC부로 변환하는 부분의 명칭은?
(3) UPS가 동작되면 전력 공급을 위한 축전지가 필요한데 그때의 축전지 용량을 구하는 공식을 쓰시오.
(단, 사용기호에 대한 의미도 설명하도록 하시오.)

모범답안

(1) 무정전 전원공급 장치

(2) ◦ AC → DC : 컨버터　　　　　　　　　　　　　　◦ DC → AC : 인버터

(3) $C = \dfrac{1}{L}KI$ [Ah], C : 축전지의 용량[Ah], L : 보수율
　　K : 용량환산 시간 계수, I : 방전 전류[A]

18 UPS - 블록다이어그램

배점 6

비상전원으로 사용되는 UPS의 원리에 대해서 개략의 블록다이어그램을 그려서 설명하시오.

◦ 블록다이어그램

◦ 설명 :

모범답안

◦ 블록다이어그램

◦ 설명 : 정상상태에서는 교류 상용전원으로 부하에 전력을 공급하고, 정전시 축전지에 저장된 직류를 인버터로 교류로 변환시켜 부하에 전력을 공급하는 방식이다.

19 무정전 전원설비 UPS

배점 7

그림은 무정전 전원설비(UPS)의 기본 구성도이다. 이 그림을 보고 다음 각 물음에 답하시오.

(1) 무정전 전원설비(Uninterruptible Power supply System)의 사용목적을 간단히 설명하시오.

(2) 그림의 ①, ②, ③, ④에 대한 기기 명칭과 그 주요 기능을 쓰시오.

구분	기기 명칭	주요 기능
①		
②		
③		
④		

모범답안

(1) 정상상태에서는 교류 상용전원으로 부하에 전력을 공급하고, 정전시 축전지에 저장된 직류를 인버터로 교류로 변환시켜 부하에 전력을 공급한다.

(2)

구분	기기 명칭	주요 기능
①	컨버터	AC를 DC로 변환
②	축전지	컨버터로 변환된 직류 전력을 저장
③	인버터	DC를 AC로 변환
④	절체스위치	상용전원 또는 UPS 전원으로 절체하는 스위치

20 UPS·CVCF

배점 5

UPS 장치 시스템의 중심부분을 구성하는 CVCF의 기본 회로를 보고 다음 각 물음에 답하시오.

(1) UPS 장치는 어떤 장치인가?
(2) CVCF는 무엇을 뜻하는가?
(3) 도면의 ①, ②에 해당되는 것은 무엇인가?

모범답안

(1) 무정전 전원공급 장치
(2) 정전압 정주파수 장치(CVCF : Constant Voltage Constant Frequency)
(3) ① 정류기(컨버터) ② 인버터

21 무정전 전원공급 장치

배점 5

다음은 컴퓨터 등의 중요한 부하에 대한 무정전 전원공급을 위한 그림이다.

(1) "(가)~(바)"에 적당한 전기 시설물의 명칭을 쓰시오.

(2) 무정전 전원은 정전시 사용하지만 평상 운전시에는 예비전원으로 200[Ah]의 연축전지 100개가 설치되었다고 한다. 충전시에 발생되는 가스와 충전이 부족할 경우 극판에 발생되는 현상 등에 대하여 설명하시오.
   ① 발생가스 :   ② 현상 :

(3) 발전기(비상전원)에서 발생된 전압을 공급하기 위하여 부하에 이르는 전로에는 발전기 가까운 곳에 쉽게 개폐 및 점검을 할 수 있는 곳에 기기 및 기구들을 설치하여야 하는데 이 설치하여야 할 것들 4가지만 쓰시오.

> **모범답안**
>
> (1) (가) 자동전압조정기(AVR)   (나) 절체용 개폐기
>   (다) 정류기(컨버터)   (라) 인버터   (마) 축전지
>
> (2) ① 발생가스 : 수소   ② 현상 : 설페이션 현상
>
> (3) ① 개폐기   ② 과전류 차단기
>   ③ 전압계   ④ 전류계

08 비상용 발전기

01 비상용 발전기 출력

배점 8

다음 물음에 답하시오.

(1) 단순부하인 경우 부하 입력이 500[kW], 역률 90[%]일 때 비상용일 경우 발전기 출력은?
   ◦ 계산과정 :   ◦ 답 :

(2) 발전기실 건물의 높이를 결정하는데 반드시 고려해야 할 사항은? [2가지]

(3) 발전기 병렬운전 조건을 쓰시오. [4가지]

(4) 발전기와 부하 사이에 설치하는 기기는? [4가지]

모범답안 | 계산과정

(1) 단순부하 비상용 발전기 출력 $P = \dfrac{\sum W_L \times L}{\cos\theta \times \eta}$ [kVA]

   $\sum W_L$: 부하입력[kW], L : 수용률(비상용=1)

   $P = \dfrac{500 \times 1}{0.9} = 555.56$ [kVA]   **답** 555.56[kVA]

(2) ① 발전기의 설치, 보수·점검 등의 용이 여부
   ② 발전기 부속설비(소음기, 환기설비)의 높이 및 설치 위치

(3) ① 기전력의 주파수가 같을 것
   ② 기전력의 위상이 같을 것
   ③ 기전력의 파형이 같을 것
   ④ 기전력의 크기가 같을 것

(4) 과전류 차단기, 개폐기, 전류계, 전압계

> **POINT** 발전기 출력

1. 단순 부하의 경우 발전기의 출력

$$P = \frac{\sum W_L \times L}{\cos\theta \times \eta} [\text{kVA}]$$

$\sum W_L$: 부하입력[kW], L : 수용률(비상용=1)

2. 기동용량이 큰 부하가 있을 경우 발전기의 출력

발전기용량 ≥ 기동용량[kVA] × 과도리액턴스 × $\left(\dfrac{1}{\text{허용전압강하}} - 1\right)$ × 여유율

02 발전기실의 위치선정

배점 6

다음 물음에 답하시오.

(1) 단순 부하인 경우 부하 입력이 600[kW], 역률 80[%], 효율 85[%]일 때 비상용일 경우 발전기 출력은?

　◦계산과정 :　　　　　　　　　　　　　　　　　　　　◦답 :

(2) 발전기실 위치를 선정할 때 고려해야 할 사항을 3가지만 쓰시오.

모범답안　계산과정

(1) 발전기 출력 $P = \dfrac{\sum W_L \times L}{\cos\theta \times \eta} = \dfrac{600 \times 1}{0.8 \times 0.85} = 882.35[\text{kVA}]$　　　답　882.35[kVA]

(2) ① 급·배기가 잘되는 장소일 것
　　② 발전기실 기계의 소음·진동이 주위에 영향을 미치지 않는 장소일 것
　　③ 발전기의 설치, 보수·점검 등이 용이 하도록 충분한 면적, 층고를 확보할 것

03 예비용 자가발전설비

배점: 5

자가용 전기설비에 대한 각 물음에 답하시오.

(1) 자가용 전기설비의 중요검사(시험)사항을 3가지만 쓰시오.
(2) 예비용 자가발전설비를 시설하고자 한다. 조건에서 발전기의 정격용량은 최소 몇 [kVA]를 초과하여야 하는가?
 ◦ 계산과정 : ◦ 답 :

[조건]
- 부하 : 유도 전동기로써 기동용량은 1500[kVA]
- 기동시의 전압강하 : 25[%]
- 발전기의 과도리액턴스 : 30[%]

모범답안 **계산과정**

(1) ① 접지저항 측정검사 ② 절연저항 측정검사 ③ 절연내력시험

(2) 발전기용량 ≥ 기동용량[kVA] × 과도리액턴스 × $\left(\dfrac{1}{허용전압강하} - 1\right)$ × 여유율

$= 1500 \times 0.3 \times \left(\dfrac{1}{0.25} - 1\right) = 1350 \text{[kVA]}$

답 1350[kVA]

04 발전기 용량

배점 9

어떤 공장에 예비전원설비로 발전기를 설계하고자 한다. 이 공장의 조건을 이용하여 다음 각 물음에 답하시오.

[부하]
- 부하는 전동기 부하 150[kW] 2대, 100[kW] 3대, 50[kW] 2대 이며, 전등 부하는 40[kW]이다.
- 전동기 부하의 역률은 모두 0.9이고 전등 부하의 역률은 1이다.
- 동력부하의 수용률은 용량이 최대인 전동기 1대는 100[%], 나머지 전동기는 그 용량의 합계를 80[%]로 계산하며, 전등 부하는 100[%]로 계산한다.
- 발전기 용량의 여유율은 10[%]를 주도록 한다.
- 발전기 과도리액턴스는 25[%]적용한다.
- 허용 전압강하는 20[%]를 적용한다.
- 시동 용량은 750[kVA]를 적용한다.
- 기타 주어지지 않은 조건은 무시하고 계산하도록 한다.

(1) 발전기에 걸리는 부하의 합계로부터 발전기 용량을 구하시오.
- 계산과정 :
- 답 :

(2) 부하 중 가장 큰 전동기 시동시의 용량으로부터 발전기의 용량을 구하시오.
- 계산과정 :
- 답 :

(3) 다음 "(1)"과 "(2)"에서 계산된 값 중 어느 쪽 값을 기준하여 발전기 용량을 정하는지 그 값을 쓰고 실제 필요한 발전기 용량을 정하시오.

모범답안 계산과정

(1) 발전기에 걸리는 부하의 합계로부터 발전기 용량

$$P_{G1} = \left(\frac{\sum W_M \times L}{\cos\theta} + \frac{\sum W_L \times L}{\cos\theta} \right) \times \beta$$

$\sum W_M$: 전동기부하합계[kW], $\sum W_L$: 전등부하합계[kW], β : 여유율

$$P_{G1} = \left(\frac{150 \times 1 + (150 + 100 \times 3 + 50 \times 2) \times 0.8}{0.9} + \frac{40 \times 1}{1} \right) \times 1.1 = 765.11 [\text{kVA}]$$

답 765.11[kVA]

(2) 부하 중 가장 큰 전동기 시동시의 용량으로부터 발전기의 용량

P_{G2} = 기동용량[kVA] × 과도리액턴스 × $\left(\dfrac{1}{허용전압강하}-1\right)$ × 여유율

$= 750 \times 0.25 \times \left(\dfrac{1}{0.2}-1\right) \times 1.1 = 825[\text{kVA}]$

답 825[kVA]

(3) P_{G2}의 825[kVA]를 기준하여 발전기용량을 정하고, 표준용량은 875[kVA] 적용

05 발전기 용량

배점 6

어느 빌딩의 수용가가 자가용 디젤발전기 설비를 계획하고 있다. 발전기의 용량 산출에 필요한 부하의 종류 및 특성이 다음과 같을 때 주어진 조건과 참고자료를 이용하여 전부하를 운전하는데 필요한 발전기 용량은 몇 [kVA] 인지 표의 빈칸을 채우면서 선정하시오.

부하의 종류	출력(kW)	극수(극)	대수(대)	적용부하	기동방법
전동기	37	6	1	소화전 펌프	리액터 기동
	22	6	2	급수펌프	리액터 기동
	11	6	2	배 풍 기	Y-△ 기동
	5.5	4	1	배수펌프	직입 기동
전등, 기타	50	−	−	비상조명	−

[조건]

- 참고자료의 수치는 최소치를 적용한다.
- 전동기 기동 시에 필요한 용량은 무시한다.
- 수용률 적용
  - 동력 : 적용부하에 대한 전동기의 대수가 1대인 경우에는 100[%], 2대인 경우에는 80[%]를 적용한다.
  - 전등, 기타 : 100[%]를 적용한다.
- 부하의 종류가 전등, 기타인 경우의 역률은 100[%]를 적용한다.
- 자가용 디젤발전기 용량은 50, 100, 150, 200, 300, 400, 500에서 선정한다. (단위 : [kVA])

[발전기 용량 선정]

부하의 종류	출력[kW]	극수	전부하 특성			수용률[%]	수용률을 적용한 [kVA] 용량
			역률[%]	효율[%]	입력[kVA]		
전동기	37×1	6					
	22×2	6					
	11×2	6					
	5.5×1	4					
전등, 기타	50	−	100	−			
합 계	158.5	−	−	−		−	

○ 발전기 용량 : _____ [kVA] 선정

[참고자료]

전 동 기 전 부 하 특 성 표

정격출력 [kW]	극수	동기회전 속도 [rpm]	전 부하특성		참 고 값		
			효율 η [%]	역률 Pf [%]	무부하 I_o (각상의평균치) [A]	전부하전류 I (각상의평균치) [A]	전부하슬립 s [%]
0.75	2	3600	70.0 이상	77.0 이상	1.9	3.5	7.5
1.5			76.5 이상	80.5 이상	3.1	6.3	7.5
2.2			79.5 이상	81.5 이상	4.2	8.7	6.5
3.7			82.5 이상	82.5 이상	6.3	14.0	6.0
5.5			84.5 이상	79.5 이상	10.0	20.9	6.0
7.5			85.5 이상	80.5 이상	12.7	28.2	6.0
11			86.5 이상	82.0 이상	16.4	40.0	5.5
15			88.0 이상	82.5 이상	21.8	53.6	5.5
18.5			88.0 이상	83.0 이상	26.4	65.5	5.5
22			89.0 이상	83.5 이상	30.9	76.4	5.0
30			89.0 이상	84.0 이상	40.9	102.7	5.0
37			90.0 이상	84.5 이상	50.0	125.5	5.0

0.75			71.5 이상	70.0 이상	2.5	3.8	8.0
1.5			78.0 이상	75.0 이상	3.9	6.6	7.5
2.2			81.0 이상	77.0 이상	5.0	9.1	7.0
3.7			83.0 이상	78.0 이상	8.2	14.6	6.5
5.5			85.0 이상	77.0 이상	11.8	21.8	6.0
7.5	4	1800	86.0 이상	78.0 이상	14.5	29.1	6.0
11			87.0 이상	79.0 이상	20.9	40.9	6.0
15			88.0 이상	79.5 이상	26.4	55.5	5.5
18.5			88.5 이상	80.0 이상	31.8	67.3	5.5
22			89.0 이상	80.5 이상	36.4	78.2	5.5
30			89.5 이상	81.5 이상	47.3	105.5	5.5
37			90.0 이상	81.5 이상	56.4	129.1	5.5
0.75			70.0 이상	63.0 이상	3.1	4.4	8.5
1.5			76.0 이상	69.0 이상	4.7	7.3	8.0
2.2			79.5 이상	71.0 이상	6.2	10.1	7.0
3.7			82.5 이상	73.0 이상	9.1	15.8	6.5
5.5			84.5 이상	72.0 이상	13.6	23.6	6.0
7.5	6	1200	85.5 이상	73.0 이상	17.3	30.9	6.0
11			86.5 이상	74.5 이상	23.6	43.6	6.0
15			87.5 이상	75.5 이상	30.0	58.2	6.0
18.5			88.0 이상	76.0 이상	37.3	71.8	5.5
22			88.5 이상	77.0 이상	40.0	82.7	5.5
30			89.0 이상	78.0 이상	50.9	111.8	5.5
37			90.0 이상	78.5 이상	60.9	136.4	5.5

모범답안

부하의 종류	출력[kW]	극수	전부하 특성			수용률[%]	수용률을 적용한 [kVA] 용량
			역률[%]	효율[%]	입력[kVA]		
전동기	37×1	6	78.5	90	52.37	100	52.37
	22×2	6	77	88.5	64.57	80	51.65
	11×2	6	74.5	86.5	34.14	80	27.31
	5.5×1	4	77	85	8.4	100	8.4
전등, 기타	50	—	100	—	50	100	50
합 계	158.5	—	—	—	209.48	—	189.74

○ 발전기 용량 : 200 kVA 선정

> 참고

부하의 종류	출력[kW]	극수	전부하 특성			수용률[%]
			역률[%]	효율[%]	입력[kVA]	
전동기	37×1	6	78.5	90	$\frac{37[kW]}{0.785 \times 0.9}=52.37$	100
	22×2	6	77	88.5	$\frac{44[kW]}{0.77 \times 0.885}=64.57$	80
	11×2	6	74.5	86.5	$\frac{22[kW]}{0.745 \times 0.865}=34.14$	80
	5.5×1	4	77	85	$\frac{5.5[kW]}{0.77 \times 0.85}=8.4$	100
전등, 기타	50	–	100	–	$\frac{50[kW]}{1}=50$	100
합 계	158.5	–	–	–	209.48	–

부하의 종류	출력[kW]	극수	수용률을 적용한 [kVA] 용량
전동기	37×1	6	$\frac{37[kW]}{0.785 \times 0.9}=52.37$
	22×2	6	$\frac{2 \times 22[kW] \times 0.8}{0.77 \times 0.885}=51.65$
	11×2	6	$\frac{2 \times 11[kW] \times 0.8}{0.745 \times 0.865}=27.31$
	5.5×1	4	$\frac{5.5[kW] \times 1}{0.77 \times 0.85}=8.4$
전등, 기타	50	–	$\frac{50[kW] \times 1}{1}=50$
합 계	158.5	–	189.74

06 발전기 용량 [기사전용] 배점 8

주어진 표는 어떤 부하 데이터의 표이다. 이 부하 데이터를 수용할 수 있는 발전기 용량을 계산하시오. (단, 발전기 표준 역률은 0.8, 허용 전압 강하 25[%], 발전기 리액턴스 20[%], 원동기 기관 과부하 내량은 1.2이다.)

예	부하의 종류	출력 [kW]	전부하 특성				기동 특성		기동 순서	비고
			역률 [%]	효율 [%]	입력 [kVA]	입력 [kW]	역률 [%]	입력 [kVA]		
200[V] 60[Hz]	조명	10	100	–	10	10	–	–	1	
	스프링클러	55	86	90	71.1	61.1	40	142.2	2	Y–△ 기동
	소화전 펌프	15	83	87	21.0	17.2	40	42	3	Y–△ 기동
	양수펌프	7.5	83	86	10.5	8.7	40	63	3	직입 기동

(1) 전부하 정상 운전시의 입력에 의한 것
  ○ 계산과정 :   ○ 답 :

(2) 전동기 기동에 필요한 용량
  ▶참고 $P = \dfrac{(1-\triangle E)}{\triangle E} \cdot x_d \cdot Q_L [\text{kVA}]$
  ○ 계산과정 :   ○ 답 :

(3) 순시 최대 부하에 의한 용량
  ▶참고 $P = \dfrac{\sum W_0 [\text{kW}] + \{Q_{L\max}[\text{kVA}] \times \cos\theta_{QL}\}}{K \times \cos\theta_G} [\text{kVA}]$
  ○ 계산과정 :   ○ 답 :

모범답안 계산과정

(1) 전부하 정상 운전시의 입력에 의한 것

$P = \dfrac{\sum W_0 [\text{kW}]}{\cos\theta_G} [\text{kVA}]$

$P = \dfrac{(10+61.1+17.2+8.7)}{0.8} = 121.25 [\text{kVA}]$

답 121.25[kVA]

(2) 전동기 기동에 필요한 용량

$$P = \frac{(1-\triangle E)}{\triangle E} \cdot x_d \cdot Q_L [\text{kVA}]$$

$$P = \frac{(1-0.25)}{0.25} \times 0.2 \times 142.2 = 85.32 [\text{kVA}]$$

답 85.32[kVA]

(3) 순시 최대 부하에 의한 용량

순시 최대부하를 기준으로 발전기용량을 산정하는 경우 발전기에 걸리는 부하가 최대로 되는 순간을 기준으로 한다.

$$P = \frac{\sum W_0 [\text{kW}] + \{Q_{L\max}[\text{kVA}] \times \cos\theta_{QL}\}}{K \times \cos\theta_G}$$

$$P = \frac{(\text{기운전중인 부하의 합계}) + (\text{기동 돌입 부하} \times \text{기동시 역률})}{(\text{원동기 기관 과부하 내량} \times \text{발전기 표준역률})}$$

$$P = \frac{(10+61.1)+(42+63) \times 0.4}{(1.2 \times 0.8)} = 117.81 [\text{kVA}]$$

답 117.81[kVA]

09 발전설비 설계 · 운용

01 수력발전 – 발전기 용량

배점 5

유효낙차 100[m], 최대사용 수량 10[m³/s]의 수력발전소에 발전기 1대를 설치하려고 한다. 적당한 발전기의 용량[kVA]은 얼마인지 계산하시오. (단, 수차와 발전기의 종합효율 및 부하역률은 각각 85[%]로 한다.)

모범답안 계산과정

수력 발전소 발전기 출력 : $P = \dfrac{9.8QH\eta}{\cos\theta}$ [kVA]

단, η : 수차와 발전기의 종합효율, Q : 수량[m³/s], H : 유효낙차[m]

$P = \dfrac{9.8 \times 10 \times 100 \times 0.85}{0.85} = 9800$ [kVA]

답 9800[kVA]

02 화력발전 – 발전기 용량

배점 4

출력 100[kW]의 디젤발전기를 8시간 운전하며, 발열량 10000[kcal/kg]의 연료를 215[kg] 소비할 때 발전기 종합효율은 몇 [%]인지 구하시오.

모범답안 계산과정

▶**참고** 기력발전소 발전기 효율

$\eta = \dfrac{860W}{mH} \times 100 = \dfrac{860PT}{mH} \times 100$ [%]

단, m : 연료[kg], H : 발열량[kcal/kg], P : 정격출력[kW], T : 운전시간[h]

$\eta = \dfrac{860 \times 100 \times 8}{215 \times 10000} \times 100 = 32$ [%]

답 32[%]

03 화력발전 - 운전시간

배점 5

정격출력 500[kW]의 디젤발전기가 있다. 이 발전기를 발열량 10000[kcal/L]인 중유 250[L]을 사용하여 1/2 부하에서 운전하는 경우 몇 시간 운전이 가능한지 계산하시오. (단, 발전기의 열효율은 34.4[%]이다.)

모범답안 계산과정

▶참고 기력발전소 발전기 운전시간

$$\eta = \frac{860W}{mH} = \frac{860PT}{mH} \rightarrow T = \frac{mH\eta}{860P}[h]$$

단, m : 연료[L], H : 발열량[kcal/L], P : 정격출력[kW], T : 운전시간[h]

$$\therefore T = \frac{250 \times 10000 \times 0.344}{860 \times 500 \times 0.5} = 4[h]$$

답 4시간

04 화력발전 - 정격출력

배점 5

디젤발전기를 5시간 전부하로 운전할 때 중유의 소비량이 287[kg]이었다. 이 발전기의 정격출력[kVA]을 계산하시오. (단, 중유의 열량은 10^4[kcal/kg], 기관효율 35.3[%], 발전기효율 85.7[%], 전부하시 발전기역률 85[%]이다.)

모범답안 계산과정

▶참고 발전기의 정격출력

$$P = \frac{mH\eta_g\eta_t}{860T\cos\theta}[kVA]$$ 단, m : 연료 소비량[kg], H : 발열량[kcal/kg]

η_t : 기관효율, η_g : 발전기 효율, T : 발전기 운전시간[h]

$$P = \frac{287 \times 10^4 \times 0.353 \times 0.857}{860 \times 5 \times 0.85} = 237.55[kVA]$$

답 237.55[kVA]

05 동기발전기의 횡류

배점 6

동기발전기를 병렬로 접속하여 운전하는 경우에 발생하는 횡류의 종류 3가지를 쓰고, 각각의 작용에 대하여 설명하시오.

종 류	작 용

모범답안

종 류	작 용
무효횡류	병렬운전 중인 발전기의 전압을 서로 같게 한다.
유효횡류	병렬운전 중인 발전기의 위상을 서로 같게 한다.
고조파 무효횡류	전기자 권선의 저항손이 증가하여 과열의 원인이 된다.

06 발전기의 단락비

배점 4

교류 발전기에 대한 다음 각 물음에 답하시오.

(1) 정격전압 6000[V], 용량 5000[kVA]인 3상 교류 발전기에서 여자전류가 300[A], 무부하 단자전압은 6000[V], 단락전류 700[A]라고 한다. 이 발전기의 단락비는 얼마인가?
　　○계산과정 :　　　　　　　　　　　　　　　　　　　　　　　　　○답 :
(2) 단락비는 수차 발전기와 터빈 발전기 중 일반적으로 어느 쪽이 더 큰가?
(3) "단락비가 큰 교류 발전기는 일반적으로 기계의 치수가 (①), 가격이 (②), 풍손, 마찰손, 철손이 (③), 효율은 (④), 전압변동률은 (⑤), 안정도는 (⑥)"에서 (　　) 안에 알맞은 말을 쓰되, (　　) 안의 내용은 크다(고), 높다(고), 낮다(고), 작다(고) 등으로 표현한다.

모범답안 **계산과정**

(1) $I_n = \dfrac{P_n}{\sqrt{3}\,V_n} = \dfrac{5000 \times 10^3}{\sqrt{3} \times 6000} = 481.13[A]$ → 단락비$(K_s) = \dfrac{I_s}{I_n} = \dfrac{700}{481.13} = 1.45$

답 1.45

(2) 수차 발전기

(3) ① 크고 ② 높고 ③ 크고 ④ 낮고 ⑤ 작고 ⑥ 높다

> **참고** 단락비가 발전기 구조 및 성능에 미치는 영향

구분	단락비가 큰 경우	단락비가 작은 경우
구조 및 적용	철기계, 수력	동기계, 화력(원자력)
%Z	작다	크다
전압변동률	작다	크다
단락용량	크다	작다
안정도	높다	낮다
전기자 반작용 및 기자력	작다	크다
공극	크다	작다
중량/ 가격/ 효율	무겁다, 비싸다, 낮다	가볍다, 저렴하다, 높다
과부하 내량	크다	작다

10 전열기

01 전열기 효율

배점 5

15[℃]의 물 4[L]를 용기에 넣고 1[kW]의 전열기로 90[℃]로 가열하는데 30분이 소요되었다. 이 장치의 효율[%]은 얼마인가? (단, 증발이 없는 경우 $q=0$ 이다.)

모범답안 **계산과정**

▶참고 전열 설계식 : $860Pt\eta = Cm\theta$

C : 비열[kcal/L℃], θ : 온도차, P : 전력[kW], t : 시간[h], η : 효율[%]

$$\eta = \frac{cm\theta}{860Pt} = \frac{4 \times (90-15)}{860 \times 1 \times \frac{30}{60}} \times 100 = 69.77[\%]$$

답 69.77[%]

02 전열기 전력

배점 5

5[℃]의 물 15[L]를 용기에 넣고 60[℃]로 가열하는데 1시간이 소요 되었다. 이때 사용한 전열기의 전력[kW]은 얼마인가? (단, 전열기 효율은 0.76이다.)

모범답안 **계산과정**

▶참고 전열 설계식 : $860Pt\eta = Cm\theta$

C : 비열[kcal/L℃], θ : 온도차, P : 전력[kW], t : 시간[h], η : 전열기 효율[%]

$$\eta = \frac{Cm\theta}{860Pt} \rightarrow P = \frac{Cm\theta}{860\eta t} = \frac{15 \times (60-5)}{860 \times 0.76 \times 1} = 1.26[\text{kW}]$$

답 1.26[kW]

11 동력설비 설계·운용

01 단상 유도 전동기

배점 5

단상 유도 전동기는 반드시 기동장치가 필요하다. 다음 물음에 답하시오.

(1) 기동장치가 필요한 이유를 설명하시오.
(2) 단상 유도 전동기의 기동방식에 따라 분류할 때 그 종류를 4가지 쓰시오.

모범답안

(1) 단상에서는 회전자계를 얻을 수 없으므로 기동장치를 이용하여 기동 토크를 얻기 위함
(2) ① 반발형 ② 콘덴서 기동형 ③ 분상 기동형 ④ 셰이딩 코일형

▶ 참고   단상 유도전동기의 기동토크 순서
반발 기동형＞반발 유도형＞콘덴서 기동형＞분상 기동형＞셰이딩 코일형

02 단상 유도 전동기

배점 5

단상 유도 전동기에 대한 다음 각 물음에 답하시오.

(1) 분상 기동형 단상 유도 전동기의 회전 방향을 바꾸려면 어떻게 하면 되는가?
(2) 기동방식에 따른 단상 유도 전동기의 종류를 분상 기동형을 제외하고 3가지만 쓰시오.
(3) 단상 유도 전동기의 절연을 E종 절연물로 하였을 경우 허용 최고 온도는 몇 [°C]인가?

종 류	Y종	A종	E종	B종	F종	H종
최고사용온도[°C]	90	105	( )	130	155	180

모범답안

(1) 기동 권선의 접속을 반대로 바꾸어 준다.
(2) ① 반발 기동형 ② 셰이딩 코일형 ③ 콘덴서 기동형
(3) 120[°C]

03 단상 유도 전동기

배점 5

다음 단상 유도 전동기들의 역회전 방법에 대한 설명 중 옳은 것을 찾아 고르시오.

[역회전 방법]
ㄱ. 역회전이 불가능하다.
ㄴ. 브러쉬의 위치를 이동시켜 역회전시킨다.
ㄷ. 기동권선의 접속을 반대로 하여 역회전시킨다.

(1) 분상기동형 (   )
(2) 반발기동형 (   )
(3) 셰이딩 코일형 (   )

모범답안
(1) 분상기동형 (ㄷ)
(2) 반발기동형 (ㄴ)
(3) 셰이딩 코일형 (ㄱ)

04 농형·권선형 유도 전동기

배점 4

유도 전동기는 농형과 권선형으로 구분되는데 각 형식별 기동법을 다음 빈칸에 쓰시오.

전동기 형식	기동법	기동법의 특징
농형	①	전동기에 직접 전원을 접속하여 기동하는 방식으로 5[kW] 이하의 소용량에 사용
	②	1차 권선을 Y 접속으로 하여 전동기를 기동시 상전압을 감압하여 기동하고 속도가 상승되어 운전속도에 가깝게 도달하였을 때 △접속으로 바꿔 큰 기동전류를 흘리지 않고 기동하는 방식으로 보통 5.5~37[kW]정도의 용량에 사용
	③	기동전압을 떨어뜨려서 기동전류를 제한하는 기동방식으로 고전압 농형 유도 전동기를 기동할 때 사용
권선형	④	유도 전동기의 비례추이 특성을 이용하여 기동하는 방법으로 회전자 회로에 슬립링을 통하여 가변저항을 접속하고 그의 저항을 속도의 상승과 더불어 순차적으로 바꾸어서 적게 하면서 기동하는 방법
	⑤	회전자 회로에 고정저항과 리액터를 병렬 접속한 것을 삽입하여 기동하는 방법

모범답안
① 직입기동
② Y-Δ기동
③ 기동보상기법
④ 2차 저항 기동법
⑤ 2차 임피던스 기동법

05 역상 제동방식

배점 4

3상 농형 유도 전동기의 제동방법 중에서 역상 제동에 대하여 설명하시오.

모범답안
3상 유도 전동기의 전원 3상 중 2상의 접속을 바꾸어 역방향으로 토크를 발생하여 급제동하는 방식이다.

06 속도 제어법

배점 5

농형 유도전동기의 일반적인 속도제어 방법 3가지를 쓰시오.

모범답안
① 주파수변환제어   ② 극수변환제어   ③ 전원전압제어

07 주파수와 전동기 특성

배점 5

60[Hz]로 설계된 3상 유도 전동기를 동일 전압으로 50[Hz]에 사용할 경우 다음 각 요소는 어떻게 변화하는지 수치를 이용하여 설명하시오.

(1) 무부하 전류
(2) 온도 상승
(3) 속도

모범답안

(1) 6/5으로 증가

자화전류 $\phi \propto I_\phi \propto \dfrac{1}{f}$ 이므로, 주파수가 낮아지면 자화전류가 증가하고 그에 따라 무부하 전류(여자전류)도 증가하게 된다.

(2) 6/5으로 증가

히스테리시스손 $P_h \propto \dfrac{1}{f}$ 이므로, 주파수가 낮아지면 히스테리시스손이 증가하게 되고 그에 따라 전동기의 온도는 상승하게 된다.

(3) 5/6로 감소

동기속도 $N_s = \dfrac{120f}{p}$ 이므로, 주파수가 낮아지면 전동기의 속도도 감소하게 된다.

참고

50[Hz]로 설계된 3상 유도전동기를 동일 전압으로 60[Hz]에 사용할 경우 다음 요소는 어떻게 변화하는지를 수치를 이용하여 설명하시오.

(1) 무부하 전류 : 5/6로 감소
(2) 온도 상승 : 5/6로 감소
(3) 속도 : 6/5로 증가

08 전동기 보호장치

배점 4

3상 교류 전동기는 고장이 발생하면 여러 문제가 발생하므로, 전동기를 보호하기 위해 과부하 보호 이외에 여러 가지 보호장치를 하여야 한다. 3상 교류 전동기 보호를 위한 종류를 5가지만 쓰시오. (단, 과부하 보호는 제외한다.)

모범답안

① 지락보호 ② 단락보호 ③ 저전압 보호 ④ 불평형 보호 ⑤ 회전자 구속 보호

09 전동기 과부하 보호장치

배점 4

전동기에는 소손을 방지하기 위하여 전동기용 과부하 보호장치를 시설하여 자동적으로 회로를 차단하거나 과부하시에 경보를 내는 장치를 하여야 한다. 전동기 소손방지를 위한 과부하 보호장치의 종류를 4가지만 쓰시오.

모범답안

① 전동기용 퓨즈 ② 열동 계전기 ③ 전동기 보호용 배선용 차단기 ④ 유도형 계전기

10 전동기 과부하 보호장치

배점 5

전동기에는 소손을 방지하기 위하여 전동기용 과부하 보호장치를 설치하여야 하나 설치하지 아니하여도 되는 경우가 있다. 설치하지 아니하여도 되는 경우의 예를 5가지만 쓰시오.

모범답안

① 전동기의 출력이 0.2[kW] 이하일 경우
② 부하의 성질상 전동기가 과부하 될 우려가 없는 경우
③ 전동기 자체에 유효한 과부하소손 방지장치가 있는 경우
④ 단상 전동기로 16[A] 분기회로 (배선용 차단기는 20[A])에서 사용할 경우
⑤ 전동기 권선의 임피던스가 높고 기동 불능시에도 전동기가 소손될 우려가 없을 경우

11 MCC 제어반 [기사전용] 배점 8

그림과 같이 3상 농형 유도 전동기 4대가 있다. 이에 대한 MCC반을 구성하고자 할 때 다음 각 물음에 답하시오.

(1) MCC(Motor Control Center)의 기기 구성에 대한 대표적인 장치를 3가지만 쓰시오.
(2) 전동기 기동방식을 기기의 수명과 경제적인 면을 고려한다면 어떤 방식이 적합한가?
(3) 콘덴서 설치시 제5 고조파를 제거하고자 한다. 그 대책에 대하여 설명하시오.
(4) 차단기는 보호계전기의 4가지 요소에 의해 동작 되도록 하는 데 그 4가지 요소를 쓰시오.

모범답안

(1) ① 차단장치 ② 기동장치 ③ 제어 및 보호장치

(2) 기동보상기법

(3) 콘덴서 용량의 6[%] 정도의 직렬리액터를 설치한다.

(4) ① 단일 전류 요소 ② 단일 전압 요소 ③ 전압·전류 요소 ④ 2전류 요소

▶참고 차단기를 동작시키는 보호계전기 4가지 요소
① 단일전류 요소 : 부족전류 계전기, 과전류 계전기, 지락과전류 계전기
② 단일전압 요소 : 부족전압 계전기, 과전압 계전기, 지락과전압 계전기
③ 전압전류 요소 : 선택지락 계전기, 방향단락 계전기
④ 2전류 요소 : 비율차동 계전기

12 펌프용 전동기 소요동력

배점 5

지표면상 10[m] 높이의 수조가 있다. 이 수조에 시간당 3600[m³]의 물을 양수하는데 필요한 펌프용 전동기의 소요 동력은 몇 [kW]인가? (단, 펌프 효율은 80[%]이고 펌프 축 동력에 20[%] 여유를 준다.)

모범답안 계산과정

▶참고 양수 펌프용 전동기의 소요동력

$$P = \frac{9.8 Q[\text{m}^3/\text{s}] \times H[\text{m}]}{\eta} \times K \quad \text{단, } H: \text{양정, } Q: \text{양수량, } K: \text{여유계수, } \eta: \text{효율}$$

$$P = \frac{9.8 \times \frac{3600}{3600}[\text{m}^3/\text{s}] \times 10}{0.8} \times 1.2 = 147[\text{kW}]$$

답 147[kW]

13 펌프용 전동기 소요동력

배점 5

지표면상 18[m] 높이의 수조가 있다. 이 수조에 25[m³/min] 물을 양수하는데 필요한 펌프용 전동기의 소요 동력은 몇 [kW]인가? (단, 펌프의 효율은 82[%]로 하고, 여유계수는 1.1로 한다.)

모범답안 계산과정

양수 펌프용 전동기의 소요동력

$$P = \frac{Q[\text{m}^3/\text{min}] \times H[\text{m}]}{6.12\eta} \times K \quad \text{단, } H: \text{양정, } Q: \text{양수량, } K: \text{여유계수, } \eta: \text{효율}$$

$$P = \frac{25 \times 18}{6.12 \times 0.82} \times 1.1 = 98.64[\text{kW}]$$

답 98.64[kW]

14 펌프용 전동기 소요동력

배점 5

건물옥상 수조에 분당 1500[ℓ]씩 물을 올리려 한다. 지하수조에서 옥상수조까지의 양정이 50[m]일 경우 전동기 용량은 몇 [kW] 이상으로 하여야 하는지 계산하시오. (단, 배관의 손실은 양정의 30[%]로 하며, 펌프 및 전동기 종합효율은 80[%], 여유계수는 1.1로 한다.)

모범답안 계산과정

펌프용 전동기 소요동력 $P = \dfrac{KQ_m H}{6.12\eta}$ [kW] ▶참고 $1000[\ell] = 1[\text{m}^3]$

분당 양수량 $Q_m = 1500[\ell/\text{min}] = 1.5[\text{m}^3/\text{min}]$

총 양정 $H = 50 + 50 \times 0.3 = 65[\text{m}]$

$P = \dfrac{KQ_m H}{6.12\eta} = \dfrac{1.1 \times 1.5 \times 65}{6.12 \times 0.8} = 21.91[\text{kW}]$

답 21.91[kW]

15 펌프용 전동기 운전시간

배점 5

1시간에 18[m³]로 솟아 나오는 지하수를 5[m]의 높이에 배수하고자 한다. 이때 5[kW]의 전동기를 사용한다면 매 시간당 몇 분씩 운전하면 되는지 구하시오. (단, 펌프의 효율은 75[%]로 하고, 관로의 손실계수는 1.1로 한다.)

모범답안 계산과정

양수 펌프용 전동기의 소요동력

$P = \dfrac{Q[\text{m}^3/\text{min}] \times H[\text{m}]}{6.12\eta} \times K = \dfrac{\dfrac{V}{t} \times H}{6.12\eta} \times K$ 에서

단, H : 양정, Q : 양수량, K : 손실계수, η : 효율, $V[\text{m}^3]$, t : 시간[분]

$t = \dfrac{V \times H}{P \times 6.12\eta} \times K = \dfrac{18 \times 5}{5 \times 6.12 \times 0.75} \times 1.1 = 4.31[\text{분}]$

답 4.31[분]

16 변압기 V결선 - 1φTR용량   배점 5

매분 10[m³]의 물을 높이 15[m]인 탱크에 양수하는데 필요한 전력을 V 결선한 변압기로 공급한다면, 여기에 필요한 단상 변압기 1대의 용량은 몇 [kVA]인가? (단, 펌프와 전동기의 합성 효율은 65[%]이고, 전동기의 전부하 역률은 90[%]이며, 펌프의 축동력은 15[%]의 여유를 본다고 한다.)

모범답안 계산과정

양수 펌프용 전동기의 소요동력

$P = \dfrac{Q[\text{m}^3/\text{min}] \times H[\text{m}]}{6.12\eta} \times K$ 단, H : 양정, Q : 양수량, K : 여유계수, η : 효율

$P = \dfrac{10 \times 15}{6.12 \times 0.65 \times 0.9} \times 1.15 = 48.18[\text{kVA}]$

V결선시 변압기 용량 $P_V = \sqrt{3}\, P_1[\text{kVA}]$ (단, P_1 : 단상변압기 1대 용량)

▶참고 양수용 펌프용 전동기의 용량만큼 변압기 용량이 필요

단상 변압기 1대 용량 $P_1 = \dfrac{P_V}{\sqrt{3}} = \dfrac{\text{소요동력}}{\sqrt{3}} = \dfrac{48.18}{\sqrt{3}} = 27.82[\text{kVA}]$ 답 27.82[kVA]

17 변압기 V결선 - 1φTR용량   배점 5

지표면상 15[m] 높이에 수조가 있다. 이 수조에 매초 0.2[m³]의 물을 양수하려고 한다. 여기에 사용되는 펌프용 전동기에 3상 전력을 공급하기 위하여 단상 변압기 2대를 사용하였다. 펌프 효율이 55[%]이면, 변압기 1대의 용량은 몇 [kVA]이며, 이때의 결선방법을 쓰시오. (단, 펌프용 3상 농형 유도전동기의 역률은 90[%]이며, 여유계수는 1.1로 한다.)

(1) 변압기 1대의 용량은 몇 [kVA]인가?
   ◦계산과정 :   ◦답 :
(2) 이 때 결선방식은 무엇인가?

모범답안 계산과정

(1) 양수 펌프용 전동기의 소요동력

$P = \dfrac{9.8QH}{\eta \times \cos\theta} \times K = \dfrac{9.8 \times 0.2 \times 15}{0.55 \times 0.9} \times 1.1 = 65.33[\text{kVA}]$

$P_V = \sqrt{3} \times P_1 [\text{kVA}] \rightarrow P_1 = \dfrac{65.33}{\sqrt{3}} = 37.72[\text{kVA}]$

답 37.72[kVA]

(2) V-V결선

---

18 변압기 V결선 – 1φTR용량

배점 5

지표면상 10[m] 높이에 수조가 있다. 이 수조에 초당 1[m³]의 물을 양수하는데 사용되는 펌프용 전동기에 3상 전력을 공급하기 위하여 단상 변압기 2대를 V결선하였다. 펌프 효율이 70[%]이고, 펌프축 동력에 20[%]의 여유를 두는 경우 다음 각 물음에 답하시오. (단, 펌프용 3상 농형 유도 전동기의 역률을 100[%]로 가정한다.)

(1) 펌프용 전동기의 소요 동력은 몇 [kW]인가?
    ◦계산과정 :   ◦답 :
(2) 변압기 1대의 용량은 몇 [kVA]인가?
    ◦계산과정 :   ◦답 :

모범답안 계산과정

(1) $P = \dfrac{9.8QH}{\eta} \times K = \dfrac{9.8 \times 1 \times 10}{0.7} \times 1.2 = 168[\text{kW}]$

답 168[kW]

(2) V결선시 변압기 용량 $P_V = \sqrt{3}\,P_1 = 168[\text{kVA}]$ ($\because \cos\theta = 1$)

$P_1 = \dfrac{P_V}{\sqrt{3}} = \dfrac{168}{\sqrt{3}} = 96.99[\text{kVA}]$

답 96.99[kVA]

19 권상용 전동기

배점 5

어느 공장에서 기중기의 권상하중 80[t], 12[m] 높이를 4분에 권상하려고 한다. 이것에 필요한 권상 전동기의 출력을 구하시오. (단, 권상기구의 효율은 70[%]이다.)

모범답안 **계산과정**

권상기용 전동기 소요동력 $P = \dfrac{9.8Gv}{\eta} = \dfrac{GV}{6.12\eta}$ [kW]

v : 권상속도[m/sec], V : 권상속도[m/min], G : 권상하중[ton], η : 효율

$P = \dfrac{G \times V}{6.12\eta} = \dfrac{80 \times 12/4}{6.12 \times 0.7} = 56.02$ [kW]

답 56.02[kW]

20 권상용 전동기

배점 5

무게 2.5[t]의 물체를 매분 25[m]의 속도로 권상하는 권상용 전동기의 출력은 몇 [kW]로 하면 되는지 계산하시오. (단, 권상기 효율은 80[%], 여유계수는 1.1)

모범답안 **계산과정**

▶참고 권상기용 전동기 소요동력 $P = \dfrac{GV}{6.12\eta} \times K$ [kW]

v : 권상속도[m/sec], V : 권상속도[m/min], G : 권상하중 [ton], η : 효율

$P = \dfrac{2.5 \times 25}{6.12 \times 0.8} \times 1.1 = 14.04$ [kW]

답 14.04[kW]

21 엘리베이터용 전동기 [기사전용] 배점 4

그림과 같은 2:1 로핑의 기어레스 엘리베이터에서 적재하중은 1000[kg], 속도는 140[m/min]이다. 구동 로프 바퀴의 직경은 760[mm]이며, 기체의 무게는 1500[kg]인 경우 다음 각 물음에 답하시오. (단, 평형률은 0.6, 엘리베이터의 효율은 기어레스에서 1:1 로핑인 경우는 85[%], 2:1 로핑인 경우에는 80[%]이다.)

(1) 권상 소요동력은 몇 [kW]인지 계산하시오.
　◦계산과정 :　　　　　　　　　　　　　　　　　　　　◦답 :
(2) 전동기의 회전수는 몇 [rpm]인지 계산하시오.
　◦계산과정 :　　　　　　　　　　　　　　　　　　　　◦답 :

(2:1 로핑)

모범답안 계산과정

(1) 권상기의 소요 동력 $P = \dfrac{KGV}{6.12\eta}$ [kW]

단, G : 적재하중[ton], V : 엘리베이터 속도[m/min], η : 권상기 효율, K : 평형률

$P = \dfrac{0.6 \times 1 \times 140}{6.12 \times 0.8} = 17.156$ [kW]　　　　　답　17.16[kW]

(2) $V = \pi D N$ [m/min] → 전동기의 회전수 $N = \dfrac{V}{\pi D} = \dfrac{140 \times 2}{\pi \times 0.76} = 117.27$ [rpm]

단, V : 로프의 속도[m/min], D : 구동로프바퀴의 직경[m]　　답　117.27[rpm]

22 역률·콘덴서 용량·적재하중

배점 9

평형 3상 회로에 그림과 같은 유도 전동기가 있다. 이 회로에 2개의 전력계와 전압계 및 전류계를 접속하였더니 그 지시값은 $W_1=2.9[kW]$, $W_2=6[kW]$, 전압계의 지시는 $200[V]$, 전류계의 지시는 $30[A]$ 이었다. 이 때 다음 각 물음에 답하시오.

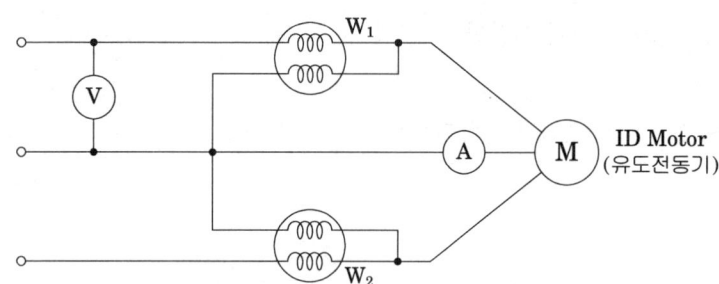

(1) 이 유도 전동기의 역률은 몇 [%]인가?
  ◦ 계산 과정 :   ◦ 답 :

(2) 역률을 90[%]로 개선하고자 할 때 전력용 콘덴서는 몇 [kVA]가 필요한가?
  ◦ 계산 과정 :   ◦ 답 :

(3) 이 유도 전동기로 매분 20[m]의 속도로 물체를 끌어 올린다면 몇 [ton]까지 가능한가?
  (단, 종합 효율은 80[%]로 계산한다.)
  ◦ 계산 과정 :   ◦ 답 :

모범답안 계산과정

(1) $\cos\theta = \dfrac{P}{P_a} = \dfrac{W_1+W_2}{\sqrt{3}\,VI} \rightarrow \dfrac{(2.9+6)\times 10^3}{\sqrt{3}\times 200\times 30}\times 100 = 85.64[\%]$ **답** 85.64[%]

> **참고** 3상 전력의 측정 [2전력계법]
> ◦ 유효전력 $P = W_1+W_2 = \sqrt{3}\,VI\cos\theta$ [W]
> ◦ 무효전력 $P_r = \sqrt{3}\,(W_1-W_2) = \sqrt{3}\,VI\sin\theta$ [Var]
> ◦ 피상전력 $P_a = 2\sqrt{W_1^2+W_2^2-W_1W_2} = \sqrt{3}\,VI$ [VA]
> ◦ 역률 $\cos\theta = \dfrac{P}{P_a}\times 100 = \dfrac{W_1+W_2}{2\sqrt{W_1^2+W_2^2-W_1W_2}}\times 100$ [%]

(2) 콘덴서 용량

$$Q = 8.9 \times \left(\frac{\sqrt{1-0.86^2}}{0.86} - \frac{\sqrt{1-0.9^2}}{0.9} \right) = 0.97 [\text{kVA}]$$

답 0.97[kVA]

(3) 적재하중

$$G = \frac{6.12 P \eta}{V} = \frac{6.12 \times 8.9 \times 0.8}{20} = 2.18 [\text{ton}]$$

답 2.18[ton]

12 계측설비 설계

01 오차율·참값

배점 5

%오차가 $-4[\%]$인 전압계로 측정한 값이 $100[V]$라면 그 참값은 얼마인지 계산하시오.

모범답안 계산과정

오차율$=\dfrac{\text{오차}}{\text{참값}}=\dfrac{\text{측정값}-\text{참값}}{\text{참값}}$ 에서

참값$=\dfrac{\text{측정값}}{1+\dfrac{\text{오차율}}{100}}=\dfrac{100}{1-\dfrac{4}{100}}=104.17[V]$

답 $104.17[V]$

02 보정값·보정률·참값

배점 5

%보정률이 $-0.8[\%]$인 전압계로 측정한 값이 $103[V]$라면 그 참값은 얼마인가?

모범답안 계산과정

① 보정률$=\dfrac{\text{보정값}}{\text{측정값}}$ → 보정값$=$측정값$\times$보정률$=103\times(-0.008)=-0.824[V]$

② $\therefore$ 참값$=$측정값$+$보정값$=103+(-0.824)=102.18[V]$

답 $102.18[V]$

03 오차·오차율·보정값·보정률

배점 5

전압 1.0183[V]를 측정하는데 측정값이 1.0092[V]이었다. 이 경우의 다음 각 물음에 답하시오. (단, 소수점 이하 넷째 자리까지 구하시오.)

(1) 오차   ◦계산과정 :   ◦답 :
(2) 오차율 ◦계산과정 :   ◦답 :
(3) 보정값 ◦계산과정 :   ◦답 :
(4) 보정률 ◦계산과정 :   ◦답 :

모범답안 계산과정

(1) 오차 = 측정값 − 참값 = 1.0092 − 1.0183 = −0.0091   답 −0.0091

(2) 오차율 = $\dfrac{\text{오차}}{\text{참값}} = \dfrac{-0.0091}{1.0183} = -0.0089$ 답 −0.0089

(3) 보정값 = 참값 − 측정값 = 1.0183 − 1.0092 = 0.0091   답 0.0091

(4) 보정률 = $\dfrac{\text{보정값}}{\text{측정값}} = \dfrac{0.0091}{1.0092} = 0.0090$ 답 0.0090

04 측정값·오차율·참값

배점 5

100[V], 20[A]용 단상 적산 전력계에 어느 부하를 가할 때 원판의 회전수 20회에 대하여 40.3[초]걸렸다. 만일 이 계기의 20[A]에 있어서 오차가 +2[%]라 하면 부하전력은 몇 [kW]인가? (단, 이 계기의 계기 정수는 1000[Rev/kWh]이다.)

모범답안 계산과정

부하전력 측정값 $P = \dfrac{3600}{k} \times n = \dfrac{3600}{1000} \times \dfrac{20}{40.3} = 1.79[\text{kW}]$

오차율 = $\dfrac{\text{측정값} - \text{참값}(P_T)}{\text{참값}(P_T)} \times 100[\%]$ → $0.02 = \dfrac{1.79 - P_T}{P_T}$ → $(1+0.02)P_T = 1.79$

∴ 참값 $P_T = \dfrac{1.79}{1.02} = 1.75[\text{kW}]$ 답 1.75[kW]

05 저항 측정법

배점 5

1개의 전류계 및 전압계를 이용하여 변압기 권선의 저항을 측정하기 위한 회로도를 그리시오.

(1) 전압 및 전류계법으로 저항값을 측정하기 위한 회로를 주어진 정보로 완성하시오.

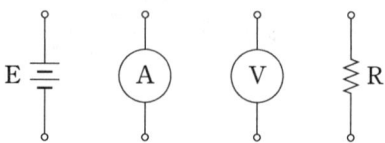

(2) 변압기 2차 권선의 저항을 구하는 공식을 쓰시오.

> **모범답안**
>
> (1) 전류계는 직렬연결, 전압계는 병렬연결하고, 저항에 전류를 흘리면 전압강하가 발생하는 것을 이용하여 저항값을 측정하는 방법이다.
>
>
>
> (2) $R(\text{권선의 저항}) = \dfrac{V(\text{전압계측정 전압})}{I(\text{전류계측정 전류})}$

06 전등의 저항 배점 5

다음 그림과 같이 L_1 전등 100[V] 200[W], L_2 전등 100[V] 250[W]을 직렬로 연결하고 200[V]를 인가하였을 때 L_1, L_2 전등에 걸리는 전압을 동일하게 유지하기 위하여 어느 전등에 몇 [Ω]의 저항을 병렬로 설치하여야 하는가?

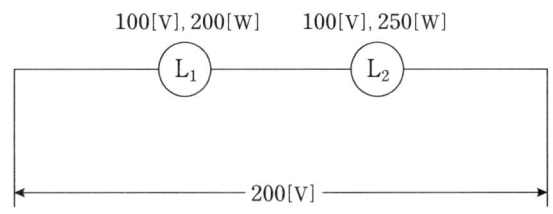

모범답안 계산과정

각 전등에 같은 전압이 가해지기 위해서는 각 전등의 저항값이 같아야 한다.

① 전등 L_1의 저항, L_2의 저항을 각각 계산한다.

$$R_1 = \frac{V^2}{P_1} = \frac{100^2}{200} = 50[\Omega], \quad R_2 = \frac{V^2}{P_2} = \frac{100^2}{250} = 40[\Omega]$$

② 전등 L_1의 저항이 더 크므로, L_1에 병렬로 저항을 병렬로 설치한다.

③ $\frac{50 \times R}{50 + R} = 40[\Omega]$ → $50R = 2000 + 40R$ → $\therefore R = 200[\Omega]$

답 200[Ω]

07 전압의 측정[전압분배] 배점 5

최대 눈금 250[V] 전압계 V_1, V_2를 직렬로 접속하여 측정하면 몇 [V]까지 측정할 수 있는가? (단 전압계 내부 저항 V_1은 15[kΩ], V_2는 18[kΩ]으로 한다.)

모범답안 계산과정

전압분배법칙 $E = \frac{R_2}{R_1 + R_2} \times V$ → $250 = \frac{18}{15 + 18} \times V$

$\therefore V = \frac{250 \times (15+18)}{18} = 458.33[V]$

답 458.33[V]

08 전압측정[배율기]

배점 4

그림과 같은 회로에서 단자전압이 V_0일 때 전압계의 눈금 V로 측정하기 위해서는 배율기의 저항 R_m은 얼마로 하여야 하는가? (단, 전압계의 내부저항은 R_v로 한다.)

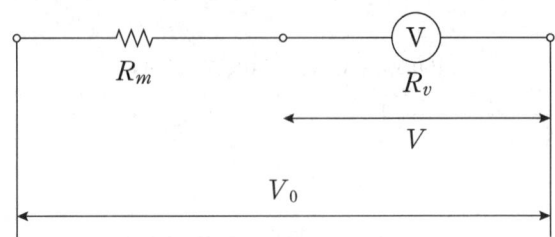

모범답안 계산과정

$V = IR_v$, $I = \dfrac{V_0}{R_m + R_v}$ 이므로

$V = \dfrac{R_v}{R_m + R_v} \times V_0$ → ∴ $R_m = R_v \times \left(\dfrac{V_0}{V} - 1\right)$

답 $R_m = R_v \times \left(\dfrac{V_0}{V} - 1\right)$

09 분류기의 저항

배점 4

측정범위 1[mA], 내부저항 20[kΩ]의 전류계에 분류기를 붙여서 5[mA]까지 측정하고자 한다. 몇 [Ω]의 분류기를 사용하여야 하는지 계산하시오.

모범답안 계산과정

$I_0 = \left(1 + \dfrac{r}{R}\right) I_a$ 에서, $R = \dfrac{r}{\left(\dfrac{I_0}{I_a} - 1\right)} = \dfrac{20 \times 10^3}{\left(\dfrac{5 \times 10^{-3}}{1 \times 10^{-3}} - 1\right)} = 5000 [\Omega]$

답 5000[Ω]

Chapter 12. 계측설비 설계

> **POINT** 분류기
>
> 전류계의 계측범위 보다 큰 전류를 측정하고자 할 때 전류계의 측정범위를 넓히기 위하여 전류계에 저항을 병렬로 연결한 것을 분류기라 한다. 상단 그림에서 전류계에 대한 내부저항을 r_a이라 한다면 외부저항 R_s가 병렬이 되므로 이때 전류계에 흐르는 전류는 전류분배법칙에 의하여 $I_a = \dfrac{R_s}{R_s + r_a} I$에서 전류비 $\dfrac{I}{I_a} = \dfrac{R_s + r_a}{R_s}$이다.
>
> 전류비 $\dfrac{I}{I_a} = m$는 분류기의 배율로서 $m = \dfrac{I}{I_a} = 1 + \dfrac{r_a}{R_s}$가 된다.
>
> 여기서 R_s는 분류기 저항, r_a는 전류계의 내부저항, m은 분류기의 배율, I는 측정코자 하는 전류, I_a는 전류계의 최고측정한도전류이다.

---

10 전류계의 내부저항

배점 5

그림과 같은 회로에서 최대 눈금 15[A]의 직류 전류계 2개를 접속하고 전류 20[A]를 흘리면 각 전류계의 지시는 몇 [A]인가? (단, 전류계 최대 눈금의 전압강하는 A_1이 75[mV], A_2가 50[mV]이다.)

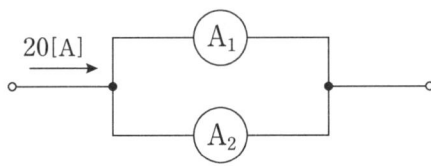

모범답안 계산과정

① 각 전류계의 내부저항을 계산

$$R_1 = \frac{e_1}{I_{max}} = \frac{75 \times 10^{-3}}{15} = 5 \times 10^{-3}[\Omega], \quad R_2 = \frac{e_2}{I_{max}} = \frac{50 \times 10^{-3}}{15} = 3.33 \times 10^{-3}[\Omega]$$

② 각 전류계에 흐르는 전류 I_1, I_2를 계산

- $I_1 = \dfrac{3.33 \times 10^{-3}}{5 \times 10^{-3} + 3.33 \times 10^{-3}} \times 20 = 8[A]$
- $I_2 = I - I_1 = 20 - 8 = 12[A]$

답 $I_1 = 8[A], \ I_2 = 12[A]$

11 단상 3선식 – 중성선 단선

배점 6

다음 그림과 같은 단상 3선식 회로에서 중성선이 X점에서 단선되었다면 부하 A 및 B의 단자전압은 몇 [V]인가?

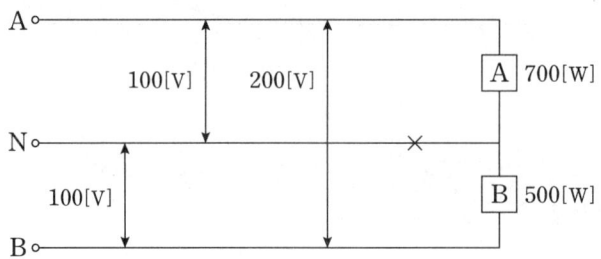

모범답안 계산과정

- $R_A = \dfrac{V^2}{P_A} = \dfrac{100^2}{700} = 14.29[\Omega]$
- $R_B = \dfrac{V^2}{P_B} = \dfrac{100^2}{500} = 20[\Omega]$

① $V_A = \dfrac{14.29}{14.29 + 20} \times 200 = 83.35[V]$

답 83.35[V]

② $V_B = 200 - 83.35 = 116.65[V]$

답 116.65[V]

12 소비전력 - 주파수 변동

배점 5

저항 4[Ω]과 정전용량 C[F]인 직렬 회로에 주파수 60[Hz]의 전압을 인가한 경우 역률이 0.8이었다. 이 회로에 30[Hz], 220[V]의 교류 전압을 인가하면 소비전력은 몇 [W]가 되겠는가?

모범답안 계산과정

① 60[Hz]에서의 용량성 리액턴스(X_c)를 구한다.

$$\cos\theta = \frac{R}{\sqrt{R^2+X_c^2}} = \frac{4}{\sqrt{4^2+X_c^2}} = 0.8 \rightarrow \text{용량성리액턴스 } X_c = \sqrt{\left(\frac{4}{0.8}\right)^2 - 4^2} = 3[\Omega]$$

② 용량성 리액턴스는 주파수에 반비례하므로 주파수가 30[Hz]일 경우의 용량성 리액턴스 $X_c' = 6[\Omega]$이다.

③ 소비전력 $P = I^2 R = \left(\frac{V}{Z}\right)^2 \times R = \frac{V^2}{R^2 + X_c'^2} \times R = \frac{220^2}{4^2 + 6^2} \times 4 = 3723.08[\text{W}]$

답 3723.08[W]

13 거리계전기

배점 5

거리계전기의 설치점에서 고장점까지의 임피던스를 70[Ω]이라고 하면 계전기측에서 본 임피던스는 몇 [Ω]인가? (단, PT의 비는 154000/110[V], CT의 변류비는 500/5[A]이다.)

모범답안 계산과정

계전기 측에서 본 임피던스

$$Z_s = Z_F \times CT\text{비} \times \frac{1}{PT\text{비}} = 70 \times \frac{500}{5} \times \frac{110}{154000} = 5[\Omega]$$

답 5[Ω]

14 저항 측정방법

배점 6

다음의 저항을 측정하는데 가장 적당한 방법이 무엇인가?

(1) 황산구리의 용액
(2) 길이 1[m]의 연동선
(3) 백열 상태에 있는 백열전구의 필라멘트
(4) 검류계의 내부저항

모범답안
(1) 코올라시 브리지법 (2) 캘빈더블 브리지법(또는 전위차계법)
(3) 전압강하법 (4) 휘스톤 브리지법

15 계측기의 종류

배점 5

다음과 같은 값을 측정하는데 어떤 측정기기를 사용하는 것이 적합한지 쓰시오.

(1) 단선인 전선의 굵기
(2) 옥내 전등선의 절연저항
(3) 접지저항

모범답안
(1) 와이어 게이지   (2) 메거(절연저항계)   (3) 접지저항 측정기

16 계측기의 종류

배점 5

다음 각 항목을 측정하는데 가장 알맞은 계측기 또는 측정방법을 쓰시오.

(1) 변압기의 절연저항 (2) 검류계의 내부저항
(3) 전해액의 저항 (4) 배전선의 전류
(5) 절연 재료의 고유저항

> **모범답안**
> (1) 메거(절연저항계) (2) 휘스톤 브리지법 (3) 콜라우시 브리지법
> (4) 후크온 메타 (5) 메거(절연저항계)

17 후크온 미터 [산기전용] 배점 5

저압 케이블 회로의 누전점을 HOOK-ON 미터로 탐지하려고 한다. 다음 각 물음에 답하시오.

(1) 저압 3상4선식 선로의 합성 전류를 HOOK-ON 미터로 아래 그림과 같이 측정하였다. 부하측에서 누전이 없는 경우 HOOK-ON 미터 지시값은 몇 [A]를 지시하는지 쓰시오.

(2) 다른 곳에는 누전이 없고, "G"지점에서 3[A]가 누전되면 "S"지점에서 HOOK-ON 미터 검출 전류는 몇 [A]가 검출되고, "K" 지점에서 HOOK-ON 미터 검출 전류는 몇 [A]가 검출되는지 쓰시오.

> **모범답안**
>
> (1) 0[A]
>
> (2) "S" 지점에서의 검출전류 : 3[A]
>   "K" 지점에서의 검출전류 : 0[A]

18 오실로스코프   [기사전용]   배점 9

오실로스코프의 감쇄 probe는 입력 전압의 크기를 10배의 배율로 감소시키도록 설계되어 있다. 그림에서 오실로스코프의 입력 임피던스 R_s는 1[MΩ]이고, probe의 내부 저항 R_p는 9[MΩ]이다.

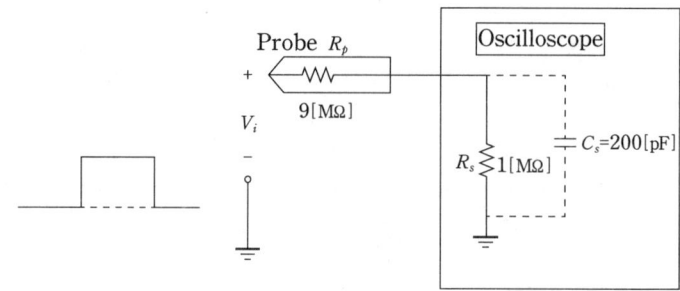

(1) 이 때 Probe의 입력전압을 $v_i = 220$[V]라면 Oscilloscope에 나타나는 전압은?
   ◦ 계산 과정 :   ◦ 답 :

(2) Oscilloscope의 내부저항 $R_s = 1$[MΩ]과 $C_s = 200$[pF]의 콘덴서가 병렬로 연결되어 있을 때 콘덴서 C_s에 대한 테브난의 등가회로가 다음과 같다면 시정수 τ와 $v_i = 220$[V]일 때의 테브난의 등가전압 E_{th}를 구하시오.

   − 시정수   ◦ 계산 과정 :   ◦ 답 :
   − 등가전압 ◦ 계산 과정 :   ◦ 답 :

(3) 인가 주파수가 10[kHz]일 때 주기는 몇 [ms]인가?
   ◦ 계산 과정 :   ◦ 답 :

Chapter 12. 계측설비 설계

모범답안 계산과정

(1) $V_o = \dfrac{V_i}{n} = \dfrac{220}{10} = 22[V]$ (단, 여기서 n : 배율, V_i : 입력전압) **답** 22[V]

(2) 시정수 $\tau = R_{th} C_s = 0.9 \times 10^6 \times 200 \times 10^{-12} = 180 \times 10^{-6}[sec]$ **답** $180[\mu sec]$

등가전압 $E_{th} = \dfrac{R_s}{R_p + R_s} \times v_i = \dfrac{1}{9+1} \times 220 = 22[V]$ **답** 22[V]

(3) $T = \dfrac{1}{f} = \dfrac{1}{10 \times 10^3} = 0.1 \times 10^{-3}[sec] = 0.1[msec]$ **답** 0.1[msec]

---

19 고장점 탐지법·절연 감시법

배점 4

다음은 지중 케이블의 사고점 측정법과 절연의 건전도를 측정하는 방법을 열거한 것이다. 다음 아래의 보기에 있는 측정방법에서 사고점 측정법과 절연 감시법을 구분하시오.

[보기]

① Megger법　　② Tanδ　　③ 부분 방전 측정법
④ Murray Loop법　　⑤ Capacity Birdge 법　　⑥ Pulse radar 법

(1) 사고점 측정법 :
(2) 절연 감시법 :

모범답안

(1) 사고점 측정법 : ④, ⑤, ⑥
(2) 절연 감시법 : ①, ②, ③

20. 지중 케이블 고장점 탐지법

배점: 6

지중 배전선로에서 사용하는 대부분의 전력케이블은 합성수지의 절연체를 사용하고 있어 사용기간의 경과에 따라 충격전압 등의 영향으로 절연 성능이 떨어진다. 이러한 전력케이블의 고장점 측정을 위해 사용되는 고장점 탐지법 3가지와 각각의 사용 용도를 쓰시오.

고장점 탐지법	사 용 용 도

모범답안

고장점 탐지법	사 용 용 도
머레이 루프법	1선지락사고, 선간단락사고시 고장점 탐지
펄스 측정법	3선단락 및 지락사고시 고장점 탐지
정전용량법	단선사고 등의 고장점 탐지

21. 머레이 루프법

배점: 4

머레이 루프(Murray loop)법으로 선로의 고장지점을 찾고자 한다. 길이가 $4[\text{km}](0.2[\Omega/\text{km}])$인 선로가 그림과 같이 접지고장이 생겼을 때 고장점까지의 거리 X는 몇 $[\text{km}]$인지 구하시오. (단, G는 검류계이고, $P=170[\Omega]$, $Q=90[\Omega]$에서 브리지가 평형 되었다고 한다.)

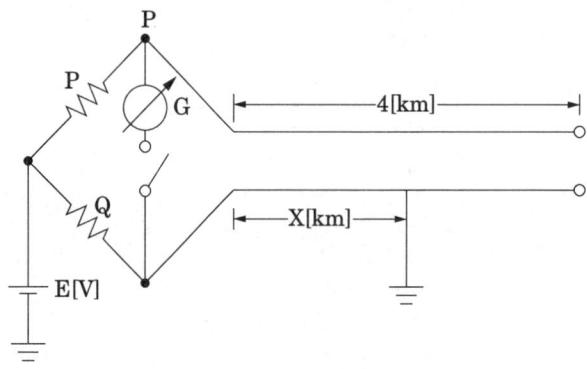

모범답안 **계산과정**

브리지 평형조건 : $PX = Q(8-X)$ (단, 왕복선의 길이 8[km])

$X = \dfrac{8Q}{P+Q} = \dfrac{8 \times 90}{170+90} = 2.77 \text{[km]}$ **답** 2.77[km]

22 전력의 측정 – 3전류계법

배점 5

그림과 같이 전류계 3개를 이용하여 부하전력을 측정하고자 한다. 각 전류계의 지시가 $A_1 = 7\text{[A]}$, $A_2 = 4\text{[A]}$, $A_3 = 10\text{[A]}$이고, $R = 20[\Omega]$일 때 부하의 역률과 전력을 구하시오.

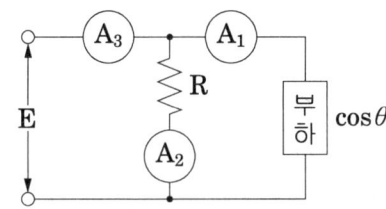

(1) 부하전력[W]을 구하시오.
  ◦ 계산과정 :   ◦ 답 :
(2) 부하 역률을 구하시오.
  ◦ 계산과정 :   ◦ 답 :

모범답안 **계산과정**

(1) 부하전력 $P = \dfrac{R}{2}(A_3^2 - A_2^2 - A_1^2) = \dfrac{20}{2}(10^2 - 4^2 - 7^2) = 350\text{[W]}$ **답** 350[W]

(2) 부하역률 $\cos\theta = \dfrac{A_3^2 - A_2^2 - A_1^2}{2A_2 A_1}$ → $\cos\theta = \dfrac{10^2 - 4^2 - 7^2}{2 \times 4 \times 7} \times 100 = 62.5[\%]$

답 62.5[%]

POINT 전력의 측정

1. 3전류계 측정법

   - 전력 $P = \dfrac{R}{2}(A_3^2 - A_2^2 - A_1^2)$

   - 역률 $\cos\theta = \dfrac{A_3^2 - A_2^2 - A_1^2}{2A_1 A_2}$

2. 3전압계 측정법

   - 전력 $P = \dfrac{1}{2R}(V_3^2 - V_2^2 - V_1^2)$

   - 역률 $\cos\theta = \dfrac{V_3^2 - V_2^2 - V_1^2}{2V_1 V_2}$

3. 2전력계법

   - 유효전력 $P = W_1 + W_2 = \sqrt{3}\,VI\cos\theta\,[\text{W}]$
   - 무효전력 $P_r = \sqrt{3}\,(W_1 - W_2) = \sqrt{3}\,VI\sin\theta\,[\text{Var}]$
   - 피상전력 $P_a = 2\sqrt{W_1^2 + W_2^2 - W_1 W_2} = \sqrt{3}\,VI\,[\text{VA}]$
   - 역률 $\cos\theta = \dfrac{P}{P_a} = \dfrac{W_1 + W_2}{2\sqrt{W_1^2 + W_2^2 - W_1 W_2}}$

23 2전력계법   배점 6

어떤 부하에 그림과 같이 접속된 전압계, 전류계 및 전력계의 지시가 각각 $V=200[\text{V}]$, $I=34[\text{A}]$, $W_1=6.24[\text{kW}]$, $W_2=3.77[\text{kW}]$이다. 이 부하에 대하여 다음 각 물음에 답하시오.

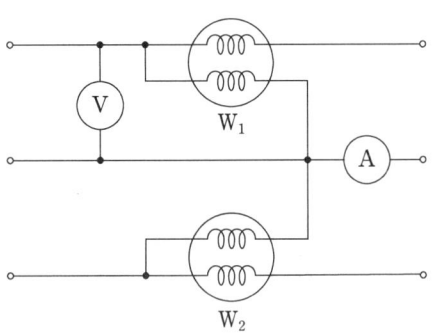

(1) 소비 전력은 몇 [kW]인가?
 ◦ 계산과정 :   ◦ 답 :

(2) 피상 전력은 몇 [kVA]인가?
 ◦ 계산과정 :   ◦ 답 :

(3) 부하 역률은 몇 [%]인가?
 ◦ 계산과정 :   ◦ 답 :

모범답안 계산과정

(1) 소비전력 $P = W_1 + W_2 = 6.24 + 3.77 = 10.01[\text{kW}]$ 답 10.01[kW]

(2) 피상전력 $P_a = \sqrt{3} \times VI = \sqrt{3} \times 200 \times 34 \times 10^{-3} = 11.78[\text{kVA}]$ 답 11.78[kVA]

(3) 부하역률 $\cos\theta = \dfrac{P}{P_a} = \dfrac{10.01}{11.78} \times 100 = 84.97[\%]$ 답 84.97[%]

24 2전력계법

배점 9

평형 3상 회로로 운전하는 유도전동기의 회로를 2전력계법에 의하여 측정하고자 한다. 다음 물음에 답하시오.

(1) 전력계 W_1, W_2 전류계 A, 전압계 V를 결선하시오.

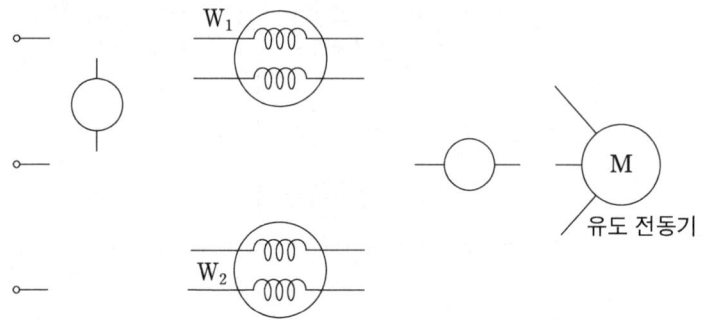

(2) $W_1=5[\text{kW}]$, $W_2=4.5[\text{kW}]$, $V=380[\text{V}]$, $I=18[\text{A}]$일 때 전동기의 역률은 몇 [%]인가?
　◦계산과정 :　　　　　　　　　　　　　　　　　　　　　◦답 :

(3) 유도전동기를 직입 기동방식에서 Y-△ 기동방식으로 변경할 때 기동전류는 어떻게 변화하는가?

(4) 유도전동기의 주파수가 60[Hz]이고 4극이라면 회전수는 몇 [rpm]인가?
　◦계산과정 :　　　　　　　　　　　　　　　　　　　　　◦답 :

모범답안 **계산과정**

(1) [결선도]

(2) ① 유효 전력 $P=W_1+W_2=5+4.5=9.5[\text{kW}]$

　② 피상 전력 $P_a=\sqrt{3}\times 380\times 18\times 10^{-3}=11.85[\text{kVA}]$

　③ 역률 $\cos\theta=\dfrac{P}{P_a}=\dfrac{9.5}{11.85}\times 100=80.17[\%]$　　답 80.17[%]

(3) △기동시 보다 $\frac{1}{3}$배 감소한다.

(4) $N_s = \dfrac{120f}{p} = \dfrac{120 \times 60}{4} = 1800[\text{rpm}]$ 　　　답　1800[rpm]

13 설비불평형률

01 설비불평형률 - 1φ3W

배점 4

그림과 같은 단상 3선식 선로에서 설비 불평형률은 몇 [%]인가?

모범답안 **계산과정**

▶참고 단상 3선식

설비불평형률 = $\dfrac{\text{중성선과 각 전압측 전선간에 접속되는 부하설비용량[kVA]의 차}}{\text{총 부하설비용량[kVA]의 } \dfrac{1}{2}} \times 100[\%]$

설비불평형률 = $\dfrac{8-5}{(8+5+8) \times \dfrac{1}{2}} \times 100 = 28.57[\%]$

답 28.57[%]

02 설비불평형률 - 1φ3W

배점 5

그림과 같은 단상 3선식 100/200[V] 수전의 경우 설비 불평형률을 구하고 그림과 같은 설비가 양호하게 되었는지의 여부를 판단하시오. (단, Ⓗ는 전열기 부하이고, Ⓜ은 전동기 부하임)

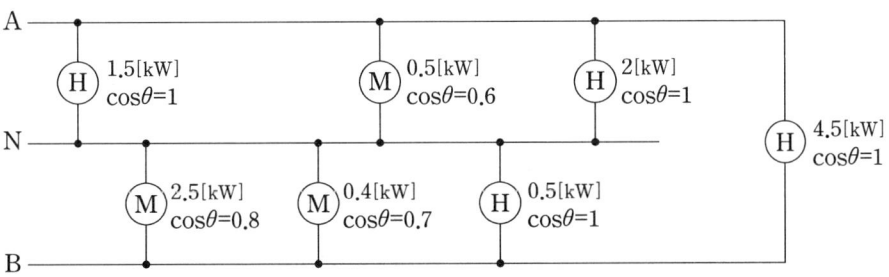

모범답안 계산과정

- $P_{AN} = 1.5 + \dfrac{0.5}{0.6} + 2 = 4.33 \text{[kVA]}$
- $P_{BN} = \dfrac{2.5}{0.8} + \dfrac{0.4}{0.7} + 0.5 = 4.2 \text{[kVA]}$

∴ 설비불평형률 $= \dfrac{4.33 - 4.2}{(4.33 + 4.2 + 4.5) \times \dfrac{1}{2}} \times 100 = 2[\%]$ 이며, 설비불평형률이 40[%] 이하이므로 양호한 설비이다.

03 설비불평형률 – 1φ3W

배점 9

그림과 같은 단상 3선식 수전인 경우 다음 각 물음에 답하시오.

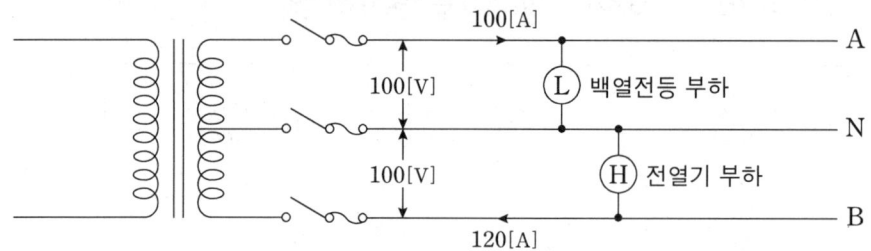

(1) 2차측이 폐로되어 있다고 할 때 설비 불평형률은 몇 [%]인가?

(2) 변압기 2차측에서 부하전단까지 누락되거나 잘못된 부분이 3가지 있다. 이것을 지적하고 올바른 그림을 그리시오. 접지가 필요한 경우 표시하시오.

모범답안 | 계산과정

(1) 설비불평형률 = $\dfrac{120-100}{(100+120) \times \dfrac{1}{2}} \times 100 = 18.18[\%]$

답 18.18[%]

(2) ① 중성선에 접지공사를 한다.
　　(이유 : 1, 2차 혼촉시 2차측 전위상승 억제)
　② 중성선에는 퓨즈를 넣지 않고 동선으로 직결한다.
　　(이유 : 퓨즈가 용단되는 경우 전압 불평형에 의해 경부하측의 전위상승 억제)
　③ 개폐기는 3극 동시 동작형 개폐기를 사용한다.
　　(이유 : 동시에 개폐되지 않을 경우 전압불평형 발생 가능)

04 설비불평형률 - 3ϕ3W

배점 4

그림과 같은 3상 3선식 배전선로에서 불평형률을 구하고, 양호하게 되었는지의 여부를 판단하시오.

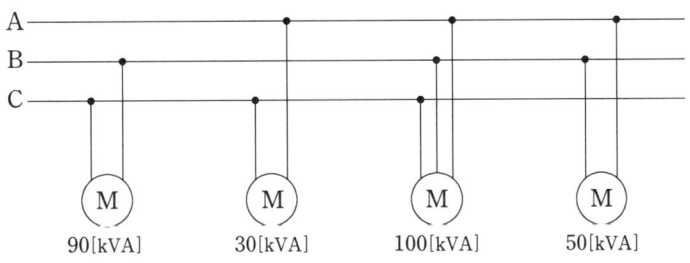

모범답안 **계산과정**

3상3선식 설비불평형률

$$= \frac{\text{각 선간에 접속되는 단상부하 총 설비용량의 최대와 최소의 차[kVA]}}{\text{총 부하설비용량[kVA]} \times \frac{1}{3}} \times 100$$

$$= \frac{90-30}{(90+30+100+50) \times \frac{1}{3}} \times 100 = 66.67[\%]$$

▶ **참고** 저압 및 고압, 특고압 수전의 3상 3선식 또는 3상 4선식에서 불평형 부하의 한도는 단상접속 부하로 계산하여 설비불평형률은 30[%] 이하로 하는 것을 원칙으로한다.

답 설비불평형률은 66.67[%]이며, 양호하지 않다.

05 설비불평형률

불평형 부하의 제한에 관련된 다음 물음에 답하시오.

(1) 저압 수전의 단상 3선식에서 중성선과 각 전압측 전선간의 부하는 불평형 부하를 제한할 때 몇 [%]를 초과하지 않아야 하는가?

(2) 저압 및 고압, 특고압 수전의 3상 3선식 또는 3상 4선식에서 불평형 부하의 한도는 단상접속 부하로 계산하여 불평형률은 몇 [%] 이하로 하는 것을 원칙으로 하는가?

(3) 그림과 같은 3상 3선식 380[V] 수전인 경우 설비불평형률은 몇 [%]인가? (단, ⒣는 전열기 부하이고, ⓜ은 전동기 부하이다.)

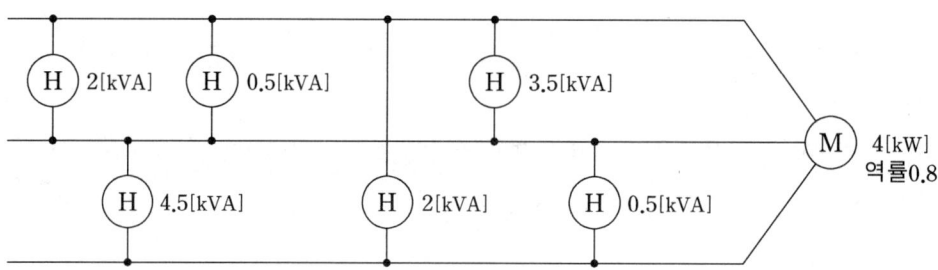

모범답안 계산과정

(1) 40[%] 이하

(2) 30[%] 이하

(3) 3상3선식 설비불평형률 $= \dfrac{(2+0.5+3.5)-2}{\left(2+0.5+3.5+4.5+0.5+2+\dfrac{4}{0.8}\right) \times \dfrac{1}{3}} \times 100 = 66.67[\%]$

답 66.67[%]

06 설비불평형률

배점 7

불평형부하의 제한에 관련된 다음 물음에 답하시오.

(1) 저압, 고압 및 특별 고압 수전의 3상 3선식 또는 3상 4선식에서 불평형 부하의 한도는 단상 접속 부하로 계산하여 설비불평형률을 몇 [%] 이하로 하는 것을 원칙으로 하는가?

(2) "(1)"항 문제의 제한 원칙에 따르지 않아도 되는 경우를 2가지만 쓰시오.

(3) 부하 설비가 그림과 같을 때 설비불평형률은 몇 [%]인가?
(단, ㈜는 전열기 부하이고, ⓜ은 전동기 부하이다.)

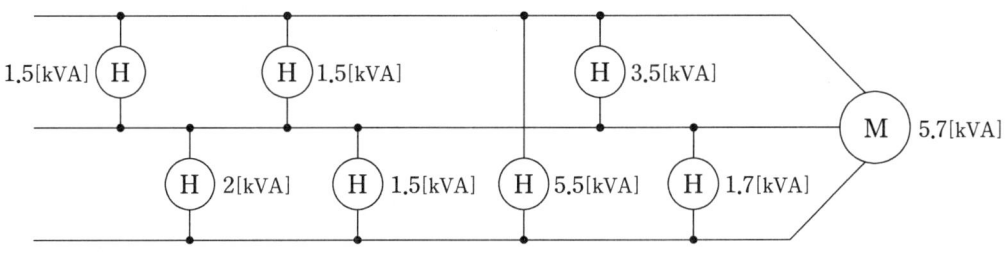

모범답안 / 계산과정

(1) 30[%]

(2) 불평형 부하의 제한의 예외
① 저압수전에서 전용의 변압기 등으로 수전하는 경우
② 고압 및 특별고압 수전에서 100[kVA] 이하의 단상부하인 경우
③ 고압·특별고압 수전에서 단상부하 최대.최소의 차가 100[kVA] 이하인 경우
④ 특별고압 수전에서 100[kVA] 이하의 단상 변압기 2대로 역 V결선하는 경우

(3) 3상 3선식의 불평형률

$$= \frac{(1.5+1.5+3.5)-(2+1.5+1.7)}{(1.5+1.5+3.5+2+1.5+1.7+5.5+5.7) \times \frac{1}{3}} \times 100 = 17.03[\%]$$

답 17.03[%]

07 설비불평형률 [기사전용] 배점 6

그림과 같은 3상 3선식 220[V]의 수전회로가 있다. Ⓗ는 전열부하이고, Ⓜ은 역률 0.8의 전동기이다. 이 그림을 보고 다음 각 물음에 답하시오.

(1) 저압 수전의 3상 3선식 선로인 경우에 설비불평형률은 몇 [%] 이하로 하여야 하는가?

(2) 그림의 설비불평형률은 몇 [%]인가? (단, P, Q점은 단선이 아닌 것으로 계산한다.)
　◦ 계산과정 :　　　　　　　　　　　　　　　　　　　◦ 답 :

(3) P, Q점에서 단선이 되었다면 설비불평형률은 몇 [%]가 되겠는가?

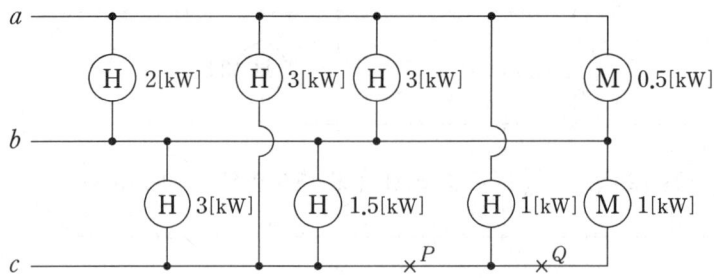

모범답안 | 계산과정

(1) 30[%] 이하

(2) 설비불평형률 $= \dfrac{\left(3+1.5+\dfrac{1}{0.8}\right)-(3+1)}{\left(2+3+\dfrac{0.5}{0.8}+3+1.5+\dfrac{1}{0.8}+3+1\right) \times \dfrac{1}{3}} \times 100 = 34.15[\%]$

답 34.15[%]

(3) • a, b간에 접속되는 부하용량 : $P_{ab} = 2+3+\dfrac{0.5}{0.8} = 5.63[\text{kVA}]$
　• b, c간에 접속되는 부하용량 : $P_{bc} = 3+1.5 = 4.5[\text{kVA}]$
　• a, c간에 접속되는 부하용량 : $P_{ac} = 3[\text{kVA}]$

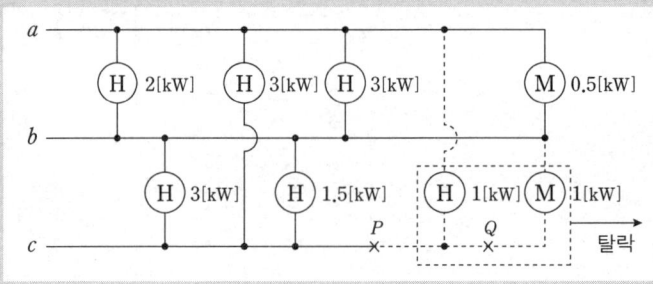

$$\therefore P,\ Q\text{점 단선시 설비불평형률} = \frac{5.63-3}{(5.63+4.5+3) \times \frac{1}{3}} \times 100 = 60.09[\%]$$

답 60.09[%]

08 부하 불평형 - 중성선 전류

배점 5

그림과 같이 3상 4선식 배전선로에 역률 100[%]인 부하 $a-n,\ b-n,\ c-n$이 각 상과 중성선간에 연결되어 있다. $a,\ b,\ c$상에 흐르는 전류가 220[A], 172[A], 190[A]일 때 중성선에 흐르는 전류를 계산(절대값)하시오.

모범답안 계산과정

$$\dot{I}_n = I_a + a^2 I_b + a I_c \left(\text{단},\ a^2 = -\frac{1}{2} - j\frac{\sqrt{3}}{2},\ a = -\frac{1}{2} + j\frac{\sqrt{3}}{2}\right)$$

$$= 220 + 172 \times \left(-\frac{1}{2} - j\frac{\sqrt{3}}{2}\right) + 190 \times \left(-\frac{1}{2} + j\frac{\sqrt{3}}{2}\right)$$

$$= 39 + j15.58 \quad \therefore |I_n| = \sqrt{39^2 + 15.58^2} = 42[A]$$

답 42[A]

14 고조파

01 고조파 원인·영향·대책

배점: 6

선로나 간선에 고조파 전류가 발생하는 원인(3가지), 고조파가 미치는 영향(4가지) 고조파 억제 대책을(5가지) 쓰시오.

(1) 고조파 발생원인 (3가지)

(2) 고조파가 미치는 영향 (4가지)

(3) 고조파 억제 대책 (5가지)

> **모범답안**
>
> (1) 고조파 발생원인 (3가지)
>   ① 코로나에 의한 3고조파 발생
>   ② 정류기, 인버터 등의 전력변환장치에 의해 고조파 발생
>   ③ 변압기의 히스테리시스현상으로 여자전류에 고조파가 발생
>
> (2) 고조파가 미치는 영향 (4가지)
>   ① 케이블 열화
>   ② 보호계전기의 오동작
>   ③ 통신선의 유도장해 발생
>   ④ 전력용 기기의 과열 및 소손
>
> (3) 고조파 억제 대책 (5가지)
>   ① 변압기에 △결선을 채용한다.
>   ② 고조파 필터를 사용하여 제거한다.
>   ③ 전력 변환 장치의 펄스수를 크게 한다.
>   ④ 전력용 콘덴서에는 직렬리액터를 설치한다.
>   ⑤ 코로나에 의한 고조파 억제를 위하여 복도체를 채용한다.

02 제3고조파 전압·왜형률

배점 5

그림과 같이 Y결선된 평형 부하에 전압을 측정할 때 전압계의 지시값이 $V_p=150[\text{V}]$, $V_l=220[\text{V}]$로 나타났다. 다음 각 물음에 답하시오. (단, 부하측에 인가된 전압은 각상 평형 전압이고 기본파와 제3고조파분 전압만이 포함되어 있다.)

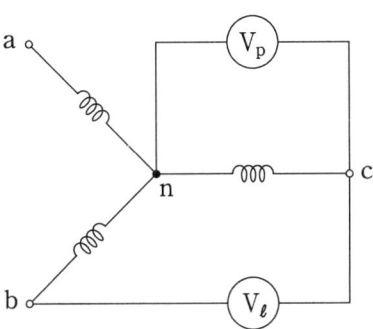

(1) 제3고조파 전압[V]을 구하시오.
  ○ 계산 과정 :   ○ 답 :

(2) 전압의 왜형률[%]을 구하시오.
  ○ 계산 과정 :   ○ 답 :

모범답안 계산과정

(1) 부하측에 인가된 상전압(V_p : 150[V])은 기본파와 제3고조파분 전압만이 포함되어 있으며, 선간전압에는 제3고조파분이 없으므로 기본파의 상전압을 알 수 있다.

① 상전압 $V_p = \sqrt{V_1^2 + V_3^2} = 150[\text{V}]$ 여기서, V_1은 기본파 전압이다.

② 선간전압 $V_l = \sqrt{3}\, V_1$, $220 = \sqrt{3}\, V_1$ 그러므로 기본파 전압 $V_1 = \dfrac{220}{\sqrt{3}} = 127.02[\text{V}]$이다.

③ 제3고조파 전압 $V_3 = \sqrt{V_p^2 - V_1^2} = \sqrt{150^2 - 127.02^2} = 79.79[\text{V}]$

답 79.79[V]

(2) 왜형률 $= \dfrac{\text{고조파실효값}}{\text{기본파실효값}} = \dfrac{79.79}{127.02} \times 100 = 62.82[\%]$

답 62.82[%]

15 전기요금·신재생 에너지

01 전력요금

배점 5

주어진 조건에 의하여 1년 이내 최대전력 3000[kW], 월 기본요금 6490[원/kW], 월간 평균 역률이 95[%]일 때 1개월의 기본요금을 구하시오. 또한, 1개월간의 사용 전력량이 54만[kWh], 전력량 요금 89[원/kWh]라 할 때 1개월의 총 전력요금은 얼마인가를 계산하시오.

[조건]

역률의 값에 따라 전력요금은 할인 또는 할증되며 역률 90[%]를 기준으로 하여 1[%] 늘 때마다 기본요금이 1[%] 할인되며, 1[%] 나빠질 때 마다 1[%]의 할증요금을 지불해야 한다.

(1) 기본요금을 구하시오.
  ◦ 계산과정 :   ◦ 답 :

(2) 1개월의 총 전력요금을 구하시오.
  ◦ 계산과정 :   ◦ 답 :

모범답안 계산과정

(1) $3000 \times 6490 \times (1-0.05) = 18,496,500$[원]   답 18,496,500[원]

(2) $18496500 + 540000 \times 89 = 66,556,500$[원]   답 66,556,500[원]

02 전력요금

배점 5

계약전력 3000[kW]인 자가용설비 수용가가 있다. 1개월간 사용 전력량이 540[MWh], 1개월간 무효전력량이 350[MVarh]이다. 기본요금이 4054[원/kW], 전력량 요금이 51[원/kWh]라 할 때 1개월간의 사용 전기요금을 구하시오. (단, 역률에 따른 요금의 추가 또는 감액은 시간대에 관계없이 역률 90[%]에 미달하는 경우, 미달하는 역률 60[%]까지 매 1[%]당 기본요금의 0.2[%]를 추가하고 90[%]를 초과하는 경우에는 95[%]까지 초과하는 매 1[%]당 기본요금의 0.2[%]를 감액한다.)

모범답안 **계산과정**

$\cos\theta = \dfrac{\text{유효전력}}{\text{피상전력}} = \dfrac{540}{\sqrt{540^2 + 350^2}} = 0.84$

총 전력요금 $= 3000 \times 4054 \times [1 + 0.2 \times (0.9 - 0.84)] + 540 \times 10^3 \times 51 = 39{,}847{,}944$ [원]

답   39,847,944[원]

03 정액제·종량제

배점 5

1등당 전력 60[W] 전등 8개 정액제로 사용 시 1등당 1개월(30일) 205원이며, 종량제의 경우 기본요금 100원이며, 1[kWh]당 10원이 추가된다. 정액제를 종량제로 할 경우 정액제와 같은 가격이 나오는 일 평균 점등 시간은 몇 시간인가? (정액제는 전등값 포함하며, 종량제를 사용할 경우 전구는 65원이며 소비자가 부담한다. 전등의 평균수명은 1000시간으로 한다.)

모범답안 **계산과정**

① 정액제 1개월분 요금 $= 205$[원/등]$\times 8$등$= 1640$[원]

▶참고

- 사용량 요금 : $0.06 \times 8 \times H \times 10 = 4.8H$ 단, H는 1개월 동안의 점등시간[h]
- 점등시간에 따른 전구 비용 : $\dfrac{8 \times 65}{1000} \rightarrow 0.52H$

② 종량제 1개월분 요금 = 기본요금[100원] + 사용량 요금[$4.8H$] + 점등 시간당 전구 비용[$0.52H$]

→ 정액제를 종량제로 할 경우 정액제와 같은 가격이 나오는 일 평균 점등시간은 아래와 같이 계산할 수 있다.

③ 1640[원] = 기본요금[100원] + 사용량 요금[$4.8H$] + 점등 시간당 전구 비용[$0.52H$]

④ 윗 식에서 1개월 동안의 점등시간 H는 $1540/5.32 = 289.47$[h]

∴ 일 평균 점등시간 $= 289.47/30 = 9.65$[h]

답   9.65[h]

04 심야 전력용 기기 – 종량제   [기사전용]   배점 6

심야 전력용 기기의 전력요금을 종량제로 하는 경우 인입구 장치의 배선은 다음과 같다. 다음 각 물음에 답하시오.

(1) ①~⑤에 해당되는 곳에는 어떤 기구를 사용하여야 하는가?
(2) 인입구 장치에서 심야 전력 기기의 배선 공사 방법으로는 어떤 방법이 사용될 수 있는지 그 가능한 방법을 4가지만 쓰시오.
(3) 심야 전력 기기로 보일러를 사용하며 부하전류가 30[A], 일반 부하전류가 25[A]이다. 오후 10시부터 오전 6시까지의 중첩률이 0.6이라고 할 때, 부하 공용 부분에 대한 전선의 허용 전류는 몇 [A] 이상이어야 하는가?

모범답안 | 계산과정

(1) ① 타임스위치   ② 전력량계   ③ 인입구 장치(배선용 차단기)
    ④ 전력량계   ⑤ 인입구 장치

(2) 금속관 공사, 케이블 공사, 합성수지관 공사, 가요전선관 공사

(3) $I = I_1 + I_0 \times 중첩률$ 단, I_1 : 심야전력기기의 부하전류, I_0 : 일반부하전류
    $= 30 + 25 \times 0.6 = 45[A]$ 답 45[A]

05 태양광 발전 장·단점

배점 6

다음 물음에 답하시오.

(1) 태양광 발전의 장점 4가지를 쓰시오.
(2) 태양광 발전의 단점 2가지를 쓰시오.

모범답안

(1) 장점
　① 친환경 에너지이다.
　② 자원이 반영구적이다.
　③ 유지보수가 용이하다.
　④ 무인화 운전이 가능하다.

(2) 단점
　① 초기 투자비용이 높다.
　② 태양광의 에너지 밀도가 낮다.
　③ 흐린 날씨에는 발전 능력이 저하될 수 있다.

06 풍력발전 특징

배점 5

풍력발전시스템의 특징을 4가지만 쓰시오.

모범답안

① 친환경 에너지이다.
② 자원이 반영구적이다.
③ 무인화 운전이 가능하다.
④ 발전부지 소요면적이 작다.

▶ 참고 풍력발전 단점
① 초기 투자비용이 높다.
② 지역에 따라 개발에 제한이 있다.
③ 소음 공해, 전파장애의 우려가 있다.
④ 전력공급이 바람의 간헐성에 영향을 받는다.

16 접지설계

01 변전소 접지목적·접지개소

배점 4

배전용 변전소에 접지공사를 하고자 한다. 접지목적을 3가지로 요약하여 설명하고 중요한 접지개소를 4가지만 쓰시오.

모범답안

(1) 접지 목적
   ① 지락 및 단락 전류 등 고장 전류로부터 기기 보호
   ② 배전 변전소 운전원의 감전사고 및 설비의 화재사고를 방지
   ③ 보호 계전기의 확실한 동작 확보 및 전위상승 억제

(2) 접지 개소
   ① 일반기기 및 제어반 외함 접지
   ② 피뢰기 및 피뢰침 접지
   ③ 옥외 철구 및 경계책 접지
   ④ 케이블 실드선 접지

02 접지저항 저감방법

배점: 6

접지저항의 저감법 중 물리적 방법 4가지와 대지저항률을 낮추기 위한 저감재의 구비조건 4가지를 쓰시오.

(1) 물리적 방법(4가지)

(2) 저감재의 구비조건(4가지)

> **모범답안**
>
> (1) 물리적 방법
>   ① 접지극의 길이를 길게 한다.
>   ② 접지봉과 병렬접지 방식을 한다.
>   ③ 접지극의 단면적을 넓게 한다.
>   ④ 심타공법으로 시공한다.
>
> (2) 저감재의 구비조건
>   ① 공해가 없고 안전할 것
>   ② 저감 효과가 크고, 전기적으로 양도체일 것
>   ③ 저감 효과에 지속성이 있을 것
>   ④ 작업성이 좋을 것

03 접지저항

배점: 5

대지 고유 저항률 $400[\Omega \cdot m]$, 직경 $19[mm]$, 길이 $2400[mm]$인 접지봉을 전부 매입했다고 한다. 접지저항(대지저항)값은 얼마인가?

> **모범답안** 계산과정
>
> 접지봉 접저저항 : $R = \dfrac{\rho}{2\pi l} \times \ln \dfrac{2l}{r}[\Omega]$
>
> 여기서, ρ : 대지고유저항률, l : 접지봉의 길이, r : 접지봉의 반지름
>
> $R = \dfrac{400}{2\pi \times 2.4} \times \ln \dfrac{2 \times 2.4}{\dfrac{0.019}{2}} = 165.13[\Omega]$
>
> 답 $165.13[\Omega]$

04 워너의 4전극법

배점 5

Wenner의 4전극법에 대한 공식을 쓰고, 원리도를 그려 설명하시오.

◦ 공식 :
◦ 원리도 :

모범답안

◦ 공식 : 대지저항률 $\rho = 2\pi a R$ (단, a : 전극 간격[m], R : 접지저항[Ω])
◦ 원리도 및 설명

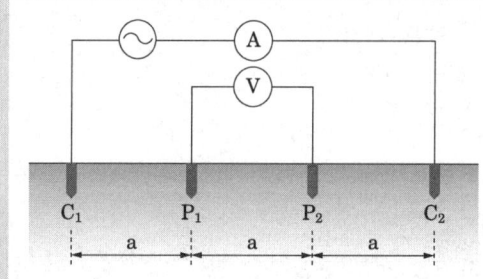

1. 측정선의 일직선상에서 외부에 전류 보조전극(C_1, C_2), 내부에 전위 보조전극(P_1, P_2)을 각각의 전극 간격이 등 간격 a가 되도록 망치로 매설한다.(전극의 매설 깊이 : 등간격의 1/20이하)
2. 각각의 보조전극에 측정용 전선을 대지 저항률 측정기의 해당 전극에 맞게 연결한다.
3. 전극 간격 a를 0.5, 1, 2, 3, 4, 5, 6, 7, 8, 9, 10, 15, 20 및 30[m]가 되도록 변화시켜서 위의 과정을 반복하여 측정한다.

05 접지극의 시설

배점 5

사람의 접촉 우려가 있는 장소의 접지공사에 관한 사항이다. 철주에 절연전선을 사용하여 접지공사를 시공하고자 한다. 다음 각 물음에 답하시오.

(1) 접지극의 지하 매설 깊이는 몇 [m] 이상이어야 하는가?
(2) 전주와 접지극의 이격 거리는 몇 [m] 이상이어야 하는가? (철주 밑면 아래로 30[cm] 제외)
(3) 지표상 접지 몰드의 높이는 몇 [m]까지로 하여야 하는가?

모범답안

(1) 0.75[m]
(2) 1[m]
(3) 2[m]

▶ 참고 접지극의 매설

06 접지저항계   배점 5

다음 그림은 전자식 접지저항계를 사용하여 접지극의 접지저항을 측정하기 위한 배치도이다. 물음에 답하시오.

(1) 보조 접지극을 설치하는 이유는 무엇인가?
(2) ⑤와 ⑥의 설치 간격은 얼마인가?
(3) 그림에서 ①의 측정단자 접속은?
(4) 접지극의 매설 깊이는?

> **모범답안**
>
> (1) 전압과 전류를 공급하여 접지저항을 측정
> (2) 10[m], 20[m]
> (3) ⓐ → ⓓ, ⓑ → ⓔ, ⓒ → ⓕ
> (4) 0.75[m] 이상

07 접지저항 측정 – 전위강하법

배점 5

그림은 전위 강하법에 의한 접지저항 측정방법이다. E, P, C가 일직선상에 있을 때, 다음 물음에 답하시오. (단, E는 반지름 r인 반구모양 전극(측정대상 전극)이다.)

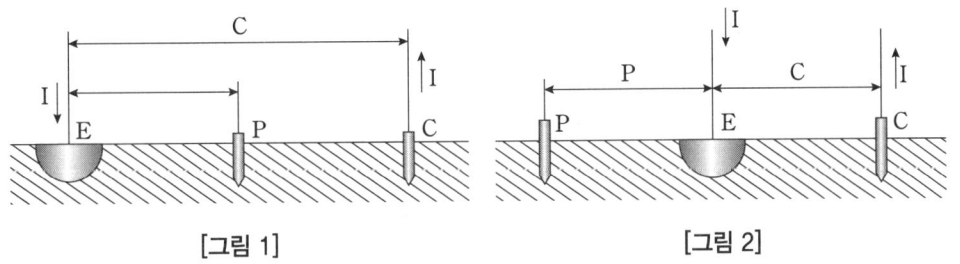

[그림 1]   [그림 2]

(1) [그림 1]과 [그림 2]의 측정방법 중 참값에 가까운 측정 방법을 고르시오.
(2) 반구모양 접지 전극의 접지저항을 측정할 때 $E-C$간 거리의 몇 %인 곳에 전위 전극을 설치하여야 정확한 접지저항 값을 얻을 수 있는지 설명하시오.

모범답안

(1) [그림 1]
(2) $P/C=0.618$의 조건을 만족할 때 측정값이 참값과 같아지므로 P극의 설치 위치를 $E-C$간 거리의 61.8[%]에 시설한다.

08 접지저항 측정 방법

배점 4

접지저항을 측정하고자 한다. 다음 각 물음에 답하시오.

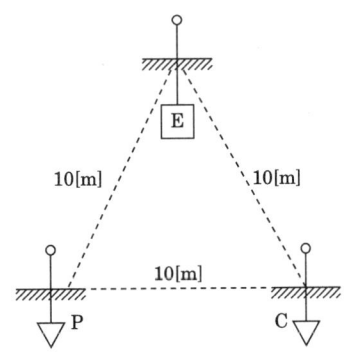

(1) 접지 저항을 측정하기 위하여 사용되는 계기나 측정방법을 2가지 쓰시오.

(2) 그림과 같이 본 접지 E에 제1보조접지 P, 제2보조접지 C를 설치하였다. 본 접지 E의 접지 저항은 몇 [Ω]인가? (단, 본접지와 P사이의 저항값은 86[Ω], 본접지와 C사이의 저항값은 92[Ω], P와 C사이의 저항값은 160[Ω]이다.)

　∘계산과정 :　　　　　　　　　　　　　　　　　　　∘답 :

모범답안　계산과정

(1) ① 어스테스터　　② 콜라우시 브리지

(2) $R_E = \dfrac{R_{EP} + R_{EC} - R_{PC}}{2} = \dfrac{86 + 92 - 160}{2} = 9[\Omega]$　　　　답　9[Ω]

---

09 절연저항

배점 5

22900/380-220[V], 30[kVA] 변압기에서 공급되는 전선로가 있다. 다음 각 물음에 답하시오.

(1) 1선당 허용 누설전류의 최대값[A]을 구하시오.
　∘계산과정 :　　　　　　　　　　　　　　　　　　　∘답 :

(2) 이때의 절연저항의 최소값[Ω]을 구하시오.
　∘계산과정 :　　　　　　　　　　　　　　　　　　　∘답 :

모범답안　계산과정

(1) $I = \dfrac{30 \times 10^3}{\sqrt{3} \times 380} = 45.58[A]$ 누설전류 $I_g = 45.58 \times \dfrac{1}{2000} = 0.02[A]$　　답　0.02[A]

(2) 절연저항 $R = \dfrac{380}{0.02} = 19000[\Omega]$　　답　19000[Ω]

10 접촉전압 　　배점 5

단상 2선식 220[V]로 공급되는 전동기가 절연열화로 인하여 외함에 전압이 인가될 때 사람이 접촉하였다. 이 때의 접촉전압은 몇 [V]인가? 단, 변압기 2차측 접지저항은 9[Ω], 전로의 저항은 1[Ω], 전동기 외함의 접지저항은 100[Ω]이다.

모범답안 **계산과정**

누설전류 $I_g = \dfrac{220}{9+1+100} = 2[A]$

접촉전압 $V_g = I_g \cdot R = 2 \times 100 = 200[V]$　　답　200[V]

11 절연내력시험 – 변압기 　　배점 6

그림은 최대 사용 전압 6900[V]인 변압기의 절연 내력 시험을 위한 시험 회로도이다. 그림을 보고 다음 물음에 답하시오.

(1) 전원측 회로에 전류계 ⒜를 설치하고자 할 때 ①~⑤번 중 어느 곳이 적당한가?

(2) 시험시 전압계 V_1로 측정되는 전압은 몇 [V]인가? (단, 소수점 이하는 반올림 할 것)
  ◦ 계산과정 :　　　　　　　　　　　　　　　　◦ 답 :

(3) 시험시 전압계 V_2로 측정되는 전압은 몇 [V]인가?
  ◦ 계산과정 :　　　　　　　　　　　　　　　　◦ 답 :

(4) PT의 설치 목적은 무엇인가?

(5) 전류계[mA]의 설치 목적은 어떤 전류를 측정하기 위함인가?

모범답안 **계산과정**

(1) ①

(2) 절연 내력 시험 전압 : $V = 6900 \times 1.5 = 10350[V]$

전압계 : $V_1 = 10350 \times \dfrac{1}{2} \times \dfrac{105}{6300} = 86.25[V]$ **답** 86[V]

(3) $V_2 = 6900 \times 1.5 \times \dfrac{110}{11000} = 103.5[V]$ **답** 103.5[V]

(4) 피시험기기의 절연 내력 시험 전압 측정

(5) 누설 전류

12 절연내력 시험전압

배점 5

최대사용전압이 154[kV]인 중성점 직접 접지식 전로의 절연내력 시험하고자 한다. 시험전압[V]과 시험방법에 대하여 다음 물음에 답하시오.

(1) 절연내력 시험전압
  ◦ 계산과정 : ◦ 답 :
(2) 시험방법 :

모범답안 **계산과정**

(1) $154000 \times 0.72 = 110880[V]$ **답** 110880[V]

(2) 전로과 대지간 절연내력시험전압을 연속하여 10분간 인가 시 견디어야한다.

13 절연내력 시험전압

배점 4

다음 각 물음에 답하시오.

(1) 최대사용전압이 3.3[kV]인 중성점 비접지식 전로의 절연내력 시험전압은 얼마인가?
  - 계산과정 :   · 답 :
(2) 최대 사용 전압 380[V]인 전동기의 절연내력 시험전압[V]은?
  - 계산과정 :   · 답 :
(3) 고압 및 특별고압 전로의 절연내력시험방법에 대하여 설명하시오.

모범답안 · 계산과정

(1) 절연내력 시험전압 = 3300[V] × 1.5배 = 4950[V]   답 4950[V]

(2) 절연내력시험전압 = 최대사용전압 × 배수 = 380[V] × 1.5배 = 570[V]   답 570[V]

(3) 전로와 대지간에 연속 10분 이상 가한다.

---

14 절연저항

배점 5

다음은 저압전로의 절연성능에 관한 표이다. 다음 빈칸에 알맞은 수치를 쓰시오.

전로의 사용전압[V]	DC시험전압[V]	절연저항[MΩ]
SELV 및 PELV		
FELV, 500 이하		
500 초과		

모범답안

전로의 사용전압[V]	DC시험전압[V]	절연저항[MΩ]
SELV 및 PELV	250	0.5
FELV, 500 이하	500	1.0
500 초과	1000	1.0

15 접촉 대지 전압

배점 6

그림과 같은 계통의 기기의 A점에서 완전 지락이 발생하였다. 이때 다음 각 물음에 답하시오.

(1) 이 기기의 외함에 인체가 접촉하고 있지 않은 경우, 이 외함의 대지전압은 몇 [V]인가?
　。계산과정 :　　　　　　　　　　　　　　　　　　　　　　　　　。답 :

(2) 이 기기의 외함에 인체가 접촉하였을 경우, 인체를 통하여 흐르는 전류는 몇 [mA]인가?
　(단, 인체의 저항은 3000[Ω]으로 한다.)
　。계산과정 :　　　　　　　　　　　　　　　　　　　　　　　　　。답 :

모범답안 　계산과정

(1) 대지 전압 $e = \dfrac{R_3}{R_2+R_3} \times E = \dfrac{100}{10+100} \times 220 = 200[\text{V}]$　　　　답　200[V]

　▶참고　전압분배(등가회로)

(2) 인체에 흐르는 전류

$I_g = \dfrac{V}{R_2 + \dfrac{R_3 \times R}{R_3+R}} \times \dfrac{R_3}{R_3+R} = \dfrac{220}{10 + \dfrac{100 \times 3000}{100+3000}} \times \dfrac{220}{100+3000}$

$= 0.06647[\text{A}] = 66.47[\text{mA}]$　　　　답　66.47[mA]

● 참고   전류분배(등가회로)

16 절연저항계

배점 6

그림은 자가용 수변전 설비 주회로의 절연저항 측정시험에 대한 기기 배치도이다. 다음 각 물음에 답하시오.

(1) 절연저항 측정에서 ⓐ기기의 명칭을 쓰고 개폐 상태를 밝히시오.

(2) 기기 ⓑ의 명칭은 무엇인가?

(3) 절연저항계의 L단자와 E단자의 접속은 어느 개소에 하여야 하는가?

(4) 절연 저항계의 지시가 잘 안정되지 않을 때에는 통상 어떻게 하는가?

(5) ⓒ의 고압 케이블과 절연저항계의 단자 L, G, E와의 접속은 어떻게 하여야 하는가?

모범답안

(1) 명칭 : 단로기(DS), 개폐상태 : 개방시킨다.

(2) 절연저항계

(3) L 단자 : 선로측 ②   E 단자 : 접지극 ①

(4) 1분 후에 다시 측정한다.

(5) L 단자 : ③   G 단자 : ②   E 단자 : ①

17 접지단자 접속

배점 5

1개의 건축물에는 그 건축물 대지전위의 기준이 되는 접지극, 접지선 및 주 접지단자를 그림과 같이 구성한다. 건축 내 전기기기의 노출 도전성부분 및 계통외 도전성 부분(건축구조물의 금속제부분 및 가스, 물, 난방 등의 금속배관 설비) 모두를 주 접지단자에 접속한다. 이것에 의해 하나의 건축물 내 모든 금속제부분에 주 등전위 접속이 시설된 것이 된다. 다음 그림에서 ①~⑤까지 명칭을 쓰시오.

모범답안
① 보호도체(PE)   ② 보호 등전위 본딩용 도체
③ 접지도체   ④ 보조 보호 등전위 본딩용 도체
⑤ 접지극

18 보호도체의 단면적

배점 5

어떤 보호장치를 통해 흐를 수 있는 예상 고장전류 실효값은 48162[A]이고, 사용되는 보호도체의 절연물의 상수는 143일 때, 보호장치의 순시차단시간이 0.1초 라면 보호도체의 단면적은 몇 [mm²] 이상(단, 전선은 IEC 규격)이어야 하는가? (단, 자동차단시간이 5초 이내인 경우이며, 설계여유는 1.25를 적용한다.)

모범답안 **계산과정**

$$S = \frac{I_F\sqrt{t_n}}{k} \times a = \frac{48162 \times \sqrt{0.1}}{143} \times 1.25 = 133.13 [\text{mm}^2]$$

t : 자동차단을 위한 보호장치의 동작시간[s]
S : 단면적, a : 설계여유, I_F : 최소단락전류
k : 보호도체, 절연, 기타 부위의 재질 및 초기온도와 최종온도에 따라 정해지는 계수

답   150[mm²]

19 보호도체 단면적·종류

배점 5

접지설비에서 보호선에 대한 다음 각 물음에 답하시오.

(1) 보호선이란 안전을 목적(가령 감전보호)으로 설치된 전선으로서 다음 표의 단면적 이상으로 선정하여야 한다. ①~③에 알맞은 보호선 최소 단면적의 기준을 각각 쓰시오.

[표] 보호선의 최소 단면적

상전선 S의 단면적 [mm^2]	보호선의 최소 단면적 [mm^2] (보호선의 재질이 상전선과 같은 경우)
$S \leq 16$	①
$16 < S \leq 35$	②
$S > 35$	③

(2) 보호선의 종류를 2가지만 쓰시오.

모범답안

(1) ① S ② 16   ③ $\dfrac{S}{2}$

(2) ① 다심케이블
    ② 고정된 절연도체 또는 나도체

---

20 변압기 보호설비·접지

배점 4

답란의 그림과 같이 3상 3선식 6600[V] 비접지 고압선로로부터 전등, 전열등 단상부하와 3상 부하를 함께 공급하기 위한 동력과 전등 공용 변압기 결선을 20[kVA] 단상 변압기 2대로 V 결선하고 이 때 필요한 보호설비와 접지를 도해하시오. (단, 기기의 규격은 생략한다.)

———————————————
———————————————— 6600[V]

모범답안

21 방폭구조의 종류

배점 5

방폭 구조에 관한 다음 물음에 답하시오.

(1) 방폭형 전동기에 대하여 설명하시오
(2) 전기시설의 방폭구조 종류 4가지를 쓰시오.

모범답안

(1) 폭발성이나 먼지가 많은 곳에서 사용하는 전동기

(2) 방폭구조 종류
　　① 내압 방폭구조　　② 유입 방폭구조
　　③ 안전증 방폭구조　④ 본질안전 방폭구조
　　⑤ 특수 방폭구조　　⑥ 압력 방폭구조

22 지락전류 – 옥내배선

배점 6

옥내 배선 시설에 있어서 인입구 부근에 전기 저항값이 3[Ω] 이하의 값을 유지하는 수도관 또는 철골이 있는 경우에는 이것을 접지극으로 사용하여 이를 중성점 접지 공사한 저압 전로의 중성선 또는 접지측 전선에 추가 접지 할 수 있다. 이 추가 접지의 목적은 저압 전로에 침입하는 뇌격이나 고·저압 혼촉으로 인한 이상 전압에 의한 옥내 배선의 전위 상승을 억제하는 역할을 한다. 또 지락 사고시에 단락 전류를 증가시킴으로써 과전류 차단기의 동작을 확실하게 하는 것이다. 그림에 있어서 (나) 점에서 지락이 발생한 경우 추가 접지가 없는 경우의 지락 전류와 추가 접지가 있는 경우의 지락전류값을 계산하시오.

(1) 추가 접지가 없는 경우 지락전류[A]
  ◦계산과정 :   ◦답 :

(2) 추가 접지가 있는 경우 지락전류[A]
  ◦계산과정 :   ◦답 :

모범답안 **계산과정**

(1) 지락전류 $= \dfrac{E}{R_2+R_3} = \dfrac{100}{10+10} = 5[A]$ 답 5[A]

(2) 지락전류 $= \dfrac{100}{10+\dfrac{3\times 10}{3+10}} = 8.13[A]$ 답 8.13[A]

23. TN-C-S 계통접지

배점 5

다음 그림은 TN-C-S계통의 일부분이다. 결선하여 계통을 완성하시오. (단, 계통 일부의 중성선과 보호선을 동일 전선으로 사용하며, 중성선 ↗, 보호선 ⊤, 보호선과 중성선을 겸한선 ↗ 을 사용한다.)

모범답안

부록 1 기사 PLUS 문제

01 댐퍼 - 전선의 진동방지

배점 4

ACSR 가공선로에 댐퍼를 설치하는 이유는?

모범답안

전선의 진동 방지

▶ 참고

| 댐퍼 | 스페이서 | 아킹링 |
| 전선의 진동방지 | 소도체간의 충돌 방지 | 낙뢰로부터 애자련 보호 |

02 스틸의 식 - 송전전압

배점 5

초고압 송전전압이 $345[kV]$, 선로 긍장이 $200[km]$인 경우 1회선당 가능한 송전전력은 몇 $[kW]$인지 still식에 의해 구하시오.

모범답안 계산과정

① 스틸식 : $V_s = 5.5\sqrt{0.6\ell[km] + \dfrac{P[kW]}{100}}\,[kV]$ → $345 = 5.5\sqrt{0.6 \times 200 + \dfrac{P}{100}}$

② $\left(\dfrac{345}{5.5}\right)^2 = 0.6 \times 200 + \dfrac{P}{100}$ → $\left(\dfrac{345}{5.5}\right)^2 - 120 = \dfrac{P}{100}$

③ $\left(\dfrac{345}{5.5}\right)^2 - 120 = \dfrac{P}{100}$ → $P = 381471.07[kW]$

답 $381471.07[kW]$

03 송전특성

배점: 6

주파수 60[Hz]인 송전선의 특성임피던스가 600[Ω]이고 선로의 길이가 ℓ일 때 다음 물음에 답하시오.
(단, 전파속도는 3×10^5[km/s]이다.)

(1) 인덕턴스[H/km]와 커패시터[F/km]를 각각 구하시오.

　① 인덕턴스[H/km]

　　◦ 계산 과정 :　　　　　　　　　　　　　　　　　◦ 답 :

　② 커패시터[F/km]

　　◦ 계산 과정 :　　　　　　　　　　　　　　　　　◦ 답 :

(2) 파장은 몇 [km]인가?

　◦ 계산 과정 :　　　　　　　　　　　　　　　　　　◦ 답 :

모범답안　계산과정

(1) ① 인덕턴스[H/km]

$$L = \frac{Z_o}{v} = \frac{600}{3 \times 10^5} = 2 \times 10^{-3} [\text{H/km}]$$

답　2×10^{-3}[H/km]

② 커패시터[F/km]

$$C = \frac{1}{Z_o v} = \frac{1}{600 \times 3 \times 10^5} = 5.56 \times 10^{-9} [\text{F/km}]$$

답　5.56×10^{-9}[F/km]

(2) $\lambda = \dfrac{v}{f} = \dfrac{3 \times 10^5}{60} = 5000$[km]

답　5000[km]

04 코로나 임계전압·코로나 손실 [기사전용] 배점 6

154[kV], 60[Hz]의 3상 송전선이 있다. 강심알루미늄의 전선을 사용하고, 지름은 1.6[cm], 등가 선간거리 400[cm]이다. 25[°C] 기준으로 날씨계수와 공기밀도는 각각 1이며, 전선의 표면계수는 0.83이다. 코로나 임계전압[kV] 및 코로나 손실[kW/km/선]을 구하여라.

(1) 코로나 임계전압
  ◦ 계산 과정 :   ◦ 답 :
(2) 코로나 손실 (단, 코로나손실은 피크식을 이용할 것)
  ◦ 계산 과정 :   ◦ 답 :

모범답안 | 계산과정

(1) 코로나 임계전압 $E_0 = 24.3 m_0 m_1 \delta d \log_{10} \dfrac{D}{r}$ [kV]

m_0 : 표면계수, m_1 : 날씨계수, δ : 공기밀도, d : 전선직경[cm], D : 등가선간거리[cm]

$E_0 = 24.3 \times 0.83 \times 1 \times 1 \times 1.6 \times \log_{10} \dfrac{2 \times 400}{1.6} = 87.1$ [kV]

답 87.1[kV]

(2) 코로나 손실 $P_c = \dfrac{241}{\delta}(f+25)\sqrt{\dfrac{d}{2D}}(E-E_0)^2 \times 10^{-5}$ [kW/km/선]

f : 주파수, E : 전선에 걸리는 대지전압, E_0 : 코로나 임계전압

$P_c = \dfrac{241}{1} \times (60+25)\sqrt{\dfrac{1.6}{2 \times 400}} \times \left(\dfrac{154}{\sqrt{3}} - 87.1\right)^2 \times 10^{-5} = 0.03$ [kW/km/선]

답 0.03[kW/km/선]

05 복도체 방식의 장·단점

배점: 6

송전선로의 거리가 길어지면서 송전선로의 전압이 대단히 커지고 있다. 이에 따라 단도체 대신 복도체 또는 다도체 방식이 채용되고 있는데 복도체(또는 다도체) 방식을 단도체 방식과 비교할 때 그 장점과 단점을 쓰시오.

(1) 장점(4가지)
(2) 단점(3가지)

모범답안

(1) ① 송전용량 증대   ② 코로나 방지
    ③ 안정도 증대   ④ 선로의 인덕턴스 감소
(2) ① 건설비용이 증가된다.
    ② 정전용량이 커지기 때문에 페란티현상이 발생할 수 있다.
    ③ 소도체 사이에 흡인력이 발생하여 전선이 서로 충돌할 수 있다.

06 전압강하

배점: 4

정격전류가 320[A]이고, 역률이 0.85인 3상 유도전동기가 있다. 다음 제시한 자료에 의하여 전압강하를 구하시오.

[자료]
- 전선편도 길이 : 150[m]
- 사용전선의 특징 : $R=0.18[\Omega/\text{km}]$, $\omega L=0.102[\Omega/\text{km}]$, ωC는 무시한다.

모범답안 **계산과정**

전압강하 $e = \sqrt{3}\, I(R\cos\theta + X\sin\theta)[\text{V}]$
$= \sqrt{3} \times 320 \times (0.18 \times 0.15 \times 0.85 + 0.102 \times 0.15 \times \sqrt{1-0.85^2}) = 17.19[\text{V}]$

답 17.19[V]

07 전압강하율·전력손실

배점 6

수전단 전압이 6000[V]인 2[km] 3상4선식 선로에서 1000[kW](늦은 역률 0.8) 부하가 연결 되었다고 한다. 다음 물음에 답하시오. (단, 1선당 저항은 0.3[Ω/km], 1선당 리액턴스는 0.4[Ω/km]이다.)

(1) 선로의 전압강하를 구하시오.
　◦계산 과정 :　　　　　　　　　　　　　　　　　　◦답 :
(2) 선로의 전압강하율을 구하시오.
　◦계산 과정 :　　　　　　　　　　　　　　　　　　◦답 :
(3) 선로의 전력손실을 구하시오.
　◦계산 과정 :　　　　　　　　　　　　　　　　　　◦답 :

모범답안　계산과정

(1) 전압강하 $e = \dfrac{P}{V_r}(R + X\tan\theta) = \dfrac{1000 \times 10^3}{6000} \times \left(0.3 \times 2 + 0.4 \times 2 \times \dfrac{0.6}{0.8}\right) = 200[V]$

답　200[V]

(2) 전압강하율 $= \dfrac{e}{V_r} \times 100 = \dfrac{200}{6000} \times 100 = 3.33[\%]$

답　3.33[%]

(3) 전력손실 $P_l = 3I^2R = \dfrac{P^2R}{V^2\cos^2\theta} = \dfrac{(1000 \times 10^3)^2 \times 0.3 \times 2}{6000^2 \times 0.8^2} \times 10^{-3} = 26.04[kW]$

답　26.04[kW]

08 전력손실 - 전력증가율

배점 5

전압과 역률이 일정할 때 전력손실이 2배가 되려면 전력은 몇 [%] 증가해야 하는가?

모범답안 **계산과정**

전력손실 $P_l = \dfrac{P^2 R}{V^2 \cos^2\theta}$ 에서, 전압과 역률이 일정하기 때문에 $P_l \propto P^2$이 성립한다.

그러므로, $P = \sqrt{P_l}$ 이며, 이때 전력손실이 2배가 될 경우 전력은 $\dfrac{P'}{P} = \dfrac{\sqrt{2P_l}}{\sqrt{P_l}} = \sqrt{2}$ 배가 된다.

∴ 전력증가율 $= \dfrac{\sqrt{2}P - P}{P} \times 100 = \dfrac{\sqrt{2}-1}{1} \times 100 = 41.42[\%]$

답 41.42[%]

09 전력손실

배점 5

그림과 같은 배전선로가 있다. 이 선로의 전력손실은 몇 [kW]인지 계산하시오.

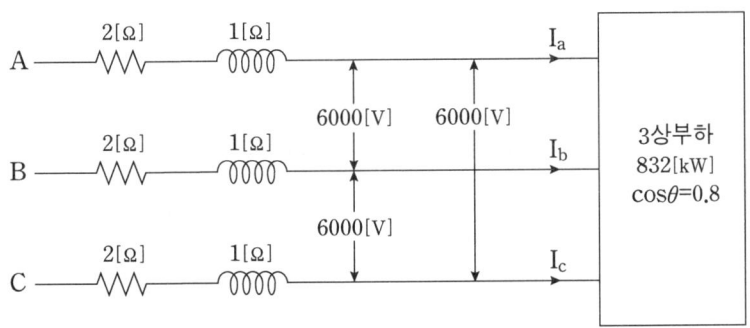

모범답안 **계산과정**

3상일 때의 전력손실 $P_l = 3I^2 R$ 이고, $I = \dfrac{P}{\sqrt{3}\,V\cos\theta}$ 이므로

$P_l = 3I^2 R = 3 \times \left(\dfrac{832 \times 10^3}{\sqrt{3} \times 6000 \times 0.8}\right)^2 \times 2 \times 10^{-3} = 60.09[\text{kW}]$

답 60.09[kW]

10 전압강하 - 단상 2선식

배점: 5

그림과 같은 단상 2선식 회로에서 공급점 A의 전압이 220[V]이고, A-B사이의 1선마다의 저항이 0.02[Ω], B-C 사이의 1선마다의 저항이 0.04[Ω]이라 하면 40[A]를 소비하는 B점의 전압 V_B와 20[A]를 소비하는 C점의 전압 V_C를 구하시오. (단, 부하의 역률은 1이다.)

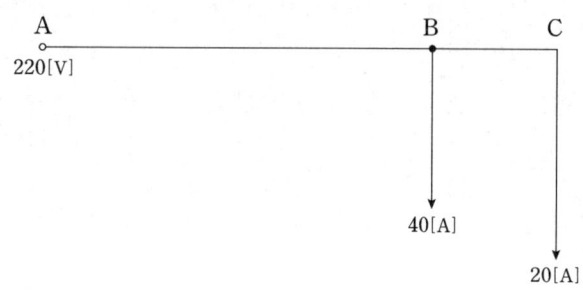

(1) B점의 전압 V_B
  ○ 계산 과정 :   ○ 답 :

(2) C점의 전압 V_C
  ○ 계산 과정 :   ○ 답 :

모범답안 계산과정

(1) $V_B = V_A - 2I_1R = 220 - 2 \times (40+20) \times 0.02 = 217.6[V]$ 답 217.6[V]

(2) $V_C = V_B - 2I_2R = 217.6 - 2 \times 20 \times 0.04 = 216[V]$ 답 216[V]

11 전압강하 - 역률0[진상]   배점 5

길이 2[km]인 3상 배전선에서 전선의 저항이 0.3[Ω/km], 리액턴스 0.4[Ω/km]라 한다. 지금 송전단 전압 V_s를 3450[V]로 하고 송전단에서 거리 1[km]인 점에 $I_1=100[A]$, 역률 0.8(지상), 1.5[km]인 지점에 $I_2=100[A]$, 역률 0.6(지상), 종단점에 $I_3=100[A]$, 역률 0(진상)인 부하가 있다면 종단에서의 선간 전압은 몇 [V]가 되는가?

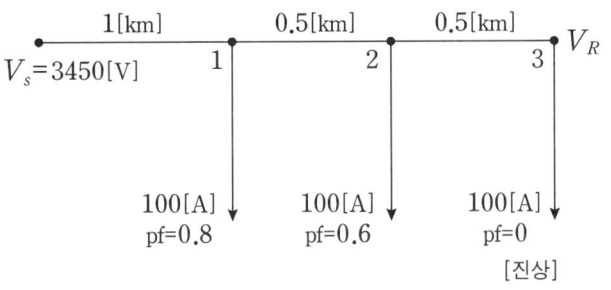

모범답안 계산과정

$V_r = V_s - \sqrt{3}\,[(I_1\cos\theta_1 + I_2\cos\theta_2 + I_3\cos\theta_3)r_1 + (I_1\sin\theta_1 + I_2\sin\theta_2 + I_3\sin\theta_3)x_1$
$\quad + (I_2\cos\theta_2 + I_3\cos\theta_3)r_2 + (I_2\sin\theta_2 + I_3\sin\theta_3)x_2 + I_3\cos\theta_3 r_3 + I_3\sin\theta_3 x_3]$

$V_r = 3450 - \sqrt{3}\,[\,\{100\times0.8 + 100\times0.6 + 100\times0\}\times0.3$
$\quad + \{100\times0.6 + 100\times0.8 + 100\times(-1)\}\times0.4 + \{100\times0.6 + 100\times0\}\times0.15$
$\quad + \{100\times0.8 + 100\times(-1)\}\times0.2 + \{100\times0\}\times0.15 + \{100\times(-1)\}\times0.2\,]$
$= 3375.52[V]$

답 3375.52[V]

12 전압강하 - 전력손실률   배점 5

3상 3선식 송전선로가 있다. 수전단 전압이 60[kV], 역률 80[%], 전력손실률이 10[%]이고 저항은 0.3[Ω/km], 리액턴스는 0.4[Ω/km], 전선의 길이는 20[km]일 때 이 송전선로의 송전단 전압은 몇 [kV]인가?

> **모범답안** **계산과정**
>
> 송전단 전압 $V_s = V_r + \sqrt{3}\,I(R\cos\theta + X\sin\theta)$에서 전류를 계산한다.
> 전력손실 $P_l = 3I^2R$ - ㉠, 전력손실 $P_l = 0.1P$ - ㉡ ($\because$ 전력손실률 10%)
> $3I^2R = 0.1P = 0.1 \times \sqrt{3}\,V_r I\cos\theta \to I = \dfrac{0.1 \times \sqrt{3}\,V_r\cos\theta}{3R} = \dfrac{0.1 \times \sqrt{3} \times 60000 \times 0.8}{3 \times 0.3 \times 20} = 461.88[\text{A}]$
> $\therefore V_s = V_r + \sqrt{3}\,I(R\cos\theta + X\sin\theta)$
> $= \{60000 + \sqrt{3} \times 461.88 \times (0.3 \times 20 \times 0.8 + 0.4 \times 20 \times 0.6)\} \times 10^{-3} = 67.68[\text{kV}]$
>
> 답 67.68[kV]

13 전압강하 약산식 유도

배점 4

3상 3선식 배전선로의 각 선간의 전압강하의 근사값을 구하고자 하는 경우에 이용할 수 있는 약산식을 다음의 조건을 이용하여 구하시오.

> **[조건]**
>
> 가. 배선선로의 길이 : $L[\text{m}]$, 배전선의 굵기 : $A[\text{mm}^2]$, 배전선의 전류 : $I[\text{A}]$
> 나. 표준연동선의 고유저항률(20[℃]) : $1/58[\Omega\cdot\text{mm}^2/\text{m}]$, 동선의 도전율 : 97[%]
> 다. 선로의 리액턴스를 무시하고 역률은 1로 간주해도 무방한 경우임

> **모범답안** **계산과정**
>
> ① 3상 3선식의 전압강하
> $e = \sqrt{3}\,I(R\cos\theta + X\sin\theta)$에서, 선로의 리액턴스를 무시하고 역률은 1로 간주하므로, 전압강하는 $e = \sqrt{3}\,IR$이다.
> ② 전선의 저항
> $R = \dfrac{1}{58} \times \dfrac{100}{C} \times \dfrac{L}{A} = \dfrac{1}{58} \times \dfrac{100}{97} \times \dfrac{L}{A} = \dfrac{1}{56.26} \times \dfrac{L}{A}$
>   전선의 저항 R을 전압강하 식 $e = \sqrt{3}\,IR$에 대입하면 아래와 같다.
> ③ 전압강하 약산식
> $e = \sqrt{3}\,I \times \dfrac{1}{56.26} \times \dfrac{L}{A} \fallingdotseq \dfrac{30.8}{1000} \times \dfrac{LI}{A}$
>
> 답 $e = \dfrac{30.8LI}{1000A}$

14 전압강하 약산식

배점 4

3상 3선식 200[V] 회로에서 400[A]의 부하를 전선의 길이 100[m]인 곳에 사용할 경우 전압강하는 몇 [%]인가? (단, 사용 전선의 단면적은 300[mm²]이다.)

모범답안 **계산과정**

전압강하 $e = \dfrac{30.8LI}{1000A} = \dfrac{30.8 \times 100 \times 400}{1000 \times 300} = 4.11[\text{V}]$

전압강하율 $\delta = \dfrac{e}{V_r} \times 100 = \dfrac{4.11}{200} \times 100 = 2.06[\%]$

답 2.06[%]

POINT 수용가의 전압강하

1. 전기방식별 전압강하 계산 약식

전기방식	전압강하
단상 2선식	$e = \dfrac{35.6LI}{1000A}$
3상 3선식	$e = \dfrac{30.8LI}{1000A}$
단상 3선식, 3상 4선식	$e = \dfrac{17.8LI}{1000A}$

I : 부하전류[A]
L : 전선의 길이[m]
e : 전압강하[V]
A : 전선의 단면적[mm²]

2. 수용가설비의 전압강하

설비의 유형	조명[%]	기타[%]
A – 저압으로 수전하는 경우	3	5
B – 고압 이상으로 수전하는 경우[a]	6	8

[a] 가능한 한 최종회로 내의 전압강하가 A 유형의 값을 넘지 않도록 하는 것이 바람직하다.
사용자의 배선설비가 100[m]를 넘는 부분의 전압강하는 미터 당 0.005[%] 증가할 수 있으나 이러한 증가분은 0.5[%]를 넘지 않아야 한다.

(1) 더 큰 전압강하 허용범위
  • 기동 시간 중의 전동기
  • 돌입전류가 큰 기타 기기
(2) 고려하지 않는 일시적인 조건
  • 과도과전압
  • 비정상적인 사용으로 인한 전압 변동

15 전압강하율 – 전선의 굵기

배점: 5

송전단 전압이 3300[V]인 변전소로부터 5.8[km] 떨어진 곳에 역률 0.9(지상) 500[kW]의 3상 동력부하에 대하여 지중 송전선을 설치하여 전력을 공급하고자 한다. 케이블의 허용 전류(또는 안전 전류) 범위 내에서 전압강하가 10[%]를 초과하지 않도록 심선의 굵기를 결정하시오. (단, 케이블의 허용 전류는 다음 표와 같으며 도체(동선)의 고유저항율은 $1/55[\Omega \cdot mm^2/m]$로 하고, 케이블의 정전용량 및 리액턴스 등은 무시한다.)

[심선의 굵기와 허용 전류]

심선의 굵기[mm^2]	16	25	35	50	70	95	120	150
허용전류	50	70	90	100	110	140	180	200

모범답안 | 계산과정

① 수전단 전압

전압강하율 $\delta = \dfrac{V_s - V_r}{V_r}$ 에서, 수전단 전압 $V_r = \dfrac{V_s}{1+\delta} = \dfrac{3300}{1+0.1} = 3000[V]$

② 전압강하율 $\delta = \dfrac{P}{V_r^2}(R + X\tan\theta)$에서, 리액턴스를 무시하므로 $\delta = \dfrac{P}{V_r^2} \times R$이다.

$\therefore R = \dfrac{\delta \times V_r^2}{P} = \dfrac{0.1 \times 3000^2}{500 \times 10^3} = 1.8[\Omega]$

③ 전선의 저항 $R = \rho \dfrac{l}{R}$에서, 전선의 굵기 $A = \rho \times \dfrac{l}{R}$이다.

$\therefore A = \rho \dfrac{l}{R} = \dfrac{1}{55} \times \dfrac{5800}{1.8} = 58.59[mm^2]$

답 70[mm^2]

16 송전선로 – 충전전류·충전용량

배점 6

전압 22900[V], 주파수 60[Hz], 1회선의 3상 지중 송전선로의 3상 무부하 충전전류 및 충전용량을 구하시오. (단, 송전선의 선로길이는 7[km], 케이블 1선당 작용 정전용량은 0.4[μF/km]라고 한다.)

(1) 충전전류
 ○ 계산 과정 :   ○ 답 :

(2) 충전용량
 ○ 계산 과정 :   ○ 답 :

모범답안 계산과정

(1) 충전전류 $I_c = \omega C E$ [A]

 ▶참고 E는 대지전압으로, 선간전압을 $\sqrt{3}$ 으로 나눈다.

 $I_c = 2\pi \times 60 \times 0.4 \times 10^{-6} \times 7 \times \dfrac{22900}{\sqrt{3}} = 13.96$ [A]   답 13.96[A]

(2) 충전용량 $Q = 3\omega C E^2 \times 10^{-3}$ [kVA]

 $Q = 3 \times 2\pi \times 60 \times 0.4 \times 10^{-6} \times 7 \times \left(\dfrac{22900}{\sqrt{3}}\right)^2 \times 10^{-3} = 553.55$ [kVA]   답 553.55[kVA]

17 조상설비용량

배점 7

선로정수 A, B, C, D가 있다. 이때 $A = 0.9$, $B = j70.7$, $C = j0.52 \times 10^{-3}$, $D = 0.9$이고 무부하시 송전단에 154[kV]를 인가할 때 다음 물음에 답하시오.

(1) 수전단 전압
 ○ 계산과정 :   ○ 답 :

(2) 송전단 전류
 ○ 계산과정 :   ○ 답 :

(3) 무부하시 수전단 전압을 140[kV]로 유지하기 위해 필요한 조상설비용량[kVar]은?
 ○ 계산과정 :   ○ 답 :

모범답안 계산과정

(1) ① 송전단 전압 $E_s = AE_r + BI_r$ 에서, 무부하 이므로 수전단 전류 $I_r = 0$ → $E_s = AE_r$
② 윗 식을 선간전압으로 표현하면 → $V_s = AV_r$ ▶참고 수전단전압은 선간전압이다.
③ 그러므로, 수전단 전압 $V_r = \dfrac{1}{A} \times V_s = \dfrac{1}{0.9} \times 154 = 171.11 [\text{kV}]$ 답 **171.11[kV]**

(2) ① 송전단 전류 $I_s = C \times E_r + DI_r$ 에서, 무부하 이므로 수전단 전류
$I_r = 0$ → $I_s = C \times E_r$
② $I_s = C \times E_r = j0.52 \times 10^{-3} \times \dfrac{171.11 \times 10^3}{\sqrt{3}} = j51.37 [\text{A}]$ 답 **$j51.37[\text{A}]$**

(3) ① 송·수전단 전압전류 : $E_s = AE_r + BI_r$ 에서, 수전단 상전압 $E_r = \dfrac{140 \times 10^3}{\sqrt{3}}$ 이므로,
→ $\dfrac{154 \times 10^3}{\sqrt{3}} = 0.9 \times \dfrac{140 \times 10^3}{\sqrt{3}} + j70.71 I_c$
② $I_c = \left(\dfrac{154 \times 10^3}{\sqrt{3}} - 0.9 \times \dfrac{140 \times 10^3}{\sqrt{3}} \right) \div j70.71 = -j228.62[\text{A}]$: 지상전류
③ 조상설비(분로리액터) 용량
$Q = \sqrt{3} V_r I_c \times 10^{-3} = \sqrt{3} \times 140 \times 10^3 \times 228.62 \times 10^{-3} = 55437.4 [\text{kVar}]$

답 **55437.4[kVar]**

18 충전전류 – 지락전류

배점 8

그림은 고압측 전로가 비접지식인 전로에서 고·저압 혼촉사고가 발생된 것을 표현한 것이다. 변압기 TR_1의 내부에서 혼촉사고가 발생되었다고 할 때 다음 각 물음에 답하시오. (단, 대지정전용량 $C = 1.16[\mu F]$이고, 지락저항은 무시한다고 하고, I는 고압전로의 1선 지락전류이다.)

(1) 전로의 대지정전용량에 흐르는 전류는(충전전류)는 몇 [A]인가?
　。계산과정 :　　　　　　　　　　　　　　　　　　　　。답 :
(2) 변압기 TR_1의 2차측 중성점 접지저항 R_g는 몇 [Ω] 이하로 하여야 하는가?
　。계산과정 :　　　　　　　　　　　　　　　　　　　　。답 :
(3) 변압기 결선에 대한 결선도(△-△, △-Y)를 작성하시오.
　① △-△결선　　　　　　　　　② △-Y 결선

모범답안 **계산과정**

(1) 충전전류 $I_c = \omega CE$ [A]　▶참고　E는 대지전압으로, 선간전압을 $\sqrt{3}$으로 나눈다.

$I_c = 2\pi \times 60 \times 1.16 \times 10^{-6} \times \dfrac{6600}{\sqrt{3}} = 1.67$ [A]　　답　1.67[A]

(2) ① 비접지방식에서의 지락전류 $I_g = 3\omega C_s E = \sqrt{3}\,\omega C_s V$ [A]

$I_g = 3 \times 2\pi \times 60 \times 1.16 \times 10^{-6} \times \dfrac{6600}{\sqrt{3}} = 5$ [A]

② 접지 저항 $R_g = \dfrac{150}{I_g} = \dfrac{150}{5} = 30$ [Ω]　　답　30[Ω]

(3) ① △-△결선　　　　　　　　　② △-Y 결선

19　이상전압 억제방안

배점 5

가공전선로의 이상전압을 억제하기 위한 방법을 3가지 쓰시오.

모범답안

① 가공지선 설치
② 매설지선 설치
③ 중성점 직접 접지방식 채택

20 소호리액터의 용량　　배점 5

154[kV], 60[Hz], 선로의 길이 200[km]인 3상 4선식 송전선에 설치한 소호리액터의 공진탭의 용량은 몇 [kVA]인가? (단, 1선당 대지 정전용량은 0.0043[μF/km]이다.)

모범답안

소호리액터의 용량 $Q_L = 3\omega C_s E^2 \times 10^{-3}$ [kVA]

$Q = 3 \times 2\pi \times 60 \times 0.0043 \times 10^{-6} \times 200 \times \left(\dfrac{154000}{\sqrt{3}}\right)^2 \times 10^{-3} = 7689.02$ [kVA]

답　7689.02[kVA]

21 정전유도전압　　배점 5

154[kV]의 병행 2회선 송전선이 있는데 현재 1회선만이 송전 중에 있다고 할 때, 휴전 회선의 전선에 대한 정전 유도 전압을 구하시오. (단, 송전 중인 회선의 전선과 휴전 회선간의 상호 정전 용량은 $C_a = 0.001$[μF/km], $C_b = 0.0006$[μF/km], $C_c = 0.0004$[μF/km]이며, 휴전 회선의 대지 정전 용량은 $C_s = 0.0052$[μF/km]이다.)

모범답안　계산과정

정전 유도 전압 $E_s = \dfrac{\sqrt{C_a(C_a - C_b) + C_b(C_b - C_c) + C_c(C_c - C_a)}}{C_a + C_b + C_c + C_s} \times E$

$= \dfrac{\sqrt{0.001(0.001 - 0.0006) + 0.0006(0.0006 - 0.0004) + 0.0004(0.0004 - 0.001)}}{0.001 + 0.0006 + 0.0004 + 0.0052} \times \dfrac{154 \times 10^3}{\sqrt{3}}$

$= 6534.41$ [V]

답　6534.41[V]

22 정지형 무효전력 보상기　　배점 5

정지형 무효전력 보상기(SVC)에 대해 간단히 설명하시오.

모범답안

무효전력 보상장치인 인덕터와 커패시터 뱅크들을 사이리스터를 이용하여 개폐 제어하는 무효전력 보상설비이다.

23 무한대 모선의 정의

배점 5

발·변전소에는 전력의 집합, 융통, 분배 등을 위하여 모선을 설치한다. 무한대 모선(Infinite Bus)이란 무엇인지 설명하시오.

모범답안

내부 임피던스가 0이고 전압은 그 크기와 위상이 부하의 증감에 관계없이 변화하지 않고, 큰 관성 정수를 가진 무한대 용량의 전원을 말한다.

24 변압기 모선방식의 종류

배점 5

변압기 모선방식의 종류 3가지를 쓰시오.

모범답안

① 단일모선 방식 ② 환상모선방식 ③ 이중 모선방식

POINT 변압기 모선방식

[단일모선방식] [환상모선방식] [이중모선방식]

25 키르히호프 법칙

배점 5

그림과 같이 환상 직류 배전선로에서 각 구간의 왕복 저항은 0.1[Ω], 급전점 A의 전압은 100[V], 부하점 B, D의 부하전류는 각각 25[A], 50[A]라 할 때 부하점 B의 전압은 몇 [V]인가?

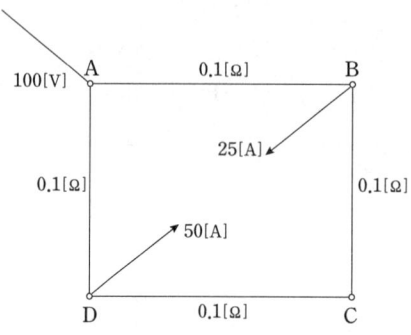

모범답안 계산과정

부하점 $V_B = V_A - I_1 R_1$

$I_1 + I_2 = 75$ → ⓐ

키르히호프 법칙에 의하여 그림과 같이 전류의 방향을 가정하면 폐회로 내의 전압강하의 합은 0이다. (①+②+③+④=0)

① : $0.1 I_1$　　　② : $0.1 \times (I_1 - 25)$
③ : $0.1 \times (I_1 - 25)$　　④ : $-0.1 I_2$

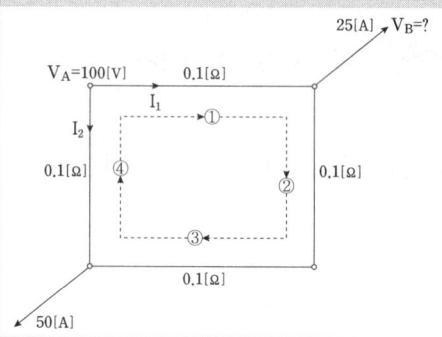

정리식 : $0.3 I_1 - 0.1 I_2 - 2.5 - 2.5 = 0$

$0.3 I_1 - 0.1 I_2 = 5$ → ⓑ

ⓐ + ⓑ × 10 → $I_1 = 31.25$

∴ $V_B = 100 - 31.25 \times 0.1 = 96.88 [V]$

답　96.88[V]

26 소비전력

배점 5

다음 회로에서 소비하는 전력은 몇 [W]인지 구하시오.

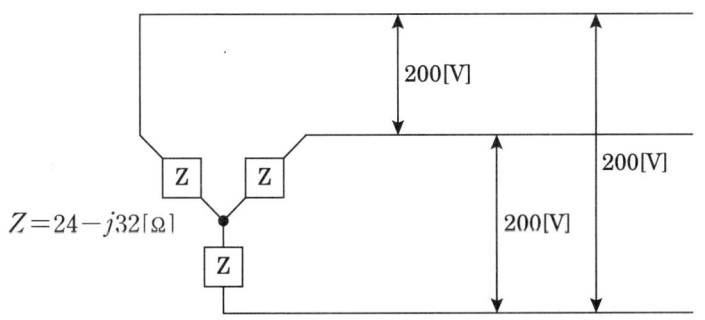

$Z = 24 - j32 [\Omega]$

모범답안 **계산과정**

풀이 ①
$$P = \frac{3V_P^2 R}{R^2 + X^2} = \frac{3 \times \left(\frac{200}{\sqrt{3}}\right)^2 \times 24}{24^2 + 32^2} = 600[W]$$

풀이 ②
$$Z_p = 24 - j32 = \sqrt{24^2 + 32^2} = 40[\Omega] \rightarrow I_p = \frac{V_p}{Z_p} = \frac{V_l}{\sqrt{3} Z_p} = \frac{200}{\sqrt{3} \times 40}$$

$$P = 3I_p^2 R = 3 \times \left(\frac{200}{\sqrt{3} \times 40}\right)^2 \times 24 = 600[W]$$

답 600[W]

27 분기회로수

배점 3

단상 2선식 100[V]의 옥내배선에서 소비전력 40[W], 역률 80[%]의 형광등을 80[등] 설치할 때 이 시설을 16[A]의 분기회로로 하려고 한다. 이때 필요한 분기회로는 최소 몇 회선이 필요한가? (단, 한 회로의 부하전류는 분기회로 용량의 70[%]로 하고 수용률은 100[%]이다.)

모범답안 계산과정

분기회로수 = $\dfrac{\text{부하설비의 합[VA]}}{\text{전압[V]} \times \text{분기회로전류[A]}} = \dfrac{\left(\dfrac{40}{0.8}\right) \times 80}{100 \times 16 \times 0.7} = 3.57$회로

▶ 참고 　분기회로 산정시 소수가 발생하면 절상한다.

답　16[A]분기 4회로

28　분기회로수

배점: 6

그림에 제시된 건물의 표준 부하표를 보고 건물단면도의 분기회로수를 산출하시오.
(단, ① 사용전압은 220[V]로 하고 룸 에어컨은 별도 회로로 한다.
　② 가산해야할 [VA]수는 표에 제시된 값 범위 내에서 큰 값을 적용한다.
　③ 부하의 상정은 표준 부하법에 의해 설비 부하용량을 산출한다.)

[건물의 표준 부하표]

건물의 종류		표준부하[VA/m²]
P	공장, 공회당, 사원, 교회, 극장, 연회장 등	10
	기숙사, 여관, 호텔, 병원, 학교, 음식점, 다방, 대중목욕탕 등	20
	주택, 아파트, 사무실, 은행, 상점, 이용소, 미장원	40
Q	복도, 계단, 세면장, 창고, 다락	5
	강당, 관람석	10
C	주택, 아파트(1세대마다)에 대하여	500~1000[VA]
	상점의 진열장은 폭 1[m]에 대하여	300[VA]
	옥외의 광고등, 광전사인, 네온사인 등	실[VA] 수
	극장, 댄스홀 등의 무대조명, 영화관의 특수 전등부하	실[VA] 수

(단, P : 주 건축물의 바닥면적[m²], Q : 건축물의 부분의 바닥면적[m²], C : 가산해야할[VA]수 임)

◦ 계산과정 : ◦ 답 :

모범답안 **계산과정**

① 주택부분부하상정 = $40 \times [(15 \times 22) - (4 \times 4)] + 5 \times 4 \times 4 + 1000 = 13640$ [VA]
② 상점부분부하상정 = $40 \times [(11 \times 22) - (4 \times 4)] + 5 \times 4 \times 4 + 300 \times 8 = 11520$ [VA]
③ 주택 및 상점부분 분기회로수 = $\dfrac{13640 + 11520}{220 \times 16} = 7.15$ → 8[회로]
④ 총 분기회로수 = 주택 및 상점부분 분기회로수 + 룸에어컨 = $8 + 1 = 9$[회로]

답 16[A]분기 9회로

29 부하용량·분기회로수   배점 5

그림과 같은 평면도의 2층 건물에 대한 배선설계를 하기 위하여 주어진 조건을 이용하여 1층 및 2층을 분리하여 분기회로수를 결정하고자 한다. 다음 각 물음에 답하시오.

> [조건]
> - 분기 회로는 16[A]분기 회로로 하고 80[%]의 정격이 되도록 한다.
> - 배전 전압은 220[V]를 기준으로 하여 적용 가능한 최대 부하를 상정한다.
> - 주택 및 상점의 표준 부하는 40[VA/m²]로 하되, 1층, 2층 분리하여 분기회로수를 결정하고 상점과 주거용에 각각 1000[VA]를 가산하여 적용한다.
> - 상점의 쇼윈도우에 대해서는 길이 1[m]당 300[VA]를 적용한다.
> - 옥외 광고등 500[VA]짜리 2등이 상점에 있는 것으로 하고, 하나의 전용 분기회로로 구성한다.
> - 예상이 곤란한 콘센트, 틀어끼우는 접속기, 소켓 등이 있을 경우에라도 이를 상정하지 않는다.
> - RC는 전용 분기회로로 한다.

(1) 1층의 부하용량(옥외광고등 제외)과 분기회로수를 구하시오.
  ① 부하용량
    ◦ 계산과정 :   ◦ 답 :
  ② 분기회로수
    ◦ 계산과정 :   ◦ 답 :

(2) 2층의 부하용량(룸에어컨 제외)과 분기회로수를 구하시오.
  ① 부하용량
    ◦ 계산과정 :   ◦ 답 :
  ② 분기회로수
    ◦ 계산과정 :   ◦ 답 :

모범답안 | 계산과정

(1) ① 부하용량 = 면적 × 표준부하 + 쇼윈도 부하 + 가산부하
       $= (12 \times 10 \times 40) + 12 \times 300 + 1000 = 9400$ [VA]   **답** 9400[VA]

   ② 분기 회로수 $= \dfrac{9400}{220 \times 16 \times 0.8} = 3.34$ → 4회로

       답 16[A] 분기 5회로(옥외 광고등 1회로 포함)

(2) ① 부하용량 = 면적 × 표준부하 + 가산부하
       $= 10 \times 8 \times 40 + 1000 = 4200$ [VA]   **답** 4200[VA]

   ② 분기 회로수 $= \dfrac{4200}{220 \times 16 \times 0.8} = 1.49$ → 2회로

       답 16[A] 분기 3회로(RC 1회로 포함)

30 부등률   배점 6

표와 같은 수용가 A, B, C에 공급하는 배전선로의 최대전력이 450[kW]라고 할 때 다음 각 물음에 답하시오.

수용가	설비용량[kW]	수용률[%]
A	250	65
B	300	70
C	350	75

(1) 수용가의 부등률은 얼마인가?
   ∘계산과정 :   ∘답 :

(2) 부등률이 크다는 것은 어떤 것을 의미하는가?

모범답안 **계산과정**

(1) 부등률 $= \dfrac{\sum \text{설비용량} \times \text{수용률}}{\text{합성 최대 전력}} = \dfrac{250 \times 0.65 + 300 \times 0.7 + 350 \times 0.75}{450} = 1.41$

                                                                                                답 1.41

(2) 최대전력을 소비하는 기기의 사용 시간대가 서로 다르다.

31 수용률·부하율   배점 4

어느 건물의 부하는 하루에 240[kW]로 5시간, 100[kW]로 8시간, 75[kW]로 나머지 시간을 사용한다. 이에 따른 수전설비를 450[kVA]로 하였을 때, 부하의 평균역률이 0.8인 경우 다음 각 물음에 답하시오.

(1) 이 건물의 수용률[%]을 구하시오.
   ∘계산 과정 :   ∘답 :

(2) 이 건물의 일부하율[%]을 구하시오.
   ∘계산 과정 :   ∘답 :

> **모범답안** **계산과정**
>
> (1) 수용률 = $\dfrac{\text{최대전력}}{\text{설비용량}} \times 100 = \dfrac{240}{450 \times 0.8} \times 100 = 66.67[\%]$ 답 66.67[%]
>
> (2) 일부하율 = $\dfrac{\text{사용전력량}[kWh]/24[h]}{\text{최대전력}[kW]} \times 100$
>
> $= \dfrac{(240 \times 5 + 100 \times 8 + 75 \times 11)/24}{240} \times 100 = 49.05[\%]$ 답 49.05[%]

32 부하율·역률

배점 5

어떤 공장의 어느 날 부하실적이 1일 사용전력량 192[kWh]이며, 1일의 최대전력이 12[kW]이고, 최대전력일 때의 전류값이 34[A]이었을 경우 다음 각 물음에 답하시오. (단, 이 공장은 220[V], 11[kW]인 3상 유도전동기를 부하 설비로 사용한다고 한다.)

(1) 일 부하율은 몇 [%]인가?
  ◦ 계산과정 :   ◦ 답 :

(2) 최대 공급 전력일 때의 역률은 몇 [%]인가?
  ◦ 계산과정 :   ◦ 답 :

> **모범답안** **계산과정**
>
> (1) 일부하율 = $\dfrac{\text{사용전력량}[kWh]/24[h]}{\text{최대전력}[kW]} \times 100 = \dfrac{192/24}{12} \times 100 = 66.67[\%]$
>
>   답 66.67[%]
>
> (2) 역률 = $\dfrac{\text{유효전력}}{\text{피상전력}} \times 100 = \dfrac{12000}{\sqrt{3} \times 220 \times 34} \times 100 = 92.62[\%]$ 답 92.62[%]

33 최대수용전력·수용률

배점 5

입력 설비용량 20[kW] 2대, 30[kW] 2대의 3상 380[V] 유도전동기 군이 있다. 그 부하곡선이 아래 그림과 같을 경우 최대수용전력[kW], 수용률[%], 일부하율[%]을 각각 구하시오.

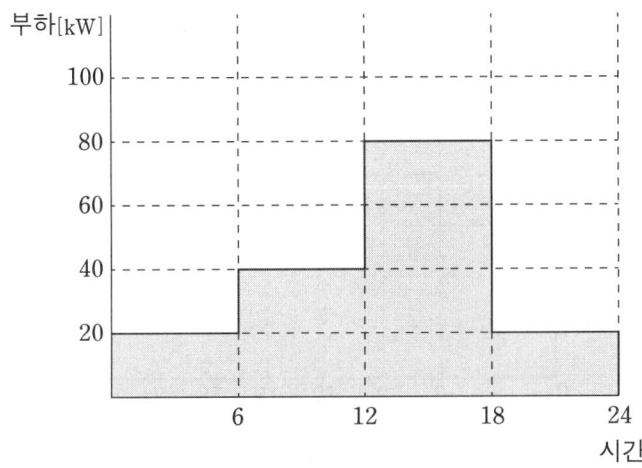

(1) 최대수용전력 ◦답 :

(2) 수용률
 ◦계산 과정 : ◦답 :

(3) 일부하율
 ◦계산 과정 : ◦답 :

모범답안 | 계산과정

(1) 80[kW]

(2) 수용률 $= \dfrac{\text{최대수용전력}}{\text{부하설비용량}} \times 100 = \dfrac{80}{20 \times 2 + 30 \times 2} \times 100 = 80[\%]$ 답 80[%]

(3) 일부하율 $= \dfrac{\text{사용전력량}[kWh]/24[h]}{\text{최대전력}[kW]} \times 100$

$= \dfrac{(20+40+80+20) \times 6/24}{80} \times 100 = 50[\%]$ 답 50[%]

34 부하율·부등률

배점 6

그림은 공장별 일부하 곡선이다. 이 그림을 이용하여 다음 각 물음에 답하시오.

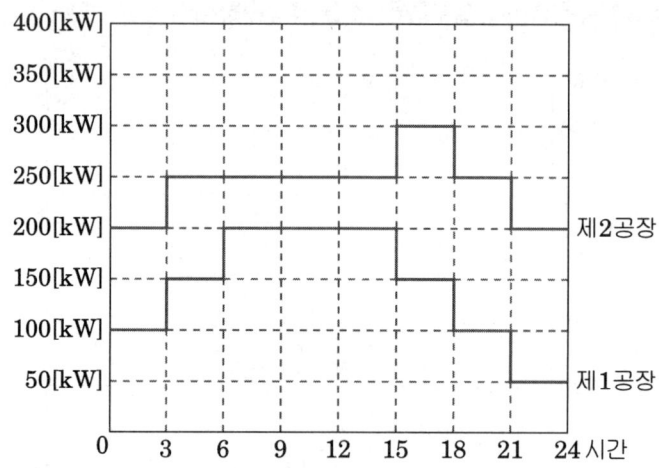

(1) 제2공장의 일 부하율은 몇 [%]인가?
  ◦ 계산과정 : 　　　　　　　　　　　　　　　　　　 ◦ 답 :

(2) 각 공장 상호간의 부등률은 얼마인가?
  ◦ 계산과정 : 　　　　　　　　　　　　　　　　　　 ◦ 답 :

모범답안 계산과정

(1) 일부하율 $= \dfrac{\text{사용전력량[kWh]}/24\text{[h]}}{\text{최대전력[kW]}} \times 100$

$= \dfrac{\dfrac{200 \times 3 + 250 \times 12 + 300 \times 3 + 250 \times 3 + 200 \times 3}{24}}{300} \times 100 = 81.25[\%]$

답 81.25[%]

(2) 부등률 $= \dfrac{\sum \text{설비용량} \times \text{수용률}}{\text{합성 최대 전력}} = \dfrac{200+300}{450} = 1.11$

답 1.11

35 합성최대전력

배점 10

어느 변전소에서 그림과 같은 일부하 곡선을 가진 3개의 부하 A, B, C의 수용가가 있을 때 다음 각 물음에 답하시오. (단, 부하 A, B, C의 평균 전력은 각각 4500[kW], 2400[kW], 및 900[kW]라 하고 역률은 각각 100[%], 80[%], 60[%]라 한다.)

(1) 합성최대전력[kW]을 구하시오.
　◦ 계산 과정 :　　　　　　　　　　　　　　　　　　　　◦ 답 :

(2) 종합 부하율[%]을 구하시오.
　◦ 계산 과정 :　　　　　　　　　　　　　　　　　　　　◦ 답 :

(3) 부등률을 구하시오.
　◦ 계산 과정 :　　　　　　　　　　　　　　　　　　　　◦ 답 :

(4) 최대 부하시의 종합역률[%]을 구하시오.
　◦ 계산 과정 :　　　　　　　　　　　　　　　　　　　　◦ 답 :

(5) A수용가에 관한 다음 물음에 답하시오.
　① 첨두부하는 몇 [kW]인가?
　② 첨두부하가 지속되는 시간은 몇 시부터 몇 시까지 인가?
　③ 하루 공급된 전력량은 몇 [MWh]인가?
　　◦ 계산 과정 :　　　　　　　　　　　　　　　　　　　　◦ 답 :

모범답안 | 계산과정

(1) 합성최대전력 $= (8+3+1) \times 10^3 = 12000 \text{[kW]}$

> **참고** 합성최대전력 지속시간 : 10~12시

답 12000[kW]

(2) 종합부하율 $= \dfrac{\text{각 부하 평균전력의 합}}{\text{합성최대전력}} = \dfrac{4500+2400+900}{12000} \times 100 = 65 \text{[\%]}$

답 65[%]

(3) 부등률 $= \dfrac{\text{각 부하 최대전력의 합}}{\text{합성 최대 전력}} = \dfrac{8+4+2}{12} = 1.17$

답 1.17

(4) ① A수용가 유효전력 $= 8000 \text{[kW]}$, A수용가 무효전력 $= 0 \text{[kVar]}$

② B수용가 유효전력 $= 3000 \text{[kW]}$, B수용가 무효전력 $= 3000 \times \dfrac{0.6}{0.8} = 2250 \text{[kVar]}$

③ C수용가 유효전력 $= 1000 \text{[kW]}$, C수용가 무효전력 $= 1000 \times \dfrac{0.8}{0.6} = 1333.33 \text{[kVar]}$

④ 종합유효전력 $= 8000 + 3000 + 1000 = 12000 \text{[kW]}$

⑤ 종합무효전력 $= 0 + 2250 + 1333.33 = 3583.33 \text{[kVar]}$

∴ 종합역률 $= \dfrac{12000}{\sqrt{12000^2 + 3583.33^2}} \times 100 = 95.82 \text{[\%]}$

답 95.82[%]

(5) ① 첨두부하 : 8000[kW]

② 첨두부하 지속 시간 : 10시~12시

③ 하루 공급된 전력량

$4500 \times 24 \times 10^{-3} = 108 \text{[MWh]}$

답 108[MWh]

---

36 변압기 용량

배점 5

어느 수용가의 부하설비용량이 950[kW], 수용률 65[%], 부하 역률 76[%]일 때 변압기 용량은 몇 [kVA]인가?

모범답안 | 계산과정

변압기 용량 $= \dfrac{\text{설비용량} \times \text{수용률}}{\text{부등률} \times \text{역률}} = \dfrac{950 \times 0.65}{0.76} = 812.5 \text{[kVA]}$

답 812.5[kVA]

37 변압기 용량

배점 4

다음 그림을 보고 종합부하역률 90[%], 각 부하군간 부등률 1.35, 최대부하의 15[%]를 여유로 준다고 할 때, 변압기용량[kVA]을 선정하시오.

변압기 표준용량[kVA]

30	50	75	100	150	200	300	400	500

모범답안 **계산과정**

▶참고 변압기 용량을 선정할 때 동절기 부하와 하절기 부하 중 큰 것을 적용하므로, 하절기 부하 140[kW]를 적용하여 계산한다.

$$변압기용량 = \frac{\sum 설비용량 \times 수용률}{부등률 \times 역률} \times 여유율$$

$$= \frac{100 \times 0.7 + 250 \times 0.5 + 140 \times 0.8}{1.35 \times 0.9} \times 1.15 = 290.58[kVA]$$

답 300[kVA]

38 인텔리전트 빌딩 설계

배점 8

어떤 인텔리전트 빌딩에 대한 등급별 추정 전원용량에 대한 다음 표를 이용하여 각 물음에 답하시오.

등급별 추정 전원 용량 [VA/m²]

내용 \ 등급별	0등급	1등급	2등급	3등급
조 명	32	22	22	29
콘 센 트	-	13	5	5
사무자동화(OA) 기기	-	-	34	36
일반동력	38	45	45	45
냉방동력	40	43	43	43
사무자동화(OA) 동력	-	2	8	8
합 계	110	125	157	166

(1) 연면적 10000[m²]인 인텔리전트 2등급인 사무실 빌딩의 전력 설비 부하의 용량을 다음 표에 의하여 구하도록 하시오.

부하 내용	면적을 적용한 부하용량 [kVA]
조 명	
콘 센 트	
OA 기기	
일반동력	
냉방동력	
OA 동력	
합 계	

(2) 물음 "(1)"에서 조명, 콘센트, 사무자동화기기의 적정 수용률은 0.7, 일반동력 및 사무자동화 동력의 적정 수용률은 0.5, 냉방동력의 적정 수용률은 0.8이고, 주변압기 부등률은 1.2로 적용한다. 이때 전압방식을 2단 강압 방식으로 채택할 경우 변압기의 용량에 따른 변전설비의 용량을 산출하시오.(단, 조명, 콘센트, 사무자동화 기기를 3상 변압기 1대로, 일반동력 및 사무자동화 동력을 3상 변압기 1대로, 냉방동력을 3상 변압기 1대로 구성하고, 상기 부하에 대한 주변압기 1대를 사용하도록 하며, 변압기 용량은 일반 규격 용량으로 정한다.)

변압기 용량 [kVA]	200	300	400	500	750	1000

① 조명, 콘센트, 사무자동화 기기에 필요한 변압기 용량 산정
  ◦ 계산 과정 :   ◦ 답 :
② 일반동력, 사무자동화동력에 필요한 변압기 용량 산정
  ◦ 계산 과정 :   ◦ 답 :
③ 냉방동력에 필요한 변압기 용량 산정
  ◦ 계산 과정 :   ◦ 답 :
④ 주변압기 용량 산정
  ◦ 계산 과정 :   ◦ 답 :

(3) 주변압기에서부터 각 부하에 이르는 변전설비의 단선 계통도를 간단하게 그리시오.

모범답안 계산과정

(1)

부하 내용	면적을 적용한 부하용량 [kVA]
조 명	$22 \times 10000 \times 10^{-3} = 220$
콘 센 트	$5 \times 10000 \times 10^{-3} = 50$
OA 기기	$34 \times 10000 \times 10^{-3} = 340$
일반동력	$45 \times 10000 \times 10^{-3} = 450$
냉방동력	$43 \times 10000 \times 10^{-3} = 430$
OA 동력	$8 \times 10000 \times 10^{-3} = 80$
합 계	$157 \times 10000 \times 10^{-3} = 1570$

(2) ① 조명, 콘센트, 사무자동화 기기에 필요한 변압기 용량 산정

$$TR_1 = \frac{(220 + 50 + 340) \times 0.7}{1} = 427 [\text{kVA}]$$ 답 500[kVA]

② 일반동력, 사무자동화동력에 필요한 변압기 용량 산정

$$TR_2 = \frac{(450 + 80) \times 0.5}{1} = 265 [\text{kVA}]$$ 답 300[kVA]

③ 냉방동력에 필요한 변압기 용량 산정

$$TR_3 = \frac{430 \times 0.8}{1} = 344 [\text{kVA}]$$ 답 400[kVA]

④ 주변압기 용량 산정

$$TRr = \frac{427 + 265 + 344}{1.2} = 863.33 [\text{kVA}]$$ 답 1000[kVA]

(3)

39 부하율·손실계수

배점 7

다음과 같은 조건과 표를 이용하여 물음에 답하시오 (단, 수용가 부하의 역률은 0.9이다)

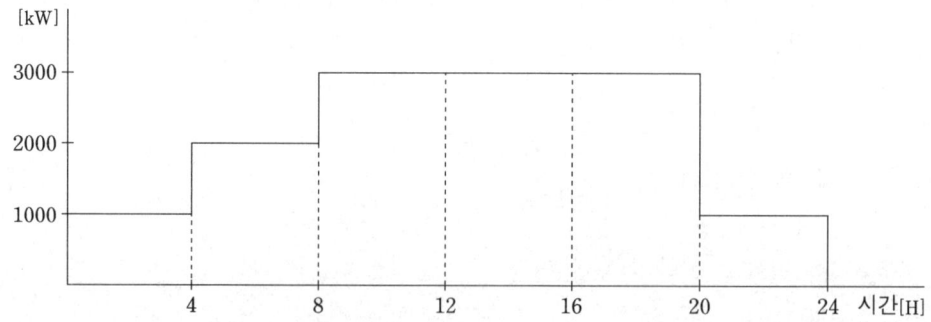

3상 6.6[kV], 선로길이 1000[m], 저항0.2[Ω/km], ACSR 전선굵기240[mm^2]

(1) 부하율을 구하시오.
   ◦ 계산과정 :   ◦ 답 :

(2) 손실계수를 구하시오
   ◦ 계산과정 :   ◦ 답 :

(3) 1일 손실전력량을 구하시오.
   ◦ 계산과정 :   ◦ 답 :

모범답안 계산과정

(1) 부하율 $= \dfrac{(1000 \times 4 + 2000 \times 4 + 3000 \times 12 + 1000 \times 4)/24}{3000} \times 100 = 72.22[\%]$

   답 72.22[%]

(2) 전력손실 $P_l = 3I^2R \times 4 + 3 \times (2I)^2R \times 4 + 3 \times (3I)^2R \times 12 + 3I^2R \times 4 = 3I^2R \times 132$

   평균전력손실 $= \dfrac{3I^2R \times 132}{24} = 3I^2R \times 5.5$

   최대전력손실 $= 3 \times (3I)^2R = 3I^2R \times 9$

   손실계수 $H = \dfrac{\text{평균전력손실}}{\text{최대전력손실}} = \dfrac{3I^2R \times 5.5}{3I^2R \times 9} \times 100 = 61.11[\%]$ 답 61.11[%]

(3) 1일 손실전력량 $= 3I^2RT \times 10^{-3}[\text{kWh}]$

   $3I^2RT \times 10^{-3} = 3 \times \left(\dfrac{1000 \times 10^3}{\sqrt{3} \times 6600 \times 0.9}\right)^2 \times 0.2 \times 132 \times 10^{-3}$

   $= 748.22[\text{kWh}]$ 답 748.22[kWh]

40 손실계수·평균손실

배점 5

최대전류가 흐를 때 손실전력이 $100[\text{kW}]$ 배전선로가 있다. 이 배전선의 부하율이 $60[\%]$인 경우 손실계수를 이용하여 평균손실전력$[\text{kW}]$을 구하시오. (단, 손실계수를 구하는데 사용되는 $\alpha = 0.2$이다.)

모범답안 계산과정

손실계수 $H = \alpha F + (1-\alpha)F^2 = 0.2 \times 0.6 + (1-0.2) \times 0.6^2 = 0.41$
평균손실전력 $=$ 손실계수 $\times$ 최대손실전력 $= 0.41 \times 100 = 41[\text{kW}]$ 답 41[kW]

41 단락전류 적용요소

배점 5

변압기와 모선 또는 이를 지지하는 애자는 어떤 전류에 의하여 생기는 기계적 충격에 견디는 강도를 가져야 하는지 쓰시오.

모범답안
단락전류

42 단락전류 적용요소

배점 5

수전설비에 있어서 계통의 각 점에 사고 시 흐르는 단락전류의 값을 정확하게 파악하는 것이 수전설비의 보호방식을 검토하는데 아주 중요하다. 단락전류를 계산하는 것은 주로 어떤 요소를 적용하고자 하는 것인지 그 적용 요소에 대하여 3가지만 설명하시오.

모범답안
① 차단기 용량선정   ② 보호계전기 정정   ③ 기계기구의 기계적 강도선정

43 단락용량 경감대책

배점 6

전력계통의 발전기, 변압기 등의 증설이나 송전선의 신·증설로 인하여 단락·지락전류가 증가하여 송·변전 기기에의 손상이 증대되고, 부근에 있는 통신선의 유도장해가 증가하는 등의 문제점이 예상되므로, 단락용량의 경감대책을 세워야 한다. 이 대책을 3가지만 쓰시오.

모범답안
① 전압을 승압한다.   ② 한류리액터를 설치한다.   ③ 고 임피던스 기기를 채용한다.

44. 정격전류·단락전류

배점: 6

건축물의 변전설비가 22.9[kV−Y], 용량 500[kVA]이며, 변압기 2차측 모선에 연결되어 있는 배선용차단기에 대하여 다음 각 물음에 답하시오. (단, %Z = 5[%], 2차 전압은 380[V], 선로의 임피던스는 무시한다.)

(1) 변압기 2차측 정격전류[A]

(2) 변압기 2차측 단락전류[A] 및 배선용차단기의 최소 차단전류[kA]
 ① 변압기 2차측 단락전류[A]
  ◦ 계산과정 :   ◦ 답 :
 ② 배선용차단기의 최소 차단전류[kA]
  ◦ 계산과정 :   ◦ 답 :

(3) 단락용량[MVA]
  ◦ 계산과정 :   ◦ 답 :

모범답안 계산과정

(1) $I_n = \dfrac{P}{\sqrt{3} \times V} = \dfrac{500 \times 10^3}{\sqrt{3} \times 380} = 759.67[A]$

답 759.67[A]

(2) ① 변압기 2차측 단락전류

$I_s = \dfrac{100}{\%Z} \times I_n = \dfrac{100}{\%Z} \times \dfrac{P}{\sqrt{3}\,V} = \dfrac{100}{5} \times \dfrac{500 \times 10^3}{\sqrt{3} \times 380} = 15193.43[A]$

답 15193.43[A]

② 배선용차단기의 최소 차단전류[kA]
  $15193.43 \times 10^{-3} = 15.19[kA]$

답 15.19[kA]

(3) $P_s = \dfrac{100}{\%Z} \times P_n = \dfrac{100}{5} \times 500 \times 10^{-3} = 10[MVA]$

답 10[MVA]

45 합성 %Z·단락용량

배점: 7

그림과 주어진 조건 및 참고표를 이용하여 3상 단락용량, 3상 단락전류, 차단기의 차단용량 등을 계산하시오.

[조건]

수전설비 1차측에서 본 1상당의 합성임피던스 $\%X_G = 1.5[\%]$이고, 변압기 명판에는 $7.4[\%]/3000[kVA]$(기준용량은 $10000[kVA]$)이다.

[표 1] 유입차단기 전력퓨즈의 정격차단용량

정격전압[V]	정격 차단용량 표준치(3상[MVA])
3600	10 25 50 (75) 100 150 250
7200	25 50 (75) 100 150 (200) 250

[표 2] 가공전선로(경동선) %임피던스

배선방식	선의 굵기 %r, %x	%r, %x의 값은 [%/km]								
		100	80	60	50	38	30	22	14	5[mm]	4[mm]
3상 3선 3[kV]	%r	16.5	21.1	27.9	34.8	44.8	57.2	75.7	119.15	83.1	127.8
	%x	29.3	30.6	31.4	32.0	32.9	33.6	34.4	35.7	35.1	36.4
3상 3선 6[kV]	%r	4.1	5.3	7.0	8.7	11.2	18.9	29.9	29.9	20.8	32.5
	%x	7.5	7.7	7.9	8.0	8.2	8.4	8.6	8.7	8.8	9.1
3상 4선 5.2[kV]	%r	5.5	7.0	9.3	11.6	14.9	19.1	25.2	39.8	27.7	43.3
	%x	10.2	10.5	10.7	10.9	11.2	11.5	11.8	12.2	12.0	12.4

[주] 3상 4선식, 5.2[kV]선로에서 전압선 2선, 중앙선 1선인 경우 단락용량의 계획은 3상 3선식 3[kV]시에 따른다.

[표 3] 지중케이블 전로의 %임피던스

배선방식	선의 굵기 %r, %x	%r, %x의 값은 [%/km]										
		250	200	150	125	100	80	60	50	38	30	22
3상 3선 3[kV]	%r	6.6	8.2	13.7	13.4	16.8	20.9	27.6	32.7	43.4	55.9	118.5
	%x	5.5	5.6	5.8	5.9	6.0	6.2	6.5	6.6	6.8	7.1	8.3
3상 3선 6[kV]	%r	1.6	2.0	2.7	3.4	4.2	5.2	6.9	8.2	8.6	14.0	29.6
	%x	1.5	1.5	1.6	1.6	1.7	1.8	1.9	1.9	1.9	2.0	–
3상 4선 5.2[kV]	%r	2.2	2.7	3.6	4.5	5.6	7.0	9.2	14.5	14.5	18.6	–
	%x	2.0	2.0	2.1	2.2	2.3	2.3	2.4	2.6	2.6	2.7	–

[주] 1. 3상 4선식, 5.2[kV] 전로의 %r, %x의 값은 6[kV] 케이블을 사용한 것으로서 계산한 것이다.
2. 3상 3선식 5.2[kV]에서 전압선 2선, 중앙선 1선의 경우 단락용량의 계산은 3상 3선식 3[kV] 전로에 따른다.

(1) 수전설비에서의 합성 %임피던스를 계산하시오.
  ∘계산 과정 :　　　　　　　　　　　　　　　　∘답 :
(2) 수전설비에서의 3상 단락용량을 계산하시오.
  ∘계산 과정 :　　　　　　　　　　　　　　　　∘답 :
(3) 수전설비에서의 3상 단락전류를 계산하시오.
  ∘계산 과정 :　　　　　　　　　　　　　　　　∘답 :
(4) 수전설비에서의 정격차단용량을 계산하고 표에서 적당한 용량을 선정하시오.
  ∘계산 과정 :　　　　　　　　　　　　　　　　∘답 :

모범답안 **계산과정**

(1) ① 변압기 : $\%X_T = \dfrac{\text{기준용량}}{\text{자기용량}} \times \text{환산할 } \%X = \dfrac{10000}{3000} \times j7.4 = j24.67[\%]$

② 가공선의 $\%Z_{L1}$은 $\%r$과 $\%x$를 [표 2]를 통해 각각 계산한다.

$\%r$ $\begin{vmatrix} 100[\text{mm}^2] & 0.4 \times 4.1 = 1.64 \\ 60[\text{mm}^2] & 1.4 \times 7 = 9.8 \\ 38[\text{mm}^2] & 0.7 \times 11.2 = 7.84 \\ 5[\text{mm}^2] & 1.2 \times 20.8 = 24.96 \end{vmatrix}$ $\%x$ $\begin{vmatrix} 100[\text{mm}^2] & 0.4 \times j7.5 = j3 \\ 60[\text{mm}^2] & 1.4 \times j7.9 = j11.06 \\ 38[\text{mm}^2] & 0.7 \times j8.2 = j5.74 \\ 5[\text{mm}^2] & 1.2 \times j8.8 = j10.56 \end{vmatrix}$

합계 $\therefore \%r = 44.24[\%]$ 합계 $\therefore \%x = j30.36[\%]$

③ 지중선의 $\%Z_{L2}$는 [표 3]을 통해 계산한다.

$\%Z_{L2} = \%r + j\%x = (0.095 \times 4.2) + j(0.095 \times 1.7) = 0.399 + j0.1615$

$\therefore$ 합성 $\%$임피던스 $= \%X_T + \%Z_{L1} + \%Z_{L2} + \%X_G$이므로

$= j24.67 + 0.399 + 44.24 + j30.36 + j0.1615 + j1.5$

$= (0.399 + 44.24) + j(24.67 + 0.1615 + 30.36 + 1.5)$

$= 44.639 + j56.6915 = 72.16[\%]$ 답 72.16[%]

(2) 단락용량 $P_s = \dfrac{100}{\%Z} \times P_n = \dfrac{100}{72.16} \times 10000 = 13858.09[\text{kVA}]$ 답 13858.09[kVA]

(3) 단락전류 $I_s = \dfrac{100}{\%Z} \times I_n = \dfrac{100}{72.16} \times \dfrac{10000}{\sqrt{3} \times 6.6} = 1212.27[\text{A}]$ 답 1212.27[A]

(4) $P_s = \sqrt{3} \times V_n \times I_s = \sqrt{3} \times 7200 \times 1212.27 \times 10^{-6} = 15.18[\text{MVA}]$ 답 25[MVA]

46 %Z·%X·%R

배점: 12

다음 계통도를 보고 각 물음에 답하시오. (단, 기준 Base를 100[MVA]로 지정하며, 소수점 5째자리에서 반올림한다.)

```
FROM KEPCO  1000[MVA] (X/R=10)
         │
         ├── CN/CV 100[mm²] (Z=0.234+j0.162[Ω/km])
         │   3[km]
         │
        ┤├  22.9[kV]/380[V]
            2500[kVA]
            %Z : 7[%] (X/R=8)
         │
         ✕ 단락지점
```

(1) 전원의 임피던스 %Z, %R, %X를 구하시오.
  ∘ 계산 과정 :   ∘ 답 :

(2) 케이블의 임피던스 %Z를 구하시오.
  ∘ 계산 과정 :   ∘ 답 :

(3) 변압기의 %Z, %R, %X를 구하시오.
  ∘ 계산 과정 :   ∘ 답 :

(4) 선로의 합성 임피던스를 구하시오.
  ∘ 계산 과정 :   ∘ 답 :

(5) 단락전류의 크기를 구하시오.
  ∘ 계산 과정 :   ∘ 답 :

모범답안 / 계산과정

(1) ㉠ $\%Z = \dfrac{100}{P_s} \times P_n = \dfrac{100}{1000} \times 100 = 10[\%]$ 　　답　$\%Z = 10[\%]$

㉡ $Z = \sqrt{R^2 + X^2}$ → $X/R = 10$에서 $X = 10R$이다.
$10^2 = R^2 + (10R)^2$ → $100 = R^2 + 100R^2 = 101R^2$
∴ $\%R = \sqrt{\dfrac{100}{101}} = 0.9950[\%]$ 　　답　$\%R = 0.9950[\%]$

㉢ $\%X = \sqrt{\%Z^2 - \%R^2} = \sqrt{10^2 - 0.995^2} = 9.9504[\%]$ 　　답　$\%X = 9.9504[\%]$

(2) $\%R = \dfrac{PR}{10V^2} = \dfrac{100 \times 10^3 \times 0.234 \times 3}{10 \times 22.9^2} = 13.3865[\%]$

$\%X = \dfrac{PX}{10V^2} = \dfrac{100 \times 10^3 \times 0.162 \times 3}{10 \times 22.9^2} = 9.2676[\%]$

$\%Z = \sqrt{13.3865^2 + 9.2676^2} = 16.2815[\%]$ 답 16.2815[%]

(3) 기준용량 100[MVA]으로 퍼센트 임피던스를 환산한 후 계산한다.

㉠ $\%Z = \dfrac{100}{2.5} \times 7 = 280[\%]$ 답 280[%]

㉡ $Z = \sqrt{R^2 + X^2}$ → $X/R = 8$에서 $X = 8R$이다.

$280^2 = R^2 + (8R)^2$ → $280^2 = R^2 + 64R^2 = 65R^2$

∴ $\%R = \sqrt{\dfrac{280^2}{65}} = 34.7297[\%]$ 답 34.7297[%]

㉢ $\%X = \sqrt{\%Z^2 - \%R^2} = \sqrt{280^2 - 34.7297^2} = 277.8378[\%]$ 답 277.8378[%]

(4) $\%R_0 = 0.995 + 13.3865 + 34.7297 = 49.1112[\%]$

$\%X_0 = 9.9504 + 9.2676 + 277.8378 = 297.0558[\%]$

∴ $\%Z_0 = \sqrt{49.1112^2 + 297.0558^2} = 301.0881[\%]$ 답 301.0881[%]

(5) $I_s = \dfrac{100}{\%Z_0} \times \dfrac{P_n}{\sqrt{3}\,V} = \dfrac{100}{301.0881} \times \dfrac{100 \times 10^3}{\sqrt{3} \times 380} = 50.4617[\text{kA}]$ 답 50.4617[kA]

47 단락전류

배점 11

다음 그림 중 A점에 단락이 일어났을 경우 단락 전류를 구하는 과정이다. 그림을 잘 보고 문제의 빈칸에 답하시오. 단, 소수점 이하는 모두 구하되 소수점 이하가 무한 소수일 경우에는 소수 위 6째 자리에서 반올림하여 5째 자리까지 구하시오.

[조건]

① X_1 : 전력 회사의 계통 리액턴스[P.U]
② X_2 : 변압기의 P.U 리액턴스
③ X_3 : 변압기의 2차에서 모선을 거쳐 차단기의 전원측 단자에 이르는 전로의 P.U 리액턴스
④ X_4 : 차단기의 부하 단자에서 단락점에 이르는 배선의 P.U 리액턴스
⑤ P.U : 퍼센트 유니트
⑥ $X = X_1 + X_2 + X_3 + \cdots\cdots$
⑦ 단, 배선의 저항은 무시한다.

(1) X_1은 1000[kVA] BASE로 환산한다면

P.U 리액턴스 $= \dfrac{1000[\text{kVA}]}{(①[\text{kVA}])} = 0.01[\text{P.U}]$

(2) X_2는 변압기의 P.U 리액턴스로서 정격 kVA에 대한 P.U 리액턴스는 $\dfrac{5.5[\%]}{100} = 0.055$이다.

1000[kVA] BASE로 구한 P.U 리액턴스는 $0.055 \times \dfrac{(②[\text{kVA}])}{(③[\text{kVA}])} = (\ ④\ )$

전동기에 공급하는 변압기로 역률 0.8로 간주하면 $X_2 - ④$의 값 $\times 0.8 = (\ ⑤\ )\text{P.U}$

(3) X_3는 변압기 2차 단자에서 모선동대의 리액턴스로 10[m] 1상당 0.0018[Ω]이다.

그러므로 리액턴스 $= 0.0018[\Omega] \times \dfrac{(\;⑥\;)}{(\;⑦\;)} = (\;⑧\;)$

1000[kVA] BASE로 구한 P.U 리액턴스는 $X_3 = \dfrac{⑧의\;값}{(\;⑨\;)} = (\;⑩\;)$ P.U

(4) X_4는 강관 전선관에 수용한 325[mm²], 50[m]의 전선 리액턴스는 $(\;⑪\;) \times \dfrac{(\;⑫\;)}{(\;⑬\;)} = (\;⑭\;)$

1000[kVA] BASE로 구한 P.U 리액턴스는 $X_4 = \dfrac{⑭의\;값}{(\;⑮\;)} = (\;⑯\;)$ P.U

(5) 600[A] CT의 리액턴스는 0.000192[Ω]이다.

1000[kVA] BASE로 구한 P.U 리액턴스는 $\dfrac{0.000192[\Omega]}{(\;⑰\;)} = (\;⑱\;)$

전원에서 A점에 이르는 전 P.U 리액턴스 $X = X_1 + X_2 + X_3 + X_4 + ⑱ = Z = (\;⑲\;)$

(6) 대칭 단락[kVA]

$$\mathrm{kVA} = \dfrac{\mathrm{kVA\;BASE}}{Z} = \dfrac{1000}{⑲의\;값} = (\;⑳\;)\;[\mathrm{kVA}]$$

(7) 대칭 단락 전류 $= \dfrac{\text{대칭단락kVA용량}}{\sqrt{3} \times \text{전압[kV]}} = (\;Ⓐ\;)\;[\mathrm{A}]$

[표 1] 배선의 리액터스 및 저항(50[Hz])

전선의 굵기	전선 1본의 길이 10[m]당의 리액턴스[Ω]			전선 1본의 길이 10[m] 때의 저항[Ω]
	강제의 관 또는 덕트에 수납하는 절연 전선 또는 케이블	강제의 관 또는 덕트에 수납하지 않는 케이블	옥 내 애자인 배 선	
1.6[mm] 2 5.5[mm²] 8	0.0020	0.0012	0.0031	0.087 0.055 0.032 0.023
14 22 30 38	0.0015	0.0010	0.0026	0.013 0.0081 0.0061 0.0048

전선의 굵기	전선 1본의 길이 10[m]당의 리액턴스[Ω]			전선 1본의 길이 10[m] 때의 저항[Ω]
	강제의 관 또는 덕트에 수납하는 절연 전선 또는 케이블	강제의 관 또는 덕트에 수납하지 않는 케이블	옥내 애자인 배선	
50				0.0037
60				0.0030
80				0.0023
100				0.0018
125	0.0013	0.0009	0.0033	0.0014
150				0.0012
200				0.00090
250				0.00070
325				0.00055

[주] 60[Hz]로는 리액턴스를 1.2배 한다.

[표 2] 모선용 동대의 리액턴스(50[Hz])

동 대	1상의 길이 10[m]때의 리액턴스[Ω]
6×50 1매 6×100 2매 $S=150$	0.0015
6×50 2매 또는 6×100 2매 $S=200$	

[주] 60[Hz]로는 리액턴스를 1.2배 한다.

[표 2] CT의 단락 전류에 대한 리액턴스(50[Hz])

CT 정격[A]	리액턴스[Ω]	CT 정격[A]	리액턴스[Ω]
100	0.0030	400	0.00027
150	0.0015	500	0.00018
200	0.0008	600	0.00016
250	0.00055	800	0.00010
300	0.00042	1000~4000	0.00006

[주] 60[Hz]로는 리액턴스를 1.2배 한다.

모범답안

(1) ① 100000

(2) ② 1000   ③ 1000   ④ 0.055   ⑤ 0.044

(3) ⑥ 8   ⑦ 10   ⑧ 0.00144   ⑨ 0.21^2 ⑩ 0.03265

(4) [표1] 참고
  ⑪ 0.0013×1.2   ⑫ 50   ⑬ 10
  ⑭ 0.0078[Ω]   ⑮ 0.21^2 ⑯ 0.17687[PU]

(5) ⑰ 0.21^2 ⑱ 0.00435[PU]   ⑲ 0.26787[PU]

(6) ⑳ 3733.15414[kVA]

(7) Ⓐ 10263.51213[A]

48 변압기 V결선

배점: 4

200[kVA] 변압기 두 대로 V결선하여 사용할 경우 계약 수전전력에 의한 최대전력[kW]을 구하시오. (단, 소수점 첫째자리에서 반올림 할 것)

모범답안 계산과정

$P_V = \sqrt{3} \times P_1 = \sqrt{3} \times 200 = 346.41$ 단, P_1 : 단상변압기 1대용량

답 346[kW]

POINT 변압기 V결선

1. 결선도

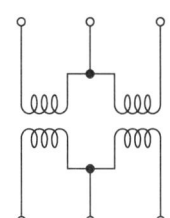

① V결선 출력 : $P_V = \sqrt{3}\, P_1$[kVA] (P_1 : 변압기1대 용량)

② 출력비 : $\dfrac{P_V}{P_\triangle} = \dfrac{\sqrt{3}\,P_1}{3P_1} = \dfrac{1}{\sqrt{3}} = 0.5774$ ∴ 57.74 [%]

③ 변압기 이용률 : $\dfrac{\sqrt{3}\,P_1}{2P_1} = \dfrac{\sqrt{3}}{2} = 0.866$ ∴ 86.6 [%]

2. 장점
    △—△결선에서 1상 고장시 나머지 2대로 3상 전력을 공급할 수 있다.

3. 단점
    ① 설비 이용률이 저하된다.
    ② △결선에 비하여 출력이 낮다.
    ③ 부하에 따라 2차 단자전압이 불평형이 될 수 있다.

---

49 변압기 V결선

배점 4

단상 변압기 2대를 V결선하고 출력 11[kW], 역률 0.8, 효율 0.85인 3상 유도전동기를 운전한다면 변압기 1대의 용량은[kVA]?

변압기 정격용량[kVA]

3	5	7.5	10	15	20	30	50

모범답안 **계산과정**

$P_V = \sqrt{3} \times P_1 \;\to\; P_1 = \dfrac{P_V}{\sqrt{3} \times \cos\theta \times \eta} = \dfrac{11}{\sqrt{3} \times 0.8 \times 0.85} = 9.34[\text{kVA}]$

답 10[kVA]

50 변압기 극성

배점 5

그림과 같이 6300/210[V]인 단상변압기 3대를 △−△ 결선하여 수전단 전압이 6000[V]인 배전 선로에 접속하였다. 이 중 2대의 변압기는 감극성이고 CA상에 연결된 변압기 1대가 가극성 이었다고 한다. 이때 아래 그림과 같이 접속된 전압계에는 몇 [V]의 전압이 유기되는가?

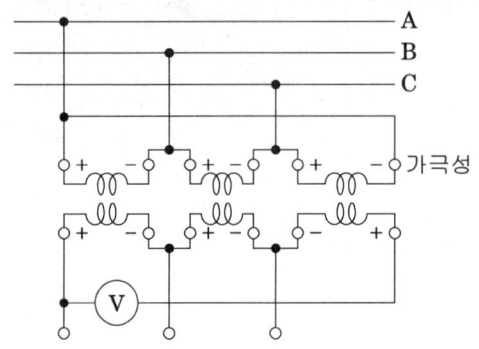

모범답안 **계산과정**

변압기 2차 전압 $V_2 = V_1 \times \dfrac{1}{a} = 6000 \times \dfrac{210}{6300} = 200[V]$

2대의 변압기는 감극성, 나머지 1대는 가극성으로 이므로

$V = 200\angle 0° + 200\angle -120° - 200\angle 120° = 200 - j346.41 = 400[V]$

답 400[V]

51. 변압기 스코트 결선도

배점: 5

3상 전원에 단상 전열기 2대를 연결하여 사용할 경우 3상 평형전류가 흐르는 변압기의 결선방법이 있다. 3상을 2상으로 변환하는 이 결선방법의 명칭과 결선도를 그리시오. (단, 단상변압기 2대를 사용한다.)

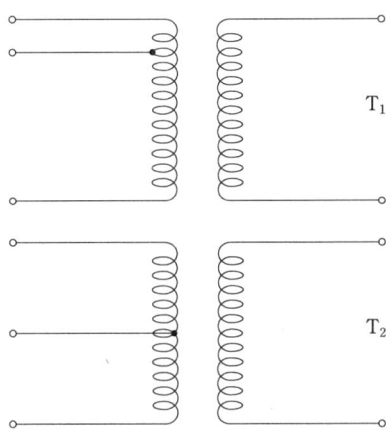

모범답안

- 명칭 : 스코트 결선
- 결선도

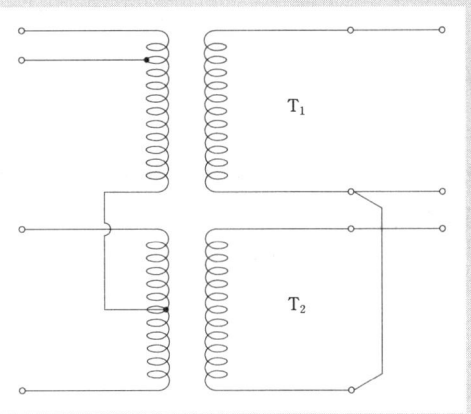

52 변압기 손실 - 철손

배점 5

20[kVA] 단상 변압기가 있다. 역률이 1일 때 전부하 효율은 97[%]이고, 75[%] 부하에서 최고효율이 되었다. 전부하시에 철손은 몇 [W]인가?

모범답안 | 계산과정

전 부하시 효율 $\eta = \dfrac{P_a \cos\theta}{P_a \cos\theta + P_i + P_c}$ 이다.

① 전체 손실 $P_l = P_i + P_c = \dfrac{P_a \cos\theta}{\eta} - P_a \cos\theta = \dfrac{20000 \times 1}{0.97} - 20000 \times 1 = 618.56 [\text{W}]$

② 동손 $P_c = P_l - P_i = 618.56 - P_i$

③ 최고효율은 "철손=동손"일 때 발생하므로 $P_i = m^2 P_c$일 때 최대효율이 된다.
철손 $P_i = (0.75^2) \times (618.56 - P_i)$ 이 식에서 P_i를 계산한다.

$(1 + 0.75^2) P_i = 0.75^2 \times 618.56$ → $\therefore P_i = \dfrac{0.75^2 \times 618.56}{1 + 0.75^2} = 222.68 [\text{W}]$

답 222.68[W]

53 변압기 손실·부하율

배점 5

50000[kVA]의 변압기가 있다. 이 변압기의 손실은 80[%] 부하율 일 때 53.4[kW]이고, 60[%] 부하율일 때 36.6[kW]이다. 다음 각 물음에 답하시오.

(1) 이 변압기의 40[%] 부하율 일 때의 손실을 구하시오.
  ○ 계산 과정 :   ○ 답 :

(2) 최고효율은 몇 [%] 부하율 일 때인가?
  ○ 계산 과정 :   ○ 답 :

모범답안 **계산과정**

(1) 변압기의 전 손실 $= P_i + m^2 P_c$의 식에서
부하율 80[%]일 때 손실 $P_i + 0.8^2 P_c = 53.4[\text{kW}]$
부하율 60[%]일 때 손실 $P_i + 0.6^2 P_c = 36.6[\text{kW}]$

위 두 식을 연립하여 동손을 계산하면, $P_c = \dfrac{53.4 - 36.6}{0.8^2 - 0.6^2} = 60[\text{kW}]$이다.

이 값을 대입하면 철손 $P_i = 53.4 - 0.8^2 \times 60 = 15[\text{kW}]$임을 알 수 있다.
따라서, 부하율 40[%]일 때 손실은 $15 + 0.4^2 \times 60 = 24.6[\text{kW}]$ 답 24.6[kW]

(2) 최고효율 조건 $P_i = m^2 P_c$의 식에서 부하율 $m = \sqrt{\dfrac{P_i}{P_c}} = \sqrt{\dfrac{15}{60}} = 0.5$ 답 50[%]

54 변압기 – 전압·전류

배점 5

권수비가 30, 1차 전압이 6.6[kV]인 단상변압기가 있다. 다음 물음에 답하시오. (단, 변압기의 손실은 무시한다.)

(1) 2차 전압[V]을 구하시오.
  ◦ 계산과정 :   ◦ 답 :

(2) 2차 측에 부하 50[kW], 역률 0.8을 2차에 연결할 때 2차 전류 및 1차 전류를 구하시오.
  ① 2차 전류
    ◦ 계산과정 :   ◦ 답 :
  ② 1차 전류
    ◦ 계산과정 :   ◦ 답 :

(3) 1차 입력[kVA]
  ◦ 계산과정 :   ◦ 답 :

모범답안 **계산과정**

(1) $V_2 = \dfrac{V_1}{a} = \dfrac{6600}{30} = 220[\text{V}]$ 답 220[V]

(2) ① 2차 전류 : $I_2 = \dfrac{P}{V_2 \cos\theta} = \dfrac{50 \times 10^3}{220 \times 0.8} = 284.09[\text{A}]$ 답 284.09[A]

　② 1차 전류 : $I_1 = \dfrac{1}{30} \times 284.09 = 9.47[\text{A}]$ 답 9.47[A]

(3) $P = V_1 I_1 = 6600 \times 9.47 \times 10^{-3} = 62.5[\text{kVA}]$ 답 62.5[kVA]

55 변압기 – 단위법

배점 11

변압기가 있는 회로에서 전류 I_1, I_2를 단위법(pu)으로 구하는 과정이다. 다음 조건을 이용하여 풀이 과정의 (①~⑪) 안에 알맞은 내용을 쓰시오.

[조건]

① 단상발전기의 정격전압과 용량은 각각 $10\angle 0°[\text{kV}]$, $100[\text{kVA}]$이고 pu 임피던스 $Z_g = j0.8[\text{pu}]$이다.

② 변압기의 변압비는 5:1이고 정격용량 $100[\text{kVA}]$ 기준으로 %임피던스는 $j12[\%]$이고, 부하 임피던스 $Z_L = j120[\Omega]$이다.

(1) 변압기 1차측의 전압 및 용량의 기준값을 10[kV], 100[kVA]로 하면 2차측의 전압 기준값은 (①   [kV])로 된다.
 ◦ 계산과정 :   ◦ 답 :

(2) 그러므로 변압기 1, 2차측의 전압 pu 값은 각각 V_{1pu}=(②   [pu]), V_{2pu}(③   [pu]) 이다.
 ◦ 계산과정 :   ◦ 답 :

(3) 변압기 1,2차측 전류의 기준값은 각각 I_{1b}=(④   [A]), I_{2b}=(⑤   [A]) 이고
 ◦ 계산과정 :   ◦ 답 :

(4) 변압기의 2차측 회로의 임피던스 기준값 Z_{2b}=(⑥   [Ω])이므로 부하의 임피던스 단위값 Z_{Lpu}=(⑦   [pu])로 됨으로 회로 전체의 임피던스 단위값 $Z_{pu}=Z_{gpu}+Z_{tpu}+Z_{Lpu}$=(⑧   [pu]) 이다.
 ◦ 계산과정 :   ◦ 답 :

(5) 전류의 단위값은 $I_{1pu}=I_{2pu}$(⑨   [pu])로 되므로
 ◦ 계산과정 :   ◦ 답 :

(6) 회로의 실제 전류 I_1=(⑩   [A]), I_2=(⑪   [A]) 이다.
 ◦ 계산과정 :   ◦ 답 :

모범답안 계산과정

(1) ① $a=\dfrac{N_1}{N_2}=\dfrac{V_1}{V_2}$ → $V_2=\dfrac{N_2}{N_1}\times V_1=\dfrac{1}{5}\times 10=2[kV]$ 답 2[kV]

(2) ② $V_{1pu}=\dfrac{V_1}{V_{1b}}=\dfrac{10}{10}=1[pu]$ 답 1[pu]

   ③ $V_{2pu}=\dfrac{V_2}{V_{2b}}=\dfrac{2}{2}=1[pu]$ 답 1[pu]

(3) ④ $I_{1b}=\dfrac{P_n}{V_{1b}}=\dfrac{100}{10}=10[A]$ 답 10[A]

   ⑤ $I_{2b}=\dfrac{P_n}{V_{2b}}=\dfrac{100}{2}=50[A]$ 답 50[A]

(4) ⑥ $Z_{2b} = \dfrac{V_{2b}^2}{P_2} = \dfrac{2000^2}{100 \times 10^3} = 40[\Omega]$ 　　　답 40[Ω]

⑦ $Z_{Lpu} \rightarrow \%Z_L = \dfrac{PZ}{10V^2}$ 에서 $Z_L = \dfrac{P[\text{MVA}] \cdot Z}{V^2} = \dfrac{0.1 \times 120}{2^2} = 3[\text{pu}]$ 　　답 3[pu]

⑧ $Z_{pu} = 0.8 + 0.12 + 3 = 3.92[\text{pu}]$ 　　답 3.92[pu]

(5) ⑨ $I_{1pu} = I_{2pu} = \dfrac{V_{1(2)pu}}{Z_{pu}} = \dfrac{1}{3.92} = 0.26[\text{pu}]$ 　　답 0.26[pu]

(6) ⑩ $I_1 = I_{1pu} \times I_{1b} = 0.26 \times 10 = 2.6[\text{A}]$ 　　답 2.6[A]

⑪ $I_2 = I_{2pu} \times I_{2b} = 0.26 \times 50 = 13[\text{A}]$ 　　답 13[A]

56 변압기의 단락시험

배점 8

다음은 변압기의 단락시험 회로이다. 괄호 안에 알맞은 답을 써넣으시오.

(1) KS 투입 전 전압조정기의 핸들은 (①)에 위치하도록 한다.

(2) 시험용 변압기의 2차측을 단락한 상태에서 슬라이닥스를 조정하여 1차측 단락 전류가 (②)와 같이 흐를 때 1차측 단자 전압을 임피던스 전압이라 하며, 이 때 교류 전력계의 지시값을 (③) 라고 한다.

(3) %임피던스 = $\dfrac{\text{임피던스전압(교류전압계의 지시값)}}{(\;④\;)} \times 100[\%]$

모범답안

① 0[V]　② 1차 정격전류　③ 임피던스 와트　④ 1차 정격전압

57　3권선 변압기

배점 9

수전전압 140[kV]인 변전소에 아래와 같은 정격전압 및 용량을 가진 3권선 변압기가 설치되어 있다. (단, 1차, 2차, 3차 전압과 용량은 각각 154[kV], 100[MVA]/66[kV], 100[MVA]/15.4[kV] 50[MVA]이며, 권선 간의 리액턴스는 아래와 같고 변압기의 기타 정수는 무시한다.)

- $X_{ps}=9[\%]$ (100[MVA] 기준)
- $X_{st}=3[\%]$ (50[MVA] 기준)
- $X_{pt}=8.5[\%]$ (50[MVA] 기준)

(1) 각 권선의 %리액턴스를 각 권선의 용량기준으로 표시하여라.
　○ X_p :　　　　　　　　　○ X_s :　　　　　　　　　○ X_t :

(2) 1차 입력이 100000[kVA](역률은 0.9앞섬) 3차에는 50000[kVA]의 진상 무효전력이 접속되어 있을 때 2차 출력과 역률을 구하여라.
　○ 2차 출력 :　　　　　　　　　○ 2차 역률:

(3) (1), (2)의 경우 1차 전압이 154[kV]일 때 2차와 3차 모선의 전압을 구하여라.
　○ V_2 :　　　　　　　　　○ V_3 :

모범답안　계산과정

(1) 각 권선의 %리액턴스를 100[MVA]로 환산하면

$X_{ps}=9[\%]$, $X'_{st}=\dfrac{100}{50}\times X_{st}=\dfrac{100}{50}\times 3=6[\%]$, $X'_{pt}=\dfrac{100}{50}\times X_{pt}=2\times 8.5=17[\%]$

따라서, 각 권선의 리액턴스는

1차 $X_p=\dfrac{9+17-6}{2}=10[\%]$ (100[MVA] 기준)　　　답　10[%]

2차 $X_s=\dfrac{9+6-17}{2}=-1[\%]$ (100[MVA] 기준)

답　−1[%]

3차 $X_t=\dfrac{17+6-9}{2}=7[\%]$ (100[MVA] 기준) ∴ 50[MVA] 기준 : 3.5[%]

답　3.5[%]

(2) 각 권선의 피상전력을 P_p, P_s, P_t라고 하면 2차 출력과 역률은 아래와 같다.

- 2차측 출력

$$P_s = \sqrt{(P_p\cos\theta_p)^2 + (P_t - P_p\sin\theta_p)^2}$$
$$= \sqrt{(100 \times 0.9)^2 + (50 - 100 \times \sqrt{1-0.9^2})^2}$$
$$= 90200 [\text{kVA}]$$

답 90200[kVA]

- 2차측 역률

$$\cos\theta_s = \frac{90000}{90200} \times 100 = 99.8[\%]$$

답 99.8[%]

(3) 각 권선의 전압강하
① $e_p = (-0.1)\sqrt{1-0.9^2} = -0.0436$
② $e_s = (-0.01)\sqrt{1-0.998^2} \times \frac{90200}{100000} = -0.00057$
③ $e_t = (-0.035) \times 1 = -0.035$

- $V_2 = 66(1 - e_p - e_s)$
  $= 66 \times [1-(-0.0436)-(-0.00057)] = 68.92[\text{kV}]$

답 68.92[kV]

- $V_3 = 15.4(1 - e_p - e_t)$
  $= 15.4 \times [1-(-0.0436)-(-0.035)] = 16.61[\text{kV}]$

답 16.61[kV]

58 건식 변압기 장점

배점 4

H종 건식 변압기를 사용하려고 한다. 같은 용량의 유입 변압기를 사용할 때와 비교하여 그 이점을 4가지만 쓰시오.
(단, 변압기의 가격, 설치시의 비용 등 금전에 관한 사항은 제외한다.)

모범답안

① 보수 및 점검이 용이하다.
② 소형 및 경량화가 가능하다.
③ 절연에 대한 신뢰성이 높다.
④ 화재의 우려가 작기 때문에 안정성이 높다.

59 변압기 냉각방식 종류 [배점 5]

다음 변압기 냉각방식의 명칭은 무엇인가?

[예] AA(AN) : 건식자냉식
① OA(ONAN) :
② FA(ONAF) :
③ OW(ONWF) :
④ FOA(OFAF) :
⑤ FOW(OFWF) :

모범답안

① OA(ONAN) : 유입자냉식
② FA(ONAF) : 유입풍냉식
③ OW(ONWF) : 유입수냉식
④ FOA(OFAF) : 송유풍냉식
⑤ FOW(OFWF) : 송유수냉식

60 NLTC·ULTC [배점 8]

변압기에 대한 다음 각 물음에 답하시오.

(1) 유입풍냉식은 어떤 냉각방식인지를 쓰시오.
(2) 무부하 탭 절환 장치는 어떠한 장치인지를 쓰시오.
(3) 비율차동계전기는 어떤 목적으로 이용되는지 쓰시오.
(4) 무부하손은 어떤 손실을 말하는지 쓰시오.

모범답안

(1) 유입자냉식에 냉각팬을 추가하여 냉각효과를 증가시킨 냉각방식이다.
(2) 무부하에서 변압기의 권수비를 조정하여 변압기 2차측 전압을 조정하는 장치이다.

> **참고**
> • 무부하탭절환장치(NLTC : No Load Tap Changer)
> • 부하시탭절환장치(ULTC : Under Load Tap Changer)

(3) 변압기의 내부고장을 검출한다.
(4) 부하에 관계없이 발생하는 손실로 고정손이다.

61 변압기 – 순환전류

배점 5

두 대의 변압기를 병렬 운전하고 있다. 다른 정격은 모두 같고 1차 환산 누설임피던스만이 $2+j3[\Omega]$과 $3+j2[\Omega]$이다. 부하 전류가 $50[A]$이면 순환전류$[A]$는 얼마인가?

모범답안 계산과정

○참고 누설리액턴스가 다를 경우 각 변압기의 전위차($Z_1I_1 - Z_2I_2$)로 순환전류가 흐른다.

순환전류 $I = \dfrac{Z_1I_1 - Z_2I_2}{Z_1 + Z_2} = \dfrac{(2+j3)25 - (3+j2)25}{(2+j3)+(3+j2)} = \dfrac{-25+j25}{5+j5} = \dfrac{25\sqrt{2}}{5\sqrt{2}} = 5[A]$

답 $5[A]$

62 2부싱 변압기

배점 6

$22.9[kV-Y]$ 중선선 다중접지 전선로에 정격전압 $13.2[kV]$, 정격용량 $250[kVA]$의 단상 변압기 3대를 이용하여 아래 그림과 같이 $Y-\triangle$ 결선하고자 한다. 다음 물음에 답하시오.

(1) 변압기 1차측 Y결선의 중성점(※표부분)을 전선로의 N선에 연결하여야 하는가? 연결하여서는 안 되는가?
(2) 연결하여야 하면 연결하여야 하는 이유, 연결하여서는 안 되면 안 되는 이유를 설명하시오.
(3) PF 전력퓨즈의 용량은 몇 [A]인지 선정하시오.
　퓨즈용량(10[A], 15[A], 20[A], 25[A], 30[A], 40[A], 50[A], 65[A], 80[A], 100[A])
　◦ 계산과정 :　　　　　　　　　　　　　　　　　　　　◦ 답 :

모범답안　**계산과정**

(1) 연결하지 않는다.

(2) 1상의 PF 용단시 역V결선이 되어 변압기가 과열, 소손된다.

(3) 전부하전류 $= \dfrac{750}{\sqrt{3} \times 22.9} = 18.91[A]$ ∴ 퓨즈용량 $= 18.91 \times 1.5 = 28.37[A]$

답　30[A]

63 승압기 용량

배점 5

단권 변압기 3대를 사용한 3상 △결선 승압기에 의해 45[kVA]인 3상 평형 부하의 전압을 3000[V]에서 3300[V]로 승압하는데 필요한 변압기의 총용량은 얼마인지 계산하시오.

모범답안　**계산과정**

$$\dfrac{\text{자기용량}}{\text{부하용량}} = \dfrac{V_h^2 - V_l^2}{\sqrt{3}\,V_h V_l} \;\rightarrow\; \text{자기용량} = \dfrac{V_h^2 - V_l^2}{\sqrt{3}\,V_h V_l} \times \text{부하용량}$$

$$= \dfrac{3300^2 - 3000^2}{\sqrt{3} \times 3300 \times 3000} \times 45 = 4.96[kVA]$$

답　4.96[kVA]

◉ 참고

단권 변압기	1대	2대(V결선)	3대(Y결선)	3대(△결선)
자기용량/부하용량	$\dfrac{V_h - V_l}{V_h}$	$\dfrac{2}{\sqrt{3}} \cdot \dfrac{V_h - V_l}{V_h}$	$\dfrac{V_h - V_l}{V_h}$	$\dfrac{V_h^2 - V_l^2}{\sqrt{3}\,V_h \cdot V_l}$

64 변연장 결선

3상 3선식 3000[V], 200[kVA]의 배전선로의 전압을 3100[V]로 승압하기 위해서 단상 변압기 3대를 그림과 같이 접속하였다. 이 변압기의 1차, 2차 전압 및 용량을 구하여라. (단, 변압기의 손실은 무시한다.)

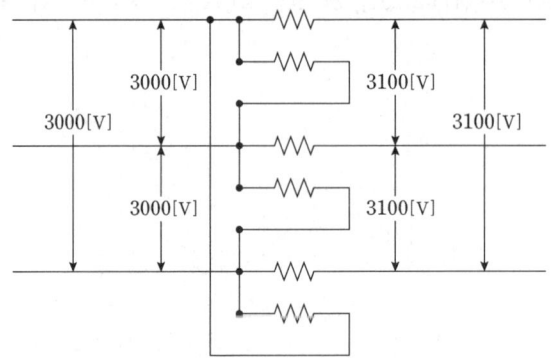

(1) 변압기 1, 2차 전압
  ◦ 계산과정 :   ◦ 답 :
(2) 변압기 용량[kVA]
  ◦ 계산과정 :   ◦ 답 :

모범답안 계산과정

(1) $V_n = \sqrt{\dfrac{4V_2^2 - V_1^2}{12}} - \dfrac{V_1}{2} = \sqrt{\dfrac{4 \times 3100^2 - 3000^2}{12}} - \dfrac{3000}{2} = 66.31[\text{V}]$

답 1차측 전압 : 3000[V], 2차측 전압 : 66.31[V]

(2) $\dfrac{\text{자기용량}}{\text{선로출력}} = \dfrac{3V_n I_2}{\sqrt{3} V_2 I_2}$ → 자기용량(변압기 용량) = 선로출력 × $\dfrac{3V_n}{\sqrt{3} V_2}$

$= 200 \times \dfrac{3 \times 66.31}{\sqrt{3} \times 3100} = 7.41[\text{kVA}]$ **답** 7.41[kVA]

POINT 변압기 변연장 델타결선

$$V_2^2 = (V_n + V_1 + V_n\cos 60°)^2 + (V_n\sin 60°)^2$$
$$= V_n^2 + V_1^2 + V_n^2\cos^2 60° + 2V_nV_1 + 2V_n^2\cos 60° + 2V_1V_n\cos 60° + V_n^2\sin^2 60°$$
$$= 3V_n^2 + V_1^2 + 3V_n + V_1$$
$$\rightarrow 3V_n^2 + 3V_nV_1 + (V_1^2 + V_2^2) = 0$$

$$V_n = \frac{-3V_1 + \sqrt{9V_1^2 - 4\times 3\times(V_1^2 - V_2^2)}}{2\times 3}$$
$$= -\frac{1}{2}V_1 + \sqrt{\frac{9V_1^2 - 12V_1^2 + 12V_2^2}{36}}$$
$$= -\frac{1}{2}V_1 + \sqrt{\frac{1}{3}V_2^2 - \frac{1}{12}V_1^2}$$

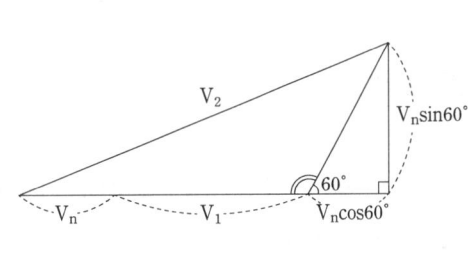

65 연축전지의 고장현상

배점: 6

연축전지의 고장 현상이 다음과 같을 때 예상되는 이유가 무엇인지 쓰시오.

(1) 전 셀의 전압 불균일이 크고 비중이 낮다.
(2) 전 셀의 비중이 높다.
(3) 전해액 변색, 충전하지 않고 그냥 두어도 다량의 가스가 발생한다.

[모범답안]

(1) 충전 부족으로 장시간 방치한 경우
(2) 증류수가 부족한 경우 (액면 저하로 극판 노출)
(3) 전해액 불순물의 혼입

66 부동 충전방식

배점: 4

축전지 용량 200[Ah], 상시부하 10[kW], 표준전압 100[V]인 부동충전방식에서의 2차 전류는 몇 [A]인가? (단, 연축전지 10[h], 알칼리 전지 5[h]이다.)

① 연축전지
　◦ 계산과정 :　　　　　　　　　　　　　　　　　　　　◦ 답 :

② 알칼리전지
　◦ 계산과정 :　　　　　　　　　　　　　　　　　　　　◦ 답 :

[모범답안] 계산과정

(1) 연축전지

$$\text{충전기 2차 전류} = \frac{\text{축전지 정격용량}[Ah]}{\text{정격 방전율}[h]} + \frac{\text{상시 부하용량}[VA]}{\text{표준전압}[V]}$$

$$= \frac{200}{10} + \frac{10 \times 10^3}{100} = 120[A]$$

답 120[A]

(2) 알칼리 전지

$$\text{2차 전류} = \frac{200}{5} + \frac{10 \times 10^3}{100} = 140[A]$$

답 140[A]

67 축전지 용량

배점 9

비상용 전원 설비로써 축전지 설비를 계획코자 한다. 사용 부하의 방전전류 시간 특성 곡선이 다음 그림과 같다면 이론상 축전지 용량은 어떻게 선정하여야 하는지 각 물음에 답하시오. (단, 축전지 개수는 83개이며, 단위 전지 방전 종지 전압은 1.06[V]로 하고, 축전지 형식은 AH형을 채택하려 하며, 또한 축전지 용량은 다음과 같은 일반식에 의하여 구한다.)

[용량 환산 시간 계수 K (온도 5[℃]에서)]

형식	최저 허용 전압 [V/cell]	0.1분	1분	5분	10분	20분	30분	60분	120분
AH	1.10	0.30	0.46	0.56	0.66	0.87	1.04	1.56	2.60
	1.06	0.24	0.33	0.45	0.53	0.70	0.85	1.40	2.45
	1.00	0.20	0.27	0.37	0.45	0.60	0.77	1.30	2.30

(1) 축전지 용량 C를 구할 때 K는 용량 환산시간, I는 전류, L등을 이용한다. 여기서 L은 무엇을 뜻하는가?

(2) 용량 환산시간 K값으로서 K_1, K_2, K_3를 표에서 구하시오.

(3) 축전지 용량 C는 이론상 몇 [Ah] 이상의 것을 채택하여야 하는가? (단, 보수율은 0.8이다.)
  ◦ 계산과정 : ◦ 답 :

모범답안 계산과정

(1) 보수율

(2) $K_1 : 0.85$, $K_2 : 0.53$, $K_3 : 0.24$

(3) $C = \dfrac{1}{L}KI = \dfrac{1}{0.8}[0.85 \times 25 + 0.53 \times 50 + 0.24 \times 100] = 89.69[\text{Ah}]$

답 89.69[Ah]

68 축전지 용량

배점 5

축전지 설비의 부하 특성 곡선이 그림과 같을 때 주어진 조건을 이용하여 필요한 축전지의 용량을 산정하시오.
(단, 보수율은 0.8이고 용량환산시간은 아래와 같다.)

- $K_1 = 1.45$
- $K_2 = 0.69$
- $K_3 = 0.25$

모범답안 계산과정

$$C = \frac{1}{0.8}\{1.45 \times 10 + 0.69(20-10) + 0.25(100-20)\} = 51.75[Ah]$$

답 51.75[Ah]

69 UPS 보호

배점 5

사용 중인 UPS의 2차 측에 단락사고 등이 발생했을 경우 UPS와 고장회로를 분리하는 방식 3가지를 쓰시오.

모범답안

① 배선용차단기에 의한 방식
② 속단퓨즈에 의한 방식
③ 반도체차단기에 의한 방식

70 UPS·CVCF·VVVF   배점 9

컴퓨터나 마이크로프로세서에 사용하기 위하여 전원장치로 UPS를 구성하려고 한다. 주어진 그림을 보고 다음 각 물음에 답하시오.

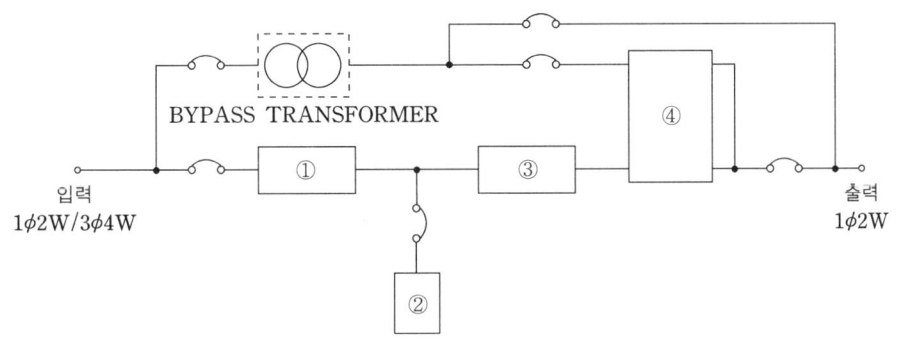

(1) 그림의 ①~④에 들어갈 기기 또는 명칭을 쓰고 그 역할에 대하여 간단히 설명하시오.
(2) Bypass Transformer를 설치하여 회로를 구성하는 이유를 설명하시오.
(3) 전원장치인 UPS, CVCF, VVVF 장치에 대한 비교표를 다음과 같이 구성할 때 빈칸을 채우시오.
 단, 출력전원에 대하여서는 가능은 ○, 불가능은 ×로 표시하시오.

구분	장치	UPS	CVCF	VVVF
우리말 명칭				
주회로 방식				
스위칭 방식	컨버터			
	인버터			
주회로 디바이스	컨버터			
	인버터			
출력 전압	무정전			
	정전압 정주파수			
	가변전압 가변주파수			

모범답안

(1)

번호	명 칭	역할
①	컨버터	교류를 직류로 변환하기 위한 장치
②	축전지	충전 장치에 의해 변환된 직류 전력을 저장하기 위한 장치
③	인버터	직류를 교류로 변환하기 위한 장치
④	절체 스위치	상용전력 정전시 인버터 회로로 절체되어 부하에 무정전으로 전력을 공급하기 위한 장치

(2) ① 회로의 절연
② UPS의 점검 보수 및 고장시에도 부하에 연속적으로 전력을 공급하기 위함

(3)

구분	장치	UPS	CVCF	VVVF
우리말 명칭		무정전 전원공급 장치	정전압 정주파수 장치	가변전압 가변주파수 장치
주회로 방식		전압형 인버터	전압형 인버터	전류형 인버터
스위칭 방식	컨버터	PWM제어 또는 위상제어	PWM제어	PWM제어 또는 위상제어
	인버터	PWM제어	PWM제어	PWM제어
주회로 디바이스	컨버터	IGBT	IGBT	IGBT
	인버터	IGBT	IGBT	IGBT
출력 전압	무정전	○	×	×
	정전압 정주파수	○	○	×
	가변전압 가변주파수	×	×	○

71 MBB – 케이블 규격

배점 6

전자 블로우형 차단기(MBB) 조작 회로에 케이블을 사용할 때 다음 조건을 이용하여 물음에 답하시오.

[조건]

① 대상이 되는 제어 케이블의 길이 : 왕복 1200[m]

② 케이블의 저항치

케이블의 규격[mm²]	2.5	4	6	10	16
저항치[Ω/km]	9.4	5.3	3.4	2.4	1.4

③ • MBB 조작회로(투입코일 제외)의 투입 보조 릴레이(52X)의 코일 저항 66[Ω]
  • MBB 투입 허용 최소 동작 전압 : 94[V]
  • 트립코일 저항 19.8[Ω]
  • MBB 트립 허용 최소 동작 전압 : 75[V]

④ 전원 전압
  • 정격전압 : DC 125[V]
  • 축전지의 방전 말기 전압 : DC 1.7[V/cell], 102[V]

(1) MBB 투입 회로(투입 코일은 제외)의 경우 다음 전압일 때 케이블의 규격은 몇 [mm²]를 사용하는 것이 가장 적당한가?
  ① 전원 전압 DC 125[V]의 경우
    ◦계산과정 :   ◦답 :
  ② 전원 전압 DC 102[V]의 경우
    ◦계산과정 :   ◦답 :

(2) MBB 트립 회로의 경우 다음 전압일 때 케이블의 규격은 몇 [mm²]를 사용하는 것이 가장 적당한가?
  ① 전원 전압 DC 125[V]의 경우
    ◦계산과정 :   ◦답 :
  ② 전원 전압 DC 102[V]의 경우
    ◦계산과정 :   ◦답 :

모범답안 **계산과정**

(1) MBB 투입 회로(투입 코일은 제외)일 때 케이블 규격

① 투입 코일의 허용최소전압이 94[V]이므로,

선로의 허용 전압 강하 $e=125-94=31$[V]이며,

투입 코일에 흐르는 전류 $I=\dfrac{94}{66}=1.42$[A]이므로, $R=\dfrac{e}{I}=\dfrac{31}{1.42}=21.83$[Ω]

전선 1[km]당 최대 허용 저항 $r=\dfrac{21.83}{1.2}=18.19$[Ω/km] → 표에서 2.5[mm^2] 선정

답 2.5[mm^2]

② 선로의 허용 전압 강하 $e=102-94=8$[V]이므로, $R=\dfrac{e}{I}=\dfrac{8}{1.42}=5.63$[Ω]

전선 1[km]당 최대 허용 저항 $r=\dfrac{5.63}{1.2}=4.69$[Ω/km] → 표에서 6[mm^2] 선정

답 6[mm^2]

(2) MBB 트립 회로의 경우일 때 케이블 규격

① 선로의 허용 전압 강하 $e=125-75=50$[V]이고,

트립 코일에 흐르는 전류 $I=\dfrac{75}{19.8}=3.79$[A]이므로, $R=\dfrac{e}{I}=\dfrac{50}{3.79}=13.19$[Ω]

전선 1[km]당 최대 허용 저항 $r=\dfrac{13.19}{1.2}=10.99$[Ω/km] → 표에서 2.5[mm^2] 선정

답 2.5[mm^2]

② 선로의 허용 전압 강하 $e=102-75=27$[V]이고,

트립 코일에 흐르는 전류 $I=\dfrac{75}{19.8}=3.79$[A]이므로, $R=\dfrac{e}{I}=\dfrac{27}{3.79}=7.12$[Ω]

전선 1[km]당 최대 허용 저항 $r=\dfrac{7.12}{1.2}=5.93$[Ω/km] → 표에서 4[mm^2] 선정

답 4[mm^2]

72 발전기 – 시설기준   배점 6

예비전원으로 시설하는 고압 발전기에서 부하에 이르는 전로에는 발전기의 가까운 곳에 반드시 시설되어야 할 것들이 4가지가 있다. 이것들을 쓰고 이것들의 시설 기준(설치방법, 설치개소, 유의점 등)을 설명하시오.

> **모범답안**
> - 개폐기 : 쉽게 개폐할 수 있는 장소의 각 극에 설치
> - 과전류 차단기 : 쉽게 개폐할 수 있는 장소의 각 극에 설치
> - 전압계 : 쉽게 점검할 수 있는 장소에 각 상의 전압을 읽을 수 있도록 선정
> - 전류계 : 쉽게 점검할 수 있는 장소에 각 선(중성선 제외)의 전류를 읽을 수 있도록 선정

73 발전기 용량·엔진출력   배점 6

주어진 표를 이용하여 수용할 수 있는 발전기 용량을 산정하시오.

[부하표]

부하의 종류	출력 [kW]	전부하 특성			
		역률[%]	효율[%]	입력[kVA]	입력[kW]
유도전동기	6대×37	87.0	80.5	6×52.6	6×45.7
유도전동기	1대×11	84.0	77.0	17	14.3
전등·기타	30	100	–	30	30
합계		88.0	–		

(1) 전부하로 운전하는데 필요한 정격용량[kVA]은 얼마인가? 단, 부하의 종합역률은 88[%]이다.
   ◦ 계산과정 :   ◦ 답 :

(2) 전부하로 운전하는데 필요한 엔진출력은 몇 [PS]인가? 단, 효율은 92[%]이다.
   ◦ 계산과정 :   ◦ 답 :

모범답안 계산과정

(1) 전부하로 운전하는데 필요한 정격용량[kVA]

$$P = \frac{부하입력[kW]}{역률} = \frac{45.7 \times 6 + 14.3 + 30}{0.88} = 361.93[kVA]$$

답 361.93[kVA]

(2) 전부하로 운전하는데 필요한 엔진출력[PS]

▶ 참고 단위환산 : 1[kW]=1.36[PS]

$$P = \frac{45.7 \times 6 + 14.3 + 30}{0.92} \times 1.36 = 470.83[PS]$$

답 470.83[PS]

74 발전기 용량

배점 5

다음 부하에 대한 발전기 최소 용량[kVA]을 아래의 식을 이용하여 산정하시오. (단, 전동기[kW]당 입력 환산계수(a)는 1.45, 전동기의 기동계수(c)는 2, 발전기의 허용전압강하계수(k)는 1.45이다.)

[발전기용량 산정식]

$$PG \geq \{\sum P + (\sum P_m - P_L) \times a + (P_L \times a \times c)\} \times k$$

여기서,
PG : 발전기용량
P : 전동기 이외 부하의 입력 용량[kVA]
$\sum P_m$: 전동기 부하 용량 합계[kW]
P_L : 전동기 부하 중 기동용량이 가장 큰 전동기 부하 용량[kW]
a : 전동기의 [kW]당 입력[kVA] 용량 계수
c : 전동기의 기동계수
k : 발전기의 허용전압강하계수

No	부하 종류	부하 용량
1	유도전동기 부하	37[kW]×1대
2	유도전동기 부하	10[kW]×5대
3	전동기 이외 부하의 입력용량	30[kVA]

> **모범답안** **계산과정**
>
> $PG \geq \{\sum P + (\sum P_m - P_L) \times a + (P_L \times a \times c)\} \times k$
> $= \{30 + (37 + 10 \times 5 - 37) \times 1.45 + (37 \times 1.45 \times 2)\} \times 1.45 = 304.21[kVA]$
>
> 답 304.21[kVA]

75 화력발전 – 연료소비량

배점 5

용량이 1000[kVA]인 발전기를 역률 80[%]로 운전할 때 시간당 연료소비량[ℓ/h]을 구하시오. 단, 발전기의 효율은 0.93, 엔진의 연료 소비율은 190[g/ps·h], 연료의 비중은 0.92이다.

> **모범답안** **계산과정**
>
> ① 발전기 입력 $= \dfrac{발전기출력[kVA] \times 역률}{발전기효율}$ [kW]
>
> $= \dfrac{1000[kVA] \times 0.8}{0.93} = 860.22[kW]$ → $\dfrac{860.22 \times 10^3}{735.5} = 1169.57[ps]$
>
> ▶참고 발전기 입력 [kW] → [ps] : 1[ps]=735.5[W]
>
> ② 연료소비량
>
> 연료소비량 $= 1169.57[ps] \times 190[g/ps \cdot h] \times 10^{-3} = 222.22[kg/h]$
>
> 연료소비량 [kg/h] → [ℓ/h] : 연료의 비중은 0.92
>
> 연료소비량 $= 222.22[kg/h] \times \dfrac{1}{0.92}[\ell/kg] = 241.543[\ell/h]$
>
> 답 241.54[ℓ/h]

▶참고 2022 - 5점

발전기의 최대출력 400[kW], 일부하율 40[%], 중유의 발열량 9600[kcal/ℓ], 열효율 36[%]일 때 하루 동안의 연료 소비량[ℓ]은 얼마인가?

답

발전기 효율 $\eta = \dfrac{860W}{mH} \times 100[\%]$

단, m : 연료[ℓ], H : 발열량[kcal/ℓ], W : 발생전력량[kWh]

$m = \dfrac{860 \times 400 \times 0.4 \times 24}{0.36 \times 9600} = 955.56[\ell]$

76 타여자 직류 발전기

배점 5

정격이 5[kW], 50[V]인 타여자 직류 발전기가 있다. 무부하로 하였을 경우 단자전압이 55[V]가 된다면, 발전기의 전기자 회로의 등가저항은 얼마인가?

모범답안 계산과정

$E = V + I_a \cdot r_a [V]$

무부하전압=기전력, 전기자전류=부하전류

$I_a = I = \dfrac{P}{V} = \dfrac{5000}{50} = 100[A]$

$\therefore r_a = \dfrac{E-V}{I_a} = \dfrac{55-50}{100} = 0.05[\Omega]$

답 0.05[Ω]

[타여자 직류발전기]

77 리액터 기동방식

배점 5

3상 농형 유도 전동기의 기동방식 중 리액터 기동방식에 대하여 설명하시오.

모범답안

전동기 1차 측에 직렬로 철심이 든 리액터를 설치하고 그 리액턴스의 값을 조정하여 전동기에 인가되는 전압을 제어함으로써 기동전류 및 토크를 제어하는 방식

78 유도 전동기 - 비례추이

배점: 5

4극 10[HP], 200[V], 60[Hz]의 3상 유도 전동기가 35[kg·m]의 부하를 걸고 슬립 3[%]로 회전하고 있다. 여기에 같은 부하 토크로 1.2[Ω]의 저항 3개를 Y결선으로 하여 2차에 삽입하니 1530[rpm]로 되었다. 2차 권선의 저항[Ω]은 얼마인가?

모범답안 계산과정

동기속도 $N_s = \dfrac{120f}{P} = \dfrac{120 \times 60}{4} = 1800\,[\text{rpm}]$, $s' = \dfrac{N_s - N}{N_s} = \dfrac{1800 - 1530}{1800} = 0.15$

비례추이 $\dfrac{r_2}{s} = \dfrac{r_2 + R_s}{s'}$ 에서 $r_2 = \dfrac{s}{s' - s} \times R_s = \dfrac{0.03}{0.15 - 0.03} \times 1.2 = 0.3\,[\Omega]$

답 $0.3\,[\Omega]$

---

79 전동기의 진동·소음

배점: 8

전동기의 진동과 소음이 발생되는 원인에 대하여 다음 각 물음에 답하시오.

(1) 진동이 발생하는 원인을 5가지만 쓰시오.
(2) 전동기 소음을 크게 3가지로 분류하고 각각에 대하여 설명하시오.

모범답안

(1) 진동이 발생하는 원인
   ① 베어링의 불량
   ② 전동기의 설치불량
   ③ 부하기계와의 연결 불량
   ④ 부하기계로부터 오는 영향
   ⑤ 기계적 언밸런스(회전자의 불평형)

(2) 전동기 소음
   ① 기계적 소음 : 진동, 베어링 등에 의한 소음
   ② 전자적 소음 : 고정자, 회전자에 작용하는 주기적인 전자기력에 의한 철심의 진동 소음
   ③ 통풍소음 : 냉각팬 등에서 통풍 상의 회전에 따르는 공기의 압축, 팽창에 따른 소음

80 전류형·전압형 인버터

배점 6

세계적인 고속전철회사인 일본 신간센, 프랑스 TGV, 독일 ICE등 유수한 회사들이 고속전철 전동기 구동을 위해서 각각 직류기, 유도기, 동기기를 이용하고 있다. 이 주 전동기를 구동하기 위하여 현재 건설 중인 우리나라 고속전철에 인버터가 사용되는 것으로 되어 있는 바 이 인버터에 대하여 다음 각 물음에 답하시오.

(1) 전류형 인버터와 전압형 인버터의 회로상의 차이점을 2가지씩 쓰시오.

전류형 인버터	전압형 인버터

(2) 전류형 인버터와 전압형 인버터의 출력 파형상의 차이점을 설명하시오.

모범답안

(1)

전류형 인버터	전압형 인버터
DC Link 양단에 평활용 콘덴서 대신에 리액터 사용	출력의 맥동을 줄이기 위해 LC 필터 사용
인버터 부에 SCR 사용	컨버터부에 3상 다이오드 모듈 사용

(2) ◦ 전류형 인버터 – 전압 : 정현파　　전류 : 구형파
　　◦ 전압형 인버터 – 전압 : PWM 구형파　전류 : 정현파(전동기 부하인 경우)

81 직류 분권전동기

배점 6

그림과 같이 정격전압 440[V], 정격 전기자전류 540[A], 정격 회전속도 900[rpm]인 직류 분권전동기가 있다. 브러시 접촉저항을 포함한 전기자 회로의 저항은 0.041[Ω], 자속은 항시 일정할 때, 다음 각 물음에 답하시오.

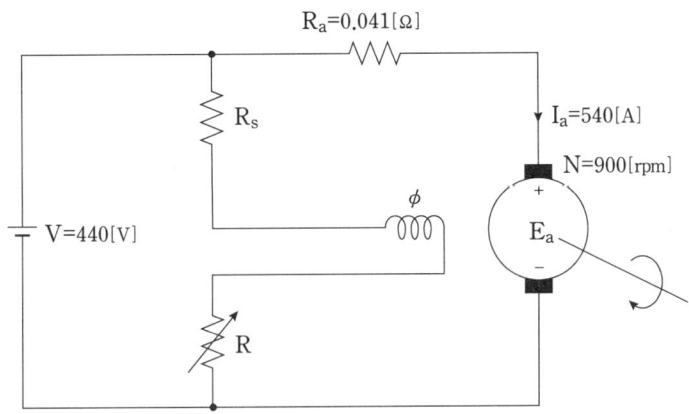

(1) 전기자 유기전압 E_a는 몇 [V]인지 구하시오.
  ◦ 계산과정 :   ◦ 답 :

(2) 이 전동기의 정격부하 시 회전자에 발생하는 토크 T[N·m]을 구하시오.
  ◦ 계산과정 :   ◦ 답 :

(3) 이 전동기는 75% 부하일 때 효율은 최대이다. 이때 고정손(철손＋기계손)을 계산하시오.
  ◦ 계산과정 :   ◦ 답 :

모범답안 **계산과정**

(1) $E_a = V - I_a R_a = 440 - 540 \times 0.041 = 417.86$[V]   답 417.86[V]

(2) $T = \dfrac{60 I_a E_a}{2\pi N} = \dfrac{60 \times 540 \times 417.86}{2\pi \times 900} = 2394.16$[N·m]   답 2394.16[N·m]

(3) 직류전동기의 최대효율 조건은 '고정손(철손)과 가변손(동손)이 같을 때'이다.
  이 전동기는 75[%] 부하일 때 최대효율이므로
  고정손 $= (0.75I)^2 \times R_a = (0.75 \times 540)^2 \times 0.041 = 6725.03$[W]   답 6725.03[W]

82 권상용 전동기

배점 5

권상기용 전동기의 출력이 50[kW]이고 분당 회전속도가 950[rpm]일 때 그림을 참고하여 물음에 답하시오.
(단, 기중기의 기계 효율은 100[%]이다.)

(1) 권상 속도는 몇 [m/min]인가?
  ◦ 계산과정 :   ◦ 답 :

(2) 권상기의 권상 중량은 몇 [kgf]인가?
  ◦ 계산과정 :   ◦ 답 :

모범답안 계산과정

(1) 권상속도 $V = \pi DN$[m/min] 여기서, D : 회전체의 지름[m], N : 회전수[rpm]
  $V = \pi \times 0.6 \times 950 = 1790.71$[m/min]   답 1790.71[m/min]

(2) 권상기용 전동기 소요동력 $P = \dfrac{GV}{6.12\eta}$[kW]에서,

  $G = \dfrac{6.12\eta \times P}{V}$[ton] $= \dfrac{6.12 \times 1 \times 50}{1790.71} \times 10^3 = 170.88$[kgf]   답 170.88[kgf]

  ▶참고 G : 권상하중 [ton]이므로, 단위를 [kgf] 환산하기 위해 10^3을 한다.

83 에스컬레이터용 전동기

배점 4

에스컬레이터용 전동기의 용량[kW]을 계산하시오. (단, 에스컬레이터 속도 : 30[m/s], 경사각 : 30°, 에스컬레이터 적재하중 : 1200[kgf], 에스컬레이터 총효율 : 0.6, 승객 승입률 : 0.85이다.)

모범답안 계산과정

에스컬레이터용 전동기의 용량 $P = \dfrac{GV\sin\theta\beta}{6.12\eta}$[kW]

단, G : 적재하중[ton], V : 속도[m/min], θ : 경사각, η : 효율, β : 승객유입률

▶참고 1200[kgf] → 1200×10^{-3}[ton]이며, 30[m/s] → 30×60[m/min]

$P = \dfrac{1.2 \times 30 \times 60 \times 0.5 \times 0.85}{6.12 \times 0.6} = 250$[kW]   답 250[kW]

84 농형 유도 전동기

배점 6

극수 변환식 3상 농형 유도 전동기가 있다. 고속측 4극이고 정격출력은 30[kW]이다. 저속측은 고속측의 1/3 속도라면 저속측의 극수와 정격출력은 얼마인가? (단, 슬립 및 정격 토크는 저속측과 고속측이 같다고 본다.)

(1) 극수
(2) 출력

모범답안 계산과정

(1) $N_s = \dfrac{120f}{P}$ 에서, 극수 P는 속도 N에 반비례하므로 속도가 $\dfrac{1}{3}$ 배이면 극수는 3배가 된다.

∴ 저속측의 극수 $P' = 4$극 × 3배 = 12극

답 12극

(2) 토크 $\tau = 0.975 \dfrac{P_0}{N}$ 에서, 출력 P_o는 속도 N에 비례하므로 속도가 $\dfrac{1}{3}$ 이면 출력도 $\dfrac{1}{3}$ 배가 된다.

∴ 저속측의 출력 $P_o' = 30[\text{kW}] \times \dfrac{1}{3}$ 배 = 10[kW]

답 10[kW]

85 온도변화시 저항

배점 5

연동선을 사용한 코일의 저항이 0[°C]에서 4000[Ω]이었다. 이 코일에 전류를 흘렸더니 그 온도가 상승하여 코일의 저항이 4500[Ω]으로 되었다고 한다. 이때 연동선의 온도를 구하시오.

모범답안 계산과정

▶참고 온도변화시 저항 $R_T = R_o\{1 + \alpha_o(T_1 - t_o)\}[\Omega]$

단, R_T: 온도가 T_1일 때의 저항, α_o: 저항의 온도계수 $\left(\dfrac{1}{234.5}\right)$, R_o: 온도가 t_o일 때의 저항

$4500 = 4000 \times \left\{1 + \dfrac{1}{234.5} \times (T_1 - 0)\right\}$ → $T_1 = \left(\dfrac{4500}{4000} - 1\right) \times 234.5 = 29.31[°C]$

답 29.31[°C]

86. 역률의 측정 - 3전압계법

배점 5

그림의 회로에서 저항 R은 아는 값이다. 전압계 1개를 사용하여 부하의 역률을 구하는 방법에 대하여 쓰시오.

모범답안

회로에 3전압계법을 활용하여 역률을 구한다. ab의 전압 V_2, ac의 전압 V_3, bc의 전압 V_1을 1대의 전압계로 각각 측정한다.

역률 $\cos\theta = \dfrac{V_3^2 - V_2^2 - V_1^2}{2V_1V_2}$ 이다.

87. 부하의 소비전력·무효전력

배점 6

그림과 같이 지상 역률 0.8인 부하와 유도성 리액턴스를 병렬로 접속한 회로에 교류전압 220[V]를 인가할 때 각 전류계 A_1, A_2 및 A_3의 지시는 18[A], 20[A] 및 34[A]이었다. 다음 물음에 답하시오.

(1) 이 부하의 소비전력 P는 약 몇 [kW]인가?
  ○ 계산과정 :   ○ 답 :

(2) 이 부하의 무효전력 P_r는 약 몇 [kVar]인가?
  ○ 계산과정 :   ○ 답 :

모범답안 **계산과정**

(1) $P = VI_1\cos\theta = 220 \times 18 \times 0.8 \times 10^{-3} = 3.17[\text{kW}]$ 답 3.17[kW]

(2) $P_r = VI_1\sin\theta = 220 \times 18 \times 0.6 \times 10^{-3} = 2.38[\text{kVar}]$ 답 2.38[kVar]

88 부하의 저항·리액턴스

배점 5

평형 3상 회로에 그림과 같이 접속된 전압계의 지시치가 220[V], 전류계의 지시치가 20[A], 전력계의 지시치가 2[kW]일 때 다음 각 물음에 답하시오.

(1) 회로의 소비전력은 몇 [kW]인가?
  ◦ 계산과정 :   ◦ 답 :
(2) 부하의 저항은 몇 [Ω]인가?
  ◦ 계산과정 :   ◦ 답 :
(3) 부하의 리액턴스는 몇 [Ω]인가?
  ◦ 계산과정 :   ◦ 답 :

모범답안 계산과정

(1) 3상 전력 $W_3 = 3W_1 = 3 \times 2 = 6$[kW]   답 6[kW]

(2) 1상의 전력 $W_1 = I^2 R$에서 저항 $R = \dfrac{W_1}{I^2} = \dfrac{2 \times 10^3}{20^2} = 5$[Ω]   답 5[Ω]

(3) 임피던스 $Z = \dfrac{E}{I} = \dfrac{220/\sqrt{3}}{20} = \dfrac{11}{\sqrt{3}}$[Ω]이며, $Z = \sqrt{R^2 + X^2}$에서 리액턴스를 구한다.

$X = \sqrt{Z^2 - R^2} = \sqrt{\left(\dfrac{11}{\sqrt{3}}\right)^2 - 5^2} = 3.92$[Ω]   답 3.92[Ω]

89 설비불평형률 – 1∅3W

그림과 같은 단상 3선식 수전인 경우 2차측이 폐로되어 있다고 할 때 설비불평형률은 몇 [%]인가?

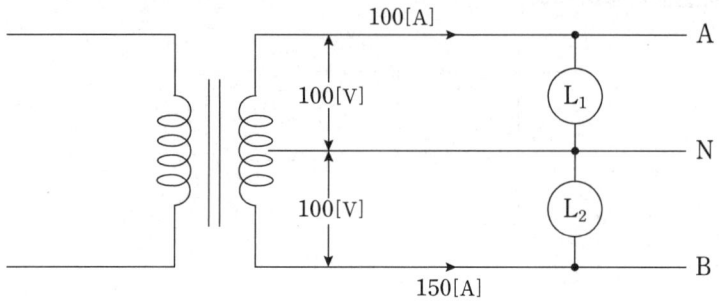

모범답안 **계산과정**

단상3선식 설비불평형률

$$= \frac{\text{중성선과 각 전압측 전선간에 접속되는 부하설비용량의 차[VA]}}{\text{총 부하설비용량} \times \frac{1}{2}} \times 100$$

설비불평형률 $= \dfrac{100 \times 150 - 100 \times 100}{(100 \times 100 + 100 \times 150) \times \dfrac{1}{2}} \times 100 = 40[\%]$

답 40[%]

> **참고** 설비불평형률 계산시 부하설비의 용량은 [kVA] 또는 [VA] 단위의 수치로 계산하여야 한다. 한편, 단상 3선식에서 중성선과 각 전압측 전선간의 부하는 불평형 부하를 제한할 때 40[%]를 초과하지 않아야 한다.

90 부하 불평형 - 중성선 전류

배점 5

그림과 같은 100/200[V] 단상 3선식 회로를 보고 다음 물음에 답하시오.

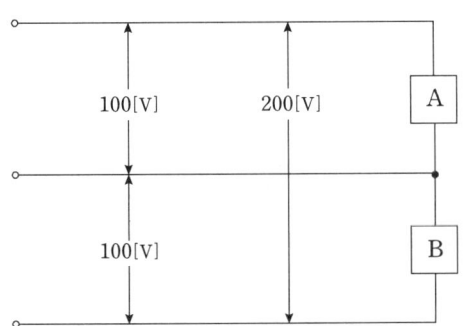

[부하정격]
- A : 소비전력 2[kW], 역률 0.8
- B : 소비전력 3[kW], 역률 0.8

(1) 중성선 N에 흐르는 전류는 몇 [A]인가?
  ◦ 계산과정 :   ◦ 답 :

(2) 중성선의 굵기를 결정할 때의 전류는 몇 [A]를 기준하여야 하는가?

모범답안 계산과정

(1) ① $I_A = \dfrac{P}{V\cos\theta} = \dfrac{2 \times 10^3}{100 \times 0.8} = 25[\text{A}]$

$I_B = \dfrac{P}{V\cos\theta} = \dfrac{3 \times 10^3}{100 \times 0.8} = 37.5[\text{A}]$

② 중성선에 흐르는 전류 $I_N = 37.5 - 25 = 12.5[\text{A}]$

답 12.5[A]

(2) 37.5[A] (I_A와 I_B 중 큰 전류로 선정한다.)

91. 고조파 정의·계산식

배점 5

배전선의 기본파 전압 실효값이 $V_1[V]$, 고조파 전압의 실효값이 $V_3[V]$, $V_5[V]$, $V_n[V]$이다. THD(Total harmonics distortion)의 정의와 계산식을 쓰시오.

- 정의 :
- 계산식 :

모범답안 계산과정

- 정의 : 기본파에 정수배되는 주파수들 성분의 크기를 모두 합한 것으로 기본파에 대한 n차 고조파 성분에 의한 파형의 왜형률을 말한다.

$$THD = \frac{\sqrt{V_3^2 + V_5^2 + \cdots V_n^2}}{V_1}$$

92. 비정현파의 실효치

배점 4

$i(t) = 10\sin\omega t + 4\sin(2\omega + 30°) + 3\sin(3\omega + 60°)[A]$의 실효값은 몇 [A]인가?

모범답안 계산과정

비정현파의 실효치는 기본파와 각 고조파의 실효값의 제곱의 합의 제곱근으로 표시

$$I_{rms} = \sqrt{\left(\frac{I_{1\max}}{\sqrt{2}}\right)^2 + \left(\frac{I_{2\max}}{\sqrt{2}}\right)^2 + \left(\frac{I_{3\max}}{\sqrt{2}}\right)^2}[A]$$

$$= \sqrt{\left(\frac{10}{\sqrt{2}}\right)^2 + \left(\frac{4}{\sqrt{2}}\right)^2 + \left(\frac{3}{\sqrt{2}}\right)^2} = 7.91$$

답 7.91[A]

93 기본파·고조파의 전류

배점: 5

용량이 200[kVA]이고 전압이 200[V]인 6펄스 3상 UPS로 공급 중인 설비의 기본파 전류와 제5고조파 전류값을 계산하시오. (단, 역률과 효율은 100[%]이며, 제5고조파 저감계수는 0.5이다.)

(1) 기본파 전류
- 계산과정 :
- 답 :

(2) 제5고조파 전류
- 계산과정 :
- 답 :

모범답안 계산과정

(1) 전류 $I = \dfrac{P}{\sqrt{3}\,V} = \dfrac{200 \times 10^3}{\sqrt{3} \times 200} = 577.35[A]$

답 577.35[A]

(2) 5고조파전류 $= \dfrac{기본파전류}{5} \times 저감계수 = \dfrac{577.35}{5} \times 0.5 = 57.74[A]$

답 57.74[A]

94 접지저항 구성요소

배점: 5

접지저항을 결정하는 구성요소 3가지를 쓰시오.

모범답안

① 접지도선과 접지전극의 저항
② 접지전극의 표면과 주위 토양과의 접촉저항
③ 접지전극 주위 토양의 대지고유저항

95 계통접지·기기접지

배점 4

아래의 그림에 계통접지와 기기접지의 접지선을 연결(접지극과 연결된 부위를 선으로 연결할 것)하고 그 기능을 설명하시오.

(1) 고압 저압

E

(2) 비노출 층전부

E

모범답안

(1)

(2)

- 기능 : 고저압 혼촉 사고가 발생시 저압측 전위상승 억제

- 기능 : 권선 등의 절연이 열화되어 외함 누전시 감전 또는 화재를 예방

96. 접지저항 구성요소 [배점 5]

접지저항을 결정하는 구성요소 3가지를 쓰시오.

모범답안
① 접지도선과 접지전극의 저항
② 접지전극의 표면과 주위 토양과의 접촉저항
③ 접지전극 주위 토양의 대지고유저항

97. 공용접지 장·단점 [배점 8]

접지방식은 각기 다른 목적이나 종류의 접지를 상호 연접시키는 공용접지와 개별적으로 접지하되 상호 일정한 거리 이상 이격하는 독립접지(단독접지)로 구분할 수 있다. 독립접지와 비교하여 공용접지의 장점과 단점을 각각 3가지만 쓰시오.

(1) 공용접지의 장점(3가지)

(2) 공용접지의 단점(3가지)

모범답안

(1) 공용접지의 장점
① 접지극의 연접으로 합성저항의 저감효과
② 접지극의 연접으로 접지극의 신뢰도 향상
③ 접지극의 수량 감소로 공사비 저감

(2) 공용접지의 단점
① 계통의 이상전압 발생 시 유기전압 상승
② 다른 기기 계통으로부터 사고 파급
③ 피뢰침용과 공용하므로 뇌서지의 영향

98 접지여부에 따른 특성

배점 4

그림은 직류 전원을 부하에 공급하는 회로도 이다. 양극(+) 선로와 음극(-) 선로측의 접지 여부를 감시하기 위하여 그림과 같이 두 개의 표시등 L_1, L_2를 설치하였을 때 다음 각 물음에 답하시오.

(1) 양극측 선로가 접지되었다면, L_1, L_2의 밝기는 어떻게 나타나는가?
(2) 양극과 음극의 선로측이 모두 접지가 되었다면, L_1, L_2의 밝기는 어떻게 되는가?

모범답안

(1) L_1 소등, L_2 밝아짐
(2) L_1, L_2 모두 소등

99 워너의 4전극법

배점 5

접지시스템 설계에 가장 기본적인 과정은 시공 현장의 대지 저항률을 측정하여 분석하는 것이다. 4개의 측정탐침(4-Test Probe)을 지표면에 일직선상에 등거리로 박아서 측정 장비 내에서 저주파 전류를 탐침을 통해 대지에 흘려보내어 대지 저항률을 측정하는 방법을 무엇이라 하는가?

모범답안

워너의 4전극법

100 절연내력시험 – 변압기

배점 6

현장에서 시험용 변압기가 없을 경우 그림과 같이 주상 변압기 2대와 수(水)저항기를 사용하여 변압기의 절연내력 시험을 할 수 있다. 이때 다음 각 물음에 답하시오. (단, 최대사용전압 6900[V]의 변압기의 권선을 시험할 경우이며, $E_2/E_1=105/6300$[V]임)

(1) 절연내력시험전압은 몇 [V]이며, 이 시험전압을 몇 분간 가하여 이에 견디어야 하는가?
   ① 절연내력시험전압
      ◦ 계산과정 :   ◦ 답 :
   ② 가하는 시간 :
(2) 시험 시 전압계 Ⓥ로 측정되는 전압은 몇 [V]인가?
   ◦ 계산과정 :   ◦ 답 :
(3) 도면에서 오른쪽 하단의 접지되어 있는 전류계 A_2는 어떤 용도로 사용되는가?

모범답안 계산과정

(1) ① 절연내력시험전압 7[kV] 이하인 전로의 경우
      최대사용전압의 1.5배가 시험전압이 된다.
      절연 내력 시험 전압 $V = 6900 \times 1.5 = 10350$[V]   **답** 10350[V]
    ② 가하는 시간 : 10분

(2) 변압기 1대에 걸리는 전압이므로 $\frac{1}{2}$ 을 곱한다.

전압계 V에 걸리는 전압 $=a \times 10350 \times \frac{1}{2}$[V], $V=\frac{105}{6300} \times 10350 \times \frac{1}{2} = 86.25$[V]

답 86.25[V]

(3) 전류계의 용도 : 누설 전류의 측정

101 절연내력시험 – 케이블

배점 4

그림과 같이 변압기 2대를 사용하여 정전용량 1[μF]인 케이블의 절연내력시험을 행하였다. 60[Hz]인 시험전압으로 5000[V]를 가했을 때 전압계 , 전류계 의 지시값은? (단, 여기서 변압기 탭 전압은 저압측 105[V], 고압측 3300[V]로 하고 내부 임피던스 및 여자전류는 무시한다.)

(1) 전압계 지시값
  ◦ 계산과정 :   ◦ 답 :
(2) 전류계 지시값
  ◦ 계산과정 :   ◦ 답 :

모범답안

(1) 전압계에 두 대의 변압기가 병렬로 연결되어 있으므로 $5000 \times \frac{1}{2} \times \frac{105}{3300} = 79.55$[V]

답 79.55[V]

(2) 충전전류 $I_c = 2\pi fCE = 2\pi \times 60 \times 1 \times 10^{-6} \times 5000 = 1.88$[A]

전류계에 흐르는 전류 $I = 1.88 \times \frac{3300}{105} \times 2 = 118.17$[A]   **답** 118.17[A]

102 절연내력 시험전압

배점 5

다음 주어진 표에 절연내력 시험전압을 빈 칸에 채워 넣으시오.

정격전압[V]	최대전압[V]	접지방식	절연내력 시험전압[V]
6600	6900	비접지식	①
13200	13800	다중접지방식	②
22900	24000	다중접지방식	③

모범답안

- 7[kV] 이하 1.5배 적용 : 6900 × 1.5 = 10350[V]
- 중성점 다중접지 방식 0.92배 적용
  - 13800 × 0.92 = 12696[V]
  - 24000 × 0.92 = 22080[V]

정격전압[V]	최대전압[V]	접지방식	절연내력 시험전압[V]
6600	6900	비접지식	① 10350
13200	13800	다중접지방식	② 12696
22900	24000	다중접지방식	③ 22080

103 절연내력 시험전압

배점 7

변압기의 절연내력 시험전압에 대한 ①~⑦의 알맞은 내용을 빈칸에 쓰시오.

구분	종류(최대사용전압을 기준으로)	시험전압
①	최대사용전압 7[kV] 이하인 권선 (단, 시험전압이 500[V] 미만으로 되는 경우에는 500[V])	최대사용전압×(　)배
②	7[kV]를 넘고 25[kV] 이하의 권선으로서 중성선 다중접지식에 접속되는 것	최대사용전압×(　)배
③	7[kV]를 60[kV] 이하의 권선(중성선 다중접지 제외) (단, 시험전압이 10500[kV] 미만으로 되는 경우에는 10500[V])	최대사용전압×(　)배
④	60[kV]를 넘는 권선으로서 중성점 비접지식 전로에 접속되는 것	최대사용전압×(　)배

구분	종류(최대사용전압을 기준으로)	시험전압
⑤	60[kV]를 넘는 권선으로서 중성점 접지식 전로에 접속하고 또한 성형결선의 권선의 경우에는 그 중성점에 T좌 권선과 주좌 권선의 접속점에 피뢰기를 시설하는 것 (단, 시험전압이 75[kV] 미만으로 되는 경우에는 75[kV])	최대사용전압×( )배
⑥	60[kV]를 넘는 권선으로서 중성점 직접 접지식 전로에 접속하는 것, 다만 170[kV]를 초과하는 권선에는 그 중성점에 피뢰기를 시설하는 것	최대사용전압×( )배
⑦	170[kV]를 넘는 권선으로서 중성점 직접접지식 전로에 접속하고 또는 그 중성점을 직접 접지하는 것	최대사용전압×( )배
(예시)	기타의 권선	최대사용전압×(1.1)배

모범답안

구분	종류(최대사용전압을 기준으로)	시험전압
①	최대사용전압 7[kV] 이하인 권선 (단, 시험전압이 500[V] 미만으로 되는 경우에는 500[V])	최대사용전압×(1.5)배
②	7[kV]를 넘고 25[kV] 이하의 권선으로서 중성선 다중접지식에 접속되는 것	최대사용전압×(0.92)배
③	7[kV]를 60[kV] 이하의 권선(중성선 다중접지 제외) (단, 시험전압이 10500[kV] 미만으로 되는 경우에는 10500[V])	최대사용전압×(1.25)배
④	60[kV]를 넘는 권선으로서 중성점 비접지식 전로에 접속되는 것	최대사용전압×(1.25)배
⑤	60[kV]를 넘는 권선으로서 중성점 접지식 전로에 접속하고 또한 성형결선의 권선의 경우에는 그 중성점에 T좌 권선과 주좌 권선의 접속점에 피뢰기를 시설하는 것 (단, 시험전압이 75[kV] 미만으로 되는 경우에는 75[kV])	최대사용전압×(1.1)배
⑥	60[kV]를 넘는 권선으로서 중성점 직접 접지식 전로에 접속하는 것, 다만 170[kV]를 초과하는 권선에는 그 중성점에 피뢰기를 시설하는 것	최대사용전압×(0.72)배
⑦	170[kV]를 넘는 권선으로서 중성점 직접접지식 전로에 접속하고 또는 그 중성점을 직접 접지하는 것	최대사용전압×(0.64)배
(예시)	기타의 권선	최대사용전압×(1.1)배

104 중성선·분기회로·등전위본딩 배점 6

중성선, 분기회로, 등전위본딩에 대해서 설명하시오.

- 중성선 :
- 분기회로 :
- 등전위본딩 :

모범답안

- 중성선 : 다상교류의 전원 중성점에서 인출한 전선
- 분기회로 : 수용가의 전부하를 그 사용 목적에 따라 안전하게 분전반에서 분할한 배선
- 등전위본딩 : 건축물의 공간에서 금속도체 상호간의 접속으로 전위를 같게 하는 것

105 전기안전 – 감전 배점 5

인체가 전기설비에 접촉되어 감전재해가 발생하였을 때 감전피해의 위험도를 결정하는 요인 4가지를 쓰시오.

모범답안

① 통전시간   ② 통전전류의 크기   ③ 통전경로   ④ 전원의 종류

106 전기방폭설비 배점 5

전기방폭설비의 의미를 설명하시오.

모범답안

방폭전기설비란 위험지역, 폭발성분위기 속에서 사용에 적합하도록 기술적 조치를 강구한 전기설비, 관련배선, 전선관, 장치금구류를 말한다.

107 접촉 대지 전압

배점 4

그림과 같은 회로에서 단상전압 105[V] 전동기의 전압측 리드선과 전동기의 외함 사이가 완전히 지락 되었다. 변압기의 저압측은 저항이 20[Ω], 전동기의 저항은 30[Ω]이라 할 때, 변압기 및 선로의 임피던스를 무시한 경우, 접촉한 사람에게 위험을 줄 대지 전압은 몇 [V]인지 계산하시오.

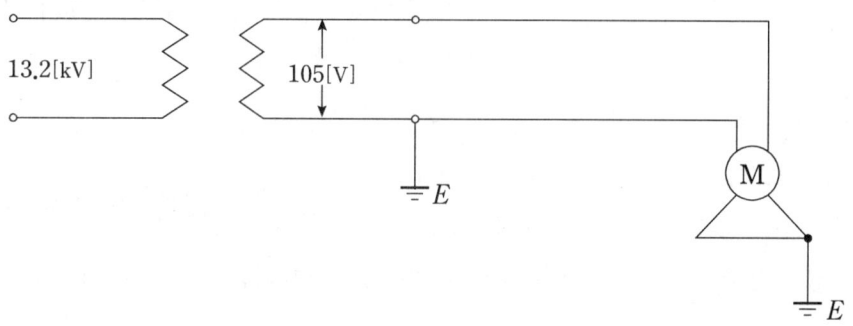

모범답안 계산과정

접촉전압 $E_{th} = \dfrac{R_3}{R_2+R_3} \times V = \dfrac{30}{20+30} \times 105 = 63[V]$

답 63[V]

108 접촉 대지 전압

배점 4

단상 2선식 200[V] 옥내 배선에서 접지 저항이 90[Ω]인 금속관의 임의의 개소에서 전선이 절연 파괴되어 도체가 직접 금속관 내면에 접착되었다면 대지 전압은 몇 [V]가 되겠는가? (단, 이 전로에 공급하는 저압측의 한 단자의 접지저항은 30[Ω]이라고 한다.)

| 모범답안 | 계산과정 |

$$e = I_g R_3 = \frac{V}{R_2 + R_3} \times R_3 = \frac{200}{30 + 90} \times 90 = 150 [V]$$

답 150[V]

109 전동기의 접지저항

배점 5

220[V] 전동기의 철대를 접지해 절연파괴로 인한 철대와 대지사이에 위험 전압을 25[V] 이하로 하고자 한다. 공급 변압기의 접지 저항값이 10[Ω], 저압전로의 임피던스를 무시할 경우, 전동기의 접지저항의 최대값[Ω]을 구하시오.

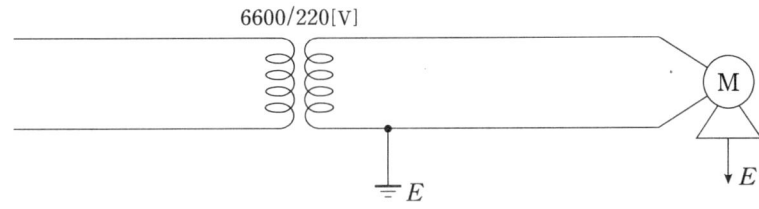

| 모범답안 | 계산과정 |

R_2 : 변압기의 접지저항값, R_3 : 전동기의 접지저항값

위험전압 $25[V] = \frac{R_3}{R_2 + R_3} \times E \rightarrow R_3 = \frac{R_2 \times 25}{E - 25} = \frac{10 \times 25}{220 - 25} = 1.28 [\Omega]$

답 1.28 [Ω]

110 지락전류 - 누전차단기

배점 10

그림은 누전차단기를 적용하는 것으로 CVCF 출력단의 접지용 콘덴서 C_0는 $5[\mu F]$이고, 부하측 라인필터의 대지정전용량 $C_1 = C_2 = 0.1[\mu F]$, 누전차단기 ELB_1에서 지락점까지의 케이블의 대지정전용량 $C_{L1} = 0.2$ (ELB_1의 출력단에 지락 발생 예상), ELB_2에서 부하 2까지의 케이블의 대지정전용량은 $C_{L2} = 0.2[\mu F]$이다. 지락저항은 무시하며, 사용 전압은 $220[V]$, 주파수가 $60[Hz]$인 경우 다음 각 물음에 답하시오.

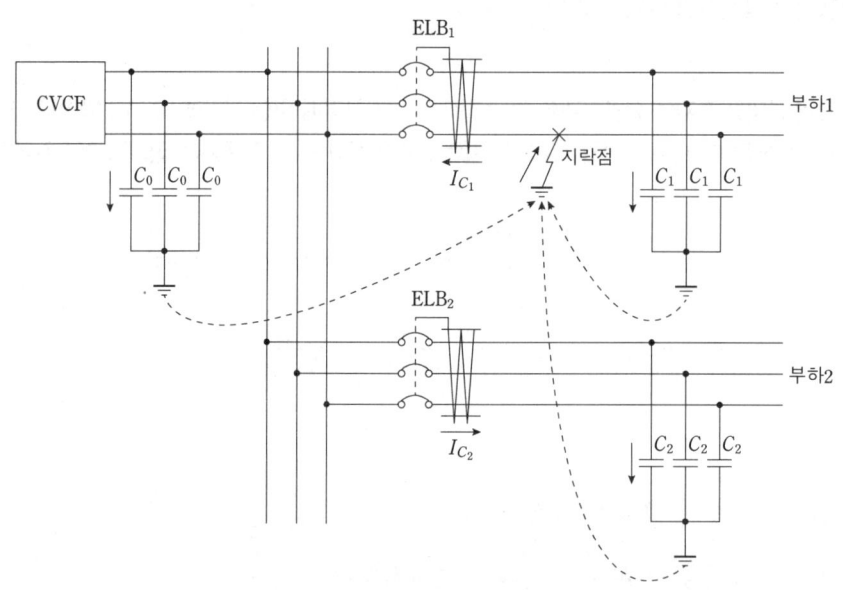

[조건]

- $I_{c1} = 3 \times 2\pi f\, CE$에 의하여 계산한다.
- 누전차단기는 지락시의 지락전류의 $\dfrac{1}{3}$에 동작 가능하여야 하며, 부동작 전류는 건전 피더에 흐르는 지락전류의 2배 이상의 것으로 한다.
- 누전차단기의 시설 구분에 대한 표시 기호는 다음과 같다.
○ : 누전차단기를 시설할 것
△ : 주택에 기계기구를 시설하는 경우에는 누전차단기를 시설할 것
□ : 주택 구내 또는 도로에 접한 면에 룸에어컨디셔너, 아이스박스, 진열장, 자동판매기 등 전동기를 부품으로 한 기계기구를 시설하는 경우에는 누전차단기를 시설하는 것이 바람직하다.
※ 사람이 조작하고자 하는 기계기구를 시설한 장소보다 전기적인 조건이 나쁜 장소에서 접촉할 우려가 있는 경우에는 전기적 조건이 나쁜 장소에 시설된 것으로 취급한다.

(1) 도면에서 CVCF는 무엇인지 우리말로 그 명칭을 쓰시오.

(2) 건전 피더(Feeder) ELB_2에 흐르는 지락전류 I_{c2}는 몇 [mA]인가?
- 계산 과정 :
- 답 :

(3) 누전 차단기 ELB_1, ELB_2가 불필요한 동작을 하지 않기 위해서는 정격감도전류 몇 [mA] 범위의 것을 선정하여야 하는가?
- 계산 과정 :
- 답 :

(4) 누전 차단기의 시설 예에 대한 표의 빈 칸에 ○, △, □로 표현하시오.

전로의 대지전압	기계기구 시설장소	옥내		옥측		옥외	물기가 있는 장소
		건조한 장소	습기가 많은 장소	우선내	우선외		
150[V] 이하		−	−	−	□	□	○
150[V] 초과 300[V] 이하		△	○	−	○	○	○

모범답안 / 계산과정

(1) 정전압 정주파수 공급 장치

(2) 지락전류 $I_{c2} = 3\omega CE = 3 \times 2\pi f \times (C_{L2} + C_2) \times \dfrac{V}{\sqrt{3}}$

$= 3 \times 2\pi \times 60 \times (0.2 + 0.1) \times 10^{-6} \times \dfrac{220}{\sqrt{3}} \times 10^3 = 43.1 [\text{mA}]$

답 43.1[mA]

(3) 정격 감도 전류의 범위

① 동작 전류 = 지락전류 $\times \dfrac{1}{3}$

$I_c = 3\omega CE = 3 \times 2\pi f \times (C_0 + C_{L1} + C_1 + C_{L2} + C_2) \times \dfrac{V}{\sqrt{3}}$

$= 3 \times 2\pi \times 60 \times (5 + 0.2 + 0.1 + 0.2 + 0.1) \times 10^{-6} \times \dfrac{220}{\sqrt{3}} \times 10^3 = 804.46 [\text{mA}]$

$\therefore ELB = 804.46 \times \dfrac{1}{3} = 268.15 [\text{mA}]$

답 268.15[mA]

(3) ② 부동작 전류=건전피더 지락전류×2

부하 1측 cable 지락시 부하 2측 cable에 흐르는 지락전류

$$I_c' = 3 \times 2\pi f \times (C_{L2} + C_2) \times \frac{V}{\sqrt{3}}$$

$$= 3 \times 2\pi \times 60 \times (0.2 + 0.1) \times 10^{-6} \times \frac{220}{\sqrt{3}} \times 10^3 = 43.1 [\text{mA}]$$

$$\therefore ELB = 43.1 \times 2 = 86.2 [\text{mA}]$$

답 정격 감도 전류
$ELB = 86.2 \sim 268.15 [\text{mA}]$

(4)

전로의 대지전압	기계기구 시설장소	옥내		옥측		옥외	물기가 있는 장소
		건조한 장소	습기가 많은 장소	우선내	우선외		
150[V] 이하		−	−	−	□	□	○
150[V] 초과 300[V] 이하		△	○	−	○	○	○

111 가공 전선 최소 이격거리

배점 4

최대 사용 전압 360[kV]의 가공 전선이 최대 사용 전압 161[kV] 가공 전선과 교차하여 시설되는 경우 양자간의 최소 이격 거리는 몇 [m]인가?

모범답안 **계산과정**

▶참고 60[kV] 초과시 이격거리 및 단수

∘ 이격거리 = 2 + 단수 × 0.12[m]

∘ 단수 = $\frac{(V[\text{kV}] - 60)}{10}$ (단수 계산에서 소수점 이하는 절상)

단수 = $\frac{360 - 60}{10} = 30$, 이격거리 = 2 + 30 × 0.12 = 5.6[m]

답 5.6[m]

112 배전반 등의 최소유지거리

배점 10

수전설비의 수전실 등의 시설에 있어서 변압기, 배전반 등 수전설비의 주요부분이 원칙적으로 유지하여야 할 거리 기준과 관련 수전설비의 배전반 등의 최소유지거리에 대하여 빈칸 ㉮~㉴에 알맞은 내용을 쓰시오.

[수전설비의 배전반 등의 최소유지거리]

(단위 : m)

위치별 기기별	앞면 또는 조작·계측면	뒷면 또는 점검면	열상호간 (점검하는 면)	기타의 면
특고압 배전반	㉮	㉯	㉰	—
고압 배전반 저압 배전반	㉱	㉲	㉳	—
변압기 등	㉴	㉵	㉶	㉷

[비고1] 앞면 또는 조작계측 면은 배전반 앞에서 계측기를 판독할 수 있거나 필요조작을 할 수 있는 최소거리임

[비고2] 뒷면 또는 점검 면은 사람이 통행할 수 있는 최소 거리이며, 무리 없이 편안히 통행하기 위하여 0.9[m] 이상으로 함이 좋다.

[비고3] 열상호간(점검하는 면)은 기기류를 2열 이상 설치하는 경우를 말하며, 배전반류의 내부에 기기가 설치되는 경우는 이의 인출을 대비하여 내장기기의 최대폭에 적절한 안전거리(통행 0.3[m] 이상)를 가산한 거리를 확보하는 것이 좋다.

[비고4] 기타 면은 변압기 등을 벽 등에 면하여 설치하는 경우 최소 확보거리이다. 이 경우도 사람의 통행이 필요할 경우는 0.6[m] 이상으로 함이 바람직하다.

모범답안

(단위 : m)

위치별 기기별	앞면 또는 조작·계측면	뒷면 또는 점검면	열상호간 (점검하는 면)	기타의 면
특고압 배전반	1.7[m]	0.8[m]	1.4[m]	—
고압 배전반 저압 배전반	1.5[m]	0.6[m]	1.2[m]	—
변압기 등	0.6[m]	0.6[m]	1.2[m]	0.3[m]

113 콘센트의 수

배점 5

주택 및 아파트에 설치하는 콘센트의 수는 주택의 크기, 생활수준, 생활방식 등이 다르기 때문에 일률적으로 규정하기는 곤란하다. 내선규정에서는 이 점에 대하여 아래의 표와 같이 규모별로 표준적인 콘센트 수와 바람직한 콘센트 수를 규정하고 있다. 아래 표를 완성하시오.

방의 크기[m²]	표준적인 설치 수
5 미만	( )
5~10 미만	( )
10~15 미만	( )
15~20 미만	( )
부엌	( )

[비고1] 콘센트 구수는 관계없이 1로 본다.
[비고2] 콘센트는 2구 이상 콘센트를 설치하는 것이 바람직하다.
[비고3] 대형전기기계기구의 전용콘센트 및 환풍기, 전기시계 등을 벽에 붙이는 전용콘센트는 위 표에서 포함되어 있지 않다.
[비고4] 다용도실이나 세면장에는 방수형 콘센트를 시설하는 것이 바람직하다.

모범답안

방의 크기[m²]	표준적인 설치 수
5 미만	(1)
5~10 미만	(2)
10~15 미만	(3)
15~20 미만	(3)
부엌	(2)

114 전선의 색상

배점 4

다음 한국전기설비규정(KEC)에 의한 전선의 색상표이다. 빈칸을 채우시오.

상(문자)	색상
$L1$	①
$L2$	검은색
$L3$	②
N	③
보호도체	④

모범답안

① 갈색   ② 회색   ③ 파란색   ④ 녹색-노란색

115 전선의 명칭

배점 4

다음 약호에 대한 명칭을 쓰시오.

(1) PEM (protective earthing conductor and a mid-point conductor)

(2) PEL (protective earthing conductor and a line conductor)

모범답안

(1) (직류회로) 중간선 겸용 보호도체

(2) (직류회로) 선도체 겸용 보호도체

116 용량별 점검횟수

배점 5

안전관리업무를 대행하는 전기안전관리자는 전기설비가 설치된 장소 또는 사업장을 방문하여 실시해야 하는 용량별 점검횟수 및 간격에 해당하는 빈칸을 채우시오.

용량별		점검 횟수	점검 간격
저압	1~300[kW] 이하	월 1회	20일 이상
	300[kW] 초과	월 2회	10일 이상
고압이상	1~300[kW] 이하	월 1회	20일 이상
	300[kW] 초과 ~ 500[kW] 이하	월 ① 회	② 일 이상
	500[kW] 초과 ~ 700[kW] 이하	월 ③ 회	④ 일 이상
	700[kW] 초과 ~ 1,500[kW] 이하	월 ⑤ 회	⑥ 일 이상
	1,500[kW] 초과 ~ 2,000[kW] 이하	월 ⑦ 회	⑧ 일 이상
	2,000[kW] 초과 ~	월 ⑨ 회	⑩ 일 이상

모범답안

① 2 ② 10 ③ 3 ④ 7 ⑤ 4
⑥ 5 ⑦ 5 ⑧ 4 ⑨ 6 ⑩ 3

117 콘덴서 설치 시 효과

배점 6

아래 그림과 같이 3상 3선식 배전선로의 중앙에 100[A], 지상 역률 0.8의 부하를 설치하고 배전선로의 말단에 100[A], 지상 역률 0.6의 부하를 설치하였다. 말단 부하와 병렬로 콘덴서를 연결하였을 때 아래 질문에 답하시오. (단 주어진 조건 외 다른 조건은 무시한다.)

(1) 공급점의 지상역률을 0.9로 개선하는 콘덴서 용량 Q_c[kVA]를 구하시오.
   ◦ 계산과정 :   ◦ 답 :

(2) 선로손실을 최소로 하는 콘덴서 용량 Q_c[kVA]를 구하시오.
   (단, 말단전압은 6600[V]로 일정하며 선로저항은 r[Ω/m]이다.)
   ◦ 계산과정 :   ◦ 답 :

모범답안

(1) 공급점 기준 전체 전류

$$I = 100 \times (0.8 - j0.6) + 100 \times (0.6 - j0.8) = 140 - j140 \text{[A]}$$

$$\cos\theta = \frac{\text{유효분}}{\text{피상분}} = \frac{I}{I_a} = \frac{140}{\sqrt{140^2 + (140 - I_c)^2}} = 0.9$$

$$I_c = j\left(140 - \sqrt{\frac{140^2}{0.9^2} - 140^2}\right) = j72.19 \text{[A]}$$

$$\therefore Q = \sqrt{3} \times 6600 \times 72.19 \times 10^{-3} = 825.24 \text{[kVA]}$$

◦ 답 : 825.24[kVA]

(2) 손실이 최소가 되려면 역률이 최대($\cos\theta = 1$)가 되어야 하므로

$$\cos\theta = \frac{I}{I_a} = \frac{140}{\sqrt{140^2 + (140 - I_c)^2}} = 1 \rightarrow I_c = j140 \text{[A]}$$

$$\therefore Q_c = \sqrt{3} \times 6600 \times 140 \times 10^{-3} = 1600.41 \text{[kVA]}$$

◦ 답 : 1600.41[kVA]

118 합성 %Z·단락용량

배점 5

다음 그림과 같은 전력 계통에서 B변전소의 (1)번 차단기의 차단용량[MVA]을 선정하시오.
(단, 계통의 %임피던스는 10[MVA]를 기준으로 그림에 표시한 것으로 본다.)

차단기의 표준용량[MVA]

100	150	250	300	400	500	700

모범답안

① 고장점까지의 %임피던스(%Z)
   $\%Z = \%Z_T + \%Z_L = 0.7 + 0.9 = 1.6[\%]$

② 단락용량(P_s)
   $P_s = \dfrac{100}{\%Z} \times P_n = \dfrac{100}{1.6} \times 10 = 625[\text{MVA}]$

③ 차단용량은 단락용량보다 커야 하므로 표에 의해서 700[MVA] 선정   ∘ 답 : 700[MVA]

---

119 단상 변압기

배점 6

각 단상 변압기의 변압비가 3500/100[V]이며 고압측에 5500[V]의 전압이 인가되고 있다. 저압측에 3[Ω], 5[Ω]의 저항을 연결했을 때 고압측 전압 E_1, E_2를 구하시오.

모범답안

$E_1 = \dfrac{3}{3+5} \times 5500 = 2.06[\text{kV}]$

$E_2 = \dfrac{5}{3+5} \times 5500 = 3.44[\text{kV}]$

∘ 답 : $E_1 = 2.06[\text{kV}]$, $E_2 = 3.44[\text{kV}]$

120 인체감전 보호용 누전차단기

배점 4

욕조나 샤워시설이 있는 욕실 또는 화장실 등 인체가 물에 젖어있는 상태에서 전기를 사용하는 장소에 콘센트를 시설하는 경우 인체감전보호용 누전차단기의 정격감도전류와 동작시간은?

모범답안

- 정격감도전류 : 15[mA]
- 동작시간 : 0.03초

121 단락보호전용 퓨즈의 용단특성

배점 4

한국전기설비규정에 따른 저압전로 중의 전동기 보호용 과전류보호장치의 시설에서 적합한 단락보호전용 퓨즈의 용단특성 표를 완성하시오.

[단락보호전용 퓨즈(aM)의 용단특성]

정격전류의 배수	불용단시간	용단시간
4배	(㉠)초 이내	−
6.3배	−	(㉢)초 이내
8배	0.5초 이내	−
10배	(㉡)초 이내	−
12.5배	−	0.5초 이내
19배	−	(㉣)초 이내

모범답안

㉠ 60 ㉡ 0.2
㉢ 60 ㉣ 0.1

122 상주 감시를 하지 아니하는 변전소의 시설

배점 6

다음 빈 칸을 채우시오.

[상주 감시를 하지 아니하는 변전소의 시설]

(1) 변전소(이에 준하는 곳으로서 (①)[kV]를 초과하는 특고압의 전기를 변성하기 위한 것을 포함한다. 이하 같다)의 운전에 필요한 지식 및 기능을 가진 자(이하 "기술원"이라고 한다)가 그 변전소에 상주하여 감시를 하지 아니하는 변전소는 다음에 따라 시설하는 경우에 한한다.

(2) 사용전압이 (②)[kV] 이하의 변압기를 시설하는 변전소로서 기술원이 수시로 순회하거나 그 변전소를 원격감시 제어하는 제어소(이하에서 "변전제어소"라 한다)에서 상시 감시하는 경우

모범답안

① 50
② 170

123 아크를 발생하는 기구의 시설

배점 3

다음은 한국전기설비규정에 따른 아크를 발생하는 기구의 시설에 대한 내용이다. 빈 칸을 채우시오.

고압용의 개폐기·차단기·피뢰기 기타 이와 유사한 기구(이하 이 조에서 "기구 등"이라 한다)로서 동작 시에 아크가 생기는 것은 목재의 벽 또는 천장 기타의 가연성 물체로부터 ( )[m] 이상 이격하여 시설여야 한다.

모범답안

1[m]

124 발전기 등의 보호장치

배점 5

다음은 한국전기설비규정에 따른 발전기 등의 보호장치에 대한 내용이다. 빈 칸을 채우시오.

발전기에는 다음의 경우에 자동적으로 이를 전로로부터 차단하는 장치를 시설하여야 한다.
가. 발전기에 과전류나 과전압이 생긴 경우
나. 용량이 (①)[kVA] 이상의 발전기를 구동하는 수차의 압유 장치의 유압 또는 전동식 가이드밴 제어장치, 전동식 니이들 제어장치 또는 전동식 디플렉터 제어장치의 전원전압이 현저히 저하한 경우
다. 용량이 (②)[kVA] 이상의 발전기를 구동하는 풍차(風車)의 압유장치의 유압, 압축 공기장치의 공기압 또는 전동식 브레이드 제어장치의 전원전압이 현저히 저하한 경우
라. 용량이 (③)[kVA] 이상인 수차 발전기의 스러스트 베어링의 온도가 현저히 상승한 경우
마. 용량이 (④)[kVA] 이상인 발전기의 내부에 고장이 생긴 경우
바. 정격출력이 (⑤)[kW]를 초과하는 증기터빈은 그 스러스트 베어링이 현저하게 마모되거나 그의 온도가 현저히 상승한 경우

모범답안

① 500 ② 100 ③ 2000 ④ 10000 ⑤ 10000

---

125 지중전선로의 시설

배점 6

다음은 한국전기설비규정에서 지중전선로에 대한 내용이다. 아래 빈 칸을 채우시오.

1. 지중 전선로는 전선에 케이블을 사용하고 또한 (①)·암거식(暗渠式) 또는 (②)에 의하여 시설하여야 한다.
2. 지중 전선로를 (①) 또는 암거식에 의하여 시설하는 경우에는 다음에 따라야 한다.
   가. (①)에 의하여 시설하는 경우에는 매설 깊이를 (③)[m] 이상으로 하되, 매설 깊이를 충족하지 못한 장소에는 견고하고 차량 기타 중량물의 압력에 견디는 것을 사용할 것. 다만 중량물의 압력을 받을 우려가 없는 곳은 0.6[m] 이상으로 한다.

모범답안

① 관로식 ② 직접 매설식 ③ 1

부록 2 산업기사 PLUS 문제

01 이도 계산

배점 5

어느 가공선로의 경간이 100[m], 전선 중량은 0.334[kg/m]이며 수평풍압하중이 0.608[kg/m]라고 한다. 선로의 이도를 구하시오. (단, 전선의 인장하중은 1480[kg], 안전율은 2.2이다.)

모범답안 | **계산과정**

① 전선의 합성하중 $W = \sqrt{W_i^2 + W_p^2} = \sqrt{0.334^2 + 0.608^2}$

② 수평장력 $T = \dfrac{\text{인장하중}}{\text{안전율}} = \dfrac{1480}{2.2}$

③ 전선의 이도 $D = \dfrac{WS^2}{8T} = \dfrac{\sqrt{0.334^2 + 0.608^2} \times 100^2}{8 \times \dfrac{1480}{2.2}} = 1.29[m]$

답 1.29[m]

02 지중 전선로의 시설

배점 4

지중 전선로는 케이블을 사용하여 관로식, 암거식, 직접 매설식에 의하여 시설하여야 한다. 다음 물음에 답하시오.

(1) 관로식으로 매설할 경우 최소 매설 깊이는 얼마인가?
(2) 지중 전선로에서 직접매설식에 의하여 차량 및 기타 중량물의 압력을 받을 경우 매설깊이는 얼마인가?

모범답안

(1) 1[m]   (2) 1[m]

03 케이블 유전체 손실

배점 5

선간전압 22.9[kV], 주파수 60[Hz], 작용정전용량 0.03[μF/km], 유전체 역률이 0.003일 경우 3심 케이블에서 발생하는 유전체 손실은 몇 [W/km]인가?

모범답안 계산과정

3심 케이블의 유전체 손실
$W_{d3} = \omega C V^2 \tan\delta$ 단, C : 작용정전용량, $\tan\delta$: 유전체 역률
$= 2\pi \times 60 \times 0.03 \times 10^{-6} \times 22900^2 \times 0.003 = 17.79 [\text{W/km}]$

답 17.79 [W/km]

04 이도의 변화

배점 4

그림과 같이 지지점 A, B, C에는 고저차가 없으며, 경간 AB와 BC 사이에 전선이 가설되어 있다. 지금 경간 AC의 중점인 지지점 B에서 전선이 떨어졌다고 하면, 전선의 이도 D_2는 전선이 떨어지기 전 D_1의 몇 배가 되는지 쓰시오.

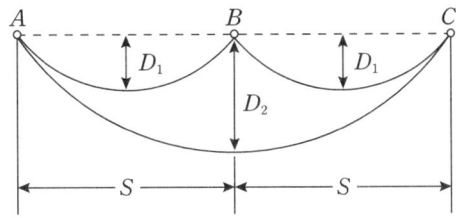

모범답안 계산과정

※ 전선이 떨어지기 전과 후의 전선의 길이는 변하지 않는다. 즉, AB구간 및 BC구간 전선의 실제길이를 L_1이라하고, AC구간 전선의 실제길이를 L_2라 하면 $2L_1 = L_2$이 성립된다.

한편, 전선의 실제길이 $L = S + \dfrac{8D^2}{3S}$ 이다.

$2\left(S + \dfrac{8D_1^2}{3S}\right) = 2S + \dfrac{8D_2^2}{3 \times 2S}$ → $2S + \dfrac{2 \times 8D_1^2}{3S} = 2S + \dfrac{8D_2^2}{3 \times 2S}$ → $\dfrac{8D_2^2}{3 \times 2S} = \dfrac{2 \times 8D_1^2}{3S}$

$\therefore D_2 = \sqrt{4D_1^2} = 2D_1$

답 2배

05 전압강하 - 송전단 전압

배점 5

그림과 같은 직렬 커패시터를 연결한 교류 배전선에서 부하전류가 15[A], 부하역률 0.6(뒤짐), 1선당 선로 저항 $R=3[\Omega]$, 용량 리액턴스 $X_c=4[\Omega]$인 경우, 부하의 단자전압을 220[V]로 하기 위해 전원단에 가해지는 전압 E_s는 몇 [V]인지 구하시오. (단, 선로의 유도리액턴스는 무시한다.)

모범답안 | 계산과정

단상 2선식 송전단전압
$E_s = E_r + 2I(R\cos\theta - X_c\sin\theta) = 220 + 2 \times 15 \times (3 \times 0.6 - 4 \times 0.8) = 178[V]$

답 178[V]

06 전압강하율 - 부하전력

배점 4

3상 3선식 송전단 전압 6.6[kV] 전선로의 전압강하율 10[%]이하로 하는 경우이다. 수전전력의 크기[kW]는? (단, 저항 1.19[Ω], 리액턴스 1.8[Ω] 역률 80[%]이다.)

모범답안 | 계산과정

① 전압강하율 $\delta = \dfrac{V_s - V_r}{V_r}$에서, 수전단 전압 $V_r = \dfrac{V_s}{1+\delta} = \dfrac{6600}{1+0.1} = 6000[V]$

② 전압강하 $e = \sqrt{3}\,I(R\cos\theta + X\sin\theta)$에서,

부하전류 $I = \dfrac{e}{\sqrt{3}\,(R\cos\theta + X\sin\theta)} = \dfrac{6600 - 6000}{\sqrt{3} \times (1.19 \times 0.8 + 1.8 \times 0.6)} = 170.48[A]$

③ 수전전력 $P = \sqrt{3}\,V_r I\cos\theta = \sqrt{3} \times 6000 \times 170.48 \times 0.8 \times 10^{-3} = 1417.34[kW]$

답 1417.34[kW]

07 전압강하율 배점 5

수전단 상전압 22000[V], 전류 400[A], 선로의 저항 $R=3[\Omega]$, 리액턴스 $X=5[\Omega]$일 때 전압강하율은 몇 [%]인가? (단, 수전단 역률은 0.8 이다.)

모범답안 **계산과정**

전압강하율 $\delta = \dfrac{I(R\cos\theta + X\sin\theta)}{E_r} \times 100$ 단, E_r은 상전압이다.

$= \dfrac{400 \times (3 \times 0.8 + 5 \times 0.6)}{22000} \times 100 = 9.82[\%]$

답 9.82[%]

08 승압시 효과 배점 9

배전선로에 있어서 전압을 3[kV]에서 6[kV]로 상승시켰을 경우, 승압 전과 승압 후의 장점과 단점을 비교하여 설명하시오. 단, 수치 비교가 가능한 부분은 수치를 적용시켜 비교 설명하시오.

모범답안

(1) 장점
 ① 공급 전력은 4배가 된다.
 ② 전력손실은 1/4배가 된다.
 ③ 전압 강하율은 1/4배가 된다.

(2) 단점
 ① 애자 등의 절연 레벨이 높아지므로 건설비가 많이 든다.
 ② 변압기, 차단기 등의 절연 레벨이 높아져 기기가 비싸진다.

09 역률개선 – 전력손실

배점 5

역률을 0.7에서 0.9로 개선하면 전력손실은 개선 전의 몇 [%]가 되겠는가?

모범답안 계산과정

$$P_{l2} = P_{l1} \times \left(\frac{\cos\theta_1}{\cos\theta_2}\right)^2 \;\rightarrow\; P_{l1} \times \left(\frac{0.7}{0.9}\right)^2 = 0.6049 P_{l1}$$

답 60.49[%]

▶참고 전력손실은 역률에 제곱에 반비례한다. $\left(P_l \propto \dfrac{1}{\cos^2\theta}\right)$

$$\frac{P_{l2}}{P_{l1}} = \frac{\dfrac{1}{\cos^2\theta_2}}{\dfrac{1}{\cos^2\theta_1}} = \frac{\cos^2\theta_1}{\cos^2\theta_2} = \left(\frac{\cos\theta_1}{\cos\theta_2}\right)^2 \;\rightarrow\; \text{역률개선 후 전력 손실 : } P_{l2} = P_{l1} \times \left(\frac{\cos\theta_1}{\cos\theta_2}\right)^2$$

10 전력손실률 – 전력

배점 5

3상 3선식, 수전단 선간전압 3000[V], 역률 0.8의 부하에 지름 5[mm]의 경동선으로 20[km]의 거리에 10[%] 이내의 전력손실률로 보낼 수 있는 3상 전력[kW]을 구하시오. (단, 경동선의 고유저항은 $1/55[\Omega mm^2/m]$이다.)

모범답안 계산과정

① 전력손실률 $K = \dfrac{PR}{V^2 \cos^2\theta}$

② 전선의 저항 $R = \rho \times \dfrac{l}{A} = \dfrac{1}{55} \times \dfrac{20 \times 10^3}{\dfrac{\pi 5^2}{4}} = 18.52[\Omega]$

③ 3상 전력 $P = \dfrac{V^2 \cos^2\theta}{R} \times K \times 10^{-3} = \dfrac{3000^2 \times 0.8^2}{18.52} \times 0.1 \times 10^{-3} = 31.1[kW]$

답 31.1[kW]

11 스틸의 식 - 송전전압

배점 5

송전 거리 40[km], 송전전력 10000[kW]일 때의 Still 식에 의한 송전전압은 몇 [kV]인가?

모범답안 계산과정

$$V_s = 5.5 \times \sqrt{0.6 \times l[\text{km}] + \frac{P[\text{kW}]}{100}} \ [\text{kV}]$$

$$= 5.5 \times \sqrt{0.6 \times 40 + \frac{10000}{100}} = 61.25[\text{kV}]$$

답 61.25[kV]

12 중성점 접지의 목적

배점 5

송전계통의 중성점을 접지하는 목적을 3가지만 쓰시오.

모범답안
① 보호계전기의 확실한 동작
② 전선로 및 기기의 절연레벨 경감
③ 이상전압을 억제하여 기기의 손상 방지

13 변전소·개폐소·급전소

배점 6

다음 용어의 정의를 쓰시오.

(1) 변전소
(2) 개폐소
(3) 급전소

> **모범답안**
> (1) 변전소의 밖으로부터 전송받은 전기를 변전소 안에 시설한 변압기, 전동발전기, 회전변류기, 정류기 그 밖의 기계기구에 의하여 변성하는 곳으로서 변성한 전기를 다시 변전소 밖으로 전송하는 곳을 말한다.
> (2) 개폐소 안에 시설한 개폐기 및 기타 장치에 의하여 전로를 개폐하는 곳으로서 발전소, 변전소 및 수용장소 이외의 곳을 말한다.
> (3) 전력계통의 운용에 관한 지시 및 급전조작을 하는 곳을 말한다.

14 변전소의 기능

배점 4

변전소의 주요 기능을 4가지만 쓰시오.

> **모범답안**
> ① 전압의 변성   ② 전력의 집중과 배분
> ③ 전력 조류 제어   ④ 전압의 조정
>
> ▶참고 전력 조류 제어
> 발전소에서 생산된 전기는 송배전선로를 거쳐 수용가에 전송되어 소비되고 있다. 이러한 전력의 흐름을 전력 조류라고 한다. 한편, 전력 조류 제어란 전력계통에서 유효전력, 무효전력의 흐름을 제어하여 계통 전체의 고효율 운전을 도모하는 것을 말한다.

15 전기기기 용어

배점 5

다음 기기의 용어를 간단하게 설명하시오.

(1) 점멸기   (2) 단로기
(3) 차단기   (4) 전자접촉기

모범답안

(1) 전등 등의 점등, 소등시에 사용하는 개폐기이다.
(2) 단로기는 아크 소호능력이 없으며, 기기의 보수점검 또는 선로로부터 기기를 분리, 회로를 변경할 때 사용하는 개폐기이다.
(3) 차단기는 아크 소호능력이 있으며 부하전류의 개폐 및 고장전류를 차단할 수 있다.
(4) 전자 코일에 의하여 접점이 개폐되어 평상시 부하전류 혹은 과부하 전류까지 안전하게 개폐 한다. 부하의 개폐·제어를 주목적으로 사용한다.

16 전기설비 용어

배점 8

전기설비에서 사용되는 다음 용어의 정의를 쓰시오.

(1) 간선 (2) 단락전류
(3) 사용전압 (4) 분기회로

모범답안

(1) 간선 : 인입구에서 분기과전류차단기에 이르는 배선으로 분기회로의 분기점에서 전원측의 부분을 말한다.
(2) 단락전류 : 전로의 선간이 임피던스가 적은 상태로 접촉되었을 경우에 그 부분을 통하여 흐르는 큰 전류를 말한다.
(3) 사용전압 : 보통의 사용상태에서 그 회로에 가하여지는 선간전압을 말한다.
(4) 분기회로 : 간선에서 분기하여 분기과전류차단기를 거쳐서 부하에 이르는 사이의 배선을 말한다.

17 가스절연 개폐장치 GIS

배점 4

가스절연 개폐설비(GIS)의 장점을 4가지만 설명하시오.

> **모범답안**
> ① 보수점검 주기가 길어진다.
> ② 소음이 적고 환경 조화를 기할 수 있다.
> ③ 충전부가 완전히 밀폐되어 안정성이 높다.
> ④ 공장조립이 가능하여 설치 공사기간이 단축된다.

18 GIS 구성품

배점 5

가스절연 개폐장치(GIS)의 구성품 4가지를 쓰시오.

> **모범답안**
> ① 단로기   ② 차단기   ③ 변류기   ④ 계기용 변압기   ⑤ 피뢰기

19 감시제어기기 구성요소

배점 6

배전반 주회로 부분과 감시제어회로 중 감시제어기기의 구성요소를 4가지 쓰고 간단히 설명하시오.

> **모범답안**
> ① 감시기능 : 기기의 운전, 정지, 개폐의 상태를 표시하고 이상 발생시 고장 부분의 표시 및 경보
> ② 제어기능 : 기기를 수동, 자동의 상태로 변환 시키면서 운전시킬 수 있으며 정전, 화재 등의 이상 발생시 제어 할 수 있는 기능
> ③ 계측제어 : 전류, 전압, 전력 등을 계측하여 부하 또는 기기의 상태를 파악
> ④ 기록기능 : 계측값을 기록용지에 자동 인쇄하여 등록된 데이터를 집계

20 페란티 현상

배점 6

페란티 현상에 대해서 다음 각 물음에 답하시오.

(1) 페란티 현상이란 무엇인지 쓰시오.

(2) 발생원인은 무엇인지 쓰시오.

(3) 발생 억제 대책에 대하여 쓰시오.

모범답안

(1) 수전단 전압이 송전단 전압보다 높아지는 현상을 말한다.

(2) 장거리 송전선로에서 무부하시 흐르는 충전전류에 의해 발생한다.

(3) 분로리액터를 설치한다.

21 정전기 대전의 종류

배점 4

정전기에 대한 다음 각 물음에 답하시오.

(1) 정전기 대전의 종류 3가지를 쓰시오.

(2) 정전기 발생 억제 2가지에 대해 작성하시오.

모범답안

(1) ① 마찰대전   ② 박리대전   ③ 유동대전   ④ 충돌대전   ⑤ 파괴대전

(2) ① 대전 물체의 차폐   ② 대전되는 물체의 전기적 접지

22 리액터의 종류

배점 5

전력계통에 이용되는 리액터에 대하여 그 설치 목적을 쓰시오.

(1) 분로(병렬)리액터 (2) 직렬 리액터

(3) 소호 리액터 (4) 한류 리액터

모범답안
(1) 페란티 현상 방지
(2) 제5고조파 제거
(3) 지락 전류의 제한
(4) 단락 전류의 제한

23 연가의 효과
배점 6

연가의 주목적은 선로정수의 평형이다. 연가의 효과를 2가지만 쓰시오.

모범답안
① 통신선에 대한 유도장해를 경감시킨다.
② 소호리액터 접지시 직렬공진에 의한 이상전압 상승을 방지한다.

24 전자유도전압
배점 5

3상 송전선의 각 선의 전류가 $I_a=220+j50$, $I_b=-150-j300$, $I_c=-50+j150$ 일 때 이것과 병행으로 가설된 통신선에 유기되는 전자유도 전압의 크기는 몇 [V]인가? (단, 송전선과 통신선 사이 상호 임피던스는 15[Ω]이다.)

모범답안 계산과정

$E_m = \omega M l \times (I_a + I_b + I_c) = Z_m \times (I_a + I_b + I_c)$ 이므로
$E_m = 15 \times \sqrt{(220-150-50)^2 + (50-300+150)^2} = 1529.71[V]$

답 1529.71[V]

25 부하용량·분기회로수

배점 10

배선을 설계하기 위한 전등 및 소형 전기기계기구의 부하용량을 상정하여 분기회로수를 구하려고 한다. 상점이 있는 주택이 다음 그림과 같을 때, 주어진 참고 자료를 이용하여 다음 물음에 답을 구하시오. (단, 대형기기(정격소비전력이 공칭전압 220[V]는 3[kW] 이상, 공칭전압 110[V]는 1.5[kW] 이상)인 냉난방 장치 등은 별도로 1회로를 추가하며, 분기회로는 16[A] 분기회로를 사용하고, 주어진 참고 자료의 수치 적용은 최댓값을 적용한다.)

[참고 자료]

① 건물의 종류에 대응한 표준부하

건축물의 종류	표준부하[VA/m²]
공장, 공회당, 사원, 교회, 극장, 영화관, 연회장 등	10
기숙사, 여관, 호텔, 병원, 학교, 음식점, 다방, 대중 목욕탕	20
사무실, 은행, 상점, 이발소, 미장원	30
주택, 아파트	40

[비고] 건물이 음식점과 주택 부분의 2종류로 될 때에는 각각 그에 따른 표준부하를 사용할 것
[비고] 학교와 같이 건물의 일부분이 사용되는 경우에는 그 부분만을 적용한다.

② 건물(주택, 아파트를 제외) 중 별도 계산할 부분의 부분적인 표준부하

건축물의 부분	표준부하[VA/m²]
복도, 계단, 세면장, 창고, 다락	5
강당, 관람석	10

③ 표준부하에 따라 산출한 수치에 가산하여야 할 [VA]수
  - 주택, 아파트(1세대 마다)에 대하여는 1000~500[VA]
  - 상점의 진열장에 대하여는 진열장의 폭 1[m]에 대하여 300[VA]
  - 옥외의 광고등, 전광사인, 네온사인 등의 [VA]수
  - 극장, 댄스홀 등의 무대 조명, 영화관 등의 특수 전등부하의 [VA]수
④ 예상이 곤란한 콘센트, 틀어 끼우는 접속기, 소켓 등이 있을 경우에라도 이를 상정하지 않는다.

(1) 배선을 설계하기 위한 전등 및 소형 전기기계기구의 설비부하용량[VA]을 산정하시오.
  ◦ 계산과정 :　　　　　　　　　　　　　　　　　　　　　◦ 답 :
(2) 규정에 따라 다음 (　)에 들어갈 내용을 답란에 쓰시오.

> 사용전압 220[V]의 15[A] 분기회로 수는 부하의 상정에 따라 상정한 설비부하용량(전등 및 소형 전기기계기구에 한한다.)을 (①)[VA]로 나눈 값(사용전압이 110[V]인 경우에는 (②)[VA]로 나눈 값)을 원칙으로 한다.

(3) 사용전압이 220[V]인 경우 분기회로 수를 구하시오.
  ◦ 계산과정 :　　　　　　　　　　　　　　　　　　　　　◦ 답 :
(4) 사용전압이 110[V]인 경우 분기회로 수를 구하시오.
  ◦ 계산과정 :　　　　　　　　　　　　　　　　　　　　　◦ 답 :
(5) 연속부하(상시 3시간 이상 연속사용)가 있는 분기회로의 부하용량은 그 분기회로를 보호하는 과전류차단기의 정격전류의 몇 [%]를 초과하지 않아야 하는지 값을 쓰시오.

모범답안 계산과정

(1) 설비부하용량 = 바닥면적 × 표준부하 + 가산부하
$P = (13 \times 10 \times 40) + (11 \times 5 \times 30) + (2 \times 5 \times 5) + (4 \times 300) + 1000 = 9100$ [VA]

답　9100[VA]

(2) ① 3300　　② 1650

(3) 분기회로수 = $\dfrac{9100}{220 \times 16} = 2.59$　　답　16[A] 분기 4회로(룸에어컨 1회로 포함)

(4) 분기회로수 = $\dfrac{9100}{110 \times 16} = 5.17$　　답　분기회로 수 : 16[A] 분기 7회로

(5) 80[%]

26 부하용량·분기회로수

배점 6

평면도와 같은 건물에 대한 전기배선을 설계하기 위하여, 전등 및 소형 전기기계기구의 부하용량을 상정하여 분기회로수를 결정하고자 한다. 주어진 평면도와 표준부하를 이용하여 최대부하용량을 상정하고 최소분기 회로수를 결정하시오. (단, 분기회로는 16[A] 분기회로이며 배전전압은 220[V]를 기준하고, 적용 가능한 부하는 최대값으로 상정할 것)

- 설비 부하 용량은 "①" 및 "②"에 표시하는 건물의 종류 및 그 부분에 해당하는 표준 부하에 바닥면적을 곱한 값과 "③"에 표시하는 건물 등에 대응하는 표준 부하[VA]를 합한 값으로 할 것

① 건물의 종류에 대응한 표준부하

건축물의 종류	표준부하[VA/m^2]
공장, 공회당, 사원, 교회, 극장, 영화관, 연회장 등	10
기숙사, 여관, 호텔, 병원, 학교, 음식점, 다방, 대중 목욕탕	20
사무실, 은행, 상점, 이발소, 미장원	30
주택, 아파트	40

[비고] 건물이 음식점과 주택 부분의 2 종류로 될 때에는 각각 그에 따른 표준부하를 사용할 것
[비고] 학교와 같이 건물의 일부분이 사용되는 경우에는 그 부분만을 적용한다.

② 건물(주택, 아파트를 제외) 중 별도 계산할 부분의 부분적인 표준부하

건축물의 부분	표준부하[VA/m^2]
복도, 계단, 세면장, 창고, 다락	5
강당, 관람석	10

③ 표준부하에 따라 산출한 수치에 가산하여야 할 [VA]수
- 주택, 아파트(1세대 마다)에 대하여는 1000~500[VA]
- 상점의 진열장에 대하여는 진열장의 폭 1[m]에 대하여 300[VA]
- 옥외의 광고등, 전광사인, 네온사인 등의 [VA]수
- 극장, 댄스홀 등의 무대 조명, 영화관 등의 특수 전등부하의 [VA]수

④ 예상이 곤란한 콘센트, 틀어 끼우는 접속기, 소켓 등이 있을 경우에라도 이를 상정하지 않는다.

모범답안 계산과정

① 최대 부하 용량
$P = 10 \times 5 \times 30 + 12 \times 5 \times 40 + 2 \times 5 \times 5 + 1000 + 1500 + 1500 = 7950[VA]$

② 분기 회로수 $= \dfrac{7950}{16 \times 220} = 2.26$

답 최대 부하 용량 : 7950[VA], 분기 회로수 : 16[A] 분기 3회로

27 수용률

배점 5

최대사용전력이 625[kW]인 공장의 시설용량은 800[kW]이다. 이 공장의 수용률을 계산하시오.

모범답안 계산과정

수용률 $= \dfrac{\text{최대수요전력}}{\text{부하설비합계}} \times 100[\%] = \dfrac{625}{800} \times 100 = 78.13[\%]$

답 78.13[%]

28 부하율 　　　　　　　　　　　　　　　배점 5

"부하율"에 대하여 설명하고, 부하율이 적다는 것은 무엇을 의미하는지 그리고 부하율이 높다는 것은 무엇을 의미하는지 각각 2가지를 쓰시오.

모범답안

- 부하율 : 일정기간 중의 최대수용전력에 대한 일정 기간 중의 평균수용전력의 비를 말하며, 부하율은 어느 기간 중의 부하의 변동상태를 나타내는 지표로 사용된다.
- 부하율이 적다는 것의 의미
  ① 부하전력의 변동이 심하다는 의미이다.
  ② 전력공급 설비의 이용률이 작다는 의미이다.
- 부하율이 높다는 것의 의미
  ① 어느 일정 기간동안 평활하게 전력을 사용하고 있음을 의미한다.
  ② 부하율이 클수록 전기설비를 유효하게 사용한다는 뜻이다.

29 수용률·부하율·부등률 　　　　　　　　　배점 5

다음은 수용률, 부등률 및 부하율을 나타낸 것이다. ( ) 안의 알맞은 내용을 답란에 쓰시오.

(1) 수용률 $= \dfrac{\text{최대수용전력}}{(\text{①})} \times 100[\%]$

(2) 부등률 $= \dfrac{(\text{②})}{\text{합성최대수용전력}}$

(3) 부하율 $= \dfrac{\text{부하의 평균수용전력}}{(\text{③})} \times 100[\%]$

모범답안

① 부하설비합계　　② 각 부하의 최대수용전력의 합　　③ 부하의 최대수용전력

30 수용률·부하율·사용전력량   배점 5

200[kW] 설비용량 수용가의 부하율 70[%], 수용률 80[%]라면 1개월(30일) 동안의 사용 전력량[kWh]을 구하시오.

모범답안 계산과정

$W = P \times t = 200 \times 0.8 \times 0.7 \times 30 \times 24 = 80640[\text{kWh}]$

답 80640[kWh]

31 일 부하율   배점 4

그림은 어느 공장의 일부하 곡선이다. 이 공장에서의 일 부하율은 몇 [%]인가?

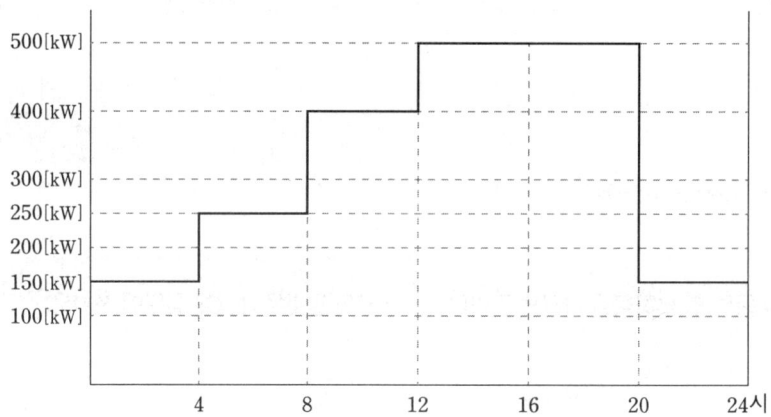

모범답안 계산과정

$$\text{일 부하율} = \frac{(150 \times 4 + 250 \times 4 + 400 \times 4 + 500 \times 8 + 150 \times 4)/24}{500} \times 100 = 65[\%]$$

답 65[%]

32 일 부하율

배점 4

다음과 같은 부하 곡선을 보고 다음 각 물음에 답하시오.

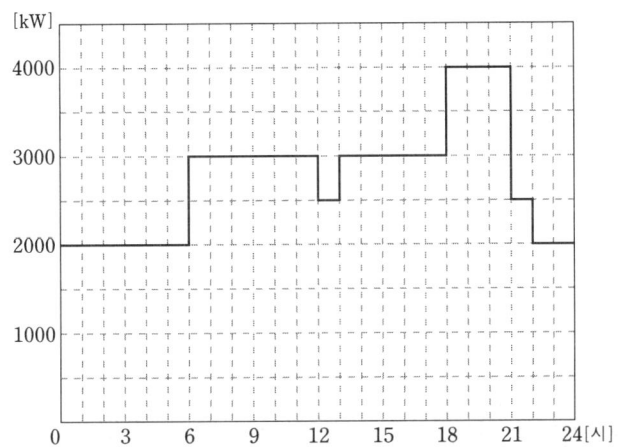

(1) 일 공급 전력량은 몇 [kWh]인가?
  ◦ 계산과정 : ◦ 답 :

(2) 일 부하율은 몇 [%]인가?
  ◦ 계산과정 : ◦ 답 :

모범답안 계산과정

(1) 일 공급 전력량 = $2000 \times (6+2) + 3000 \times (6+5) + 4000 \times 3 + 2500 \times 2 = 66000$ [kWh]

답 66000[kWh]

(2) 일부하율 = $\dfrac{\dfrac{66000}{24}}{4000} \times 100 = 68.75$ [%]

답 68.75[%]

33 합성최대전력

배점 5

부하설비 용량이 A는 30[kW], B는 25[kW], C는 50[kW], D는 40[kW]인 수용가가 있다. 이 수용장소의 수용률이 A와 B는 각 80[%], C와 D는 각 60[%]이며 부등률은 1.3일 때 종합 최대전력은 몇 [kW]인가?

모범답안 **계산과정**

종합 최대 전력 $= \dfrac{(30+25) \times 0.8 + (50+40) \times 0.6}{1.3} = 75.38[\text{kW}]$

답 75.38[kW]

34 합성 최대전력

배점 8

그림과 같이 전등만의 2군 수용가가 각각 한 대씩의 변압기를 통해서 전력을 공급받고 있다. 각 군 수용가의 총설비 용량은 각각 30[kW] 및 50[kW]라고 한다. 각 군 수용가에 사용할 변압기의 용량을 선정하시오. 또한 고압 간선에 걸리는 최대 부하는 얼마가 되겠는가?

[조건]

- 30[kW] 수용률 : 0.5
- 50[kW] 수용률 : 0.6
- 변압기 상호간의 부등률 1.2

변압기 표준 용량[kVA]

5	10	15	20	25	30	50	75	100

(1) A군
　◦ 계산과정 :　　　　　　　　　　　　　　　　　　　　　　　　◦ 답 :

(2) B군
　◦ 계산과정 :　　　　　　　　　　　　　　　　　　　　　　　　◦ 답 :

(3) 합성최대수용전력[kW]
　◦ 계산과정 :　　　　　　　　　　　　　　　　　　　　　　　　◦ 답 :

모범답안　계산과정

(1) A군 최대수용전력 $=30\times0.5=15[\text{kW}]=15[\text{kVA}]$ (전등부하 : $\cos\theta=1$)　　**답** 15[kVA]

(2) B군 최대수용전력 $=50\times0.6=30[\text{kW}]=30[\text{kVA}]$ (전등부하 : $\cos\theta=1$)　　**답** 30[kVA]

(3) 합성최대수용전력 $=\dfrac{15+30}{1.2}=37.5[\text{kW}]$　　**답** 37.5[kW]

35　변압기 용량　　　　　　　　　　　　　　　　　　　　　　배점 5

어떤 상가건물에서 6.6[kV]의 고압을 수전하여 220[V]의 저압으로 감압하여 옥내 배전을 하고 있다. 설비부하는 역률 0.8인 동력부하가 160[kW], 역률 1인 전등이 40[kW], 역률 1인 전열기가 60[kW]이다. 부하의 수용률을 80[%]로 계산한다면, 변압기 용량은 최소 몇 [kVA] 이상이어야 하는지 계산하시오.

모범답안　계산과정

① 동력부하의 무효전력 : $P_r = P\times\dfrac{\sin\theta}{\cos\theta}=160\times\dfrac{0.6}{0.8}=120[\text{kVar}]$

② 전등, 전열, 동력부하의 유효전력 : $40+60+160=260[\text{kW}]$

③ 총설비용량 $=\sqrt{260^2+120^2}=286.36[\text{kVA}]$

④ 변압기용량 $=$ 부하설비용량 $\times$ 수용률 $=286.36\times0.8=229.09[\text{kVA}]$　　**답** 229.09[kVA]

36 변압기 용량

배점 3

다음 표와 같은 부하설비가 있다. 여기에 공급할 변압기 용량을 선정하시오. (단, 부등률은 1.2, 부하의 종합역률은 80[%]이다.)

수용가	설비용량[kW]	수용률[%]
A	60	60
B	40	50
C	20	70
D	30	65

모범답안 계산과정

변압기용량[kVA] ≥ 합성최대수용전력

$$= \frac{\sum 설비용량[kVA] \times 수용률}{부등률} = \frac{\sum 설비용량[kW] \times 수용률}{부등률 \times 역률}$$

변압기 용량 $= \dfrac{60 \times 0.6 + 40 \times 0.5 + 20 \times 0.7 + 30 \times 0.65}{1.2 \times 0.8} = 93.23[\text{kVA}]$

답 100[kVA] 선정

37 변압기 용량

배점 9

그림과 같이 80[kW], 70[kW], 50[kW] 부하 설비에 수용률이 각각 60[%], 70[%], 80[%]로 할 경우 변압기 용량은 몇 [kVA]가 필요한지 선정하시오. (단, 부등률은 1.1, 종합부하 역률은 90[%]이다.)

모범답안 **계산과정**

변압기 용량 $= \dfrac{80 \times 0.6 + 70 \times 0.7 + 50 \times 0.8}{1.1 \times 0.9} = 138.38 [\text{kVA}]$ **답** 150[kVA]

---

38 변압기 용량

배점 6

다음과 같은 전등부하 계통에 전력을 공급하고 있다. 다음 각 물음에 답하시오.

(1) 수용가의 변압기 용량을 각각 구하시오.
   ① A군 수용가
      ◦ 계산과정 :   ◦ 답 :
   ② B군 수용가
      ◦ 계산과정 :   ◦ 답 :
(2) 고압간선에 걸리는 최대부하[kW]를 구하시오.
      ◦ 계산과정 :   ◦ 답 :

모범답안 계산과정

(1) 수용가의 변압기 용량(전등부하 $\cos\theta = 1$)

① A군 수용가 $TR_A = \dfrac{100 \times 0.6}{1.2 \times 1} = 50[\text{kVA}]$ 답 50[kVA]

② B군 수용가 $TR_B = \dfrac{150 \times 0.6}{1.5 \times 1} = 60[\text{kVA}]$ 답 60[kVA]

(2) 합성최대전력 = $\dfrac{\dfrac{100 \times 0.6}{1.2} + \dfrac{150 \times 0.6}{1.5}}{1.3} = 84.62[\text{kW}]$ 답 84.62[kW]

---

39 단락전류

배점 5

단상 100[kVA], 22900/210[V], %임피던스 5[%]인 배전용 변압기의 2차측의 단락전류는 몇 [A]인가?

모범답안 계산과정

$I_s = \dfrac{100}{\%Z} \times I_n = \dfrac{100}{5} \times \dfrac{100 \times 10^3}{210} = 9523.81[\text{A}]$ 답 9523.81[A]

40 차단기 용량

배점 5

차단기의 정격 전압이 7.2[kV]이고 3상 정격 차단 전류가 20[kA]인 수용가의 수전용 차단기의 차단용량은 몇 [MVA]인가? (단, 여유율은 고려하지 않는다.)

모범답안 계산과정

차단용량 $P_s = \sqrt{3} \times$ 정격 전압 $\times$ 정격 차단 전류
$= \sqrt{3} \times 7.2 \times 20 = 249.42 [\text{MVA}]$

답 249.42[MVA]

41 차단기 용량

배점 4

주변압기 단상 22900/380[V], 500[kVA] 3대를 Y-Y 결선으로 하여 사용하고자 하는 경우 2차측에 설치해야 할 차단기 용량은 몇 [MVA]로 하면 되는가? (단, 변압기의 %Z는 3[%]로 계산하며, 그 외 임피던스는 고려하지 않는다.)

모범답안 계산과정

$$P_s = \frac{100}{\%Z} \times P_n = \frac{100}{3} \times 500 \times 3 \times 10^{-3} = 50[\text{MVA}]$$

답 50[MVA]

42 차단기 용량

배점 5

단상 500[kVA], 변압기 3대를 △-Y 결선으로 하였을 경우 저압측에 설치하는 차단기 용량은 몇 [MVA]인가? (단, 변압기의 임피던스는 5[%]이다.)

모범답안 계산과정

$$P_s = \frac{100}{\%Z} \times P_n = \frac{100}{5} \times 500 \times 3 \times 10^{-3} = 30[\text{MVA}]$$

답 30[MVA]

43 단락전류

배점 6

그림과 같은 22[kV], 3상 1회선 선로의 F점에서 3상 단락고장이 발생하였다면 고장전류[A]는 얼마인지 계산하시오.

모범답안 **계산과정**

배전선로의 임피던스 $Z_{tl}[\Omega]$를 퍼센트 임피던스 $\%Z_{tl}$로 변환하고, 임피던스를 합성한다.

① $Z_{tl} = 20 + j25.5[\Omega]$

② $\%Z_{tl} = \dfrac{P_a Z}{10 V^2} = \dfrac{10000 \times (20 + j25.5)}{10 \times 22^2} = 41.32 + j52.69[\%]$

③ $\%Z_{total} = \%X_G + \%X_T + \%Z_{tl} = j20 + j10 + 41.32 + j52.69 = 41.32 + j82.69[\%]$

④ $\%Z_{total} = \sqrt{41.32^2 + 82.69^2} = 92.44[\%]$

⑤ $I_s = \dfrac{100}{\%Z} \times \dfrac{P_a}{\sqrt{3} \times V} = \dfrac{100}{92.44} \times \dfrac{10000}{\sqrt{3} \times 22} = 283.89[A]$

답 283.89[A]

44 차단용량

배점 5

발전기에 대한 다음 각 물음에 답하시오.

(1) 발전기의 출력이 500[kVA]일 때 발전기용 차단기의 차단용량을 산정하시오.
 단, 변전소 회로측의 차단용량은 30[MVA]이며, 발전기 과도 리액턴스는 0.25로 한다.
  ◦ 계산과정 :   ◦ 답 :

(2) 동기 발전기의 병렬운전 조건 4가지를 쓰시오.

모범답안 **계산과정**

(1) ① 변전소측 $\%Z_s$ 계산(기준용량 30[MVA])

$$\%Z_s = \frac{P_n}{P_s} \times 100 = \frac{30}{30} \times 100 = 100[\%]$$

② 발전기 $\%Z_G$ 환산(기준용량 30[MVA])

$$\%Z_G = \frac{\text{기준용량}}{\text{자기용량}} \times \text{환산할 }\%Z = \frac{30000}{500} \times 25 = 1500[\%]$$

③ 차단용량

- A점에서 단락시 단락용량 $P_A = \dfrac{100}{\%Z_s} \times P_n = \dfrac{100}{100} \times 30 = 30[\text{MVA}]$

- B점에서 단락시 단락용량 $P_B = \dfrac{100}{\%Z_G} \times P_n = \dfrac{100}{1500} \times 30 = 2[\text{MVA}]$

※ 차단기 용량은 P_A와 P_B 중에서 큰 값을 기준하여 선정　　**답** 30[MVA]

(2) ① 기전력의 주파수가 같을 것
　　② 기전력의 위상이 같을 것
　　③ 기전력의 파형이 같을 것
　　④ 기전력의 크기가 같을 것

45 변압기 △결선의 특징

배점 9

단상 변압기 3대의 △-△ 결선방식을 그리고 장점 3가지와 단점 3가지를 쓰시오.

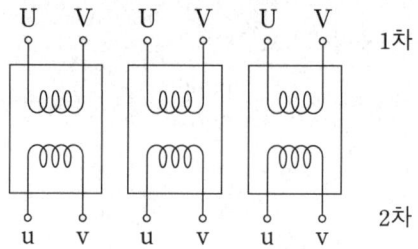

- 장점(3가지)
- 단점(3가지)

모범답안

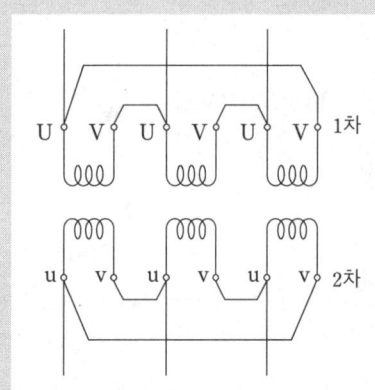

- 장점
  ① 제3 고조파가 △결선내에서 순환한다.
  ② 1대가 고장이 나면 나머지 2대로 V결선하여 사용할 수 있다.
  ③ 각 변압기의 상전류가 선전류의 $1/\sqrt{3}$이 되어 대전류에 적합하다.

- 단점
  ① 지락사고시 건전상의 전위가 높다.
  ② 지락사고시 지락전류의 검출이 어렵다.
  ③ 권수비가 다른 변압기를 결선하면 순환전류가 흐른다.

46. 변압기 △-Y 결선

배점: 4

주어진 그림에 △-Y 결선을 하시오.

모범답안

POINT △-Y 결선의 장·단점

1. 장점
   ① 제3 고조파가 △결선내에서 순환한다.
   ② 중성점을 접지할 수 있어 이상전압을 낮출 수 있다.

2. 단점
   ① 1, 2차간 30°위상차가 발생한다.
   ② 변압기 1대 고장시 3상 전원공급이 어렵다.

47 변압기 결선

배점: 8

다음 답안지의 단상 변압기 3대를 ① Y-Y 결선과 ② △-△ 결선으로 완성하고, 필요한 접지를 표시하시오.

모범답안

(1) Y-Y 결선

(2) △-△ 결선

POINT Y 결선의 장·단점

1. 장점
   ① 상전압이 선간전압의 $1/\sqrt{3}$ 배 이므로 고전압에 유리하다.
   ② 지락고장 검출이 용이하다. (보호계전기 동작이 확실하다.)
   ③ 중성점 접지가 가능하므로 이상전압 발생을 감소시킬 수 있다.

2. 단점
   ① 중성점 접지시 통신선 유도장해를 크게 일으킨다.
   ② 부하 불평형시 중성점의 전위가 발생할 수 있다.
   ③ 제3고조파 순환전류가 흐르는 폐회로가 없기 때문에 기전력에 왜형파가 발생한다.

48 변압기 V결선

배점 5

정격출력 37[kW], 역률 0.8, 효율 0.82인 3상 유도 전동기가 있다. 변압기를 V결선하여 전원을 공급하고자 한다면 변압기 1대의 최소용량은 몇 [kVA]이어야 하는가?

모범답안 계산과정

$$P_V = \frac{37}{0.8 \times 0.82} = 56.4[\text{kVA}]$$

$$\therefore P_1 = \frac{P_V}{\sqrt{3}} = \frac{56.4}{\sqrt{3}} = 32.56[\text{kVA}]$$

답 32.56[kVA]

49 변압기 용량

배점 5

25[kVA] A상 부하, 33[kVA] B상 부하, 19[kVA] C상 부하, 20[kVA] 3상 부하가 있다. 최소 3상 변압기 용량을 구하시오.

모범답안 계산과정

단상 부하가 연결된 3상 변압기의 용량은 단상 부하 중 최대부하의 3배용량과 3상부하의 합이다. $\therefore P = 33 \times 3 + 20 = 119[\text{kVA}]$

답 119[kVA]

50 3상 변압기의 단상부하용량

배점 5

100[kVA] 단상변압기 3대를 Y−△로 접속하고 2차 △의 1상에만 전등부하를 접속하여 사용할 때 몇 [kVA]까지 부하를 걸 수 있는지 구하시오.

모범답안 계산과정

변압기 △결선에 단상 부하를 걸면 단상 변압기 1대의 용량의 1.5배까지 걸 수 있다.
$\therefore P = 100 \times 1.5 = 150[\text{kVA}]$

답 150[kVA]

51 임피던스 전압

배점 5

변압기의 임피던스 전압에 대하여 설명하시오.

모범답안

변압기의 누설자속에 의한 임피던스는 변압기의 내부 전압강하를 생기게 하는데 이것을 임피던스 전압이라고 한다.

---

52 변압기 결선

배점 5

다음 그림을 보고 물음에 답하시오.

(1) 그림에서 RC100[MVA]가 의미하는 것은?

(2) ⌷S⌷의 심벌의 명칭은?

(3) 단선도로 표시된 변압기 그림을 복선도로 그리시오.

모범답안

(1) 단락용량 100[MVA]

(2) 개폐기

(3)

53 변압기 부하용량 배점 5

전압 200[V]인 20[kVA]와 30[kVA]의 단상 변압기를 각 1대씩 갖는 변전설비가 있다. 이 변전설비에서 다음 그림과 같이 200[V], 30[kW], 역률 0.8인 3상 평형부하에 전력을 공급함과 동시에 30[kVA] 변압기에서 전등부하(역률 1.0)에 전력을 공급하고자 한다. 변압기가 과부하 되지 않는 범위 내에서 60[W]의 전구를 몇 개까지 점등할 수 있는가? (단, $\cos^{-1}0.8=36.87$, $\cos 66.87°=0.39$, $\sin 66.87°=0.92$)

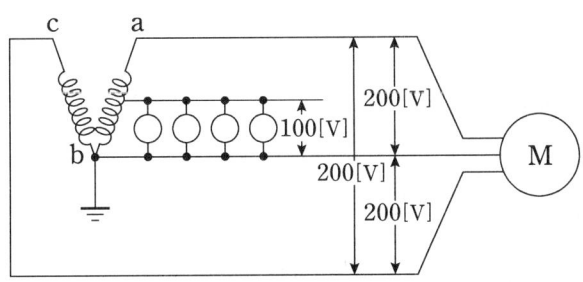

모범답안 / 계산과정

① $a-b$에 걸리는 변압기 30[kVA](공용상변압기 : 용량 큰쪽)

② 공용상 변압기(30[kVA])의 정격전류 i_1

$$i_1 = \frac{\text{공용상 }TR\text{용량}}{V_{ab}} = \frac{30000}{200} = 150[\text{A}]$$

③ 3상 부하에 흐르는 전류 : $I_a' = I_b' = I_c'$

$$I_a' = \frac{P}{\sqrt{3}\,V_{ab}\cos\theta} = \frac{30000}{\sqrt{3}\times 200\times 0.8} = 108.25[\text{A}]$$

④ 선전류 I_a'의 위상 ϕ_3는 선간전압(V_{ab})보다 $(30°+\theta)$만큼 느리다.

$\phi_3 = -(30°+\theta) = -(30°+\cos^{-1}0.8) = -(30°+36.87°) = -66.87°$

따라서, $I_a' = 108.25\angle -66.87°[\text{A}]$

⑤ 변압기에서 추가로 공급할 수 있는 전류를 I_1이라 하면, 위상 ϕ_1은 선간전압과 동상이다.

따라서, $I_1 = I_1\angle 0° = I_1$

⑥ 공용상 변압기 정격전류 i_1

$i_1 = \sqrt{(I_1+I_a'\cos\phi_3)^2+(I_a'\sin\phi_3)^2}$ 에서

$I_1 = \sqrt{i_1^2-(I_a'\sin\phi_3)^2} - I_a'\cos\phi_3$ 이며, 계산하면 아래와 같다.

$= \sqrt{150^2-(108.25\times\sin 66.87°)^2} - 108.25\times\cos 66.87°$

$= \sqrt{150^2-(108.25\times 0.92)^2} - 108.25\times 0.39 = 69.95[\text{A}]$

⑦ 전등 1등당 전류 $I_n = \dfrac{60[W]}{100[V]} = 0.6[A]$

⑧ 전구 수 $N = \dfrac{69.95}{0.6} = 116.58[등]$

답 116[등]

54 변압기 내부고장 보호장치

배점 5

특고압용 변압기의 내부고장 검출방법 3가지를 쓰시오.

모범답안
① 비율차동계전기 ② 과전류 계전기 ③ 방압 안전장치
④ 부흐홀츠 계전기 ⑤ 충격압력 계전기

55 몰드 변압기 절연파괴

배점 4

몰드 변압기의 절연파괴 원인 4가지를 쓰시오.

모범답안
① 과부하, 단락사고 ② 고·저압 혼촉
③ 지락사고 ④ 낙뢰사고

56 단상변압기 병렬운전

배점 4

단상변압기의 병렬운전 조건을 4가지만 쓰시오.

모범답안
① 극성이 같을 것
② 정격전압이 같을 것
③ %임피던스 강하가 같을 것
④ 내부 저항과 누설 리액턴스의 비가 같을 것

▶참고 조건이 맞지 않는 경우 나타나는 현상

	조건	현상
①	극성이 같을 것	큰 순환전류가 흘러 권선이 소손된다.
②	정격전압이 같을 것	순환전류가 흘러 권선이 가열된다.
③	%임피던스 강하가 같을 것	부하분담의 불균형이 발생한다.
④	내부저항, 누설리액턴스의 비가 같을 것	변압기 간의 위상차로 동손이 증가된다.

▶참고 3상 변압기 : 각 변압기의 상회전 방향 및 각 변위가 같을 것

57 변압기 탭전압

배점 7

변압기 설비에 대한 다음 각 물음에 답하시오.

(1) 22.9[kV-Y] 배전용 주상 변압기의 1차측이 22900[V]인 경우에 2차측은 220[V]이다. 저압측을 210[V]로 하자면 1차측은 어느 탭 전압에 접속하는 것이 가장 적당한가? (단, 탭 전압은 20000[V], 21000[V], 22000[V], 23000[V], 24000[V] 이다.)

。계산과정 :　　　　　　　　　　　　　　　　　　　　。답 :

(2) H종 절연 건식 변압기는 백화점, 병원, 극장, 지하상가 등 화재가 발생했을 때 더 큰 사고로의 진전을 방지하기 위하여 주로 많이 사용되고 있다. 이 변압기의 주요 특성으로 장점을 3가지만 쓰시오.

(3) H종 절연 건식 변압기를 설치하면 이 변압기는 유입 변압기에 비하여 충격파 내전압이 작기 때문에, 계통에 서지가 발생될 경우를 예상하며 어떤 것을 설치할 필요가 있는가?

모범답안 계산과정

(1) 탭전압과 2차측 전압은 반비례하므로 (단, 변압기 1차측의 공급전압은 변동 없음)

$\dfrac{V_{1t}'}{V_{1t}} = \dfrac{V_2}{V_2'} \rightarrow V_{1t}' = V_{1t} \times \dfrac{V_2}{V_2'} = 22900 \times \dfrac{220}{210} = 23990.48[V]$ **답** 24000[V] 탭

(2) 장점
  ① 보수 및 점검이 용이하다.
  ② 소형 및 경량화가 가능하다.
  ③ 절연에 대한 신뢰성이 높다.

(3) 서지흡수기

---

58 변압기 탭전압 배점 5

단상변압기의 2차측 탭 전압 105[V] 단자에 1[Ω]의 저항을 접속하고 1차측에 1[A]의 전류가 흘렀을 때 1차측의 단자전압이 900[V]이었다면 다음 각 물음에 답하시오.

(1) 1차측 탭 전압 V_1을 구하시오.
  ◦ 계산과정 :   ◦ 답 :

(2) 2차측 전류 I_2를 구하시오
  ◦ 계산과정 :   ◦ 답 :

모범답안 계산과정

(1) 권수비를 계산하기 위해, R_1을 계산한다.

  ① $R_1 = \dfrac{V_1}{I_1} = \dfrac{900}{1} = 900[\Omega]$

  ② 권수비 $a = \dfrac{V_1}{V_2} = \dfrac{I_2}{I_1} = \sqrt{\dfrac{R_1}{R_2}} = \sqrt{\dfrac{900}{1}} = 30$

  ③ $a = \dfrac{V_{1t}}{V_{2t}}$ 에서, $V_{1t} = aV_{2t} = 30 \times 105 = 3150[V]$ **답** 3150[V]

(2) $a = \dfrac{I_2}{I_1}$ 에서, $I_2 = aI_1 = 30 \times 1 = 30[A]$ **답** 30[A]

59 균등 충전방식   배점 5

일정기간 사용한 연축전지를 점검하였더니 전 셀의 전압이 불균일하게 나타났다면, 어느 방식으로 충전하여야 하는지 충전방식의 명칭과 그 충전방식에 대해 설명하시오.

- 명칭 :
- 방식 :

모범답안

- 명칭 : 균등 충전방식
- 방식 : 각 전해조에서 일어나는 전위차를 보정하기 위하여 1~3개월 마다 1회씩 정전압으로 10~12시간 충전하여 각 전해조의 용량을 균일화하기 위한 방식이다.

60 충전방식의 종류   배점 4

축전지를 사용 중 충전하는 방식을 4가지만 쓰시오.

모범답안

① 보통충전방식 ② 부동충전방식
③ 급속충전방식 ④ 세류충전방식

61 충전방식의 종류   배점 5

축전지를 충전하는 방식을 3가지만 쓰고 충전방식에 대하여 설명하시오.

충전방식	설 명
보통충전	
급속충전	
부동충전	

모범답안

충전방식	설 명
보통충전	필요할 때마다 표준 시간율로 소정의 충전을 하는 방식
급속충전	비교적 단시간에 보통 충전전류의 2~3배의 전류로 충전하는 방식
부동충전	축전지의 자기방전을 보충함과 동시에 상용부하에 대한 전력공급은 충전기가 부담하도록 하되 충전기가 부담하기 어려운 일시적인 대전류 부하는 축전지로 하여금 부담하게 하는 방식

62 축전지 설비

배점 9

예비전원설비로 축전지 설비를 하고자 한다. 축전지 설비에 대한 다음 각 물음에 답하시오.

(1) 축전지 설비를 구성하는 주요 부분을 4가지로 구분할 때, 그 4가지는 무엇인가?

(2) 축전지의 충전방식 중 부동 충전방식에 대한 개략도를 그리고 이 충전방식에 대하여 설명하시오.

(3) 축전지의 과방전 및 방치상태, 가벼운 설페이션(Sulfation) 현상 등이 생겼을 때 기능 회복을 위하여 실시하는 충전방식은 어떤 충전방식인가?

모범답안

(1) 축전지, 충전 장치, 보안 장치, 제어 장치

(2) 축전지의 자기방전을 보충함과 동시에 상용부하에 대한 전력공급은 충전기가 부담하되 충전기가 부담하기 어려운 일시적인 대전류 부하는 축전지로 하여금 부담케 하는 방식

(3) 회복충전

63 축전지 셀당 허용 최저전압 [배점 5]

부하의 허용 최저전압이 DC 115[V]이고, 축전지와 부하간의 전선에 의한 전압강하가 5[V]이다. 직렬로 접속한 축전지가 55셀일 때 축전지 셀당 허용 최저전압을 구하시오.

모범답안 계산과정

허용 최저전압 $V = \dfrac{V_a + V_e}{n} = \dfrac{115 + 5}{55} = 2.18$ [V/cell]   답 2.18[V/cell]

V_a : 부하의 허용 최저전압, V_e : 축전지와 부하 사이의 전압강하, n : 축전지 직렬접속 셀수

64 축전지 용량 [배점 5]

다음과 같은 부하 특성의 소결식 알칼리 축전지의 용량 저하율은 0.85이고, 최저 축전지 온도는 5[°C], 허용 최저전압은 1.06[V/cell]일 때 축전지 용량은 몇 [Ah]인가? (단, 여기서 용량 환산시간은 $K_1 = 1.22$, $K_2 = 0.98$, $K_3 = 0.52$이다.)

모범답안 계산과정

$C = \dfrac{1}{L}[K_1 I_1 + K_2(I_2 - I_1) + K_3(I_3 - I_2)]$

$= \dfrac{1}{0.85} \times [1.22 \times 10 + 0.98 \times (15 - 10) + 0.52 \times (80 - 15)] = 59.88$ [Ah]   답 59.88[Ah]

65 무정전 전원 공급장치

배점 10

그림과 같은 UPS 설비를 보고 다음 각 물음에 답하시오.

(1) UPS의 우리말 명칭을 쓰시오.

(2) 블록 다이어그램에서 A는 어떤 부분인가?

(3) B와 C 부분의 역할에 대하여 설명하시오.

모범답안

(1) 무정전 전원 공급장치

(2) 축전지

(3) ⓑ : 리플전압을 제거하여 파형 개선, ⓒ : 직류를 교류로 변환

66 무정전 전원 공급장치

배점 6

UPS 장치에 대한 다음 각 물음에 답하시오.

(1) 이 장치는 어떤 장치인지를 설명하시오.

(2) 이 장치의 중심부분을 구성하는 것이 CVCF이다. 이것의 의미를 설명하시오.

(3) 그림은 CVCF의 기본 회로이다. 축전지는 A~H중 어디에 설치되어야 하는가?

모범답안

(1) 무정전 전원 공급장치

(2) 정전압 정주파수 공급장치

> **참고** CVCF(Constant Voltage Constant Frequency)
> 정전압 정주파수 공급 장치로서 전원측의 전압이나 주파수가 변하여도 부하측에는 일정한 전압과 주파수를 공급하는 장치를 말한다.

(3) D

67 발전기실의 위치선정
배점 5

발전기실의 위치를 선정할 때 고려하여야 할 사항을 5가지 쓰시오.

모범답안

① 급·배기가 잘되는 장소일 것
② 온도가 고온이 되어서는 안되며 습도가 낮을 것
③ 엔진의 기초는 건물기초와 관계없는 장소로 할 것
④ 발전기실 기계의 소음·진동이 주위에 영향을 미치지 않는 장소일 것
⑤ 발전기의 설치, 보수·점검 등이 용이하도록 충분한 면적 및 층고를 확보할 것

68 발전기 용량
배점 5

부하가 유도전동기이고, 기동용량이 150[kVA]이다. 기동시 전압강하는 20[%]이며, 발전기의 과도리액턴스가 25[%]이다. 이 전동기를 운전할 수 있는 자가발전기의 최소 용량은 몇 [kVA]인지 계산하시오.

모범답안 계산과정

발전기용량 $P = \left(\dfrac{1}{\text{허용전압강하}} - 1\right) \times \text{기동용량} \times \text{과도리액턴스}[kVA]$

$= \left(\dfrac{1}{0.2} - 1\right) \times 150 \times 0.25 = 150[kVA]$

답 150[kVA]

69 발전기 용량

배점: 5

어느 건물의 수용가가 자가용 디젤 발전기 설비를 계획하려고 한다. 발전기 용량을 산출하기 위하여 필요한 부하의 종류와 여러 가지 특성이 다음의 부하 및 특성표와 같을 때 전부하를 운전하는 데 필요한 수치값 들을 주어진 표를 활용하여 수치표의 빈칸에 기록하면서 발전기의 $[kVA]$ 용량을 산정하시오. 단, 전동기 기동시에 필요한 용량은 무시하고, 수용률의 적용은 최대 입력 전동기 한 대에 대하여 $100[\%]$, 기타의 전동기는 $80[\%]$로 한다. 또한 전등 및 기타의 효율 및 역률은 $100[\%]$로 한다.

[부하 및 특성표]

부하의 종류	출력(kW)	극수(극)	대수(대)	적용부하	기동방법
전동기	30	8	1	소화전 펌프	리액터 기동
	11	6	3	배 풍 기	Y-△ 기동
전등 및 기타	60			비상조명	

[표 1] 전동기

| 정격 출력 [kW] | 극수 | 동기 속도 [rpm] | 전 부하특성 || 기동전류 I_{st} 각상의 평균값 [A] | 비 고 |||
			효율 η [%]	역률 Pf [%]		무부하 전류 I_o 각상의 전류값 [A]	전부하전류 I 각상의 평균값 [A]	전부하 슬립 $s[\%]$
5.5	4	1800	82.5 이상	79.5 이상	150 이하	12	23	5.5
7.5			83.5 이상	80.5 이상	190 이하	15	31	5.5
11			84.5 이상	81.5 이상	280 이하	22	44	5.5
15			85.5 이상	82.0 이상	370 이하	28	59	5.0
(19)			86.0 이상	82.5 이상	455 이하	33	74	5.0
22			86.5 이상	83.0 이상	540 이하	38	84	5.0
30			87.0 이상	83.5 이상	710 이하	49	113	5.0
37			87.5 이상	84.0 이상	875 이하	59	138	5.0
5.5	6	1200	82.0 이상	74.5 이상	150 이하	15	25	5.5
7.5			83.0 이상	75.5 이상	185 이하	19	33	5.5
11			84.0 이상	77.0 이상	290 이하	25	47	5.5
15			85.0 이상	78.0 이상	380 이하	32	62	5.5
(19)			85.5 이상	78.5 이상	470 이하	37	78	5.0
22			86.0 이상	79.0 이상	555 이하	43	89	5.0
30			86.5 이상	80.0 이상	730 이하	54	119	5.0
37			87.0 이상	80.0 이상	900 이하	65	145	5.0

5.5			81.0 이상	72.0 이상	160 이하	16	26	6.0
7.5			82.0 이상	74.0 이상	210 이하	20	34	5.5
11			83.5 이상	75.5 이상	300 이하	26	48	5.5
15			84.0 이상	76.5 이상	405 이하	33	64	5.5
(19)	8	900	85.0 이상	77.0 이상	485 이하	39	80	5.5
22			85.5 이상	77.5 이상	575 이하	47	91	5.0
30			86.0 이상	78.5 이상	760 이하	56	121	5.0
37			87.5 이상	79.0 이상	940 이하	68	148	5.0

[표 2] 자가용 디젤 발전기의 표준 출력

50	100	150	200	300	400

수치값 표

부하	출력 [kW]	효율 [%]	역률 [%]	입력 [kVA]	수용률 [%]	수용률 적용값 [kVA]
전동기	30×1					
	11×3					
전등 및 기타	60				100	
계						
필요한 발전기 용량[kVA]						

※ 수치표의 빈칸을 채울 때, 계산이 필요한 것은 계산식을 반드시 기록하고 그 결과값을 표시하도록 한다.

모범답안

부하	출력 [kW]	효율 [%]	역률 [%]	입력 [kVA]	수용률 [%]	수용률 적용값 [kVA]
전동기	30×1	86	78.5	$\dfrac{30}{0.86 \times 0.785} = 44.44$	100	$44.44 \times 1 = 44.44$
	11×3	84	77	$\dfrac{11 \times 3}{0.84 \times 0.77} = 51.02$	80	$51.02 \times 0.8 = 40.82$
전등 및 기타	60	100	100	60	100	$60 \times 1 = 60$
계						145.26
필요한 발전기 용량[kVA]						150

70 발전기 – 병렬운전 조건

배점 8

동기발전기를 병렬 운전시키기 위한 조건을 3가지만 쓰시오.

모범답안
① 기전력의 주파수가 같을 것
② 기전력의 위상이 같을 것
③ 기전력의 파형이 같을 것
④ 기전력의 크기가 같을 것

---

71 유도 전동기

배점 4

다음은 표에 주어진 전동기 기동방식을 이용하여 물음에 답하시오.

기동방식 종류			
직입기동	Y−△ 기동	리액터 기동	콘돌퍼기동

(1) 기동전류가 가장 큰 기동법을 고르시오.
(2) 기동토크가 가장 큰 기동법을 고르시오.

모범답안
(1) 직입기동   (2) 직입기동

---

72 농형 유도 전동기

배점 6

농형 유도전동기의 기동법 4가지를 쓰고, 유도전동기의 1차 권선의 결선을 △결선에서 Y로 바꾸면 기동시 1차 전류는 △결선시의 몇 배가 되는가?

(1) 농형 유도전동기 기동법 4가지
(2) 1차 전류의 변화

모범답안

(1) ① 직입 기동법   ② Y-△ 기동법
    ③ 기동 보상기법   ④ 리액터 기동법

▶ 참고

형식	기동법	기동법의 특징
농형	직입 기동법	전동기에 직접 전원을 접속하여 기동하는 방식으로 5[kW] 이하의 소용량에 사용
	Y-△ 기동법	기동시 고정자권선을 Y로 접속하여 기동함으로써 기동전류를 감소시키고 운전속도에 가까워지면 권선을 △로 변경하여 운전하는 방식 (△기동시에 비해 기동전류와 기동토크가 1/3로 감소한다.)
	기동 보상기법	3상 단권변압기를 이용하여 전동기에 인가되는 기동전압을 감소시킴으로써 기동전류를 감소시키는 기동방식(탭 - 50[%], 60[%], 80[%])
	리액터 기동법	전동기의 1차측에 직렬로 철심이 든 리액터를 설치하고 그 리액턴스의 값을 조정하여 전동기에 인가되는 전압을 제어함으로써 기동전류 및 토크를 제어하는 방식
권선형	2차 저항 기동법	유도전동기의 비례추이 특성을 이용하여 기동하는 방법으로 회전자 회로에 슬립링을 통하여 가변저항을 접속하고 그의 저항을 속도의 상승과 더불어 순차적으로 바꾸어서 적게 하면서 기동하는 방법
	2차 임피던스 기동법	회전자 회로에 고정저항과 리액터를 병렬 접속한 것을 삽입하여 기동하는 방법

(2) $\dfrac{1}{3}$ 배

▶ 참고

 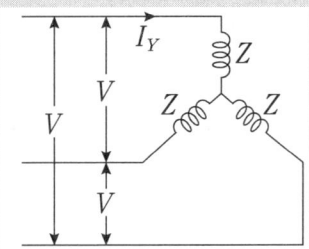

$$\therefore \dfrac{I_\Delta}{I_Y} = \dfrac{\dfrac{\sqrt{3}V}{Z}}{\dfrac{V}{\sqrt{3}Z}} = 3 \quad I_Y = \dfrac{1}{3}I_\Delta$$

73. 전동기의 회전방향

배점: 6

다음 전동기의 회전방향 변경방법에 대해 설명하시오.

(1) 3상 농형 유도전동기

(2) 단상 유도전동기(분상기동형)

(3) 직류 직권전동기

모범답안

(1) 3선 중 임의의 2선의 접속을 바꾸어 연결한다.

(2) 기동권선의 접속을 반대로 한다.

(3) 계자회로와 전기자회로 중 어느 한쪽의 접속을 반대로 한다.

74. 전동기의 슬립

배점: 6

4극 60[Hz] 볼트류 펌프 전동기를 회전계로 측정한 결과 1710[rpm]이었다. 이 전동기의 슬립은 몇 [%]인지 구하시오.

모범답안 **계산과정**

동기속도 $N_s = \dfrac{120f}{P} = \dfrac{120 \times 60}{4} = 1800$[rpm]

슬립 $s = \dfrac{N_s - N}{N_s} \times 100[\%] = \dfrac{1800 - 1710}{1800} \times 100 = 5[\%]$

답 5[%]

75 전동기 선정 방법

배점 5

동력 부하설비로 많이 사용되는 전동기를 합리적으로 선정하기 위하여 고려할 사항 4가지를 쓰시오.

모범답안

① 용도에 알맞은 기계적 형식의 것인지 판단한다.
② 부하의 토크-속도특성에 적합한 것인지 판단한다.
③ 운전 형식에 적당한 정격 및 냉각방식인지 판단한다.
④ 사용 장소의 상황에 알맞은 보호방식의 것인지 판단한다.

76 전동기 과부하 보호장치

배점 5

옥내에 시설되는 단상전동기에 과부하 보호장치를 하지 않아도 되는 전동기의 용량은 몇 [kW] 이하인가?

모범답안

0.2[kW] 이하

77 직류 분권 전동기

배점 7

그림과 같은 직류 분권 전동기가 있다. 단자전압 220[V], 보극을 포함한 전기자 회로 저항 0.06[Ω], 계자 회로 저항 180[Ω], 무부하 공급전류 4[A], 전부하시 공급전류 40[A], 무부하시 회전속도 1800[rpm]이라고 한다. 이 전동기에 대하여 다음 각 물음에 답하시오.

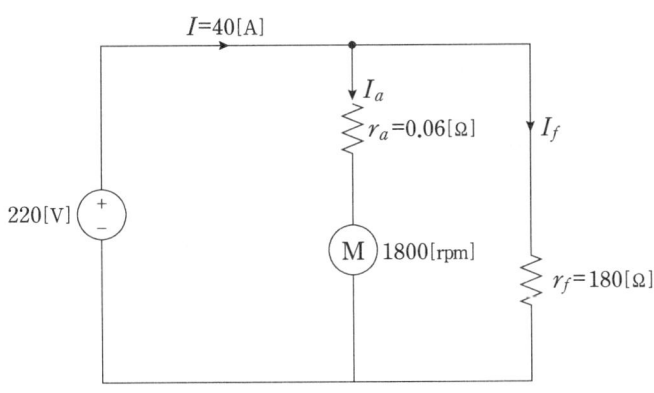

(1) 전부하시 출력은 몇 [kW]인지 구하시오.
　◦ 계산과정 :　　　　　　　　　　　　　　　　　　　　　　　◦ 답 :

(2) 전부하시 효율[%]을 구하시오.
　◦ 계산과정 :　　　　　　　　　　　　　　　　　　　　　　　◦ 답 :

(3) 전부하시 회전속도[rpm]를 구하시오.
　◦ 계산과정 :　　　　　　　　　　　　　　　　　　　　　　　◦ 답 :

(4) 전부하시 토크[N·m]를 구하시오.
　◦ 계산과정 :　　　　　　　　　　　　　　　　　　　　　　　◦ 답 :

모범답안　계산과정

(1) 출력
　① 전기자 전류 $I_a = I - I_f = 40 - 1.22 = 38.78[A]$
　② 여기서 계자전류 $I_f = \dfrac{V}{r_f} = \dfrac{220}{180} = 1.22[A]$
　③ 전부하시 출력 $P = E_c I_a = 217.67 \times 38.78 \times 10^{-3} = 8.44[kW]$　　답　8.44[kW]
　　(역기전력 $E_c = V - I_a r_a = 220 - 38.78 \times 0.06 = 217.67[V]$)

(2) 효율
$$\eta = \dfrac{출력}{입력} \times 100 = \dfrac{E_c \cdot I_a}{V \cdot I} \times 100 = \dfrac{8.44 \times 10^3}{220 \times 40} \times 100 = 95.91[\%]$$
　　답　95.91[%]

(3) 회전속도 (분권전동기의 회전속도는 역기전력에 비례함)
$$\dfrac{N}{N_o} = \dfrac{E_c}{E_o} \rightarrow N = N_o \times \dfrac{E_c}{E_o} = 1800 \times \dfrac{217.67}{219.83} = 1782.31[rpm]$$
　　답　1782.31[rpm]
　① 무부하시 전기자 전류 $I_a' = I_o - I_f = 4 - 1.22 = 2.78[A]$
　② 무부하시 역기전력 $E_o = V - I_a' r_a = 220 - 2.78 \times 0.06 = 219.83[V]$

(4) $T = 0.975 \times \dfrac{P(전부하시\ 출력)}{N(전부하시\ 회전수)} \times 9.8[N \cdot m]$
　　$= 0.975 \times \dfrac{8.44 \times 10^3}{1782.31} \times 9.8 = 45.25[N \cdot m]$　　답　45.25[N·m]

78 전류의 측정[전류분배]

배점 5

다음 회로에서 전원 전압이 공급될 때 최대 전류계의 측정범위가 500[A]인 전류계로 전 전류값이 1500[A]인 전류를 측정하려고 한다. 전류계와 병렬로 몇 [Ω]의 저항을 연결하면 측정이 가능한지 계산하시오. (단, 전류계의 내부저항은 100[Ω]이다.)

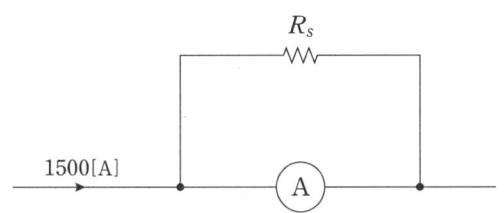

모범답안 **계산과정**

전류분배법칙 $I_a = \dfrac{R_s}{R_s+R_a} \times I$ 단, R_s : 분류기저항, R_a : 전류계 내부저항

$\dfrac{I}{I_a} = \dfrac{R_s+R_a}{R_s} = 1 + \dfrac{R_a}{R_s}$ 이므로, $\dfrac{1500}{500} = 1 + \dfrac{100}{R_s}$ ∴ $R_s = 50[\Omega]$

답 50[Ω]

79 자동제어

배점: 5

다음은 제어계의 조절부 동작에 의한 분류이다. 다음 ( ) 안에 들어갈 용어를 쓰시오.

- (①) 제어 : 설정값과 제어결과, 즉 검출값 편차의 크기에 비례하여 조작부를 제어하는 것으로 정상 오차를 수반한다. 사이클링은 없으나 잔류편차가 생기는 결점이 있다.
- (②) 제어 : 제어계 오차가 검출될 때 오차가 변화하는 속도에 비례하여 조작량을 가·감산하도록 하는 동작으로 오차가 커지는 것을 미리 방지하는데 있다.
- (③) 제어 : 오차의 크기가 오차가 발생하고 있는 시간에 대해 둘러싸고 있는 면적을 말하고, 적분값의 크기에 비례하여 조작부를 제어하는 것으로, 잔류 오차가 없도록 제어할 수 있는 장점이 있다.
- (④) 제어 : 제어 결과에 빨리 도달하도록 미분 동작을 부가한 것이다. 응답 속응성의 개선에 사용된다.
- (⑤) 제어 : 이 동작은 PI 동작에 미분 동작(D 동작)을 하나 더 추가한 것으로, 미분 동작에 의해 응답의 오버슈트를 감소시키고, 정정 시간을 적게 하는 효과가 있으며, 적분 동작에 의해 잔류 편차를 없애는 작용도 있으므로 연속 선형 제어로서는 가장 고급의 장점을 갖는 제어방식이다.

모범답안

① 비례 ② 미분동작 ③ 적분동작
④ 비례미분 ⑤ 비례적분미분

80 역률 측정

배점 5

권수비가 33인 PT와 20인 CT를 그림과 같이 단상 고압 회로에 접속했을 때 전압계 Ⓥ와 전류계 Ⓐ 및 전력계 Ⓦ의 지시가 85[V], 4.5[A], 360[W]이었다면 고압 부하의 역률은 몇 [%]가 되겠는가? (단, PT의 2차 전압은 110[V], CT의 2차 전류는 5[A]이다.)

모범답안 | **계산과정**

$$\cos\theta = \frac{P}{VI} = \frac{360}{95 \times 4.5} \times 100 = 84.21[\%]$$

답 84.21[%]

81 2전력계법

배점 9

평형 3상 회로에 그림과 같은 유도전동기가 있다. 이 회로에 2개의 전력계와 전압계 및 전류계를 접속하였더니 그 지시값은 $W_1 = 5.5[\text{kW}]$, $W_2 = 3.2[\text{kW}]$, 전압계의 지시는 200[V], 전류계의 지시는 30[A] 이었다. 이때 다음 각 물음에 답하시오.

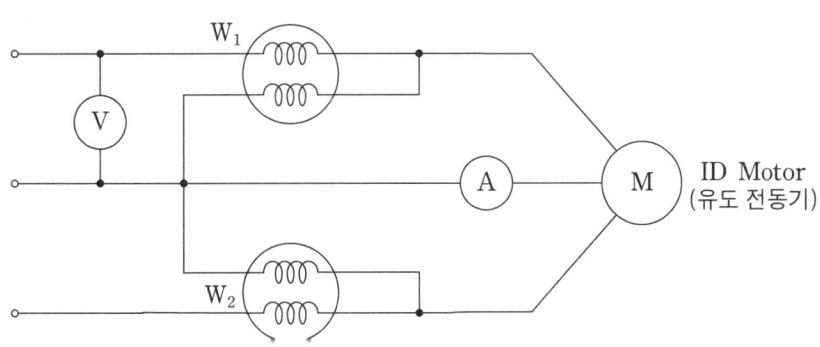

(1) 부하에 소비되는 전력과 피상전력을 구하시오.
   ① 전력
      ◦ 계산과정 :   ◦ 답 :
   ② 피상전력
      ◦ 계산과정 :   ◦ 답 :

(2) 이 유도 전동기의 역률은 몇 [%]인가?
   ◦ 계산과정 :   ◦ 답 :

(3) 역률을 95[%]로 개선하고자 할 때 전력용 콘덴서는 몇 [kVA]가 필요한가?
   ◦ 계산과정 :   ◦ 답 :

(4) 이 유도 전동기로 매분 25[m]의 속도로 물체를 끌어 올린다면 몇[ton]까지 가능한가?
   (단, 종합효율은 80[%]로 계산한다.)
   ◦ 계산과정 :   ◦ 답 :

모범답안 계산과정

(1) ① 소비 전력 $P = W_1 + W_2 = 5.5 + 3.2 = 8.7 [\text{kW}]$ 답 8.7[kW]

   ② 피상전력 $P_a = \sqrt{3}\, VI = \sqrt{3} \times 200 \times 30 \times 10^{-3} = 10.39 [\text{kVA}]$ 답 10.39[kVA]

(2) 역률 $\cos\theta = \dfrac{W_1 + W_2}{\sqrt{3}\, VI} = \dfrac{8.7}{10.39} \times 100 = 83.73 [\%]$ 답 83.73[%]

(3) 콘덴서 용량 $Q = 8.7 \times \left(\dfrac{\sqrt{1 - 0.8373^2}}{0.8373} - \dfrac{\sqrt{1 - 0.95^2}}{0.95} \right) = 2.82 [\text{kVA}]$ 답 2.82[kVA]

(4) 권상용 전동기의 동력 $P = \dfrac{GV}{6.12\eta} [\text{kW}]$

   권상하중 $P = \dfrac{6.12 P \eta}{V} = \dfrac{6.12 \times 8.7 \times 0.8}{25} = 1.7 [\text{ton}]$ 답 1.7[ton]

82 설비불평형률 - 1φ3W

배점 5

그림과 같이 단상 3선식 110/220[V] 수전인 경우 설비 불평형률은 몇 [%]인가?
(단, 여기서 전동기의 수치가 괄호 내와 다른 것은 출력[kW]를 입력[kVA]로 환산하였기 때문임)

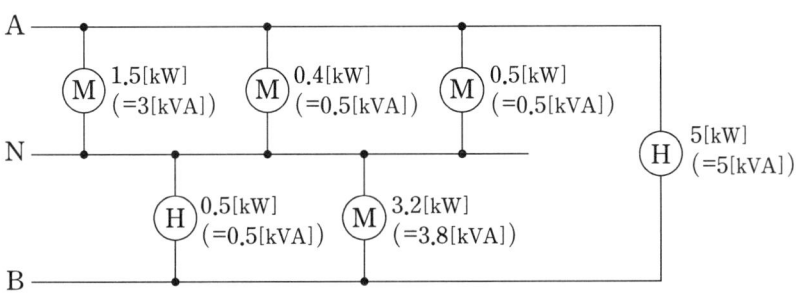

모범답안 계산과정

- $P_{AN} = 3 + 0.5 + 0.5 = 4[kVA]$
- $P_{BN} = 0.5 + 3.8 = 4.3[kVA]$

∴ 설비불평형률 $= \dfrac{4.3 - 4}{(4.3 + 4 + 5) \times \dfrac{1}{2}} \times 100 = 4.51[\%]$

답 4.51[%]

83 접지저항

배점 5

대지 고유 저항률 400[Ω·m], 직경 19[mm], 길이 2400[mm]인 접지봉을 전부 매입했다고 한다. 접지저항(대지저항)값은 얼마인가?

모범답안 계산과정

막대모양의 접지저항 산정 : $R = \dfrac{\rho}{2\pi l} \times \ln \dfrac{2l}{r} [\Omega]$

여기서, ρ : 대지고유저항률, l : 접지봉의 길이, r : 접지봉의 반지름

$R = \dfrac{400}{2\pi \times 2.4} \times \ln \dfrac{2 \times 2.4}{\dfrac{0.019}{2}} = 165.13[\Omega]$

답 165.13[Ω]

84 콜라우시브리지

배점 5

콜라우시브리지에 의해 접지저항을 측정한 경우 접지판 상호간의 저항이 그림과 같다면 G_3의 접지 저항 값은 몇 [Ω]인지 계산하시오.

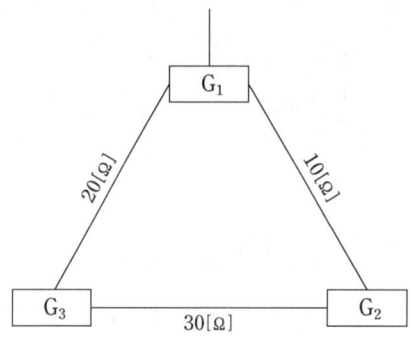

모범답안 **계산과정**

G_3의 접지 저항값 $= \dfrac{1}{2} \times (20+30-10) = 20[\Omega]$

답 20[Ω]

85 콜라우시브리지

배점 6

접지저항을 측정하기 위하여 보조접지극 A, B와 접지극 E 상호간에 접지저항을 측정한 결과 그림과 같은 저항값을 얻었다. E의 접지저항은 몇 [Ω]인지 구하시오.

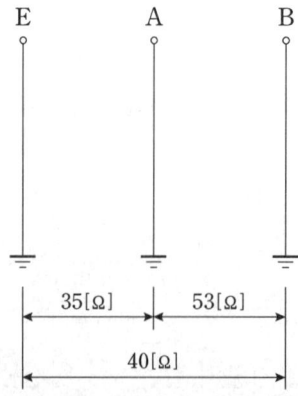

모범답안 **계산과정**

접지저항 $R_E = \dfrac{(R_{EA}+R_{EB}-R_{AB})}{2} = \dfrac{(40+35-53)}{2} = 11[\Omega]$

답 11[Ω]

86 접지저항 저감방법

배점 5

접지공사에서 접지저항을 저감시키는 방법을 5가지만 쓰시오.

모범답안

① 심타공법으로 시공한다.
② 접지극을 병렬접속한다.
③ 접지극 길이를 길게 한다.
④ 접지저항 저감제를 사용한다.
⑤ 접지봉의 매설깊이를 깊게 한다.

87 독립접지의 이격거리

배점 5

허용 가능한 독립접지의 이격거리를 결정하게 되는 세 가지 요인은 무엇인가?

모범답안

① 전위상승의 허용값
② 그 지점의 대지 저항률
③ 발생하는 접지전류의 최대값

88 공통접지의 장점

배점 5

협소한 면적의 대형 건축물 내에 설치된 여러 설비의 접지를 공통으로 묶어서 사용하는 공통접지의 특징 중 장점 5가지를 쓰시오.

모범답안

① 접지 시공비를 줄일 수 있다.
② 병렬로 연결되므로 합성저항을 낮추기 쉽다.
③ 접지선이 짧아지고 접지배선 및 구조가 단순해진다.
④ 건물구조체를 연결하여 접지성능 및 보조효과를 높일 수 있다.
⑤ 완벽한 등전위가 구성되면 장비 간의 전위차가 발생하지 않는다.

> **참고** 통합접지 장점 5가지
- 접지극의 수량 감소한다.
- 계통접지의 단순화가 가능하다.
- 지극의 연접으로 합성저항의 저감효과가 있다.
- 접지극의 연접으로 접지극의 신뢰도 향상된다.
- 철근, 구조물 등을 연접하면 거대한 접지전극의 효과를 얻을 수 있다.

> **참고** 통합접지 단점 3가지
- 다른 기기, 계통으로부터 사고 파급될 수 있다.
- 계통의 이상전압 발생 시 유기전압 상승할 수 있다.
- 피뢰침용과 공용하므로 뇌서지에 대한 영향을 받을 수 있다.

89 계통접지·기기접지의 목적

배점 5

목적에 따른 접지의 분류에서 계통접지와 기기접지에 대한 접지목적을 쓰시오.

(1) 계통접지
(2) 기기접지

> **모범답안**
>
> (1) 계통접지
>   고저압 혼촉 사고가 발생하는 경우에는 저압선에 고압 또는 특고압이 침입되어 변압기 2차측에 결선된 저압용 전기기기를 파괴하거나 감전사고 또는 화재 방지를 위해서이다.
>
> (2) 기기접지
>   전동기 등의 전기 기계기구는 충전부와 외함이 절연되어 있으나, 권선 등의 절연이 열화되어 외함에 누전되어 감전되는 것을 방지하기 위해서이다.

90 절연저항   배점 5

절연저항 측정에 대하여 다음 각 물음에 답하시오.

(1) 사용전압이 저압인 전로애서 정전이 어려운 경우 등 절연저항 측정이 곤란한 경우에는 누설전류를 몇 [mA] 이하로 유지하여야 하는지 쓰시오.

(2) 저압 전로의 최소 절연저항 값을 다음 표에 쓰시오.

전로의 사용전압[V]	절연저항[MΩ]
SELV 및 PELV	
FELV, 500[V] 이하	
500[V] 초과	

모범답안

(1) 1[mA] 이하

(2)

전로의 사용전압[V]	절연저항[MΩ]
SELV 및 PELV	0.5
FELV, 500[V] 이하	1.0
500[V] 초과	1.0

참고 전기설비기술기준(52조)

전로의 사용전압[V]	DC시험전압[V]	절연저항[MΩ]
SELV 및 PELV	250	0.5
FELV, 500[V] 이하	500	1.0
500[V] 초과	1000	1.0

91 절연내력시험 – 변압기

배점 4

그림은 최대 사용전압 6000[V] 변압기의 절연 내력을 시험하기 위한 회로도이다. 그림을 보고 다음 각 물음에 답하시오.

(1) 절연내력 시험시 시험전압은 몇 [V]인가?
  ◦ 계산과정 :   ◦ 답 :

(2) ①의 전류계는 어떤 전류를 측정하는가?

(3) ②의 전류계는 어떤 전류를 측정하는가?

모범답안 **계산과정**

(1) $6000 \times 1.5 = 9000$[V]   답 9000[V]

(2) 절연내력 시험전류

(3) 누설전류

92 접지저항계

배점 5

다음 그림은 사용이 편리하고 일반적인 접지 저항을 측정하고자 할 때 널리 사용되는 전위차계법의 미완성 접속도이다. 다음 각 물음에 답하시오.

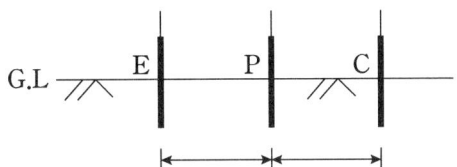

(1) 미완성 접속도를 완성하시오.
(2) 전극간 거리는 몇 [m] 이상으로 하는가?
(3) 전극 매설 깊이는 몇 [cm] 이상으로 하는가?

모범답안

(1)
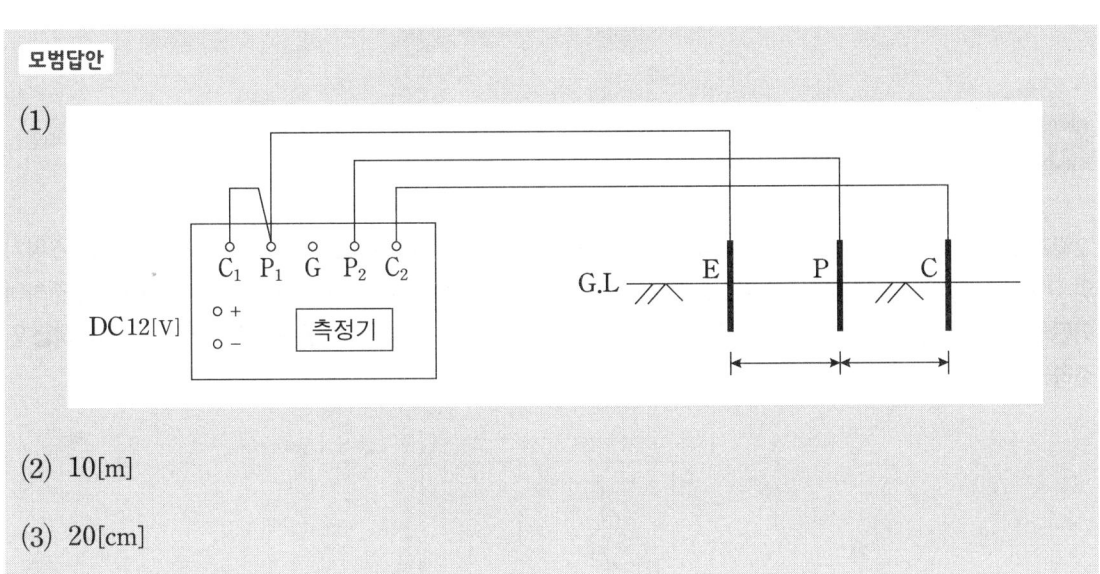

(2) 10[m]

(3) 20[cm]

93 감전사고 방지대책

배점 5

감전 사고는 작업자 또는 일반인의 과실 등과 기계기구류 내의 전로의 절연불량 등에 의하여 발생되는 경우가 많이 있다. 저압에 사용되는 기계기구류 내의 전로의 절연불량 등으로 발생되는 감전 사고를 방지하기 위한 기술적인 대책을 4가지만 써라.

모범답안

(1) 기계 기구의 외함을 접지한다.
(2) 고감도 누전 차단기 설치한다.
(3) 2중 절연 구조의 전기기기 선정한다.
(4) 충분히 낮은 접지저항을 얻을 수 있도록 접지 시설을 완벽하게 한다.

94 절연저항계

배점 7

그림과 같은 설비에 대하여 절연저항계(메거)로 직접 선간 절연저항을 측정하고자 한다. 부하의 접속여부, 스위치의 ON, OFF 상태, 분기 개폐기의 ON, OFF 상태를 어떻게 하여야 하며 L 과 E 단자는 어느 개소에 연결하여 어떤 방법으로 측정하여야 하는지를 상세히 설명하시오. (단, L, E 와 연결되는 선은 도면에 알맞은 개소에 직접 연결하도록 한다.)

모범답안

측정 방법
① 분기 개폐기를 OFF 시킨다.
② 부하를 전로로부터 분리시킨다.
③ 스위치를 OFF 시킨다.
④ 절연 저항계의 E 및 L 단자를 부하 개폐기의 부하측 두 단자에 각각 연결한다.
⑤ 절연 저항계의 버튼을 눌러 계기 눈금의 지시값을 읽는다.

95 방폭구조

배점 5

가스 또는 분진폭발위험장소에서 전기기계·기구를 사용하는 경우에는 그 증기·가스 또는 분진에 대하여 적합한 방폭 성능을 가진 방폭구조 전기기계·기구를 선정하여야 한다. 주어진 예를 참조하여 다음 각 방폭 구조에 대하여 설명하시오.

예 내압 방폭 구조
전폐 구조로 용기 내부에서 폭발이 생겨도 용기가 압력에 견디고 외부의 폭발성 가스에 인화될 우려가 없는 구조

(1) 압력 방폭 구조 :

(2) 유입 방폭 구조 :

(3) 안전증 방폭 구조 :

(4) 본질안전 방폭 구조 :

> **모범답안**
>
> (1) 압력 방폭 구조
> 　용기내부에 보호가스(신선한 공기 또는 불연성가스)를 압입하여 내부압력을 유지하므로써 폭발성 가스 또는 증기가 용기 내부로 유입하지 않도록 된 구조를 말한다.
>
> (2) 유입 방폭 구조
> 　전기 불꽃, 아크 또는 고온이 발생하는 부분을 기름속에 넣고, 기름면 위에 존재하는 폭발성가스 또는 증기에 인화되지 않도록 한 구조를 말한다.
>
> (3) 안전증 방폭 구조
> 　정상운전 중에 폭발성 가스 또는 증기에 점화원이 될 전기불꽃, 아크 또는 고온 부분 등의 발생을 방지하기 위하여 기계적, 전기적, 구조상 또는 온도상승에 대해서 특히 안전도를 증가시킨 구조를 말한다.
>
> (4) 본질안전 방폭 구조
> 　정상시 및 사고시(단선, 단락, 지락 등)에 발생하는 전기불꽃, 아크 또는 고온에 의하여 폭발성 가스 또는 증기에 점화되지 않는 것이 점화시험, 기타에 의하여 확인된 구조를 말한다.

96　자가용 전기설비의 검사항목

배점 4

자가용 전기설비의 중요 검사 항목을 4가지만 쓰시오.

> **모범답안**
>
> ① 접지저항 측정
> ② 절연저항 측정
> ③ 절연내력 시험
> ④ 계전기 동작 시험

97 변압기 보호설비·접지

배점 8

답란의 그림과 같이 3상 3선식 6600[V] 비접지 고압선으로부터 전등, 전열등 단상 부하와 3상 부하를 함께 공급하기 위한 동력과 전등 공용 변압기 결선을 20[kVA] 단상 변압기 2대로 V결선하고 이때 필요한 보호 설비와 접지를 도해하시오. (단, 기기의 규격은 생략한다.)

모범답안

98 인체감전보호용 누전차단기

배점 5

욕실 등 인체가 물에 젖어있는 상태에서 물을 사용하는 장소에 콘센트를 시설하는 경우에 설치하여야 하는 인체감전보호용 누전차단기의 정격감도전류와 동작시간은 얼마 이하를 사용하여야 하는가?

- 정격감도전류
- 동작시간

모범답안

- 정격감도전류 : 15[mA] 이하
- 동작시간 : 0.03[sec]

참고 콘센트의 시설[KEC]

욕조나 샤워시설이 있는 욕실 또는 화장실 등 인체가 물에 젖어있는 상태에서 전기를 사용하는 장소에 콘센트를 시설하는 경우에는 다음에 따라 시설하여야한다.
「전기용품 및 생활용품 안전관리법」의 적용을 받는 인체감전보호용 누전차단기(정격감도전류 15[mA] 이하, 동작시간 0.03초 이하의 전류동작형의 것에 한한다) 또는 절연변압기(정격용량 3[kVA] 이하인 것에 한한다)로 보호된 전로에 접속하거나, 인체감전보호용 누전차단기가 부착된 콘센트를 시설하여야 한다.

99 수뢰부시스템

배점 6

외부피뢰시스템 중 수뢰부시스템의 구성요소와 배치방법 3가지를 작성하시오.

(1) 구성요소 :

(2) 배치방법 :

모범답안

(1) 구성요소 : 돌침, 수평도체, 메시도체

(2) 배치방법 : 보호각법, 회전구체법, 메시법

100. 저압 케이블의 종류

배점 5

한국전기설비규정(KEC)에서 규정하는 저압 케이블의 종류를 3가지만 쓰시오.

모범답안

클로로프렌외장케이블, 비닐외장케이블, 폴리에틸렌외장케이블

▶참고 한국전기설비규정

사용전압이 저압인 전로(전기기계기구 안의 진로를 제외한다)의 전선으로 사용하는 케이블은 「전기용품 및 생활용품 안전관리법」의 적용을 받는 것 이외에는 KS에 적합한 것으로 0.6/1[kV] 연피케이블, 클로로프렌외장케이블, 비닐외장케이블, 폴리에틸렌외장케이블, 무기물 절연케이블, 금속외장케이블, 저독성 난연 폴리올레핀외장케이블, 300/500[V] 연질 비닐시스케이블, 유선텔레비전용 급전겸용 동축 케이블(그 외부도체를 접지하여 사용하는 것에 한한다)을 사용하여야 한다.

101. 전기부식방지 시설

배점 5

전기방식에 대한 설명이다. 다음 ( )에 들어갈 내용을 답란에 쓰시오.

전기부식방지 전원장치는 (①), (②), (③), (④)로 구성되며, 전기부식방지 회로의 최대 사용 전압은 직류 (⑤)[V] 이하이다.

모범답안

① 절연변압기   ② 정류기   ③ 개폐기
④ 과전류차단기   ⑤ 60

102 지중전선로

배점 4

지중전선로는 케이블을 사용하여 관로식, 암거식, 직접 매설식에 의하여 시설하여야 한다. 다음 물음에 답하시오.

(1) 관로식으로 매설할 경우 최소 매설 깊이는 얼마인가?
(2) 지중전선로에서 직접매설식에 의하여 차량 및 기타 중량물의 압력을 받을 경우 매설깊이는 얼마인가?

모범답안

(1) 1[m]

(2) 1[m]

103 수전설비의 유지거리

배점 6

수전실 등의 시설과 관련하여 변압기, 배전반 등 수전설비는 보수 점검에 필요한 공간 및 방화상 유효한 공간을 유지하기 위하여 주요부분이 유지하여야 할 거리를 정하고 있다. 다음 표에 기기별 최소유지거리를 쓰시오.

기기별 \ 위치별	앞면 또는 조작계측면	뒷면 또는 점검면	열상호간(점검하는면)
특고압 배전반			
저압 배전반			

모범답안

기기별 \ 위치별	앞면 또는 조작계측면	뒷면 또는 점검면	열상호간(점검하는면)
특고압 배전반	1.7[m]	0.8[m]	1.4[m]
저압 배전반	1.5[m]	0.6[m]	1.2[m]

104 표준전압·주파수의 허용오차

배점 5

전기사업자는 그가 공급하는 전기의 품질(표준전압, 표준주파수)을 허용오차 범위 안에서 유지하도록 전기사업법에 규정되어 있다. 다음 표의 괄호 안에 표준전압 또는 표준주파수에 대한 허용오차를 정확하게 쓰시오.

표준전압 또는 표준주파수	허용 오차
110볼트	110볼트의 상하로 ( )볼트 이내
220볼트	220볼트의 상하로 ( )볼트 이내
380볼트	380볼트의 상하로 ( )볼트 이내
60헤르츠	60헤르츠 상하로 ( )헤르츠 이내

모범답안

표준전압 또는 표준주파수	허용 오차
110볼트	110볼트의 상하로 (6)볼트 이내
220볼트	220볼트의 상하로 (22)볼트 이내
380볼트	380볼트의 상하로 (38)볼트 이내
60헤르츠	60헤르츠 상하로 (0.2)헤르츠 이내

105 고압가공인입선의 높이

배점 5

다음 표안의 시설조건에 맞는 고압가공인입선의 높이를 쓰시오.

시설 조건	전선의 높이[m]
도로(농로 기타의 교통이 복잡하지 않는 도로 및 횡단보도교는 제외)의 노면상	①
철도 또는 레일면상	②
횡단보도교의 노면상	③
상기 이외의 지표상	④
공장구내 등에서 해당 전선(가공케이블은 제외)의 아래쪽에 위험하다는 표시를 할때의 지표상	⑤

모범답안

시설 조건	전선의 높이[m]
도로(농로 기타의 교통이 복잡하지 않는 도로 및 횡단보도교는 제외)의 노면상	① 6 이상
철도 또는 레일면상	② 6.5 이상
횡단보도교의 노면상	③ 3.5 이상
상기 이외의 지표상	④ 5 이상
공장구내 등에서 해당 전선(가공케이블은 제외)의 아래쪽에 위험하다는 표시를 할때의 지표상	⑤ 3.5 이상

106 특고압 가공전선로

배점 3

특고압 가공전선과 저고압 가공전선 등의 접근 또는 교차에 관한 내용이다. ( )에 알맞은 내용을 쓰시오.

특별고압 가공전선이 삭도와 제1차 접근 상태로 시설되는 경우 특고압 가공전선로는 (①) 특별고압 보안공사에 의할 것. 특별고압 가공전선과 삭도 또는 이들의 지지물이나 지주 사이의 이격거리는 (②)[m]이며, 사용전압이 60[kV] 초과 시 10[kV] 또는 그 단 수마다 (③)[cm]를 더한 값이다.

모범답안

① 제3종 ② 2 ③ 12

107 전선의 명칭

배점 5

다음 전선 약호의 품명을 쓰시오.

약 호	품 명
ACSR	
CN-CV-W	
FR CNCO-W	
LPS	
VCT	

모범답안

약 호	품 명
ACSR	강심알루미늄 연선
CN-CV-W	동심중성선 수밀형 전력케이블
FR CNCO-W	동심중성선 수밀형 저독성 난연전력케이블
LPS	연질비닐시스케이블
VCT	비닐절연 비닐캡타이어케이블

108 전선의 명칭

배점 4

다음 전선의 약호에 대한 명칭을 쓰시오.

(1) NRI(70)

(2) NFI(70)

모범답안

(1) 300/500[V] 기기 배선용 단심 비닐절연전선(70[℃])

(2) 300/500[V] 기기 배선용 유연성 단심 비닐절연전선(70[℃])

109 전선의 명칭

배점 4

다음 약호의 명칭을 쓰시오.

(1) 450/750 HFIO

(2) 0.6/1[kV] PNCT

> **모범답안**
>
> (1) 450/750[V] 저독성 난연 폴리올레핀 절연전선
>
> (2) 0.6/1[kV] 고무절연 캡타이어 케이블

110 전선의 명칭

배점 5

다음 전선(케이블)의 표시 약호에 대한 우리말 명칭을 쓰시오.

(1) VV :   (2) DV :
(3) CVI :   (4) OW :
(5) NV :

> **모범답안**
>
> (1) 0.6/1[kV] 비닐 절연 비닐 시스 케이블
>
> (2) 인입용 비닐 절연 전선
>
> (3) 0.6/1[kV] 가교 폴리에틸렌 절연 비닐 시스 케이블
>
> (4) 옥외용 비닐 절연 전선
>
> (5) 비닐 절연 네온 전선

111 절연전선의 종류

배점 5

절연전선(絶緣電線)의 종류에 대하여 5가지만 쓰시오.

모범답안

① 옥외용 비닐 절연전선(OW 전선)
② 인입용 비닐 절연전선(DV 전선)
③ 비닐 절연 네온 전선(NV 전선)
④ 옥외용 가교 폴리에틸렌 절연전선(OC 전선)
⑤ 450/750[V] 일반용 유연성 단심 비닐 절연전선(NF 전선)

112 전선의 명칭

배점 8

절연전선의 피복에 다음과 같은 표시가 되어 있다. 이 표시에 대한 의미를 상세하게 쓰시오.

(1) N−RV   (2) N−RC
(3) N−EV   (4) N−V

모범답안

(1) 고무 절연 비닐 시스 네온 전선

(2) 고무 절연 클로로프렌 시스 네온 전선

(3) 폴리에틸렌 절연 비닐 시스 네온 전선

(4) 비닐 절연 네온 전선

113 전선의 명칭

배점 4

전선 및 케이블에 대한 다음 약호의 우리말 명칭을 쓰시오.

(1) DV 전선 (2) NR 전선
(3) CV10 케이블 (4) EV 케이블

모범답안

(1) 인입용 비닐 절연 전선

(2) 450/750[V] 일반용 단심 비닐 절연 전선

(3) 6/10[kV] 가교 폴리에틸렌 절연 비닐 시스 케이블

(4) 폴리에틸렌 절연 비닐 시스 케이블

114 소세력 회로

배점 5

소세력 회로의 정의와 최대 사용전압과 최대 사용전류를 구분하여 쓰시오.

- 정의 :
- 구분 :

모범답안

- 정의
  전자 개폐기의 조작회로 또는 초인벨·경보벨 등에 접속하는 전로로서 최대 사용전압이 60[V] 이하인 것

- 구분

최대 사용전압	차단기 정격전류
15[V] 이하	5[A] 이하
15[V]를 넘고 30[V] 이하	3[A] 이하
30[V]를 넘고 60[V] 이하	1.5[A] 이하

115 지중함의 시설

배점 5

지중전선로의 지중함 시설시 시설기준을 3가지만 쓰시오.

모범답안

① 지중함은 견고하고 차량 기타 중량물의 압력에 견디는 구조일 것
② 지중함의 뚜껑은 시설자이외의 자가 쉽게 열 수 없도록 시설할 것
③ 지중함은 그 안의 고인 물을 제거할 수 있는 구조로 되어 있을 것
④ 지중함의 크기가 1[m³] 이상인 것에는 통풍장치 기타 가스를 방산시키기 위한 적당한 장치를 시설할 것

116 보수점검 작업 후 유의사항

배점 3

전기설비의 보수점검작업의 점검 후에 실시하여야 하는 유의사항을 3가지만 쓰시오.

모범답안

① 단락접지기구의 철거
② 표지판 또는 시건장치 철거
③ 작업자에 대한 위험요소 확인 및 제거

117 배선설비 공사방법

배점 6

다음은 배선설비 공사방법의 분류이다. 아래 표의 빈칸을 채우시오.

전선관공사	합성수지관공사, 금속관공사, 가요전선관공사
케이블트렁킹	(①), (②), 금속트렁킹공사
케이블덕트	플로어덕트공사, 셀룰러덕트공사, 금속덕트공사

모범답안

① 합성수지몰드공사
② 금속몰드공사

---

118 울타리·담 등의 시설

배점 12

울타리의 높이와 울타리로부터 충전 부분까지의 거리의 합계는 35[kV] 이하는 (①)[m], 35[kV] 초과 160[kV] 이하는 (②)[m], 160[kV] 초과 시 6[m]에 160[kV]를 초과하는 (③)[kV] 또는 그 단수마다 (④)[cm]를 더한 값 이상으로 한다.

모범답안

① 5   ② 6   ③ 10   ④ 12

참고 울타리 담 등의 시설

- 울타리 담 등의 높이: 2[m] 이상
- 하단 사이의 간격: 15[cm] 이하

사용전압	거리의 합계 $(x+y)$
35[kV] 이하	5[m] 이상
35[kV] 초과 160[kV] 이하	6[m] 이상
160[kV] 초과	$6[m] + \dfrac{(사용전압 - 160)}{10}[kV] \times 0.12[m]$ 이상 소수점 절상

119 아크를 발생하는 기구의 시설

배점 2

동작 시에 아크가 생기는 것은 목재의 벽 또는 천장 기타의 가연성 물체로부터 얼마 이상 떼어놓아야 하는가?

- 고압용의 것 : (①) 이상
- 특고압용의 것 : (②) 이상

모범답안
① 1[m]
② 2[m]

▶참고 아크를 발생하는 기구 시설 시 이격거리

기구 등의 구분	이격거리
고압용의 것	1[m] 이상
특고압용의 것	2[m] 이상(사용전압이 35[kV] 이하의 특고압용의 기구 등으로서 동작할 때에 생기는 아크의 방향과 길이를 화재가 발생할 우려가 없도록 제한하는 경우에는 1[m] 이상)

120 수중 조명등

배점 5

다음 각 물음에 답하시오.

(1) 풀용 수중 조명등에 전기를 공급하기 위해서는 1차측 전로의 사용전압 및 2차측 전로의 사용전압이 각각 (①)이하 및 (②) 이하인 절연 변압기를 사용할 것.

(2) 절연 변압기는 그 2차측 전로의 사용전압이 (③) 이하인 경우에는 1차 권선과 2차권선 사이에 금속제의 혼촉방지판을 설치하여야 하며 또는 이를 접지공사를 할 것.

(3) 절연 변압기의 2차측 전로의 사용전압이 (④)를 초과하는 경우에는 그 전로에 지락이 생겼을 때의 자동적으로 전로를 차단하는 장치를 할 것.

모범답안
① 400[V]   ② 150[V]   ③ 30[V]   ④ 30[V]

121 금속덕트공사

배점 5

금속덕트에 넣는 저압 전선의 단면적(전선의 피복 절연물을 포함)은 금속 덕트 내부 단면적의 몇 [%]이하가 되도록 해야 하는가?

모범답안

20[%]

122 절연내력시험·지락사고 보호

배점 5

다음 (①), (②), (③), (④), (⑤) 안에 알맞은 내용을 쓰시오.

(1) 6600[V] 전로에 사용하는 다심케이블은 최대사용전압의 (①) 배의 시험전압을 심선 상호 및 심선과 (②) 사이에 연속해서 (③)분간 가하여 절연내력을 시험했을 때 이에 견디어야 한다.

(2) 비방향성의 고압지락 계전장치는 전류에 의하여 동작한다. 따라서 수용가 구내에 선로의 길이가 긴 고압케이블을 사용하고 대지와의 사이의 (④)이 크면 (⑤)측 지락사고에 의해 불필요한 동작을 하는 경우가 있다.

모범답안

① 1.5배   ② 대지   ③ 10   ④ 정전용량   ⑤ 저압

123 전압의 구분

배점 6

전압의 크기에 따라 종별로 구분하고 그 전압의 범위를 쓰시오.

모범답안

① 저압
  직류 : 1500[V] 이하
  교류 : 1000[V] 이하

② 고압
  직류 : 1500[V] 초과 7000[V] 이하
  교류 : 1000[V] 초과 7000[V] 이하

③ 특고압 : 7000[V] 초과

124 정전시 점검절차

배점: 13

다음은 정전시 조치사항이다. 점검방법에 따른 알맞은 점검절차를 보기에서 찾아 기호로 답란에 쓰시오.

점검순서	점검절차	점 검 방 법
1		(1) 개방하기 전에 연락책임자와 충분한 협의를 실시하고 정전에 관계되는 기기의 장애가 없다는 것을 확인한다. (2) 동력개폐기를 개방한다. (3) 전등개폐기를 개방한다.
2		수동(자동)조작으로 수전용차단기를 개방한다.
3		고압고무장갑을 착용하고 고압검전기로 수전용차단기의 부하측 이후를 3상 모두 검전하고 무전압 상태를 확인한다.
4		(책임분계점의 구분개폐기 개방의 경우) (1) 지락계전기가 있는 경우는 차단기와 연동시험을 실시한다. (2) 지락계전기가 없는 경우는 수동조작으로 확실히 개방한다. (3) 개방한 개폐기의 조작봉(끈)은 제3자가 조작하지 않도록 높은 장소에 확실히 매어(Lock) 놓는다.
5		개방한 개폐기의 조작봉을 고정하는 위치에서 보이기 쉬운 개소에 취부한다.
6		원칙적으로 첫 번째 상부터 순서대로 확실하게 충분한 각도로 개방한다.
7		고압케이블 및 콘덴서 등의 측정 후 잔류전하를 확실히 방전한다.
8		(1) 단락접지용구를 취부할 경우는 우선 먼저 접지금구를 접지선에 취부한다. (2) 다음에 단락접지 용구의 훅크부를 개방한 DS 또는 LBS 전원측 각 상에 취부 한다. (3) 안전표지판을 취부하여 안전작업이 이루어지도록 한다.
9		공중이 들어가지 못하도록 위험구역에 안전네트(망) 또는 구획로프 등을 설치하여 위험표시를 한다.
10		(1) 릴레이측과 CT측을 회로테스터 등으로 확인한다. (2) 시험회로의 결선을 실시한다.
11		시험전원용 변압기 이외의 변압기 및 콘덴서 등의 개폐기를 개방한다.
12		수동(자동)조작으로 수전용차단기를 투입한다.
13		보호계전기를 시험요령에 의해 실시한다.

[보기]

- ㉠ 수전용차단기 개방
- ㉡ 잔류전하의 방전
- ㉢ 단로기 또는 전력퓨즈의 개방
- ㉣ 단락접지용구의 취부
- ㉤ 수전용차단기의 투입
- ㉥ 보호계전기 및 시험회로의 결선
- ㉦ 보호계전기 시험
- ㉧ 저압개폐기의 개방
- ㉨ 검전의 실시
- ㉩ 안전표지류의 취부
- ㉪ 투입금지 표시찰 취부
- ㉫ 구분 또는 분기개폐기의 개방
- ㉬ 고압개폐기 또는 교류부하개폐기의 개방

- 답란

점검 순서	1	2	3	4	5	6	7	8	9	10	11	12	13
점검 절차													

모범답안

점검 순서	1	2	3	4	5	6	7	8	9	10	11	12	13
점검 절차	㉧	㉠	㉩	㉫	㉪	㉢	㉡	㉣	㉨	㉥	㉬	㉤	㉦

125 전기설비 용어정의

배점 08

일반용 전기설비 및 자가용 전기설비에 사용되는 용어에 관한 사항이다. (   ) 안에 알맞은 내용을 쓰시오.

(1) "과전류차단기(過電流遮斷器)"라 함은 배선용차단기, 퓨즈, 기중차단기(A.C.B)와 같이 (①) 및 (②)를 자동차단하는 기능을 가진 기구를 말한다.

(2) "누전차단장치(漏電遮斷裝置)"라 함은 전로에 지락이 생겼을 경우에 부하기기, 금속제 외함 등에 발생하는 (③) 또는 (④)를 검출하는 부분과 차단기부분을 조합하여 자동적으로 전로를 차단하는 장치를 말한다.

(3) "배선용차단기(配線用遮斷器)"라 함은 전자작용 또는 바이메탈의 작용에 의하여 (⑤)를 검출하고 자동으로 차단하는 (⑥)로써 그 최소동작전류(동작하고 안하는 한계전류)가 정격전류의 100[%]와 (⑦) 사이에 있고 또 외부에서 수동, 전자적 또는 전동적으로 조작할 수 있는 것을 말한다.

(4) "과전류(過電流)"라 함은 과부하 전류 및 (⑧)를 말한다.

(5) "중성선(中性線)"이라 함은 (⑨)에서 전원의 (⑩)에 접속된 전선을 말한다.

(6) "조상설비(調相設備)"라 함은 (⑪)을 조정하는 전기기계기구를 말한다.

(7) "이격거리(離隔距離)"라 함은 떨어져야 할 물체의 표면간의 (⑫)를 말한다.

모범답안

① 과부하 전류   ② 단락전류   ③ 고장전압   ④ 지락전류
⑤ 과전류   ⑥ 과전류차단기 ⑦ 125[%]   ⑧ 단락전류
⑨ 다선식전로   ⑩ 중성극   ⑪ 무효전력   ⑫ 최단거리

126 전동기 과전류보호장치

배점 6

다음은 한국전기설비규정에서 명시하는 사항이다. 빈칸에 알맞은 수치를 넣으시오.

> 옥내에 시설하는 전동기(정격 출력이 0.2[kW] 이하인 것을 제외한다. 이하 여기에서 같다)에는 전동기가 손상될 우려가 있는 과전류가 생겼을 때에 자동적으로 이를 저지하거나 이를 경보하는 장치를 하여야 한다. 다만, 다음의 어느 하나에 해당하는 경우에는 그러하지 아니하다.
> 가. 전동기를 운전 중 상시 취급자가 감시할 수 있는 위치에 시설하는 경우
> 나. 전동기의 구조나 부하의 성질로 보아 전동기가 손상될 수 있는 과전류가 생길 우려가 없는 경우
> 다. 단상전동기[KS C 4204(2013)의 표준정격의 것을 말한다]로써 그 전원측 전로에 시설하는 과전류 차단기의 정격전류가 (①)[A](배선차단기는 (②)[A]) 이하인 경우

모범답안

① 16   ② 20

---

127 용어 정의

배점 4

빈칸에 알맞은 답을 채우시오.

> 개폐소, 변전소, 발전소, 급전소, 배선, 전선, 전로, 전선로

- (①) : 전력계통 운용에 관한 지시 또는 급전조작을 하는 곳
- (②) : 전기도체, 절연물로 피복한 전기도체 또는 절연물로 피복한 위를 보호피복으로 보호한 도체
- (③) : 통상의 사용상태에서 전기가 통하고 있는 곳
- (④) : 발전소, 변전소, 개폐소, 이에 준하는 곳 및 전기 사용 장소 상호간의 전선 또는 이를지지, 수용하는 시설물

①	②	③	④

모범답안

①	②	③	④
급전소	전선	전로	전선로

128 접지시스템의 구분 및 종류

배점: 6

다음은 한국전기설비규정의 접지시스템의 구분 및 종류에 대한 내용이다. 빈 칸을 채우시오.

(1) 접지시스템은 (①), (②), (③) 등으로 구분한다.
(2) 접지시스템의 시설 종류에는 (④), (⑤), (⑥)가 있다.

모범답안

① 계통접지　　② 보호접지
③ 피뢰시스템 접지　　④ 단독접지
⑤ 공통접지　　⑥ 통합접지

ELECTRICITY

03 시퀀스

Chapter 01. 유접점회로
Chapter 02. 무접점회로
Chapter 03. 논리식과 부울대수
Chapter 04. 릴레이
Chapter 05. 정·역 및 Y-△ 기동회로
Chapter 06. 3상전동기회로
Chapter 07. PLC
Chapter 08. 응용제어회로
　부록 1. 기사 PLUS 문제
　부록 2. 산업기사 PLUS 문제

01 유접점회로

01 무접점, 유접점 변환

배점 4

그림과 같은 무접점 논리회로를 유접점 시퀀스회로를 변환하여 나타내시오.

모범답안

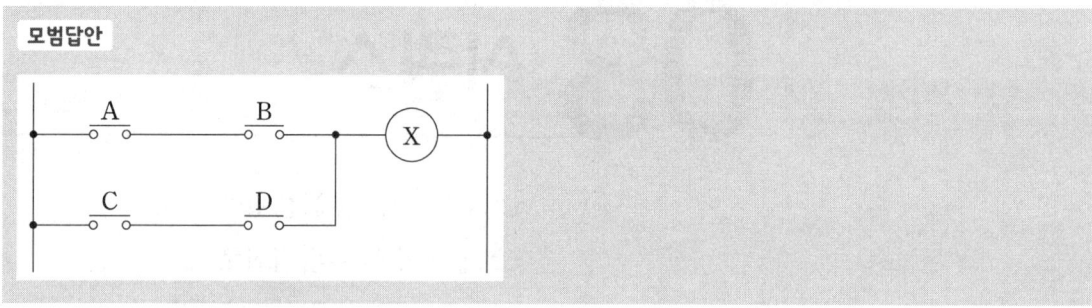

02 무접점, 유접점 변환

배점 5

다음 주어진 논리회로의 논리식을 쓰고 유접점 시퀀스를 그리시오.

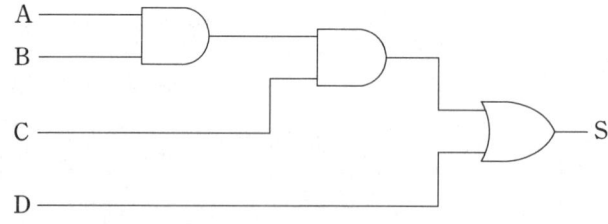

(1) 유접점 시퀀스
(2) 논리식

모범답안

(1)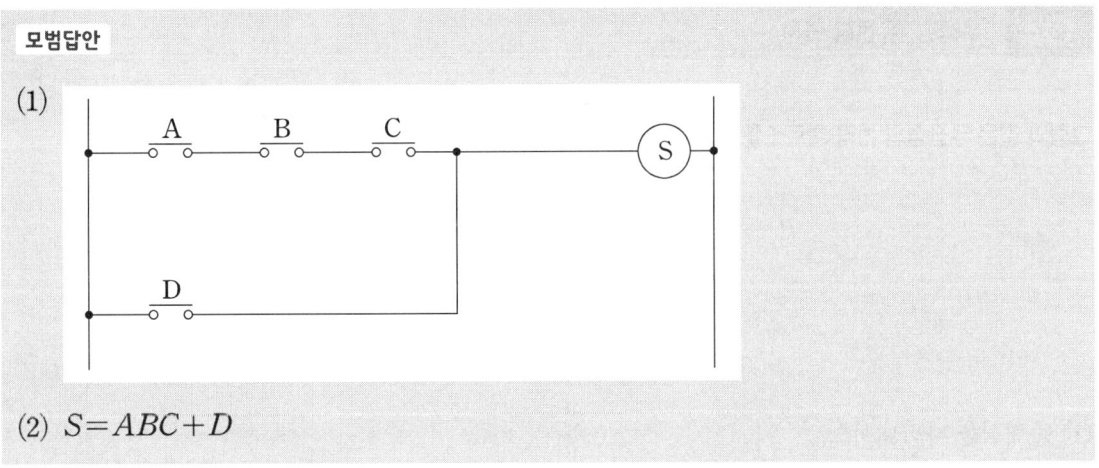

(2) $S = ABC + D$

03 무접점, 유접점 변환

배점 6

그림과 같은 무접점 논리회로에 대응하는 유접점 릴레이(시퀀스) 회로를 그리시오.

모범답안

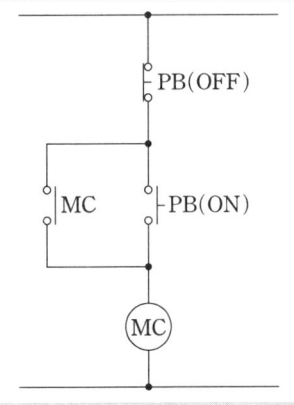

▶ 참고

PB와 같이 a접점과 b접점의 동작특성으로 인한 명칭이 주어질 경우, 반드시 의미상 명칭까지 작성해야만 정답으로 인정된다.

04 무접점, 유접점 변환

배점: 6

그림과 같은 무접점의 논리 회로도를 보고 다음 각 물음에 답하시오.

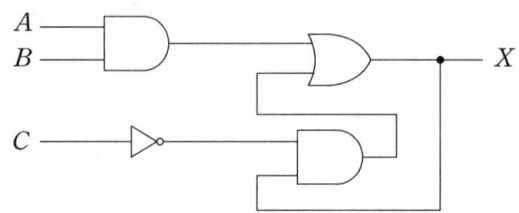

(1) 출력식을 나타내시오.
(2) 주어진 무접점 논리회로를 유접점 논리회로로 바꾸어 그리시오.
(3) 주어진 타임 차트를 완성하시오.

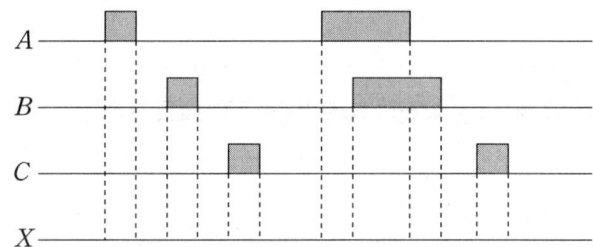

모범답안

(1) $X = A \cdot B + \overline{C} \cdot X$

(2)

(3)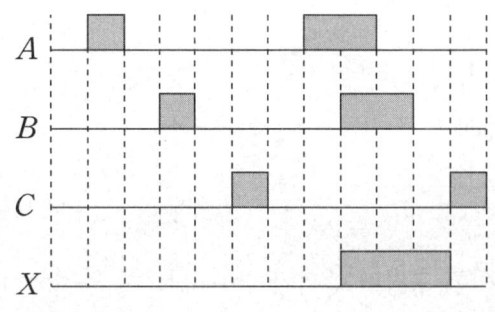

05 무접점, 유접점 변환

배점: 12

그림은 릴레이 금지회로의 응용 예이다. 무접점 회로와 같은 유접점 릴레이 회로를 완성하시오.

문항	무접점 릴레이 회로	유접점 릴레이 회로
(1)		
(2)		
(3)		
(4)		

모범답안

문항	무접점 릴레이 회로	유접점 릴레이 회로
(1)		
(2)		
(3)		
(4)		

06 무접점, 유접점 변환   배점 6

다음 물음에 답하시오.

(1) 다음 논리회로를 보고 유접점회로도를 완성시키시오.

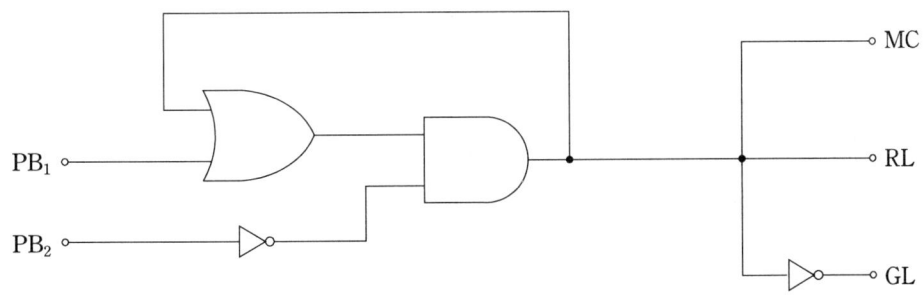

(2) 다음에 해당하는 논리식을 쓰시오.

모범답안

(1)

(2) $MC = (PB_1 + MC) \cdot \overline{PB_2}$
$RL = MC$
$GL = \overline{MC}$

▶ 참고

무접점회로를 유접점회로로 표현시 전자회로와는 달리 도면의 OFF버튼 위치는 동작에 관한 설명이 추가적으로 주어지지 않는다면, 회로의 공동선 또는 MC의 상단 모두 사용이 가능하다. (단, 안전을 위한 부분을 고려하여 일반적으로 공동선에 연결한다.)

07 인터록 회로

주어진 조건을 이용하여 다음의 시퀀스 회로를 그리시오.

[조건]

- 푸시버튼 스위치 4개 (PBS$_1$, PBS$_2$, PBS$_3$, PBS$_4$)
- 보조 릴레이 3개 (X$_1$, X$_2$, X$_3$)
- 계전기의 보조 a접점 또는 보조 b접점을 추가 또는 삭제하여 작성하되 불필요한 접점을 사용하지 않도록 할 것이며 보조 접점에는 접점의 명칭을 기입하도록 할 것

먼저 수신한 회로만을 동작시키고 그 다음 입력 신호를 주어도 동작하지 않도록 회로를 구성하고 타임차트를 그리시오.

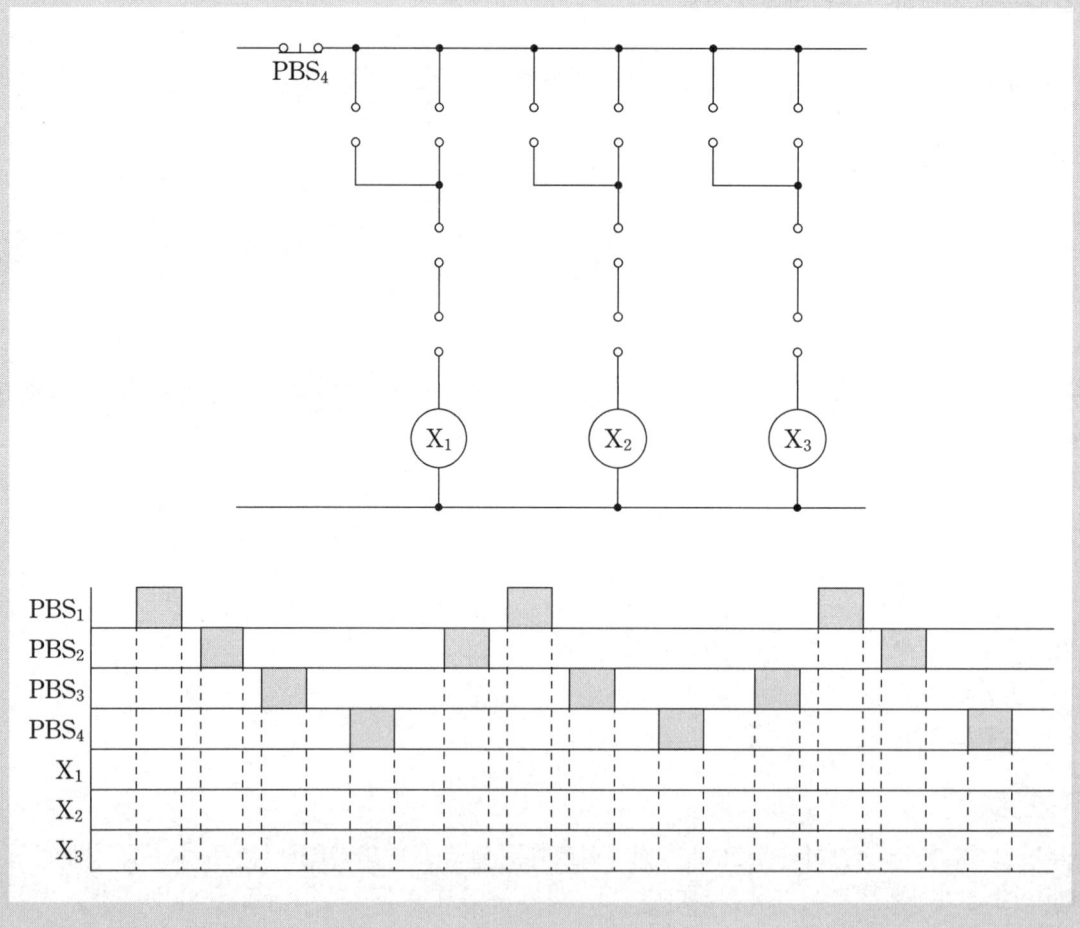

Chapter 01. 유접점회로

모범답안

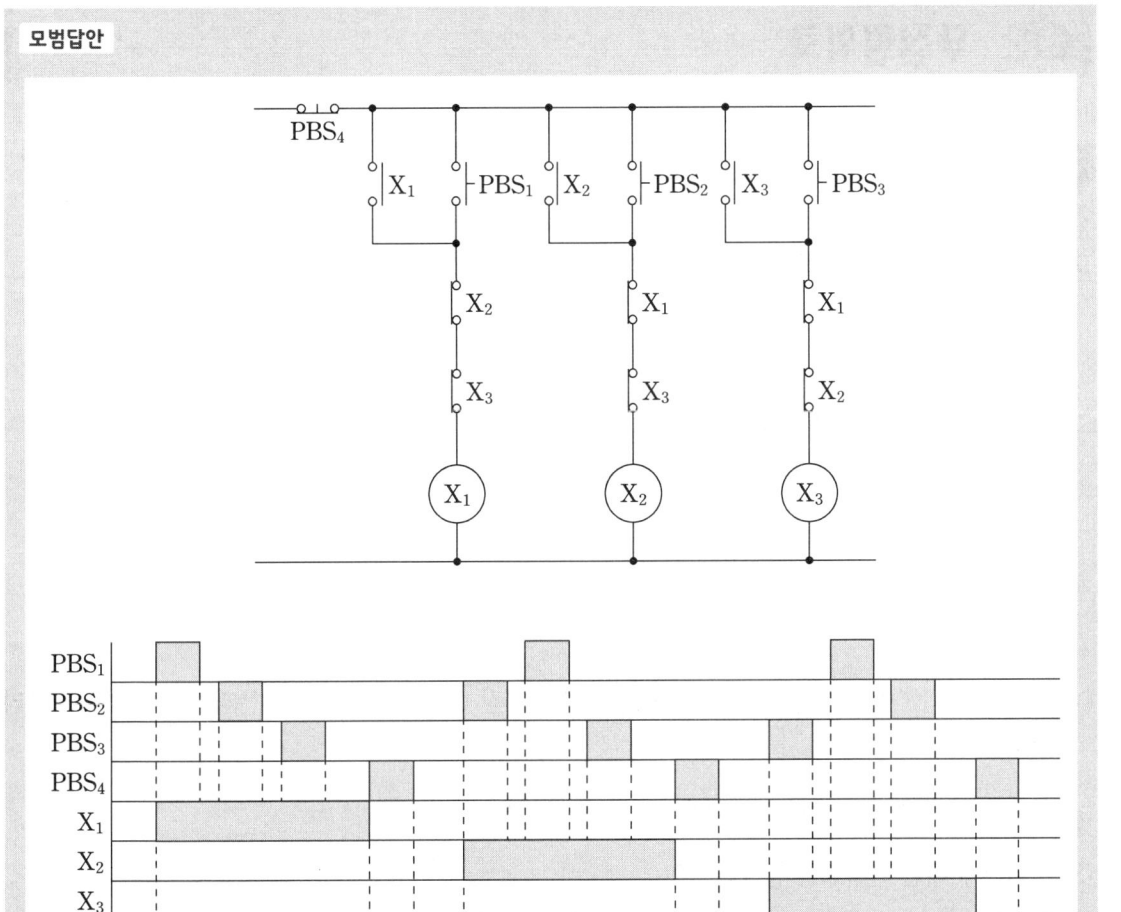

02 무접점회로

01 배타적 논리합

배점 7

그림과 같은 릴레이 시퀀스도를 이용하여 다음 각 물음에 답하시오.

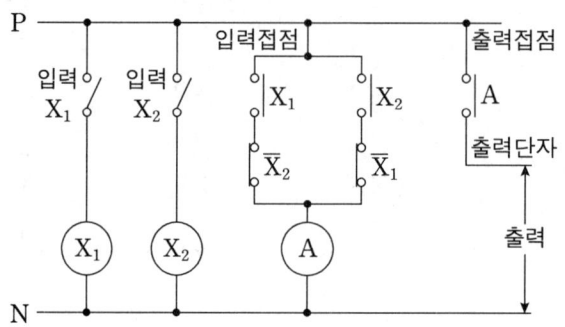

(1) AND, OR, NOT 등의 논리게이트를 이용하여 주어진 릴레이 시퀀스도를 논리회로로 바꾸어 그리시오.

(2) 물음 "(1)"에서 작성된 회로에 대한 논리식을 쓰시오.

(3) 논리식에 대한 진리표를 완성하시오.

X_1	X_2	A
0	0	
0	1	
1	0	
1	1	

(4) 진리표를 만족할 수 있는 로직회로를 간소화하여 그리시오.

(5) 주어진 타임차트를 완성하시오.

모범답안

(1)

(2) $A = X_1\overline{X_2} + \overline{X_1}X_2$

(3)
X_1	X_2	A
0	0	0
0	1	1
1	0	1
1	1	0

(4)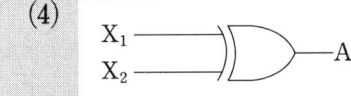

(5)

02 드모르간 정리

배점 9

다음은 어느 계전기 회로의 논리식이다. 이 논리식을 이용하여 다음 각 물음에 답하시오. 단, 여기에서 A, B, C는 입력이고, X는 출력이다.

$$X = (A+B) \cdot \overline{C}$$

(1) 이 논리식을 로직을 이용한 시퀀스도(논리회로)로 나타내시오.

(2) 물음 (1)에서 로직 시퀀스로도 표현된 것을 2입력 NAND gate만으로 등가 변환하시오.

(3) 물음 (2)에서 로직 시퀀스로도 표현된 것을 2입력 NOR gate만으로 등가 변환하시오.

03 드모르간의 정리

배점: 9

다음 논리식에 대한 물음에 답하시오.

$$X = A + B\overline{C}$$

(1) 무접점 시퀀스로 그리시오.

(2) NAND GATE로 그리시오.

(3) NOR GATE를 최소로 이용하여 그리시오.

모범답안

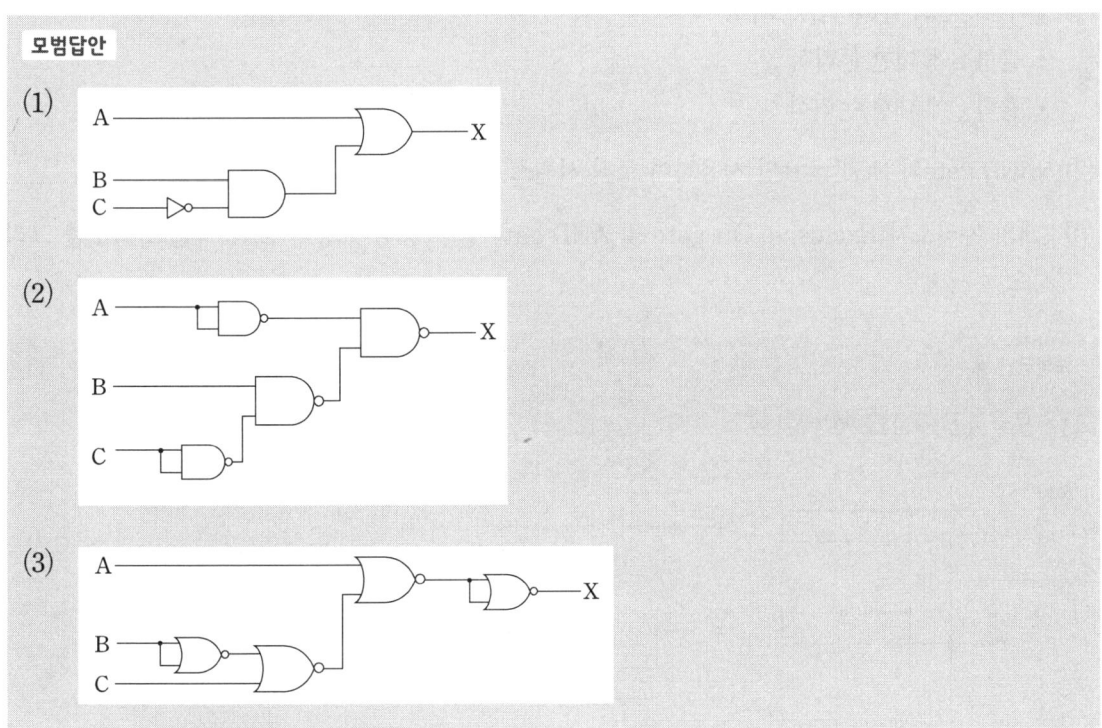

04 배타적 논리합

배점 9

그림과 같은 로직 시퀀스 회로를 보고 다음 각물음에 답하시오.

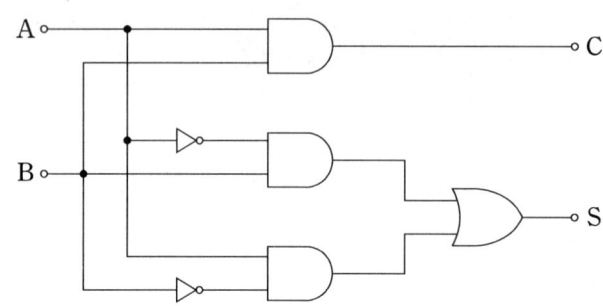

(1) 출력 S와 C의 논리식을 쓰시오.
- 출력 S에 대한 논리식 :
- 출력 C에 대한 논리식 :

(2) NAND gate와 NOT gate만 사용하여 로직 시퀀스 회로를 바꾸어 그리시오.

(3) 2개의 논리소자(Exclusive OR gate 및 AND gate)를 사용하여 등가 로직 시퀀스 회로를 그리시오.

모범답안

(1) $S=\overline{A}B+A\overline{B}$, $C=AB$

(2)

(3)

05 유접점·무접점 변환

배점 4

다음 회로를 보고 물음에 답하시오.

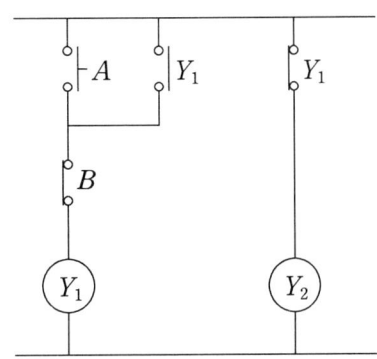

(1) 논리식을 작성하시오.

(2) 논리회로를 완성하시오.

모범답안

(1) $Y_1 = (A+Y_1)\overline{B}$, $Y_2 = \overline{Y_1}$

(2) 논리회로

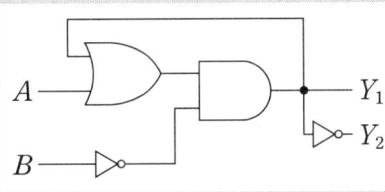

06 유접점, 무접점 변환

배점 7

아래의 그림과 같은 시퀀스회로를 보고 논리회로 및 타임차트를 그리시오.
(단, PS는 푸시버튼스위치, X는 릴레이, L은 출력램프이다.)

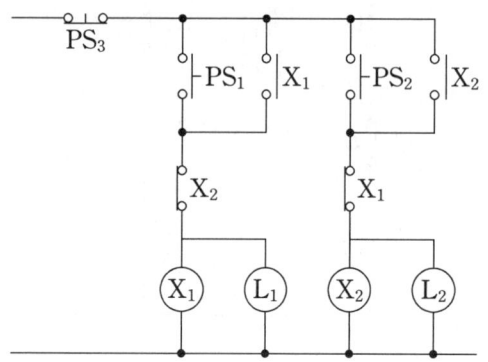

(1) 시퀀스회로를 논리회로로 표현하시오.
   (단, OR(2입력, 1출력), AND(3입력, 1출력), NOT 게이트만을 이용하여 표현하시오.

(2) 시퀀스 회로를 보고 타임차트를 완성하시오.

모범답안

(1)

(2)

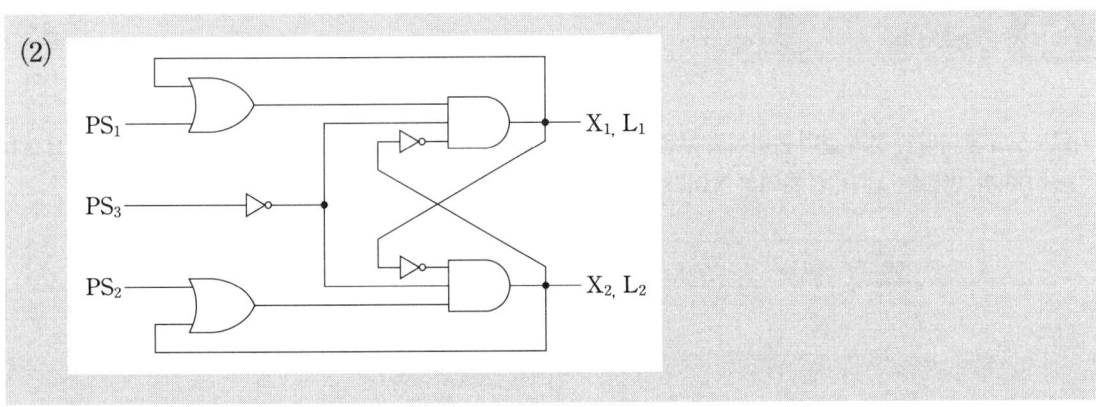

07 유접점·무접점 변환

배점 4

다음과 같은 유접점 시퀀스회로를 무접점 논리회로로 변경하여 그리시오.

∘ 무접점 회로

모범답안

∘ 무접점 회로

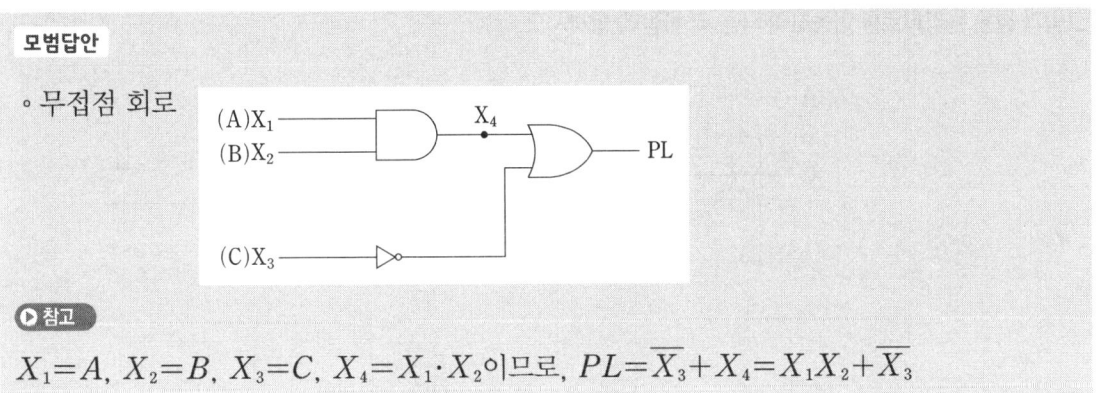

▶참고

$X_1=A$, $X_2=B$, $X_3=C$, $X_4=X_1 \cdot X_2$이므로, $PL=\overline{X_3}+X_4=X_1 X_2 + \overline{X_3}$

08 카르노 맵

배점 4

카르노도표에 나타낸 것과 같이 논리식과 무접점 논리회로를 나타내시오. (단, "0": L(Low Level)), "1": H(High Level)이며, 입력은 A, B, C 출력은 X이다.)

A\BC	0 0	0 1	1 1	1 0
0		1		1
1		1		1

(1) 논리식으로 나타낸 후 간략화 하시오.
(2) 무접점 논리회로

모범답안

(1) $X = \overline{A}\,\overline{B}C + \overline{A}B\overline{C} + A\overline{B}C + AB\overline{C} = \overline{B}C(\overline{A}+A) + B\overline{C}(\overline{A}+A) = \overline{B}C + B\overline{C}$

(2)

---

09 논리회로·타임차트

배점 6

그림과 같은 논리회로를 이용하여 다음 각 물음에 답하시오.

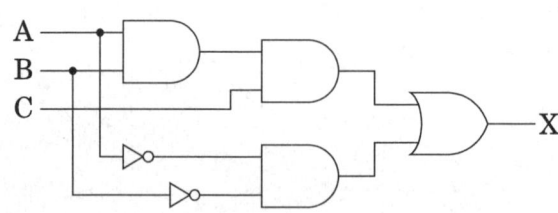

(1) 주어진 논리회로를 논리식으로 표현하시오.

(2) 논리회로의 동작 상태를 다음의 타임차트에 나타내시오.

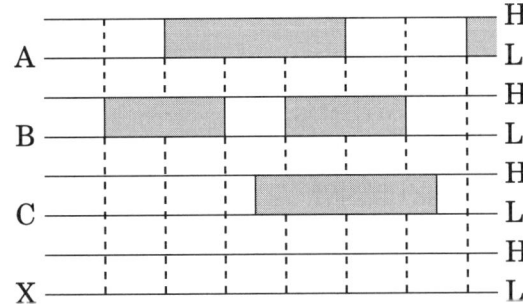

(3) 다음과 같은 진리표를 완성하시오. 단, L은 Low이고, H는 High이다.

A	L	L	L	L	H	H	H	H
B	L	L	H	H	L	L	H	H
C	L	H	L	H	L	H	L	H
X								

모범답안

(1) $X = A \cdot B \cdot C + \overline{A} \cdot \overline{B}$

(2)

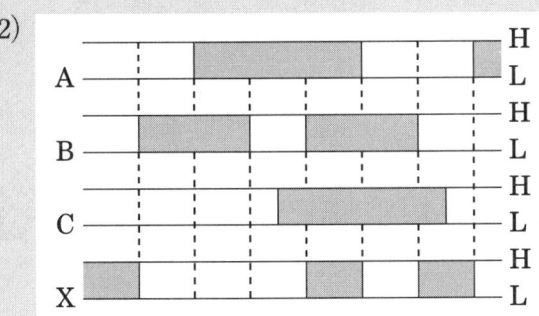

(3)

A	L	L	L	L	H	H	H	H
B	L	L	H	H	L	L	H	H
C	L	H	L	H	L	H	L	H
X	H	H	L	L	L	L	L	H

POINT 타임차트

무접점회로를 이용하여 타임챠트를 완성시 논리식만을 이용 한다면 출력부분 실수가 발생할 수 있다. 문제에서 주어지진 않지만, 유접점회로로 변형하여 실제 동작에 관한 출력을 파악한다.

03 논리식과 부울대수

01 논리식 해석

배점: 6

다음 논리식을 참고하여 유접점 회로를 완성하시오.

논리식 : $(X+\overline{Y}+Z)\cdot(Y+\overline{Z})$

모범답안

02 논리식 간소화

배점: 4

논리식을 간단히 하시오.

(1) $Z=(A+B+C)A$
(2) $Z=\overline{A}C+BC+AB+\overline{B}C$

모범답안

(1) $Z=(A+B+C)A=AA+AB+AC=A+AB+AC=A(1+B+C)=A$
(2) $Z=AB+C\cdot(\overline{A}+B+\overline{B})=AB+C$

03 부울대수

배점 4

$AB+A(B+C)+B(B+C)$를 부울대수를 이용하여 간소화하시오.

모범답안

$$AB+A(B+C)+B(B+C)=AB+AC+B+BC$$
$$=B(A+1+C)+AC=B+AC$$

답 $AC+B$

04 부울대수

배점 8

논리식 $Z=(A+B+\overline{C})\cdot(A\overline{B}C+AB\overline{C})$를 가장 간단한 식으로 변형하고, 그식에 따른 논리 회로를 구성하시오.

◦ 논리식
◦ 논리회로

모범답안

◦ 논리식
$$Z=(A+B+\overline{C})\cdot(A\cdot\overline{B}\cdot C+A\cdot B\cdot\overline{C})$$
$$=AA\overline{B}C+AAB\overline{C}+AB\overline{B}C+ABB\overline{C}+A\overline{B}C\overline{C}+AB\overline{C}\,\overline{C}$$
$$=A\overline{B}C+AB\overline{C}+0+AB\overline{C}+0+AB\overline{C}$$
$$=A\overline{B}C+AB\overline{C}=A(\overline{B}C+B\overline{C})$$
$$\therefore Z=A(\overline{B}C+B\overline{C})$$

◦ 논리회로

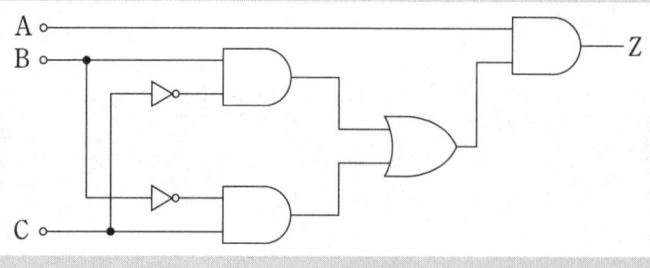

05 무접점, 논리식 변환

배점 4

그림과 같은 논리회로의 출력을 간소화된 식으로 작성하시오.

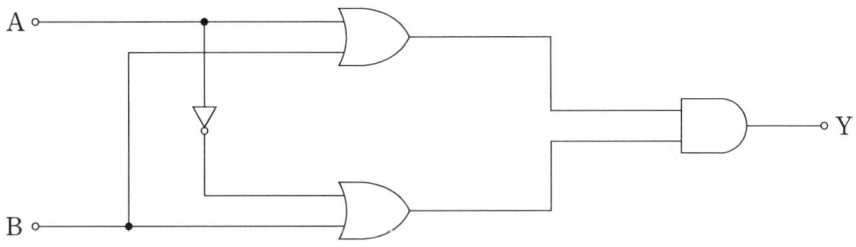

- 간소화 과정 :
- 답 :

모범답안

- 간소화 과정 :
$Y=(A+B)(\overline{A}+B)=A\overline{A}+\overline{A}B+AB+BB$
$=\overline{A}B+AB+B=B(\overline{A}+A+1)=B(1)=B$

답 $Y=B$

06 무접점, 논리식 변환

배점 5

다음 무접점회로를 보고 물음에 답하시오.

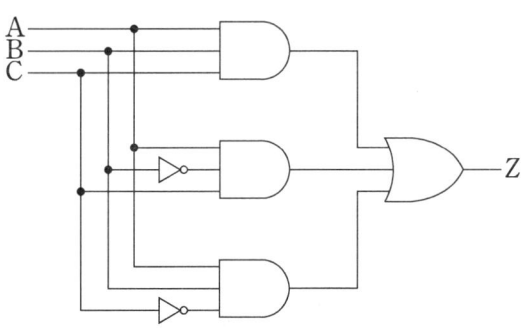

(1) 다음 그림의 논리식을 간략화 하시오.
(2) 접점을 간략화 하여 유접점을 그리시오.

모범답안

(1) $ABC + AB\overline{C} + A\overline{B}C = AB(C+\overline{C}) + A\overline{B}C = AB + A\overline{B}C = A(B+\overline{B}C)$
$= A(B+\overline{B})(B+C) = A(B+C)$

(2)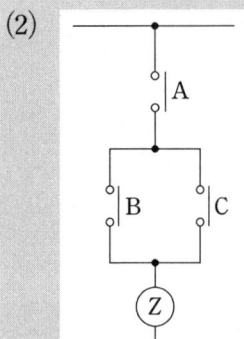

07 무접점, 논리식 변환   배점 6

그림과 같은 논리회로를 보고 다음 각 물음에 답하시오.

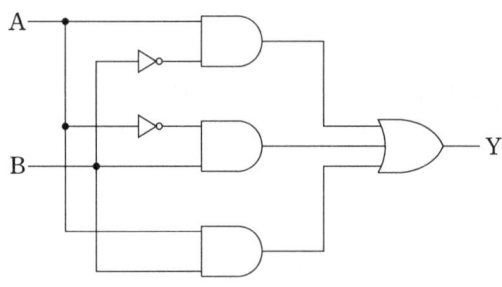

(1) 각 논리소자를 모두 사용할 때 부울대수의 초기식을 쓰고 이 식을 가장 간단하게 정리하여 표현하시오.
  ① 초기식 :
  ② 정리식 :

(2) 주어진 논리회로에 대한 부울 대수식의 초기식("(1)"번 문제의 초기식)을 유접점회로(계전기 접점회로)로 바꾸어 그리시오.

(3) 입력 A, B와 출력 Y에 대한 진리표를 만드시오.

입력		출력
A	B	Y
0	0	
0	1	
1	0	
1	1	

모범답안

(1) ① 초기식 : $Y = A\overline{B} + \overline{A}B + AB$

② 정리식 : $A\overline{B} + \overline{A}B + AB = A\overline{B} + \overline{A}B + AB + AB = A(B+\overline{B}) + B(A+\overline{A})$
$= A + B$

(2)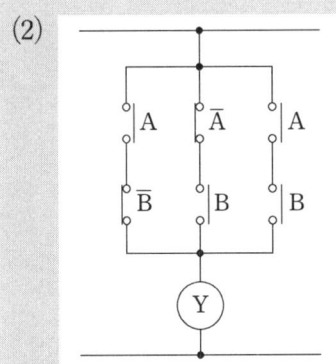

(3)

입력		출력
A	B	Y
0	0	0
0	1	1
1	0	1
1	1	1

08 논리식 해석

배점 6

보조릴레이 A, B, C의 계전기로 출력(H레벨)이 생기는 유접점 회로와 무접점 회로를 그리시오. (단, 보조 릴레이의 접점을 모두 a접점만을 사용하도록 한다.)

(1) A와 B를 같이 ON하거나 C를 ON할 때 X_1출력
  ◦ 유접점 회로   ◦ 무접점 회로

(2) A를 ON하고 B 또는 C를 ON할 때 X_2출력
  ◦ 유접점 회로   ◦ 무접점 회로

모범답안

(1) ① 유접점 회로

② 무접점 회로

(2) ② 유접점 회로

② 무접점 회로

▶참고

주어진 조건을 논리식으로 변경 후 유접점과 무접점을 완성한다.
(1) 논리식 : $X_1 = AB + C$
(2) 논리식 : $X_2 = (B+C) \cdot A$

09 논리식 해석

배점 6

누름버튼 스위치 BS_1, BS_2, BS_3에 의하여 직접 제어되는 계전기 X_1, X_2, X_3가 있다. 이 계전기 3개가 모두 소자(복귀)되어 있을 때만 출력램프 L_1이 점등되고, 그 이외에는 출력램프 L_2가 점등되도록 계전기를 사용한 시퀀스 제어회로를 설계하려고 한다. 이때 다음 각 물음에 답하시오.

(1) 본문 요구조건과 같은 진리표를 작성하시오.

입력			출력	
X_1	X_2	X_3	L_1	L_2
0	0	0		
0	0	1		
0	1	0		
0	1	1		
1	0	0		
1	0	1		
1	1	0		
1	1	1		

(2) 최소 접점수를 갖는 논리식을 쓰시오.
- $L_1 =$
- $L_2 =$

(3) 논리식에 대응되는 계전기 시퀀스 제어회로(유접점 회로)를 그리시오.

모범답안

(1)

입력			출력	
X_1	X_2	X_3	L_1	L_2
0	0	0	1	0
0	0	1	0	1
0	1	0	0	1
0	1	1	0	1
1	0	0	0	1
1	0	1	0	1
1	1	0	0	1
1	1	1	0	1

(2)
- $L_1 = \overline{X_1} \cdot \overline{X_2} \cdot \overline{X_3}$
- $L_2 = \overline{X_1} \cdot \overline{X_2} \cdot X_3 + \overline{X_1} \cdot X_2 \cdot \overline{X_3} + \overline{X_1} \cdot X_2 \cdot X_3 + X_1 \cdot \overline{X_2} \cdot \overline{X_3} + X_1 \cdot \overline{X_2} \cdot X_3$
  $+ X_1 \cdot X_2 \cdot \overline{X_3} + X_1 \cdot X_2 \cdot X_3$
  $= X_1 + X_2 + X_3$

(3)

10 논리식 간소화

배점: 6

주어진 진리값 표는 3개의 리미트 스위치 LS_1, LS_2, LS_3에 입력을 주었을 때 출력 X와의 관계표이다. 이 표를 이용하여 다음 각 물음에 답하시오.

[진리값 표]

LS_1	LS_2	LS_3	X
0	0	0	0
0	0	1	0
0	1	0	0
0	1	1	1
1	0	0	0
1	0	1	1
1	1	0	1
1	1	1	1

(1) 진리값 표를 이용하여 다음과 같은 카르노도를 완성하시오.

LS₃ \ LS₁, LS₂	0 0	0 1	1 1	1 0
0				
1				

(2) 물음 (1)항의 카르노도에 대한 논리식을 쓰시오.

(3) 진리값과 물음 (2)항의 논리식을 이용하여 이것을 무접점 회로도로 표시하시오.

모범답안

(1)

LS₃ \ LS₁, LS₂	0 0	0 1	1 1	1 0
0	0	0	1	0
1	0	1	1	1

(2) $X = LS_1(LS_2 + LS_3) + LS_2 LS_3$

(3)

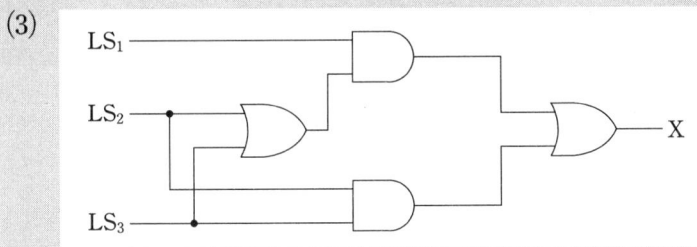

참고 별해

(2) $X = \overline{LS_1}LS_2LS_3 + LS_1\overline{LS_2}LS_3 + LS_1 LS_2 \overline{LS_3} + LS_1 LS_2 LS_3$
   $= LS_2 LS_3 + LS_1 LS_3 + LS_1 LS_2$ 또는 $X = LS_1(LS_2 + LS_3) + LS_2 LS_3$

(3) 논리식 $X = LS_2 LS_3 + LS_1 LS_3 + LS_1 LS_2$를 선택시 논리회로

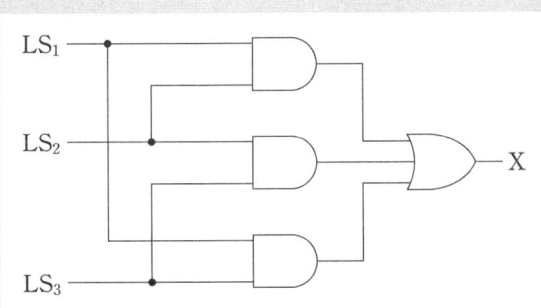

04 릴레이

01 PB·3로 스위치

배점: 5

다음 동작사항을 읽고 미완성 시퀀스도를 완성하시오.

[동작사항]
- 3로 스위치 S_3가 OFF 상태에서 푸쉬버튼스위치 PB_1을 누르면 부저 B_1이, PB_2를 누르면 B_2가 울린다.
- 3로 스위치 S_3가 ON 상태에서 푸쉬버튼스위치 PB_1을 누르면 R_1이, PB_2를 누르면 R_2가 동작한다.
- 콘센트에는 항상 전압이 걸린다.

모범답안

Chapter 04. 릴레이

> **참고**
>
> PB는 공통, R은 R끼리, B는 B끼리, 콘센트 상시전원

02 반복회로

배점 5

그림과 같은 시퀀스 회로에서 접점 "A"가 닫혀서 폐회로가 될 때 표시등 PL의 동작사항을 설명하시오.
(단, X는 보조릴레이, $T_1 - T_2$는 타이머(On delay)이며 설정시간은 1초이다.)

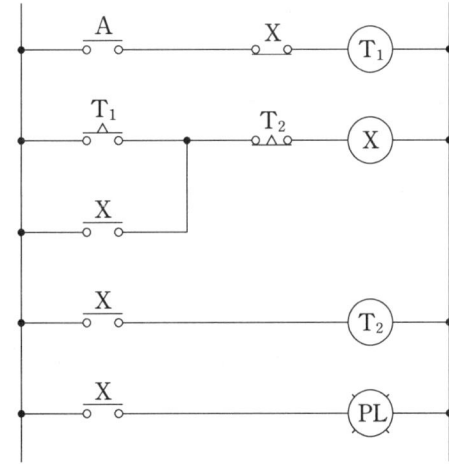

> **모범답안**
>
> T_1이 여자되면 1초 후 X가 여자되고 X에 의해 T_2와 PL이 여자되어 PL이 점등된다. 1초 후 T_2-b접점에 의해 X가 소자되어 PL이 소등된다. 이때 다시 T_1이 여자되면서 반복동작을 통해 PL이 1초 간격으로 깜박이며 동작한다.

03 전동기 제어회로

배점 8

도면은 전동기 A, B, C 3대를 기동시키는 제어 회로이다. 이 회로를 보고 다음 각 물음에 답하시오. (단, MA : 전동기 A의 기동 정지 개폐기, MB : 전동기 B의 기동 정지 개폐기, MC : 전동기 C의 기동 정지 개폐기이다.)

(1) 전동기를 기동시키기 위하여 PB(ON)을 누르면 전동기는 어떻게 기동되는지 그 기동 과정을 상세히 설명하시오.
(2) SX-1의 역할에 대한 접점 명칭은 무엇인가?
(3) 전동기(A, B, C)를 정지시키고자 PB(OFF)를 눌렀을 때, 전동기가 정지되는 순서는 어떻게 되는가?

모범답안

(1) SX가 동작되어 SX-2 접점에 의하여 MA가 동작되고 MA-2 접점에 의하여 T_1이 여자되어 30초 후에 MB가 동작된다. MB-3 접점에 의해서 T_2가 여자되고 20초 후 MC가 동작된다. 따라서 전동기 A 동작 후 30초 후 B가, B 동작 후 20초 후 C가 동작한다.
(2) 자기 유지 접점
(3) C, B, A 순서대로 정지된다.

참고

OFF버튼이 공동선에 있는 경우가 아닌 SX계전기 상단에 위치되어 있다.
따라서 OFF를 누르면 SX계전기의 접점으로만 동작되는 MC가 소자되며, MC가 소자되면 MC접점에 의해 MB가 소자되고, MB가 소자되면 MB접점에 의해 MA가 소자되므로, 전동기는 C, B, A순서로 정지된다. 단, 공동선에 OFF가 설치시 A, B, C 전동기는 동시에 소자된다.

04 전자접촉기·열동 계전기

배점 6

그림은 전자개폐기 MC에 의한 시퀀스 회로를 개략적으로 그린 것이다. 이 그림을 보고 다음 각 물음에 답하시오.

(1) 그림과 같은 회로용 전자개폐기 MC의 보조 접점을 사용하여 자기유지가 될 수 있는 일반적인 시퀀스 회로로 다시 작성하여 그리시오.

(2) 시간 t_3에 열동 계전기가 작동하고, 시간 t_4에서 수동으로 복귀하였다. 이때의 동작을 타임차트로 표시하시오.

모범답안

(1)

(2)

▶ 참고

PB_1을 누르면 MC가 여자되어 전동기가 동작한다. 전동기 운전중 PB_2를 누르면 MC가 소자되어 전동기가 정지한다. 전동기 동작중 과부하로 인해 열동계전기가 동작하면 회로가 차단되어 MC는 소자되며 전동기는 정지한다.

05 타임챠트

배점 4

다음 그림과 같은 회로에서 램프 ⓛ의 동작을 답지의 타임 차트에 표시하시오. 단, 타임차트 상단에서 선의 상단의 표시는 a접점으로 ON 상태를 나타내며, 하단에 있는 것은 b접점으로 OFF를 나타낸다.

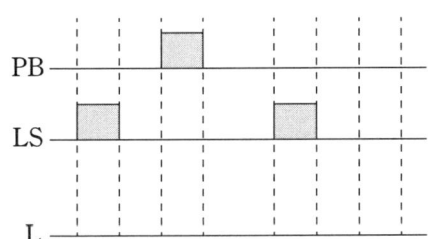

모범답안

(1) 타임차트: PB, LS, L

(2) 타임차트: LS, PB, L

06 타임챠트

배점 8

그림과 같은 회로의 램프 ⓛ에 대한 점등을 타임챠트로 표시하시오.

(1)

(2)

(3)

(4)

모범답안

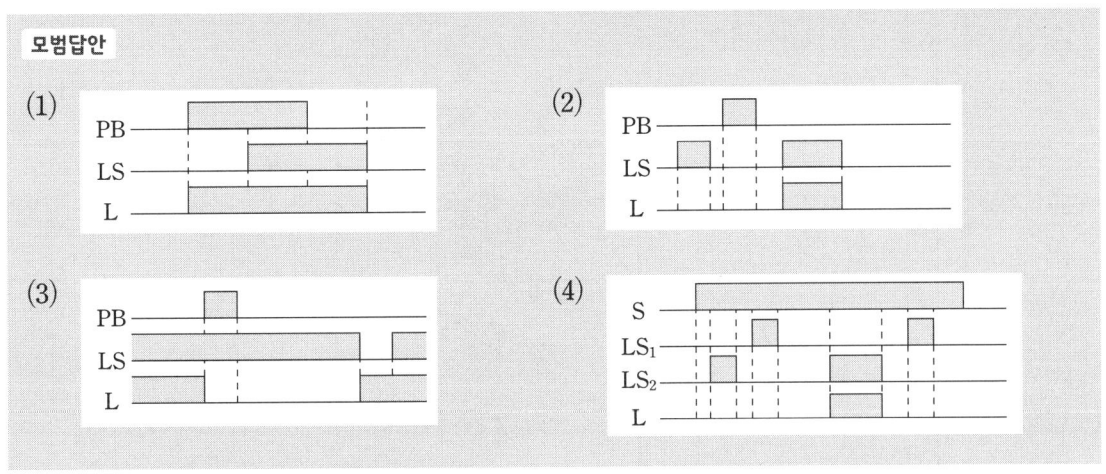

07 연동스위치·전자접촉기

배점 5

다음 요구사항을 만족하는 주회로 및 제어회로의 미완성 결선도를 직접 그려 완성하시오.(단, 접점기호와 명칭 등을 정확히 나타내시오.)

[요구사항]

- 전원스위치 MCCB를 투입하면 주회로 및 제어회로에 전원이 공급된다.
- 누름버튼스위치(PB_1)를 누르면 MC_1이 여자되고 MC_1의 보조접점에 의하여 RL이 점등되며, 전동기는 정회전 한다.
- 누름버튼스위치(PB_1)를 누른 후 손을 떼어도 MC_1은 자기유지 되어 전동기는 계속 정회전 한다.
- 전동기 운전 중 누름버튼스위치(PB_2)를 누르면 연동에 의하여 MC_1이 소자되어 전동기가 정지되고, RL은 소등된다. 이 때 MC_2는 자기유지 되어 전동기는 역회전(역상제동을 함)하고 타이머가 여자되며, GL이 점등된다.
- 타이머 설정시간 후 역회전 중인 전동기는 정지하고 GL도 소등된다. 또한 MC_1과 MC_2의 보조접점에 의하여 상호 인터록이 되어 동시에 동작되지 않는다.
- 전동기 운전 중 과전류가 감지되어 EOCR이 동작되면, 모든 제어회로의 전원은 차단되고 OL만 점등된다.
- EOCR을 리셋하면 초기상태로 복귀한다.

모범답안

698 | Chapter 04. 릴레이

08 환기팬 운전회로

배점 12

그림은 중형 환기팬의 수동 운전 및 고장 표시 등 회로의 일부이다. 이 회로를 이용하여 다음 각 물음에 답하시오.

(1) 88은 MC로서 도면에서는 출력기구이다. 도면에 표시된 기구(버튼) 및 램프에 대하여 다음에 해당하는 명칭을 그 약호로 쓰시오. (단, 기구(버튼) 및 램프에 대한 약호의 중복은 없고, MCCB, ZCT, IM, 팬은 제외하며, 해당되는 기구가 여러 가지일 경우에는 모두 쓰도록 한다.)
　① 고장표시기구 :　　　　　　　② 고장 회복확인 기구(버튼) :
　③ 기동기구(버튼) :　　　　　　④ 정지기구(버튼) :
　⑤ 운전표시램프 :　　　　　　　⑥ 정지표시램프 :
　⑦ 고장표시램프 :　　　　　　　⑧ 고장검출기구 :

(2) 그림의 점선으로 표시된 회로를 AND, OR, NOT 게이트를 사용하여 로직회로를 그리시오. (단, 로직소자는 3입력 이하로 한다.)

모범답안

(1) ① 30X　② BS_3　③ BS_1　④ BS_2
　　⑤ RL　⑥ GL　⑦ OL　⑧ 51, 51G, 49

(2)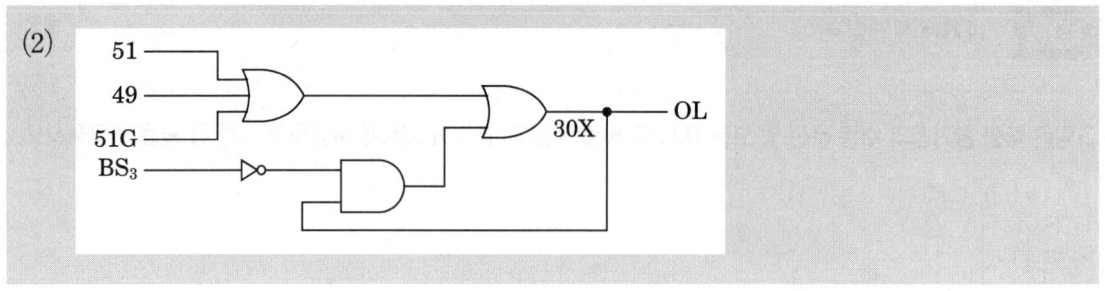

09 플리커릴레이 회로

배점 5

다음 동작설명을 참고하여 조작회로의 접점을 완성하시오.

[동작설명]

- PB1을 누르면 MC1과 T1이 여자되고, MC1-a접점에 의해 GL이 점등된다.
- T1 설정시간 후 MC2와 T2, FR이 여자되고 MC2-a접점에 의해 RL이 점등되며, FR-b접점에 의해 YL이 점등되고 부저는 YL과 교차로 동작한다.
- 동시에 MC1은 소자되어 GL이 소등된다.
- T2 설정시간 후 MC2와 T2, FR은 소자되며, RL과 YL은 소등되며, 부저는 정지한다.
- EOCR이 동작하면 회로는 차단되고, WL가 점등된다.

모범답안

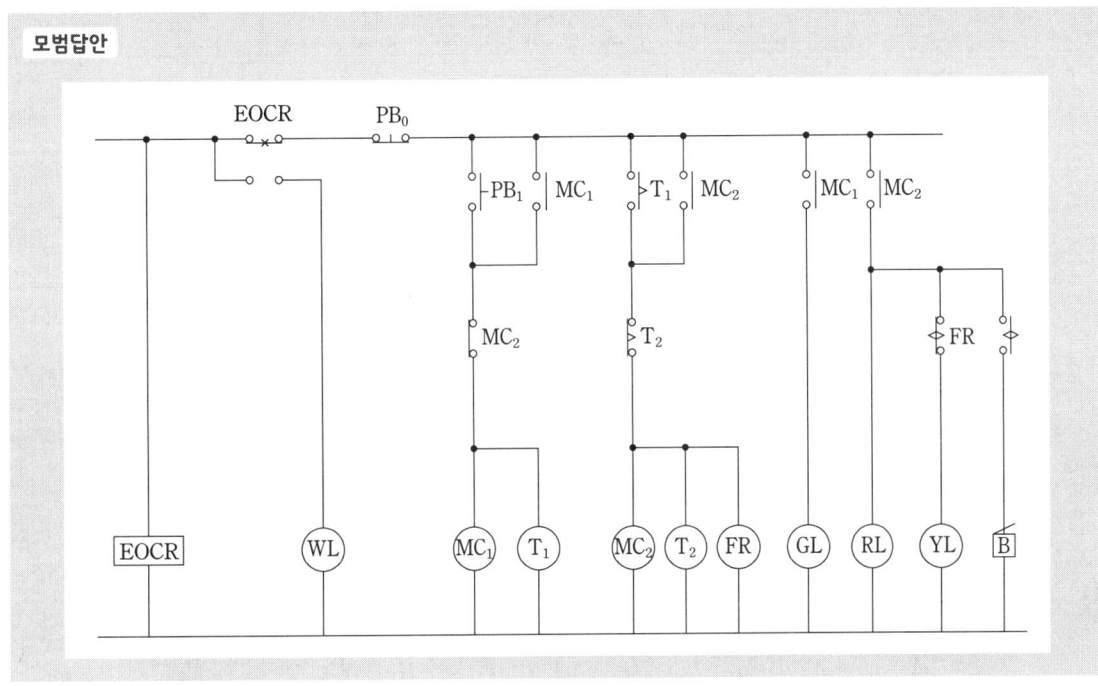

10 급수펌프 회로

배점 12

어느 회사에서 한 부지에 A, B, C의 세 공장을 세워 3대의 급수 펌프 P_1(소형), P_2(중형), P_3(대형)으로 다음 계획에 따라 급수 계획을 세웠다. 이 계획을 잘 보고 다음 물음에 답하시오.

[계획]

① 모든 공장 A, B, C가 휴무일 때 또는 그 중 한 공장만 가동할 때에는 펌프 P_1만 가동시킨다.
② 모든 공장 A, B, C중 어느 것이나 두 개의 공장만 가동할 때에는 P_2만 가동시킨다.
③ 모든 공장 A, B, C가 모두 가동할 때에는 P_3만 가동시킨다.

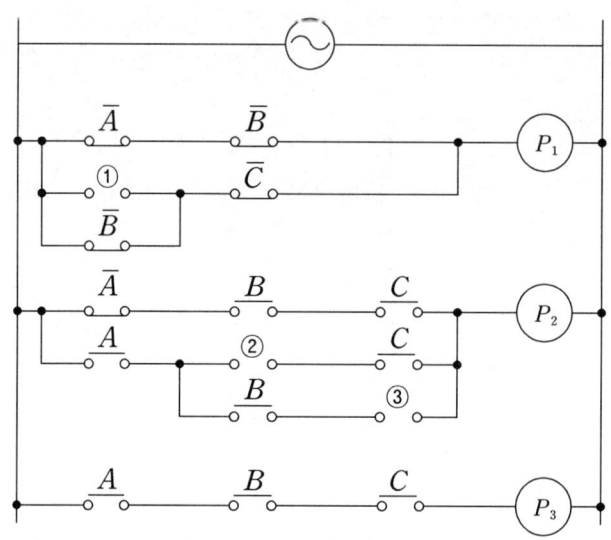

(1) 조건과 같은 진리표를 작성하시오.

A	B	C	P_1	P_2	P_3
0	0	0			
1	0	0			
0	1	0			
0	0	1			
1	1	0			
1	0	1			
0	1	1			
1	1	1			

(2) ①~③번의 접점 문자 기호를 쓰시오.

(3) $P_1 \sim P_3$의 출력식을 각각 쓰시오.

  ※ 접점 심벌을 표시할 때는 A, B, C, $\overline{A}$, $\overline{B}$, $\overline{C}$ 등 문자 표시도 할 것

모범답안

(1)

A	B	C	P_1	P_2	P_3
0	0	0	1	0	0
1	0	0	1	0	0
0	1	0	1	0	0
0	0	1	1	0	0
1	1	0	0	1	0
1	0	1	0	1	0
0	1	1	0	1	0
1	1	1	0	0	1

(2)
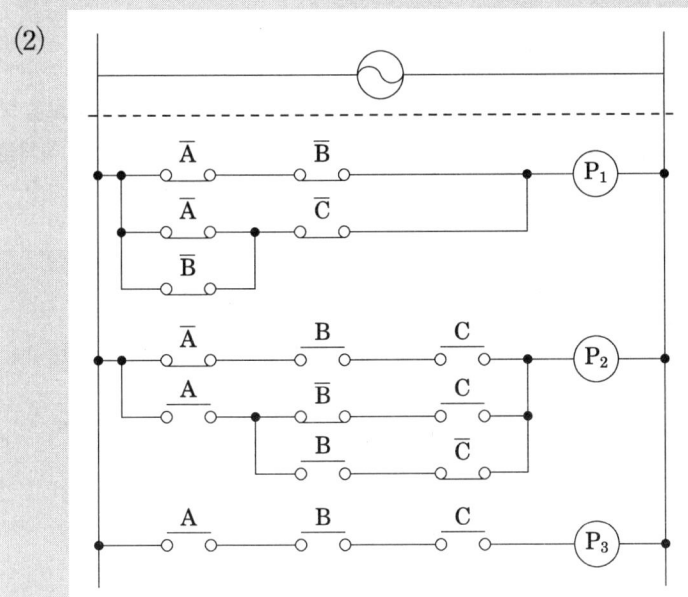

(3) $P_1 = \overline{A}\,\overline{B} + (\overline{A} + \overline{B})\overline{C}$
　　$P_2 = \overline{A}BC + A(\overline{B}C + B\overline{C})$
　　$P_3 = ABC$

> **참고** 부울대수를 통한 간소화

$P_1 = \overline{A}\,\overline{B}\,\overline{C} + \overline{A}\,\overline{B}C + \overline{A}BC + A\overline{B}\,\overline{C}$
$\quad = \overline{A}\,\overline{B}\,\overline{C} + \overline{A}\,\overline{B}\,\overline{C} + \overline{A}\,\overline{B}\,\overline{C} + \overline{A}\,\overline{B}C + \overline{A}BC + A\overline{B}\,\overline{C}$
   (가장 공통항이 많은 $\overline{A}\,\overline{B}\,\overline{C}$ 를 병렬로 추가)
$\quad = \overline{A}\,\overline{B}(\overline{C}+C) + \overline{A}\,\overline{C}(\overline{B}+B) + \overline{B}\,\overline{C}(\overline{A}+A)$ (단, $\overline{C}+C=1$, $\overline{B}+B=1$, $\overline{A}+A=1$)
$\quad = \overline{A}\,\overline{B} + \overline{A}\,\overline{C} + \overline{B}\,\overline{C} = \overline{A}\,\overline{B} + (\overline{A}+\overline{B})\overline{C}$

$P_2 = \overline{A}BC + A\overline{B}C + AB\overline{C} = \overline{A}BC + A(\overline{B}C + B\overline{C})$

11 8핀 릴레이

배점 7

다음 미완성 시퀀스도는 누름버튼 스위치 하나로 전동기를 기동, 정지를 제어하는 회로이다. 동작사항과 회로를 보고 각 물음에 답하시오. (단, X_1, X_2 : 8핀 릴레이, MC : $5a2b$ 전자접촉기, PB : 누름버튼 스위치, RL : 적색램프이다.)

[동작사항]

① 누름버튼 스위치(PB)를 한 번 누르면 X_1에 의하여 MC 동작(전동기 운전), RL램프 점등
② 누름버튼 스위치(PB)를 한 번 더 누르면 X_2에 의하여 MC 소자(전동기 정지), RL램프 소등
③ 누름버튼 스위치(PB)를 반복하여 누르면 전동기가 기동과 정지를 반복하여 동작

(1) 동작사항에 맞도록 미완성 시퀀스도를 완성하시오.
   (단, 회로도에 접점의 그림기호를 직접 그리고, 접점의 명칭을 정확히 표시하시오.)

   예 X_1 릴레이 a접점인 경우 : ┤├ X_1

(2) MCCB의 명칭을 쓰시오.
(3) EOCR의 명칭 및 용도를 쓰시오.
   ◦ 명칭 :   ◦ 사용목적 :

모범답안

(1)

(2) 배선용 차단기

(3) 전자식 과부하 계전기 : 전동기에 과전류가 흐르면 동작하여 MC를 트립시켜 전동기를 보호한다.

12 차고의 셔터 회로

배점 10

주어진 시퀀스도와 작동원리를 이용하여 다음 각 물음에 답하시오.

[도 면]

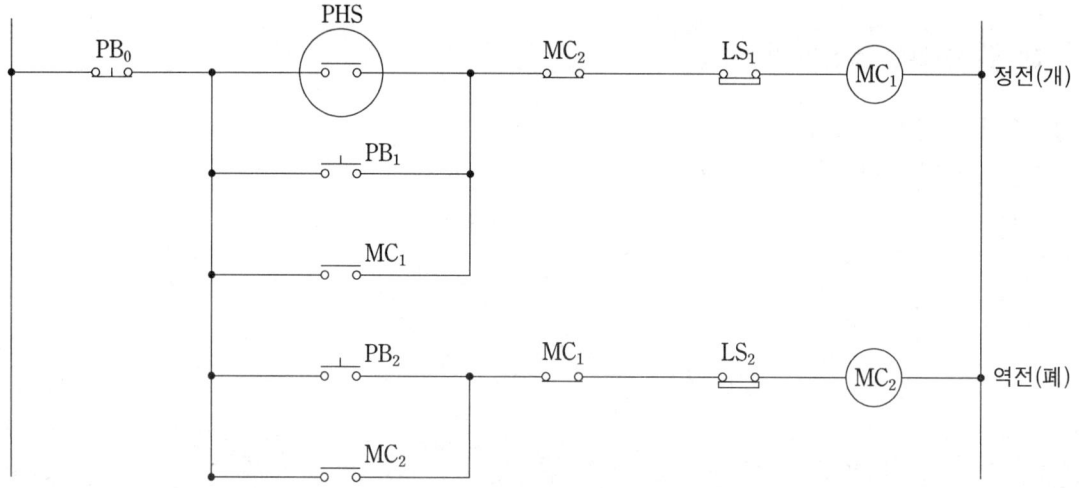

Chapter 04. 릴레이

> [작동원리]
> 자동차 차고의 셔터에 라이트가 비치면 PHS에 의해 셔터가 자동으로 열리며, 또한 PB_1을 조작(ON)해도 열린다. 셔터를 닫을 때는 PB_2를 조작(ON)하면 셔터는 닫힌다. 리미트 스위치 LS_1은 셔터의 상한이고, LS_2는 셔터의 하한이다.

(1) MC_1, MC_2의 a접점은 어떤 역할을 하는 접점인가?

(2) MC_1, MC_2의 b접점은 상호간에 어떤 역할을 하는가?

(3) LS_1, LS_2의 명칭을 쓰고 그 역할을 설명하시오.
   ◦ 명칭 :
   ◦ 역할 :

(4) 시퀀스도에서 PHS(또는 PB_1)과 PB_2를 타임차트와 같은 타이밍으로 ON 조작하였을 때의 타임차트를 완성하여라.

모범답안

(1) 자기 유지

(2) 동시 투입 방지(인터록)

(3) ◦ 명칭 : LS_1 - 상한 리미트 스위치
         LS_2 - 하한 리미트 스위치
   ◦ 역할 : LS_1 - 셔터의 상한점에서 MC_1을 소자시킨다.
         LS_2 - 셔터의 하한점에서 MC_2를 소자시킨다.

(4)

13 제어회로 해석

배점 6

그림은 직류식 전자식 차단기의 제어회로를 예시하고 있다. 문제의 시퀀스도를 잘 숙지하고 각 물음의 ( ) 안의 알맞은 말을 쓰시오.

(1) 그림의 우측 도면에서 알 수 있듯이 3-52 스위치를 ON시키면 (①)이 (가)동작하여 52X의 접점이 CLOSE되고 (②)의 투입 코일에 전류가 통전되어 52의 차단기를 투입시키게 된다. 차단기 투입과 동시에 52a의 접점이 동작하여 52R가 통전(ON)되고 (③)의 코일을 개방시키게 된다.

(2) 회로도에서 27 의 기기 명칭을 (④), 51 의 기기 명칭은 (⑤), 51G 의 기기 명칭을 (⑥)라고 한다.

(3) 차단기의 개방 조작 및 트립 조작은 (⑦)의 코일이 통전됨으로써 가능하다.

(4) 지금 차단기가 개방되었다면 개방 상태 표시를 나타내는 표시 램프는 (⑧)이다.

모범답안

(1) ① 52X   ② 52C   ③ 52X

(2) ④ 부족 전압 계전기   ⑤ 과전류 계전기   ⑥ 지락 과전류 계전기

(3) ⑦ 52T

(4) ⑧ GL

05 정·역 및 Y-△ 기동회로

01 정·역 변환회로

배점 7

3상 유도 전동기의 정·역 회로도이다. 다음 물음에 답하시오.

(1) 주회로 및 보조회로의 미완성 부분(㉮~㉰)을 완성하시오.
(2) 타임차트를 완성하시오.

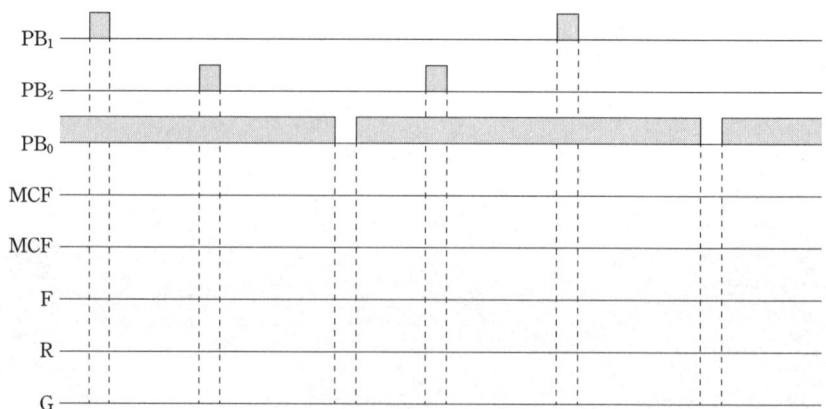

Chapter 05. 정·역 및 Y-△ 기동회로

모범답안

(1)

(2)

02 정·역 변환회로

배점 6

답안지의 도면은 유도 전동기 M의 정·역회전 회로의 미완성 도면이다. 이 도면을 이용하여 다음에 답하시오.
(단, 주 접점 및 보조 접점을 그릴 때에는 해당되는 접점의 명칭도 함께 쓰도록 한다.)

[동작조건]

- NFB를 투입한 다음
- 정회전용 누름 버튼 스위치를 누르면 전동기 M이 정회전하며, GL 램프가 점등된다.
- 정지용 누름 버튼 스위치를 누르면 전동기 M은 정지한다.
- 역회전용 누름 버튼 스위치를 누르면 전동기 M이 역회전하며, RL램프가 점등된다.
- 과부하시에는 ─o✕o─ 접점이 떨어져서 전동기가 멈추게 된다.

※ 정회전 또는 역회전 중에 회전방향을 바꾸려면 전동기를 정지시킨 다음 회전 방향을 바꾸어야 한다.
※ 누름 버튼 스위치를 누르는 것은 눌렀다가 즉시 손을 떼는 것을 의미한다.
※ 정회전과 역회전의 방향은 임의로 결정하도록 한다.

Chapter 05. 정·역 및 Y-△ 기동회로

(1) 도면의 ①,②에 대한 우리말 명칭(기능)은 무엇인가?

(2) 정회전과 역회전이 되도록 주 회로의 미완성 부분을 완성하시오.

(3) 정회전과 역회전이 되도록 다음의 동작조건을 이용하여 미완성된 보조 회로를 완성하시오.

모범답안

(1) ① 배선용 차단기 ② 열동계전기

(2) (3)

03 정·역 변환회로

배점 8

도면은 유도 전동기 IM의 정회전 및 역회전용 운전의 단선 결선도이다. 이 도면을 이용하여 다음 각 물음에 답하시오. (단, 52F는 정회전용 전자접촉기이고, 52R은 역회전용 전자접촉기이다.)

(1) 단선도를 이용하여 3선 결선도를 그리시오. (단, 점선내의 조작회로는 제외하도록 한다.)
(2) 주어진 단선 결선도를 이용하여 정·역회전을 할 수 있도록 조작회로를 그리시오. (단, 누름 버튼 스위치 OFF 버튼 2개, ON 버튼 2개 및 정회전 표시램프 RL, 역회전 표시램프 GL도 사용하도록 한다.)

모범답안

▶ 참고

접점의 명칭이 동일한 ON과 OFF의 경우 정회전용 '정', 역회전용 '역'을 작성한다.

04 정·역 변환회로

배점 6

그림은 전동기의 정·역 변환이 가능한 미완성 시퀀스 회로이다. 이 회로도를 보고 다음 각 물음에 답하시오. (단, 전동기는 가동 중 정·역을 곧바로 바꾸면 과전류와 기계적 손상이 발생되기 때문에 지연 타이머로 지연시간을 주도록 하였다.)

[주회로]   [보조회로]

(1) 정·역 운전이 가능하도록 주어진 회로의 주회로의 미완성 부분을 완성하시오.

(2) 정·역 운전이 가능하도록 주어진 보조(제어)회로의 미완성 부분을 완성하시오.
    (단, 접점에는 접점 명칭을 반드시 기록하시오.)

(3) 주회로 도면에서 과부하 및 결상을 보호할 수 있는 계전기의 명칭을 쓰시오.

(3) 열동계전기

05 콘덴서 기동형

배점 6

다음과 같은 콘덴서 기동형 단상 유도전동기의 정역회전 회로도이다. 다음 각 물음에 답하시오. (단, 푸시버튼 start1을 누르면 전동기는 정회전, start2를 누르면 역회전한다.)

(1) 미완성 결선도를 완성하시오. (단, 접점기호와 명칭을 기입하여야 한다.)
(2) 콘덴서 기동형 단상 유도전동기의 기동원리를 쓰시오.
(3) WL, GL, RL은 무엇을 표시하는 표시등 인지 쓰시오.
　◦ WL :　　　　　◦ GL :　　　　　◦ RL :

모범답안

(1)

(2) 콘덴서에 의해 위상이 변화된 공급전류가 되어 권선에 흐르게 되므로 전자력의 평형상태가 깨져 기동토크를 얻게 된다. 이때, 회전자가 움직이기 시작하여 일정 회전수까지 속도가 상승되면 원심력 스위치에 의해 콘덴서를 분리하여 운전하는 방식이다.

(3) ◦ WL : 전원 표시등
　　◦ GL : 역회전 운전표시등
　　◦ RL : 정회전 운전표시등

06 Y-△ 기동회로

배점: 7

그림은 3상 유도전동기의 Y-△ 기동법을 나타내는 결선도이다. 다음 물음에 답하시오.

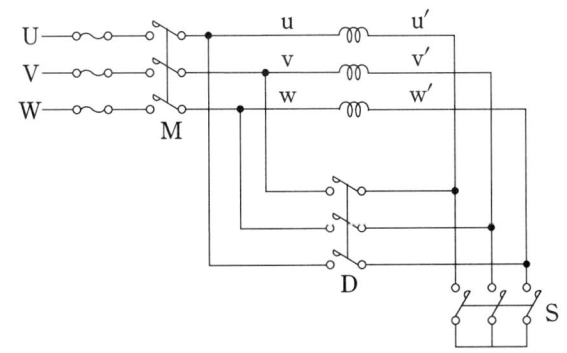

(1) 다음 표의 빈칸에 기동시 및 운전시의 전자개폐기 접점의 ON, OFF 상태 및 접속상태(Y-△)를 쓰시오.

구 분	전자개폐기 접점상태(ON, OFF)			접속상태
	S	D	M	
기동시				
운전시				

(2) 전전압 기동과 비교하여 Y-△ 기동법의 기동시 기동전압, 기동전류 및 기동토크는 각각 어떻게 되는가?
  ① 기동전압(선간전압) ② 기동전류 ③ 기동토크

모범답안

(1)

구 분	전자개폐기 접점상태(ON, OFF)			접속상태
	S	D	M	
기동시	ON	OFF	ON	Y
운전시	OFF	ON	ON	△

(2) ① 기동전압(선간전압) : $\frac{1}{\sqrt{3}}$ 배 ② 기동전류 : $\frac{1}{3}$ 배 ③ 기동토크 : $\frac{1}{3}$ 배

07 Y-△ 기동회로

배점 6

답란의 그림은 농형 유도 전동기의 Y-△ 기동 회로도이다. 이중 미완성 부분인 ①~⑩까지 완성하시오. 단, 접점 등에는 접점 기호를 반드시 쓰도록 하며, $MC_△$, MC_Y, MC_L은 전자접촉기, Ⓞ, Ⓡ, Ⓖ는 각 경우의 표시등이다.

모범답안

08 Y-△ 기동회로

배점 7

그림은 한시 계전기를 사용한 유도 전동기의 Y-△ 기동회로의 미완성 회로이다. 이 회로를 이용하여 다음 각 물음에 답하시오.

(1) 도면의 미완성 회로를 완성하시오. (단, 주회로 부분과 보조 회로 부분)
(2) 기동 완료시 열려(open)있는 접촉기를 모두 쓰시오.
(3) 기동 완료시 닫혀(close)있는 접촉기를 모두 쓰시오.

모범답안

(1)

(2) 42-1
(3) 52, 42 2

09 Y-△ 기동회로

배점 16

도면은 3상 유도전동기의 Y-△기동회로이다. 도면을 보고 다음 각 물음에 답하시오.

(1) Y-△기동회로를 사용하는 이유를 쓰시오.

(2) 회로에서 ①의 배선용차단기 그림기호를 3상 복선도용으로 나타내시오.

(3) 회로에서 ②의 명칭과 단선도용 그림기호를 그리시오.
- 이유 명칭 :
- 그림기호 :

(4) EOCR의 명칭과 언제 동작하는지를 쓰시오.
- 명칭 :
- 설명 :

(5) 회로에서 MC_2가 여자될 때에는 MC_3는 여자될 수 없으며, 또한 MC_3가 여자될 때에는 MC_2는 여자될 수 없다. 이러한 회로를 무슨 회로라 하는지 쓰시오.

(6) 회로에서 표시등 R, O, G의 용도를 각각 쓰시오.

표시등 R	표시등 O	표시등 G

(7) 회로에서 ③번 접점과 ④번 접점이 동작하여 이루는 회로를 자기유지회로라 한다. 다음의 유접점 자기유지회로를 무접점자기유지회로로 바꾸어 그리시오. (단, OR, AND, NOT 게이트 각 1개씩만 사용한다.)

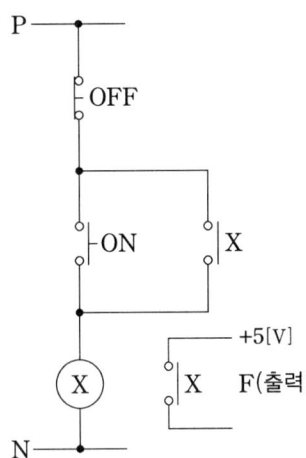

모범답안

(1) 직입 기동시 정격전류의 약 6배정도의 높은 기동전류를 1/3로 줄이기 위해서이다.

(2)

(3) • 명칭 : 전류계용 절환 개폐기
   • 그림기호 :

(4) • 명칭 : 전자식 과전류 계전기
   • 그림기호 : IM(전동기)에 과전류가 흐를 때 동작한다.

(5) 인터록회로

(6)

표시등 R	표시등 O	표시등 G
운전표시등	기동표시등	정지표시등

(7)

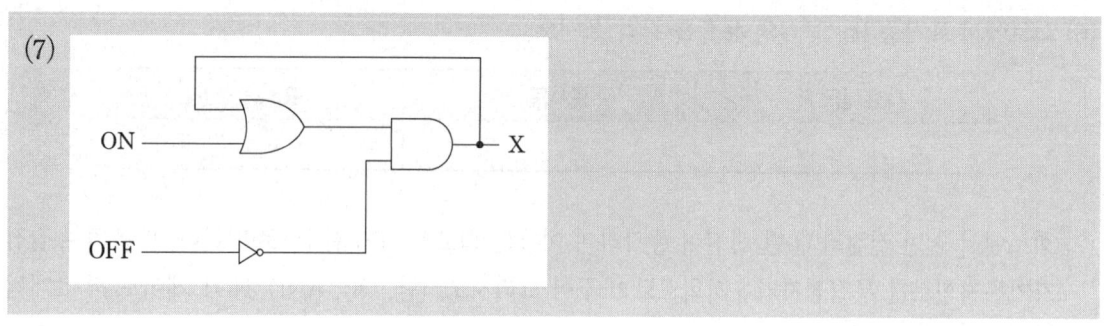

10 Y-△ 기동회로

배점 8

답안지의 도면은 3상 농형 유도 전동기 IM의 Y−△ 기동 운전 제어의 미완성 회로도이다. 이 회로도를 보고 다음 각 물음에 답하시오.

(1) ①~③ 에 해당되는 전자 접촉기 접점의 약호는 무엇인가?
(2) 전자 접촉기 MCS는 운전중에는 어떤 상태로 있겠는가?
(3) 미완성 회로도의 주회로 부분에 Y−△ 기동 운전 결선도를 작성하시오.

Chapter 05. 정·역 및 Y-△ 기동회로

모범답안

(1) ① MCM ② MCD ③ MCS

(2) 정지상태(복귀, 무여자)

(3)

11 Y-△ 기동회로

배점 8

다음 결선도는 수동 및 자동 (하루 중 설정시간 동안 운전) Y-△ 배기팬 MOTOR 결선도 및 조작회로이다. 다음 각 물음에 답하시오.

(1) ①, ② 부분의 누락된 회로를 완성하시오.

(2) ③, ④, ⑤의 미완성 부분의 접점을 그리고 그 접점기호를 표기하시오.

(3) ─o⌃o─ 의 접점 명칭을 쓰시오.

(4) Time chart를 완성하시오. (t_3는 기동과 운전이 변환되는 시점이다.)

Chapter 05. 정·역 및 Y-△ 기동회로

모범답안

(1)

(3) 한시동작 순시복귀 a접점

▶ 참고

전자식 타이머의 경우

③위치에 ┤├ T₁ 이 가능하다.

06 3상전동기회로

01 2개소 제어회로

배점: 5

유도 전동기 IM을 유도전동기가 있는 현장과 현장에서 조금 떨어진 제어실 어느 쪽에서든지 기동 및 정지가 가능하도록 전자접촉기 MC와 누름버튼 스위치 PBS-ON용 및 PBS-OFF용을 사용하여 제어회로를 점선안에 그리시오.

모범답안

> **참고** 2개소 조작
>
> ON 스위치는 병렬접속, OFF 스위치는 직렬접속 시 2개소, 3개소 등 여러곳에서 조작이 가능하다.

02 자동급수펌프 회로

배점 7

그림은 플로우트레스(플로우트스위치 없는) 액면 릴레이를 사용한 급수제어의 시퀀스도이다. 다음 각 물음에 답하시오.

(1) 도면에서 기기ⓑ의 명칭을 쓰고 그 기능을 설명하시오.
　◦명칭 :　　　　　　　　　　　　　◦기능 :

(2) 전동 펌프가 과전류가 되었을 때 최초에 동작하는 계전기의 접점을 도면에 표시되어있는 번호로 지적하고 그 명칭은 무엇인지를 구체적으로 (동작에 관련된 명칭) 쓰도록 하시오.

(3) 수조의 수위가 전극 E_1보다 올라갔을 때 전동펌프는 어떤 상태로 되는가?

(4) 수조의 수위가 전극 E_1보다 내려갔을 때 전동 펌프는 어떤 상태로 되는가?

(5) 수조의 수위가 전극 E_2보다 내려갔을 때 전동 펌프는 어떤 상태로 되는가?

모범답안

(1) ◦ 명칭 : 브리지 정류 회로
  ◦ 기능 : 직류 전원을 사용하는 릴레이 X_1에 교류 전원을 직류로 변환하여 공급
(2) ③, 수동 복귀 b접점
(3) 정지 상태
(4) 정지 상태
(5) 운전 상태

03 역상 제동 회로

배점 10

주어진 도면은 3상 유도전동기의 플러깅(plugging)회로에 대한 미완성 도면이다. 이 도면을 보고 다음 각 물음에 답하시오.

(1) 동작이 완전하도록 도면을 완성하시오. 사용 접점에 대한 기호를 반드시 기록하도록 한다.

(2) ⓡⓧ 계전기를 사용하는 이유를 설명하시오.

(3) 전동기가 정회전하고 있는 중에 PB-OFF를 누를 때 동작 과정을 상세하게 설명하시오.
(단, PB-OFF$_1$, PB-OFF$_2$는 연동 스위치로 PB-OFF$_1$을 누르는 것을 PB-DFF를 누른다고 한다.)

(4) 플러깅에 대하여 간단히 설명하시오.

모범답안

(1)

(2) 인터록 시간 지연과 제동시 과전류를 방지하는 시간적인 여유를 얻기 위함

(3) ① PB-OFF를 누르면 F-MC 소자, RX 계전기 여자
② RX-a에 의해 R-MC 여자에 의해 전동기 역회전 토크 발생하여 전동기 속도 급저하
③ 전동기 속도가 0에 가까워지면 플러깅 릴레이에 의해 전동기는 전원에서 분리되어 정지

(4) 역상제동에 의한 전동기의 급제동법

04 역상 제동 회로

배점 7

그림은 3상 유도 전동기의 역상 제동 시퀀스회로이다. 물음에 답하시오. (단, 플러깅 릴레이 Sp는 전동기가 회전하면 접점이 닫히고, 속도가 0에 가까우면 열리도록 되어 있다.)

(1) 회로에서 ①~④에 접점과 기호를 넣고 MC1, MC2의 동작 과정을 간단히 설명하시오.

①	②	③	④

◦ 동작과정 :

(2) 보조 릴레이 T와 저항 r에 대하여 그 용도 및 역할에 대하여 간단히 설명하시오.

모범답안

(1)

①	②	③	④
MC₁ (b접점)	MC₂ (a접점)	MC₂ (b접점)	MC₁ (a접점)

- 동작과정 : BS1을 눌러 MC1을 여자시켜 전동기를 직입기동시킨다. BS2를 누르면 MC1이 소자되고 전동기는 전원에서 분리되지만 관성모멘트로 인하여 회전은 계속된다. 동시에 BS2의 연동접점으로 MC1이 소자되는 동시에 T가 여자되며 BS2를 누르고 있는 동안 설정시간 후 MC2가 여자되어 전동기는 역회전을 하려고 한다. 속도가 0에 가까워지면 플러깅 릴레이에 의해 전동기는 전원에서 분리되어 정지한다.

(2)
- T의 용도와 역할
  시간 지연 릴레이를 사용하여 제동시 과전류를 방지하는 시간적 여유를 고려
- r의 용도와 역할
  역상 제동시 저항의 전압 강하로 전압을 줄이고 제동력을 제한

05 직류 제동 회로

배점: 5

그림의 회로는 농형 유도 전동기의 직류여자방식 제어기기의 접속도이다. 회로도 동작설명을 참고하여 다음 각 물음에 대한 알맞은 내용을 답란에 쓰시오.

[동작설명]

- 운전용 푸시버튼 스위치 PBS(ON)을 눌렀다 놓으면 MC가 여자되어 주 접점 MC가 투입, 전동기는 기동하기 시작하며 운전을 계속한다.
- 운전을 정지하기 위하여 정지용 푸시버튼 스위치 PBS(OFF)를 눌렀다 놓으면 MC가 소자되어 주 접점 MC가 떨어지고, 직류 제동용 전자 접촉기 DB가 투입되어 전동기에는 직류가 흐른다.
- 타이머 T에 설정한 시간만큼 직류 제동 전류가 흐른 후 직류가 차단되고 각 접점은 운전 전의 상태로 복귀되고 전동기는 정지하게 된다.

(1) ①번 심벌의 기호를 쓰시오.

(2) ②번 심벌의 기호를 쓰시오.

(3) 정지용 푸시버튼 PBS(OFF)를 누르면 타이머 T에 통전하여 설정(set)한 시간만큼 타이머 T가 동작하여 직류제어용 직유 전원을 차단하게 된다. 타이머 T에 의해 조작받는 계전기 혹은 전자접촉기의 심벌 2가지를 도면 중에서 선택하여 그리시오.

(4) ③번 심벌의 기호를 쓰시오.

(5) ⓇⓁ 은 운전 중 점등하는 램프이다. ④는 어느 보조계전기의 어느 접점을 사용하는지 운전중의 접점상태를 그리시오.

모범답안

(1) MC-a

(2) DB-b

(3) Ⓧ₂, ⒹⒷ

(4) THR-b 접점

(5) X_1-a (a접점)

Chapter 06. 3상전동기회로

06 리액터 기동회로

배점 13

다음 그림은 리액터 기동 정지 조작회로의 미완성 도면이다. 이 도면에 대하여 다음 물음에 답하시오.

(1) ① 부분의 미완성 주회로를 회로도에 직접 그리시오.

(2) 제어회로에서 ②, ③, ④, ⑤, ⑥ 부분의 접점을 완성하고 그 기호를 쓰시오.

구분	②	③	④	⑤	⑥
접점 및 기호					

(3) ⑦, ⑧, ⑨, ⑩ 부분에 들어갈 LAMP와 계기의 그림기호를 그리시오.

(예 Ⓖ 정지, Ⓡ 기동 및 운전, Ⓨ 과부하로 인한 정지)

구분	⑦	⑧	⑨	⑩
그림기호				

(4) 직입기동시 시동전류가 정격전류의 6배가 되는 전동기를 65[%] 탭에서 리액터 시동한 경우 시동전류는 약 몇 배 정도가 되는지 계산하시오.
  ◦ 계산과정 :   ◦ 답 :

(5) 직입기동시 시동토크가 정격토크의 2배였다고 하면 65[%] 탭에서 리액터 시동한 경우 시동토크는 약 몇 배 정도가 되는지 계산하시오.
  ◦ 계산과정 :   ◦ 답 :

모범답안 | **계산과정**

(1)

(2)

구분	②	③	④	⑤	⑥
접점 및 기호	88R	88M	T-a	88M	88R

(3)

구분	⑦	⑧	⑨	⑩
그림기호	Ⓡ	Ⓖ	Ⓨ	Ⓐ

(4) 직입기동시 시동 전류가 정격전류의 6배, 기동전류 $I_s \propto V_0$
   $I_s = 6I \times 0.65 = 3.9I$

   답 약 3.9배

(5) 직입기동시 시동 토크는 정격토크의 2배, 시동토크 $T_s \propto V_0^2$
   $T_s = 2T \times 0.65^2 = 0.85T$

   답 0.85배

07 리액터 기동회로

배점 13

다음 그림은 리액터 기동 정지 조작회로의 미완성 도면이다. 이 도면에 대하여 다음 물음에 답하시오.

(1) ① 부분의 미완성 주회로를 회로도에 직접 그리시오.

(2) 제어회로에서 ②, ③, ④, ⑤ 부분의 접점을 완성하고 그 기호를 쓰시오.

구분	②	③	④	⑤
접점 및 기호				

(3) ⑥, ⑦, ⑧, ⑨ 부분에 들어갈 LAMP와 계기의 그림기호를 그리시오.

(예 : Ⓖ 정지, Ⓡ 기동 및 운전, Ⓨ 과부하로 인한 정지)

구분	⑥	⑦	⑧	⑨
그림기호				

(4) 직입기동시 시동전류가 정격전류의 6배가 되는 전동기를 65[%] 탭에서 리액터 시동한 경우 시동전류는 약 몇 배 정도가 되는지 계산하시오.
  ∘ 계산 과정 :　　　　　　　　　　　　　　　　　∘ 답 :

(5) 직입기동시 시동토크가 정격토크의 2배였다고 하면 65[%] 탭에서 리액터 시동한 경우 시동토크는 어떻게 되는지 설명하시오.

모범답안 **계산과정**

(4) 직입기동시 시동 전류가 정격전류의 6배, 기동 전류 $I_S \propto V_0$
   $I_S = 6I \times 0.65 = 3.9I$　　　　　　　　　　답　약 3.9배

(5) 직입기동시 시동토크는 정격토크(T)의 2배, 시동토크는 V_0의 제곱에 비례하므로, 시동토크는 0.845배가 된다. ($T_s = 2T \times 0.65^2 = 0.845T$)

08 기동 보상기 회로

배점 6

도면과 같은 시퀀스도는 기동 보상기에 의한 전동기의 기동제어 회로의 미완성 도면을 보고 다음 각 물음에 답하시오.

(1) 전동기의 기동 보상기 기동제어는 어떤 기동 방법인지 그 방법을 상세히 설명하시오.
(2) 주 회로에 대한 미완성 부분을 완성하시오.
(3) 보조 회로의 미완성 접점을 그리고 그 접점 명칭을 표시하시오.

모범답안

(1) 기동시 전동기에 대한 인가전압을 단권변압기로 감압하여 공급함으로써 기동전류를 억제하고 기동완료 후 전전압을 가하는 방식이다.

(2)

(3)

09 기동 보상기 회로

3상 유도전동기 기동 보상기에 의한 기동회로 미완성 도면이다.

(1) ① 부분 M_3 주회로 배선을 회로도에 직접 그리시오.
(2) ② 부분에 들어갈 적당한 접점의 기호와 명칭을 그리시오.
(3) 잘못된 부분이 있으면 아래처럼 표시하시오.

(4) 기동보상기법에 대하여 설명하시오.

모범답안

(1), (2), (3)은 도면에 표기

(4) 기동전압을 떨어뜨려서 기동전류를 제한하는 기동방식으로 고전압 농형 유도 전동기를 기동할 때 사용

10 순차 운전 회로

배점 11

다음 회로는 3상 유도 전동기 3대의 순차 운전 회로도이다. 물음에 답하시오.

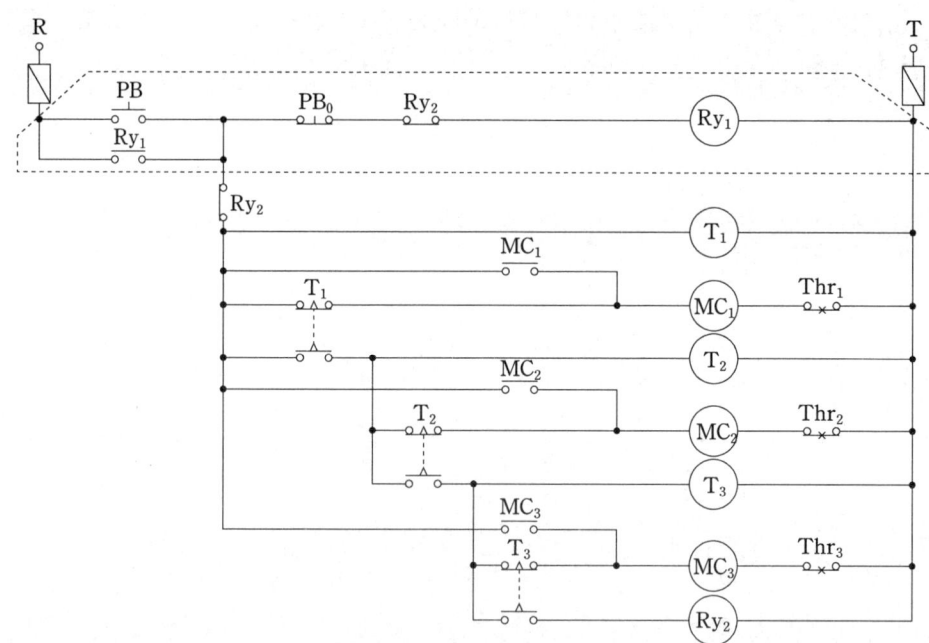

(1) 답란 타임 차트와 같이 스위치를 조작하였을 때의 타임 차트를 완성하시오.

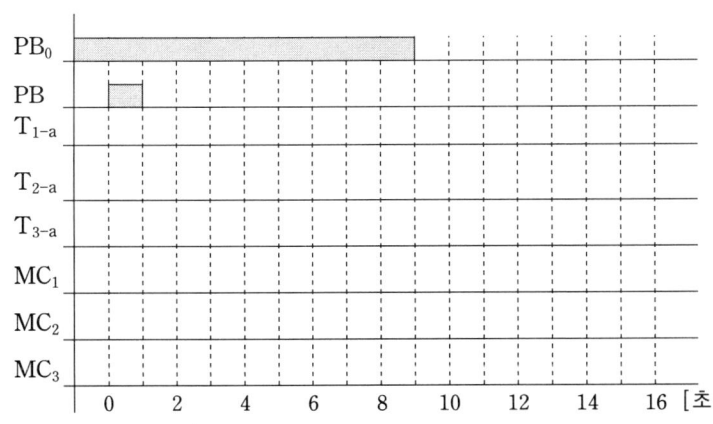

타이머1(T_1)의 설정시간 3초
타이머2(T_2)의 설정시간 3초
타이머3(T_3)의 설정시간 3초

(2) PB를 누르면 어떻게 작동되는가를 회로도의 기호를 이용하여 간단히 설명하시오.
(3) 타이머 T_2의 설정 시간 후에 운전되고 있는 전동기를 모두 쓰시오.
(4) 점선 부분을 AND, OR, NOT의 기본 논리 기호를 이용하여 무접점 회로도를 그리시오.

(1)

(2) PB(ON)하면 M_1, M_2, M_3 순차 동작 후 정지한다.

(3) M_1, M_2, M_3

(4)
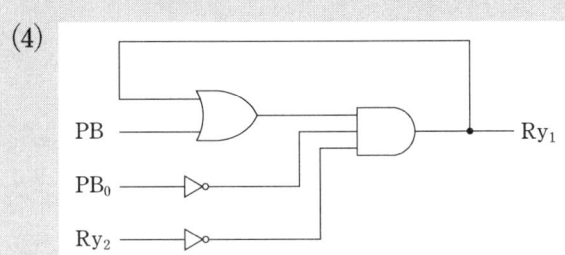

07 PLC

01 PLC 래더 다이어그램

배점 5

다음 그림은 PLC 프로그램 명령어 중 반전명령어(*, NOT)를 이용한 도면이다. 반전 명령어를 사용하지 않을 때의 래더 다이어그램을 작성하시오.

- 반전 명령어를 사용하지 않을 때의 래더 다이어그램

모범답안

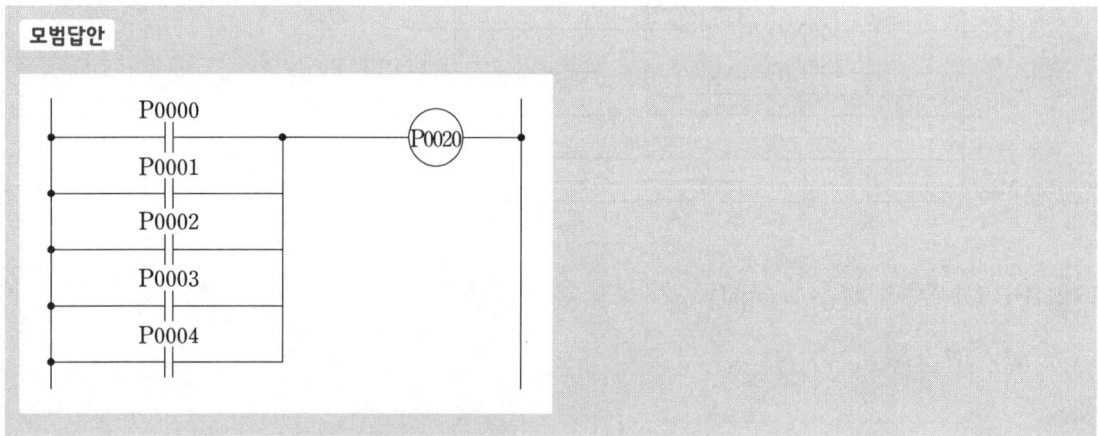

02 PLC 프로그램 표

배점 5

다음의 PLC 래더 다이어그램을 주어진 표의 빈칸 "㉮~㉶"에 명령어를 채워 프로그램을 완성하시오.

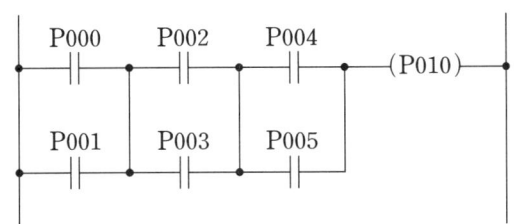

- 입력 : LOAD
- 직렬 : AND
- 병렬 : OR
- 블록간 병렬결합 : OR LOAD
- 블록간 직렬결합 : AND LOAD

step	명령어	번지
0	LOAD	P000
1	㉮	P001
2	㉯	㉵
3	㉰	㉶
4	AND LOAD	–
5	㉱	㉴
6	㉲	P005
7	AND LOAD	–
8	OUT	P010

모범답안

㉮ OR ㉯ LOAD ㉰ OR ㉱ LOAD ㉲ OR ㉳ P002 ㉴ P003 ㉵ P004

POINT PLC용어

① LOAD(입력시작)
② OR(병렬)
③ AND LOAD(직렬그룹)
④ AND NOT(직렬 b접점)
⑤ OUT(출력)

03 PLC 래더 다이어그램

배점 5

다음 명령어를 참고하여 미완성 PLC 래더 다이어그램을 완성하시오.

STEP	명령	번지
0	LOAD	P000
1	LOAD	P001
2	OR	P010
3	AND LOAD	-
4	AND NOT	P003
5	OUT	P010

모범답안

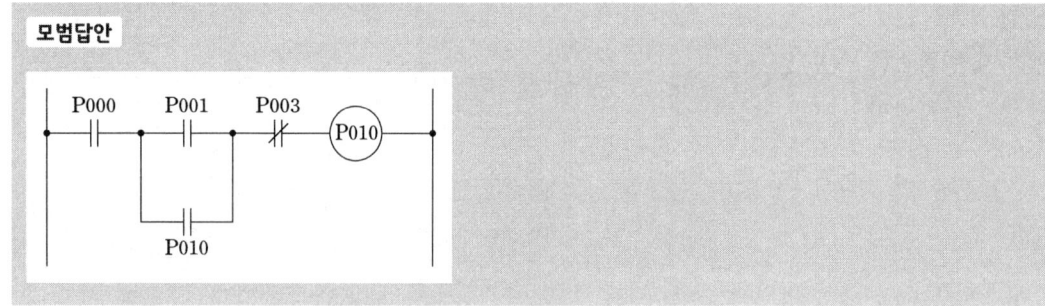

04 PLC 프로그램 표

배점 5

그림과 같은 PLC 시퀀스(래더 다이어그램)가 있다. 물음에 답하시오.

(1) PLC 프로그램에서의 신호 흐름은 단방향이므로 시퀀스를 수정해야 한다. 문제의 도면을 바르게 작성하시오.

(2) PLC 프로그램을 표의 ①~⑧에 완성하시오. (단, 명령어는 LOAD, AND, OR, NOT, OUT를 사용한다.)

STEP	OP	add	주소	명령어	번지
0	LOAD	P000	7	AND	P002
1	AND	P001	8	⑤	⑥
2	①	②	9	OR LOAD	
3	AND	P002	10	⑦	⑧
4	AND	P004	11	AND	P004
5	OR LOAD		12	OR LOAD	
6	③	④	13	OUT	P010

모범답안

(2) ① LOAD ② P000 ③ LOAD ④ P003
    ⑤ AND ⑥ P001 ⑦ LOAD ⑧ P003

05 PLC 래더 다이어그램

배점 5

다음의 PLC 프로그램을 보고, 래더 다이어그램을 완성하시오.(p3-75 문제)

STEP	명령어	주소	STEP	명령어	주소
1	STR	P000	5	AND STR	–
2	OR	P001	6	AND NOT	P004
3	STR NOT	P002	7	OUT	P010
4	OR	P003	–	–	–

모범답안

06 PLC 프로그램 표

배점 5

다음은 PLC 래더 다이어그램에 의한 프로그램이다. 아래의 명령어를 활용하여 각 스텝에 알맞은 내용으로 프로그램 하시오.

[명령어]

- 입력 a접점 : LD,
- 직렬 a접점 : AND,
- 병렬 a접점 : OR,
- 블록 간 병렬접속 : OB,

- 입력 b접점 : LDI
- 직렬 b접점 : ANI
- 병렬 b접점 : ORI
- 블록 간 직렬접속 : ANB

step	명령어	번지
1		
2		
3		
4		
5		
6		
7		
8		
9	OUT	Y010

모범답안

step	명령어	번지
1	LDI	X000
2	ANI	X001
3	LD	X002
4	ANI	X003
5	LDI	X003
6	AND	X004
7	OB	
8	ANB	
9	OUT	Y010

07 PLC 구성

배점 4

다음 그림과 같은 유접점 회로에 대한 주어진 미완성 PLC 래더 다이어그램을 완성하고, 표의 빈칸 ①~⑥에 해당하는 프로그램을 완성하시오. (단, 회로시작 LOAD, 출력 OUT, 직렬 AND, 병렬 OR, b접점 NOT, 그룹간 묶음 AND LOAD 이다.)

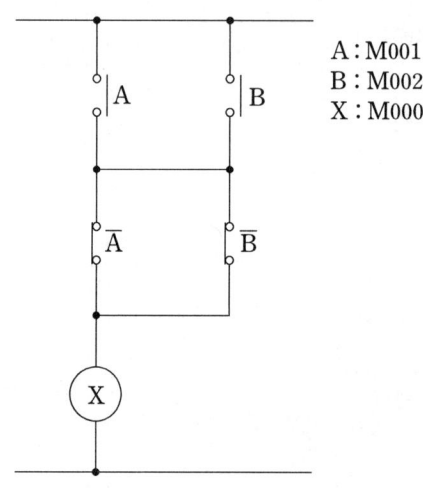

A : M001
B : M002
X : M000

◦ 래더 다이어그램

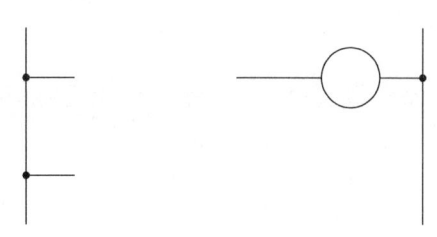

◦ 프로그램

차례	명령	번지
0	LOAD	M001
1	①	M002
2	②	③
3	④	⑤
4	⑥	–
5	OUT	M000

모범답안

◦ 래더 다이어그램

◦ 프로그램표

① OR ② LOAD NOT
③ M001 ④ OR NOT
⑤ M002 ⑥ AND LOAD

08 PLC 프로그램 표

배점 5

다음과 같은 레더 다이어그램을 보고 PLC 프로그램을 완성하시오. (단, 타이머 설정시간 t는 0.1초 단위임)

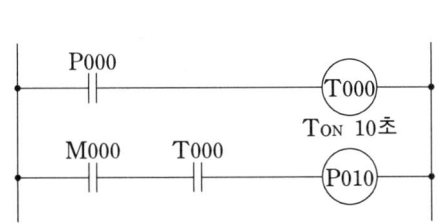

명령	번지
LOAD	P000
TMR	(①)
DTA	(②)
(③)	M000
AND	(④)
(⑤)	P010

모범답안

① T000　② 100　③ LOAD　④ T000　⑤ OUT

09 PLC 프로그램 표

배점 4

다음 주어진 레더 다이어그램을 통해 PLC 프로그램을 완성하시오.(타이머 설정시간은 0.1초 단위)

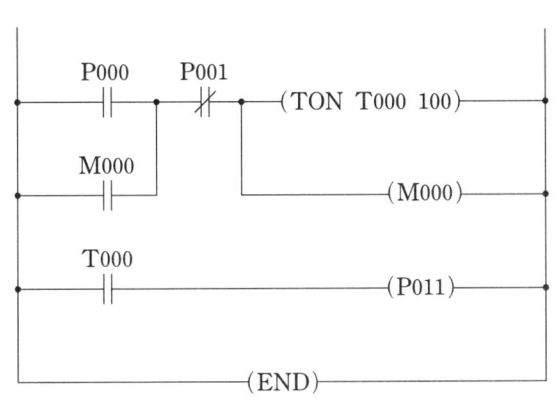

ADD	OP	DATA
0	LOAD	P000
1		
2		
3	TON	T000
4	DATA	100
5		
6		
7	OUT	P011
8	END	

모범답안

ADD	OP	DATA
0	LOAD	P000
1	OR	M000
2	AND NOT	P001
3	TON	T000
4	DATA	100
5	OUT	M000
6	LOAD	T000
7	OUT	P011
8	END	

10. PLC 프로그램 표

배점 6

표의 빈칸 ㉮~㉺에 알맞은 내용을 써서 그림 PLC 시퀀스의 프로그램을 완성하시오. (단, 사용 명령어는 회로시작(R), 출력(W), AND(A), OR(O), NOT(N), 시간지연(DS)이고, 0.1초 단위이다.)

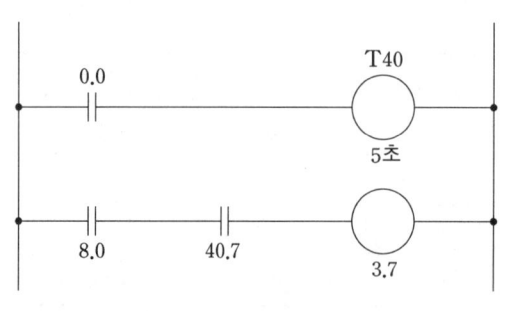

STEP	OP	ADD
0	R	㉮
1	DS	㉯
2	W	㉰
3	㉱	8.0
4	㉲	㉳
5	㉴	㉵

모범답안

㉮ 0.0, ㉯ 50, ㉰ T40, ㉱ R, ㉲ A, ㉳ 40.7, ㉴ W, ㉵ 3.7

11 PLC 래더 다이어그램

배점 6

조건에 주어진 PLC프로그램을 보고 다음 물음에 답하시오.
(S는 시작, AN은 직렬 부정, ON은 병렬 부정, W는 출력)

주소	명령어	번지
1	S	P000
2	AN	M000
3	ON	M001
4	W	P011

(1) PLC 논리회로를 완성하시오.
(2) 논리식을 완성하시오.

모범답안

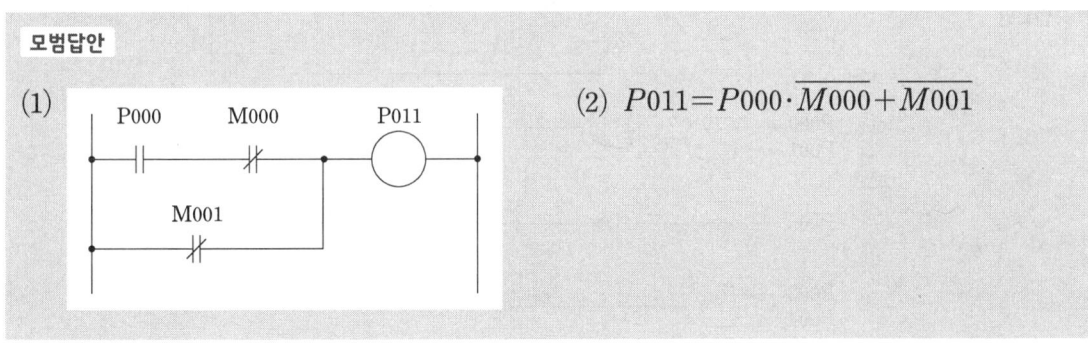

(2) $P011 = P000 \cdot \overline{M000} + \overline{M001}$

12 PLC 래더 다이어그램

배점: 4

다음 plc 래더다이어그램을 논리회로로 표현하시오. (AND, OR, NOT만을 사용하며, 2입력 1출력 논리소자만 가능)

모범답안

13 PLC 래더 다이어그램

배점 6

그림과 같은 무접점 논리회로의 래더다이어그램(ladder diagram)의 미완성 부분(점선 부분)을 완성하시오. (단, 입·출력 번지의 할당은 다음과 같으며, GL은 녹색램프, RL은 적색램프이다.)

- 입력 : $Pb_1(01)$, $Pb_2(02)$
- 출력 : GL(30), RL(31)
- 릴레이 : X(40)

모범답안

08 응용제어회로

01 입력·제어·출력

배점 9

그림과 같은 로직 시퀀스 회로를 보고 다음 각 물음에 답하시오.

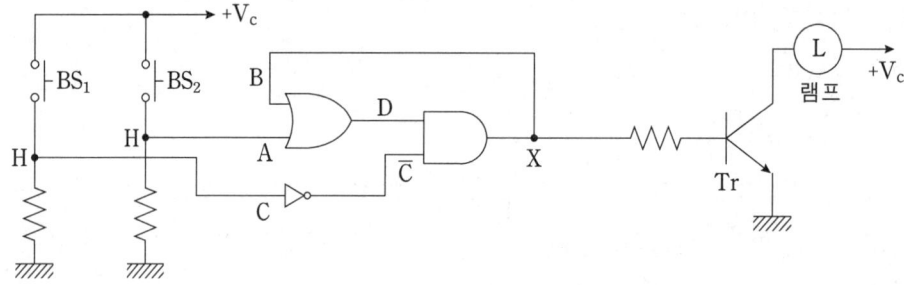

(1) 주어진 도면을 점선으로 구획하여 3단계로 구분하여 표시하되, 입력회로부분, 제어회로부분, 출력회로 부분으로 구획하고 그 구획단 하단에 회로의 명칭을 쓰시오.
(2) 로직 시퀀스 회로에 대한 논리식을 쓰시오.
(3) 주어진 미완성 타임차트와 같이 버튼 스위치 BS_1과 BS_2를 ON하였을 때의 출력에 대한 타임 차트를 완성하시오.

Chapter 08. 응용제어회로

모범답안

(1)

(2) 논리식 : $X = (BS_2 + X) \cdot \overline{BS_1}$

(3)

02 트랜지스터 회로

배점 6

그림에서 3개의 접점 A, B, C 가운데 둘 이상이 ON되었을 때, RL이 동작하는 회로이다. 다음 물음에서 답하시오.

(1) 회로에서 점선 안의 내부회로를 다이오드 소자(▶│)를 이용하여 올바르게 연결하시오.

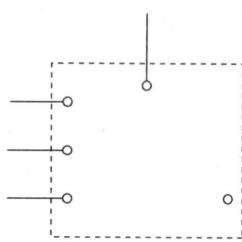

(2) 진리표를 완성하시오.

입력			출력
A	B	C	X

(3) X의 논리식을 간략화 하시오.

모범답안

(1)

(2)

입력			출력
A	B	C	X
0	0	0	0
0	0	1	0
0	1	0	0
0	1	1	1
1	0	0	0
1	0	1	1
1	1	0	1
1	1	1	1

(3) $X = AB + BC + AC$

▶ 참고

공통 출력인 ABC를 추가적으로 더하여 간소화를 진행한다.

$X = \overline{A}BC + ABC + A\overline{B}C + ABC + AB\overline{C} + ABC$
$= (\overline{A} + A)BC + (\overline{B} + B)AC + (\overline{C} + C)AB$
$= AB + BC + AC$

---

03 다이오드 회로

배점 5

그림과 같은 무접점 릴레이 회로의 출력식 Z를 구하고, 이것을 전자 릴레이 회로로 바꾸어 그리시오.

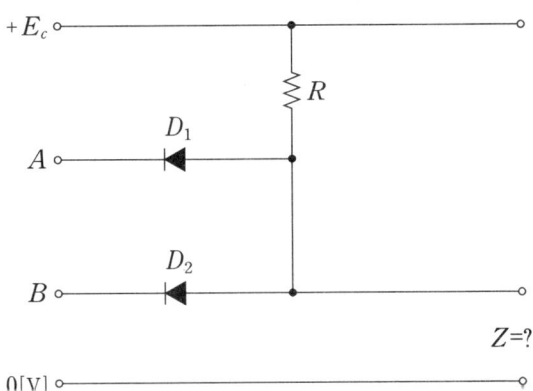

○ 출력식 :

○ 전자 릴레이 회로 :

> **모범답안**
> - 출력식 : $Z = A \cdot B$
> - 전자 릴레이 회로
>
>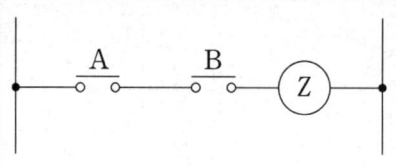

04 | 다이오드 회로

배점 6

그림과 같은 전자 릴레이 회로를 미완성 다이오드매트릭스 회로에 다이오드를 추가시켜 다이오드매트릭스로 바꾸어 그리시오.

> **참고**

전자 릴레이 회로에서 셀렉트 스위치가 가리키는 릴레이 접점이 동작하여 램프가 점등되는 상황을 표현하는 방식으로 릴레이 동작에 의해 점등되는 램프를 찾는다.

매트릭스 회로에서 셀렉트 스위치부분은 접지에 해당하므로, 해당 라인에 연결되는 부분에 다이오드를 설치할 경우 램프로 전원이 연결되지 않고 대지로 단락시키는 상황을 해석하며 필요한 곳에 다이오드를 설치한다.

05 고장표시 회로

배점 5

그림에서 고장표시접점 F가 닫혀 있을 때는 부저 BZ가 울리나 표시등 L은 켜지지 않으며, 스위치 24에 의하여 벨이 멈추는 동시에 표시등 L이 켜지도록 SCR의 게이트와 스위치 등을 접속하여 회로를 완성하시오. 또한, 회로 작성에 필요한 저항이 있으면 그것도 삽입하여 도면을 완성하도록 하시오.

모범답안

부록 1 기사 PLUS 문제

01 드모르간의 정리

배점 5

그림과 같은 회로의 출력을 입력변수로 나타내고 AND 회로 1개, OR 회로 2개, NOT회로 1개를 이용한 등가회로를 그리시오.

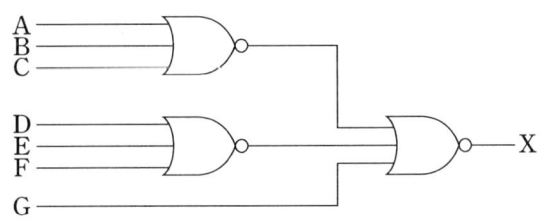

- 출력식
- 등가회로

모범답안

- 출력식 : $X = (A+B+C) \cdot (D+E+F) \cdot \overline{G}$

- 등가회로 :

▶ 참고

드모르간의 정리를 이용한 논리식 정리를 통해 동일한 답안을 얻을 수 있다.
$X = \overline{\overline{A+B+C} + \overline{D+E+F} + G} = (A+B+C) \cdot (D+E+F) \cdot \overline{G}$

02 유접점·무접점 변환

배점 4

다음의 유접점 시퀀스 회로를 무접점 논리회로로 전환하여 그리시오.

모범답안

> **참고**
>
> 입력단자의 조건이 2입력이하로 주어질 경우 모범답안만 정답으로 인정되며, 조건이 없을 경우 3입력단자의 사용이 가능하다.
>
> [3입력단자 사용]

03 배타적 논리합

배점: 5

다음 회로를 이용하여 각 물음에 답하시오.

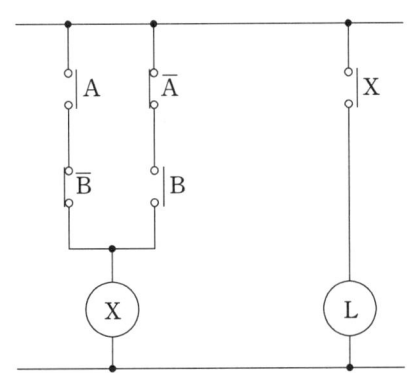

(1) 그림과 같은 회로의 명칭을 쓰시오.
(2) 논리식을 쓰시오.
(3) 무접점 논리회로를 그리시오.

모범답안

(1) 배타적 논리합 회로

(2) $X = A \cdot \overline{B} + \overline{A} \cdot B = L$

(3)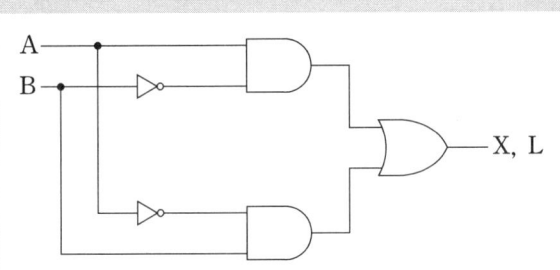

04 NAND만의 회로

배점: 5

그림과 같은 유접점 회로를 무접점 회로로 바꾸고, 이 논리회로를 NAND만의 회로로 변환하시오.

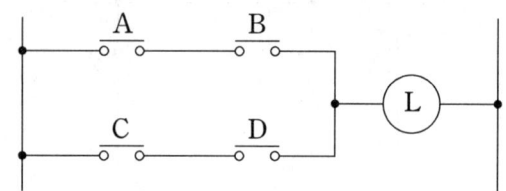

모범답안

구분	논리식	회로도
무접점 회로	$L = AB + CD$	
NAND만의 회로	$L = \overline{\overline{AB} \cdot \overline{CD}}$	

05 인터록 회로

배점 6

그림은 릴레이 인터록 회로이다. 이 그림을 보고 다음 각 물음에 답하시오.

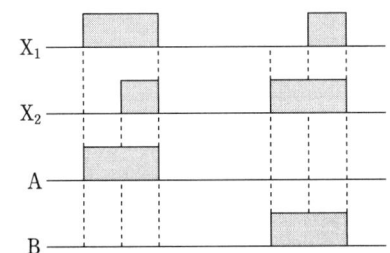

(1) 이 회로를 논리회로로 고쳐서 완성하시오.

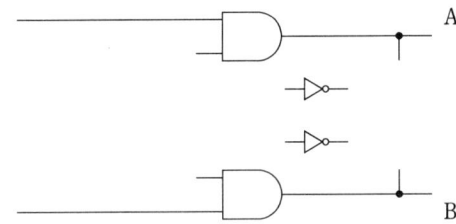

(2) 논리식을 쓰고 진리표를 완성하시오.
   ◦ 논리식
   ◦ 진리표

X_1	X_2	A	B
0	0		
0	1		
1	0		

모범답안

(1)

(2) ◦ 논리식

$A = X_1 \cdot \overline{B},\ B = X_2 \cdot \overline{A}$

◦ 진리표

X_1	X_2	A	B
0	0	0	0
0	1	0	1
1	0	1	0

06 일치회로

배점 6

다음 주어진 논리회로를 보고 물음에 답하시오.

A ─┐
   ├─▷∘─ Y
B ─┘

(1) 회로의 명칭을 쓰시오.

(2) 논리식을 작성하시오.

(3) 진리표를 완성하시오.

A	B	Y
0	0	
0	1	
1	0	
1	1	

모범답안

(1) Exclusive NOR회로, 일치회로

(2) $Y = A \cdot B + \overline{A} \cdot \overline{B}$

(3) 진리표

A	B	Y
0	0	1
0	1	0
1	0	0
1	1	1

07 논리식 해석

배점 8

스위치 S_1, S_2, S_3에 의하여 직접 제어되는 계전기 X, Y, Z가 있다. 전등 L_1, L_2, L_3, L_4가 동작표와 같이 점등된다고 할 때 다음 각 물음에 답하시오.

[동작표]

X	Y	Z	L_1	L_2	L_3	L_4
0	0	0	0	0	0	1
0	0	1	0	0	1	0
0	1	0	0	0	1	0
0	1	1	0	1	0	0
1	0	0	0	0	1	0
1	0	1	0	1	0	0
1	1	0	0	1	0	0
1	1	1	1	0	0	0

[조건]

- 출력 램프 L_1에 대한 논리식 $L_1 = X \cdot Y \cdot Z$
- 출력 램프 L_2에 대한 논리식 $L_2 = \overline{X} \cdot Y \cdot Z + X \cdot \overline{Y} \cdot Z + X \cdot Y \cdot \overline{Z}$
  $= \overline{X} \cdot Y \cdot Z + X(\overline{Y} \cdot Z + Y \cdot \overline{Z})$
- 출력 램프 L_3에 대한 논리식 $L_3 = \overline{X} \cdot \overline{Y} \cdot Z + \overline{X} \cdot Y \cdot \overline{Z} + X \cdot \overline{Y} \cdot \overline{Z}$
  $= X \cdot \overline{Y} \cdot \overline{Z} + \overline{X} \cdot (\overline{Y} \cdot Z + Y \cdot \overline{Z})$
- 출력 램프 L_4에 대한 논리식 $L_4 = \overline{X} \cdot \overline{Y} \cdot \overline{Z}$

(1) 답안지의 유접점 회로에 대한 미완성 부분을 최소 접점수로 도면을 완성하시오.

[예]

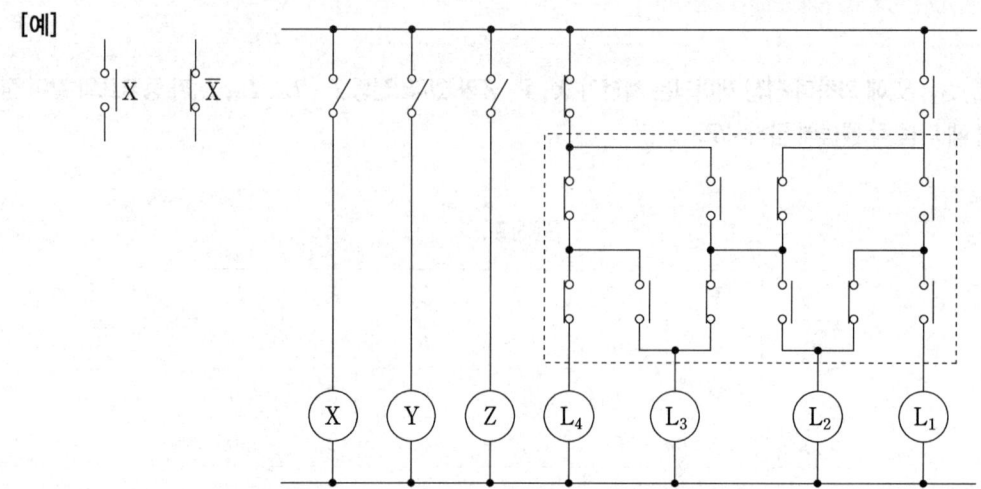

(2) 답안지의 무접점 회로에 대한 미완성 부분을 완성하고 출력을 표시하시오.

[예 : 출력 L_1, L_2, L_3, L_4]

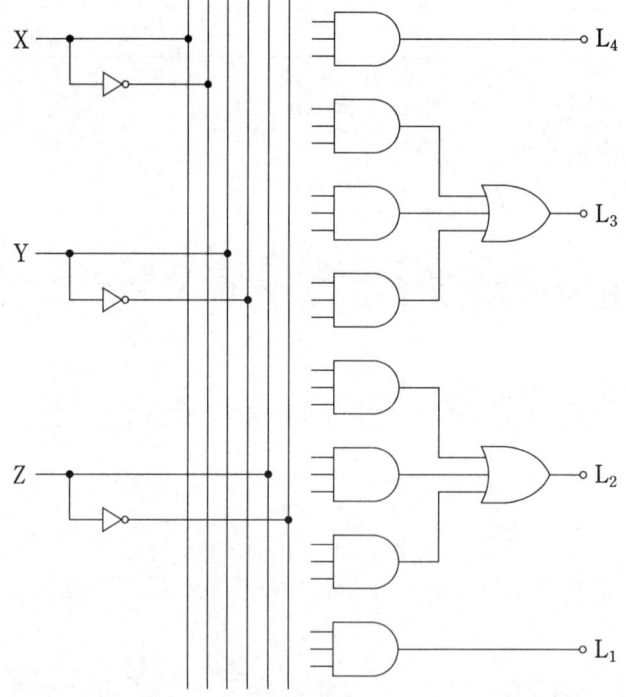

부록 1. 기사 PLUS 문제

모범답안

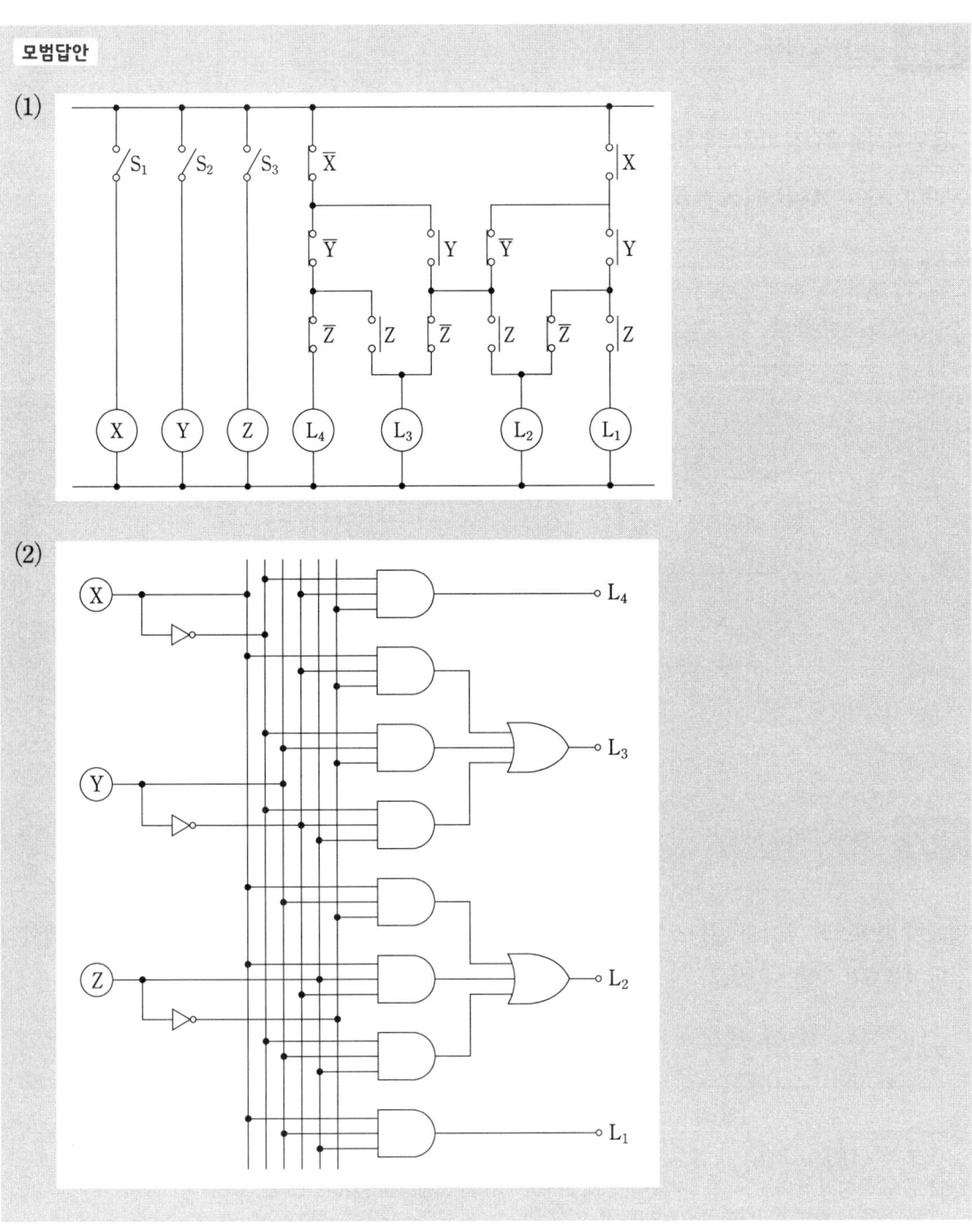

08 논리식 해석

배점: 5

다음 논리식을 유접점 회로와 무접점 회로로 나타내시오.

논리식 : $X = A \cdot \overline{B} + (\overline{A} + B) \cdot \overline{C}$

모범답안

(1) 유접점 회로A

(2) 무접점 회로

09 릴레이 비교

배점: 6

릴레이 시퀀스와 무접점 시퀀스에 사용되는 전자릴레이와 무접점 릴레이를 비교할 때 전자릴레이의 장단점을 5가지씩만 쓰시오.

모범답안

[장점]	[단점]
① 과부하 내량이 크다.	① 소비 전력이 크다.
② 온도 특성이 좋다.	② 소형화에 한계가 있다.
③ 전기적 잡음 없이 입·출력을 분리할 수 있다.	③ 응답속도가 느리다.
④ 가격이 싸다.	④ 가동 접촉부 수명이 짧다.
⑤ 부하가 큰 전력을 인출할 수 있다.	⑤ 충격, 진동에 약하다.

10 타이머·전자접촉기

배점 6

그림은 기동 압력 BS_1을 준 후 일정 시간이 지난 후에 전동기 Ⓜ이 기동 운전되는 회로의 일부이다. 여기서 전동기 Ⓜ이 기동하면 릴레이 Ⓧ와 타이머 Ⓣ가 복구되고 램프 ⓇⓁ이 점등되며 램프 ⒼⓁ은 소등되고, Thr이 트립되면 램프 ⓄⓁ이 점등하도록 회로의 점선 부분을 아래의 수정된 회로에 완성하시오. (단, MC의 보조 접점 (2a,2b)을 모두 사용한다.)

○ 수정된 회로

모범답안

11 직·병렬 점등회로

배점 5

다음 동작설명과 같이 동작이 될 수 있는 시퀀스 제어도를 그리시오.

[동작설명]

1. 3로 스위치 S_{3-1}을 ON, S_{3-2}를 ON했을 시 R_1, R_2가 직렬 점등되고, S_{3-1}을 OFF, S_{3-2}를 OFF 했을 시 R_1, R_2가 병렬 점등한다.
2. 푸시 버튼 스위치 PB를 누르면 R_3와 B가 병렬로 동작한다.

모범답안

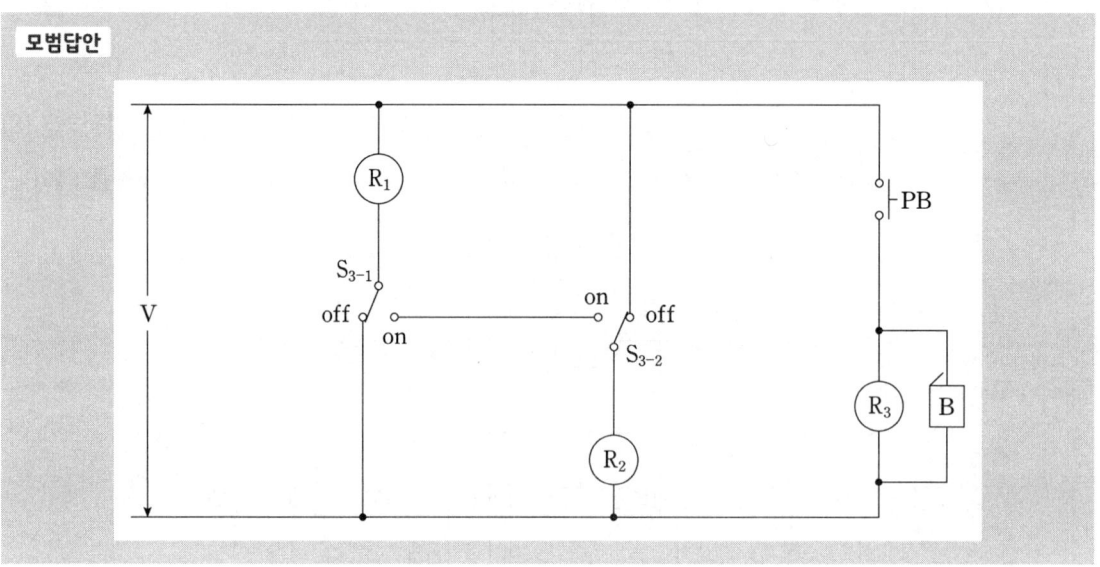

12 동작·정지 표시등

배점: 5

다음 조건과 같은 동작이 되도록 제어회로의 배선과 감시반 회로 배선 단자를 연결하시오.

[조건]
- 배선용차단기(MCCB)를 투입(ON)하면 GL1과 GL2가 점등된다.
- 선택스위치(SS)를 "L"위치에 놓고 PB2를 누른 후 놓으면 전자접촉기(MC)에 의하여 전동기가 운전되고, RL1과 RL2는 점등, GL1과 GL2는 소등된다.
- 전동기 운전 중 PB1을 누르면 전동기는 정지하고, RL1과 RL2는 소등, GL1과 GL2는 점등된다.
- 선택스위치(SS)를 "R"위치에 놓고 PB3를 누른 후 놓으면 전자접촉기(MC)에 의하여 전동기가 운전되고, RL1과 RL2는 점등, GL1과 GL2는 소등된다.
- 전동기 운전 중 PB4를 누르면 전동기는 정지하고, RL1과 RL2는 소등되고 GL1과 GL2가 점등된다.
- 전동기 운전 중 과부하에 의하여 EOCR이 작동되면 전동기는 정지하고 모든 램프는 소등되며, EOCR을 RESET하면 초기상태로 된다.

13 환기팬 자동운전 회로

배점 8

다음 회로는 환기팬의 자동운전회로이다. 이 회로와 동작 개요를 보고 다음 각 물음에 답하시오.

[동작개요]

① 연속 운전을 할 필요가 없는 환기용 팬 등의 운전 회로에서 기동 버튼에 의하여 운전을 개시하면 그 다음에는 자동적으로 운전 정지를 반복하는 회로이다.
② 기동 버튼 PB_1을 "ON" 조작하면 타이머 T_1의 설정 시간만 환기팬이 운전하고 자동적으로 정지한다. 그리고 타이머 T_2의 설정 시간에만 정지하고 재차 자동적으로 운전을 개시한다.
③ 운전 도중에 환기팬을 정지시키려고 할 경우에는 버튼 스위치 PB_2를 "ON" 조작하여 행한다.

(1) 위 시퀀스도에서 R_1에 의하여 자기 유지될 수 있도록 ①로 표시된 곳에 접점기호를 그려 넣으시오.
(2) ②로 표시된 접점 기호의 명칭과 동작을 간단히 설명하시오.
(3) Thr로 표시된 ③, ④의 명칭과 동작을 간단히 설명하시오.

모범답안

(1) ⊶|R₁

(2) ∘ 명칭 : 한시동작 순시복귀 b접점
    ∘ 동작 : 타이머 T_2가 여자되면 일정 시간 후 개로되어 R_2와 T_2를 소자시킨다. T_2가 소자 시에는 즉시 복귀한다.

(3) ∘ 명칭 : ③ 열동 계전기, ④ 수동 복귀 b접점
    ∘ 동작 : 전동기에 과전류가 흐르면 ③이 동작하여 ④접점이 개로되어 전동기를 정지시키고 복귀는 수동으로 하여야 한다.

14 Y-△ 기동회로

배점 9

그림의 회로는 Y-△ 기동 방식의 주회로 부분이다. 도면을 보고 다음 각 물음에 답하시오.

(1) 주회로 부분의 미완성 회로에 대한 결선을 완성하시오.
(2) Y-△ 기동 시와 전전압 기동 시의 기동 전류를 비교 설명하시오.
(3) 전동기를 운전할 때 Y-△ 기동에 대한 기동 및 운전에 대한 조작 요령을 설명하시오.

모범답안

(1)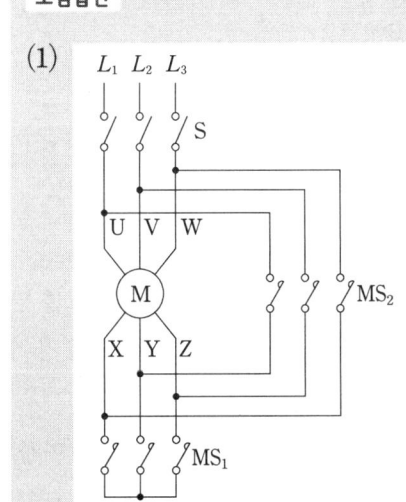

(2) Y-△ 기동 전류는 전전압 기동 전류의 1/3배이다.

(3) Y결선으로 기동한 후 타이머 설정 시간이 지나면 △결선으로 운전한다. 이때 Y와 △는 동시투입이 되어서는 안된다.

---

15 정·역 및 Y-△ 기동회로

배점 9

그림과 같은 시퀀스도는 3상 농형 유도전동기의 정·역 및 Y-△ 기동회로이다. 이 시퀀스도를 보고 다음 각 물음에 답하시오. (단, $MC_{1\sim4}$: 전자접촉기, PB_0 : 누름버튼 스위치, PB_1과 PB_2 : 1a와 1b 접점을 가지고 있는 누름버튼 스위치, PL_1, PL_2, PL_3 : 표시등, T : 한시동작 순시복귀 타이머이다.)

(1) MC₁을 정회전용 전자접촉기라고 가정하면 역회전용 전자접촉기는 어느 것인가?
(2) 유도전동기를 Y결선과 △결선을 시키는 전자접촉기는 어느 것인가?
    ◦ Y결선 :   ◦ △결선 :
(3) 유도전동기를 정·역운전할 때, 정회전 전자접촉기와 역회전 전자접촉기가 동시에 작동하지 못하도록 보조회로에서 전기적으로 안전하게 구성하는 것을 무엇이라 하는가?
(4) 유도전동기를 Y−△로 기동하는 이유에 대하여 설명하시오.
(5) 유도전동기가 Y결선에서 △결선으로 되는 것은 어느 기계기구의 어떤 접점에 의한 입력신호를 받아서 △결선 전자접촉기가 작동하여 운전되는가? (단, 접점 명칭은 작동원리에 따른 우리말 용어로 답하도록 하시오.)
(6) MC₁을 정회전 전자접촉기로 가정할 경우, 유도전동기가 역회전 Y−△로 운전할 때 작동(여자)되는 전자접촉기를 모두 쓰시오.
(7) MC₁을 정회전 전자접촉기로 가정할 경우, 유도전동기가 역회전할 경우만 점등되는 표시램프는 어떤 것인가?
(8) 주회로에서 Thr는 무엇인가?

모범답안

(1) MC_2
(2) ◦ Y결선 : MC_4 ◦ △결선 : MC_3
(3) 인터록
(4) 전전압 기동시보다 Y−△기동시 전류는 1/3배이기 때문이다.
(5) 한시 동작 순시 복귀 a접점
(6) MC_2, MC_3
(7) PL_3
(8) 열동 계전기

16 수중 펌프 제어회로

배점 13

다음은 수중 PUMP로 자동제어 운전하는 회로도이다. 다음 각 물음에 답하시오.

(1) 수동 자동으로 제어가 가능한 시퀀스 회로를 작성하시오.

[조건]
① 전환개폐기 사용, ② 리미트 S/W나 플로우트 스위치 사용
③ MOTOR 정지시 ⓖ 램프, MOTOR 운전시 ⓡ 램프, ④ 제어반과 현장에서 모두 제어 가능

(2) 현장 조작용 스위치에 사용되는 케이블은 어떤 종류인가?

(3) 위의 회로에서 사용할 수 있는 차단기 중 가장 적당한 차단기의 명칭을 쓰시오.

모범답안

(1)

(2) CCV(0.6/1[kV] 제어용 가교 폴리에틸렌 절연 비닐 시스 케이블)

(3) 누전 차단기

17 순차 회로

배점 8

다음 시퀀스 회로도를 보고 물음에 답하시오.

[동작설명]

1) 전원을 투입하면 WL이 점등한다.
2) PBS1을 누르면 MC1, T1이 여자되어 TB2가 회전한다. PL1점등
   (이 때 X가 여자될 준비가 된다.)
3) t1초 후 MC2, T2가 여자되어 TB3가 회전한다. PL2점등, PL1소등 (T1소호)
4) t2초 후 MC3가 여자되어 TB4가 회전한다. PL3점등, PL2소등(T2소호)
5) PBS2를 누르면 X, T3, T4가 여자되며 MC3가 소호된다.
6) t3초 후 MC2가 소호된다.
7) t4 초후 MC1이 소호된다.
8) 동작사항 진행 중 PBS3를 누르면 모든 동작사항이 Reset된다.

(1) 빈 칸에 알맞은 섭섭을 넣으시오.
(2) 타임챠트를 완성하시오.

모범답안

(1)

(2)

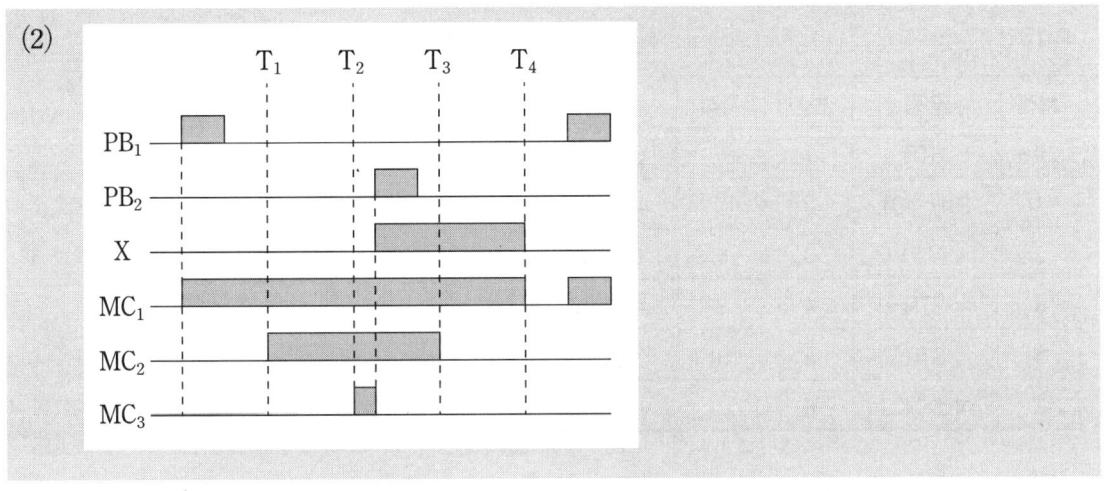

18 PLC 프로그램 표

배점 5

그림과 같은 PLC 시퀀스의 프로그램을 표의 차례 1~9에 알맞은 명령어를 각각 쓰시오. 여기서 시작(회로)입력 STR, 출력 OUT, 직렬 AND, 병렬 OR, 부정 NOT, 그룹 직렬 AND STR, 그룹 병렬 OR STR의 명령을 사용한다.

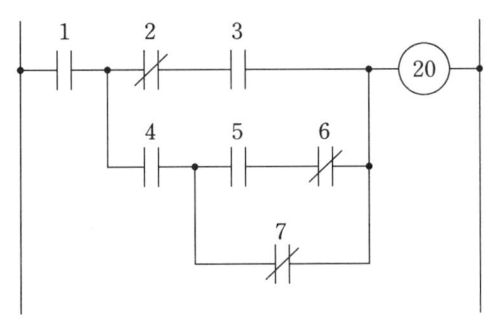

차례	명령	번지	차례	명령	번지
0	STR	1	6		7
1		2	7		–
2		3	8		–
3		4	9		–
4		5	10	OUT	20
5		6			

모범답안

차례	명령	번지	차례	명령	번지
0	STR	1	6	OR NOT	7
1	STR NOT	2	7	AND STR	–
2	AND	3	8	OR STR	–
3	STR	4	9	AND STR	–
4	STR	5	10	OUT	20
5	AND NOT	6			

POINT 그룹연결 구분

그룹연결된 부분을 분리 후 아래에서 위쪽으로 그룹연결 명령어를 통해 연결한다.

19 PLC 래더 다이어그램

배점 6

다음 프로그램 표를 보고 물음에 답하시오.

명령어	번지
LOAD	P000
OR	P010
AND NOT	P001
AND NOT	P002
OUT	P010

(1) PLC 래더 다이어그램을 완성하시오.
(2) 논리회로를 완성하시오.

모범답안

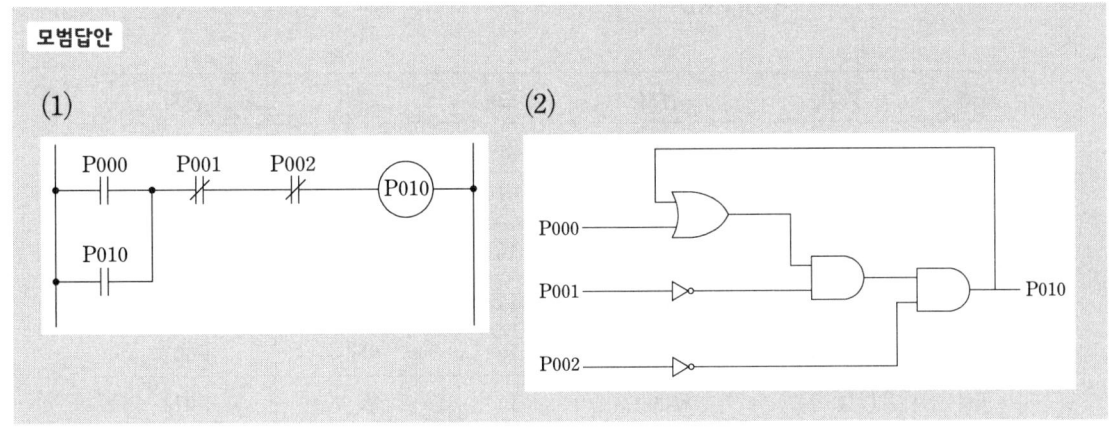

20 PLC 프로그램 표

배점 8

다음 주어진 레더 다이어그램을 통해 PLC 프로그램을 완성하시오.

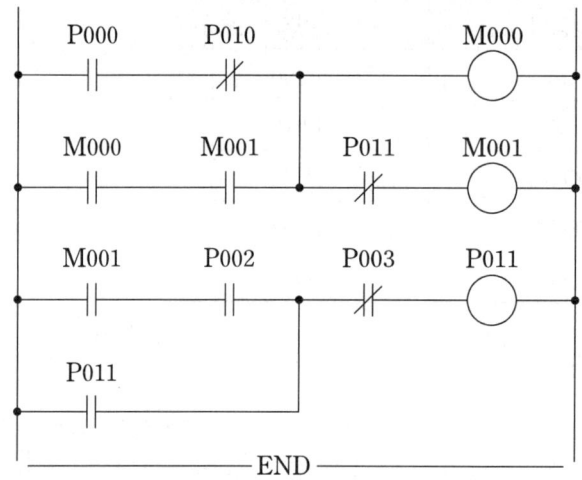

S : 시작
A : AND
O : OR
W : 출력
N : NOT
AS : 그룹직렬연결
OS : 그룹병렬연결
END : 종료

차례	명령	번지	차례	명령	번지
1	S	P000	8	W	M001
2	AN	P010	9	(⑤)	(⑥)
3	(①)	(②)	10	A	P002
4	A	M001	11	(⑦)	P011
5	(③)	–	12	AN	P003
6	(④)	M000	13	W	P011
7	AN	P011	14	(⑧)	–

모범답안

① S   ② M000
③ OS ④ W
⑤ S   ⑥ M001
⑦ O   ⑧ END

부록 2 산업기사 PLUS 문제

01 무접점, 유접점 변환

배점 6

다음 무접점회로를 보고 물음에 답하시오.

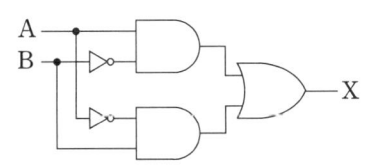

(1) 유접점회로로 나타내시오.

(2) 타임챠트를 완성하시오.

모범답안

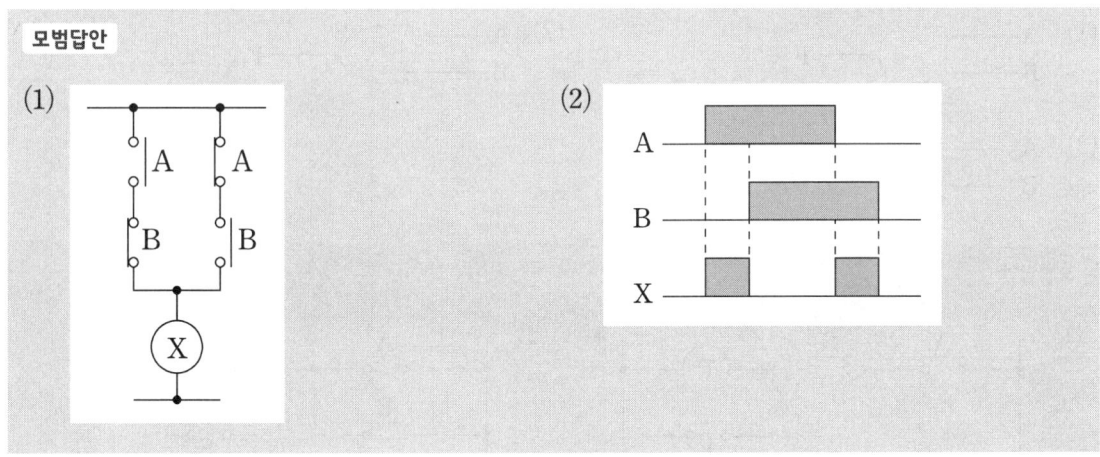

02 무접점, 유접점 변환

배점 6

반도체의 스위칭 이론을 이용하여 표현된 무접점식인 논리 기호는 아래의 [예]와 같이 접점에 의하여 표시할 수 있다.

[예]

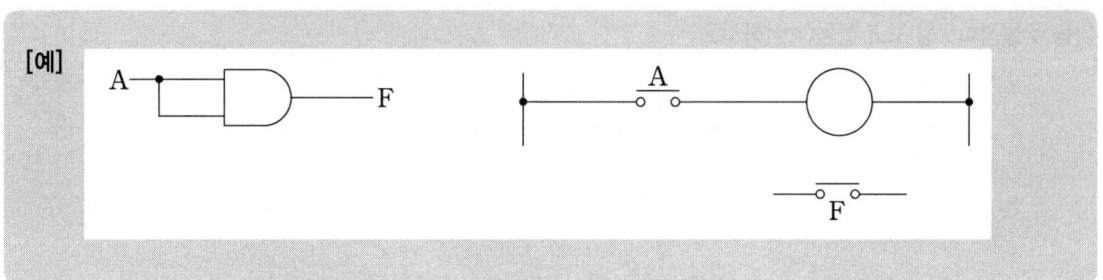

다음의 로직 기호를 앞의 [예]와 같이 유접점으로 표현하시오.

(1) A, B → F (AND)

(2) A, B → F (OR)

(3) A, B → F (NOR)

모범답안

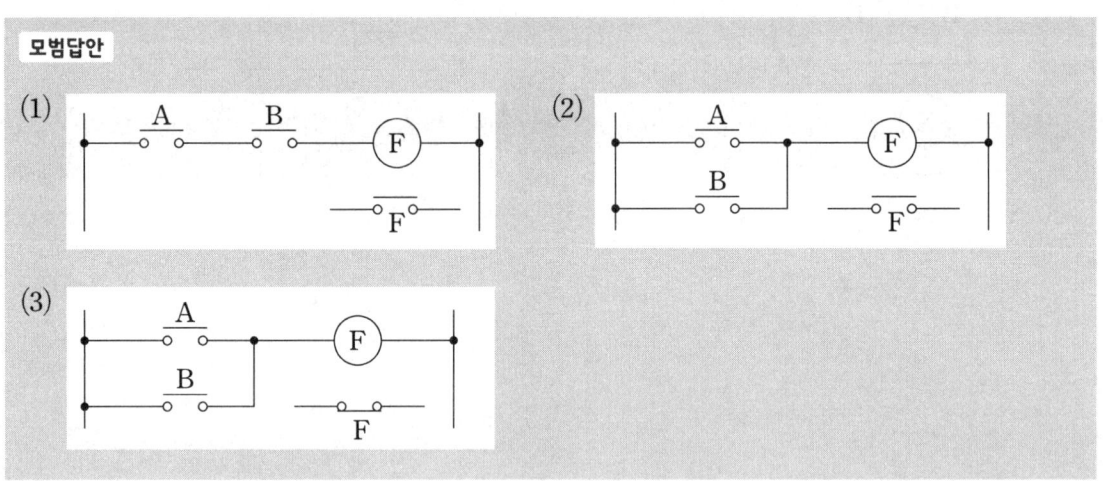

03 순차회로

배점 7

그림과 같은 시퀀스회로를 보고 다음 각 물음에 답하시오. (단, R_1, R_2, R_3는 보조 릴레이 이다.)

1) 전원측의 가장 가까운 누름버튼스위치 PB_1으로부터 PB_2, PB_3, PB_0까지 ON조작할 경우의 동작사항을 설명하시오. (단, 여기에서 ON 조작은 누름버튼 스위치를 눌러주는 역할을 말한다.)

동작조건	동작사항 설명
PB_1 ON	
PB_2 ON	
PB_3 ON	
PB_0 ON	

(2) 최초에 PB_2를 ON 조작한 경우의 동작상황을 설명하시오.

(3) 타임차트의 누름버튼스위치 PB_1, PB_2, PB_3, PB_0와 같은 타이밍으로 ON조작하였을 때 타임차트의 R_1, R_2, R_3의 동작상태를 그림으로 완성하시오.

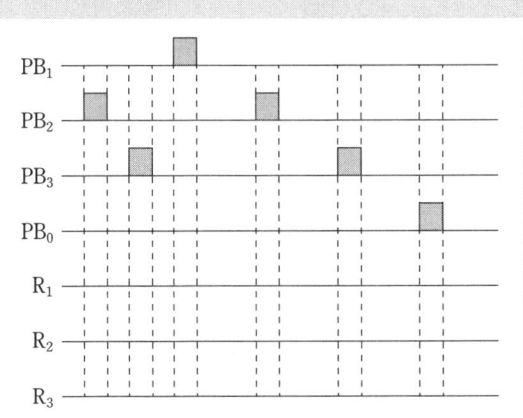

모범답안

(1)

동작조건	동작사항 설명
PB_1 ON	R_1이 여자되고 자기유지된다.
PB_2 ON	R_2이 여자되고 자기유지된다.
PB_3 ON	R_3이 여자되고 자기유지된다.
PB_0 ON	R_1, R_2, R_3 동시에 소자된다.

(2) 동작하지 않는다.

(3)

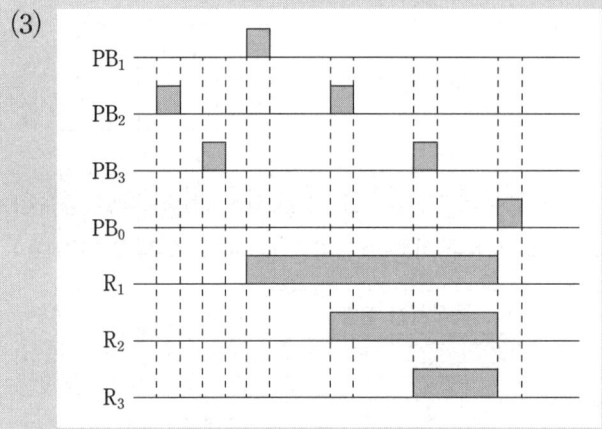

04 논리식과 논리회로

배점: 7

주어진 진리표를 이용하여 다음 각 물음에 답하시오.

A	B	C	출력
0	0	0	P_1
0	0	1	P_1
0	1	0	P_1
0	1	1	P_2
1	0	0	P_1
1	0	1	P_2
1	1	0	P_2
1	1	1	P_3

(1) P_1, P_2의 출력식을 각각 쓰시오.
(2) 무접점 회로도를 그리시오.

모범답안

(1) $P_1 = \overline{A}\,\overline{B} + (\overline{A} + \overline{B})\overline{C}$, $P_2 = \overline{A}\,BC + A(\overline{B}C + B\overline{C})$

(2)

05 NAND 만의 회로

배점 5

다음 논리식을 보고 물음에 답하시오.

$$\overline{A}\,B + C = X$$

(1) 논리식을 이용하여 무접점회로를 그리시오
(2) (1)번의 무접점회로를 이용하여 NAND 만의 회로를 구성하시오.

모범답안

(1)
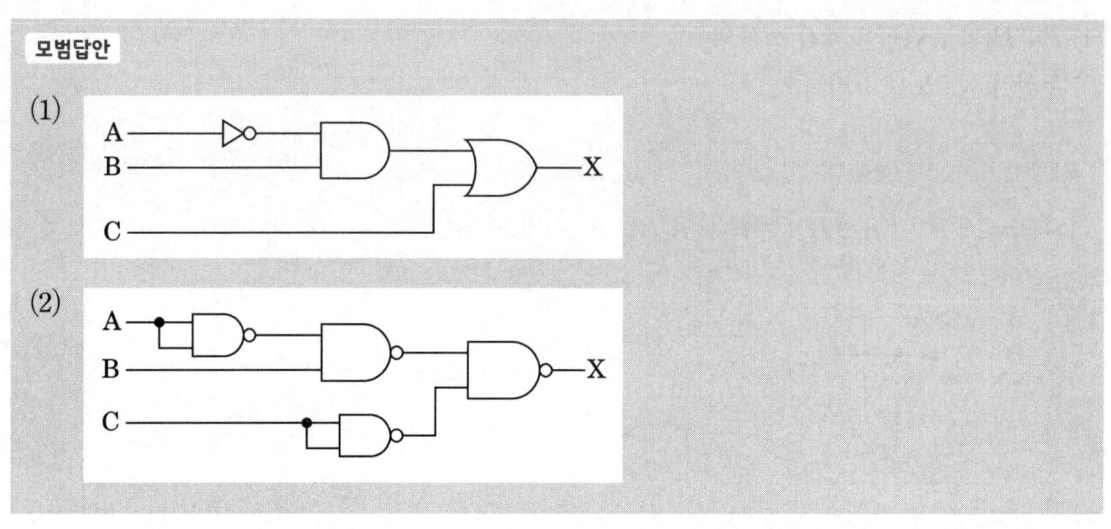

(2)

06 유접점, 무접점 변환

배점 8

그림과 같은 기동 우선 자기 유지 회로의 타임 차트를 그리고 이 회로를 무접점(로직)회로로 작성하시오.

모범답안

(1) 무접점 논리 회로

(2) 타임차트

07 부울대수

배점 4

다음 논리회로의 출력을 논리식으로 나타내고 간략화 하시오.

모범답안

$Y = (\overline{A}B)(\overline{A}B + A + \overline{C} + C) = \overline{A}B$ 답 $\overline{A}B$

08 무접점, 논리식 변환

배점 11

무접점 제어회로의 출력 Z에 대한 논리식을 입력요소가 모두 나타나도록 전개하시오. (단, A, B, C, D는 푸시버튼스위치 입력이다.)

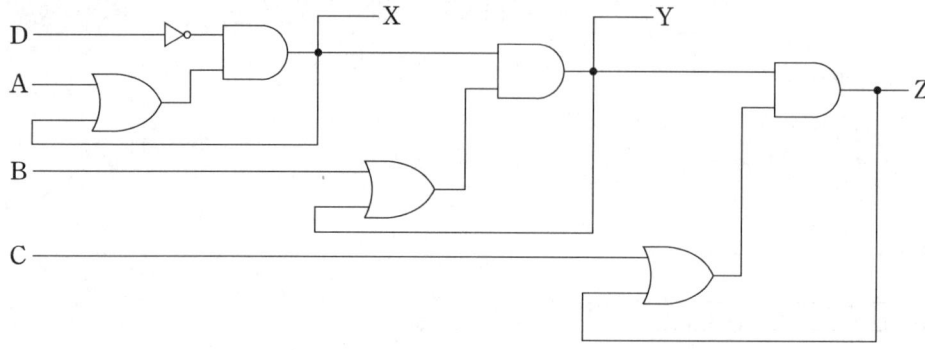

모범답안

논리식 : $Z = \overline{D} \cdot (A+X) \cdot (B+Y) \cdot (C+Z)$

09 유접점, 논리식 변환

배점 5

다음 유접점에 대한 논리식을 쓰시오.

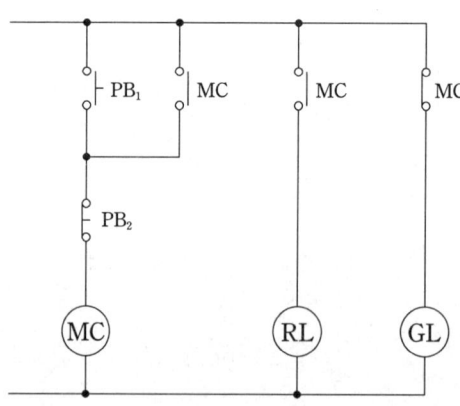

- MC :
- GL :

- RL :

> **모범답안**
> - MC : $(PB_1+MC)\overline{PB_2}$
> - RL : MC_1
> - GL : $\overline{MC}$

10 무접점, 논리식 변환

배점: 5

아래 회로도를 보고 물음에 답하시오.

(1) 답안지의 시퀀스 회로도를 완성하시오.

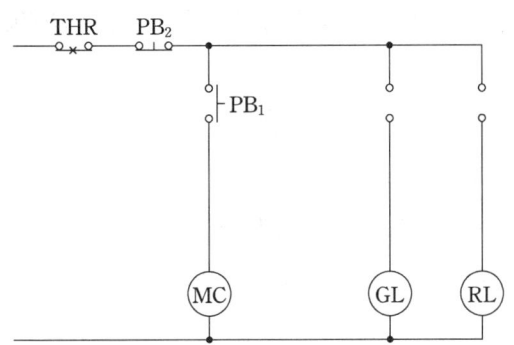

(2) MC의 출력식을 쓰시오.

모범답안

(1)

(2) MC : $(PB_1 + MC) \cdot \overline{PB_2} \cdot \overline{THR}$

11 논리식 해석

배점 12

3개의 입력신호 A, B, C에 조건이 ①~③일 때, 이 조건을 이용하여 다음 각 물음에 답하시오.

[조건]

① 입력신호 A, B 중 어느 하나의 신호로 동작하거나 혹은 C의 신호가 소멸하면 동작
② A, C 양쪽의 신호가 들어가고 B의 신호가 소멸하면 동작
③ A, B 양쪽의 신호가 들어가고 C의 신호가 소멸하면 동작

(1) ①~③에 대한 논리식을 쓰고 논리회로를 그리시오.

(2) ①의 조건과 ②, ③의 조건 중 하나를 만족하는 조건이 동시에 이루어졌을 때 출력이 나타나는 논리식을 쓰고 논리회로를 그리시오. 단, ①~③를 직접 합성하는 경우와 이것을 최소화한 논리 소자로 구성되는 경우(즉, 간략화하는 경우)로 답하도록 한다.
 • 간략화 하지 않고 직접 합성하는 경우
 • 간략화(최소화) 경우

모범답안

(1) ① 논리식 $= A\overline{B} + \overline{A}B + \overline{C}$

② 논리식 $= A\overline{B}C$

③ 논리식 $= AB\overline{C}$

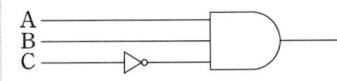

(2) • 간략화 하지 않고 직접 합성하는 경우

논리식 $= (A\overline{B} + \overline{A}B + \overline{C})(A\overline{B}C + AB\overline{C})$

논리회로

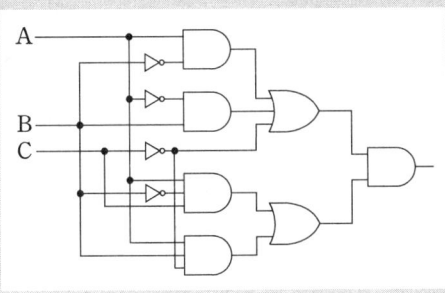

- 간략화(최소화) 한 경우

$$논리식 = (A\overline{B} + \overline{A}B + \overline{C})(A\overline{B}C + AB\overline{C}) = A\overline{B}C + AB\overline{C}$$
$$= A(\overline{B}C + B\overline{C})$$

논리회로

12 논리식 해석

배점: 13

스위치 S_1, S_2, S_3, S_4에 의하여 직접 제어되는 계전기 A_1, A_2, A_3, A_4가 있다. 전등 X, Y, Z가 동작표가 같이 점등되었다고 할 때 다음 각 물음에 답하시오.

A_1	A_2	A_3	A_4	X	Y	Z
0	0	0	0	0	1	0
0	0	0	1	0	0	0
0	0	1	0	0	0	0
0	0	1	1	0	0	0
0	1	0	0	0	0	0
0	1	0	1	0	0	0
0	1	1	0	1	0	0
0	1	1	1	1	0	0
1	0	0	0	0	0	0
1	0	0	1	0	0	1
1	0	1	0	0	0	0
1	0	1	1	1	1	0
1	1	0	0	0	0	1
1	1	0	1	0	0	1
1	1	1	0	0	0	0
1	1	1	1	1	0	0

- 출력 램프 X에 대한 논리식

  $X = \overline{A_1}A_2A_3\overline{A_4} + \overline{A_1}A_2A_3A_4 + A_1A_2A_3A_4 + A_1\overline{A_2}A_3A_4 = A_3(\overline{A_1}A_2 + A_1A_4)$

- 출력 램프 Y에 대한 논리식

  $Y = \overline{A_1}\overline{A_2}\overline{A_3}\overline{A_4} + A_1\overline{A_2}A_3A_4 = \overline{A_2}(\overline{A_1}\overline{A_3}\overline{A_4} + A_1A_3A_4)$

- 출력 램프 Z에 대한 논리식

  $Z = A_1\overline{A_2}\overline{A_3}A_4 + A_1A_2\overline{A_3}\overline{A_4} + A_1A_2\overline{A_3}A_4 = A_1\overline{A_3}(A_2 + A_4)$

(1) 답란에 미완성 부분을 최소 접점수로 접점 표시를 하고 접점 기호를 써서 유접점 회로를 완성하시오. (예 $\;\substack{\circ \\ \circ}|A_1\;\;\substack{\circ \\ \circ}|\overline{A_1}\;$)

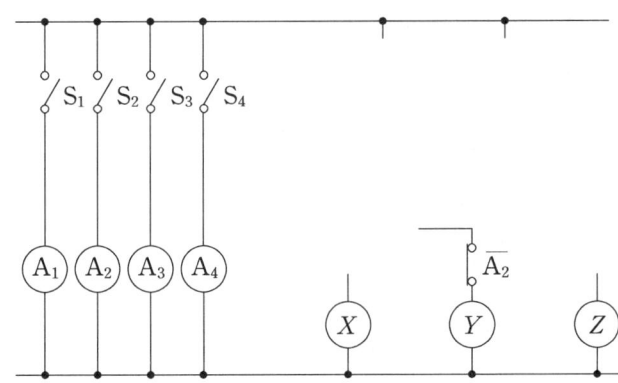

(2) 답란에 미완성 무접점 회로도를 완성하시오.

모범답안

(1)

(2)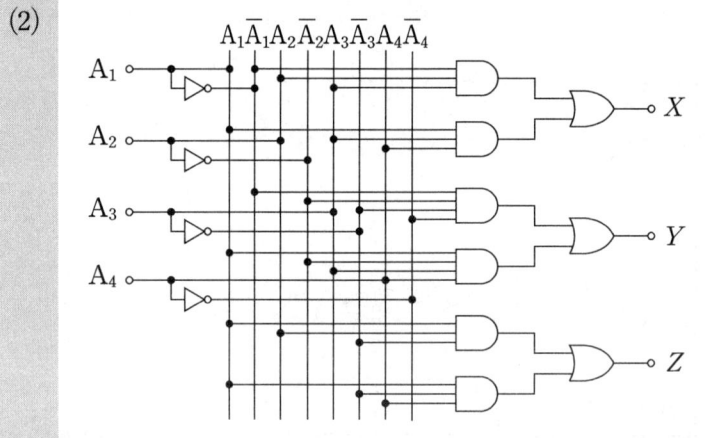

13 인터록 회로

배점 10

주어진 도면과 동작설명을 보고 다음 각 물음에 답하시오.

[동작설명]

① 누름 버튼 스위치 PB를 누르면 릴레이 Ry_1이 여자되어 MC를 여자시켜 전동기가 기동되며 PB에서 손을 떼어도 전동기는 계속 운전한다.
② 다시 PB를 누르면 릴레이 Ry_2가 여자되어 MC는 소자되며 전동기는 정지한다.
③ 다시 PB를 누름에 따라서 ①과 ②의 동작을 반복하게 된다.

(1) ㉮, ㉯의 릴레이 b접점이 서로 작용하는 역할에 대하여 이것을 무슨 접점이라 하는가?

(2) 운전 중에 과전류로 인하여 Thr이 작동되면 점등되는 램프는 어떤 램프인가?

(3) 그림의 점선 부분을 논리식(출력식)과 무접점 논리회로로 표시하시오.
  ◦ 논리식   ◦ 논리회로

(4) 동작에 관한 타임차트를 완성하시오.

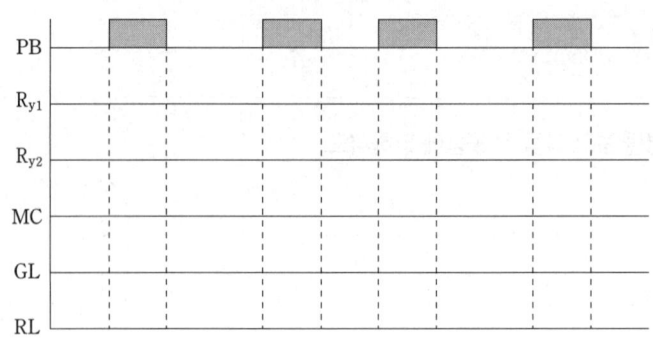

모범답안

(1) (Ry_1, Ry_2 동시 투입 방지) 인터록 접점

(2) GL 램프

(3) ○ 논리식 : $MC = \overline{Ry_2}(Ry_1 + MC) \cdot \overline{Thr}$

　　○ 논리회로 :

(4)
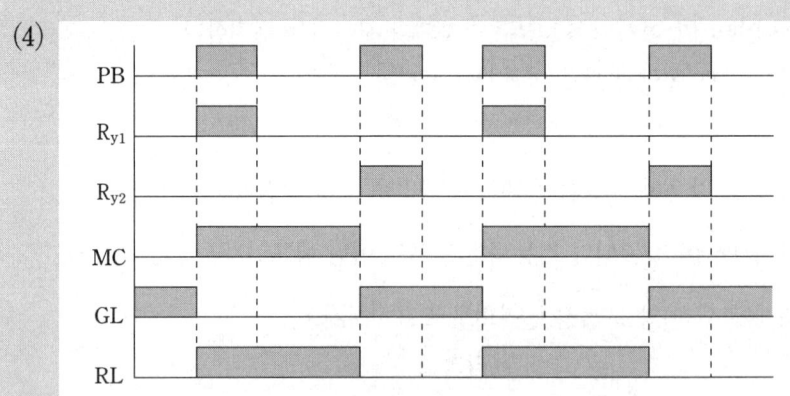

14 후입력 우선회로

배점 6

주어진 조건과 동작 설명을 이용하여 다음 각 물음에 답하시오.

[조건]
- 누름버튼스위치는 3개(BS_1, BS_2, BS_3)를 사용한다.
- 보조 릴레이는 3개(X_1, X_2, X_3)를 사용한다.
  ※ 보조릴레이 접점의 개수는 최소로 사용할 것

[동작설명]
BS_1에 의하여 X_1이 여자되어 동작하던 중 BS_3을 누르면 X_3가 여자되어 동작하고 X_1은 복귀, 또 BS_2를 누르면 X_2가 여자되어 동작하고 X_3는 복귀한다. 즉, 항상 새로운 신호만 동작한다.

(1) 선택 동작회로(신입신호 우선회로)의 시퀀스회로를 그리시오.

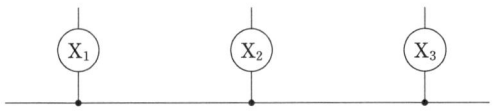

(2) 위 문항 (1)의 타임 차트를 그리시오.

15 제어회로 해석

배점 7

그림은 전동기 5대가 동작할 수 있는 제어 회로 설계도이다. 회로를 완전히 숙지한 다음 (   ) 안에 알맞은 말을 넣어 완성하여라.

(1) #1 전동기가 기동하면 일정 시간 후에 (①) 전동기가 기동하고 #1 전동기가 운전 중에 있는 한 (②) 전동기도 운전된다.

(2) #1, #2 전동기가 운전 중이 아니면 (①) 전동기는 기동할 수 없다.

(3) #4 전동기가 운전 중일 때 (①) 전동기는 기동할 수 없으며 #3 전동기가 운전 중일 때 (②) 전동기는 기동할 수 없다.

(4) #1 또는 #2 전동기의 과부하 계전기가 트립하면 (①) 전동기가 정지한다.

(5) #5 전동기의 과부하 계전기가 트립하면 (①) 전동기가 정지한다.

모범답안

(1) ① #2, ② #2

(2) ① #3, #4, #5

(3) ① #3, ② #4

(4) ① #1 #2 #3 #4 #5

(5) ① #3 #4 #5

16 오락실 시퀀스 회로

배점 10

그림은 오락실의 시퀀스 회로도이다. 다음 물음에 답하시오. (단, 코인을 2개 투입하면 1시간만큼 동작하는 회로이다.)

(1) 그림의 시퀀스 회로를 보고 ①, ② 접점을 완성하시오.

(2) 동작·정지를 순서대로 ①, ②, ③, ④로 설명하여라.

(3) 다음 타임 차트를 완성하여라.

모범답안

(1) ① ┤├ LS₁   ② ┤├ LS₂

(2) ① 코인(동전)한개를 투입하면 LS₂ → LS₁가 동작하여도 회로는 동작하지 않고 LS₁이 동작하여야만 릴레이 ⓡ이 여자된다.
② 릴레이 ⓡ의 a접점에 의해 자기 유지되어 있는 상태에서 두 번째 코인을 투입하면 LS₂가 동작되어 전자 접촉기 MC가 여자된다.
③ MC의 a접점에 의해 MC가 자기 유시되어 오락기계가 삭동한다.
④ 타이머 T의 설정시간 동안 릴레이 ⓡ이 여자되다가 설정 시간 후에는 타이머의 한시 동작 순시복귀 b접점이 떨어져 정지하고, PB를 눌러도 정지된다.

(3)

17 전자개폐기

배점: 6

다음과 같은 상황의 전자 개폐기의 고장에서 주요 원인과 그 보수 방법을 2가지씩 써넣으시오.

(1) 철심이 운다.

(2) 동작하지 않는다.

(3) 서멀릴레이가 떨어진다.

모범답안

(1) • 원인
   ① 가동철심과 고정철심 접촉 부위에 녹 발생
   ② 철심 전원 단자 나사 부분의 이완
  • 보수방법
   ① 샌드 페이퍼로 녹을 제거한다.
   ② 나사의 이완 부분을 조인다.

(2) • 원인
   ① 여자 코일이 단선 또는 소손되었을 때
   ② 전원이 결상 되었을 때
  • 보수방법
   ① 여자 코일을 교체한다.
   ② 전원 결상 부분을 찾아 연결한다.

(3) • 원인
   ① 과부하 발생시
   ② 서멀 릴레이 설정값이 낮을 때
  • 보수방법
   ① 부하를 정격값으로 조정한다.
   ② 서멀 릴레이 설정값을 상위값으로 조정한다.

18 정·역 변환회로

배점: 5

다음 주어진 전동기 정·역 운전회로의 주회로에 알맞은 제어회로를 주어진 설명과 같은 시퀀스도로 완성하시오.

[제어회로 동작 설명]

1. 제어회로에 전원이 인가되면 GL 램프가 점등된다.
2. 푸시버튼(BS_1)을 누르면 MC1이 여자되고 회로가 자기유지되며, RL_1 램프가 점등된다.
3. MC_1의 동작에 따라 전동기는 정회전을 하고 GL 램프는 소등된다.
4. 푸시버튼(BS_3)을 누르면 전동기가 정지하고 GL 램프가 점등된다.
5. 푸시버튼(BS_2)을 누르면 MC_2가 여자되고 회로가 자기유지되며, RL_2 램프가 점등된다.
6. MC_2의 동작에 따라 전동기는 역회전을 하고 GL 램프는 소등된다.
7. 푸시버튼(BS_3)을 누르면 전동기가 정지하고 GL 램프가 점등된다.
8. MC_1, MC_2는 동시 작동하지 않도록 MC b접점을 이용하여 상호 인터록 회로로 구성되어 있다.
9. 과전류가 흘러 열동형 계전기가 작동하면, 제어회로에 전원이 차단되고 OL 램프가 점등된다.

모범답안

19 정·역 변환회로

배점 10

그림은 유도 전동기와 2개의 전자접촉기 MS₁, MS₂를 사용하여 정회전 운전(MS₁)과, 역회전 운전(MS₂)이 가능하도록 설계된 회로도이다. 이 회로도를 보고 다음 각 물음에 답하시오. (단, 주회로 부분의 전자접촉기 주접점 MS₂의 부분은 미완성 상태임)

(1) 전동기 운전중 누름 버튼 스위치 STOP을 누르면 어떤 램프가 점등되는가?

(2) ①번 접점과 ②번 접점의 역할은 어떤 회로라 하는지 간단한 용어로 답하시오.

(3) 정회전을 하기 위한 누름 버튼 스위치는 어느 것인가?

(4) THR의 명칭과 기능을 설명하시오.

(5) 전자 접촉기 MS₂의 주 접점 회로를 완성하시오.

모범답안

(1) GL

(2) ① 자기유지 ② 인터록

(3) ③

(4) ・명칭 : 열동계전기
    ・기능 : 과전류로부터 전동기의 소손을 방지한다.

(5)

20 Y-△ 기동회로

배점 14

그림은 자동 Y-△ 기동회로이다. 이 회로를 보고 다음 각 물음에 답하시오.

(1) 작동 설명의 ( )안에 알맞은 내용을 쓰시오.
- 기동스위치 PBS_{ON} 을 누르면 (①)이 여자되고, (②)가 여자되면서 일정시간 동안 (③)와 (④) 접점에 의해 MC_2가 여자되어 MC_1, MC_2가 작동하여 (⑤) 결선으로 전동기가 기동된다.
- 일정시간 이후에 (⑥) 접점에 의해 개회로가 되므로 (⑦)가 소자되고, (⑧)와 (⑨) 접점에 의해 MC_3이 여자되어 MC_1, (⑩)가 작동하여 (⑪) 결선에서 (⑫) 결선으로 변환되어 전동기가 정상운전 된다.

(2) 주어진 기동회로에 인터록 회로의 표시를 한다면 어느 부분에 어떻게 표현하여야 하는가?

모범답안

(1) ① MC_1 ② T ③ T-b ④ MC_3-b ⑤ Y ⑥ T-b
　　⑦ MC_2 ⑧ T-a ⑨ MC_2-b ⑩ MC_3 ⑪ Y ⑫ △

(2) ⓜⒸ₂ 회로에 있는 MC_{3-b}와 ⓜⒸ₁를 점선으로 연결하고 또한 ⓜⒸ₃ 회로에 있는 MC_{2-b}를 ⓜⒸ₂와 점선으로 연결한다.

21 직입기동 제어회로

배점 6

다음과 같이 주어진 동작설명과 보기를 이용하여 3상 유도전동기의 직입기동 제어회로의 미완성 부분을 주어진 보기의 명칭 및 접점수를 준수하여 회로를 완성하시오.

[동작설명]

- PB₂(기동)를 누른 후 놓으면, MC는 자기유지 되며, MC에 의하여 전동기가 운전된다.
- PB₁(정지)을 누르면, MC는 소자 되며, 운전 중인 전동기는 정지된다.
- 과부하에 의하여 전자식 과전류 계전기(EOCR)가 동작되면, 운전 중인 전동기는 동작을 멈추며, X₁ 릴레이가 여자 되고, X₁ 릴레이 접점에 의하여 경보벨이 동작한다.
- 경보벨 동작 중 PB₃을 눌렀다 놓으면, X₂ 릴레이가 여자되어 경보벨의 동작은 멈추지만 전동기는 기동되지 않는다.
- 전자식 과전류 계전기(EOCR)가 복귀되면 X₁, X₂ 릴레이가 소자된다.
- 전동기가 운전중이면 RL(적색), 정지되면 GL(녹색) 램프가 점등된다.

[보기]

약 호	명 칭	약 호	명 칭
MCCB	배선용차단기(3P)	PB1	누름버튼스위치(전동기 정지용, 1b)
MC	전자개폐기(주접점 3a, 보조접점 2a1b)	PB2	누름버튼스위치(전동기 기동용, 1a)
EOCR	전자식 과전류 계전기(보조접점 1a1b)	PB3	누름버튼스위치(경보벨 정지용, 1a)
X1	경보 릴레이(1a)	RL	적색 표시등
X2	경보 정지 릴레이(1a1b)	GL	녹색 표시등
M	3상 유도전동기	B(그림)	경보벨

부록 2. 산업기사 PLUS 문제

[회로도]

모범답안

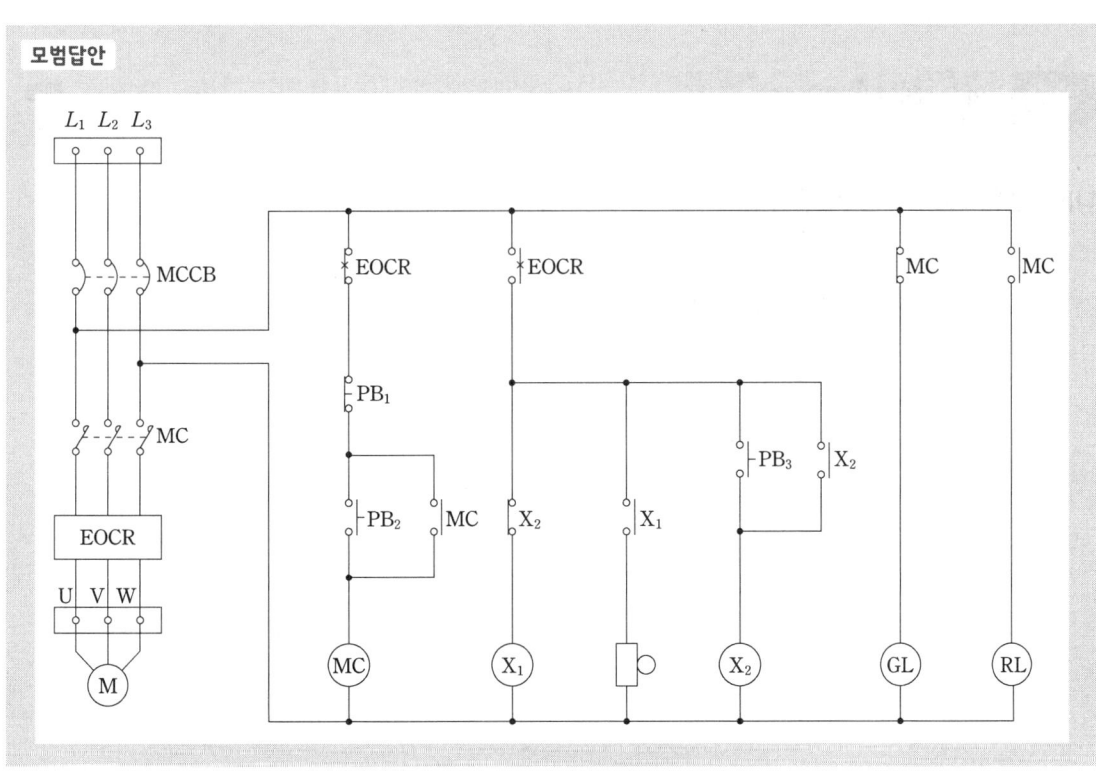

22 PLC 명칭 및 기능

배점 4

다음 PLC 명령어 기호의 명칭과 기능을 작성하시오.

명령어	기호	명칭	기능
LOAD	─┤ ├─	①	②
LOAD NOT	─┤/├─	③	④

모범답안

명령어	기호	명칭	기능
LOAD	─┤ ├─	시작입력 a접점	a접점 연산시작
LOAD NOT	─┤/├─	시작입력 b접점	b접점 연산시작

23 PLC 래더 다이어그램

배점 5

다음 도면을 보고 잘못된 부분을 수정하시오.

모범답안

24 PLC 래더 다이어그램

배점: 6

프로그램의 차례대로 PLC시퀀스(래더 아이어그램)를 그리시오. 여기서 시작 입력LOAD, 출력 OUT, 타이머 TMR, 설정시간 DATA, 직렬 AND, 병렬 OR, 부정 NOT의 명령을 사용하며, P010~P012는 전자접촉기 MC를 각각 나타내며, P001과 P002는 버튼 스위치를 표시한 것이다.

(1)

차례	명령	번지
생략	LOAD	P001
	AND	M001
	LOAD NOT	P002
	AND	M000
	OR LOAD	–
	OUT	P017

(2)

차례	명령	번지
생략	LOAD	P001
	OR	M001
	LOAD NOT	P002
	OR	M000
	AND LOAD	–
	OUT	P017

모범답안

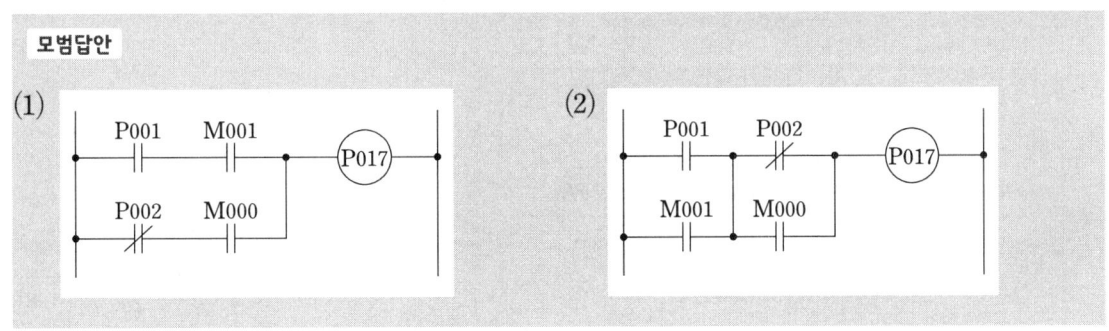

25 PLC 래더 다이어그램

배점: 6

PLC프로그램을 보고 프로그램에 맞도록 주어진 PLC 접점 회로도를 완성하시오.

① STR : 입력 A 접점 (신호)
② STRN : 입력 B 접점 (신호)
③ AND : AND A 접점
④ ANDN : AND B 접점
⑤ OR : OR A 접점
⑥ ORL : OR B 접점
⑦ OB : 병렬 접속점
⑧ OUT : 출력
⑨ END : 끝
⑩ W : 각 번지 끝

어드레스	명령어	데이터	비고
01	STR	001	W
02	STR	003	W
03	ANDN	002	W
04	OB	–	W
05	OUT	100	W
06	STR	001	W
07	ANDN	002	W
08	STR	003	W
09	OB	–	W
10	OUT	200	W
11	END	–	W

[PLC 접점 회로도]

모범답안

26 PLC 프로그램 입력

배점 6

다음은 컨베이어시스템 제어회로의 도면이다. 3대의 컨베이어가 A → B → C 순서로 기동하며, C → B → A 순서로 정지한다고 할 때, 시스템도와 타임차트도를 보거 PLC 프로그램 입력 ①~⑤를 답안지에 완성하시오.

[시스템도]

[타임차트도]

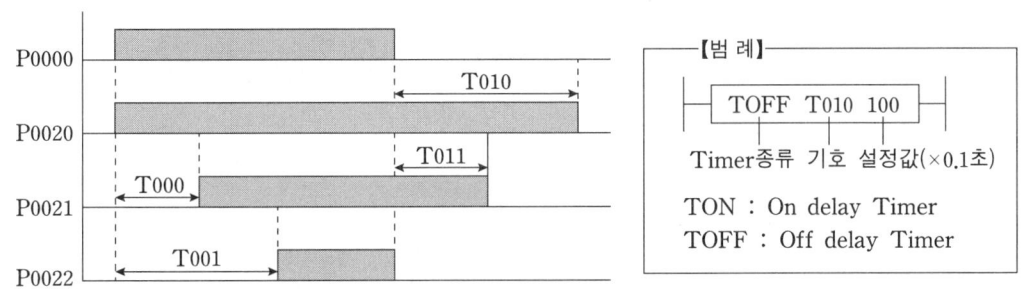

【범 례】

| TOFF T010 100 |

Timer종류 기호 설정값(×0.1초)

TON : On delay Timer
TOFF : Off delay Timer

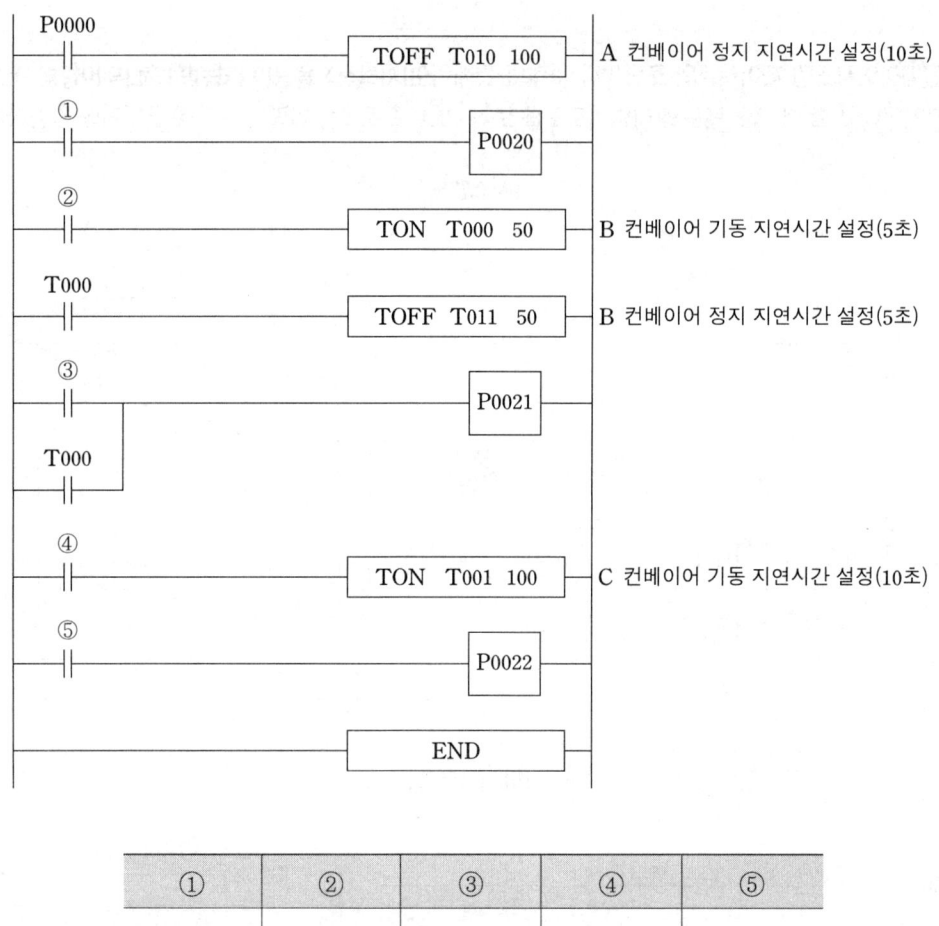

①	②	③	④	⑤

모범답안

①	②	③	④	⑤
T010	P0000	T011	P0000	T001

electrical engineer

ELECTRICITY

04 조명설비

Chapter 01. 조명용어·램프의 종류
Chapter 02. 조명설비 에너지 절약
Chapter 03. 실내조명 설계
Chapter 04. 도로조명 설계
Chapter 05. 전선의 가닥수
Chapter 06. 조명설비 공사견적
　　부록 1. 기사 PLUS 문제
　　부록 2. 산업기사 PLUS 문제

01 조명용어·램프의 종류

01 전등효율·발광효율

배점 4

조명의 전등효율(Lamp Efficiency)과 발광효율(Luminous Efficiency)에 대하여 설명하시오.

(1) 전등효율 :
(2) 발광효율 :

모범답안

(1) 전등효율 : 전등의 소비전력에 대한 발산광속의 비율 $\eta = \dfrac{F}{P}$ [lm/W]

> **참고** 조명용어 정의
> - 광속 : 눈으로 보아 느끼는 빛의 양 [lm]
> - 광도 : 광원에서 어떤 방향에 대한 단위 입체각으로 발산되는 광속 [cd]
> - 휘도 : 발광면의 단위 면적당의 광도의 투영밀도 [nt=cd/m²] [sb=cd/cm²]
> - 조도 : 피조면에 단위면적당 입사광속 [lx=lm/m²]
> - 광속발산도 : 광원의 단위 면적으로부터 발산하는 광속 [rlx]

(2) 발광효율 : 방사속에 대한 광속의 비율 $\varepsilon = \dfrac{F}{\phi}$ [lm/W]

> **참고**
> 광원으로부터 어떤 방향으로 방사속[W]이 발산되면, 광속[lm]의 크기만큼 육안으로 느끼게 된다. 이 방사속 ϕ에 대한 광속 F의 비율을 그 광원의 발광효율이라 하며, 전등효율과 단위는 같으나 의미는 다르다.

---

02 색온도·연색성

배점 4

다음 조명에 대한 각 물음에 답하시오.

(1) 어느 광원의 광색이 어느 온도의 흑체의 광색과 같을 때 그 흑체의 온도를 이 광원의 무엇이라 하는지 쓰시오.
(2) 빛의 분광 특성이 색의 보임에 미치는 효과를 말하며, 동일한 색을 가진 것이라도 조명하는 빛에 따라 다르게 보이는 특성을 무엇이라 하는지 쓰시오.

모범답안

(1) 색온도

▶ 참고

색온도는 흑체복사에서 나오는 빛의 색이 온도에 따라 다르게 보이는 것을 착안하여 온도로 색을 나타낸 것이다. 색온도는 표준단위는 켈빈[K]이다. 한편, 파장이 길수록(붉은색에 가까울수록) 색온도는 낮고 파장이 짧을수록(푸른색에 가까울수록) 색온도는 높다.

(2) 연색성

▶ 참고

연색성은 기준광원으로 조명할 때 색의 보임에 어느 정도 가까운가를 수량적으로 나타낸 것으로 연색성이 나쁜 광원으로 조명하면 물체의 색은 다르게 보인다.

03 적외선전구의 특성

배점 5

적외선전구에 대한 내용이다. 다음 각 물음에 답하시오.

(1) 주로 어떤 용도에 사용되는가?
(2) 주로 몇 [W]정도의 크기로 사용되는가?
(3) 효율은 몇 [%]정도 되는가?
(4) 필라멘트의 온도는 절대 온도로 몇 [K] 정도 되는가?
(5) 적외선전구에서 가장 많이 나오는 빛의 파장은 몇 [μm]인가?

모범답안

(1) 가열 및 건조
(2) 250[W]
(3) 75[%]
(4) 2500[K]
(5) 1~3[μm]

04 형광등 특징

배점 4

형광등이 백열전구에 비하여 우수한 점을 4가지만 쓰시오.

모범답안

① 효율이 높다.
② 수명이 길다.
③ 휘도가 낮다.
④ 열방사가 적다.

05 슬림라인 형광등 장·단점

배점 5

일반적으로 사용되고 있는 열음극 형광등과 비교하여 슬림라인(Slim line)형광등의 장점 5가지와 단점 3가지를 쓰시오.

모범답안

(1) 장점 5가지
  ① 필라멘트를 예열할 필요가 없다.
  ② 점등 불량으로 인한 고장이 없다.
  ③ 순시 기동으로 점등에 시간이 짧다.
  ④ 관이 길어 양광주가 길고 효율이 좋다.
  ⑤ 전압 변동에 의한 수명의 단축이 없다.

(2) 단점 3가지
  ① 점등 장치가 비싸다.
  ② 전압이 높아 위험하다.
  ③ 전압이 높아 기동시에 음극이 손상하기 쉽다.

Chapter 01. 조명용어·램프의 종류

> **POINT** 광원의 종류에 따른 특징

1. 할로겐램프
   - 광속이 크다.
   - 휘도가 높다. 연색성이 좋다.
   - 초소형, 경량화가 가능하다.
   - 수명이 백열전구에 비해 2배로 길다.
   - 용도 : 옥외등용, 디스플레이등용, 자동차 전조등용

2. 형광등(Fluorescent lamp)
   - 효율이 높고, 수명이 길며, 열방사가 적다.
   - 필요로 하는 광색을 쉽게 얻을 수 있다.
   - 점등회로의 종류 : 직류 점등회로, 교류 점등회로, 자기누설변압기 점등회로

3. LED 램프 (Light Emitting Diode)
   - 다단계 제어가 우수하다.
   - 수명이 길고 효율이 좋다.
   - 수은기체를 사용하지 않으며, 응답속도가 빠르다.

06 할로겐 램프 특징 [배점 5]

조명설비의 광원으로 활용되는 할로겐램프의 장점(3가지)과 용도(2가지)를 각각 쓰시오.

(1) 장점(3가지)

(2) 용도(2가지)

모범답안

(1) 장점(3가지)
   ① 광속이 크다.
   ② 초소형, 경량화가 가능하다.
   ③ 휘도가 높고, 연색성이 좋다.
   ④ 수명이 백열전구에 비해 2배 길다.

(2) 용도(2가지)
   ① 디스플레이용
   ② 옥외등용

07 LED 램프 특징

배점: 5

기존 광원에 비하여 LED 램프의 특성 5가지만 쓰시오.

모범답안
① 효율이 좋다.
② 수명이 길다.
③ 열방사가 적다.
④ 응답속도가 빠르다.
⑤ 소형 및 경량이다.

08 고휘도 방전램프 HID

배점: 6

HID Lamp 에 대한 다음 각 물음에 답하시오.

(1) 이 램프는 어떠한 램프를 말하는가? (우리말 명칭 또는 이 램프의 의미에 대한 설명을 쓸 것)

(2) 가장 많이 사용되는 램프의 종류를 3가지만 쓰시오.

모범답안
(1) 고휘도 방전램프[High Intensity Discharge Lamp]
(2) 고압 수은등, 고압 나트륨등, 메탈헬라이드 등

02 조명설비 에너지 절약

01 조명기구 배치 – 조명방식

배점 5

조명기구 배치에 따른 조명방식의 종류를 3가지만 쓰시오.

모범답안

① 전반조명   ② 국부조명   ③ 전반국부병용조명

▶ 참고

전반조명 / 국부조명 / 전반국부병용조명

02 조명설비 에너지 절약 방법

배점 4

조명설비에서 전력을 절약하는 방법에 대하여 8가지를 간략하게 쓰시오.

모범답안

- 전구형 형광등 사용
- 고역률의 등기구 사용
- 고효율의 등기구 사용
- 재실감지기 및 카드키 채용
- 등기구의 격등 제어 및 회로 구성
- 적절한 등기구의 보수 및 유지 관리
- 고조도 및 저휘도의 반사 갓을 사용
- 전반조명과 국부조명을 적절히 병용하여 사용

▶ 참고 조명배치에 따른 조명설치방법

① 전반조명   ② 국부조명   ③ 전반·국부병용조명

03 플리커 경감대책 [기사전용] 배점 6

TV나 형광등과 같은 전기제품에서의 깜빡거림 현상을 플리커 현상이라 하는데 이 플리커 현상을 경감시키기 위한 전원측과 수용가측에서의 대책을 각각 3가지씩 쓰시오.

(1) 전원측 대책 3가지
(2) 수용가측 대책 3가지

> **모범답안**
>
> (1) 전원측 대책 3가지
>   ① 공급전압을 승압한다.
>   ② 굵은 전선으로 교체한다.
>   ③ 전용의 변압기로 전력을 공급한다.
>
> (2) 수용가측 대책 3가지
>   ① 부스터 방식을 채용하여 전압강하를 보상한다.
>   ② 직렬리액터 방식으로 플리커 부하전류의 변동을 억제한다.
>   ③ 사이리스터를 이용한 콘덴서 개폐방식을 채용하여 부하의 무효분의 변동분을 흡수한다.

03 실내조명 설계

01 건축화 조명

배점 4

건축물의 천장이나 벽 등을 조명기구 겸용으로 마무리하는 건축화 조명이 최근 많이 시공되고 있다. 옥내조명설비(KDS 31 70 10 : 2019)에 따른 건축화 조명의 종류 4가지만 쓰시오.

모범답안

① 다운라이트 ② 핀홀라이트 ③ 코퍼라이트 ④ 라인라이트

> **POINT** 건축화 조명방식
>
> - 다운라이트 : 천장에 작은 구멍을 뚫고 조명기구를 매입하여 빛의 방향을 아래로 조명
> - 핀홀라이트 : 아래로 조사되는 구멍을 작게 하거나 렌즈를 달아 복도에 집중 조사
> - 코퍼라이트 : 천장면을 둥글게 또는 사각으로 파내어 내부에 조명기구를 배치
> - 라인라이트 : 매입 형광등 방식의 일종으로 형광등을 연속으로 배치하는 조명방식
> - 광천장조명 : 천장 전체를 조명기구화 하는 방식으로 유백색의 아크릴판을 사용
> - 루버조명 : 천장면 재료로 루버를 사용하여 보호각을 증가시키는 방식
> - 코브조명 : 천장이나 벽면 상부를 조명하여 천장면이나 벽에 반사되는 반사광을 이용
> - 코너조명 : 천장과 벽면 사이에 조명기구를 배치하여 천장과 벽면에 동시에 조명
> - 밸런스조명 : 광원의 전면에 밸런스판을 설치하여 천장면이나 벽면으로 반사시키는 조명
> - 코니스조명 : 설계자가 전체적인 조화를 생각하여 조명기구를 벽면 상방 모서리에 숨겨서 설치하는 방식으로, 기구로부터 빛이 직접 벽면을 조명하는 방식

02 건축화 조명

배점: 6

건축화 조명은 천장면을 이용하는 방식과 벽면 이용방식이 있다. 방식별 종류 3가지를 쓰시오.

- 천장면 이용방식 :
- 벽면 이용방식 :

모범답안

- 천장면 이용방식 : 다운라이트, 핀홀라이트, 코퍼라이트
- 벽면 이용방식 : 코너조명, 코니스조명, 밸런스조명

03 조명설비 – 그림기호

배점 9

일반용 조명에 관한 다음 각 물음에 답하시오.

(1) 백열등의 그림 기호는 ○이다. 벽붙이의 그림 기호를 그리시오.

(2) HID 등의 종류를 표시하는 경우는 용량 앞에 문자기호를 붙이도록 되어 있다. 수은등, 메탈헬라이드등, 나트륨등은 어떤 기호를 붙이는가?
- 수은등
- 메탈헬라이드등
- 나트륨등

(3) 그림 기호가 ⊗로 표시되어 있다. 어떤 용도의 조명등인가?

(4) 조명등으로서의 일반 백열등을 형광등과 비교할 때의 그 기능상의 장점을 3가지만 쓰시오.

모범답안

(1) ◐

(2) • 수은등 : H • 메탈헬라이드등 : M • 나트륨등 : N

(3) 옥외등

(4) ① 역률이 좋다.
② 연색성이 우수하다.
③ 안정기가 불필요하다.

POINT 등기구의 그림 기호

1. 일반용 등기구의 그림 기호

명 칭	그림 기호	적 요
백열등 HID등	○	① 벽붙이는 벽 옆을 칠한다. ◐ ② 옥외등은 ⊗ 로 하여도 좋다. ③ HID등의 종류를 표시하는 경우는 용량 앞에 다음 기호를 붙임 　• 수은등　　　　　H 　• 메탈 헬라이드 등　M　　[보기] H400 　• 나트륨등　　　　N
형광등	▭○▭	용량을 표시하는 경우는 램프의 크기(형)×램프 수로 표시하며 용량 앞에 F를 붙인다. [보기] F 40, F40×2

2. 비상용 등기구의 그림 기호

명 칭	그림 기호	적 요
형광등	■○■	① 일반용 조명 백열등의 적요를 준용한다. 다만, 기구의 종류를 표시하는 경우는 표기한다. ② 계단에 설치하는 통로 유도등과 겸용인 것은 ■⊗■ 로 한다.

---

04 수평면 조도

배점 4

다음 주어진 그림의 조명 2개의 정중앙 A지점에서의 수평면 조도를 구하시오. (단, 각 조명의 광도는 1000[cd])

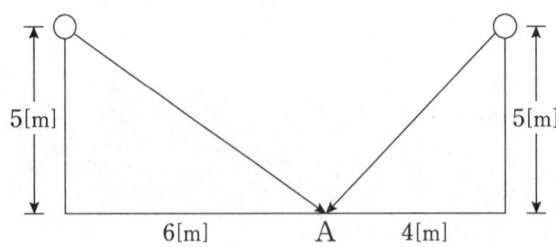

모범답안 **계산과정**

① $E_{h1} = \dfrac{I}{l_1^2} \times \cos\theta_1 = \dfrac{1000}{5^2+6^2} \times \dfrac{5}{\sqrt{5^2+6^2}} = 10.49[\text{lx}]$

② $E_{h2} = \dfrac{I}{l_2^2} \times \cos\theta_2 = \dfrac{1000}{5^2+4^2} \times \dfrac{5}{\sqrt{5^2+4^2}} = 19.05[\text{lx}]$

③ $E_h = E_{h1} + E_{h2} = 29.54[\text{lx}]$

답 29.54[lx]

05 배광 곡선 - 수평면 조도

배점 5

그림과 같은 배광 곡선을 갖는 반사갓형 수은등 400[W](22000[lm])을 사용할 경우 기구 직하 7[m]점으로부터 수평 5[m] 떨어진 점의 수평면 조도를 구하시오. (단, $\cos^{-1}0.814 = 35.5°$, $\cos^{-1}0.707 = 45°$, $\cos^{-1}0.583 = 54.3°$)

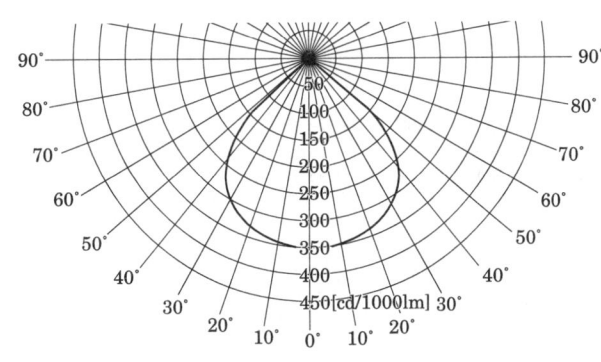

모범답안 **계산과정**

① 수평면 조도 $E_h = \dfrac{I}{l^2}\cos\theta$

② $\cos\theta = \dfrac{h}{\sqrt{h^2+d^2}} = \dfrac{7}{\sqrt{7^2+5^2}} = 0.814$, $\theta = \cos^{-1}0.814 = 35.5°$

③ 표에서 각도 35.5°에서의 광도(I)를 찾으면 약 280[cd/1000lm]

∴ $I = \dfrac{280}{1000} \times 22000 = 6160[\text{cd}]$

④ 수평면 조도 $E_h = \dfrac{I}{l^2}\cos\theta = \dfrac{6160}{(\sqrt{7^2+5^2})^2} \times 0.814 = 67.76[\text{lx}]$

답 67.76[lx]

06 점광원의 광도

배점 2

그림과 같은 점광원으로부터 원뿔 밑면까지의 거리가 8[m]이고, 밑면의 지름이 12[m]인 원형면의 평균 조도가 1570[lx]라면 이 점광원의 평균 광도[cd]는?

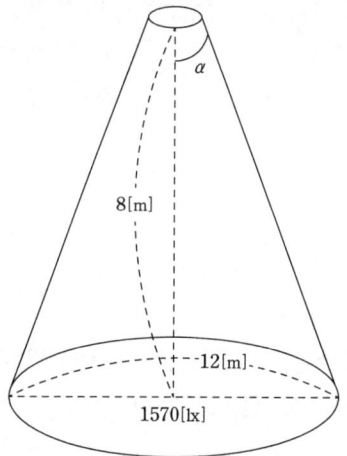

[모범답안] [계산과정]

원뿔에 대한 광속 $F = \omega I = 2\pi(1-\cos\theta) \cdot I$

$\therefore$ 조도 $E = \dfrac{F}{S} = \dfrac{2\pi(1-\cos\theta) \cdot I}{\pi r^2} = \dfrac{2(1-\cos\theta) \cdot I}{r^2}$

$1570 = \dfrac{2I \times \left(1-\dfrac{8}{10}\right)}{6^2}$ 식에서 $I = \dfrac{56520}{0.4} = 141300 \text{[cd]}$

답 141300[cd]

07 광속 발산도 - 광속

배점 4

지름 30[cm]인 완전 확산성 반구형 전구를 사용하여 평균 휘도가 0.3[cd/cm²]인 천장등을 가설하려고 한다. 기구효율을 0.75라 하면, 이 전구의 광속은 몇 [lm] 정도이어야 하는지 계산하시오. (단, 광속발산도는 0.95[lm/cm²]라 한다.)

모범답안 계산과정

반구의 표면적 $S = \dfrac{4\pi r^2}{2} = \dfrac{d^2\pi}{2}$

▶ 참고 광속 발산도 R : 발광면에서 발산되는 광속으로 발산 광속의 밀도[rlx]

$R = \dfrac{F}{S}[\text{lm/cm}^2]$ → 광속 $F = R \times \dfrac{\pi d^2}{2} = 0.95 \times \dfrac{\pi \times 30^2}{2} = 1343.03[\text{lm}]$

$\therefore \dfrac{F}{\eta} = \dfrac{1343.03}{0.75} = 1790.71[\text{lm}]$

답 1790.71[lm]

08 광속 발산도 - 반사율·투과율

배점 4

반사율 ρ, 투과율 τ, 반지름 r인 완전 확산성 구형 글로브의 중심의 광도 I의 점광원을 켰을 때, 광속발산도[rlx]의 계산식을 쓰시오.

모범답안

광속발산도 $R = \dfrac{\tau I}{r^2(1-\rho)}[\text{rlx}]$

▶ 참고 광속발산도 $R = \dfrac{F}{S}\eta$ 단, 여기서 글로브 효율 $\eta = \dfrac{\tau}{1-\rho}$

$R = \dfrac{F}{S} \times \dfrac{\tau}{1-\rho} = \dfrac{4\pi I}{4\pi r^2} \times \dfrac{\tau}{1-\rho} = \dfrac{\tau I}{r^2(1-\rho)}[\text{rlx}]$

09 수평면 조도·수직면 조도 [기사전용]   배점 6

높이 5[m]의 점에 있는 백열전등에서 광도 12500[cd]의 빛이 수평거리 7.5[m]의 점 P에 주어지고 있다.
표1과 표2를 이용하여 다음을 구하시오.

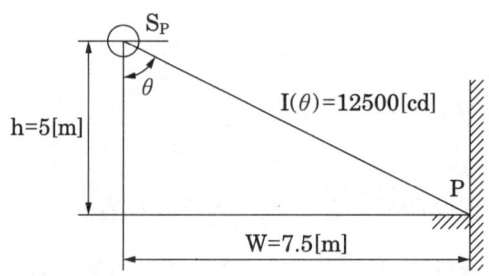

(1) P점의 수평면 조도(E_h)를 구하시오.

　∘ 계산과정 :　　　　　　　　　　　　　　　　　　　∘ 답 :

(2) P점의 수직면 조도(E_v)를 구하시오.

　∘ 계산과정 :　　　　　　　　　　　　　　　　　　　∘ 답 :

[표 1. W/h에서 구한 $\cos^3\theta$의 값]

W	$\dfrac{0.1}{h}$	$\dfrac{0.2}{h}$	$\dfrac{0.3}{h}$	$\dfrac{0.4}{h}$	$\dfrac{0.5}{h}$	$\dfrac{0.6}{h}$	$\dfrac{0.7}{h}$	$\dfrac{0.8}{h}$	$\dfrac{0.9}{h}$	$\dfrac{1.0}{h}$	$\dfrac{1.5}{h}$	$\dfrac{2.0}{h}$	$\dfrac{3.0}{h}$	$\dfrac{4.0}{h}$	$\dfrac{5.0}{h}$
$\cos^3\theta$	.985	.943	.879	.800	.716	.631	.550	.476	.411	.354	.171	.089	.032	.014	.008

[표 2. W/h에서 구한 $\cos^2\theta\sin\theta$의 값]

W	$\dfrac{0.1}{h}$	$\dfrac{0.2}{h}$	$\dfrac{0.3}{h}$	$\dfrac{0.4}{h}$	$\dfrac{0.5}{h}$	$\dfrac{0.6}{h}$	$\dfrac{0.7}{h}$	$\dfrac{0.8}{h}$	$\dfrac{0.9}{h}$	$\dfrac{1.0}{h}$	$\dfrac{1.5}{h}$	$2.0h$	$3.0h$	$4.0h$	$5.0h$
$\cos^2\theta\sin\theta$	.099	.189	.264	.320	.358	.378	.385	.381	.370	.354	.256	.179	.095	.057	.038

※ $\dfrac{0.1}{h}$, $\dfrac{0.2}{h}$ 은 $0.1h$, $0.2h$이다.

※ .098, .187은 0.098, 0.187이다.

모범답안 계산과정

(1) ① $E_h = \dfrac{I}{l^2}\cos\theta = \dfrac{I}{\left(\dfrac{h}{\cos\theta}\right)^2}\cos\theta = \dfrac{I}{h^2}\cos^3\theta$

② 그림에서 $\dfrac{W}{h} = \dfrac{7.5}{5} = 1.5$ 이므로 $W = 1.5h$

③ 표 1에서 $1.5h$는 0.171이므로 $\cos^3\theta = 0.171$

∴ $E_h = \dfrac{I}{h^2}\cos^3\theta = \dfrac{12500}{5^2} \times 0.171 = 85.5[\text{lx}]$

답 $85.5[\text{lx}]$

(2) ① $E_v = \dfrac{I}{l^2}\sin\theta = \dfrac{I}{\left(\dfrac{h}{\cos\theta}\right)^2}\sin\theta = \dfrac{I}{h^2}\cos^2\theta\sin\theta$

② 그림에서 $\dfrac{W}{h} = \dfrac{7.5}{5} = 1.5$ 이므로 $W = 1.5h$

③ 표 2에서 $1.5h$는 0.256이므로 $\cos^2\theta\sin\theta = 0.256$

∴ $E_v = \dfrac{I}{h^2}\cos^2\theta\sin\theta = \dfrac{12500}{5^2} \times 0.256 = 128[\text{lx}]$

답 $128[\text{lx}]$

---

10 FUN = DES

배점 5

면적이 $400[\text{m}^2]$인 사무실의 조도를 $300[\text{lx}]$로 하고자 한다. 광속 $2400[\text{lm}]$, 램프 전류 $0.4[\text{A}]$, $36[\text{W}]$인 형광램프를 사용할 경우 이 사무실에 대한 최소 전등수를 구하라. (단, 조명률 0.7, 감광보상률 1.2이다.)

모범답안 계산과정

$N = \dfrac{DES}{FU} = \dfrac{1.2 \times 300 \times 400}{2400 \times 0.7} = 85.71[\text{등}] \rightarrow 86[\text{등}]$

답 $86[\text{등}]$

11 FUN = DES [배점 5]

방의 크기가 가로 12[m], 세로 24[m], 높이 4[m]이며, 6[m]마다 기둥이 있고, 기둥 사이에 보가 있으며, 이중천장으로 실내가 마감되어 있다. 이 방의 평균조도를 500[lx]가 되도록 매입개방형 형광등 조명을 하고자 할 때 다음 조건을 이용하여 이 방의 조명에 필요한 등수를 구하시오.

[조건]
- 천장반사율 : 75[%]
- 벽반사율 : 50[%]
- 조명률 : 70[%]
- 등의 보수상태 : 중간정도
- 등의 광속 : 2200[lm]
- 바닥반사율 : 30[%]
- 창반사율 : 50[%]
- 감광보상률 : 1.6
- 안정기손실 : 개당 20[W]

모범답안 계산과정

$$N = \frac{DES}{FU} = \frac{1.6 \times 500 \times 12 \times 24}{2200 \times 0.7} = 149.61[등]$$

답 150[등]

12 FUN = DES [배점 5]

5500[lm]의 광속을 발산하는 전등 20개를 가로 10[m] × 세로 20[m]의 방에 설치하였다. 이 방의 평균조도를 구하시오. (단, 조명률은 0.5, 감광보상률 1.5이다.)

모범답안 계산과정

$$E = \frac{FUN}{DS} = \frac{5500 \times 0.5 \times 20}{1.5 \times 10 \times 20} = 183.33[\text{lx}]$$

답 183.33[lx]

13 FUN = DES   배점 5

폭 5[m], 길이 7.5[m]의 방에 형광등 40[W] 4등을 설치하니 평균조도가 100[lx]가 되었다. 40[W] 형광등 1등의 광속이 3000[lm], 조명률이 0.5일 때 감광보상률을 구하시오.

모범답안 계산과정

$$D = \frac{FUN}{ES} = \frac{3000 \times 0.5 \times 4}{100 \times (5 \times 7.5)} = 1.6$$

답 1.6

14 FUN = DES   배점 5

방의 넓이가 12[m²]이고, 이 방의 천장높이는 3[m]이다. 조명률 50[%], 감광보상률 1.3, 작업면의 평균조도를 150[lx]로 할 때 소요광속은 몇 [lm]이면 되는지 계산하시오.

모범답안 계산과정

$$FN = \frac{DES}{U} = \frac{1.3 \times 150 \times 12}{0.5} = 4680[\text{lm}]$$

답 4680[lm]

15 FUN=DES   배점 5

면적 204[m²]인 방에 평균 조도 200[lx]를 얻기 위해 300[W] 백열전등(전광속 5500[lm], 램프 전류 1.5[A]) 또는 40[W] 형광등(전광속 2300[lm], 램프 전류 0.435[A])을 사용할 경우, 각각의 소요 전력은 몇 [VA]인가? 단, 조명률 55[%], 감광보상률 1.3, 공급전압은 200[V], 단상 2선식이다.

모범답안 계산과정

(1) 백열전등의 소요전력

$N = \dfrac{DES}{FU} = \dfrac{1.3 \times 200 \times 204}{5500 \times 0.55} = 17.53$ → 18[등]

∴ 백열전등의 소요전력 $P = V \cdot I = 200 \times 1.5 \times 18 = 5400[VA]$

답 5400[VA]

(2) 형광등의 소요전력

$N = \dfrac{DES}{FU} = \dfrac{1.3 \times 200 \times 204}{2300 \times 0.55} = 41.93$ → 42[등]

∴ 형광등의 소요전력 $P = V \cdot I = 200 \times 0.435 \times 42 = 3654[VA]$

답 3654[VA]

16 조명설비 – 그림 기호

배점 5

조명설비에 대한 다음 각 물음에 답하시오.

(1) 배선 도면에 ◯H400 으로 표현되어 있다. 이것의 의미를 쓰시오.
(2) 비상용 조명을 건축기준법에 따른 형광등으로 시설하고자 할 때 이것을 일반적인 경우의 그림 기호로 표현하시오.
(3) 평면이 15×10[m]인 사무실에 40[W], 전광속 2500[lm]인 형광등을 사용하여 평균조도를 300[lx]로 유지하도록 설계하고자 한다. 이 사무실에 필요한 형광등 수를 산정하시오. 단, 조명률은 0.6이고, 감광보상률은 1.3이다.
   ◦ 계산과정 :   ◦ 답 :

모범답안 계산과정

(1) 400[W] 수은등

(2) ▬◯▬

(3) $N = \dfrac{DES}{FU} = \dfrac{1.3 \times 300 \times 15 \times 10}{2500 \times 0.6} = 39[등]$

답 39[등]

Chapter 03. 실내조명 설계

17 FUN=DES
배점 5

가로 20[m], 세로 30[m]인 사무실에 평균조도 600[lx]를 얻고자 형광등 40[W] 2등용 사용하고 있다. 다음 각 물음에 답하시오. 단, 40[W] 2등용 형광등 기구의 전체광속은 4600[lm], 조명률은 0.5, 감광보상률은 1.3, 전기 방식은 단상 2선식 200[V]이며, 40[W] 2등용 형광등의 전체 입력전류는 0.87[A]이고, 1회로의 최대 전류는 16[A]로 한다.

(1) 형광등 기구 수를 구하시오.
  ◦ 계산과정 :   ◦ 답 :

(2) 최소 분기회로수를 구하시오.
  ◦ 계산과정 :   ◦ 답 :

모범답안 계산과정

(1) $N = \dfrac{DES}{FU} = \dfrac{1.3 \times 600 \times 20 \times 30}{4600 \times 0.5} = 203.48 \rightarrow 204[등]$

답 204[등]

(2) 분기회로 수 $n = \dfrac{\text{형광등의 총 입력전류}}{1\text{회로 전류}} = \dfrac{204 \times 0.87}{16} = 11.09$

※ 산출된 분기 회로의 수에서 소수가 발생하면 절상한다.

답 16[A] 분기 12회로

---

18 FUN = DES·실지수
배점 6

폭 12[m], 길이 18[m], 천장 높이 3.1[m], 작업면(책상위)높이 0.85[m]인 사무실이 있다. 이 사무실의 천장은 백색 텍스로 마감하였으며, 벽면은 옅은 크림색으로 마감하였고, 실내조도는 500[lx], 조명기구는 40W 2등용(H형)팬던트를 설치하고자 한다. 이때 다음 조건을 이용하여 각 물음의 설계를 하도록 하시오.

[조건]

- 천장의 반사율은 50[%], 벽의 반사율은 30[%]로서 H형 팬던트의 기구를 사용할 때 조명율은 0.61로 한다.
- H형 팬던트 기구의 보수율은 0.75로 하도록 한다.
- H형 팬던트의 길이는 0.5[m]이다.
- 램프의 광속은 40[W] 1등당 3300[lm]으로 한다.
- 조명기구의 배치는 5열로 배치하도록 하고, 1열 당 등수는 동일하게 한다.

(1) 광원의 높이는 몇 [m]인가?

(2) 이 사무실의 실지수는 얼마인가?

(3) 이 사무실에는 40[W] 2등용(H형) 팬던트의 조명기구를 몇 조 설치하여야 하는가?

모범답안 **계산과정**

(1) $H = 3.1 - 0.85 - 0.5 = 1.75$[m]   답 1.75[m]

(2) $K = \dfrac{X \times Y}{H(X+Y)} = \dfrac{12 \times 18}{1.75 \times (12+18)} = 4.11$ 답 4.11

(3) ① $N = \dfrac{DES}{FU} = \dfrac{ES}{FUM} = \dfrac{500 \times (12 \times 18)}{2 \times 3300 \times 0.61 \times 0.75} = 35.76 \rightarrow 36$[등]

② 5열로 배치 → 5(열)×8(행)=40조   답 40[조]

19 FUN = DES·등기구 배치

배점 9

폭 10[m], 길이 20[m]인 사무실의 조명 설계를 하려고 한다. 작업면에서 광원까지의 높이는 2.8[m], 실내 평균 조도는 120[lx], 조명률 0.5, 유지율이 0.72이며 40[W], 백색 형광등 (광속 2800[lm])을 사용한다고 할 때 다음 각 물음에 답하시오.

(1) 소요 등수를 계산하시오.
  ◦ 계산과정 :   ◦ 답 :

(2) F40×2를 사용한다고 할 때 F40×2의 KSC 심벌을 그리시오.

(3) F40×2를 사용한다고 할 때 적절한 배치도를 그리시오.
  (단, 위치에 대한 치수 기입은 생략하고 F40×2의 심벌을 모를 경우 ⊏◯⊐로 배치하여 표시할 것)

(4) 건축기준법에 따르는 비상조명등을 백열 전등과 형광등으로 구분하여 그림 기호를 그리시오.

모범답안 **계산과정**

(1) $N = \dfrac{ES}{FUM} = \dfrac{120 \times (10 \times 20)}{2800 \times 0.5 \times 0.72} = 23.81$ [등]   답 24[등]

(2) ⊏◯⊐
    F40×2

(3) ▶참고 40[W]×2등용를 사용하면 12등이 되며, 직사각형 이므로 4×3으로 배열한다.

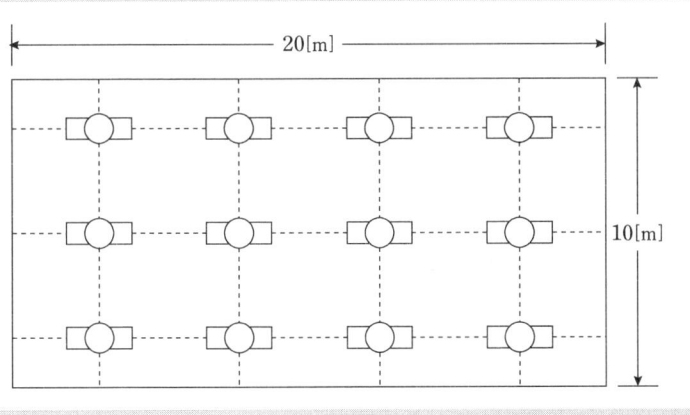

(4) • 백열전등 : ●   • 형광등 : ▬◯▬

20 FUN = DES | 배점 8

그림과 같은 사무실에 조명시설을 하려고 한다. 다음 주어진 조건을 이용하여 다음 각 물음에 답하시오.

[조건]
- 천장고 3[m]
- 분기 Breaker : 50AF/30AT
- 조명 기구 FL 40[W]×2등용(이것을 1기구로 하고 이것의 광속은 5000[lm])
- 조명률 0.45
- 보수율 0.75

(1) 조도를 500[lx]로 기준할 때 설치해야 할 기구수는?(배치를 고려하여 산정할 것)

(2) 분기 Breaker의 50 AF/30 AT에서 AF와 AT의 의미는 무엇인가?

(3) 조명 기구 배선에 사용할 수 있는 전선의 최소 굵기는 몇 [mm²]인가?
(단, 조명 기구는 200[V]용이라 한다.)

모범답안 계산과정

(1) $N = \dfrac{ES}{FUM} = \dfrac{500 \times 12 \times 20}{5000 \times 0.45 \times 0.75} = 71.11$ 답 72[등]

(2) AF : 차단기 프레임 전류, AT : 차단기 트립 전류

(3) 1.5[mm²]

21 실지수(Room Index)

배점 4

가로 8[m], 세로 10[m], 높이 4.8[m]인 사무실에서 조명기구를 천장에 직접 취부하고자 한다. 이 때 실지수를 구하시오. 단, 바닥에서 0.8[m] 높이에서 작업한다.

모범답안 **계산과정**

실지수 $K = \dfrac{X \times Y}{H(X+Y)} = \dfrac{8 \times 10}{(4.8-0.8)(8+10)} = 1.11$

답 1.11

POINT 실지수[Room Index]

1. 실지수

방의 크기와 모양에 따라 흡수율과 광속의 이용률을 결정

$$K = \dfrac{X \times Y}{H(X+Y)}$$

여기서, H는 등고이며 광원에서 피조면 까지의 높이

직접조명   간접조명

2. 실지수 분류 기호표

범 위	4.5 이상	4.5~3.5	3.5~2.75	2.75~2.25	2.25~1.75
실지수	5.0	4.0	3.0	2.5	2.0
기 호	A	B	C	D	E
범 위	1.75~1.38	1.38~1.12	1.12~0.9	0.9~0.7	0.7 이하
실지수	1.5	1.25	1.0	0.8	0.6
기 호	F	G	H	I	J

22 FUN=DES·소비전력량

배점 6

가로 12[m], 세로 18[m], 천장 높이 3[m], 작업면 높이 0.8[m]인 사무실이 있다. 여기에 천장 직부 형광등 기구(T5 22[W]×2등용)를 설치하고자 한다. 다음 각 물음에 답하시오.

[조건]
① 작업면 요구 조도 500[lx]
② 천장 반사율 50[%]
③ 벽면 반사율 50[%]
④ 바닥 반사율 10[%]
⑤ T5 22[W] 1등의 광속 2500[lm]
⑥ 보수율 0.7

[조명률 기준표]

반사율	천장	70[%]				50[%]				30[%]			
	벽	70	50	30	20	70	50	30	20	70	50	30	20
	바닥	10				10				10			
실지수		조명률(%)											
1.5		64	55	49	43	58	51	45	41	52	46	42	38
2.0		69	61	55	50	62	56	51	47	57	52	48	44
2.5		72	66	60	55	65	60	56	52	60	55	52	48
3.0		74	69	64	59	68	63	59	55	62	58	55	52
4.0		77	73	69	65	71	67	64	61	65	62	59	56
5.0		79	75	72	69	73	70	67	64	67	64	62	60

(1) 실지수를 구하시오.
  ◦계산과정 :   ◦답 :
(2) 조명률을 구하시오.
(3) 설치 등기구의 최소 수량을 구하시오.
  ◦계산과정 :   ◦답 :
(4) 형광등의 입력과 출력이 같다. 1일 10시간 연속 점등할 경우 30일간의 최소 소비전력량을 구하시오.
  ◦계산과정 :   ◦답 :

모범답안 **계산과정**

(1) 등고 $H = 3 - 0.8 = 2.2[m]$

실지수 $K = \dfrac{X \times Y}{H(X+Y)} = \dfrac{12 \times 18}{2.2 \times (12+18)} = 3.27$ 　　답　3.0

(2) 63[%]

(3) $N = \dfrac{DES}{FU} = \dfrac{ES}{FUM} = \dfrac{500 \times 12 \times 18}{2500 \times 2 \times 0.63 \times 0.7} = 48.98$ 　　답　49[등]

(4) 소요전력량 = 소비전력 × 등수 × 시간
　　　　　　 = $22 \times 2 \times 49 \times 10 \times 30 \times 10^{-3} = 646.8[kWh]$ 　　답　646.8[kWh]

---

23 FUN = DES·등기구 배치

배점 6

그림과 같은 사무실에서 평균조도를 200[lx]로 할 때 다음 각 물음에 답하시오.

```
          20[m](X)
   ┌─────────────────┐
   │                 │
   │                 │  10[m](Y)
   │                 │
   └─────────────────┘
```

[조건]
- 형광등은 40[W]를 사용하고 형광등의 광속은 2500[lm]으로 한다.
- 조명률은 0.6, 감광보상률은 1.2로 한다.
- 사무실 내부에 기둥은 없는 것으로 한다.
- 간격은 등기구 센터를 기준으로 한다.
- 등기구는 ○으로 표현하도록 한다.
- 건물의 천장높이 3.85[m], 작업면 0.85[m]로 한다.

(1) 이 사무실에 필요한 형광등의 수를 구하시오.
　　◦계산 :　　　　　　　　　　　　　　　　　　　　　　　◦답 :

(2) 등기구를 답안지에 배치하시오.

(3) 등간의 간격과 최외각에 설치된 등기구와 건물 벽간의 간격(A, B, C, D)은 각각 몇 [m]인가?

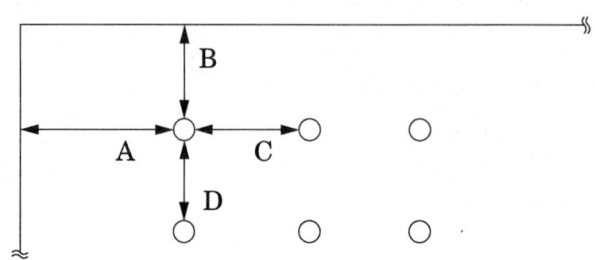

(4) 만일 주파수 60[Hz]에 사용되는 형광방전등을 50[Hz]에서 사용한다면 광속과 점등시간은 어떻게 변화되는지를 설명하시오.

(5) 양호한 전반 조명이라면 등간격은 등높이의 몇 배 이하로 해야 하는가?

모범답안 **계산과정**

(1) $N = \dfrac{DES}{FU} = \dfrac{1.2 \times 200 \times 10 \times 20}{2500 \times 0.6} = 32\,[등]$ 　　답 32[등]

(2)

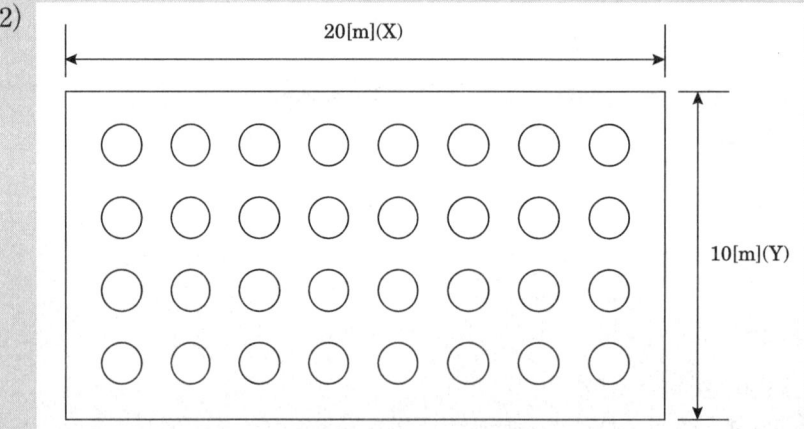

(3) A : 1.25[m], B : 1.25[m], C : 2.5[m], D : 2.5[m]

(4) 광속은 증가하고 점등시간은 늦어 진다.

(5) 1.5배

24 FUN = DES 종합유형

배점 10

그림과 같은 철골공장에 백열등의 전반 조명을 할 때 평균조도로 200[lx]를 얻기 위한 광원의 소비전력을 구하려고 한다. 주어진 조건과 참고자료를 이용하여 다음 각 물음에 답하면서 순차적으로 구하도록 하시오.

[조건]

1) 천장, 벽면의 반사율은 30[%]이다.
2) 광원은 천장면하 1[m]에 부착한다.
3) 천장의 높이는 9[m] 이다.
4) 감광보상률은 보수 상태를 "양"으로 하며 적용한다.
5) 배광은 직접 조명으로 한다.
6) 조명 기구는 금속 반사갓 직부형이다.

[도면]

[참고자료]

[표 1] 각종 전등의 특성

(A) 백열등

형 식	종 별	유리구의 지름 (표준치) [mm]	길이 [mm]	베이스	초기 특성 소비전력 [W]	초기 특성 광속 [lm]	초기 특성 효율 [lm/W]	50[%] 수명에서의 효율	수명 [h]
L100V 10W	진공 단코일	55	101 이하	E26/25	10±0.5	76±8	7.6±0.6	6.5 이상	1500
L100V 20W	진공 단코일	55	101 〃	E26/25	20±1.0	175±20	8.7±0.7	7.3 〃	1500
L100V 30W	가스입단코일	5	108 〃	E26/25	30±1.5	290±30	9.7±0.8	8.8 〃	1000
L100V 40W	가스입단코일	55	108 〃	E26/25	40±2.0	440±45	11.0±0.9	10.0 〃	1000
L100V 60W	가스입단코일	50	114 〃	E26/25	60±3.0	760±75	12.6±1.0	11.5 〃	1000
L100V 100W	가스입단코일	70	140 〃	E26/25	100±5.0	1500±150	15.0±1.2	13.5 〃	1000
L100V 150W	가스입단코일	80	170 〃	E26/25	150±7.5	2450±250	16.4±1.3	14.8 〃	1000
L100V 200W	가스입단코일	80	180 〃	E26/25	200±10	3450±350	17.3±1.4	15.3 〃	1000
L100V 300W	가스입단코일	95	220 〃	E39/41	300±15	555±550	18.3±1.5	15.8 〃	1000
L100V 500W	가스입단코일	110	240 〃	E39/41	500±25	9900±990	19.7±1.6	16.9 〃	1000
L100V1000W	가스입단코일	165	332 〃	E26/25	1000±50	21000±2100	21.0±1.7	17.4 〃	1000
L100V 30W	가스입이중코일	55	108 〃	E26/25	30±1.5	330±35	11.1±0.9	10.1 〃	1000
L100V 40W	가스입이중코일	55	108 〃	E26/25	40±2.0	500±50	12.4±1.0	11.3 〃	1000
L100V 50W	가스입이중코일	60	114 〃	E26/25	50±2.5	660±65	13.2±1.1	12.0 〃	1000
L100V 60W	가스입이중코일	60	114 〃	E26/25	60±3.0	830±85	13.0±1.1	12.7 〃	1000
L100V 75W	가스입이중코일	60	117 〃	E26/25	75±4.0	1100±110	14.7±1.2	13.2 〃	1000
L100V 100W	가스입이중코일	65 또는 67	128 〃	E26/25	100±5.0	1570±160	15.7±160	14.1 〃	1000

Chapter 03. 실내조명 설계

[표 2] 조명률, 감광보상률 및 설치 간격

번호	배 광 / 설치간격	조명 기구	감광보상률(D) 보수상태			반사율 ρ	천장	0.75			0.50			0.30	
			양	중	부		벽	0.5	0.3	0.1	0.5	0.3	0.1	0.3	0.1
						실지수				조명률 U[%]					
(1)	간접 0.80 ↑↓ 0 $S\leq 1.2H$	전구 형광등	1.5 1.7	1.7 2.0	2.0 2.5	J0.6 I0.8 H1.0 G1.25 F1.5 E2.0 D2.5 C3.0 B4.0 A5.0		16 20 23 26 29 32 36 38 42 44	13 16 20 23 26 29 32 35 39 41	11 15 17 20 22 26 30 32 36 39	12 15 17 20 22 24 26 28 30 33	10 13 14 17 19 21 24 25 29 30	08 11 13 17 17 19 22 24 27 29	06 08 10 11 12 13 15 16 18 19	05 17 08 10 11 12 14 15 17 18
(2)	반간접 0.70 ↑↓ 0.10 $S\leq 1.2H$	전구 형광등	1.4 1.7	1.5 2.0	1.7 2.5	J0.6 I0.8 H1.0 G1.25 F1.5 E2.0 D2.5 C3.0 B4.0 A5.0		18 22 26 29 32 35 39 42 46 48	14 19 22 25 28 32 35 38 42 44	12 17 19 22 25 29 32 35 39 42	14 17 20 22 24 27 29 31 34 36	11 15 17 19 21 24 26 28 31 33	09 13 15 17 19 21 24 27 29 31	08 10 12 14 15 17 19 20 22 23	07 09 10 12 14 15 18 19 21 22
(3)	전반확산 0.40 ↑↓ 0.40 $S\leq 1.2H$	전구 형광등	1.3 1.4	1.4 1.7	1.5 2.0	J0.6 I0.8 H1.0 G1.25 F1.5 E2.0 D2.5 C3.0 B4.0 A5.0		24 29 33 37 40 45 48 51 55 57	19 25 28 32 36 40 43 46 50 53	16 22 26 29 31 36 42 42 47 49	22 27 30 33 36 40 43 45 49 51	18 23 26 29 32 36 39 41 45 47	15 20 24 26 29 33 36 38 42 44	16 21 24 26 29 32 34 37 40 41	14 19 21 21 26 29 33 34 38 40
(4)	반직접 0.25 ↑↓ 0.55 $S\leq H$	전구 형광등	1.3 1.6	1.4 1.7	1.5 1.8	J0.6 I0.8 H1.0 G1.25 F1.5 E2.0 D2.5 C3.0 B4.0 A5.0		26 33 36 40 43 47 51 54 57 59	22 28 32 36 39 44 47 49 53 55	19 26 30 33 35 40 43 45 50 52	24 30 33 36 39 43 46 48 51 53	21 26 30 33 35 39 42 44 47 49	18 24 28 30 33 36 40 42 45 47	19 25 28 30 33 36 39 42 43 47	17 23 26 29 31 34 37 38 41 43
(5)	직접 0 ↑↓ 0.75 $S\leq H$	전구 형광등	1.3 1.4	1.4 1.7	1.5 2.0	J0.6 I0.8 H1.0 G1.25 F1.5 E2.0 D2.5 C3.0 B4.0 A5.0		34 43 47 50 52 58 62 64 67 68	29 38 43 47 50 55 58 61 64 66	26 35 40 44 47 52 56 58 62 64	32 39 41 44 46 49 52 54 55 56	29 36 40 43 44 48 51 52 53 54	27 35 38 41 43 46 49 51 52 53	29 36 40 42 44 47 50 51 52 54	27 34 38 41 43 46 49 50 52 52

기호	A	B	C	D	E	F	G	H	I	J
실지수	5.0	4.0	3.0	2.5	2.0	1.5	1.25	1.0	0.8	0.6
범위	4.5 이상	4.5 ∫ 3.5	3.5 ∫ 2.75	2.75 ∫ 2.25	2.25 ∫ 1.75	1.75 ∫ 1.38	1.38 ∫ 1.12	1.12 ∫ 0.9	0.9 ∫ 0.7	0.7 이하

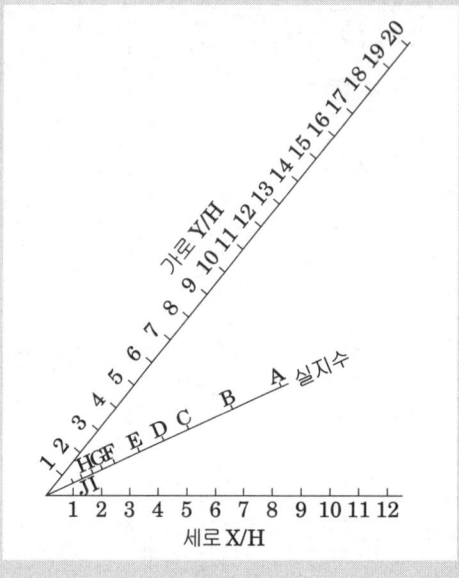

[실지수 그림]

(1) 광원의 높이는 몇 [m]인가?
　◦ 계산 과정 :　　　　　　　　　　　　　　　　　　◦ 답 :
(2) 실지수를 계산하여 실지수를 구하시오. (단, 실지수를 기호로 표시할 것)
　◦ 계산 과정 :　　　　　　　　　　　　　　　　　　◦ 답 :
(3) 조명률은 얼마인가?
(4) 감광보상률은 얼마인가?
(5) 전 광속을 계산하시오.
　◦ 계산 과정 :　　　　　　　　　　　　　　　　　　◦ 답 :
(6) 전등 한 등의 광속은 몇 [lm]인가?
　◦ 계산 과정 :　　　　　　　　　　　　　　　　　　◦ 답 :
(7) 전등의 Watt 수는 몇 [W]를 선정하면 되는가?
　◦ 계산 과정 :　　　　　　　　　　　　　　　　　　◦ 답 :

모범답안 계산과정

(1) 등고 $H = 9 - 1 = 8[m]$ 답 $8[m]$

(2) 실지수 $K = \dfrac{50 \times 25}{8 \times (50+25)} = 2.08$ 답 실지수의 기호 : E, 실지수 : 2.0

(3) 47[%]

(4) 1.3

(5) $NF = \dfrac{DES}{U} = \dfrac{1.3 \times 200 \times (50 \times 25)}{0.47} = 691489.36[lm]$ 답 691489.36[lm]

(6) 도면을 보고 등수를 구할 수 있다. 등수 $= 4 \times 8 = 32$

전등 한 등의 광속 $= \dfrac{전광속}{등수} = \dfrac{691489.36}{32} = 21609.04[lm]$ 답 21609.04[lm]

(7) 1,000[W]

---

25 균등 점광원의 광도

배점 5

아래 그림과 같이 지름 12[m]의 구형 외구가 있다. 구형 외구의 중심에는 균등 점광원이 있다. 구형외구의 광속 발산도가 1000[rlx], 투과율 80[%]일 때 균등 점광원의 광도[cd]는? (단, 구형 외구는 완전확산형이고, 주어진 조건 외에는 사용하지 않는다.)

모범답안 **계산과정**

반지름 $r = \dfrac{d}{2} = \dfrac{0.12}{2} = 0.06[\text{m}]$, 투과율 $\tau = 0.8$, 반사율 $\rho = 0$ 이며

광속발산도 $R = \eta E = \dfrac{\tau}{1-\rho} \times \dfrac{I}{r^2}$ 이므로

광도 $I = \dfrac{1-\rho}{\tau} \times R \times r^2 = \dfrac{1-0}{0.8} \times 1000 \times 0.06^2 = 4.5[\text{cd}]$

답 4.5[cd]

04 도로조명 설계

01 도로조명 설계

배점: 6

도로 조명 설계에 관한 다음 각 물음에 답하시오.

(1) 도로 조명 설계시 고려해야 할 중요 사항을 5가지만 쓰시오.
(2) 폭 40[m]의 도로 양쪽에 30[m] 간격으로 지그재그식으로 가로등을 배치하여 노면의 평균 조도를 5[lx]로 하자면, 수은등의 규격은 몇 [W]의 것을 사용하면 되는가? 단, 노면 광속 이용률 30[%], 등기구 유지율은 75[%]로 하며 수은등의 광속표는 다음과 같다.

크기[W]	램프 전류[A]	전광속[lm]
100	1.0	3200~4000
200	1.9	7700~8500
250	2.1	10000~11000
300	2.5	13000~14000
400	3.7	18000~20000

모범답안 계산과정

(1) ① 조명기구의 눈부심이 불쾌감을 주지 않을 것
② 조명시설이 도로나 그 주변의 경관을 해치지 않을 것
③ 광원색이 환경에 적합한 것이며, 그 연색성이 양호할 것
④ 보행자가 보는 도로의 휘도가 충분히 높고, 균제도가 일정할 것
⑤ 운전자가 보는 도로의 휘도가 충분히 높고, 균제도가 일정할 것

(2) $F = \dfrac{DES}{UN} = \dfrac{ES}{UNM} = \dfrac{5 \times \left(\dfrac{40 \times 30}{2}\right)}{0.3 \times 1 \times 0.75} = 13333.33 [\text{lm}]$

표에서 300[W]선정

답 300[W]

> **참고** 도로 조명 방식에서는 등의 개수를 1개를 기준으로 계산

POINT	도로조명의 조명면적			
양쪽조명(대칭식)	양쪽조명(지그재그)	일렬조명(편측)	일렬조명(중앙)
$S=\dfrac{a \cdot b}{2}$	$S=\dfrac{a \cdot b}{2}$	$S=ab$	$S=ab$

02 도로조명 – 양쪽 조명

배점: 5

폭 15[m]인 도로의 양쪽에 간격 20[m]를 두고 대칭 배열로 가로등이 점등되어 있다. 한 등의 전광속은 3500[lm], 조명률은 45[%]일 때, 도로의 조도를 계산하시오.

모범답안 **계산과정**

도로 양쪽 조명[대칭배열]의 면적 $S=\dfrac{ab}{2}$

$E=\dfrac{FUN}{D \times \dfrac{ab}{2}}=\dfrac{3500 \times 0.45 \times 1}{1 \times \dfrac{20 \times 15}{2}}=10.5[\text{lx}]$

답 10.5[lx]

03 도로조명 – 양쪽 조명   배점 5

그림과 같이 폭이 30[m]인 도로 양쪽에 지그재그 식으로 300[W]의 고압수은등을 배치하여 도로의 평균 조도를 5[lx]로 하자면, 각 등의 간격 b[m]은 얼마가 되어야 하는가? (단, 조명률은 0.32, 감광보상률은 1.3, 수은등의 광속은 5500[lm]이다.)

모범답안 **계산과정**

$$S=\frac{FUN}{DE}=\frac{5500\times0.32\times1}{1.3\times5}=270.77[\text{m}^2]$$

도로 양쪽 조명[지그재그]의 면적 $S=\dfrac{ab}{2}=270.77[\text{m}^2]$

$$b=\frac{2\times S}{a}=\frac{2\times270.77}{30}=18.05[\text{m}]$$

답 18.05[m]

04 도로조명 – 컷 오프   [기사전용]   배점 5

차도 폭 20[m], 등주 길이가 10[m](폴)인 등을 대칭배열로 설계하고자 한다. 조도 22.5[lx], 감광보상률 1.5, 조명률 0.5, 램프는 20000[lm], 250[W]의 메탈헬라이드 램프를 사용한다. 이 때 다음 물음에 답하시오.

(1) 등주 간격을 구하시오.
　◦계산과정 :　　　　　　　　　　　　　　　　　　◦답 :
(2) 운전자의 눈부심을 방지하기 위하여 컷오프 조명일 때 최소 등간격을 구하시오.
　◦계산과정 :　　　　　　　　　　　　　　　　　　◦답 :
(3) 보수율을 구하시오.
　◦계산과정 :　　　　　　　　　　　　　　　　　　◦답 :

모범답안 계산과정

(1) 등주 간격

$$S = \frac{FUN}{DE} \rightarrow S = \frac{a \times b}{2} = \frac{FUN}{DE}$$

$$\therefore b = \frac{2 \times FUN}{DEa} = \frac{2 \times 20000 \times 0.5 \times 1}{1.5 \times 22.5 \times 20} = 29.63[m]$$

답 29.63[m]

(2) 최소 등간격

컷오프 조명 $S \leq 3h = 3 \times 10 = 30[m]$

답 30[m]

● 참고   등기구별 차도폭(W)에 따른 높이(H) 및 간격(S) 기준

배열구분	컷오프형		세미컷오프형		논컷오프형	
	H	S	H	S	H	S
한 쪽	1.0W 이상	3H 이하	1.2W 이상	3.5H 이하	1.4W 이상	4H 이하
지그재그	0.7W 이상	3H 이하	0.8W 이상	3.5H 이하	0.9W 이상	4H 이하
마주보기	0.5W 이상	3H 이하	0.6W 이상	3.5H 이하	0.7W 이상	4H 이하
중 앙	0.5W 이상	3H 이하	0.6W 이상	3.5H 이하	0.7W 이상	4H 이하

(3) 보수율

$$M = \frac{1}{D} = \frac{1}{1.5} = 0.67$$

답 0.67

05 전선의 가닥수

01 단극 스위치

배점 5

CL램프와 PL램프를 스위치 하나로 동시에 점등 시키고자 한다. 다음의 미완성 도면을 완성하시오.

02 3로 스위치

배점 5

계단의 전등을 계단의 아래와 위의 두 곳에서 자유로이 점멸하도록 3로 스위치를 사용하려고 한다. 주어진 미완성 도면을 완성하시오.

03 3로·4로 스위치

배점 5

전등 1개를 3개소에서 점멸하기 위하여 3로 스위치 2개, 4로 스위치 1개를 사용한 배선도이다. 전선 접속도를 그리시오.

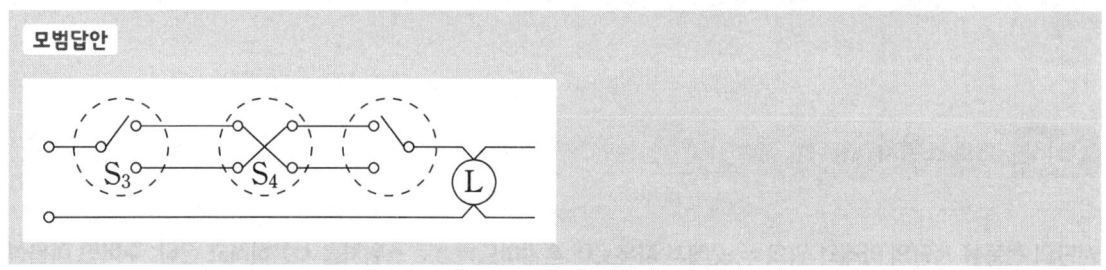

04 3로 스위치[단선도·복선도]

배점 8

3로스위치 4개를 사용한 3개소 점멸의 단선도를 참조하여 복선도를 완성하시오.

[단선도]

[복선도]

 전원

모범답안

05 최소 전선 가닥수

배점 12

답안지 그림은 옥내 배선도의 일부를 표시한 것이다. ㉠, ㉡ 전등은 A스위치로, ㉢, ㉣ 전등은 B스위치로 점멸되도록 설계하고자 한다. 각 배선에 필요한 최소 전선 가닥수를 표시하시오.

모범답안

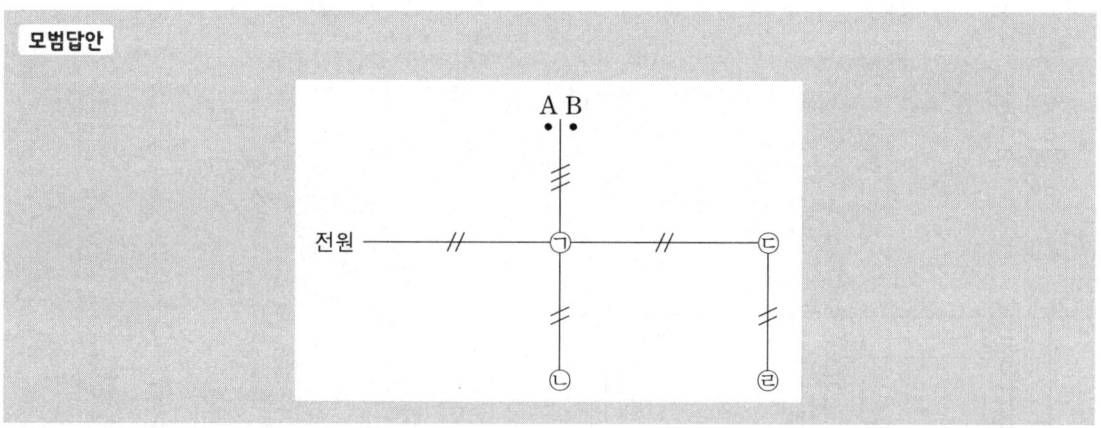

06 3로·4로 스위치

배점: 5

다음 그림을 3개소에서 점멸이 가능하도록 3로 스위치 2개, 4로 스위치 1개를 이용한 결선도를 완성하시오.

모범답안

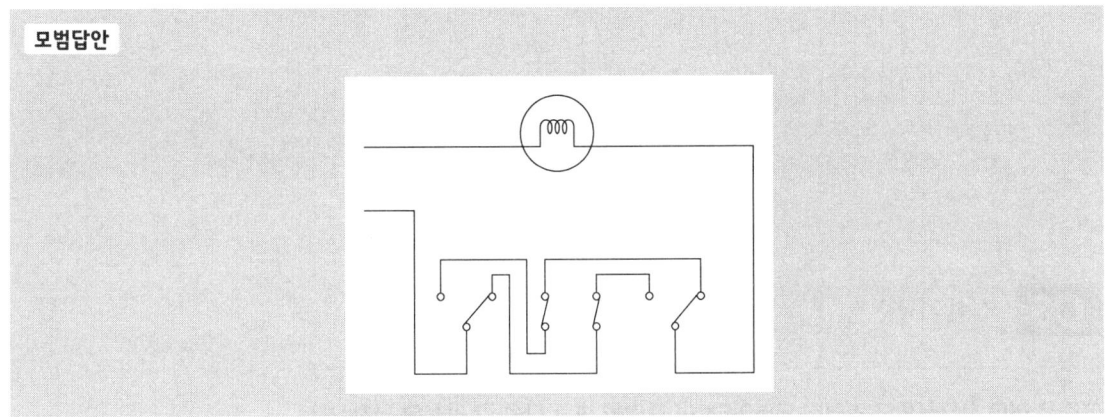

07 전선 가닥수

배점: 4

다음 그림에서 (가), (나) 부분의 전선수는?

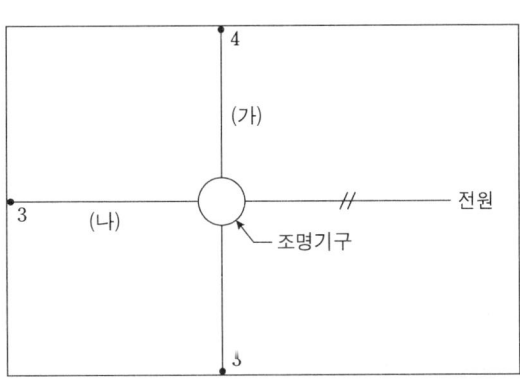

모범답안

(가) 4가닥   (나) 3가닥

▶참고

08 전선 가닥수

배점: 6

그림은 어떤 사무실의 조명설비 도면이다. 이 도면을 보고 다음 각 물음에 답하시오.
(단, 점멸기 A는 A 형광등, B는 B 형광등, C는 C 형광등만 점멸시키는 것으로 한다.)

①~④ 부분의 전선 가닥 수는 각각 몇 가닥이 필요한가?

모범답안

① 2가닥   ② 3가닥   ③ 4가닥   ④ 2가닥

09 전선 가닥수 – 전기기호   배점 6

그림과 같이 외등 3등을 거실, 현관, 대문의 각각의 3장소에서 점멸할 수 있도록 아래 번호의 가닥수를 쓰고 각 점멸기의 기호를 그리시오.

(1) ①~⑤까지 전선가닥수를 쓰시오.
(2) ⑥~⑧까지 점멸기의 전기기호를 그리시오.

모범답안

(1) ① 3가닥 ② 3가닥 ③ 2가닥 ④ 3가닥 ⑤ 3가닥

(2) ⑥ ●₃ ⑦ ●₄ ⑧ ●₃

▶ 참고

10 단극 스위치

배점 8

그림은 사장과 공장장의 출·퇴근 표시를 수위실과 비서실에서 스위치로 동시에 조작할수 있고 작업장과 사무실에 동시에 표시되는 장치를 나타낸 것이다. 그림에서 ①, ②, ③으로 표시되는 전선관에 들어가는 전선의 최소 가닥수는 몇 가닥인지를 표시하고 실제 배선도를 그려서 표현하시오. (단, 접지선은 제외하며, S_1, L_1은 사장의 출·퇴근 스위치 및 표시등이고, B는 축전지, S_2, L_2는 공장장의 출·퇴근 스위치 및 표시등이다.)

- 배선 가닥수 : ①   ②   ③
- 실제 배선도

모범답안

- 배선 가닥수 : ① 4,   ② 3,   ③ 3
- 실제 배선도

06 조명설비 공사견적

01 직접 노무비 계산

배점 5

공동주택에 전력량계 1φ2W용 35개를 신설, 3φ4W 7개를 사용이 종료되어 신품으로 교체하였다. 소요되는 공구 손료 등을 제외한 직접노무비를 계산하시오. (단, 인공 계산은 소수 셋째자리까지 구하며, 내선전공 노임은 95000원이다.)

[전력량계 및 부속장치 설치]

(단위 : 대)

종 별	내 선 전 공
전력량계 1φ2W용	0.14
〃 1φ3W용 및 3φ3W용	0.21
〃 3φ4W용	0.32
CT(저고압)	0.40
PT(저고압)	0.40
ZCT(영상변류기)	0.40
현수용 MOF(고압, 특고압)	3.00
거치용 MOF(고압, 특고압)	2.00
계기함 설치	0.30
특수계기함 설치	0.45
변성기함(저압, 고압)	0.60

[해 설]
① 방폭 200[%]
② 아파트 등 공동주택 및 기타 이와 유사한 동일 장소 내에서 10대를 초과하는 전력량계 설치 시 추가 1대당 해당 품의 70[%]
③ 특수계기함은 3종 계기함, 농사용 계기함, 집합 계기함 및 저압 변류용 계기함 등임.
④ 고압 변성기함, 현수용 MOF 및 거치용 MOF(설치대 조립품 포함)를 주상설치 시 배전전공 적용
⑤ 철거 30[%], 재사용 50[%]

모범답안

㉠ 내선전공 : $10 \times 0.14 + (35-10) \times 0.14 \times 0.7 + 7 \times 0.32 \times 1.3 = 6.762$
㉡ 직접노무비 : $6.762 \times 95000 = 642,390$원

답 642,390원

> **참고**

① 1φ2W용 전력량계 신설
- 기본 10대 설치 인공 : 10×0.14=1.4[인]
- 기본 10대를 초과하는 25대 설치 인공 : 25×0.14×0.7=2.45[인]

② 3φ4W용 전력량계 교체
- 철거 : 7×0.32×0.3=0.672[인]
- 신설 : 7×0.32=2.24[인]

02 직접 노무비

배점 5

건물의 보수공사를 하는데 32[W]×2 매입 하면 개방형 형광등 30등을 32[W]×3 매입 루버형으로 교체하고, 20[W]×2 팬던트형 형광등 20등을 20[W]×2 직부 개방형으로 교체하였다. 철거되는 20[W]×2 팬던트형 등기구는 재사용 할 것이다. 천장 구멍 뚫기 및 취부테 설치와 등기구 보강 작업은 계산하지 않으며, 공구손류 등을 제외한 직접 노무비만 계산하시오. (단, 인공계산은 소수점 셋째자리까지 구하고, 내선전공의 노임은 95000원으로 한다.)

[형광등 기구 설치]

(단위 : 등, 적용직종 내선전공)

종별	직부형	팬던트형	반매입 및 매입형
10[W] 이하×1	0.123	0.150	0.182
20[W] 이하×1	0.141	0.168	0.214
20[W] 이하×2	0.177	0.215	0.273
20[W] 이하×3	0.223	–	0.335
20[W] 이하×4	0.323	–	0.489
30[W] 이하×1	0.150	0.177	0.227
30[W] 이하×2	0.189	–	0.310
40[W] 이하×1	0.223	0.268	0.340
40[W] 이하×2	0.277	0.332	0.415
40[W] 이하×3	0.359	0.432	0.545
40[W] 이하×4	0.468	–	0.710
110[W] 이하×1	0.414	0.495	0.627
110[W] 이하×2	0.505	0.601	0.764

06. 조명설비 공사견적

[조건]

① 하면 개방형 기준임. 루버 또는 아크릴 커버 형일 경우 해당 등기구 설치 품의 110[%]
② 등기구 조립·설치, 결선. 지지금구류 설치, 장내 소운반 및 잔재 정리포함
③ 매입 또는 반매입 등기구의 천정 구멍 뚫기 및 취부테 설치 별도 가산
④ 매입 및 반매입 등기구에 등기구보강대를 별도로 설치 할 경우 이 품의 20[%] 별도 계상
⑤ 광천장 방식은 직부형 품 적용
⑥ 방폭형 200[%]
⑦ 높이 1.5[m] 이하의 pole형 등기구는 직부형 품의 150[%] 적용(기초대 설치 별도)
⑧ 형광등 안정기 교환은 해당 등기구 시설품의 110[%]. 다만, 팬던트형은 90[%]
⑨ 아크릴간판의 형광등 안정기 교환은 매입형 등기구 설치품의 120[%]
⑩ 공동주택 및 교실 등과 같이 동일 반복 공정으로 비교적 쉬운 공사의 경우는 90[%]
⑪ 형광램프만 교체시 해당 등기구 1등용 설치품의 10[%]
⑫ T-5(28[W]) 및 FLP(36[W], 55[W])는 FL 40[W] 기준품 적용
⑬ 팬던트형은 파이프 팬던트형 기준, 체인 팬던트는 90[%]
⑭ 등의 증가시 매 증가 1등에 대하여 직부형은 0.005[인], 매입 및 반매입형은 0.015[인] 가산
⑮ 철거 30[%], 재사용 철거 50[%]

모범답안 계산과정

① 설치인공
- 32[W]×3 매입 루버형 : $0.545 \times 30 \times 1.1 = 17.985$[인]
- 20[W]×2 직부 개방형 : $0.177 \times 20 = 3.54$[인]

② 철거인공
- 32[W]×2 매입하면 개방형 : $0.415 \times 30 \times 0.3 = 3.735$[인]
- 20[W]×2 팬던트형 : $0.215 \times 20 \times 0.5 = 2.15$[인]

③ 총 소요인공 = 설치인공 + 철거인공 = $17.985 + 3.54 + 3.735 + 2.15 = 27.41$[인]
④ 직접노무비 = $27.41 \times 95000 = 2603950$[원]

답 2603950[원]

부록 1 기사 PLUS 문제

01 감광보상률
배점 5

조명설계 시 사용되는 용어 중 감광보상률이란 무엇을 의미하는지 설명하시오.

모범답안

점등 중 광속의 감소를 고려한 소요광속의 여유율을 말하며, 보수율의 역수이다.

▶참고 광속감소 원인
- 광원의 노화로 인한 광속의 감소
- 조명기구 및 반사면의 먼지, 오물, 변질에 의한 광속의 흡수율 증가

02 광원의 발광 원리
배점 5

조명에 사용되는 광원의 발광 원리 3가지를 쓰시오.

모범답안

① 온도복사에 의한 발광
② 루미네선스에 의한 방전발광
③ 일렉트로 루미네선스에 의한 전계발광

03 T-5램프의 특징
배점 5

T-5램프의 특징 5가지를 쓰시오.

모범답안

① 열발생이 적다.
② 연색성이 우수하다.
③ 플리커 현상이 적다.
④ 수명이 기존의 형광램프보다 길다.
⑤ 기존 형광램프에 비해 에너지 절약적이다.

04 플리커 현상

배점 5

조명설비의 깜박임 현상을 줄일 수 있는 조치는 다음의 경우 어떻게 하여야 하는가?

(1) 백열전등의 경우
(2) 3상 전원인 경우
(3) 전구가 2개씩인 방전등 기구

모범답안

(1) 직류 전원을 사용하여 점등한다.

(2) 전체 램프를 1/3씩 3군으로 나누어 각 군의 위상이 120°가 되도록 접속한다.

(3) 하나는 콘덴서, 다른 하나는 코일을 설치하여 위상차를 발생시켜 점등한다.

05 플리커 경감대책

배점 4

부하의 특성에 기인하는 전압의 동요에 의하여 조명등이 깜빡거리거나 텔레비전 영상이 일그러지는 등의 현상을 플리커라고 한다. 배전계통에서 플리커 발생 부하가 증설될 경우에 미리 예측하고 경감을 위하여 수용가측에서 행하는 방법 중 전원계통에 리액터분을 보상하는 방법 2가지를 쓰시오.

모범답안

① 직렬콘덴서 방식
② 3권선 보상 변압기 방식

06 눈부심의 발생원인

배점 5

눈부심이 있는 경우 작업능률의 저하, 재해 발생, 시력의 감퇴 등이 발생한다. 조명설계의 경우 이 눈부심을 피할 수 있도록 고려해야 한다. 눈부심의 발생원인 5가지를 쓰시오.

모범답안

① 순응이 잘 안될 때
② 광원을 오래 바라볼 때
③ 광원의 휘도가 과대할 때
④ 시선 부근에 광원이 있을 때
⑤ 눈에 들어오는 광속이 너무 많을 때

07 건축화 조명

배점 3

설계자가 크기, 형상 등 전체적인 조화를 생각하여 형광등 기구를 벽면 상방 모서리에 숨겨서 설치하는 방식으로, 기구로부터 빛이 직접 벽면을 조명하는 건축화 조명은?

모범답안

코니스 조명

POINT 건축화 조명방식

- 다운라이트 : 천장에 작은 구멍을 뚫고 조명기구를 매입하여 빛의 방향을 아래로 조명
- 핀홀라이트 : 아래로 조사되는 구멍을 작게 하거나 렌즈를 달아 복도에 집중 조사
- 코퍼라이트 : 천장면을 둥글게 또는 사각으로 파내어 내부에 조명기구를 배치
- 라인라이트 : 매입 형광등 방식의 일종으로 형광등을 연속으로 배치하는 조명방식
- 광천장 조명 : 천장 전체를 조명기구화 하는 방식으로 유백색의 아크릴판을 사용
- 루버 조명 : 천장면 재료로 루버를 사용하여 보호각을 증가시키는 방식
- 코브 조명 : 천장이나 벽면 상부를 조명하여 천장면이나 벽에 반사되는 반사광을 이용

- 코너 조명 : 천장과 벽면 사이에 조명기구를 배치하여 천장과 벽면에 동시에 조명
- 밸런스 조명 : 광원의 전면에 밸런스판을 설치하여 천장면이나 벽면으로 반사시키는 조명
- 광벽 조명 : 창문이 있는 효과를 내는 방법으로 인공창의 뒷면에 형광등을 배치

08 배광방식의 종류

배점 5

조명방식 중 배광에 의한 분류 5가지를 쓰시오.

모범답안

① 직접조명 ② 반직접조명 ③ 전반확산조명 ④ 반간접조명 ⑤ 간접조명

참고 배광에 의한 조명방식의 분류

상향 광속[%]	0~10	10~40	40~60	60~90	90~100
조명 기구					
하향 광속[%]	100~90	90~60	60~40	40~10	10~0
조명 방식	직접 조명	반직접 조명	전반 확산 조명	반간접 조명	간접 조명

09 수평면 조도

배점 5

각 방향에 900[cd]의 광도를 갖는 광원을 높이 3[m]에 취부 했을 경우 직하 30°방향의 수평면 조도[lx]를 구하시오.

모범답안 **계산과정**

$\cos 30° = \dfrac{3}{l}$ → $l = \dfrac{3}{\cos 30°} = 2\sqrt{3}$ [m]

수평면 조도 $E_h = \dfrac{I}{l^2}\cos\theta = \dfrac{900}{(2\sqrt{3})^2} \times \cos 30° = 64.95$[lx]

답 64.95[lx]

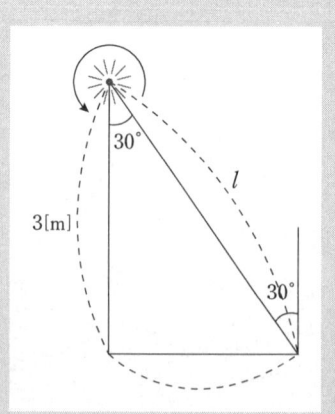

POINT 조도의 분류

1. 법선 조도

$$E_n = \frac{I}{l^2} \text{[lx]}$$

2. 수평면 조도

$$E_h = \frac{I}{l^2}\cos\theta = \frac{I}{\left(\frac{h}{\cos\theta}\right)^2}\cos\theta = \frac{I}{h^2}\cos^3\theta\,\text{[lx]}$$

3. 수직면 조도

$$E_v = \frac{I}{l^2}\sin\theta = \frac{I}{\left(\frac{h}{\cos\theta}\right)^2}\sin\theta = \frac{I}{h^2}\cos^2\theta\sin\theta\,\text{[lx]}$$

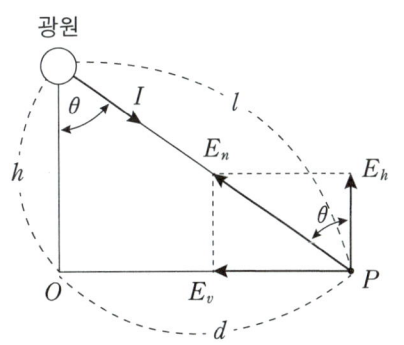

10 완전 확산형 조명기구   배점 6

다음과 같이 완전 확산형의 조명기구가 설치되어 있다. 단, 높이 6[m], 조명기구의 전광속 18500[lm], 수평거리 8[m]이다.

(1) 광원의 광도는?
 ◦ 계산과정 :   ◦ 답 :

(2) 수평면조도는?
 ◦ 계산과정 :   ◦ 답 :

모범답안 계산과정

(1) ▶참고 광원의 형태에 따른 전광속

① 점(구)광원 $F = 4\pi I$ ② 원통광원 $F = \pi^2 I$ ③ 면광원 $F = \pi I$

광원의 크기보다 10배 이상 떨어진 거리에서는 그 광원을 점광원으로 본다.

점광원의 광속 $F = 4\pi I \rightarrow I = \dfrac{F}{4\pi} = \dfrac{18500}{4\pi} = 1472.18\,\text{[cd]}$ 답 1472.18[cd]

(2) $l = \sqrt{6^2 + 8^2} = 10 \rightarrow E_h = \dfrac{I}{l^2}\cos\theta = \dfrac{1472.18}{10^2} \times \dfrac{6}{10} = 8.83\,\text{[lx]}$ 답 8.83[lx]

11 수평면 조도   배점 5

어느 공장의 평면도가 [그림1]과 같고, 공장 천장 중앙에 환풍기가 설치되어 있다. 이 공장의 천장 양 끝에는 2.5[m] 높이의 냉각탑이 시설되어 있으며 냉각탑의 꼭대기에 [그림2]와 같이 조명이 설치되어 있다면, 환풍기에서의 수평면 조도를 구하시오. (단, 조명 1개의 광도는 270[cd]이다.)

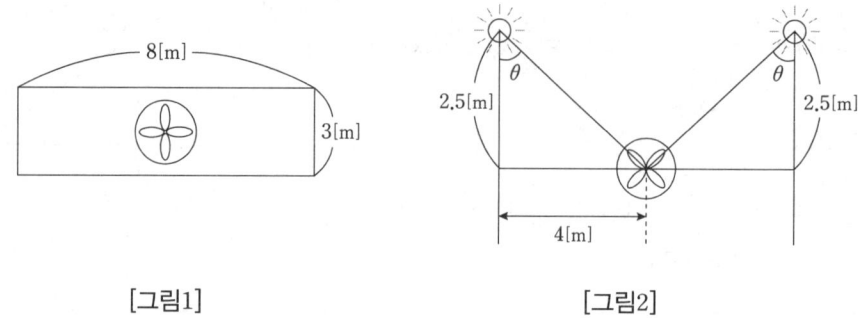

[그림1]   [그림2]

모범답안   계산과정

$$E_h = \frac{I}{l^2} \times \cos\theta = \frac{270 \times 2}{(\sqrt{4^2+2.5^2})^2} \times \frac{2.5}{\sqrt{4^2+2.5^2}} = 12.86[\text{lx}]$$

답   12.86[lx]

---

12 FUN=DES   배점 5

길이 20[m], 폭 10[m], 천장 높이 3.8[m], 조명률 50[%]인 사무실의 평균 조도를 200[lx]로 1일 12시간 유지하려고 한다. 전광속 5500[lm]의 300[W] 백열 전등을 사용할 경우 1일 사용 전력량 [kWh]은 얼마인가?
(단, 감광보상률은 1.3으로 계산하며 1일 12시간 이외에는 전등을 1등도 켜지 않는 것으로 한다.)

모범답안   계산과정

$$N = \frac{DES}{FU} = \frac{1.3 \times 200 \times (20 \times 10)}{5500 \times 0.5} = 18.9 \rightarrow 19[\text{등}]$$

소비전력량 W = 소비전력 × 시간 = $300 \times 19 \times 12 \times 10^{-3} = 68.4[\text{kWh}]$

답   68.4[kWh]

13 FUN=DES   배점 5

평균조도 600[lx] 전반 조명을 시설한 50[m²]의 방이 있다. 이 방에 조명기구 1대당 광속 6000[lm], 조명률 80[%], 유지율 62.5[%]인 등기구를 설치하려고 한다. 이때 조명기구 1대의 소비 전력이 80[W]라면 이 방에서 24시간 연속 점등한 경우 하루의 소비전력량은 몇 [kWh]인가?

모범답안 **계산과정**

$$N = \frac{DES}{FU} = \frac{ES}{FUM} = \frac{600 \times 50}{6000 \times 0.8 \times 0.625} = 10[등]$$

소비전력량 $W = $ 소비전력 $\times$ 시간 $= 80 \times 10 \times 24 \times 10^{-3} = 19.2$[kWh]

답 19.2[kWh]

14 FUN=DES·실지수   배점 8

조명 시설을 하기 위한 공간의 폭이 12[m], 길이가 18[m], 천장 높이가 3.85[m]인 사무실에 책상 면 위에 평균 조도를 200[lx]로 하려고 한다. 이때 다음 각 물음에 답하시오.(단, 사용되는 형광등 기구 40[W] 2등용의 광속은 5600[lm]이며, 바닥에서 책상 면까지의 높이는 0.85[m]이고, 조명률은 50[%], 보수율은 80[%]라고 한다.)

(1) 형광등 기구 (40[W] 2등용)의 수는 몇 개가 필요한가?
 ◦ 계산과정 :   ◦ 답 :

(2) 이 조명 시설 공간의 실지수는 얼마인가?
 ◦ 계산과정 :   ◦ 답 :

모범답안 **계산과정**

(1) $N = \frac{ESD}{FU} = \frac{ES}{FUM} = \frac{200 \times 12 \times 18}{5600 \times 0.5 \times 0.8} = 19.29 \rightarrow 20[등]$ **답** 20[등]

(2) 실지수 $K = \frac{X \times Y}{H(X+Y)} = \frac{12 \times 18}{(3.85-0.85)(12+18)} = 2.4$ **답** 2.4

15 FUN=DES   배점 5

가로 20[m], 세로 30[m], 천장 높이 4.85[m], 작업면 높이 0.85[m]인 사무실에 천장직부 형광등(30[W]×2)를 설치하고자 할 때 다음 물음에 답하시오. (이 때, 조도300[lx], 30[W] 형광등의 광속 2890[lm], 천장 반사율 70[%], 벽 반사율 50[%], 보수율70[%], 조명률 50[%])

(1) 이 사무실의 실지수는 얼마인가?
  ○ 계산과정 :   ○ 답 :

(2) 30[W] 2등용 형광등의 소요 등 수는 몇 등인가?
  ○ 계산과정 :   ○ 답 :

모범답안 계산과정

(1) $K = \dfrac{X \times Y}{H(X+Y)} = \dfrac{20 \times 30}{(4.85-0.85)(20+30)} = 3$ 답 3

(2) $N = \dfrac{DES}{FU} = \dfrac{ES}{FUM} = \dfrac{300 \times 20 \times 30}{2890 \times 0.5 \times 0.7} = 177.95 \rightarrow 178[등]$

∴ 2등용이므로 178/2＝89[등]이다. 답 89[등]

---

16 그림 기호·조명설비   배점 8

가로 10[m], 세로 16[m], 천정 높이 3.85[m], 작업면 높이 0.85[m]인 사무실에 천장 직부 형광등 F40×2를 설치하려고 한다. 다음 물음에 답하시오.

(1) F40×2의 그림기호를 그리시오.

(2) 이 사무실의 실지수는 얼마인가?
  ○ 계산과정 :   ○ 답 :

(3) 이 사무실의 작업면 조도를 300[lx], 천장 반사율 70[%], 벽 반사율 50[%], 바닥 반사율 10[%], 40[W] 형광등 1등의 광속 3150[lm], 보수율 70[%], 조명률 61[%]로 한다면 이 사무실에 필요한 소요되는 등기구 수는?
  ○ 계산과정 :   ○ 답 :

모범답안 계산과정

(1) ⊂◯⊐
   F40×2

(2) 실지수 $K = \dfrac{10 \times 16}{3 \times (10+16)} = 2.05$ 답 2.05

(3) $N = \dfrac{DES}{FU} = \dfrac{ES}{FUM} = \dfrac{300 \times 10 \times 16}{3150 \times 0.61 \times 0.7} = 35.69 \rightarrow 36[등]$

∴ F40×2등용 이므로 36/2＝18[등] 답 18[등]

17 FUN=DES·실지수   배점 6

가로 8[m], 세로 18[m], 천장 높이 3[m], 작업면 높이 0.75[m]인 사무실에 천장 직부 형광등(40[W]×2)를 설치하고자 할 때 다음 물음에 답하시오.

[조건]
① 작업면 소요 조도 1000[lx]
② 천장 반사율 70[%]
③ 벽 반사율 50[%]
④ 바닥 반사율 10[%]
⑤ 보수율 70[%]
⑥ 40[W]×2 형광등 광속 8800[lm]

[참고자료]

산형 기구(2등용) FA 42006

반사율	천장	80[%]				70[%]				50[%]				30[%]				0[%]
	벽	70	50	30	10	70	50	30	10	70	50	30	10	70	50	30	10	0[%]
	바닥	10[%]				10[%]				10[%]				10[%]				0[%]
실지수		조 명 률 (×0.01)																
0.6		44	33	26	21	42	32	25	20	30	29	23	19	34	27	21	18	14
0.8		52	41	34	28	50	40	33	27	45	36	30	26	40	33	28	24	20
1.0		58	47	40	34	55	45	38	33	50	42	36	31	45	38	33	29	25
1.25		63	53	46	40	60	51	44	39	54	47	41	36	49	43	38	34	29
1.5		67	58	50	45	64	55	49	43	58	51	45	41	52	46	42	38	33
2.0		72	64	57	52	69	61	55	50	62	56	51	47	57	52	48	44	38
2.5		75	68	62	57	72	66	60	55	65	60	56	52	60	55	52	48	42
3.0		78	71	66	61	74	69	64	59	68	63	59	55	62	58	55	52	45
4.0		81	76	71	67	77	73	69	65	71	67	64	61	65	62	59	56	50
5.0		83	78	75	71	79	75	72	69	73	70	67	64	67	64	62	60	52
7.0		85	82	79	76	82	79	76	73	75	73	71	68	79	67	65	64	56
10.0		87	85	82	80	84	82	79	77	78	76	75	72	71	70	68	67	59

(1) 실지수를 구하시오.

(2) 조명률을 구하시오.

(3) 등기구를 효율적으로 배치하기 위한 소요 등수는 몇조인가?

모범답안 **계산과정**

(1) $H = 3 - 0.75 = 2.25$

실지수 $K = \dfrac{X \cdot Y}{H(X+Y)} = \dfrac{8 \times 18}{2.25(8+18)} = 2.46$ **답** 2.5

(2) 66[%]

(3) $N = \dfrac{DES}{FU} = \dfrac{ES}{FUM} = \dfrac{1000 \times 8 \times 18}{8800 \times 0.66 \times 0.7} = 35.42 \rightarrow 36[조]$ **답** 36[조]

18 FUN=DES·등기구 배치

배점 6

폭 16[m], 길이 22[m], 천장 높이 3.2[m]인 사무실이 있다. 주어진 조건을 이용하여 이 사무실의 조명설계를 하고자 할 때 다음 각 물음에 답하시오.

[조건]
- 천장은 백색 텍스로, 벽면은 옅은 크림색으로 마감한다.
- 이 사무실의 평균조도는 550[lx]로 한다.
- 램프는 40[W]2등용(H형) 팬던트를 사용하되, 노출형을 기준으로 하여 설계한다.
- 팬던트의 길이는 0.5[m], 책상면의 높이는 0.85[m]로 한다.
- 램프의 광속은 형광등 한 등당 3500[lm]으로 한다.
- 보수율은 0.75를 사용한다.
- 조명률은 반사율 천장 50[%], 벽 30[%], 바닥 10[%]를 기준으로 하여 0.64로 한다.
- 기구 간격의 최대한도는 1.4H를 적용한다. 여기서, H[m]는 피조면에서 조명기구까지의 높이이다.
- 경제성과 실제 설계에 반영할 사항을 최적의 상태로 적용하여 설계한다.

(1) 이 사무실의 실지수를 구하시오.
  ◦ 계산과정 :   ◦ 답 :
(2) 이 사무실에 시설되어야 할 조명기구의 수를 계산하고 실제로 몇 열, 몇 행으로 하여 몇 조를 시설하는 것이 합리적인지를 쓰시오.
  ◦ 계산과정 :   ◦ 답 :

모범답안 계산과정

(1) $H = 3.2 - 0.5 - 0.85 = 1.85[\text{m}]$

$K = \dfrac{X \cdot Y}{H(X+Y)} = \dfrac{16 \times 22}{1.85 \times (16+22)} = 5.01$

답 5.01

(2) ① 등수 계산

$N = \dfrac{DES}{FU} = \dfrac{ES}{FUM} = \dfrac{550 \times (16 \times 22)}{3500 \times 0.64 \times 0.75} = 115.24 \rightarrow 116[\text{등}]$

F40×2등용이므로 116/2 = 58조이다.

② 등기구 배치

등간격 ≤ $1.4H = 1.4 \times 1.85 = 2.59$

$\dfrac{16}{2.59} = 6.17 \rightarrow 7$열, $\dfrac{22}{2.59} = 8.49 \rightarrow 9$행

∴ 전체 등수는 $7 \times 9 = 63$조

답 7열 9행 63조

19 도로조명 – 양쪽 조명

배점 5

도로폭 24[m]도로 양쪽에 20[m]간격으로 지그재그 배치한 경우, 노면의 평균조도 5[lx]로 하는 경우, 등주 한등 당의 광속은 얼마나 되는지 계산하시오. (단, 노면의 광속이용률은 25[%]로 하고, 감광보상률은 1로 한다.)

모범답안

도로 양쪽 조명[지그재그]의 면적 $S = \dfrac{ab}{2}$

$F = \dfrac{DES}{UN} = \dfrac{5 \times \left(\dfrac{20 \times 24}{2}\right)}{0.25 \times 1} = 4800[\text{lm}]$

답 4800[lm]

20 배선 평면도

배점 12

그림과 같은 배선평면도와 주어진 조건을 이용하여 다음 각 물음에 답하시오.

A : 적산전력계(전력량계) B : 배전반(전등용) C : 백열전등
D : 덤블러 스위치 E : 덤블러 스위치(3로스위치) F : 10[A]콘센트

(1) 점선으로 표시된 위치(A~F)에 기구를 배치하여 배선평면도를 완성하려고 한다. 해당되는 기구의 그림기호를 그리시오.
(2) 배선평면도의 ①~③의 배선 가닥수는 몇 가닥인가?
(3) 도면의 ④에 대한 그림기호의 명칭은 무엇인가?
(4) 본 배선평면도에 소요되는 4각 박스와 부싱은 몇 개 인가? (단, 자재의 규격은 구분하지 않고 개수만 산정한다.)

[조건]

- 사용하는 전선은 모두 450/750[V]일반용 단심 비닐절연전선 4[mm²]이다.
- 박스는 모두 4각 박스를 사용하며, 기구 1개에 박스 1개를 사용한다. 2개 연등인 경우에는 각 1개씩을 사용하는 것으로 한다.
- 전선관은 콘크리트 매입 후강금속관이다.
- 층고는 3[m]이고, 분전반의 설치 높이는 1.5[m]이다.
- 3로 스위치 이외의 스위치는 단극 스위치를 사용하며, 2개를 나란히 사용한 개소는 2개소이다.

모범답안

(1) Ⓐ WH　Ⓑ ◨　Ⓒ ○
　　Ⓓ ●　Ⓔ ●₃　Ⓕ ⦿

(2) ① 2가닥　② 3가닥　③ 4가닥

(3) 케이블 헤드

(4) 4각 박스 25개, 부싱 46개

---

21 램프의 효율

배점 5

어떤 램프의 전압이 220[V], 소비전력이 1000[W]이며 램프에서 나오는 광속이 2000[lm]이다. 램프의 효율을 구하시오. (단, 반드시 단위를 명시하시오.)

모범답안

$\eta = \dfrac{F}{P} = \dfrac{2000}{1000} = 2[\text{lm/W}]$

◦ 답 : 2[lm/W]

부록 2 산업기사 PLUS 문제

01 조명 용어정의

배점: 6

조명에서 사용되는 용어 중 광속, 조도, 광도의 정의를 설명하시오.

(1) 광속

(2) 조도

(3) 광도

모범답안

(1) 광속 : 눈으로 보아 느끼는 빛의 양 [lm]

(2) 조도 : 피조면에 단위면적당 입사광속 [lx=lm/m²]

(3) 광도 : 광원에서 어떤 방향에 대한 단위 입체각당 발산되는 광속 [cd]

▶참고 조명용어
- 휘도 : 발광면의 어떤 방향에서 본 단위 투영 면적당 그 방향의 광도 [nt=cd/m²] [sb=cd/cm²]
- 광속발산도 : 광원의 단위 면적으로부터 발산하는 광속 [rlx]

02 조명 용어 [기호·단위]

배점: 4

조명설비에 관한 용어이다. 아래의 아래 빈칸을 채우시오.

가. 휘도		나. 광도		다. 조도		라. 광속발산도	
기호	단위	기호	단위	기호	단위	기호	단위

모범답안

가. 휘도		나. 광도		다. 조도		라. 광속발산도	
기호	단위	기호	단위	기호	단위	기호	단위
B	[nt] [sb]	I	[cd]	E	[lx]	R	[rlx]

03 형광등 점등회로 방식

배점 3

형광방전램프의 점등회로 방식 3가지를 쓰시오.

모범답안

① 글로우스타트   ② 래피드스타트   ③ 전자스타트

04 LED 램프의 원리

배점 6

다음이 설명하고 있는 광원(램프)의 명칭을 쓰시오.

"반도체의 P-N 접합구조를 이용하여 소수캐리어(전자 및 정공)를 만들어내고, 이들의 재결합에 의하여 발광시키는 원리를 이용한 광원(램프)으로 발광파장은 반도체에 첨가되는 불순물의 종류에 따라 다르다. 종래의 광원에 비해 소형이고 수명은 길며 전기에너지가 빛에너지로 직접 변환하기 때문에 전력소모가 적은 에너지 절감형 광원이다."

모범답안

LED 램프

05 건축화 조명

배점 6

천장매입 방법에 따른 건축화 조명방식의 종류 3가지를 쓰시오.

모범답안

① 다운라이트   ② 핀홀라이트   ③ 코퍼라이트

06 조명설비 – 그림기호

배점 6

일반적 조명기구의 그림 기호에 문자와 숫자가 다음과 같이 방기되어 있다. 그 의미를 쓰시오.

(1) H500 (2) N200 (3) F40
(4) X200 (5) M200

모범답안

(1) 500[W] 수은등   (2) 200[W] 나트륨등   (3) 40[W] 형광등
(4) 200[W] 크세논램프   (5) 200[W] 메탈헬라이드등

07 형광등 – 역률

배점 6

FL-20D 형광등의 전압이 100[V], 전류가 0.35[A], 안정기의 손실이 5[W]일 때 역률은 몇 [%]인가?

모범답안 계산과정

$$\cos\theta = \frac{\text{유효전력}}{\text{피상전력}} \times 100 = \frac{P}{VI} \times 100 = \frac{(20+5)}{100 \times 0.35} \times 100 = 71.43[\%]$$

답 71.43[%]

08 조도의 분류

배점 6

다음 ( )에 알맞은 내용을 쓰시오

임의의 면에서 한 점의 조도는 광원의 광도 및 입사각 θ의 코사인에 비례하고 거리의 제곱에 반비례한다. 이와 같이 입사각의 코사인에 비례하는 것을 Lambert의 코사인 법칙이라 한다. 또 광선과 피조면의 위치에 따라 조도를 ( )조도, ( )조도, ( )조도 등으로 분류할 수 있다.

모범답안

법선, 수평면, 수직면

POINT 조도의 분류

1. 법선 조도

$$E_n = \frac{I}{l^2} \text{[lx]}$$

2. 수평면 조도

$$E_h = \frac{I}{l^2}\cos\theta = \frac{I}{\left(\dfrac{h}{\cos\theta}\right)^2}\cos\theta = \frac{I}{h^2}\cos^3\theta \text{[lx]}$$

3. 수직면 조도

$$E_v = \frac{I}{l^2}\sin\theta = \frac{I}{\left(\dfrac{h}{\cos\theta}\right)^2}\sin\theta = \frac{I}{h^2}\cos^2\theta\sin\theta \text{[lx]}$$

09 수평면 조도

배점 5

실내 바닥에서 3[m] 떨어진 곳에 300[cd]인 전등이 점등되어 있는데 이 전등 바로 아래에서 수평으로 4[m] 떨어진 곳의 수평면조도는 몇 [lx]인지 구하시오.

모범답안 계산과정

수평면조도 $E_h = \dfrac{I}{l^2} \times \cos\theta = \dfrac{300}{(\sqrt{3^2+4^2})^2} \times \dfrac{3}{\sqrt{3^2+4^2}} = 7.2\text{[lx]}$

답 7.2[lx]

10. 배광곡선 – 수평면 조도

배점: 4

상품 진열장에 하이빔 전구(산광형 $100[W]$)를 설치하였는데 이 전구의 광속은 $840[lm]$이다. 전구의 직하 $2[m]$ 부근에서의 수평면 조도는 몇 $[lx]$인지 주어진 배광곡선을 이용하여 구하시오.

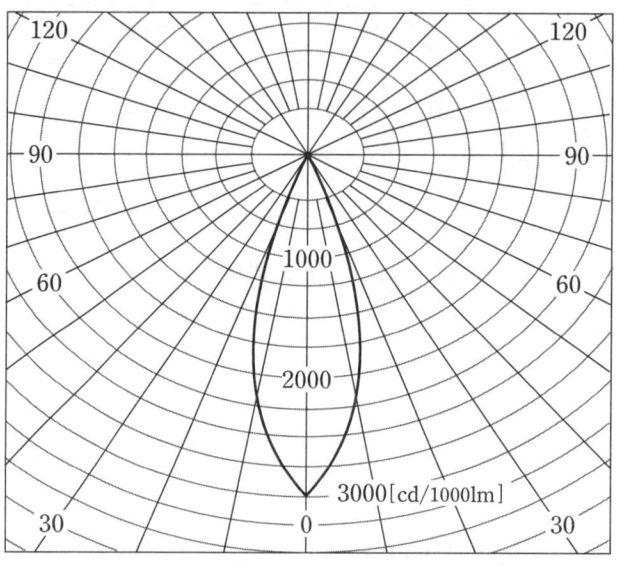

하이빔 전구 산광형(100[W]형)의 배광곡선(램프광속 1000[lm] 기준)

모범답안 / 계산과정

$0°$에서 만나는 배광곡선은 $3000[cd/1000lm]$

$I = 3000 \times \dfrac{840}{1000} = 2520[cd]$

$\therefore E_h = \dfrac{I}{l^2} \times \cos\theta = \dfrac{2520}{2^2} \times \cos 0° = 630[lx]$

답 $630[lx]$

11 배광곡선 – 수평면 조도

배점 5

다음 주어진 조건을 이용하여 A점에 대한 법선조도와 수평면 조도를 계산하시오. (단, 전등 전광속은 20000[lm]이며, 광도의 θ는 그래프상에서 값을 읽는다.)

(1) 법선조도
 ◦ 계산과정 :   ◦ 답 :

(2) 수평면조도
 ◦ 계산과정 :   ◦ 답 :

모범답안 **계산과정**

① 수평면 조도 $E_h = \dfrac{I}{l^2} \times \cos\theta$

② $\cos\theta = \dfrac{h}{\sqrt{h^2+d^2}} = \dfrac{5.2}{\sqrt{5.2^2+3^2}} = 0.866$ → $\theta = \cos^{-1}0.866 = 30°$

③ 그림에서 각도 30°에서 광도(I)를 찾으면 약 300[cd/1000lm]

  $\therefore I = 300 \times \dfrac{20000}{1000} = 6000[\text{cd}]$

(1) 법선조도 $E_n = \dfrac{I}{l^2} = \dfrac{6000}{6^2} = 166.67[\text{lx}]$ 　　답　166.67[lx]

(2) 수평면 조도 $E_h = \dfrac{I}{l^2} \times \cos\theta = \dfrac{6000}{6^2} \times 0.866 = 144.33[\text{lx}]$ 　　답　144.33[lx]

12 FUN = DES

배점 4

길이 24[m], 폭 12[m] 천장높이 5.5[m], 조명률 50[%]의 어떤 사무실에서 전광속 6000[lm]의 32[W]×2등용 형광등을 사용하여 평균조도가 300[lx]되려면, 이 사무실에 필요한 형광등 수량을 구하시오. (단, 유지율은 80[%]로 계산한다.)

모범답안 **계산과정**

$$N = \frac{ES}{FUM} = \frac{300 \times 24 \times 12}{6000 \times 0.5 \times 0.8} = 36 [\text{등}]$$

답 36[등]

13 FUN = DES

배점 5

면적 216[m²]인 사무실에 2×40[W]용 형광등 기구를 설치하려고 한다. 이 형광등 기구의 전광속이 4600[lm], 전류가 0.87[A]라고 할 때, 이 형광등 기구들을 설치하여 평균조도를 200[lx]로 한다면, 이 사무실의 형광등 기구의 수는 몇 개가 필요하며, 최소 분기 회로수는 몇 분기회로로 하여야 하는가? (단, 조명률 51[%], 감광보상률은 1.3이며 전기방식은 단상 2선식 200[V]로 16[A] 분기회로로 한다.)

(1) 형광등 기구의 수

(2) 최소 분기 회로수

모범답안 **계산과정**

(1) 형광등 기구의 수

$$N = \frac{DES}{FU} = \frac{1.3 \times 200 \times 216}{4600 \times 0.51} = 23.94 [\text{등}]$$

답 24[등]

(2) 최소 분기 회로수

$$n = \frac{24 \times 0.87}{16} = 1.31$$

답 16[A] 분기 2회로

14 벽과 조명기구 거리

배점 4

방의 가로 길이가 8[m], 세로 길이가 6[m], 방바닥에서 천장까지의 높이가 4.1[m]인 방에 조명기구를 천장 직부형으로 시설하고자 한다. 다음의 각 경우로 조명기구를 배열할 때 벽과 조명기구 사이의 최대 이격거리[m]를 구하시오. (단, 작업하는 책상면의 높이는 방바닥에서 0.8[m]이다.)

(1) 벽면을 이용하지 않을 때
  ◦ 계산과정 :   ◦ 답 :

(2) 벽면을 이용할 때
  ◦ 계산과정 :   ◦ 답 :

모범답안 계산과정

(1) $H = 4.1 - 0.8 = 3.3[m]$

  벽면을 이용하지 않을 때 $S_0 \leq \dfrac{H}{2} = \dfrac{3.3}{2} = 1.65[m]$ 답 1.65[m]

(2) 벽면을 이용할 때 $S_0 \leq \dfrac{H}{3} = \dfrac{3.3}{3} = 1.1[m]$ 답 1.1[m]

15 등간격·천장과 등기구 거리

배점 5

간접조명 방식에서 천장 밑의 휘도를 균일하게 하기 위하여 등기구 사이의 간격과 천장과 등기구와의 거리는 얼마로 하는 게 적합한가? (단, 작업면에서 천장까지의 거리는 2[m]이다.)

(1) 등기구 사이의 간격

(2) 천장과 등기구와의 거리

모범답안 계산과정

(1) $S \leq 1.5H$ 이므로, $S = 1.5 \times 2 = 3[m]$ 답 3[m]

(2) $H_0 = \dfrac{S}{5} = \dfrac{3}{5} = 0.6[m]$ 답 0.6[m]

16 조명설계 계획

배점 8

저온저장 창고로서 천장이 4[m]이고 출입구가 양쪽에 있으며, 사용 빈도가 시간별로 빈번하고 내부는 무창으로 습기가 많이 발생되는 곳에 대한 조명설계의 계획을 하고자 한다. 이때 다음 각 물음에 답하시오.

(1) 이 곳에 가장 적당한 조명기구를 한 가지 쓰시오.
(2) 전등을 가장 편리하게 점멸할 수 있는 방법에 대해서 설명하시오.
(3) 사용전압이 220[V]이고 용량은 3[kW]이내 일 때 여기에 적합한 배전용 차단기는 어떤 차단기인가?
(4) 조명배치시 참고해야 할 사항 2가지만 쓰시오.

모범답안

(1) 방습형 조명기구

(2) 2개의 3로 스위치를 이용한 2개소 점멸

(3) 누전 차단기

(4) ① 균일한 조도 분포 확보
② 글레어가 발생하지 않도록

17 조명 및 전열 도면

배점 10

도면은 사무실 일부의 조명 및 전열 도면이다. 주어진 조건을 이용하여 다음 각 물음에 답하시오.

[조건]
- 층고 : 3.6[m] 2중 천장
- 2중 천장과 천장 사이 : 1[m]
- 조명기구 : FL40×2 매입형
- 전선관 : 금속 전선관
- 콘크리트 슬라브 및 미장 마감

(1) 전등과 전열에 사용할 수 있는 전선의 최소 굵기는 얼마인가? (단 접지선은 제외한다.)
- 전등
- 전열

(2) (a) 와 (b)에 배선되는 전선수는 최소 몇 본이 필요한가?

(3) (c)에 사용될 전선의 종류와 전선의 굵기 및 전선 가닥수를 쓰시오. (단, 접지선은 제외한다.)

(4) 도면에서 박스(4각 박스＋8각 박스)는 몇 개가 필요한가?

(5) 30AF/20AT에서 AF와 AT의 의미는 무엇인가?

모범답안

(1)
- 전등 : 2.5[mm²]
- 전열 : 2.5[mm²]

(2) (a) 6가닥 (b) 4가닥

(3) NR , 굵기 : 2.5[mm²], 4가닥

(4) 11개

(5)
- AF : 차단기 프레임 전류
- AT : 차단기 트립 전류

18 전등·콘센트 설비 평면도

배점 10

다음 도면은 단상2선식 100[V]로 수전하는 철근 콘크리트 구조로 된 주택의 전등, 콘센트 설비 평면도이다. 도면을 보고 물음에 답하시오. (단, 형광등 시설은 원형 노출 콘센트를 설치하여 사용할 수 있게 하고 분기 회로 보호는 배선용 차단기를, 간선은 누전 차단기를 사용하는 것으로 한다.)

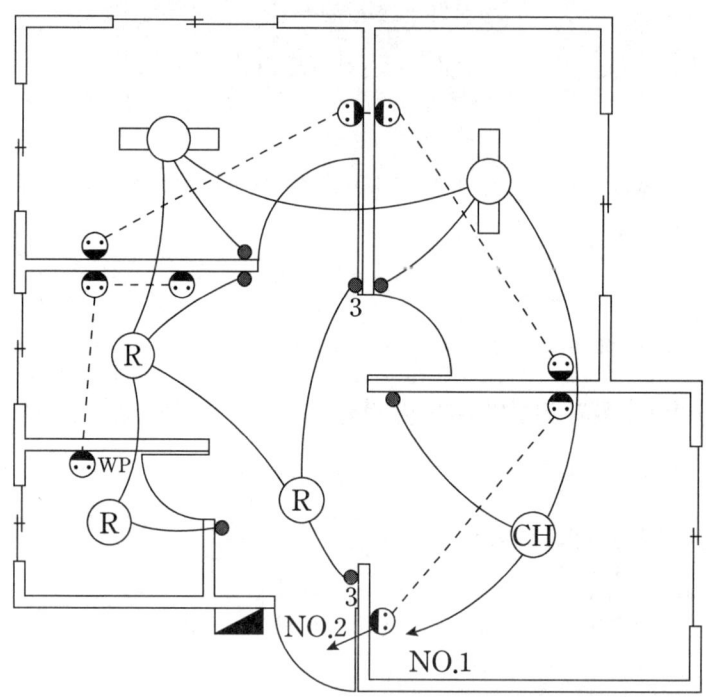

(1) 도면에서 실선과 파선으로 배선 표시가 되어 있는데 이 둘은 무슨 공사를 의미하는가?

(2) 분전반의 단선 결선도를 그리시오.

(3) 형광등은 40[W] 2램프용을 시설할 경우 그 기호를 나타내어 보시오.

(4) ◉WP 로 표시된 콘센트의 설치 위치는 바닥면상 몇 [cm] 이상으로 하여야 하는가?

(5) 전선과 전선관을 제외한 전기 자재의 명칭과 수량을 기재하시오.

명 칭	수량	명 칭	수량	명 칭	수량
샹데리아		누전 차단기		배선용 차단기	
원형 노출 콘센트		형광등 2등용		백열등	
매입 콘센트(일반)		텀블러 스위치(단극)		텀블러 스위치(3로)	
8각 박스		매입 콘센트(방수용)		4각 박스	
스위치 박스		콘센트 플레이트		스위치 플레이트	

모범답안

(1) • 실선 : 천장 은폐 배선
 • 파선 : 바닥 은폐 배선

▶ 참고

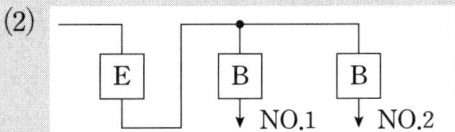

………………………… : 노출배선
— — — — — — — — — : 바닥은폐선

도면에서 노출배선인지 바닥은폐배선인지 구별이 곤란하다. 그러나 문제에 주어진 전기자재에서 콘센트가 매입콘센트로 주어졌으므로 바닥은폐배선이 타당함.

(2)
```
   ┌─────┬─────┐
   │  E  │  B     B
   └─────┘  ↓NO.1 ↓NO.2
```

(3) ─○─ F40×2

(4) 80[cm]

(5)

명 칭	수량	명 칭	수량	명 칭	수량
샹데리아	1	누전 차단기	1	배선용 차단기	2
원형 노출 콘센트	2	형광등 2등용	2	백열등	3
매입 콘센트(일반)	8	텀블러 스위치(단극)	5	텀블러 스위치(3로)	2
8각 박스	5	매입 콘센트(방수용)	1	4각 박스	1
스위치 박스	16	콘센트 플레이트	9	스위치 플레이트	7

19 수량산출 및 기타

배점: 18

도면은 옥내의 전등 및 콘센트 설비에 대한 평면 배선이다. 주어진 조건을 이용하여 각 물음에 답하여라.

[조건]

- 바닥에서 천장 슬라브까지의 높이는 3[m]이다.
- 전선은 450/750[V] 일반용 단심 비닐절연전선 2.5[mm^2]를 사용한다.
- 전선관은 후강전선관을 사용하고 도면에 표현이 없는 것과 전선이 3가닥인 것은 16[호]를 사용하는 것으로 한다.
- 4조 이상의 배관과 접속되는 박스는 4각 박스를 사용한다.
- 분전반의 설치 높이는 1.8[m](바닥에서 상단까지)이고, 바닥에서 하단까지는 0.5[m]로 한다.
- 콘센트는 설치 높이는 0.3[m](바닥에서 중심까지)로 한다.
- 스위치의 설치 높이는 1.2[m](바닥에서 중심까지)로 한다.
- 자재 산출시 산출수량과 할증수량은 소수점 이하도 모두 기재하고, 자재별 총 수량(산출수량＋할증수량)을 산정할 때 소수점 이하의 수는 올려서 계산하도록 한다.
- 배관, 배선의 할증은 10[%]로 하고, 배관, 배선 이외의 자재는 할증이 없는 것으로 한다.
- 배관, 배선의 자재산출은 기구 중심에서 중심까지로 하되 벽면에 있는 기구는 그 끝까지 (즉, 도면의 치수표시 숫자인 1.5[m]) 산정한다.
- 콘센트용 박스는 4각 박스로 한다.
- 도면에 전선 가닥수의 표시가 없는 것은 최소 전선수를 적용하도록 한다.
- 분전반 내부에서의 배선 여유는 전선 1본당 0.5[m]로 한다.
- 천장 슬라브에서 천장 슬라브내의 배관 및 배선의 설치높이는 자재 산출에 포함시키지 않는다.

부록 2. 산업기사 PLUS 문제

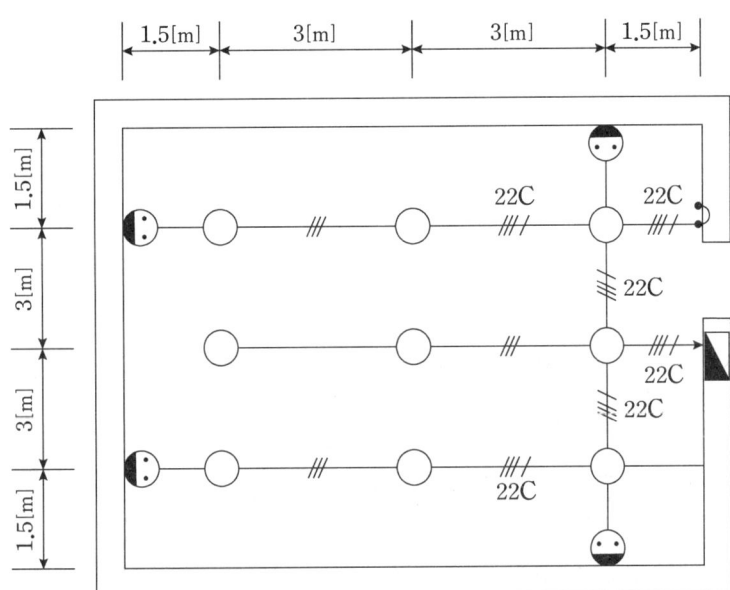

(1) 주어진 도면에서 산출할 수 있는 다음 재료표의 빈칸을 채우시오. 단, 전선관 및 절연 전선은 산출 수량의 근거식을 반드시 쓰도록 한다.

자재명	규 격	단위	산출 수량	할증 수량	총 수 량 (산출수량＋할증수량)
후강전선관	16[호]	m			
후강전선관	22[호]	m			
NR 전선	25[mm²]	m			
스위치	300[V], 10[A]	개			
스위치 플레이트	2개용	개			
매입콘센트	300[V], 10[A] 2개용	개			
4각박스	–	개			
8각박스	–	개			
스위치박스	2개용	개			
콘센트 플레이트	2개용	개			

- 후강전선관 16[호] :
- 후강전선관 22[호] :
- NR 전선 :

(2) 도면에 그려져 있는 콘센트는 일반용 콘센트의 그림기호이다. 방수형은 어떤 문자를 방기하는가?

(3) 배전반, 분전반 및 제어반의 그림기호는 □이며, 종류를 구별할 때 도면에서의 그림 기호는 분전반의 그림 기호이다. 종류를 구별할 때 배전반의 그림 기호를 그리시오.

모범답안

(1)

자재명	규 격	단위	산출수량	할증수량	총 수 량 (산출수량+할증수량)	
후강전선관	16[호]	m	28.8	2.88	28.8+2.88=31.68	답 32
후강전선관	22[호]	m	18	1.8	18+1.8=19.8	답 20
NR 전선	25[mm²]	m	140.6	14.06	140.6+14.06=154.66	답 155
스위치	300[V], 10[A]	개	2		2	
스위치 플레이트	2개용	개	1		1	
매입콘센트	300[V], 10[A] 2개용	개	4		4	
4각박스	-	개	6		6	
8각박스	-	개	7		7	
스위치박스	2개용	개	1		1	
콘센트 플레이트	2개용	개	4		4	

- 후강전선관 16[호] : $1.5 \times 4 + 3 \times 4 + (3-0.3) \times 4 = 28.8$[m]
- 후강전선관 22[호] : $1.5 \times 2 + 3 \times 4 + (3-1.8) + (3-1.2) = 18$[m]
- NR 전선 : $1.5 \times 16 + 3 \times 27 + 1.8 \times 4 + 1.2 \times 4 + 0.5 \times 4 + 2.7 \times 8 = 140.6$

(2) WP

(3)

20 광속발산도

배점 5

반사율 65[%]의 완전확산성 종이를 200[lx]의 조도로 비추었을 때 종이의 휘도[cd/m²]는 약 얼마인가?

모범답안

$\pi B = \rho E$ 에서 $B = \dfrac{\rho E}{\pi} = \dfrac{0.65 \times 200}{\pi} = 41.38$[cd/m²]   답 41.38[cd/m²]

electrical engineer

ELECTRICITY

05 테이블 스펙

Chapter 01. 허용전류 · 전선의 굵기
Chapter 02. 간선 · 분기회로의 설계
 부록 1. 기사 PLUS 문제
 부록 2. 산업기사 PLUS 문제

01 허용전류·전선의 굵기

01 간선의 설계전류·차단기

배점 6

단상 2선식 220[V]의 전원을 사용하는 간선에 전등 부하의 전류 합계가 8[A], 정격 전류 5[A]의 전열기가 2대 그리고 정격 24[A]인 전동기 1대를 접속하는 부하설비가 있다. 다음 물음에 답하시오.(단, 전동기의 기동 계급은 고려하지 않는다.)

(1) 전원을 공급하는 간선의 설계전류의 최소값은 몇 [A]인가?
  ◦ 계산과정 :　　　　　　　　　　　　　　　　　　　　◦ 답 :

(2) 이 간선에 설치하여야 하는 과전류 차단기를 다음 규격에 의하여 선정하시오.

차단기 규격	50[A], 75[A], 100[A], 125[A], 150[A], 175[A], 200[A]

모범답안　계산과정

(1) $8+5\times 2+24 = 42$[A]　　　　　　　　　　답　42[A]

(2) $I_B \leq I_n$에 의해 42[A]보다 큰 50[A] 선정　　답　50[A]

---

02 분기회로·전선굵기

배점 5

380[V] 농형 유도전동기의 출력이 30[kW]이다. 이것을 시설한 분기회로의 전선의 굵기와 과전류 차단기의 정격 전류를 계산하시오. (단, 역률은 85[%]이고, 효율은 80[%]이며 전선의 허용전류는 다음 표와 같다.)

동선의 단면적[mm²]	허용전류[A]
6	49
10	61
16	88
25	115
35	162

(1) 전선의 굵기
  ◦ 계산과정 :　　　　　　　　　　　　　　　　　　　　◦ 답 :

(2) 과전류 차단기의 정격전류
  ◦ 계산과정 :　　　　　　　　　　　　　　　　　　　　◦ 답 :

모범답안 **계산과정**

(1) 전동기 정격전류 $I = \dfrac{P}{\sqrt{3}\,V\cos\theta\eta} = \dfrac{30000}{\sqrt{3}\times 380 \times 0.85 \times 0.8} = 67.03[\text{A}]$

　　전선의 허용전류 표에서 상위값인 88란인 16[mm²] 선정　　　답　16[mm²] 선정

(2) 정격전류 I_B(설계전류)≤I_n(차단기의 정격전류)≤I_z(도체의 허용전류)이므로
　　67.03≤I_n(차단기의 정격전류)≤88의 조건을 만족하는 75[A]선정(국제규격 80[A])
　　　　　　　　　　　　　　　　　　　　　　　　　　　　　　　　답　75[A]

03　간선의 최소 허용전류

배점 5

면적 100[m²] 강당에 분전반을 설치하려고 한다. 단위 면적당 부하가 10[VA/m²]이고 공사시공법에 의한 전류감소율은 0.7이라면 간선의 최소 허용전류가 얼마인 것을 사용하여야 하는가? 단, 배전전압은 220[V]이다.

모범답안 **계산과정**

간선의 허용전류 $I = \dfrac{100 \times 10}{220 \times 0.7} = 6.493[\text{A}]$　　　답　6.49[A]

04　간선의 허용전류

배점 5

3상 3선식, 380[V]회로에 그림과 같이 부하가 연결되어 있다. 간선의 허용전류[A]를 구하시오. (단, 전동기의 평균 역률은 80[%]이다.)

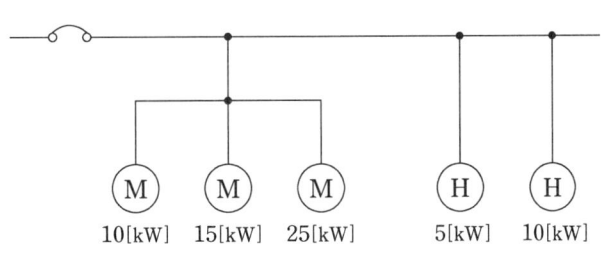

> **모범답안** **계산과정**
>
> ① 전동기 정격 전류의 합 $\sum I_M = \dfrac{P}{\sqrt{3}\,V\cos\theta} = \dfrac{(10+15+25)\times 10^3}{\sqrt{3}\times 380 \times 0.8} = 94.96[A]$
>
> ② 전열기 정격 전류의 합 $\sum I_H = \dfrac{(5+10)\times 10^3}{\sqrt{3}\times 380 \times 1.0} = 22.79[A]$ (전열기의 유효전류)
>
> 전동기의 유효 전류는 $I = 94.96 \times 0.8 = 75.97[A]$
>
> 전동기의 무효 전류 $I_r = 94.96 \times 0.6 = 56.98[A]$
>
> 허용전류 $= \sqrt{(\text{전동기의 유효분}+\text{전열기의 유효분})^2 + \text{전동기의 무효분}^2}$
>
> 간선의 허용 전류 $I_a = \sqrt{(75.97+22.79)^2 + 56.98^2} = 114.018[A]$ **답** 114.02[A]

05 3상 유도전동기 분기회로

배점 10

다음은 3상 전동기의 결선도이다. 아래 물음에 답하시오. (단, 수용률 0.65, 역률 0.9, 효율 0.8이다.)

Chapter 01. 허용전류·전선의 굵기

[3상 변압기 표준 용량]

| 50 | 75 | 100 | 150 | 200 |

(1) 20[HP] 3상 유도 전동기의 분기회로 케이블 선정시 허용전류를 계산하시오.
  ◦ 계산과정: ◦ 답:

(2) 위 결선도에서 3상 유도전동기의 변압기 표준 용량을 선정하시오.
  ◦ 계산과정: ◦ 답:

(3) 25[HP] 3상 농형 유도 전동기의 3선 결선도를 작성하시오.
  (MM : 메인 MC, MD : △결선 MC, MY : Y결선 MC)

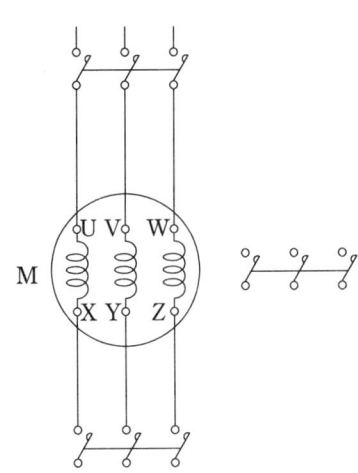

(4) 제어용 변압기 (Control TR)의 사용 목적은?

모범답안 **계산과정**

(1) $P_a = \dfrac{0.746 \times HP}{\cos\theta \times \eta} = \dfrac{0.746 \times 20}{0.9 \times 0.8} = 20.72[kVA]$

전류 $I = \dfrac{P_a}{\sqrt{3}\,V} = \dfrac{20.72}{\sqrt{3} \times 0.38} = 31.48[A]$

따라서, $I_B \leq I_n \leq I_Z$의 조건을 만족하는 전선의 허용 전류 $I_Z \geq 31.48[A]$

답 31.48[A]

(2) $P_a = \dfrac{(25+7.5+15+20) \times 0.746 \times 0.65}{0.9 \times 0.8} = 45.46[kVA]$, 50[kVA] 선정

답 50[kVA]

(3)

(4) 높은 전압을 제어기기에 적합한 저전압으로 변성하여 제어기기의 조작전원으로 공급

06 부하의 정격전류·차단기

배점 6

다음 [조건]의 차단기에 대한 각 물음에 답하시오. (단, 한국전기설비규정에 따른다.)

[조건]

- 전압 : 3상 380[V]
- 부하의 종류 : 전동기(효율과 역률은 고려하지 않는다.)
- 부하용량 : 30[kW]
- 전동기 기동시간에 따른 차단기의 규약동작배율 : 5
- 전동기 기동전류 8배
- 전동기 기동방법 : 직입기동

차단기 정격전류[A]
32, 40, 50, 63, 80, 100, 125, 150, 75, 200, 225, 250, 300, 400

(1) 부하의 정격전류[A]를 구하시오.
  ◦ 계산과정 :   ◦ 답 :

(2) 차단기의 정격전류[A]를 선정하시오.
  ◦ 계산과정 :   ◦ 답 :

모범답안 **계산과정**

(1) $I_B = \dfrac{P}{\sqrt{3}\,V} = \dfrac{30 \times 10^3}{\sqrt{3} \times 380} = 45.58\,[\text{A}]$ 답 45.58[A]

(2) $I_n = \dfrac{I_B \times \beta}{\gamma} = \dfrac{45.58 \times 8}{5} = 72.93\,[\text{A}]$

72.93 보다 큰 차단기 정격전류 80[A] 선정   답 80[A]

07 전선의 굵기

배점 5

분전반에서 25[m]의 거리에 4[kW]의 교류단상 200[V] 전열용 아웃트렛을 설치하여 전압강하를 1[%] 이내가 되도록 하고자 한다. 이곳의 배선방법을 금속관 공사로 할 때 전선의 굵기는 얼마인가? (전선규격은 1.5, 2.5, 4, 6, 10, 16, 25[mm^2])

◦ 계산과정 :   ◦ 답 :

모범답안 **계산과정**

전부하전류 $I = \dfrac{4000}{200} = 20\,[\text{A}]$, 전압강하 $e = 2\,[\text{V}]$

전선의 단면적 : $\dfrac{KIL}{1000 \times e} = \dfrac{35.6 \times 20 \times 25}{1000 \times 200 \times 0.01} = 8.9$ 답 10[mm^2]

08 허용전압강하·전선의 굵기

배점 5

3상 4선식 교류 380[V], 50[kVA]부하가 변전실 배전반에서 270[m] 떨어져 설치되어 있다. 허용전압강하는 얼마이며 이 경우 배전용 케이블의 최소 굵기는 얼마로 하여야 하는지 계산하시오. (단, 전기사용장소 내 시설한 변압기이며, 케이블은 IEC 규격에 의한다.)

(1) 허용전압강하를 계산하시오.
　◦ 계산과정 :　　　　　　　　　　　　　　　　　◦ 답 :

(2) 케이블의 굵기를 선정하시오.
　◦ 계산과정 :　　　　　　　　　　　　　　　　　◦ 답 :

모범답안 계산과정

(1) 허용전압강하 $e = 380 \times 0.055 = 20.9[V]$
공급 변압기의 2차측 단자 또는 인입선 접속점에서 최원단 부하에 이르는 사이의 전선 길이가 200[m] 초과시에 전기사용장소 내 시설한 변압기의 경우 최대전압강하는 5.5[%]를 넘을 수 없다.　　　　　　　　　　　　　　　　　　　답　20.9[V]

(2) 3상 4선식일 경우 단면적 $A = \dfrac{17.8LI}{1000e}$, $I = \dfrac{P}{\sqrt{3}V} = \dfrac{50 \times 10^3}{\sqrt{3} \times 380} = 75.97[A]$

※ $e = 220 \times 0.055 = 12.1[V]$
　(약산식의 전압강하 e 값은 전력선과 중성선 사이의 전압을 적용)

$\therefore A = \dfrac{17.8 \times 270 \times 75.97}{1000 \times 12.1} = 30.17[mm^2]$　　　　　　답　35[mm²]

09 전선의 굵기 – 3φ3W

배점 5

분전반에서 50[m]의 거리에 380[V], 4극 3상 유도전동기 37[kW]를 설치하였다. 전압강하를 5[V] 이하로 하기 위해서 전선의 굵기[mm²]를 얼마로 선정하는 것이 적당한가? (단, 전압강하계수는 1.1, 전동기의 전부하 전류는 75[A], 3상 3선식 회로임)

모범답안 계산과정

전선의 굵기 $= \dfrac{30.8 \times LI}{1000 \times e} \times a = \dfrac{30.8 \times 50 \times 75}{1000 \times 5} \times 1.1 = 25.41[mm^2]$　　답　35[mm²]

10. 전선의 굵기

배점: 5

어느 수용가의 3상 3선식 저압전로에 3상, 10[kW], 380[V]인 전열기를 부하로 사용하고 있다. 이때 수용가 설비의 인입구로부터 분전반까지 전압강하가 3[%]이고, 분전반에서 전열기까지 거리가 10[m]인 경우 분전반에서 전열기까지의 전선의 최소 단면적은 몇 [mm²]인지 선정하시오.

전선규격[mm²]											
2.5	4	6	10	16	25	35	50	70	95	120	150

∘ 계산과정 :　　　　　　　　　　　　　　　　　　　∘ 답 :

모범답안 / 계산과정

저압 수용가 기타사항에 의거하여 전체 전압강하는 기본 5[%] 이내 적용
분전반에서 전열기까지의 전압강하 = 5[%] − 3[%] = 2[%] 적용

부하전류 $I_M = \dfrac{P}{\sqrt{3}\,V} = \dfrac{10 \times 10^3}{\sqrt{3} \times 380} = 15.19[A]$　　답 15.19[A]

전선의 단면적 : $\dfrac{30.8LI}{1000e} = \dfrac{30.8 \times 10 \times 15.19}{1000 \times 7.6} = 0.62[mm^2]$

표에 의해 공칭단면적 2.5[mm²] 선정　　답 2.5[mm²]

참고 수용가설비의 전압강하

설비의 유형	조명[%]	기타[%]
A – 저압으로 수전하는 경우	3	5
B – 고압 이상으로 수전하는 경우[a]	6	8

11 전선의 굵기 – 3φ4W

배점 7

전압강하가 3[%]이고 긍장의 길이가 180[m]인 3상 4선식 배전선로가 있다. 아래의 표로 부하를 공급하고 있을 때 질문에 답하여라.

	전압	용량	개수	역률×효율	수용률
펌프1	380[V]	7.5[kW]	4대	0.7	0.7
펌프2	380[V]	20[kW]	2대	0.7	0.7
전등(단상)	220[V]	10[kW]	3대	1	0.5

(1) 간선의 허용전류를 구하시오.
  ◦ 계산과정 :   ◦ 답 :

(2) 전선의 최소굵기를 산정하시오.
  ◦ 계산과정 :   ◦ 답 :

모범답안 **계산과정**

(1) $I_{M1} = \dfrac{7.5 \times 10^3 \times 4 \times 0.7}{\sqrt{3} \times 380 \times 0.7} = 45.58[\text{A}]$, $I_{M2} = \dfrac{20 \times 10^3 \times 2 \times 0.7}{\sqrt{3} \times 380 \times 0.7} = 60.77[\text{A}]$

$I_H = \dfrac{10 \times 10^3 \times 3 \times 0.5}{220} = 68.18[\text{A}]$

간선의 허용전류 $I_1 + I_2 + I_3 = 45.58 + 60.77 + 68.18 = 174.53[\text{A}]$ 답 174.53[A]

(2) $A = \dfrac{17.8LI}{1000e} = \dfrac{17.8 \times 180 \times 174.53}{1000 \times 220 \times 0.03} = 84.73[\text{mm}^2]$ 답 95[mm²] 선정

12 전선의 굵기

배점 5

그림과 같은 교류 $100[V]$ 단상 2선식 분기 회로의 전선 굵기를 결정하되 표준규격으로 결정하시오. (단, 전압강하는 $2[V]$ 이하, 배선은 $600[V]$ 고무 절연 전선을 사용하는 애자사용 공사로 한다.)

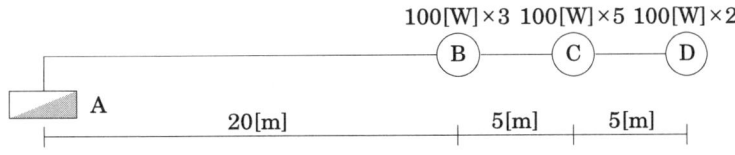

○ 계산과정 : ○ 답 :

모범답안 **계산과정**

부하중심까지의 거리: $L = \dfrac{20 \times 300 + 25 \times 500 + 30 \times 200}{300 + 500 + 200} = 24.5[m]$

전부하 전류 $I = \dfrac{100 \times 3 + 100 \times 5 + 100 \times 2}{100} = 10[A]$

전선의 단면적 $= \dfrac{KLI}{1000e} = \dfrac{35.6 \times 24.5 \times 10}{1000 \times 2} = 4.36[mm^2]$

답 $6[mm^2]$

02 간선·분기회로의 설계

01 간선·분기선 설계 - ①

배점 14

다음 그림은 농형 유도 전동기를 공사방법 B1, XLPE 절연전선을 사용하여 시설한 것이다. 도면을 충분히 이해한 다음 참고자료를 이용하여 다음 각 물음에 답하시오. (단, 전동기 4대의 용량은 다음과 같다.)

① 3상 200[V] 7.5[kW] - 직입 기동
② 3상 200[V] 15[kW] - 기동기 사용
③ 3상 200[V] 0.75[kW] - 직입 기동
④ 3상 200[V] 3.7[kW] - 직입 기동

(1) 간선의 최소 굵기[mm²] 및 간선 금속관의 최소 굵기는?
(2) 간선의 과전류 차단기 용량[A] 및 간선의 개폐기 용량[A]은?
(3) 7.5[kW] 전동기의 분기 회로에 대한 다음을 구하시오.

① 개폐기 용량 ┬ 분기[A]
               └ 조작[A]

② 과전류 차단기 용량 ┬ 분기[A]
                      └ 조작[A]

③ 접지선의 굵기[mm²]
④ 초과 눈금 전류계[A]
⑤ 금속관의 최소 굵기[호]

Chapter 02. 간선·분기회로의 설계

[참고자료]

[표 1] 전동기 분기회로의 전선 굵기·개폐기 용량 및 적정퓨즈(200[V] 3상 유도전동기 1대의 경우)

정격출력 [kW]	전부하전류 [A]	배선 종류에 의한 동 전선의 최소 굵기[mm²]					
		공사방법 A1		공사방법 B1		공사방법 C	
		PVC	3개선 XLPE	PVC	3개선 XLPE	PVC	3개선 XLPE
0.2	1.8	2.5	2.5	2.5	2.5	2.5	2.5
0.4	3.2	2.5	2.5	2.5	2.5	2.5	2.5
0.75	4.8	2.5	2.5	2.5	2.5	2.5	2.5
1.5	8	2.5	2.5	2.5	2.5	2.5	2.5
2.2	11.1	2.5	2.5	2.5	2.5	2.5	2.5
3.7	17.4	2.5	2.5	2.5	2.5	2.5	2.5
5.5	26	6	4	4	2.5	4	2.5
7.5	34	10	6	6	4	6	4
11	48	16	10	10	6	10	6
15	65	25	16	16	10	16	10
18.5	79	35	25	25	16	25	16
22	93	50	25	35	25	25	16
30	124	70	50	50	35	50	35
37	152	95	70	70	50	70	50

정격출력 [kW]	전부하전류 [A]	개폐기 용량[A]				과전류 차단기(B종 퓨즈)[A]				전동기용 초과눈금 전류계의 정격전류 [A]	접지선의 최소 굵기 [mm²]
		직입기동		기동기 사용		직입기동		기동기 사용			
		현장 조작	분기	현장 조작	분기	현장 조작	분기	현장 조작	분기		
0.2	1.8	15	15			15	15			3	2.5
0.4	3.2	15	15			15	15			5	2.5
0.75	4.8	15	15			15	15			5	2.5
1.5	8	15	30			15	20			10	4
2.2	11.1	30	30			20	30			15	4
3.7	17.4	30	60			30	50			20	6
5.5	26	60	60	30	60	50	60	30	50	30	6
7.5	34	100	100	60	100	75	100	50	75	30	10
11	48	100	200	100	100	100	150	75	100	60	16
15	65	100	200	100	100	100	150	100	100	60	16
18.5	79	200	200	100	200	150	200	100	150	100	16
22	93	200	200	100	200	150	200	100	150	100	16
30	124	200	400	200	200	200	300	150	200	150	25
37	152	200	400	200	200	200	300	150	200	200	25

[비고 1] 최소 전선 굵기는 1회선에 대한 것이며, 2회선 이상일 경우는 부록 500-2의 복수회로 보정계수를 적용하여야 한다.

[비고 2] 공사방법 A1은 벽 내의 전선관에 공사한 절연전선 또는 단심케이블, B1은 벽면의 전선관에 공사한 절연전선 또는 단심 케이블, 공사방법 C는 벽면에 공사한 단심 또는 다심케이블을 시설하는 경우의 전선 굵기를 표시하였다.

[비고 3] 전동기 2대 이상을 동일 회로로 할 경우는 간선의 표를 적용할 것

[표 2] 전동기 공사에서 간선의 전선 굵기·개폐기 용량 및 적정 퓨즈(200[V], B종 퓨즈)

전동기 [kW] 수의 총계 ① [kW] 이하	최대 사용 전류 [A] 이하	배선종류에 의한 간선의 최소 굵기[mm²] ②						직입기동 전동기 중 최대 용량의 것									
		공사방법 A1 (3개선)		공사방법 B1 (3개선)		공사방법 C1 (3개선)		0.75 이하	1.5	2.2	3.7	5.5	7.5	11	15	18.5	22	30	37~55
								기동기 사용 전동기 중 최대 용량의 것									
								—	—	—	5.5	7.5	11 / 15	18.5 / 22	—	30 / 37	—	45	55
		PVC	XLPE, EPR	PVC	XLPE, EPR	PVC	XLPE, EPR	과전류 차단기[A] – (칸 위 숫자) ③ 개폐기 용량[A] – (칸 아래 숫자) ④									
3	15	2.5	2.5	2.5	2.5	2.5	2.5	15/30	20/30	30/30	—	—	—	—	—	—	—	—
4.5	20	4	2.5	2.5	2.5	2.5	2.5	20/30	20/30	30/30	50/60	—	—	—	—	—	—	—
6.3	30	6	4	6	4	4	2.5	30/30	30/30	50/60	50/60	75/100	—	—	—	—	—	—
8.2	40	10	6	10	6	6	4	50/60	50/60	50/60	75/100	75/100	100/100	—	—	—	—	—
12	50	16	10	10	10	10	6	50/60	50/60	50/60	75/100	75/100	100/100	150/200	—	—	—	—
15.7	75	35	25	25	16	16	16	75/100	75/100	75/100	100/100	100/100	100/100	150/200	150/200	—	—	—
19.5	90	50	25	35	25	25	16	100/100	100/100	100/100	100/100	100/100	150/200	150/200	200/200	200/200	—	—
23.2	100	50	35	35	25	35	25	100/100	100/100	100/100	100/100	100/100	150/200	150/200	200/200	200/200	200/200	—
30	125	70	50	50	35	50	35	150/200	150/200	150/200	150/200	150/200	150/200	150/200	200/200	200/200	200/200	—
37.5	150	95	70	70	50	70	50	150/200	150/200	150/200	150/200	150/200	150/200	150/200	300/300	300/300	300/300	—
45	175	120	70	95	50	70	50	200/200	200/200	200/200	200/200	200/200	200/200	200/200	300/300	300/300	300/300	300/300
52.5	200	150	95	95	70	95	70	200/200	200/200	200/200	200/200	200/200	200/200	200/200	300/300	400/400	400/400	—
63.7	250	240	150	—	95	120	95	300/300	300/300	300/300	300/300	300/300	300/300	300/300	400/400	400/400	500/600	—
75	300	300	185	—	120	185	120	300/300	300/300	300/300	300/300	300/300	300/300	300/300	300/300	400/400	500/600	—
86.2	350	—	240	—	—	240	150	400/400	400/400	400/400	400/400	400/400	400/400	400/400	400/400	400/400	600/600	—

[비고 1] 최소 전선 굵기는 1회선에 대한 것이며, 2회선 이상일 경우는 부록 500-2의 복수회로 보정계수를 적용하여야 한다.

[비고 2] 공사방법 A1은 벽 내의 전선관에 공사한 절연전선 또는 단심케이블, B1은 벽면의 전선관에 공사한 절연전선 또는 단심케이블, 공사방법 C는 벽면에 공사한 단심 또는 다심케이블을 시설하는 경우의 전선 굵기를 표시하였다.

Chapter 02. 간선·분기회로의 설계

[비고 3] 「전동기중 최대의 것」에 동시 기동하는 경우를 포함함
[비고 4] 과전류 차단기의 용량은 해당 조항에 규정되어 있는 범위에서 실용상 거의 최댓값을 표시함
[비고 5] 과전류 차단기의 선정은 최대 용량의 정격전류의 3배에 다른 전동기의 정격전류의 합계를 가산한 값 이하를 표시함.
[비고 6] 고리퓨즈는 300[A] 이하에서 사용하여야 한다.

[표 3] 후강전선관 굵기의 선정

도체 단면적 [mm²]	전선 본수									
	1	2	3	4	5	6	7	8	9	10
	전선관의 최소 굵기[호]									
2.5	16	16	16	16	22	22	22	28	28	28
4	16	16	16	22	22	22	28	28	28	28
6	16	16	22	22	22	28	28	28	36	36
10	16	22	22	28	28	36	36	36	36	36
16	16	22	28	28	36	36	36	42	42	42
25	22	28	28	36	36	42	54	54	54	54
35	22	28	36	42	54	54	54	70	70	70
50	22	36	54	54	70	70	70	82	82	82
70	28	42	54	54	70	70	70	82	82	82
95	28	54	54	70	70	82	82	92	92	104
120	36	54	54	70	70	82	82	92		
150	36	70	70	82	92	92	104	104		
185	36	70	70	82	92	104				
240	42	82	82	92	104					

[비고 1] 전선 1본수는 접지선 및 직류회로의 전선에도 적용한다.
[비고 2] 이 표는 실험결과와 경험을 기초로 하여 결정한 것이다.
[비고 3] 이 표는 KS C IEC 60227-3의 450/750[V] 일반용 단심 비닐절연전선을 기준한 것이다.

모범답안

(1) 간선의 최소 굵기 : 35[mm²], 간선 금속관의 최소 굵기 : 36[호]

(2) 간선의 과전류 차단기 용량 : 150[A], 간선의 개폐기 용량 : 200[A]

(3)
① 개폐기 용량 ─┬─ 분기 100[A]
               └─ 조작 100[A]

② 과전류 차단기 용량 ─┬─ 분기 100[A]
                       └─ 조작 75[A]

③ 접지선의 굵기 : 10[mm^2]
④ 초과 눈금 전류계 : 30[A]
⑤ 금속관의 최소 굵기 : 16[호]

▶ 해설

(1) • 간선의 최소 굵기
    전동기의 정격출력수의 총계=7.5+15+0.75+3.7=26.95[kW]이므로
    [표 2]에서 26.95[kW]보다 큰값인 30[kW] 선정, 공사방법 B1, XLPE 절연전선이므로 간선의 최소 굵기 35[mm^2]를 선정
  • 후강전선관의 최소 굵기
    [표 3]에서 도체 단면적 35[mm^2]와 3본 적용이므로 후강 전선관의 최소 굵기 36호 선정

(2) [표 2]에서 전동기[kW]수의 총계 30[kW]과 기동기사용 전동기중 최대용량 15[kW]와 교차하는 곳 과전류 차단기 용량은 150[A]이고 개폐기 용량은 200[A]선정

(3) [표 1]에서 7.5[kW]란을 사용하여 문제 조건과 부합되는 부분을 교차시켜 용량을 선정
    (단, 개폐기 및 차단기의 경우 문제에서 주어진 조건인 직입기동란을 선정)
    금속관의 최소 굵기는 [표 1]에서 7.5[kW] 정격출력, 공사방법 B1, XLPE 절연전선이므로 분기선의 굵기 4[mm^2]를 선정하여 [표 3]에서 3본을 적용 하면 최소 굵기는 16호 선정

02 간선의 설계 - ①

배점 4

사용전압 380[V]인 3상 직입기동전동기 1.5[kW] 1대, 3.7[kW] 2대와 3상 15[kW] 기동기사용 전동기 1대 및 3상 전열기 3[kW]를 간선에 연결하였다. 이 때 간선의 굵기, 간선의 과전류 차단기 용량을 다음 표를 이용하여 구하시오.(단, 공사방법은 A1, PVC 절연전선을 사용)

[표 1] 3상 농형 유도전동기의 규약 전류값

출력[kW]	규약전류[A]	
	200[V]용	380[V]용
0.2	1.8	0.95
0.4	3.2	1.68
0.75	4.8	2.53
1.5	8.0	4.21
2.2	11.1	5.84
3.7	17.4	9.16
5.5	26	13.68
7.5	34	17.89
11	48	25.26
15	65	34.21
18.5	79	41.58
22	93	48.95
30	124	65.26
37	452	80
45	190	100
55	230	121
75	310	163
90	360	189.5
110	440	231.6
132	500	263

[비고 1] 사용하는 회로의 표준전압이 220[V]인 경우 220[V]인 것의 0.9배로 한다.
[비고 2] 고효율 전동기는 제작자에 따라 차이가 있으므로 제작자의 기술자료를 참조한다.

[표 2] 380[V] 3상 유도전동기의 간선의 굵기 및 기구의 용량

전동기 [kW] 수의 총계 [kW] 이하	최대 사용 전류 [A] 이하	배선종류에 의한 간선의 최소 굵기[mm²]						직입기동 전동기 중 최대 용량의 것									
		공사방법 A1		공사방법 B1		공사방법 C1		0.75 이하	1.5	2.2	3.7	5.5	7.5	11	15	18.5	22	30	37~55
								기동기 사용 전동기 중 최대 용량의 것									
		PVC	XLPE, EPR	PVC	XLPE, EPR	PVC	XLPE, EPR	−	−	−	−	5.5	7.5	11	15	18.5	22	30	37
								과전류 차단기[A] 직입기동 : 칸 위 숫자, Y-△기동 : 칸 아래 숫자									
3	7.9	2.5	2.5	2.5	2.5	2.5	2.5	15 / −	15 / −	15 / −	−	−	−	−	−	−	−	−	−
4.5	10.5	2.5	2.5	2.5	2.5	2.5	2.5	15 / −	15 / −	20 / −	30 / −	−	−	−	−	−	−	−	−
6.3	15.8	2.5	2.5	2.5	2.5	2.5	2.5	20 / −	20 / −	30 / −	30 / −	40 / 30	−	−	−	−	−	−	−
8.2	21	4	2.5	2.5	2.5	2.5	2.5	30 / −	30 / −	30 / −	30 / −	40 / 30	50 / 30	−	−	−	−	−	−
12	26.3	6	4	4	2.5	4	2.5	40 / −	40 / −	40 / −	40 / −	40 / 40	50 / 40	75 / 40	−	−	−	−	−
15.7	39.5	10	6	10	6	6	4	50 / −	50 / −	50 / −	50 / −	50 / 50	60 / 50	75 / 50	100 / 60	−	−	−	−
19.5	47.4	16	10	10	6	10	6	60 / −	60 / −	60 / −	60 / −	60 / 60	75 / 60	75 / 60	100 / 60	125 / 75	−	−	−
23.2	52.6	16	10	16	10	10	10	75 / −	75 / −	75 / −	75 / −	75 / 75	75 / 75	100 / 75	100 / 75	125 / 75	125 / 100	−	−
30	65.8	25	16	16	10	16	10	100 / −	100 / −	100 / −	100 / −	100 / 100	100 / 100	100 / 100	125 / 100	125 / 100	125 / 100	−	−
37.5	78.9	35	25	25	16	25	16	100 / −	100 / −	100 / −	100 / −	100 / 100	100 / 100	125 / 100	125 / 100	125 / 100	125 / 125	125 / −	−
45	92.1	50	25	35	25	25	16	125 / −	125 / −	125 / −	125 / −	100 / 100	125 / 125	125 / 125	125 / 125	125 / 125	125 / 125	125 / 125	−
52.5	105.3	50	35	35	25	35	25	125 / −	125 / −	125 / −	125 / −	125 / 125	125 / 125	125 / 125	125 / 125	125 / 125	125 / 125	150 / 150	−
63.7	131.6	70	50	50	35	50	35	175 / −	175 / −	175 / −	175 / −	175 / 175	175 / 175	175 / 175	175 / 175	175 / 175	175 / 175	175 / 175	−
75	157.9	95	70	70	50	70	50	200 / −	200 / −	200 / −	200 / −	200 / 200	200 / 200	200 / 200	200 / 200	200 / 200	200 / 200	200 / 200	−
86.2	184.2	120	95	95	70	95	70	225 / −	225 / −	225 / −	225 / −	225 / 225	225 / 225	225 / 225	225 / 225	225 / 225	225 / 225	225 / 225	−

[비고 1] 최소 전선 굵기는 1회선에 대한 것이며, 2회선 이상일 경우는 부록 500-2의 복수회로 보정계수를 적용하여야 한다.

[비고 2] 공사방법 A1은 벽 내의 전선관에 공사한 절연전선 또는 단심케이블, B1은 벽면의 전선관에 공사한 절연전선 또는 단심케이블, 공사방법 C는 벽면에 공사한 단심 또는 다심케이블을 시설하는 경우의 전선 굵기를 표시하였다.

[비고 3] 「전동기중 최대의 것」에 동시 기동하는 경우를 포함함
[비고 4] 과전류 차단기의 용량은 해당 조항에 규정되어 있는 범위에서 실용상 거의 최대값을 표시함
[비고 5] 과전류 차단기의 선정은 최대 용량의 정격전류의 3배에 다른 전동기의 정격전류의 합계를 가산한 값 이하를 표시함.
[비고 6] 배선용 차단기를 배·분전반, 제어반 내부에 시설하는 경우는 그 반 내의 온도상승에 주의할 것

모범답안

간선의 굵기	과전류차단기 용량
25[mm²]	100[A]

해설

※ 간선의 굵기

전동기 수의 총계는 $1.5+3.7\times2+15=23.9$[kW]이므로 [표2]에서 상위값인 30[kW]적용시 최대사용전류 65.8[A], 공사방법은 A1, PVC 절연전선이므로 간선의 굵기 25[mm²] 선정
65.8[A] 적용이 가능여부를 위해 간선의 허용전류와 비교
전동기의 수의 총계 $=1.5+3.7\times2+15=23.9$[kW]
전동기의 정격전류는 [표1]에서 규약전류 적용 $4.21[A]+9.16[A]\times2+34.21[A]=56.74[A]$

전열기: 3[kW]이므로 전열기의 정격전류 $=\dfrac{3000}{\sqrt{3}\times380}=4.558$[A]

간선의허용전류=전동기정격전류+전열기의정격전류의합 $56.74[A]+4.558[A]=61.298[A]$
65.8[A]보다 작기 때문에 적용가능

※ 과전류차단기용량

[표2]의 25[mm²]란에서 기동기 사용 전동기 중 최대 용량15[kW]와 교차 부분중 아래값 100[A]를 선정

03 강제 전선관

배점 5

굵기가 4[mm²]인 전선 3본과 10[mm²]인 전선 3본을 동일 전선관 내에 넣을 수 있는 후강 전선관의 굵기를 주어진 표를 이용하여 구하시오. (단, 전선관은 내단면적의 32[%] 이하가 되도록 한다.)

[표 1] 전선(피복 절연물을 포함)의 단면적

도체 단면적[mm²]	절연체 두께[mm]	평균 완성 바깥지름[mm]	전선의 단면적[mm²]
1.5	0.7	3.3	9
2.5	0.8	4.0	13
4	0.8	4.6	17
6	0.8	5.2	21
10	1.0	6.7	35
16	1.0	7.8	48
25	1.2	9.7	74
35	1.2	10.9	93
50	1.4	12.8	128
70	1.4	14.6	167
95	1.6	17.1	230
120	1.6	18.8	277
150	1.8	20.9	343
185	2.0	23.3	426
240	2.2	26.6	555
300	2.4	29.6	688
400	2.6	33.2	865

[비고 1] 전선의 단면적은 평균완성 바깥지름의 상한 값을 환산한 값이다.
[비고 2] KS C IEC 60227-3의 450/750[V] 일반용 단심 비닐절연전선(연선)을 기준한 것이다.

[표 2] 절연전선을 금속관 내에 넣을 경우의 보정계수

도체 단면적[mm²]	보정계수
2.5, 4	2.0
6, 10	1.2
16 이상	1.0

[표 3] 후강 전선관의 내 단면적의 32[%] 및 48[%]

관의 호칭	내 단면적의 32[%][mm^2]	내 단면적의 48[%][mm^2]
16	67	101
22	120	180
28	201	301
36	342	513
42	460	690
54	732	1098
70	1216	1825
82	1701	2552
92	2205	3308
104	2843	4265

○ 계산과정 : ○ 답 :

모범답안 **계산과정**

[표 1]의 전선의 단면적
굵기 4[mm^2] 3가닥＝17×3＝51[mm^2]
굵기 10[mm^2] 3가닥＝35×3＝105[mm^2]

[표 2]의 보정 계수를 적용
$51 \times 2.0 + 105 \times 1.2 = 228$[mm^2], [표 3]의 32[%] 342[mm^2]난의 36[호]로 선정

답 36[호]

04 간선·분기선 설계

배점 8

그림의 적산 전력계에서 간선 개폐기까지의 거리는 10[m]이고, 간선 개폐기에서 전동기, 전등까지의 분기회로의 거리를 각각 20[m]라 한다. 간선과 분기선의 전압 강하를 각각 2[V]로 할 때 부하 전류를 계산하고, 표를 이용하여 전선의 굵기를 구하시오. (단, 모든 역률은 1로 가정한다.)

[조건]

- M_1 : 380[V] 3상 전동기 10[kW]
- M_2 : 380[V] 3상 전동기 15[kW]
- M_3 : 380[V] 3상 전동기 20[kW]
- H : 220[V] 단상 전열기 3[kW]
- L : 220[V] 형광등 40[W]×2등용, 10개

[표] 전선 최대 길이(3상 3선식 380[V], 전압 강하 3.8[V])

전류[A]	전선의 굵기[mm²]												
	2.5	4	6	10	16	25	35	50	95	150	185	240	300
	전선 최대 길이[m]												
1	534	854	1281	2135	3416	5337	7472	10674	20281	32022	39494	51236	64045
2	267	427	640	1067	1708	2669	3736	5337	10140	16011	19747	25618	32022
3	178	285	427	712	1139	1779	2491	3558	6760	10674	13165	17079	21348
4	133	213	320	534	857	1334	1868	2669	5070	8006	9874	12809	16011
5	107	171	256	427	683	1067	1494	2135	4056	6404	7899	10247	12809
6	89	142	213	356	569	890	1245	1779	3380	5337	6582	8539	10674
7	76	122	183	305	488	762	1067	1525	2897	4575	5642	7319	9149
8	67	107	160	267	427	667	934	1334	2535	4003	4937	6404	8006
9	59	95	142	237	380	593	830	1186	2253	3558	4388	5693	7116
12	44	71	107	178	285	445	623	890	1690	2669	3291	4270	5337
14	38	61	91	152	244	381	534	762	1449	2287	2821	3660	4575
15	36	57	85	142	228	356	498	712	1352	2135	2633	3416	4270
16	33	53	80	133	213	334	467	667	1268	2001	2468	3202	4003
18	30	47	71	119	190	297	415	593	1127	1779	2194	2846	3558
25	21	34	51	85	137	213	299	427	811	1281	1580	2049	2562
35	15	24	37	61	98	152	213	305	579	915	1128	1464	1830
45	12	19	28	47	76	119	166	237	451	712	878	1139	1423

[주] 1. 전압강하가 2[%] 또는 3[%]의 경우, 전선길이는 각각 이 표의 2배 또는 3배가 된다. 다른 경우에도 이 예에 따른다.
    2. 전류가 20[A] 또는 200[A] 경우의 전선길이는 각각 이 표 전류 2[A] 경우의 1/10 또는 1/100이 된다. 다른 경우에도 이 예에 따른다.
    3. 이 표는 평형부하의 경우에 대한 것이다.
    4. 이 표는 역률 1로 하여 계산한 것이다.

(1) 부하전류
    ◦계산과정 :   ◦답 :

(2) 간선 및 분기선의 굵기
    ◦계산과정 :   ◦답 :

모범답안 **계산과정**

(1) 부하전류

M_1의 부하전류 $= \dfrac{10 \times 10^3}{\sqrt{3} \times 380} = 15.19[A]$

M_2의 부하전류 $= \dfrac{15 \times 10^3}{\sqrt{3} \times 380} = 22.79[A]$

M_3의 부하전류 $= \dfrac{20 \times 10^3}{\sqrt{3} \times 380} = 30.39[A]$

H의 부하전류 $= \dfrac{3 \times 10^3}{220} = 13.63[A]$

L의 부하전류 $= \dfrac{(40 \times 2) \times 10}{220} = 3.64[A]$

(2) 간선 및 분기회로의 전선 굵기

① 간선의 굵기

간선에 흐르는 전류 $= 15.15[A] + 22.70[A] + 30.39[A] + 13.64[A] + 3.64[A] = 85.65[A]$

간선의 흐르는 전류와 전선최대길이 표의 값을 이용하여 산정

$L = \dfrac{\text{배선 설계의 긍장} \times \dfrac{\text{부하의 최대 사용 전류}}{\text{표의 전류}}}{\dfrac{\text{배선 설계의 전압 강하}}{\text{표의 전압 강하}}} = \dfrac{10 \times \dfrac{85.65}{1}}{\dfrac{2}{3.8}} = 1627.35[m]$

간선의 굵기는 표 1[A]와 1627.35[m]를 초과하는 2135[m]적용　　**답** $10[mm^2]$

② 분기회로의 굵기

- M_1의 전선최대길이 $= \dfrac{20 \times \dfrac{15.19}{1}}{\dfrac{2}{3.8}} = 577.22[m]$, 표854[m]의 $4[mm^2]$선정

　　　　　　　　　　　　　　　　　　　　　　　　　　답 $4[mm^2]$

- M_2의 전선최대길이 $= \dfrac{20 \times \dfrac{22.79}{1}}{\dfrac{2}{3.8}} = 866.02[m]$, 표1281[m]의 $6[mm^2]$선정

　　　　　　　　　　　　　　　　　　　　　　　　　　답 $6[mm^2]$

Chapter 02. 간선·분기회로의 설계

- M_3의 전선최대길이 $=\dfrac{20\times\dfrac{30.39}{1}}{\dfrac{2}{3.8}}=1154.82[m]$, 표1281[m]의 6[mm²]선정

  답 6[mm²]

- H의 전선최대길이 $=\dfrac{20\times\dfrac{13.64}{1}}{\dfrac{2}{3.8}}=518.32[m]$, 표534[m]의 2.5[mm²]선정

  답 2.5[mm²]

- L의 전선최대길이 $=\dfrac{20\times\dfrac{3.64}{1}}{\dfrac{2}{3.8}}=138.32[m]$, 표534[m]의 2.5[mm²]선정

  답 2.5[mm²]

> **참고** 전선의 최대길이 표 해석
>
> 표의 전류는 어떠한 값을 사용해도 최대 전선의 최대 길이 표를 통해 굵기를 산정할 수 있기 때문에 표의 조건 중 임의의 한 가지를 어느 것이든 사용할 수 있다.

05 간선·분전반 설계

배점 14

단상 3선식 110/220[V]을 채용하고 있는 어떤 건물이 있다. 변압기가 설치된 수전실로부터 50[m]되는 곳에 부하집계표와 같은 분전반을 시설하고자 한다. 다음 표를 참고하여 전압 변동률 2[%] 이하, 전압강하율 2[%] 이하가 되도록 다음 사항을 구하시오.

단, · 공사방법 B1이며 전선은 PVC 절연전선이다.
 · 후강 전선관 공사로 한다.
 · 3선 모두 같은 선으로 한다.
 · 부하의 수용률은 100[%]로 적용
 · 후강 전선관 내 전선의 점유율은 60[%] 이내를 유지할 것

[표 1] 부하 집계표

| 회로번호 | 부하명칭 | 부하[VA] | 부하분담[VA] | | MCCB 크기 | | | 비고 |
			A	B	극수	AF	AT	
1	전등	2400	1200	1200	2	50	15	
2	〃	1400	700	700	2	50	15	
3	콘센트	1000	1000	−	1	50	20	
4	〃	1400	1400	−	1	50	20	
5	〃	600	−	600	1	50	20	
6	〃	1000	−	1000	1	50	20	
7	팬코일	700	700	−	1	30	15	
8	〃	700	−	700	1	30	15	
합계		9200	5000	4200				

[표 2]

도체 단면적[mm^2]	절연체 두께[mm]	평균 완성 바깥지름[mm]	전선의 단면적[mm^2]
1.5	0.7	3.3	9
2.5	0.8	4.0	13
4	0.8	4.6	17
6	0.8	5.2	21
10	1.0	6.7	35
16	1.0	7.8	48
25	1.2	9.7	74
35	1.2	10.9	93
50	1.4	12.8	128
70	1.4	14.6	167
95	1.6	17.1	230
120	1.6	18.8	277
150	1.8	20.9	343
185	2.0	23.3	426
240	2.2	26.6	555
300	2.4	29.6	688
400	2.6	33.2	865

[비고 1] 전선의 단면적은 평균완성 바깥지름의 상한 값을 환산한 값이다.
[비고 2] KSC IEC 60227-3의 450/750[V] 일반용 단심 비닐절연전선(연선)을 기준한 것이다.

[표 3] 공사방법의 허용전류[A]
PVC절연, 3개 부하전선, 동 또는 알루미늄 전선온도 : 70[°C], 주위온도 : 기중 30[°C], 지중 20[°C]

전선의 공칭 단면적 [mm^2]	표A. 52-1의 공사방법					
	A1	A2	B1	B2	C	D
1	2	3	4	5	6	7
동						
1.5	13.5	13	15.5	15	17.5	18
2.5	18	17.5	21	20	24	24
4	24	23	28	27	32	31
6	31	29	36	34	41	39
10	42	39	50	46	57	52
16	56	52	68	62	76	67
25	73	68	89	80	96	86
35	89	83	110	99	119	103
50	108	99	134	118	144	122
70	136	125	171	149	184	151
95	164	150	207	179	223	179
120	188	172	239	206	259	203
150	216	196	—	—	299	230
185	245	223	—	—	341	258
240	286	261	—	—	403	297
300	328	298	—	—	464	336

(1) 간선의 굵기는?

(2) 후강 전선관의 굵기는?

(3) 간선 보호용 과전류 차단기의 정격 전류는?

(4) 분전반의 복선 결선도를 완성하시오.

(5) 설비 불평형률은?

모범답안 **계산과정**

(1) A선의 전류 $I_A = \dfrac{5000}{110} = 45.45[A]$, B선의 전류 $I_B = \dfrac{4200}{110} = 38.181[A]$

I_A와 I_B중 큰 값인 45.45[A] 기준

전선길이 $L = 50[m]$, 선 전류 $I = 45.45[A]$, 전압강하 $e = 110 \times 0.02 = 2.2[V]$

$A = \dfrac{17.8LI}{1000e} = \dfrac{17.8 \times 50 \times 45.45}{1000 \times 110 \times 0.02} = 18.386[mm^2]$

[표 2]에서 18.386을 넘는 공칭단면적(도체단면적)을 선정   **답** 25[mm²]

(2) [표 2]에서 공칭단면적(도체단면적)이 25[mm²]

후강전선관에 넣기 위한 피복포함 된 전선의 단면적 74[mm²]

3선식이므로 전선의 최대 총단면적 = 74 × 3 = 222[mm²]이다.

조건에서 후강전선관 내단면적의 60[%] 이내를 사용하므로 $A = \dfrac{1}{4}\pi d^2 \times 0.6 \geq 222$

$d = \sqrt{\dfrac{222 \times 4}{0.6 \times \pi}}$ [mm] 표준규격에 의하여 22[호] 후강전선관 선정   **답** 22[호]

(3) [표 2]에서 25[mm²] 전선 3본을 공사방법 B1으로 할 경우 간선의 허용 전류는 89[A]이다. 과전류차단기는 그 저압옥내 간선의 허용전류 이하의 정격전류 것이어야 하기 때문에 국내표준 75[A], 국제표준 80[A]이다.

(4)

(5) 설비 불평형률 = $\dfrac{\text{중성선과 각 전압측 전선간에 접속되는 부하설비용량[kVA]의 차}}{\text{총 부하설비용량[kVA]의 1/2}} \times 100[\%]$

$= \dfrac{3100-2300}{9200 \times \dfrac{1}{2}} \times 100 = 17.39[\%]$

답 17.39[%]

● 해설

(5) A-N 부하 : 1000+1400+700=3100[VA], B-N 부하 : 600+1000+700=2300[VA]

06 간선의 시설·차단기 선정

배점 5

도면은 어느 건물의 구내 간선 계통도이다. 주어진 조건과 참고자료를 이용하여 다음 각 물음에 답하시오.

(1) P_1의 전부하시 전류를 구하고, 여기에 사용될 배선용 차단기(MCCB)의 규격을 선정하시오.

(2) P_1에 사용될 케이블의 굵기는 몇 [mm²]인가?

(3) 배전반에 설치된 ACB의 최소 규격을 산정하시오.

(4) 가교 폴리에틸렌 절연 비닐 시스 케이블의 영문 약호는?

- 전압은 380[V]/220[V]이며, $3\phi 4W$이다.
- CABLE은 TRAY 배선으로 한다.(공중, 암거 포설)
- 전선은 가교 폴리에틸렌 절연 비닐 시스 케이블이다.
- 허용전압강하는 2[%]이다.
- 분전반간 부등률은 1.1이다.
- 주어진 조건이나 참고자료의 범위 내에서 가장 적절한 부분을 적용시키도록 한다.
- CABLE 배선 거리 및 부하 용량은 표와 같다.

분전반	거리[m]	연결 부하[kVA]	수용률[%]
P_1	50	240	65
P_2	80	320	65
P_3	210	180	70
P_4	150	60	70

[참고자료]

[표 1] 배선용 차단기(MCCB)

Feame	100			225			400		
기본 형식	A11	A12	A13	A21	A22	A23	A31	A32	A33
극수	2	3	4	2	3	4	2	3	4
정격 전류[A]	60, 75, 100			125, 150, 175, 200, 225			250, 300, 350, 400		

[표 2] 기중 차단기(ACB)

TYPE	G1	G2	G3	G4
정격전류[A]	600	800	1000	1250
정격 절연 전압[V]	1000	1000	1000	1000
정격사용전압[V]	660	660	660	660
극수	3, 4	3, 4	3, 4	3, 4
과전류 Trip 장치의 정격 전류	200, 400, 630	400, 630, 800	630, 800, 1000	800, 1000, 1250

[표 3] 전선 최대 길이(3상 3선식 380[V], 전압 강하 3.8[V])

전류[A]	전선의 굵기[mm^2]												
	2.5	4	6	10	16	25	35	50	95	150	185	240	300
	전선 최대 길이[m]												
1	534	854	1281	2135	3416	5337	7472	10674	20281	32022	39494	51236	64045
2	267	427	640	1067	1708	2669	3736	5337	10140	16011	19747	25618	32022
3	178	285	427	712	1139	1779	2491	3558	6760	10674	13165	17079	21348
4	133	213	320	534	857	1334	1868	2669	5070	8006	9874	12809	16011
5	107	171	256	427	683	1067	1494	2135	4056	6404	7899	10247	12809
6	89	142	213	356	569	890	1245	1779	3380	5337	6582	8539	10674
7	76	122	183	305	488	762	1067	1525	2897	4575	5642	7319	9149
8	67	107	160	267	427	667	934	1334	2535	4003	4937	6404	8006
9	59	95	142	237	380	593	830	1186	2253	3558	4388	5693	7116
12	44	71	107	178	285	445	623	890	1690	2669	3291	4270	5337
14	38	61	91	152	244	381	534	762	1449	2287	2821	3660	4575
15	36	57	85	142	228	356	498	712	1352	2135	2633	3416	4270
16	33	53	80	133	213	334	467	667	1268	2001	2468	3202	4003
18	30	47	71	119	190	297	415	593	1127	1779	2194	2846	3558
25	21	34	51	85	137	213	299	427	811	1281	1580	2049	2562
35	15	24	37	61	98	152	213	305	579	915	1128	1464	1830
45	12	19	28	47	76	119	166	237	451	712	878	1139	1423

[주] 1. 전압강하가 2[%] 또는 3[%]의 경우, 전선길이는 각각 이 표의 2배 또는 3배가 된다. 다른 경우에도 이 예에 따른다.
2. 전류가 20[A] 또는 200[A] 경우의 전선길이는 각각 이 표 전류 2[A] 경우의 1/10 또는 1/100이 된다. 다른 경우에도 이 예에 따른다.
3. 이 표는 평형부하의 경우에 대한 것이다.
4. 이 표는 역률 1로 하여 계산한 것이다.

모범답안 **계산과정**

(1) ① 전부하전류 $= \dfrac{\text{설비용량} \times \text{수용률}}{\sqrt{3} \times \text{전압}} = \dfrac{(240 \times 10^3) \times 0.65}{\sqrt{3} \times 380} = 237.017\,[\text{A}]$

　　　　　　　　　　　　　　　　　　　　　답 전부하전류 237.02[A]

② 배선용 차단기 규격 [표 1]에서 선정　　　**답** AF/AT : 400/250[A]

(2) 전선최대의 길이 $= \dfrac{50 \times \dfrac{237.02}{25}}{\dfrac{380 \times 0.02}{3.8}} = 237.02\,[\text{m}]$

[표 3]의 25[A]난과 237.02[m]를 초과하는 299[m]난에 해당되는 35[mm²]선정

　　　　　　　　　　　　　　　　　　　　　답 35[mm²]

(3) $I = \dfrac{(240 \times 0.65 + 320 \times 0.65 + 180 \times 0.7 + 60 \times 0.7)}{\sqrt{3} \times 380 \times 1.1} \times 10^3 = 734.809\,[\text{A}] \fallingdotseq 734.81\,[\text{A}]$

[표 2]에서 G2 Type의 정격전류 800[A]를 선정　　　**답** AF/AT : 800/800[A]

(4) CV1

부록 1 기사 PLUS 문제

01 옥내간선의 굵기

배점 4

전동기 Ⓜ과 전열기 Ⓗ가 그림과 같이 접속되어 있는 경우, 저압 옥내간선의 굵기를 결정하는 전류는 최소 몇 [A] 이상이어야 하는가? 단, 수용률은 70[%]를 반영하여 전류값을 계산하도록 한다.

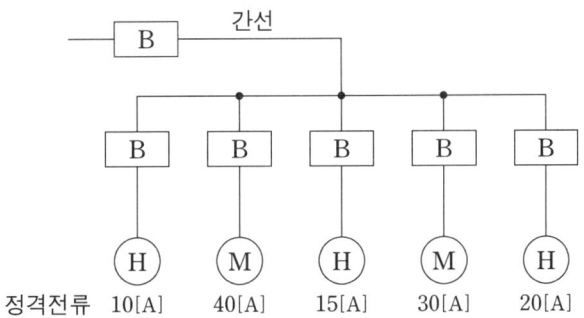

모범답안 **계산과정**

① 전동기 전류의 합 = (40+30)×0.7 = 49[A]

② 전열기 전류의 합 = (10+15+20)×0.7 = 31.5[A]

③ 전선의 굵기 산정시 허용전류는 설계전류의 합보다 크거나 같아야 하므로,
   설계전류 = 49+31.5 = 80.5[A]

답 80.5[A]

02 간선의 허용전류·피뢰기 배점 6

그림은 유도 전동기의 기동 회로를 표시한 것이다. 이 도면을 보고 다음 각 물음에 답하시오.

(1) ①과 같이 화살표로 표시되어 있는 그림 기호의 명칭을 구체적으로 쓰시오.

(2) E의 접지저항은 최대 몇 [Ω]인가?

(3) M_1, M_2의 전부하 전류가 각각 20[A], 7[A]이다. 저압 옥내 간선의 허용전류는 몇 [A]인가?

모범답안

(1) 인출형(플러그인 타입) 차단기

(2) 피뢰기의 접지저항 10[Ω]

(3) 저압 옥내 간선의 허용전류는 역률이 동일한 기구들의 경우 다른 조건이 없다면 전체의 합으로 산정한다. 20+7=27   답 27[A]

03 간선의 허용전류

배점 5

3상 3선식 380[V] 전원에 그림과 같이 전동기용량이 3.75[kW], 2.2[kW], 7.5[kW]의 전동기 3대와 정격전류가 20[A]인 전열기 1대가 접속되어 있다. 이 회로의 동력 간선 A점에는 몇 [A] 이상의 허용전류를 갖는 전선을 사용해야 하는지 구하시오. (단, 전동기 역률은 3.75[kW]는 88[%], 2.2[kW]는 85[%], 7.5[kW]는 90[%]이다.)

모범답안 **계산과정**

3.75[kW] 전동기 정격전류 $I = \dfrac{3.75 \times 10^3}{\sqrt{3} \times 380 \times 0.88} = 6.47[A]$

유효전류 : $6.47 \times 0.88 = 5.69[A]$

무효전류 : $6.47 \times \sqrt{1 - 0.88^2} = 3.07[A]$

2.2[kW] 전동기 정격전류 $I = \dfrac{2.2 \times 10^3}{\sqrt{3} \times 380 \times 0.85} = 3.93[A]$

유효전류 : $3.93 \times 0.85 = 3.34[A]$

무효전류 : $3.93 \times \sqrt{1 - 0.85^2} = 2.07[A]$

7.5[kW] 전동기 정격전류 $I = \dfrac{7.5 \times 10^3}{\sqrt{3} \times 380 \times 0.9} = 12.66[A]$

유효전류 : $12.66 \times 0.9 = 11.39[A]$

무효전류 : $12.66 \times \sqrt{1 - 0.9^2} = 5.52[A]$

전열기

유효전류 : 20[A]

설계전류 : $\sqrt{(5.69 + 3.34 + 11.39 + 20)^2 + (3.07 + 2.07 + 5.52)^2}$
$= \sqrt{40.42^2 + 10.66^2} = 41.8[A]$

$I_B \leq I_n \leq I_Z$ 조건을 만족하는 전선의 허용전류 $I_Z \geq 41.8[A]$

답 41.8[A]

04 금속관 부품의 종류

배점 8

아래의 표에서 금속관 부품의 특징에 해당하는 부품명을 쓰시오.

부품명	특징
①	관과 박스를 접속할 경우 파이프 나사를 죄어 고정시키는데 사용되며 6각형과 기어형이 있다.
②	전선 관단에 끼우고 전선을 넣거나 빼는 데 있어서 전선의 피복을 보호하여 전선이 손상되지 않게 하는 것으로 금속제와 합성수지제의 2종류가 있다.
③	금속관 상호 접속 또는 관과 노멀 밴드와의 접속에 사용되며 내면에 나사가 있으며 관의 양측을 돌리어 사용할 수 없는 경우 유니온 커플링을 사용한다.
④	노출 배관에서 금속관을 조영재에 고정시키는 데 사용되며 합성수지 전선관, 가요 전선관, 케이블 공사에도 사용된다.
⑤	배관의 직각 굴곡에 사용하며 양단에 나사가 나있어 관과의 접속에는 커플링을 사용한다.
⑥	금속관을 아웃렛 박스의 노크아웃에 취부할 때 노크아웃의 구멍이 관의 구멍보다 클 때 사용된다.
⑦	매입형의 스위치나 콘센트를 고정하는 데 사용되며 1개용, 2개용, 3개용 등이 있다.
⑧	전선관 공사에 있어 전등 기구나 점멸기 또는 콘센트의 고정, 접속함으로 사용되며 4각 및 8각이 있다.

모범답안

① 로크너트(lock nut)

② 부싱(bushing)

③ 커플링(coupling)

④ 새들(saddle)

⑤ 노멀밴드(normal bend)

⑥ 링 리듀우서(ring reducer)

⑦ 스위치 박스(switch box)

⑧ 아웃렛 박스(outlet box)

05 정크션·풀 박스

배점 6

정크션 박스(Joint Box)와 풀 박스(Pull Box)의 용도를 쓰시오.

(1) 정크션 박스(Joint Box)

(2) 풀 박스(Pull Box)

> **모범답안**
>
> (1) 정크션 박스(Joint Box) : 전선의 접속시 접속 부분이 노출되지 않도록 하기 위해 설치
>
> (2) 풀 박스(Pull Box) : 전선의 통과를 용이하게 하기 위하여 배관의 도중에 설치

06 건축전기설비 법규

배점 6

다음 내용을 보고 빈칸을 채우시오.

[조건]

분전반은 각층마다 설치한다.

분전반은 분기회로의 길이가 (가)[m] 이하가 되도록 설계하며, 사무실용도인 경우 하나의 분전반에 담당하는 면적은 일반적으로 1,000[m²] 내외로 한다. 1개 분전반 또는 개폐기함 내에 설치할 수 있는 과전류장치는 예비회로(10~20[%])를 포함하여 42개 이하(주개폐기 제외)로 하고, 이 회로수를 넘는 경우는 2개 분전반으로 분리 하거나 (나)으로 한다. 다만, 2극, 3극 배선용 차단기는 과전류장치 소자 수량의 합계로 계산한다.

분전반의 설치높이는 긴급 시 도구를 사용하거나 바닥에 앉지 않고 조작할 수 있어야 하며, 일반적으로는 분전반 상단을 기준하여 바닥 위 (다)[m]로 하고, 크기가 작은 경우는 분전반의 중간을 기준하여 바닥 위 (라)[m]로 하거나 하단을 기준하여 바닥 위 (마)[m]정도로 한다. 분전반과 분전반은 도어의 열림 반경 이상으로 이격하여 안전성을 확보하고, 2개 이상의 전원이 하나의 분전반에 수용되는 경우에는 각각의 전원 사이에는 해당하는 분전반과 동일한 재질로 (바)을 설치해야 한다.

> **모범답안**
>
> 가 : 30   나 : 자립형   다 : 1.8   라 : 1.4   마 : 1.0   바 : 격벽

07 간선설계 고려사항

배점 5

전력설비의 간선을 설계하고자 한다. 간선설계시 고려해야 할 사항을 5가지 쓰시오.

모범답안

- 간선의 굵기 (허용전류, 전압강하, 기계적강도 등)
- 간선계통 (전용간선의 분리, 건물용도에 적합한 간선구분, 공급전압의 결정 등)
- 간선경로 (파이프샤프트의 위치, 크기, 루트의 길이 등의 검토)
- 배선방식 (용량, 시공성에서 본 재료 및 분기방법 등)
- 설계조건 (수용률, 부하율, 동력설비, 부하 등)

08 누전차단기 - 저압용차단기

배점 3

한국전기설비규정에 의하여 욕실 등 인체가 물에 젖어있는 상태에서 물을 사용하는 장소에 콘센트를 시설하는 경우에 설치해야 하는 저압차단기의 정확한 명칭을 쓰시오.

모범답안

인체감전 보호용 누전차단기

09 저압옥내배선방법

배점 5

옥내 저압 배선을 설계하고자 한다. 이때 시설 장소의 조건에 관계없이 한 가지 배선방법으로 배선하고자 할 때 옥내에는 건조한 장소, 습기가 많은 장소, 노출배선 장소, 은폐배선을 하여야 할 장소, 점검이 불가능한 장소 등으로 되어 있다고 한다면 적용 가능한 배선방법은 어떤 방법이 있는지 그 방법을 4가지만 쓰시오. (단, 사용전압이 400[V] 이하인 경우이다.)

모범답안

- 케이블 공사
- 금속관 공사
- 케이블 트레이 공사
- 비닐피복 2종 금속제 가요전선관 공사

10 저압옥내배선 – 케이블 공사

배점 5

저압옥내배선 시설시 케이블 공사로 할 경우 가능(○)과 불가능(×)으로 표의 빈칸을 완성하시오.

옥내		옥측		옥외	물기가 있는 장소
건조한 장소	습기가 많은 장소	우선내	우선외		

모범답안

옥내		옥측		옥외	물기가 있는 장소
건조한 장소	습기가 많은 장소	우선내	우선외		
○	○	○	○	○	○

11 부하 중심거리

배점 5

공급점에서 30[m]의 지점에 80[A], 45[m]의 지점에 50[A], 60[m]의 지점에 30[A]의 부하가 걸려 있을 때, 부하 중심까지의 거리를 구하시오.

모범답안   계산과정

부하 중심까지의 거리 $= \dfrac{\sum 전류 \times 길이}{\sum 전류} = \dfrac{30 \times 80 + 45 \times 50 + 60 \times 30}{80 + 50 + 30} = 40.312[m]$

답 40.31[m]

12 개폐기·콘센트 시설

배점 4

전동기, 가열장치 또는 전력장치의 배선에는 이것에 공급하는 부하회로의 배선에서 기계기구 또는 장치를 분리할 수 있도록 단로용 기구로 각개에 개폐기 또는 콘센트를 시설하여야 한다. 그렇지 않아도 되는 경우 2가지를 쓰시오.

모범답안

① 배선 중에 시설하는 현장조작개폐기가 전로의 각 극을 개폐할 수 있을 경우
② 전용분기회로에서 공급될 경우

13 수구의 종류에 따른 예상 부하

배점 4

예상이 곤란한 콘센트, 비틀어 끼우는 접속기, 소켓 등이 있는 경우 수구의 종류에 따른 예상 부하[VA/개]를 쓰시오.

(1) 콘센트
(2) 소형 전등수구
(3) 대형 전등수구

모범답안

(1) 콘센트 : 150[VA/개]

(2) 소형 전등수구 : 150[VA/개]

(3) 대형 전등수구 : 300[VA/개]

14 차단기 시설 제한장소

배점 5

기계기구 및 전선의 보호시 과전류 차단기의 시설이 제한되는 개소 3가지를 작성하시오. (단, 전동기 과부하 보호사항은 제외된다)

○
○
○

모범답안
- 접지공사의 접지도체
- 다선식 전로의 중성선
- 전로의 일부에 접지공사를 한 저압가공전선로의 접지측 전선

15 간선·분기선 설계 - ②

배점 7

전동기 $M_1 \sim M_5$의 사양이 주어진 조건과 같고 이것을 그림과 같이 배치하여 금속관공사로 시설하고자 한다.
(단 전선은 XLPE이고, 공사방법 B1이다.)

[조건]
- M_1 : 3상 200[V] 0.75[kW] 농형 유도전동기(직입기동)
- M_2 : 3상 200[V] 3.7[kW] 농형 유도전동기(직입기동)
- M_3 : 3상 200[V] 5.5[kW] 농형 유도전동기(직입기동)
- M_4 : 3상 200[V] 15[kW] 농형 유도전동기(Y−△기동)
- M_5 : 3상 200[V] 30[kW] 농형 유도전동기(기동보상기기동)

(1) 각 전동기 분기회로의 설계에 필요한 자료를 답란에 기입 하시오.

구분		M_1	M_2	M_3	M_4	M_5
규약전류[A]						
전선	최소 굵기[mm²]					
개폐기 용량[A]	분기					
	현장조작					
과전류 차단기[A]	분기					
	현장조작					
초과눈금 전류계[A]						
접지선의 굵기[mm²]						
금속관의 굵기[mm]						
콘덴서 용량[μF]						

(2) 간선의 설계에 필요한 자료를 답란에 기입 하시오.

전선 최소 굵기[mm²]	개폐기 용량[A]	과전류 보호기 용량[A]	금속관의 굵기[mm]

[표 1] 후강 전선관 굵기의 선정

도체 단면적 [mm²]	전선본수									
	1	2	3	4	5	6	7	8	9	10
	전선관의 최소 굵기[mm]									
2.5	16	16	16	16	22	22	22	28	28	28
4	16	16	16	22	22	22	28	28	28	28
6	16	16	22	22	22	28	28	28	36	36
10	16	22	22	28	28	36	36	36	36	36
16	16	22	28	28	36	36	36	42	42	42
25	22	28	28	36	36	42	54	54	54	54
35	22	28	36	42	54	54	54	70	70	70
50	22	36	54	54	70	70	70	82	82	82
70	28	42	54	54	70	70	70	82	82	92
95	28	54	54	70	70	82	82	92	92	104
120	36	54	54	70	70	82	82	92		
150	36	70	70	82	92	92	104	104		
185	36	70	70	82	92	104				
240	42	82	82	92	104					

[비고1] 전선 1본수는 접지선 및 직류 회로의 전선에도 적용한다.
[비고2] 이 표는 실험 결과와 경험을 기초로 하여 결정한 것이다.
[비고3] 이 표는 KSC IEC 60227-3의 450/750[V] 일반용 단심 비닐절연전선을 기준한 것이다

[표 2] 콘덴서 설치용량 기준표(200[V], 380[V], 440[V] 3상 유도 전동기)

정격출력 [kW]	설치하는 콘덴서 용량(90[%] 까지)					
	200[V]		380[V]		440[V]	
	[μF]	[kVA]	[μF]	[kVA]	[μF]	[kVA]
0.2	15	0.2262	–	–		
0.4	20	0.3016	–	–		
0.75	30	0.4524	–	–		
1.5	50	0.754	–	–		
2.2	75	1.131	15	0.816	15	1.095
3.7	100	1.508	20	1.088	20	1.459
5.5	175	2.639	50	2.720	40	2.919
7.5	200	3.016	75	4.080	40	2.919
11	300	4.524	100	5.441	75	5.474
15	400	6.032	100	5.441	75	5.474
22	500	7.54	150	8.161	100	7.299
30	800	12.064	200	10.882	175	12.744
37	900	13.572	250	13.602	200	14.598

[비고1] 200[V]용과 380[V]용은 전기공급약관 시행세칙에 의함
[비고2] 440[V]용은 계산하여 제시한 값으로 참고용임
[비고3] 콘덴서가 일부 설치되어 있는 경우는 무효전력[kVA] 또는 용량[kVA] 또는 [μF] 합계에서 설치되어 있는 콘덴서의 용량[kVA] 또는 [μF]의 합계를 뺀 값을 설치하면 된다.

부록 1. 기사 PLUS 문제

[표 3] 200[V] 3상 유도 전동기의 간선의 전선 굵기 및 기구의 용량 (B종 퓨즈의 경우)

전동기 [kW] 수의 총계 [kW] 이하	최대 사용 전류 [A] 이하	배선종류에 의한 간선의 최소 굵기[mm^2]						직입기동 전동기 중 최대 용량의 것								
		공사방법 A1 (3개선)		공사방법 B1 (3개선)		공사방법 C1 (3개선)		0.75 이하	1.5	2.2	3.7	5.5	7.5	11	15	18.5	22
								기동기 사용 전동기 중 최대 용량의 것								
								–	–	–	5.5	7.5	11 / 15	18.5 / 22	–	30 / 37	–
		PVC	XLPE, EPR	PVC	XLPE, EPR	PVC	XLPE, EPR	과전류 차단기[A] – (칸 위 숫자) 개폐기 용량[A] – (칸 아래 숫자)								
3	15	2.5	2.5	2.5	2.5	2.5	2.5	15/30	20/30	30/30	–	–	–	–	–	–
4.5	20	4	2.5	2.5	2.5	2.5	2.5	20/30	20/30	30/30	50/60	–	–	–	–	–
6.3	30	6	4	6	4	4	2.5	30/30	30/30	50/60	50/60	75/100	–	–	–	–
8.2	40	10	6	10	6	6	4	50/60	50/60	50/60	75/100	75/100	100/100	–	–	–
12	50	16	10	10	10	10	6	50/60	50/60	50/60	75/100	75/100	100/100	150/200	–	–
15.7	75	35	25	25	16	16	16	75/100	75/100	75/100	75/100	100/100	100/100	150/200	150/200	–
19.5	90	50	25	35	25	25	16	100/100	100/100	100/100	100/100	100/200	150/200	150/200	200/200	–
23.2	100	50	35	35	25	35	25	100/100	100/100	100/100	100/100	150/200	150/200	200/200	200/200	200/200
30	125	70	50	50	35	50	35	150/200	150/200	150/200	150/200	150/200	150/200	200/200	200/200	200/200
37.5	150	95	70	70	50	70	50	150/200	150/200	150/200	150/200	150/200	150/200	200/200	300/300	300/300
45	175	120	70	95	50	70	50	200/200	200/200	200/200	200/200	200/200	200/200	200/200	300/300	300/300
52.5	200	150	95	95	70	95	70	200/200	200/200	200/200	200/200	200/200	200/200	200/200	300/300	300/300
63.7	250	240	150	–	95	120	95	300/300	300/300	300/300	300/300	300/300	300/300	300/300	300/300	400/400
75	300	300	185	–	120	185	120	300/300	300/300	300/300	300/300	300/300	300/300	300/300	300/300	400/400
86.2	350	–	240	–	–	240	150	400/400	400/400	400/400	400/400	400/400	400/400	400/400	400/400	400/400

[비고1] 최소 전선 굵기는 1회선에 대한 것임
[비고2] 공사방법 A1은 벽 내의 전선관에 공사한 절연전선 또는 단심케이블, B1은 벽면의 전선관에 공사한 절연전선 또는 단심케이블, 공사방법 C는 벽면에 공사한 단심 또는 다심케이블을 시설하는 경우의 전선 굵기를 표시하였다.
[비고3] 「전동기중 최대의 것」에는 동시 기동하는 경우를 포함함

[비고4] 과전류차단기의 용량은 해당 조항에 규정되어 있는 범위에서 실용상 거의 최댓값을 표시함
[비고5] 과전류 차단기의 선정은 최대용량의 정격전류의 3배에 다른 전동기의 정격전류의 합계를 가산한 값 이하를 표시함
[비고6] 고리퓨즈는 300[A] 이하에서 사용하여야 한다.

[표 4] 200[V] 3상 유도 전동기 1대인 경우의 분기회로 (B종 퓨즈의 경우)

정격출력 [kW]	전부하전류 [A]	배선 종류에 의한 동 전선의 최소 굵기[mm²]					
		공사방법 A1 (3개선)		공사방법 B1 (3개선)		공사방법 C (3개선)	
		PVC	XLPE, EPR	PVC	XLPE, EPR	PVC	XLPE, EPR
0.2	1.8	2.5	2.5	2.5	2.5	2.5	2.5
0.4	3.2	2.5	2.5	2.5	2.5	2.5	2.5
0.75	4.8	2.5	2.5	2.5	2.5	2.5	2.5
1.5	8	2.5	2.5	2.5	2.5	2.5	2.5
2.2	11.1	2.5	2.5	2.5	2.5	2.5	2.5
3.7	17.4	2.5	2.5	2.5	2.5	2.5	2.5
5.5	26	6	4	4	2.5	4	2.5
7.5	34	10	6	6	4	6	4
11	48	16	10	10	6	10	6
15	65	25	16	16	10	16	10
18.5	79	35	25	25	16	25	16
22	93	50	25	35	25	25	16
30	124	70	50	50	35	50	35
37	152	95	70	70	50	70	50

정격출력 [kW]	전부하전류 [A]	개폐기 용량[A]				과전류 차단기(B종 퓨즈)[A]				전동기용 초과눈금 전류계의 정격전류 [A]	접지선의 최소 굵기 [mm²]
		직입기동		기동기 사용		직입기동		기동기 사용			
		현장조작	분기	현장조작	분기	현장조작	분기	현장조작	분기		
0.2	1.8	15	15			15	15			3	2.5
0.4	3.2	15	15			15	15			5	2.5
0.75	4.8	15	15			15	15			5	2.5
1.5	8	15	30			15	20			10	4
2.2	11.1	30	30			20	30			15	4
3.7	17.4	30	60			30	50			20	6
5.5	26	60	60	30	60	50	60	30	50	30	6
7.5	34	100	100	60	100	75	100	50	75	30	10
11	48	100	200	100	100	100	150	75	100	60	16
15	65	100	200	100	100	100	150	100	100	60	16
18.5	79	200	200	100	200	150	200	100	150	100	16
22	93	200	200	100	200	150	200	100	150	100	16
30	124	200	400	200	200	200	300	150	200	150	25
37	152	200	400	200	200	200	300	150	200	200	25

[비고1] 최소 전선 굵기는 1회선에 대한 것이며, 2회선 이상일 경우는 복수회로 보정계수를 적용하여야 한다.
[비고2] 공사방법 A1은 벽 내의 전선관에 공사한 절연전선 또는 단심케이블, B1은 벽면의 전선관에 공사한 절연전선 또는 단심케이블, 공사방법 C는 벽면에 공사한 단심 또는 다심케이블을 시설하는 경우의 전선 굵기를 표시하였다.
[비고3] 전동기 2대 이상을 동일회로로 할 경우는 간선의 표를 적용할 것
[비고4] 전동기용 퓨즈 또는 모터브레이커를 사용하는 경우는 전동기의 정격출력에 적합한 것을 사용할 것
[비고5] 과전류차단기의 용량은 해당 조항에 규정되어 있는 범위에서 실용상 거의 최댓값을 표시한다.
[비고6] 개폐기 용량이 [kW]로 표시된 것은 이것을 초과하는 정격출력의 전동기에는 사용하지 말 것

모범답안

(1)

구분		M_1	M_2	M_3	M_4	M_5
규약전류[A]		4.8	17.4	26	65	124
전선	최소 굵기[mm²]	2.5	2.5	2.5	10	35
개폐기 용량[A]	분기	15	60	60	100	200
	현장조작	15	30	60	100	200
과전류 차단기[A]	분기	15	50	60	100	200
	현장조작	15	30	50	100	150
초과눈금 전류계[A]		5	20	30	60	150
접지선의 굵기[mm²]		2.5	6	6	16	25
금속관의 굵기[mm]		16	16	16	36	36
콘덴서 용량[μF]		30	100	175	400	800

(2) 전동기수의 총계 $= 0.75 + 3.7 + 5.5 + 15 + 30 = 54.95$[kW]
전류 총계 $= 4.8 + 17.4 + 26 + 65 + 124 = 237.2$[A]
조건에서 전선은 XLPE, 공사방법은 B1
[표 3]의 전동기수 총계 63.7[kW], 250[A]에서 선정

전선 최소 굵기[mm²]	개폐기 용량[A]	과전류 보호기 용량[A]	금속관의 굵기[mm]
95	300	300	54

해설

(1) 분기회로에 관한 문제이므로 [표2]와 [표4]를 통해 각 용량별로 교차부분을 적용한다. 금속관의 굵기의 경우 [표4]에서 산정한 전선의 굵기를 [표1]에서 3본을 기준으로 적용하며, 이 때 Y-△기동인 M4는 6본을 적용하는 것에 유의한다.

(2) 간선에 관한 문제이므로 [표3]을 통해 산정 후 금속관의 경우 [표1]에서 3본을 기준으로 적용힌다.

16 간선의 설계 – ②

배점 4

380[V] 3상 유도전동기 회로의 간선의 굵기와 기구의 용량을 주어진 표에 의하여 간이로 설계하고자 한다. 다음 조건을 이용하여 간선의 최소 굵기와 과전류차단기의 용량을 구하시오.

[조건]
- 설계는 전선관에 3본 이하의 전선을 넣을 경우로 한다.
- 공사방법은 B1, PVC 절연전선을 사용 한다.
- 전동기부하는 다음과 같다.
  - 0.75[kW] ‥‥‥ 직입기동전동기(2.53[A])
  - 1.5[kW] ‥‥‥ 직입기동전동기(4.16[A])
  - 3.7[kW] ‥‥‥ 직입기동전동기(9.22[A])
  - 3.7[kW] ‥‥‥ 직입기동전동기(9.22[A])
  - 7.5[kW] ‥‥‥ 기동기사용(17.69[A])

[표] 380[V] 3상 유도전동기의 간선의 굵기 및 기구의 용량

전동기 [kW] 수의 총계 [kW] 이하	최대 사용 전류 [A] 이하	배선종류에 의한 간선의 최소 굵기[mm²] 공사방법 A1 PVC	XLPE, EPR	공사방법 B1 PVC	XLPE, EPR	공사방법 C1 PVC	XLPE, EPR	직입기동 전동기 중 최대 용량의 것 0.75 이하	1.5	2.2	3.7	5.5	7.5	11	15	18.5	22	30	37
								Y-△기동기 사용 전동기 중 최대 용량의 것 −	−	−	5.5	7.5	11	15	18.5	22	30	37	
								과전류 차단기 용량[A] 직입기동[A](칸 위 숫자) Y-△기동(칸 아래 숫자)											
3	7.9	2.5	2.5	2.5	2.5	2.5	2.5	15 / −	15 / −	15 / −	−	−	−	−	−	−	−	−	−
4.5	10.5	2.5	2.5	2.5	2.5	2.5	2.5	15 / −	15 / −	20 / −	30 / −	−	−	−	−	−	−	−	−
6.3	15.8	2.5	2.5	2.5	2.5	2.5	2.5	20 / −	20 / −	30 / −	30 / −	40 / 30	−	−	−	−	−	−	−
8.2	21	4	2.5	2.5	2.5	2.5	2.5	30 / −	30 / −	30 / −	30 / −	40 / 30	50 / 30	−	−	−	−	−	−
12	26.3	6	4	4	2.5	4	2.5	40 / −	40 / −	40 / −	40 / −	40 / 40	50 / 40	75 / 40	−	−	−	−	−
15.7	39.5	10	6	10	6	6	4	50 / −	50 / −	50 / −	50 / −	50 / 50	60 / 50	75 / 50	100 / 60	−	−	−	−
19.5	47.4	16	10	10	6	10	6	60 / −	60 / −	60 / −	60 / −	60 / 60	75 / 60	75 / 60	100 / 60	125 / 75	−	−	−
23.2	52.6	16	10	16	10	10	10	75 / −	75 / −	75 / −	75 / −	75 / 75	75 / 75	100 / 75	100 / 75	125 / 75	125 / 100	−	−

							100	100	100	100	100	100	100	125	125	125		
30	65.8	25	16	16	10	16	10	–	–	–	–	100	100	100	100	100	–	–
37.5	78.9	35	25	25	16	25	16	100	100	100	100	100	100	125	125	125	125	–
								–	–	–	–	100	100	100	100	100	125	
45	92.1	50	25	35	25	25	16	125	125	125	125	125	125	125	125	125	125	125
								–	–	–	–	125	125	125	125	125	125	125
52.5	105.3	50	35	35	25	35	25	125	125	125	125	125	125	125	125	125	125	150
								–	–	–	–	125	125	125	125	125	125	150
63.7	131.6	70	50	50	35	50	35	175	175	175	175	175	175	175	175	175	175	175
								–	–	–	–	175	175	175	175	175	175	175
75	157.9	95	70	70	50	70	50	200	200	200	200	200	200	200	200	200	200	200
								–	–	–	–	200	200	200	200	200	200	200
86.2	184.2	120	95	95	70	95	70	225	225	225	225	225	225	225	225	225	225	225
								–	–	–	–	225	225	225	225	225	225	225

[비고 1] 최소 전선 굵기는 1회선에 대한 것이며, 2회선 이상일 경우는 복수회로 보정계수를 적용하여야 한다.
[비고 2] 공사방법 A1은 벽 내의 전선관에 공사한 절연전선 또는 단심케이블, B1은 벽면의 전선관에 공사한 절연전선 또는 단심케이블, 공사방법 C는 벽면에 공사한 단심 또는 다심케이블을 시설하는 경우의 전선 굵기를 표시하였다.
[비고 3] 「전동기중 최대의 것」에 동시 기동하는 경우를 포함함
[비고 4] 배선용차단기의 용량은 해당 조항에 규정되어 있는 범위에서 실용상 거의 최댓값을 표시함
[비고 5] 배선용차단기의 선정은 최대용량의 정격전류의 3배에 다른 전동기의 정격전류의 합계를 가산한 값 이하를 표시함
[비고 6] 배선용차단기를 배·분전반, 제어반 내부에 시설하는 경우는 그 반 내의 온도상승에 주의할 것

(1) 간선의 최소 굵기
  ◦ 계산과정 :   ◦ 답 :

(2) 과전류 차단기 용량
  ◦ 계산과정 :   ◦ 답 :

모범답안 계산과정

(1) $0.75 + 1.5 + 3.7 + 3.7 + 7.5 = 17.15$ [kW]   답 $10[mm^2]$

(2) 답 60[A]

▶ 해설

(1) 전동기의 수 총계보다 상위값인 19.5[W]기준으로 와 공사방법 B1, PVC 절연전선란과 교차되는 란의 값인 $10[mm^2]$선정

(2) 전동기수의 총계가 17.15[kW]이므로 [표]에서 상위값인 19.5[kW]와 기동기 사용 전동기 중 최대용량의 것 7.5[kW]와 교차지점의 과전류차단기 용량 60[A] 선정

부록 2 산업기사 PLUS 문제

01 간선의 허용전류

배점 5

3상 3선식 380[V] 회로에 그림과 같이 부하가 연결되어 있다. 간선의 허용전류[A]를 구하시오.(단, 전동기의 평균 역률은 75[%]이다.)

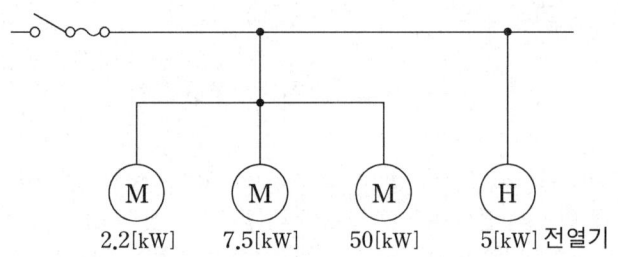

∘ 계산과정 :   ∘ 답 :

모범답안 계산과정

전동기와 전열기의 역률이 다르므로

전동기 정격 전류의 합 $\sum I_M = \dfrac{(2.2+7.5+50) \times 10^3}{\sqrt{3} \times 380 \times 0.75} = 120.94[A]$

전동기의 유효 전류 $= 120.94 \times 0.75 = 90.71[A]$

전동기의 무효 전류 $= 120.94 \times \sqrt{1-0.75^2} = 79.99[A]$

전열기 정격 전류 $= \dfrac{5 \times 10^3}{\sqrt{3} \times 380 \times 1.0} = 7.6[A]$

∴ 설계전류 $I_B = \sqrt{(90.71+7.6)^2 + 79.99^2} = 126.74[A]$

$I_B \leq I_Z$에 의해 126.74[A]

답 126.74[A]

02 전선의 굵기   배점 6

그림과 같은 분기회로의 전선 굵기를 표준 공칭 단면적으로 산정하여 쓰시오. (단, 전압강하는 2[V] 이하이고, 배선 방식은 교류 220[V], 단상 2선식이며, 후강전선관 공사로 한다.)

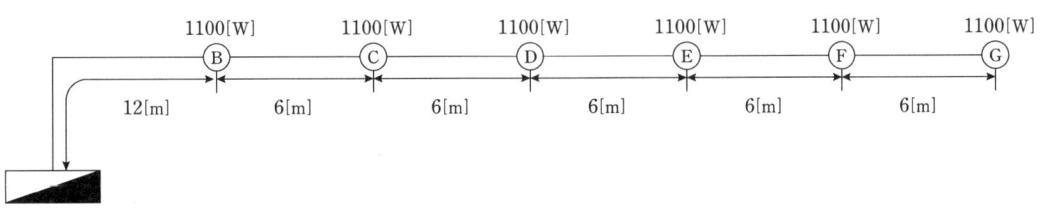

○ 계산과정 :   ○ 답 :

[모범답안] 계산과정

부하중심까지의 거리

$$L = \frac{(1100 \times 12) + (1100 \times 18) + (1100 \times 24) + (1100 \times 30) + (1100 \times 36) + (1100 \times 42)}{1100 \times 6}$$

$$= \frac{13200 + 19800 + 26400 + 33000 + 39600 + 46200}{6600} = 27[m]$$

전부하전류 $I = \frac{1100 \times 6}{220} = 30[A]$, 전압강하 $e = 2[V]$

전선의 단면적 $= \frac{KLI}{1000e} = \frac{35.6 \times 27 \times 30}{1000 \times 2} = 14.42[mm^2]$ 답 $16[mm^2]$

03 저압용 퓨즈   배점 5

전원 전압이 100[V]인 회로에 600[W]의 전기 밥솥 1대, 350[W]의 전기다리미 1대, 150[W]의 텔레비전 1대를 사용하며, 사용되는 모든 부하의 역률이 1이라고 할 때 이 회로에 연결된 10[A] 저압 퓨즈는 어떻게 되겠는지 상태와 이유를 설명하시오.

○ 상태 :
○ 이유 :

> **모범답안**
>
> - 상태 : 용단되지 않는다.
> - 이유 : 부하전류 $I = \dfrac{P}{V} = \dfrac{600+350+150}{100} = 11[A]$
>
>   저압용 퓨즈 4[A] 초과 16[A] 미만은 정격전류의 1.5배까지는 불용단 특성을 가지기 때문이다.

04 저압옥내배선 – 합성수지관

배점 5

사용전압이 400[V] 이상인 저압 옥내 배선의 가능 여부를 시설장소에 따라 답안지 표의 빈칸에 O,X로 표시하시오. (단, O는 시설가능, X는 시설 불가능 표시)

배선 방법	노출장소		은폐장소				옥측/옥외	
			점검가능		점검 불가능			
	건조한 장소	습기가 많은 장소	건조한 장소	습기가 많은 장소	건조한 장소	습기가 많은 장소	우선내	우선외
합성 수지관								

> **모범답안**
>
> | 배선 방법 | 노출장소 | | 은폐장소 | | | | 옥측/옥외 | |
> |---|---|---|---|---|---|---|---|---|
> | | | | 점검가능 | | 점검 불가능 | | | |
> | | 건조한 장소 | 습기가 많은 장소 | 건조한 장소 | 습기가 많은 장소 | 건조한 장소 | 습기가 많은 장소 | 우선내 | 우선외 |
> | 합성 수지관 | O | O | O | O | O | O | O | O |

05 관등회로의 시설

배점: 5

관등회로를 배선할 때 전압별 전선과 조영재의 이격거리를 쓰시오. (단, 노출장소이다.)

전압 구분[V]	이격거리[cm] 이상
6000[V] 이하	
6000[V] 초과 9000[V] 이하	
9000[V] 초과	

모범답안

전압 구분[V]	이격거리[cm] 이상
6000[V] 이하	2
6000[V] 초과 9000[V] 이하	3
9000[V] 초과	4

06 저압옥내배선 – 공사방법

배점: 4

옥내 저압 배선을 설계하고자 한다. 이때 시설 장소의 조건에 관계없이 한 가지 배선방법으로 배선하고자 할 때 옥내에는 건조한 장소, 습기진 장소, 노출배선 장소, 은폐배선을 하여야 할 장소, 점검이 불가능한 장소 등으로 되어 있다고 한다면 적용 가능한 배선방법은 어떤 방법이 있는지 그 방법을 4가지만 쓰시오. (단, 사용전압이 400[V] 이하인 경우이다.)

모범답안
- 케이블 공사
- 금속관 공사
- 비닐피복 2종 가요전선관
- 케이블트레이 공사

07 금속관 공사

배점 4

금속관 배선의 교류 회로에서 1회로의 전선 전부를 동일 관내에 넣는 것을 원칙으로 하는데 그 이유는 무엇인가?

모범답안

관내에 전자적 평형 유지

08 버스덕트 공사

배점 5

버스덕트 배선은 옥내의 노출 장소 또는 점검 가능한 은폐장소의 건조한 장소에 한하여 시설할 수 있다. 버스덕트의 종류 5가지를 쓰시오.

모범답안

① 피더 버스덕트
② 익스팬션 버스덕트
③ 탭붙이 버스덕트
④ 트랜스포지션 버스덕트
⑤ 플러그인 버스덕트

09 간선·분기선 설계

배점 5

사용 전압 200[V]인 3상 유도 전동기를 간선에 연결하려고 한다. 주어진 표를 이용하여 다음 물음에 답하시오.
(단, 공사방법 B1, XLPE 절연전선을 사용하는 경우이다.)

[조건]
- 3.7[kW] 1대 : 직입 기동
- 7.5[kW] 1대 : 직입 기동
- 15[kW] 1대 : 기동 보상기 사용

부록 2. 산업기사 PLUS 문제

[참고자료]

[표 1] 전동기 공사에서 간선의 전선 굵기·개폐기 용량 및 적정 퓨즈(200[V], B종 퓨즈)

전동기 [kW] 수의 총계 ① [kW] 이하	최대 사용 전류 ① [A] 이하	배선종류에 의한 간선의 최소 굵기[mm²] ②						직입기동 전동기 중 최대 용량의 것										
		공사방법 A1		공사방법 B1		공사방법 C		0.75 이하	1.5	2.2	3.7	5.5	7.5	11	15	18.5	22	30	37~55
		3개선		3개선		3개선		기동기 사용 전동기 중 최대 용량의 것										
								-	-	-	5.5	7.5	11 / 15	18.5 / 22	-	30 / 37	-	45	55
		PVC	XLPE, EPR	PVC	XLPE, EPR	PVC	XLPE, EPR	과전류 차단기[A] – (칸 위 숫자) ③ 개폐기 용량[A] – (칸 아래 숫자) ④										
3	15	2.5	2.5	2.5	2.5	2.5	2.5	15/30	20/30	30/30	–	–	–	–	–	–	–	–
4.5	20	4	2.5	2.5	2.5	2.5	2.5	20/30	20/30	30/30	50/60	–	–	–	–	–	–	–
6.3	30	6	4	6	4	4	2.5	30/30	30/30	50/60	50/60	75/100	–	–	–	–	–	–
8.2	40	10	6	10	6	6	4	50/60	50/60	50/60	75/100	75/100	100/100	–	–	–	–	–
12	50	16	10	10	10	10	6	50/60	50/60	50/60	75/100	75/100	100/100	150/200	–	–	–	–
15.7	75	35	25	25	16	16	16	75/100	75/100	75/100	75/100	100/100	100/100	100/200	150/200	–	–	–
19.5	90	50	25	35	25	25	16	100/100	100/100	100/100	100/100	100/100	150/200	200/200	200/200	–	–	–
23.2	100	50	35	35	25	35	25	100/100	100/100	100/100	100/100	150/200	150/200	200/200	200/200	–	–	–
30	125	70	50	50	35	50	35	150/200	150/200	150/200	150/200	150/200	150/200	200/200	200/200	200/200	–	–
37.5	150	95	70	70	50	70	50	150/200	150/200	150/200	150/200	150/200	150/200	300/300	300/300	300/300	–	–
45	175	120	70	95	50	70	50	200/200	200/200	200/200	200/200	200/200	200/200	300/300	300/300	300/300	300/300	–
52.5	200	150	95	95	70	95	70	200/200	200/200	200/200	200/200	200/200	200/200	300/300	300/300	400/400	400/400	–
63.7	250	240	150	–	95	120	95	300/300	300/300	300/300	300/300	300/300	300/300	400/400	400/400	400/400	500/600	–
75	300	300	185	–	120	185	120	300/300	300/300	300/300	300/300	300/300	300/300	400/400	400/400	400/400	500/600	–
86.2	350	–	240	–	–	240	150	400/400	400/400	400/400	400/400	400/400	400/400	400/400	400/400	400/400	600/600	–

[주] 1. 최소 전선 굵기는 1회선에 대한 것이며, 2회선 이상일 경우는 복수회로 보정계수를 적용하여야 한다.
2. 공사방법 A1은 벽 내의 전선관에 공사한 절연전선 또는 단심케이블, B1은 벽면의 전선관에 공사한 절연전선 또는 단심케이블, 공사방법 C는 벽면에 공사한 단심 또는 다심 케이블을 시설하는 경우의 전선 굵기를 표시하였다.

3. 「전동기중 최대의 것」에는 동시 기동하는 경우를 포함한다.
4. 과전류차단기의 용량은 해당 조항에 규정되어 있는 범위에서 실용상 거의 최댓값을 표시함
5. 과전류 차단기의 선정은 최대용량의 정격전류의 3배에 다른 전동기의 정격전류의 합계를 가산한 값 이하를 표시한다.
6. 고리퓨즈는 300[A] 이하에서 사용하여야 한다.

[표 2] 3상 유도 전동기의 규약 전류값

출력		전류[A]		출력		전류[A]	
[kW]	환산[HP]	200[V]용	400[V]용	[kW]	환산[HP]	200[V]용	400[V]용
0.2	1/4	1.8	0.9	18.5	25	79	39
0.4	1/2	3.2	1.6	22	30	93	46
0.75	1	4.8	4.0	30	40	124	62
1.5	2	8.0	4.0	37	50	151	75
2.2	3	11.1	5.5	45	60	180	90
3.7	5	17.4	8.7	55	75	225	112
5.5	7.5	26	13	75	100	300	150
7.5	10	34	17	110	150	435	220
11	15	48	24	150	200	570	285
15	20	65	32				

[주] 사용하는 회로의 표준 전압이 220[V]나 440[V]이면 200[V] 또는 400[V]일 때의 각각 0.9배로 한다.

(1) 간선에 흐르는 전체전류는 몇 [A]인가?
   ○ 계산과정 :   ○ 답 :

(2) 간선의 굵기는 몇 [mm²]인가?

(3) 간선 과전류 차단기의 용량을 주어진 표를 이용하여 구하시오.

(4) 간선 개폐기의 용량을 주어진 표를 이용하여 구하시오.

모범답안 | 계산과정

(1) [표 2]를 이용한 전동기의 전부하 전류 $I=17.4+34+65=116.4[A]$ 답 116.4[A]

(2) [표 1]을 이용하여 125A란의 B1, XLPE의 35[kW]선정   답 35[mm²]

(3) [표 1]을 이용하여 125A란의 기동보상기 15[kW]를 적용   답 150[A]

(4) [표 1]을 이용하여 125A란의 기동보상기 15[kW]를 적용   답 200[A]

10 간선·분기선 설계

배점: 5

200[V] 3상 유도 전동기 부하에 전력을 공급하는 저압간선의 최소 굵기를 구하고자 한다. 전동기의 종류가 다음과 같을 때 200[V] 3상 유도 전동기 간선의 굵기 및 기구의 용량표를 이용하여 각 물음에 답하시오. (단, 전선은 PVC 절연전선으로서 공사방법은 B1에 준한다.)

부하
- 0.75[kW]×1대 직입기동 전동기
- 1.5[kW]×1대 직입기동 전동기
- 3.7[kW]×1대 직입기동 전동기
- 3.7[kW]×1대 직입기동 전동기

[표 2] 200[V] 3상 유도전동기의 간선의 굵기 및 기구의 용량

전동기 [kW] 수의 총계 ① [kW] 이하	최대 사용 전류 ① [A] 이하	배선종류에 의한 간선의 최소 굵기[mm²] ②						직입기동 전동기 중 최대 용량의 것										
		공사방법 A1		공사방법 B1		공사방법 C		0.75 이하	1.5	2.2	3.7	5.5	7.5	11	15	18.5	22	30	37~55
		3개선		3개선		3개선		기동기 사용 전동기 중 최대 용량의 것										
								–	–	–	5.5	7.5	11 / 15	18.5 / 22	–	30 / 37	–	45	55
		PVC	XLPE, EPR	PVC	XLPE, EPR	PVC	XLPE, EPR	과전류 차단기[A] – (칸 위 숫자) ③ 개폐기 용량[A] – (칸 아래 숫자) ④										
3	15	2.5	2.5	2.5	2.5	2.5	2.5	15 / 30	20 / 30	30 / 30	–	–	–	–	–	–	–	–
4.5	20	4	2.5	2.5	2.5	2.5	2.5	20 / 30	20 / 30	30 / 30	50 / 60	–	–	–	–	–	–	–
6.3	30	6	4	6	4	4	2.5	30 / 30	30 / 30	50 / 60	50 / 60	75 / 100	–	–	–	–	–	–
8.2	40	10	6	10	6	6	4	50 / 60	50 / 60	50 / 60	75 / 100	75 / 100	100 / 100	–	–	–	–	–
12	50	16	10	10	10	10	6	50 / 60	50 / 60	50 / 60	75 / 100	75 / 100	100 / 100	150 / 200	–	–	–	–
15.7	75	35	25	25	16	16	16	75 / 100	75 / 100	75 / 100	75 / 100	100 / 100	100 / 200	150 / 200	150 / 200	–	–	–
19.5	90	50	25	35	25	25	16	100 / 100	100 / 100	100 / 100	100 / 100	100 / 200	150 / 200	150 / 200	200 / 200	200 / 200	–	–
23.2	100	50	35	35	25	35	25	100 / 100	100 / 100	100 / 100	100 / 100	150 / 200	150 / 200	200 / 200	200 / 200	200 / 200	–	–
30	125	70	50	50	35	50	35	150 / 200	150 / 200	150 / 200	150 / 200	150 / 200	150 / 200	200 / 200	200 / 200	200 / 200	–	–
37.5	150	95	70	70	50	70	50	150 / 200	150 / 200	150 / 200	150 / 200	150 / 200	150 / 200	150 / 200	300 / 300	300 / 300	300 / 300	–
45	175	120	70	95	50	70	50	200 / 200	200 / 200	200 / 200	200 / 200	200 / 200	200 / 200	300 / 300	300 / 300	300 / 300	300 / 300	–

52.5	200	150	95	95	70	95	70	200	200	200	200	200	200	200	200	300	300	400	400
								200	200	200	200	200	200	200	200	300	300	400	400
63.7	250	240	150	–	95	120	95	300	300	300	300	300	300	300	300	300	400	400	500
								300	300	300	300	300	300	300	300	300	400	400	600
75	300	300	185	–	120	185	120	300	300	300	300	300	300	300	300	300	400	400	500
								300	300	300	300	300	300	300	300	300	400	400	600
86.2	350	–	240	–	–	240	150	400	400	400	400	400	400	400	400	400	400	400	600
								400	400	400	400	400	400	400	400	400	400	400	600

(1) 간선배선을 금속관 배선으로 할 때 간선의 최소 굵기는 구리도체 전선 사용의 경우 얼마인가?
(2) 과전류 차단기의 용량은 몇 [A]를 사용하는가?
(3) 주개폐기 용량은 몇 [A]를 사용하는가?

모범답안 계산과정

전동기 수의 총계 $P=0.75+1.5+3.7+3.7=9.65[\mathrm{kW}]$
표의 12[kW]란의 B1, XLPE, 직입기동 3.7[kW]란 적용

(1) $10[\mathrm{mm}^2]$

(2) 75[A]

(3) 100[A]

11 간선·분기선 설계

배점 10

어떤 수원지의 가압 펌프 모터에 전기를 공급하는 3상 380[V] 용량 50[HP]의 전동기가 있다. 주어진 조건과 참고표를 이용하여 다음 각 물음에 답하시오.

[조 건]

① 전선은 450/750[V] 일반용 단심 비닐절연전선을 사용하고, 공사방법은 B1으로 한다.
② 전선을 시설하는 장소의 주위 온도는 55[℃]
③ 전동기의 효율은 100[%]라고 가정하며 전압 강하는 없는 것으로 본다.
④ 전동기의 역률은 0.8이며 전부하 전류는 전선 허용 전류의 80[%]를 초과하지 않는다고 한다.
⑤ 전동기의 기동 방식은 직입 기동 방식이다.
⑥ 접지선은 동일 전선관에 넣지 않는 것으로 본다.

[표 1] 후강 전선관 굵기의 선정

도체 단면적 [mm²]	전선본수									
	1	2	3	4	5	6	7	8	9	10
	전선관의 최소 굵기[mm]									
2.5	16	16	16	16	22	22	22	28	28	28
4	16	16	16	22	22	22	28	28	28	28
6	16	16	22	22	22	28	28	28	36	36
10	16	22	22	28	28	36	36	36	36	36
16	16	22	28	36	36	36	42	42	42	
25	22	28	28	36	36	42	54	54	54	54
35	22	28	36	42	54	54	54	70	70	70
50	22	36	54	54	70	70	70	82	82	82
70	28	42	54	54	70	70	70	82	82	92
95	28	54	54	70	70	82	82	92	92	104
120	36	54	54	70	70	82	82	92		
150	36	70	70	82	92	92	104	104		
185	36	70	70	82	92	104				
240	42	82	82	92	104					

[비고 1] 전선 1본수는 접지선 및 직류 회로의 전선에도 적용한다.
[비고 2] 이 표는 실험 결과와 경험을 기초로 하여 결정한 것이다.
[비고 3] 이 표는 KS C IEC 60227-3의 450/750[V] 일반용 단심 비닐절연전선을 기준한 것이다.

[표 2] 공사방법의 허용전류[A]

PVC 절연, 3개 부하전선, 동 또는 알루미늄 전선온도 : 70[°C], 주위온도 : 30[°C], 지중 20[°C]

전선의 공칭 단면적 [mm^2]	표A. 52-1의 공사방법					
	A1	A2	B1	B2	C	D
1	2	3	4	5	6	7
동						
1.5	13.5	13	15.5	15	17.5	18
2.5	18	17.5	21	20	24	24
4	24	23	28	27	32	31
6	31	29	36	34	41	39
10	42	39	50	46	57	52
16	56	52	68	62	76	67
25	73	68	89	80	96	86
35	89	83	110	99	119	103
50	108	99	134	118	144	122
70	136	125	171	149	184	151
95	164	150	207	179	223	179
120	188	172	239	206	259	203
150	216	196	—	—	299	230
185	245	223	—	—	341	258
240	286	261	—	—	403	297
300	328	298	—	—	464	336

주위온도 [°C]	절연체			
	PVS	XLPE 또는 EPR	무기	
			PVC 피복 또는 노출로 접촉 할 우려가 있는 것(70[°C])	노출로 접촉 할 우려가 없는 것(105[°C])
10	1.22	1.15	1.26	1.14
15	1.17	1.12	1.20	1.11
20	1.12	1.08	1.14	1.07
25	1.06	1.04	1.07	1.04
35	0.94	0.96	0.93	0.96
40	0.87	0.91	0.85	0.92
45	0.79	0.87	0.87	0.88
50	0.71	0.82	0.67	0.84
55	0.61	0.76	0.57	0.80
60	0.50	0.71	0.45	0.75
65	—	0.65	—	0.70
70	—	0.58	—	0.65
75	—	0.50	—	0.60
80	—	0.41	—	0.54
85	—	—	—	0.47
90	—	—	—	0.40
95	—	—	—	0.32

[표 3] 주위의 대기온도가 30[°C] 이외인 경우 보정계수
기중케이블의 허용전류에 적용한다.

(1) 이 전동기의 전부하 전류는 얼마인가?
　◦ 계산과정 :　　　　　　　　　　　　　　　　　　　　◦ 답 :

(2) 사용되는 전선의 온도 감소 계수는 얼마인가?

(3) 이 전선은 최대 허용 전류가 몇 [A]인 것을 사용하여야 하는가?
　◦ 계산과정 :　　　　　　　　　　　　　　　　　　　　◦ 답 :

(4) 이 전선의 최소 굵기는 몇 [mm²]인가?

(5) 금속관 공사에 의하여 설비한다고 할 때 사용되는 후강전선관의 최소 굵기는 몇 [mm]인가?

모범답안 | 계산과정

(1) $I = \dfrac{P}{\sqrt{3}\,V\cos\theta} = \dfrac{50 \times 746}{\sqrt{3} \times 380 \times 0.8} = 70.84[\text{A}]$ **답** 70.84[A]

(2) [표 3]의 PVC 절연전선의 경우 주위 온도 55[°C]에서의 전류 감소 계수 0.61

답 0.61

(3) $I = \dfrac{70.84}{0.61 \times 0.8} = 145.163[\text{A}]$ **답** 145.16[A]

(4) [표 2]의 공사방법 B1 전선의 허용전류가 145.16[A]를 초과하는 171[A]인 70[mm²] 선정

답 70[mm²]

(5) [표 1]의 70[mm²] 3본 적용시 54[호] 선정 **답** 54[호]

electrical engineer

ELECTRICITY

06 심벌

Chapter 01. 콘센트 그림기호

Chapter 02. 점멸기 그림기호 및 기타

01 콘센트 그림기호

01 콘센트 그림기호 ▶ 출제년도 : 93, 94, 95, 99, 00, 01, 02, 03, 07, 22   배점 7

그림과 같은 콘센트의 심벌을 구분하여 설명하시오.

(1) ⊙⊙   (2) ◐₂   (3) ◐ 3P   (4) ◐ WP
(5) ◐ E   (6) ◐ T   (7) ◐ H

모범답안
(1) 천장붙이 콘센트   (2) 2구 콘센트   (3) 3극 콘센트
(4) 방수 콘센트   (5) 접지극 붙이 콘센트   (6) 걸림형 콘센트   (7) 의료용 콘센트

▶ 참고

명칭	그림기호	적요
콘센트	◐	① 천장에 부착하는 경우 ⊙⊙ ② 바닥에 부착하는 경우 ⊙ ③ 용량의 표시 방법 　• 15[A]는 방기하지 않는다. 　• 20[A] 이상은 암페어 수를 방기 예 ◐ 20A ④ 2구 이상인 경우는 구수를 방기 예 ◐₂ ⑤ 3극 이상인 경우는 극수를 방기한다. 예 ◐ 3P ⑥ 종류를 표시하는 경우 　• 빠짐방지형　◐ LK 　• 걸림형　　　◐ T 　• 접지극붙이　◐ E 　• 접지단자붙이　◐ ET 　• 누전 차단기붙이　◐ EL ⑦ 방수형은 WP를 방기 ◐ WP ⑧ 방폭형은 EX를 방기 ◐ EX ⑨ 의료용은 H를 방기 ◐ H

Chapter 01. 콘센트 그림기호

02 콘센트 그림기호
▶ 출제년도 : 03, 10
배점 5

다음은 콘센트의 그림기호이다. 각 콘센트의 종류 또는 형별 명칭을 답란에 쓰시오.

(1) ⏻LK   (2) ⏻ET   (3) ⏻EX

(4) ⏻H   (5) ⏻EL

모범답안
(1) 빠짐방지형 콘센트   (2) 접지단자붙이 콘센트   (3) 방폭형 콘센트
(4) 의료용 콘센트   (5) 누전 차단기붙이 콘센트

---

03 콘센트 그림기호
▶ 출제년도 : 96, 98, 04, 16, 22
배점 6

(1) 벽붙이용   (2) 천장에 부착하는 경우
(3) 바닥에 부착하는 경우   (4) 방수형
(5) 타이머 붙이   (6) 2구용

모범답안

(1) ⏻   (2) ⊙   (3) ⊙▲

(4) ⏻WP   (5) ⏻TM   (6) ⏻₂

02 점멸기 그림기호 및 기타

01 점멸기의 그림기호
▶ 출제년도 : 98, 01, 05

배점: 6

점멸기의 그림 기호에 대하여 다음 각 물음에 답하시오.

(1) ●는 몇 [A]용 점멸기인가?

(2) 방수형 점멸기의 그림 기호를 그리시오.

(3) 점멸기의 그림 기호로 ●$_4$의 의미는 무엇인가?

모범답안

(1) 10[A]　　(2) ●$_{WP}$　　(3) 4로 스위치

참고 점멸기의 종류 및 심벌

용량표시 : • 15[A] 이상은 전류치를 표기한다.
　　　　　• 10[A]는 표시하지 않는다.

극수위치 : • 단극은 방기하지 않는다.
　　　　　• 2극은 2P로 표기한다.
　　　　　• 3로 또는 4로는 3, 4의 숫자로 표기한다.

① 방폭형 : EX　　　　　　② 방수형 : WP
③ 자동 : A　　　　　　　　④ 리모콘 : R
⑤ 타이머붙이 : T　　　　　⑥ 파일럿램프 내장 점멸기 : L
⑦ 따로 놓여진 파일럿 램프 점멸기 : ○●
⑧ 조광기 : ↗
⑨ 리모콘 릴레이 : ▲ (리모콘 릴레이를 접합하여 부착하는 경우 : ▲▲▲ 10)　수량표시

02 옥내배선 – 그림기호

▶ 출제년도 : 97, 02, 17 | 배점 10

옥내 배선용 그림 기호에 대한 다음 각 물음에 답하시오.

(1) 일반적인 콘센트의 그림 기호는 ⊙이다. ⊙은 어떤 경우에 사용되는가?

(2) 점멸기의 그림 기호로 ●, ●$_{2P}$, ●$_3$,의 의미는 어떤 의미인가?

(3) 개폐기, 배선용 차단기, 누전차단기의 그림 기호를 그리시오.

(4) HID등으로서 H400, M400, N400의 의미는 무엇인가?

모범답안

(1) 천장에 부착하는 경우

(2) 단극 스위치, 2극 스위치, 3로 스위치

(3) 개폐기 : $\boxed{S}$, 배선용 차단기 : $\boxed{B}$, 누전 차단기 : $\boxed{E}$

(4) 400[W] 수은등, 400[W] 메탈 헬라이드등, 400[W] 나트륨등

---

03 설비도면 – 그림기호

▶ 출제년도 : 16 | 배점 5

다음 그림 기호의 정확한 명칭(구체적으로 기록)을 쓰시오.

$\boxed{CT}$	$\boxed{TS}$	⊣⊢	⊥	$\boxed{Wh}$

모범답안

$\boxed{CT}$	$\boxed{TS}$	⊣⊢	⊥	$\boxed{Wh}$
변류기(상자)	타임스위치	축전지	전력용 콘덴서	전력량계 (상자들이 또는 후드붙이)

04 분전반 및 제어반

▶ 출제년도 : 99, 00, 01, 02, 03, 07, 15

배점 5

다음 그림 기호의 명칭을 쓰시오.

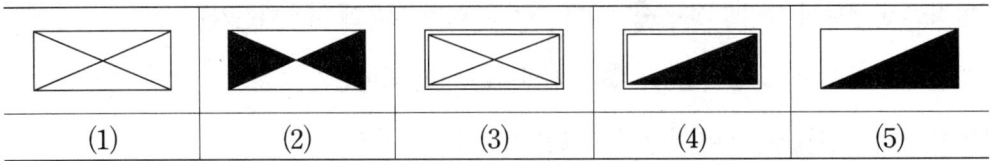

모범답안

(1) 배전반　　(2) 제어반　　(3) 재해방지 전원회로용 배전반

(4) 재해방지 전원회로용 분전반　　(5) 분전반

05 분전반 및 제어반

▶ 출제년도 : 01, 05, 09

배점 5

다음은 일반 옥내배선에서 전등·전력·통신·신호·재해방지·피뢰설비 등의 배선, 기기 및 부착위치, 부착방법을 표시하는 도면에 사용되는 기호이다. 각 기호의 명칭을 쓰시오.

모범답안

(1) 배전반　　(2) 분전반　　(3) 제어반

(4) 단자반　　(5) 중간단자반

Chapter 02. 점멸기 그림기호 및 기타

06 분전반 및 제어반
▶ 출제년도 : 01, 05
배점 4

그림은 옥내 배선을 설계할 때 사용되는 배전반, 분전반 및 제어반의 일반적인 그림기호이다. 이 것을 배전반, 분전반, 제어반 및 직류용으로 구별하여 그림기호를 사용하고자 할 때 그 그림기호를 그리시오.

(1) 배전반   (2) 분전반
(3) 제어반   (4) 직류용

모범답안

(1) 배전반 :   (2) 분전반 :

(3) 제어반 :   (4) 직류반 : □ DC

07 분전반 및 제어반
▶ 출제년도 : 99, 00, 01, 02, 03, 07
배점 5

그림과 같은 심벌의 명칭을 구체적으로 쓰시오.

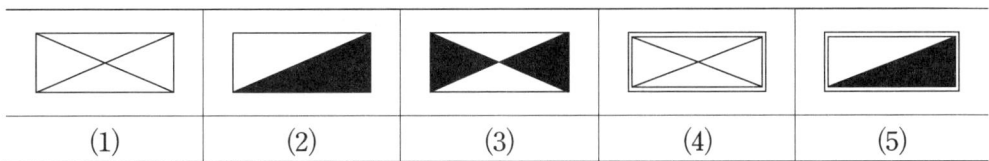

| (1) | (2) | (3) | (4) | (5) |

모범답안

(1) 배전반   (2) 분전반   (3) 제어반
(4) 재해방지 전원회로용 배전반
(5) 재해방지 전원회로용 분전반

08 전기설비 - 그림기호

▶ 출제년도 : 97, 02, 11

배점 7

다음 전기 설비에서 사용하는 그림 기호의 명칭을 쓰시오.

(1) ----[LD]---- (2) ⊠ (3) ● R (4) ◐ EX
(5) ◣ (6) | MDF | (7) ▭

모범답안
(1) 라이팅 덕트   (2) 풀박스 및 접속 상자   (3) 리모콘 스위치
(4) 방폭형 콘센트   (5) 분전반   (6) 본 배선반   (7) 단자반

---

09 옥외용 배선도

▶ 출제년도 : 96, 06

배점 8

도면과 같은 동력 및 옥외용 배선도를 보고 다음 각 물음에 답하시오.

Ⓐ 저압 큐비클(750[kg], 600(W) × 1700(D) × 2300(H))
Ⓑ 3.3[kV] 고압 모터 기동반(500[kg]), 1000(W) × 2300(D) × 2300(H)

(1) 도면에서 ⓒ는 무엇을 나타내는가?

(2) 도면에서 ⓓ와 ⓔ는 어떤 배선을 나타내는가?

(3) 도면에서 ⓕ는 어떤 배선을 나타내는가?

(4) 본 설계에 사용된 옥외등은 어떤 종류의 HID등인가?

모범답안
(1) 분전반   (2) 바닥 은폐배선
(3) 지중매설배선   (4) 나트륨등

10 선로의 기본장주도

▶ 출제년도 : 07

배점 10

다음은 22.9[kV] 선로의 기본장주도 중 3상 4선식 선로의 직선주 그림이다. 다음 표의 빈칸에 들어갈 자재의 명칭을 쓰시오. (단, 장주에 경완금(□75×75×3.2×2400)를 사용하고 취부에 완금 밴드를 사용한 경우이다.)

항목 번호	자재명	규격	수량[개]	품목단위부품 및 수량[개]
①		10[m] 이상	1	
②		1방 2호	1	U금구 1, M좌 1, 와셔 4, 너트 4
③		75×75×3.2×2400	1	
④		152×304(경완금용)	3	와셔 1, 육각 너트 1, 록크 너트 1
⑤		100×230 1방(2호)	1	(M16×60) 2, (M16×35) 1, 너트 3
⑥		4.5×100×100	1	
⑦		110×95(녹색)	1	

모범답안

항목 번호	자재명	규격	수량[개]	품목단위부품 및 수량[개]
①	콘크리트 전주	10[m] 이상	1	
②	완금밴드	1방 2호	1	U금구 1, M좌 1, 와셔 4, 너트 4
③	경완금	75×75×3.2×2400	1	
④	라인포스트 애자	152×304(경완금용)	3	와셔 1, 육각 너트 1, 록크 너트 1
⑤	랙크밴드	100×230 1방(2호)	1	(M16×60) 2, (M16×35) 1, 너트 3
⑥	랙크	4.5×100×100	1	
⑦	저압인류애자	110×95(녹색)	1	

2026 전기기사·산업기사 실기 과년도 20개년

발행일 3판1쇄 발행 2025년 9월 25일
발행처 듀오북스
지은이 대산전기수험연구회
펴낸이 박승희

등록일자 2018년 10월 12일 제2021-20호
주소 서울시 중랑구 용마산로96길 82, 2층(면목동)
편집부 (070)7807_3690
팩스 (050)4277_8651
웹사이트 www.duobooks.co.kr

이 책에 실린 모든 글과 일러스트 및 편집 형태에 대한 저작권은 듀오북스에 있으므로 무단 복사, 복제는 법에 저촉 받습니다.
잘못 제작된 책은 교환해 드립니다.

정가 38,000원 **ISBN** 979-11-90349-85-7 13560